本研究及成果出版受以下基金项目资助

国家社科基金重大项目
"语言、思维、文化层级的高阶认知研究"批准号：15ZDB017

国家自然科学基金重点项目
"语言理解的认知机理与计算模型研究"批准号：62036001

贵州省哲学社会科学规划国学单列重大项目
"认知科学与阳明心学的实证研究"批准号：20GZGX10

清华大学认知科学研究系列丛书
Series of Cognitive Science Research, Tsinghua University

蔡曙山　著

我言，故我在
语言、思维、文化层级的高阶认知研究

I SPEAK, THEREFORE I AM
ON HIGH ORDER COGNITION OF LANGUAGE,
THINKING AND CULTURE

人民出版社

题　　谢

　　谨以此书献给我的父亲和母亲。

　　父亲蔡之时（1920—1999），贵州贵阳人，大夏大学（今华东师范大学）毕业，1950年受贵州省教育厅委派，任省立独山中学（后相继改名为独山中学、独山民族中学、独山县高级中学）校长，副校长，文革后复任校长。一生清廉，两袖清风。执教五秩，桃李满园。1999年12月3日，父亲病逝于广东省中山市小榄镇人民医院。父亲去世时，我有一文一联，总结父亲一生业绩，永为纪念。

悼父文：

　　　　凄凄吾祖，哀哀吾父。庚申春月，生于金筑。三岁丧母，五岁丧父。可怜孤儿，自幼失怙。兄姊扶持，祖母呵护。少存大志，不事商贾。大夏学成，献身教育。终生无愧，儒雅风度。文革风云，慈航苦渡。历尽劫波，终无怨薮。悲哉晚年，为虐二竖。虽罹重症，不减风骨。斯人逝矣，世纪落幕。享年八十，佳业永驻。

挽父联：

　　　　执教半世纪，行迹遍川黔。传道授业于嘉陵江边，黔灵山下，剑江河畔，独峰山前。为竟百年事业，呕心沥血，今桃李满天下，人皆仰之；

　　　　齐家五十载，恩泽及儿孙。言传身教在家庭校园，田畴旷野，黄昏清晨，春秋冬夏。为开万世家业，含辛茹苦，众子女均感佩，悲哉行时。

　　母亲彭世伦（1921—2014），贵州雷山人，贵州省独山中学语文教师，她是我的第一位语言启蒙教师，也是我的生命守护人。永远难忘的是一些或甜蜜或苦涩的往事：小时候的晚上，母亲总是坐在一个小方桌旁，在如豆的煤油灯下批改作业，我们几兄妹则围坐在母亲身边做作业。星期六晚上母亲总是要洗一大盆衣裳，星期天早上我和二弟挑着这些头晚上洗好的衣裳走几里路穿城而过，随母亲到城东南的黑神河边"下河洗衣裳"，把清洗好的衣裳随手晾晒在草地上，等到夕阳西下时，再把晾干的衣裳挑回家。60年代初"粮食关"以后，学校的老师们分了田，实行"生产自救"，母亲带着我和弟弟去种田。记得有一次下着大雨，雷鸣电闪，我和弟弟去田头帮母亲干活，走过铁路，远远看见母亲在如注的大雨中干活，心里充满了温暖和甜蜜。因为我们知道，无论再大的艰难困苦，只要有母亲在，我们就会安然度过。母亲很会勤俭过日子，记得小时候的早餐总是母亲早上起来做好，最常吃的早餐是"汤泡饭"和"面疙瘩"，问题美味无比。再高档一点的是拌炒面，要在头天晚上把糯米面磨好并炒好，第二天早上用热水一冲就吃了，香甜可口。磨面这个活要会同时用两只手，右手推磨，左手添米，从此我学会用两只手分别干不同的事。小时候甜蜜的事情还很多：打耗尾、打陀螺、打营仗、捉迷藏、玩弹弓、玩手枪（木头的）、玩乐器、写书法、刻图章、爬山、游泳、打球、唱歌、做航模、装收音机……似乎没有不会玩的。初中学装收音机，母亲每个月发工资时给我五块钱，让我买收音机零件。如果哪个学年评上了学校的三好生，母亲会奖励我，由我自己选择买一样学习用具，买过的东西有俄汉小辞典、圆规、钢笔等。幸福的日子不会太长，我的少年时代还没过去，文化革命来了。随着父亲成了"走资派"被揪斗，我们全家包括我和未成年的弟弟妹妹的命运瞬间坠入地狱。永远难忘的是父亲蒙难的那天早上，红卫兵抄了家，受了重伤、生命垂危的父亲被工友从家中抬了出来，母亲带着我们跟随到医院，我们坐在手术室前面的楼梯上，母亲流着泪对我说：我们卖完家里的东西也要把你爸救活，以后我们就要准备过苦日子了。后来很长一段时间，我自己上山砍柴，心想困难时把这些柴卖了就可以补贴家用。但母亲既不舍得卖，也不舍得烧，堆了一床底的木柴一直保留到我大学毕业，又保留到我研究生毕业。文革中我们四兄妹都上山下乡当了知青，文革后我们四兄妹又都上了大学。历尽劫波，终于苦尽甘来。多年以后，我成了清华大学教授，母亲在北京与我同住。每当我去学校上课时，母亲总会站在窗前看望着我回来，那幅"慈母倚窗望儿归"的画面，是我一生一世也忘不了的啊！

公元2013年的最后一天，我在清华大学上完本学期的最后一次课，乘火车赶去陕西汉中妹妹家中，母亲已经病危。当天晚上下了课，有学生早已安排车子在教学楼下等我。坐上车子从清华一路鸣着警笛直驶向北京西站。上了车，我开始起草母亲的悼词。第二天是2014年的元旦，中午时分到了妹妹在陕西省汉中市城固县陕西飞机公司职工医院，母亲已经处于弥留状态，她已经连续几天滴水未进。我把从北京带来的酸奶慢慢喂到她的嘴里。妈妈睁开眼睛，她看到了我，她一生最牵挂的大儿子。她努力把我喂给她的酸奶一点点咽下去。妹妹说：哥，妈妈已经几天没吃东西了，她就留着一口气等你回来。我听了泪如雨下。2014年1月1日20时40分，母亲闭上双眼，永远离开了这个她无比依恋的世界。这个世界最爱我的人走了，这个世界再也没有我的妈妈了！

悼母文60韵

  庚申诞辰，彭氏蔡母。湘灵之女，苗裔之后。
  生于雷山，得天之怙。自幼聪慧，天资不负。
  少有大志，惟念读书。走出苗地，求学金筑。
  贵阳女中，勤学好读。天资聪颖，美丽贤淑。
  天作之合，相遇之时。① 美满婚姻，人生楷模。②
  建国之初，独山落户。一生奉献，民族教育。
  山耘欣平，子女继出。相夫教子，家庭幸福。
  三年饥荒，母亲劳苦。养猪种田，缝补衣服。
  省吃俭用，勤劳品德。造福家庭，惠及子女。

---

① 父亲讳字之时，子曰："圣之时者也。"
② 父母一生相爱，相敬如宾。文革中母亲与父亲相依为命，共度艰难岁月，两人的感情和人生被独山中学教师当作楷模。

文化革命，世纪劫薮。吾父何罪，吾母何辜。
学生暴徒，红卫兵卒。毁弃黄钟，雷鸣瓦釜。
独山中学，为虐二竖。打砸抢斗，其心何毒。
母亲英勇，不畏邪恶。据理抗争，绝不屈服。
每念及此，悲痛欲哭。勇哉母亲，家业荫护。
退休岁月，安享尊荣。京粤汉筑，二老携手。
生活平静，心情平复。随遇而安，常乐知足。
十四年前，父亲别去，哀哉吾母，晚年孤独。
此身绝矣，此意绝矣。心惟一念，儿孙幸福。
从兹往后，手不停织。织衣密密，意恐迟迟。
慈母之线，游子之衣。众儿孙女，心田如沐。①
悼念我母，优秀品德。永世铭记，旷代之续。
我母意志，无比坚强。横眉冷对，肖小之徒。
我母为师，传道授业。诲人不倦，朝乾夕惕。
我母心智，博学强记。逻辑清晰，情感丰富。
我母性情，温婉优雅。② 智者典范，儒家风骨。
我母持家，勤劳品德。不畏艰难，不辞劳苦。
我母九轶，同堂四世。一门之宗，一家之祖。
蔡氏家门，二十余口。家业成就，惟赖我母。
吾母晚年，依恋子女。常忆当年，家珍如数。
永生永世，念兹在兹。呜乎哀哉，天佑我母。

愿我的父母在天堂幸福

蔡曙山（虎子）
壬寅虎年秋月　于古城独山

---

① 母亲为子孙三代十几口人每人都织了毛衣，每织一件毛衣总是织了拆，拆了织，要求尽善尽美，往往半年一年才能织成，其中织入了多少母爱啊！
② 引自母亲学生蒋敏悼念信。

致　谢

本论文集的出版，以及此前不久《认知科学导论》一书的出版，首先要感谢国家社会科学基金重大项目的资助，没有该项目的资助，我不可能在多年的时间内对认知科学的基础理论特别是高阶认知的理论和应用进行如此深入持续的研究，也就不可能取得这些成果。国家社会科学基金对我国哲学社会科学的发展发挥了不可替代的奠基、导向、示范和引领作用，谨借此向国家社会科学基金表示衷心的感谢！

特别感谢傅小兰教授、杨英锐教授和张刚社长主编。他们是清华大学认知科学团队的共同创始人。本书附录二《我与清华的认知科学》一文深情回顾了清华大学认知科学团队创建二十年来的艰难发展历程和取得的丰硕成果，也深情回顾了在学科缺失的情况下本团队以艰苦卓绝、锲而不舍的精神每年一届连续十年召开全国认知科学会议暨中国与世界认知科学国际会议，持续推动中国认知科学发展，终于在2019年迎来教育部批准成立中国第一个认知科学与技术专业，目前全国已有150多所高校开设了此专业，这标志着中国认知科学的春天到了。清华大学认知科学团队作为祖国百花园认知科学花圃中最早开放的一朵迎春花，在万花丛中露出了欣慰谦虚的笑脸。

感谢清华大学认知团队及合作团队成员江铭虎教授、周建设教授、张学立教授、鞠实儿教授、宋春艳副教授、吴文梅副教授，他们开展与本项目相关领域的研究并发表了专著。[①] 感谢上海证念心理工作室主任胡庆利教授对本书出版给予的支持。

感谢亲爱的读者。"清华大学认知科学研究系列丛书"自出版以

[①] 江铭虎：《语言、脑进化与认知》，清华大学出版社2022年版；周建设：《大学写作与智能训练》，首都师范大学出版社2021年版；宋春艳：《言语行为与制度社会的建构》，社会科学文献出版社2017年版；吴文梅：《天籁侗歌精选》，民族出版社2019年版。笔者作为清华大学认知科学团队负责人为这几部著作作了序。

来，所出各种图书均受到广大读者充分的关爱。一些书目成为国内外认知科学研究工作者经常阅读和引用的文献；一些书目成为大学认知科学相关专业本科生和研究生使用的教材和阅读文献；一些书目多次加印，成为学术著作中的畅销书；一些书籍在脱销的情况下，在当当网上以几倍的价格出售，仍然供不应求。这些都体现了广大读者对认知科学的关爱，对清华大学认知科学团队的关爱，对"清华大学认知科学研究系列丛书"的关爱和支持。我谨在此以清华大学认知科学团队负责人和丛书编委会主任的身份，向广大读者表示衷心的感谢！我们将会继续努力，深入进行科学研究，认真写好每一部书，以更好的科研成果奉献于认知科学界和广大读者。

感谢我们的长期合作单位人民出版社。人民出版社是中国最好的哲学和人文社会科学类综合出版社，学术质量要求非常高。长期合作使我们清华大学认知科学团队和我本人产生了一种敬业、严谨、求实、创新的科研精神和出版精神。2021年，人民出版社重新审定本丛书选题和质量，给予好评，并批准本丛书第二辑书目的出版。衷心感谢人民出版社领导和同仁，使我们双方得以进一步密切合作，以更多更好的研究成果和精品图书贡献于社会，贡献于学界，贡献于广大读者。

感谢人民出版社多年来对清华大学认知科学研究和教学工作以及对我本人予以的全力的、热忱的支持和帮助。希望本书以及其后第二期书目其他图书的出版继续对推动我国认知科学科研和教学发挥积极作用。

清华大学心理学与认知科学研究中心主任

蔡曙山（虎子）

于古城独山　耕读斋中

2022年（农历壬寅虎年）秋月

丛 书 总 序

蔡曙山

卷首诗：
开天辟地历洪荒，
历尽洪荒让有光。
直立而行行致远，
火薪相继继世长。
发明言语通心智，
运用思维著文章。
知识千年成大厦，
传承文化万古扬。

一、认知科学的起源与发展

话说盘古开天地，宇宙走出混沌。经过直立行走、火的使用和语言的发明三大事件，猿终于进化为人。20 世纪 50 年代，认知科学这艘航船开始启航，其时距宇宙大爆炸 138 亿年，距地球诞生 45 亿年，距生命出现 35 亿年，距人类发明语言和运用思维 200 万年，距文字发明 5000 年，距孔子开馆授徒 2500 年，距西方创办大学 1200 年，距造纸术和印刷术发明 700 年，距工业革命 300 年，距计算机发明 50 年，与互联网发明同时代。[1]

---

[1] ［美］米黑尔·罗科、威廉·班布里奇编著：《聚合四大科技　提高人类能力：纳米技术、生物技术、信息技术和认知科学》，蔡曙山、王志栋、周允程等译，清华大学出版社 2010 年版，第 32 页，表 3 "人类能力获得某些非常重大发展的历史"。

当时这艘航船由乔姆斯基掌舵，航行四分之一世纪后，来到20世纪70年代中期，航船上的舵手和几位领航人乔姆斯基（N. Chomsky，语言学）、沃森和克里克（J. D. Watson and F. Crick，生命科学）、米勒（G. Miller，心理学）、冯诺依曼和西蒙（von Neumann and H. Simon，计算机科学）等决定将这艘航船命名为"认知科学"（cognitive science）号，认知科学就此创立。认知科学创立之初的学科框架如图0-1。

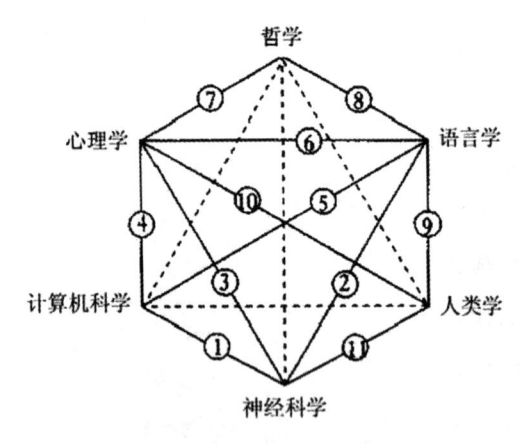

图 0-1 认知科学学科框架图

图0-1中，哲学、心理学、语言学、计算机科学、人类学和神经科学成为认知科学的来源学科（original disciplines），六大来源学科在认知科学的框架下形成各自的新兴学科：心智哲学（philosophy of mind）、认知心理学（cognitive psychology）、认知语言学（cognitive linguistics）、人工智能（AI）、认知人类学（cognitive anthropology）和认知神经科学（cognitive neuroscience）。六个来源学科之间互相交叉，产生出十一个新兴交叉学科，列出如下：①控制论；②神经语言学；③神经心理学；④认知过程仿真；⑤计算语言学；⑥心理语言学；⑦心理哲学；⑧语言哲学；⑨人类学语言学；⑩认知人类学；⑪脑进化。

以上这些学科都是认知科学诞生以后产生的世界前沿的新兴交叉学科。显而易见，如果没有认知科学，这些新兴交叉学科都不会产生。

2000年，人类迈入新世纪，认知科学这艘航船在它航行的道路上又做了两件大事。第一件事是将教育学纳入认知科学的学科框架，形成

"6+1"新的认知科学学科框架（图0-2），因为教育是伴随人终身的心智和心身健康发展的认知过程。在认知科学背景下来发展教育和教育学，不仅会带来教育学的新发展，更重要的是能够促进人的各个阶段的心身健康发展，而这正是教育的目的。第二件事是将认知科学这艘航船与其他三艘航船组成舰队一起航行，这支舰队被命名为NBIC，包括纳米技术（Nano-technology）、生物技术（Biotechnology）、信息技术（In-formational technology）和认知科学（Cognitive science），简称"恩比克"（NBIC）或"聚合科技"（Converging Technologies）。①认知科学被纳入到一个更大的学科共同体之中，人类社会进入一个综合发展的新时代。②

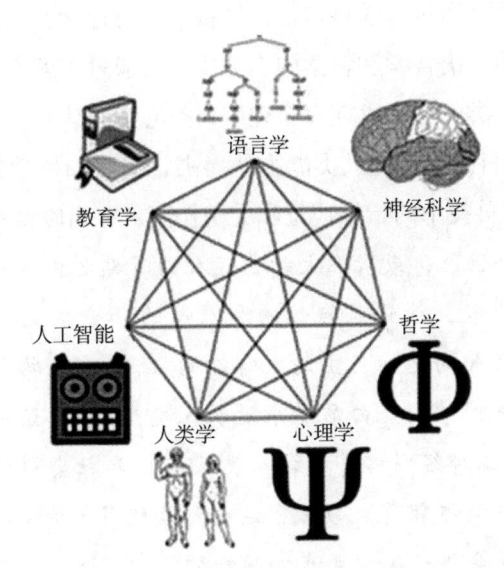

图0-2 认知科学6+1学科框架图

---

① [美]米黑尔·罗科、威廉·班布里奇编著：《聚合四大科技 提高人类能力：纳米技术、生物技术、信息技术和认知科学》，蔡曙山、王志栋、周允程等译，清华大学出版社2010年版，第32页，表3"人类能力获得某些非常重大发展的历史"。

② 蔡曙山：《综合的时代：从认知科学到聚合科技及其未来发展》，《人民论坛·学术前沿》2022年10月（下）。

我曾经将认知科学的目标概括为科学和学科两大目标,[①] 科学目标:揭开人类心智的奥秘;学科目标:促进学科交叉发展。

(一)揭开人类心智的奥秘

在《聚合四大科技　提高人类能力》一书中,公布了美国两大科学计划:人类基因组计划和人类认知组计划。

人类基因组计划(Human Genome Project,HGP)的目标是破解人类生命的秘密,方法是测定组成人类染色体中所包含的 30 亿个碱基对组成的核苷酸序列,从而绘制人类基因组图谱,并且辨识其载有的基因及其序列,达到破译人类遗传信息的最终目的。

人类认知组计划(Human Cognome Project,HCP)的目标是揭开心智的奥秘,方法是通过多学科包括神经科学、心理学、人类学、计算机科学与人工智能、语言学和哲学的交叉研究,通过了解人脑的结构和功能,从而了解人类大脑,以期完全理解人类心智和认知。

《聚合四大科技　提高人类能力》一书,对认知科学的科学目标及其在 NBIC 四大科技中的指导地位和关键作用,有两段精彩的论述:

> 在下个世纪,或者在大约 5 代人的时期之内,一些突破会出现在纳米技术(消弭了自然的和人造的分子系统之间的界限)、信息科学(导向更加自主的、智能的机器)、生物科学和生命科学(通过基因学和蛋白质学来延长人类生命)、认知和神经科学(创造出人工神经网络并破译人类认知)和社会科学(理解文化信息,驾驭集体智商)领域,这些突破被用于加快技术进步的步伐,并可能会再一次改变我们的物种,其深远的意义可以媲美数十万代人以前人类首次学会口头语言知识。NBICS(纳米—生物—信息—认知—社会)的技术综合可能成为人类伟大变革的推进器。

[①] 蔡曙山主编,江铭虎副主编:《人类的心智与认知》,人民出版社 2016 年版,第 1—5 页。

聚合技术（NBIC）以认知科学为先导。因为规划和设计技术需要从如何（how）、为何（why）、何处（where）、何时（when）这四个层次上理解思维。这样，我们就可以用纳米技术来制造它，用生物技术和生物医学来实现它，最后用信息技术来操纵和控制它，使它工作。

（二）促进学科交叉发展

从认知科学到聚合科技的发展，体现了21世纪综合发展的时代特征、综合交叉的学科发展趋势、实现人的全面发展的时代要求，代表着人类前进的方向。[①]

2020年，我国多个职能部门和科研机构包括教育部、自然科学基金委、中国科学院纷纷出台重要政策和重大举措，倡导学科交叉融合发展。

■教育部设置交叉学科门类

2020年8月，全国研究生教育会议提出要建立"交叉学科"门类。随后，国务院学位委员会、教育部印发通知，新设置"交叉学科"门类，成为我国第14个学科门类。

■中国科学院建立哲学研究所

2020年9月24日，中国科学院哲学研究所正式揭牌成立。中国科学院哲学研究所是中国科学院面向国家战略需求而建立的新型科研机构，其目标是通过创建科学家与哲学家的联盟，来促进科技创新、哲学发展和文明进步。中科院哲学所下设5个研究中心，包括逻辑学与数学哲学中心、物质科学哲学中心、生命科学哲学中心、智能与认知科学哲学中心以及科学与价值研究中心。

■教育部召开新文科发展促进会

2020年11月3日，由教育部新文科建设工作组主办的新文科建设工作会议在山东大学（威海）召开。会议研究了新时代中国高等文科教育创新发展举措，发布了《新文科建设宣言》，对新文科建设作出了

---

① Cai, S. The age of synthesis: From cognitive science to converging technologies and hereafter, Beijing: *Chinese Science Bulletin*, 2011, 56: 465-475.

全面部署。

■自然科学基金委设立交叉学科部

在2020年11月29日召开的交叉科学高端学术论坛上,国家自然科学基金委员会宣布,交叉学科部正式成立,这标志着自然科学基金委在促进学科交叉融合方面又迈出新的一步。

——学科交叉融合的势头真是一浪高过一浪!在盛赞有关部委和科研机构促进学科交叉发展的壮举时,我们需要冷静思考。认真分析后我们知道,国家层面上促进学科交叉发展的举措其实只是"后知后觉",因为对比美国和欧洲的认知科学发展,我们已经晚了近半个世纪,这一点我们一定要清醒。真正"先知先觉"的是在此20年前建立的中国第一支认知科学创新团队——清华大学认知科学团队。关于清华大学认知科学团队的思想理念、理论创新、科学研究和学科建设的重要成果,我们在下面一并介绍。

二、人类认知五层级理论

认知科学的两大目标:揭开人类心智的奥秘和促进学科交叉发展,科学研究是第一性的,学科建设是第二性的。这是由科学与学科的关系决定的:首先,科学与学科有本质的区别;其次,科学是第一性的,学科是第二性的。科学研究决定学科发展和学科规范,学科规范和学科发展反过来又会影响科学研究。[①]

前面介绍和分析的认知科学的六学科结构(图0-1)和6+1的学科结构(图0-2)对认知科学的理解都是一种学科的理解,在这种认识之下,认知科学仅仅被当作一个交叉学科。清华大学认知科学团队早期对认知科学的理解以及目前国内大多数认知科学团队和学者对认知科学的理解,甚至国家层面对认知科学的理解,也只是交叉学科的理解。但这显然是不够的,甚至可以说是错误的。

---

① 蔡曙山等:《科学与学科的关系及我国的学科制度建设》,《中国社会科学》2002年第3期。

那么，什么是认知科学的科学理解和科学结构呢？

2015年，我开始思考这一问题。首先，我们要确立认知科学的对象和目标。根据前面的分析，认知科学的目标是揭开人类心智的奥秘，据此，我们将人类心智（human mind）确立为认知科学的对象。其次，在此基础上，我们需要对此目标和对象进行结构性的分析。

图0-3是众所周知的达尔文物种进化论的示意图，从此图中我们不仅能够看到达尔文的物种进化论，还能够看到另外两种进化论：基因进化论和心智进化论。关于这三种进化论的详细论述，请参阅蔡曙山《生命进化与人工智能》一文。①

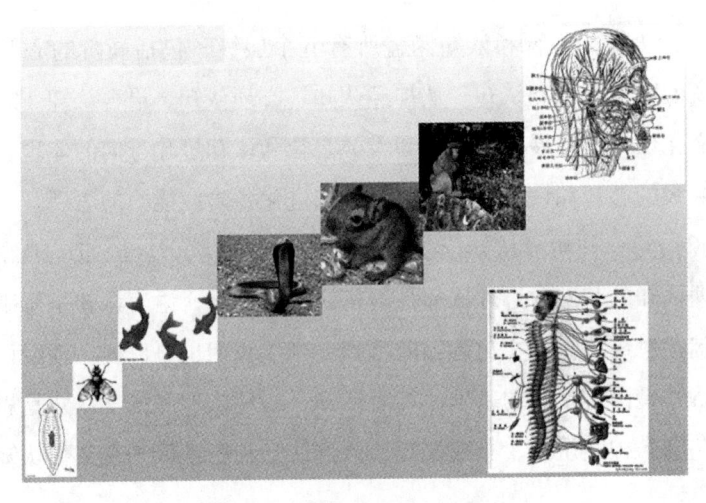

图 0-3　动物和人类心智进化图

对此图进行抽象化并进行结构化分析，我们就得到下面的人类心智五层级结构图（图0-4）。

心智是认知科学的初始概念，认知和认知科学都是用心智来定义的。从脑和神经系统产生心智的过程叫认知。认知科学就是研究人类心智和认知原理的科学。②从人类认知五层级结构图我们可以看出：

---

① 蔡曙山：《生命进化与人工智能》，《上海师范大学学报》2020年第3期。
② 蔡曙山：《认知科学框架下心理学、逻辑学的交叉融合与发展》，《中国社会科学》2009年第2期。

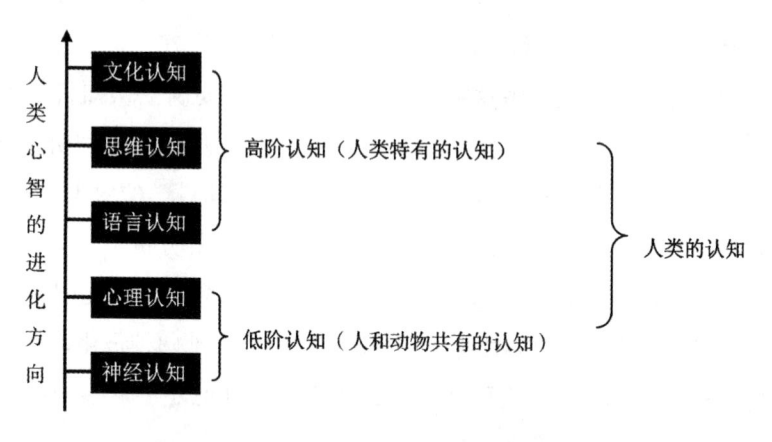

```
人                ┌ 文化认知 ┐
类    ┌ 文化认知 ┐
心    │ 思维认知 │ 高阶认知（人类特有的认知）
智    │ 语言认知 │
的    │         │                              ┐
进    │ 心理认知 │                              │ 人类的认知
化    │ 神经认知 │ 低阶认知（人和动物共有的认知） ┘
方
向
```

图 0-4　人类认知五层级示意图

（1）人类的心智和认知涵盖所有五个层级，包括高阶的心智和认知以及低阶的心智和认知。从神经认知、心理认知、语言认知、思维认知到文化认知的发展，是动物和人类心智和认知进化方向的体现；人类五个层级的心智和认知，是心智和认知进化各阶段能力的表现。

（2）每一种初级认知依次成为高级认知的基础。例如，神经认知是心理认知的基础；心理认知是语言认知的基础；语言认知是思维认知的基础；思维认知是文化认知的基础。当然我们也可以说，神经认知和心理认知是语言认知的基础；神经认知、心理认知和语言认知是思维认知的基础；神经认知、心理认知、语言认知和思维认知是文化认知的基础等。

（3）由于高级认知向下包含了较初级的认知，所以较高层级的心智认知形式会对它所包含的初级的心智认知形式产生影响。例如，文化认知对思维认知、语言认知、心理认知和神经认知产生影响；思维认知对语言认知、心理认知和神经认知产生影响；语言认知对心理认知和神经认知产生影响等。

（4）由语言认知、思维认知和文化认知构成的高阶认知是人类特有的认知形式，非人类的动物并不具有这种认知形式。在高阶认知中，语言认知是基础；在人类认知的五个层级中，语言认知是核心。

（5）低阶认知是非人类动物具有的认知形式，当然人类也具有这种形式的认知。

五个层级的认知是科学的划分。所谓科学划分，就是将科学研究的对象作为划分的根据。迄今为止，认知科学所研究的对象都分属于这五个层级，没有也不可能有超出这五个层级的认知科学对象。当然，有些对象是跨层级的，这就形成认知科学跨领域、跨学科的研究。

将这个科学结构映射到相关学科上得到认知科学的学科结构。图 0-5 表示从认知科学结构到学科结构的映射。

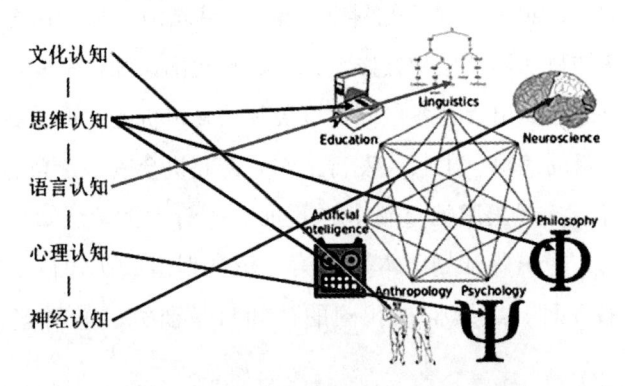

图 0-5　认知科学的科学与学科关系映射图

从这里我们看到，认知科学的科学结构是基础的，是第一性的，将这个结构映射到相关学科上就得到认知科学的学科结构，这是科学决定学科的又一证据。

根据这个理论，2015 年，我带领清华大学认知科学团队以"语言、思维、文化层级的高阶认知研究"为题申报国家社科基金重大项目并获得批准。① 2023 年，我带领清华大学团队再次以"认知科学与中华文化特质研究"为题申报国家社科基金重大项目并获得批准。② 20 年来，特别是近 5 年来，本团队在认知科学的科学研究、学科建设、教学教育、人才培养、学术交流和服务社会等多方面取得了显著成绩。详见本

---

① 蔡曙山、江铭虎、张学立、周建设、鞠实儿等："语言、思维、文化层级的高阶认知研究"，2015 年度国家社会科学基金重大项目，批准号 15ZDB017，2017 年获滚动资助。
② 蔡曙山、江铭虎、衣新发、白晨、张寅生等："认知科学视阈下的中华文化特质研究"，2023 年度国家社会科学基金重大项目，批准号 23&ZD238。

书"导言"及"附录二　我与清华的认知科学"。

三、"清华大学认知科学研究系列丛书"

早在清华大学认知科学发展初期（2006—2015），① 我们就与人民出版社合作出版了"清华大学认知科学研究系列丛书"，已经出版《自然语言形式理论研究》（蔡曙山、邹崇理，2010）、*Mind and Cognition* (Cai, Shushan and Natalie Beltz, 2014)、《人类的心智与认知》（蔡曙山、江铭虎等，2016）、《认知科学导论》（蔡曙山，2021）等多种，在国内国际认知科学界产生积极影响，为推动我国认知科学发展作出了贡献。特别感谢人民出版社各位同仁以极其认真负责的精神、高度专业的水平做好书籍的编辑、出版、发行工作。借此机会表示崇高的敬意！

2021年，人民出版社重新审查并批准"清华大学认知科学研究系列丛书"第二辑出版计划。本丛书第二辑计划出版认知科学研究相关题材的图书8种，继续推进我国的认知科学研究、学科建设和实际应用。

---

① 2004年，清华大学认知科学团队申报教育部985哲学社会科学创新基地获得成功，创建了清华大学认知科学创新基地。2006年，成立清华大学心理学与认知科学研究中心，促进认知科学与心理学的交叉研究。2008年，清华大学心理学系成立。2024年，心理学系转制更名为清华大学心理与认知科学系，同时，心理学与认知科学研究中心转制并更名为认知科学与技术研究中心。

目　录

题　谢 ··· 1

致　谢 ··· 1

丛书总序 ·· 1

导　言 ··· 1

第一篇　语言认知研究

1　我言，故我在 ·· 5
2　进化与建构：从五层级理解人类语言 ············· 59
3　论语言在人类认知中的地位和作用 ··············· 70
4　国学、小学和莫学 ····································· 90
5　从莫友芝的两本书看莫学的语言文化和认知价值 ····· 114
　　——兼斥对莫学的两种批评

第二篇　思维认知研究

6　归纳法演绎法和近代欧洲哲学中的经验论唯理论 ······ 151
7　认知科学框架下心理学、逻辑学的交叉融合与发展 ····· 167
8　论批判性思维的临界性 ······························ 192
9　人工智能与人类智能 ································· 214
　　——从认知科学五个层级的理论看人机大战
10　生命进化与人工智能 ································ 231

- 11 思维认知与人工智能……259
- 12 人类心智与人工智能：以 ChatGPT 为例……284
- 13 经验、认知与大数据……312

第三篇　文化认知研究

- 14 自然与文化……341
  ——认知科学三个层次的自然文化观
- 15 认知科学与技术条件下心身问题新解……366
- 16 知识与能力：认知科学与未来教育变革……408
- 17 阳明心学就是中国的认知科学……437
- 18 网络和虚拟条件下道德行为的认知科学分析……464
- 19 十二生肖的符号学与认知科学研究……482

第四篇　认知科学的交叉综合研究

- 20 论人类认知的五个层级……499
- 21 科学发现的心理逻辑模型……522
- 22 综合的时代：从认知科学到聚合科技及其未来发展……551
- 23 大科学时代的基础研究、核心技术和综合创新……571

- 附录一　我的认知科学之路……603
- 附录二　我与清华的认知科学……617
- 附录三　母校独山中学校训……631
- 附录四　独山书院纪略……640

后　记……646

CONTENTS

FOR MY FATHER AND MOTHER 1

ACKNOWLEDGEMENTS 1

GENERAL INTRODUCTION FOR TSINGHUA UNIVERSITY
COGNITIVE SCIENCE RESEARCH SERIES 1

FOREWORD 1

Part I Language Cognition Researches

1 I speak, therefore I am 5
2 Evolution and construction: Understanding human language from five levels 59
3 On the status and function of language in human cognition 70
4 Sinology, primary schools and Mo Youzhi's academics 90
5 View of Mo's academic value in language and culture cognition from Mo Youzhi's two books 114

Part II Thinking Cognition Researches

6 Induction, deduction and empiricism, rationalism in modern European philosophy 151
7 The cross-integration and development of psychology and logic in the context of cognitive science 167
8 On the criticality of critical thinking 192

9	Artificial intelligence and human mind	214
10	Evolution of life and artificial intelligence	231
11	Thinking cognition and artificial intelligence	259
12	Human mind and AI: take ChatGPT for example	284
13	Experience, cognition and Big Data	312

Part III Cultural Cognition Researches

14	Nature and culture	341
15	New solutions to mind-body problems in the context of cognitive science and technology	366
16	Knowledge and ability: Cognitive science and future educational change	408
17	Wang Yangming's mind theory is the cognitive science of China	437
18	Cognitive science analysis of moral behavior under virtual network conditions	464
19	Research on the twelve Chinese zodiac signs in semiotics and cognitive science	482

Part IV Interdisciplinary and Synthetical Researches of Cognitive Science

20	On the five levels of human Cognition	499
21	A psychological logic model for scientific discovery	522
22	The age of synthesis: From cognitive science to converging technologies and hereafter	551
23	Basic theory, core technologies and synthetic innovation in the Age of Big Science	571

APPENDIX I   My way to cognitive science ················· 603
APPENDIX II   I and cognitive science in Tsinghua University ·········· 617
APPENDIX III   School motto of Alma Mater Dushan Middle
             School ··· 631
APPENDIX IV   Brief records of Dushan Academy ······················· 640

AFTERWORD ·· 646

导　言

本书是国家社会科学基金重大项目"语言、思维、文化层级的高阶认知研究"（15ZDB017）的最终成果之一，另一最终成果是先期出版的《认知科学导论》（2021），这两本书同属"清华大学认知科学研究系列丛书"第二辑第一批书目。

本书是笔者和清华大学认知科学团队自2015年承担国家社科基金重大项目以来理论探索和研究的成果。通过这些研究，我们认识到，决定人类作为认知主体存在的是语言，而不是思维。维特根斯坦说："我的语言的界限就是我的世界的界限。"他的这个论断在认知科学的今天看来无比深刻。语言决定思维，语言和思维共同构建人类知识大厦，知识积淀为文化。所以，人类认知是以语言为基础、以思维和文化为特征的。"我言，故我在。"

本书收录了自本课题立项以来项目负责人蔡曙山已经发表和尚未发表的主要研究成果，分为"语言认知研究""思维认知研究""文化认知研究"和"认知科学的交叉综合研究"四个部分进行编排。为了体例的一致性和完整性，也收入此前发表而未收入作者其他文集的少数几篇有影响的论文，全书共收入与本主题相关的论文23篇。自2015年人类认知五层级理论创立以来，笔者及团队均以此理论为依据进行科学研究。本文集的原发论文为了理论的自洽和完备，均会对基础理论有所引述，所以在基础理论的引述和图表的使用上难免有所重复。本次收入论文集时，对这些地方作了必要的技术性处理。例如，前文已经用过的图表，后文如再使用时，均标记指向的前文图表。为尊重原发期刊，论述尽量少改动，以保留论文原貌，敬希读者谅察。

学术论文的评价既要看当下的影响，更要看一定时间内的影响。在国际评价指标体系中，期刊的影响力常常用"影响因子"（Impact Factor)、"及时指数"（Immediacy Index）和"被引用半衰期"（Cited Half Life）这三大指标来反映。而针对论文的一定时间内的被引次数和下载次数，作为影响因子的重要因素，也可以用作论文的评价指标，如同中国知网所做的那样。本文集所收集的论文，凡上了中国知网的，都注明该论文的被引次数和下载次数（统计截止时间为2022年10月），由此可以分析论文的影响力，也为读者引用时做为参考。

本书与《认知科学导论》（人民出版社，2021年）均为国家社科基金重大项目"语言、思维、文化层级的高阶认知研究"的最终成果，两书可配套使用，适合认知科学及相关学科专业哲学、逻辑学、语言学、心理学、教育学、人类学、民族学、文化学和文化研究、计算机科学、人工智能、神经科学等领域教师、研究生、本科生用作教材和教学参考书，亦可供以上领域科研人员参考。

感谢国家社科基金重大项目的支持，使我和我的团队有机会有条件来进行这项理论意义和应用价值都十分重大的研究。文集成书之际，我想以德国著名诗人歌德的诗篇《上帝与世界》来表达我此刻的心情：

> 辽阔的宇宙，宏伟的人生，
> 长年累月，真诚勤奋，
> 不断探索，不断创新，
> 常常周而复始，从不停顿。
>
> 忠于守旧，
> 而又乐于迎新，
> 心情舒畅，目标纯正，
> 啊，这样又会前进一程！

蔡曙山（虎子）
于古城独山 耕读斋中
2022年（壬寅虎年）秋月

第一篇
语言认知研究

Part1 Language Cognition Researches

本篇论点举要

宇宙的历史 138 亿年，地球的历史 45 亿年，生命的历史 35 亿年。在这个漫长的生命历程中，直立行走、火的使用和语言的发明三件大事终于使猿进化为人。

20 世纪语言学领域发生的一系列革命事件构成一个语言认知的连续统。发生这些事件不是偶然的，它是由人类语言和人类心智与认知的必然联系决定的。

前期维特根斯坦的语言分析是一种语义分析；后期维特根斯坦的语言分析是一种语用分析。

神经、心理、语言、思维、文化这五个层级是人类认知的五种形式。从神经到心理到语言，突出的是"进化"二字，这是进化的神功。语言产生以后，一切都是人类的创造，突出的是"建构"二字，是人类语言和思维的创新成果，即从语言到思维再到文化创新。

现在，我们可以而且应该提出一个重要的命题：我言，故我在。

从认知科学理论和方法看，小学是国学的基础，是中国人语言认知的重要理论和方法，是中国人文化创新的成果。认知科学的体验性即心智的涉身性、思维的无意识性和抽象概念的隐喻性，无一不体现在国学、小学和莫学之中。

莫友芝学术（莫学）涉及的领域包括音韵学、文字学、训诂学、版本目录学、金石书法和诗歌文学，涵盖小学的全部领域并有所超越。一个民族的语言决定这个民族的认知，一个民族语言的基础是它的音韵和文字。从莫友芝的两本书《韵学源流》和《唐写本说文解字木部笺异》，我们应该重新认识和评价莫学的语言认知意义和文化认知价值。

1

我言，故我在[①]

  宇宙的历史138亿年，地球的历史45亿年，生命的历史35亿年。在这个漫长的生命历程中，6500万年前出现了灵长类动物，之后，直立行走（700万年前）、火的使用［自然用火在猿人时代，人工取火（燧人氏）在160万年前］和语言的发明（300万年前）三件大事终于使猿进化为人。

  在这三件大事中，第三件大事语言的发明尤其重要。如果没有这件大事的发生，即使猿学会了直立行走，盗取了天火，猿仍然是猿。距今600万年至200万年前，南方古猿首先发明了表意的符号语言（言语），即概念语言，凭借这种语言，他们协调了更大范围的群体行为，战胜了比他们更强大的其他猿类，主导了从猿到人的进化方向，并最终进化为人。在人类进化史上发生的这一重大事件，即语言在人类进化史上的作用和意义，到了20世纪晚期才逐渐被人类的科学研究所理解。[②]

  与此同时，20世纪哲学家的思辨和语言学家的探索也反映了人类对语言的关注，并将它逐渐移入哲学和语言学的视野之中，表现为维特根斯坦哲学的两次语言转向、乔姆斯基的语言学革命、沃尔夫的语言决定论。

  [①] 本文基金资助：国家社会科学基金重大项目"认知科学视阈下的中华文化特质研究"（批准号23&ZD238）；"语言、思维、文化层级的高阶认知研究"（批准号15ZDB0174）。

  [②] 蔡曙山：《认知科学导论》，人民出版社2021年版，第6—8页。

20世纪70年代中期认知科学的建立，最终解决了语言与人类存在这个哲学和认知科学的根本问题。认知科学将人类心智和认知作为认知科学的对象，而语言、思维和文化是人类心智和认知的基本能力，它们成为认知科学的目标。2015年以来，笔者相继提出的心智进化论、人类认知五层级理论和语言决定论终于尘埃落定，乔姆斯基语言学革命的意义得到解释，语言在人类认知中的地位和作用终于确定。现在，我们可以而且应该提出一个重要的命题：我言，故我在。

一、主客体关系：从古代哲学到近代哲学

哲学寻找自身目标和研究对象的努力贯穿于哲学2600多年的发展之中，而仅仅是在最近的一个世纪，哲学才把自身的研究对象正确地锁定在人类的语言和心智上面。

哲学依照其研究对象区分为古代哲学、近代哲学和现当代哲学。2600年来，研究对象的变迁使哲学区分为本体论哲学（古代哲学）、认识论哲学（近代哲学）、语言哲学和心智哲学（现当代哲学）。语言哲学的诞生使哲学回归于人的本质存在——语言，而对语言本质的探究使人们追溯到语言的本源——人类心智。人类精神对世界的探索从客体出发，经过主体的反思，进到主客体的中间环节和桥梁，最终回归到人自身，回归到人类的语言和心智。

现在我们先从主客体关系来看古代哲学和近代哲学。

（一）古代哲学：本体论哲学

古代哲学研究世界的本原是什么，古代哲学是一种本体论哲学。

以古希腊哲学为例。公元前6世纪，东方伊奥尼亚的一些哲学家开始提出世界的本原问题，他们反对过去流传的种种神话创世说，认为世界的本原是一些物质性的元素，如水、气、火等，米利都学派几乎每一位哲学家都独立地提出他们对世界本原的解释和学说。他们最早用自然本身来解释世界的生成，是西方最早的唯物主义哲学家。

泰利斯（Thales，前624—前546），希腊最早的哲学学派——米利都学派的创始人，古希腊七贤之首，西方思想史上第一个有记载的思想

家，被称为"科学和哲学之祖"。他提出了水本原说，即"万物源于水"，是古希腊第一个提出"什么是万物本原"这个哲学问题的人。

阿那克西曼德（Anaximander，约前610—前545）认为水的存在需要被解释，万物的本源不是具有固定性质的东西，而是"阿派朗"（aperon）即无限定，无固定限界、形式和性质的物质。他认为一切事物都有开端，而"无限定"没有开端。"阿派朗"在运动中分裂出冷和热、干和湿等对立面，从而产生万物。世界从它产生，又复归于它。阿那克西曼德还认为最原始的动物是从海里的泥变化而出的，人是从一种鱼类演化而来的。阿那克西曼德认为在某一个时刻里，所有的东西都是气体。在他的理论中，气体是遵照自然的力量被转变成其他的物质，从而演变为一个原始的世界，就是我们生活着的地球。他认为气体是一种自然的材料，能在任何地方被找到。这个理论与最早的希腊文化"灵魂有时候是生命的呼吸"相吻合。

阿那克西美尼（Anaximenes，前586—前526）认为，气体是万物之源，不同形式的物质是通过气体聚和散的过程产生的，认为火是最精纯或是稀薄化了的空气。阿那克西美尼用他的理论去说明自然现象：闪电和雷的形成是因为云变成了风；当太阳照到云上的时候就形成了彩虹；当下过雨，地面蒸发水分的时候则形成了地震。

毕达哥拉斯（Pythagoras，前580—前500），古希腊数学家、哲学家。他认为存在着许多但有限个世界，提出"万物皆数"的世界观，认为"数是万物的本质"，是"存在由之构成的原则"，而整个宇宙是数及其关系的和谐的体系。毕达哥拉斯学派认为"1"是数的第一原则，是万物之母，也是智慧；"2"是对立和否定的原则，是意见；"3"是万物的形体和形式；"4"是正义，是宇宙创造者的象征；"5"是奇数和偶数，是雄性与雌性的结合，也是婚姻；"6"是神的生命，是灵魂；"7"是机会；"8"是和谐，也是爱情和友谊；"9"是理性和强大；"10"包容了一切数目，是完满和美好。毕达哥拉斯定理（中国的勾股定理，勾股定理更早）提出后，其学派中的一个成员希帕索斯推导出边长为1的正方形其对角线长度是$\sqrt{2}$，这个数不能用自然数或分数表示，这是数学史上第一个无理数。这个发现导致出现第一次数学危机，也称为无理数危机。

色诺芬尼（Xenophanes，约前570—前480，或前565—前473），埃利亚学派的先驱。批判和反对传统观念中关于诸神起源的传说，揭示自己对世界本原的理解和看法。他说："一切都从土中生，一切最后又都归于土。""一切生成和生长的东西都是土和水。""我们都是从土和水中生出来的。"在《荷马史诗》中，天上的一切都来自海洋，海神养育着天上诸神。色诺芬尼则将诸神传说都当作前人的虚构，提出了土是万物本原的思想。

恩培多克勒（Empedocles，约前495—前435）是毕达哥拉斯主义者和神秘论者，他还具有某种进化论的模糊观念。之前的泰勒斯曾认为宇宙的基本成分是水，阿那克西美尼认为是空气，赫拉克利特认为是火，齐诺弗尼斯认为是土，而恩培多克勒产生了将这一切糅合在一起的看法。他认为一切事物都由这些物质的不同组合和排列构成。其后亚里士多德继续研究和改进了这一观点，并成为两千多年来化学理论的基础。

阿那克萨戈拉（Anaxagoras，约前500—前428）深受伊奥尼亚学派唯物主义思想影响，但他又不满足于用某一种具体物质或元素作为万物本原的主张，因为这不能解决一和多的关系问题。他提出了自己的种子说，认为"种子"有各种不同的性质，数目无限多，体积无限小，是构成世界万物的最初元素；种子具有各种形式、颜色和气味，它们的结合构成了世界上千差万别的事物。阿那克萨戈拉认为种子本身是不动的，推动种子的结合和分离的力量在于种子之外的一种东西，他称为"奴斯"。他认为，宇宙原是无数无穷小的种子的混合体，由于奴斯的作用，使原始的混合体发生旋涡运动，这个运动首先从一小点开始，然后逐步扩大，产生星辰、太阳、月亮、气体等。这种旋涡运动的结果，使稀与浓、热与冷、暗与明、干与湿分开，于是浓的、冷的、湿的和暗的结合为大地，而稀的、热的、干的和明的结合为高空，从而构成了有秩序的宇宙。在希腊文中"奴斯"本义为心灵，转义为理性。阿那克萨戈拉以此来表述万物的最后动因。他认为，奴斯和任何个别事物不同，它不和别的事物相混，是独立自在的；奴斯是事物中最稀最纯的，它能认知一切事物。奴斯是运动的源泉，宇宙各种天体都是由奴斯推动的，过去、现在和将来的一切东西都是由奴斯安排的。可以说，阿那克萨戈拉的"奴斯"学说，包含了后来的心灵哲学以及当代心智哲学的种子。

德谟克利特（Demokritos，约前460—前370），古希腊伟大的唯物主义哲学家，原子唯物论学说的创始人之一，率先提出原子论（万物由原子构成）。德谟克利特一生勤奋钻研学问，知识渊博，他在哲学、逻辑学、物理、数学、天文学、动植物、医学、心理学、伦理学、教育学、修辞学、军事、艺术等方面都有所建树。他是古希腊杰出的全才，在古希腊思想史上占有很重要的地位。他认为，万物的本原是原子和虚空。原子是不可再分的物质微粒，虚空是原子运动的场所。人们的认识是从事物中流射出来的原子形成的"影像"作用于人们的感官与心灵而产生的。德谟克利特的原子论，是另一种形式的"种子"说。但他的"种子"并非阿那克萨戈拉的"心灵"或"理性"的种子，而是"物质"的种子。

古希腊哲学对世界本原的探索，已经涉及非常深刻的心身关系问题，它们后来发展成为哲学的基本问题，也是认知科学的基本问题。[①]

（二）近代哲学：认识论哲学

近代西方哲学指15世纪中期至19世纪40年代的西方哲学。近代西方哲学分为三个时期：（1）由中世纪到近代的过渡期，即15—16世纪的所谓"文艺复兴"时期。（2）17—18世纪末，是近代哲学的中期。这个时期，资本主义进一步发展，自然科学出现了分门别类的研究，现实世界成了可以由人类把握的对象，哲学的兴趣集中在主体与客体的关系、思维与存在的统一等问题上。真正的近代哲学也就是从这里开始的。（3）自18世纪末的康德哲学起，近代哲学进入了它的晚期。

近代哲学强调主体的认识能力，研究对象从客体转向主体，体系则

---

① 蔡曙山：《认知科学与技术条件下心身问题新解》，《学术前沿》2020年第5期。

从古代本体论哲学转向认识论哲学。近代哲学研究人类的认识能力，基本的方法是用逻辑建构知识体系，表现为近代哲学的经验论和唯理论之争。我们以近代西方哲学中经验论和唯理论为例，说明近代哲学的认识论特性。①

1. 英国的经验论——培根和休谟

近代经验论的创始人是弗兰西斯·培根（Francis Bacon, 1561—1626）。他首先对亚里士多德的演绎法进行了批判，特别批判了亚氏三段论。他认为运用这种方法处理日常事务和发表议论或意见，比较合宜，若要应付自然，则嫌不足。如果它一定要干预它所驾驭的东西，结果不但不会给真理开辟道路，反而把错误确立和保全下来。

在对亚氏三段论批判的基础上，培根创立了他的唯物的经验归纳法。他说这种方法不同于亚氏的演绎法，不是要编造论据以战胜对方，而是要制订工作计划，给予工作指导，为此，培根认为必须创制一些基本原则。

（1）创造健康的概念是第一个基本原则。如何创造健康的概念？培根指出，必须注意个别事物及其关系和秩序，认真地熟悉事实。永远拒绝先入为主的概念。他要求人们放弃一切纯属思辨的或拟人观的概念。他提倡面向自然，认为从个别事物中抽绎出共有的特征，加以综合，并形成概念。

（2）概念的逐步深化是第二个基本原则。培根说："只有根据一种正当的上升阶梯连续不断的步骤，从特殊的事例上升到较低的公理，然后上升一个比一个高的中间公理，最后上升到普遍的公理，我们才可能对科学抱着好的希望。"② 最低的公理和实验材料接近，内容比较具体。中间公理加深了抽象的性质，它真实、可靠而富有生命力，特别有助于指导人类活动。最高公理最为抽象，它的有效性受中间公理的制约。

---

① 参见蔡曙山：《归纳法演绎法和近代欧洲哲学中的经验论唯理论》，贵州大学科教处编：《贵州大学七七、七八级毕业论文选集》，1983 年，第 236—246 页。

② 北京大学哲学系外国哲学史教研室编：《十六——十八世纪西欧各国哲学》，商务印书馆 1975 年版，第 44 页。

（3）运用排除法是第三个基本原则。培根认为简单枚举法形同儿戏，容易被相反的事例所推翻。他主张运用排除法，就是在归纳过程中，排除否定的事例，选取肯定的事例，以确定自然事物的原因。他认为宇宙间自然事物的因果关系为数有限，通过逐渐缩小所涉及的范围，就可以发现这类因果关系。

（4）建立假设是第四个基本原则。假设是在归纳过程中产生的，标志着这一过程的转折或飞跃，是经验积累和思考分析相结合的结果。

培根全面地研究了我们在前面提到的形式逻辑的三个问题，即如何形成概念、如何得出判断和如何进行推理的问题。在推理方面，培根强调经验归纳并把它建立在观察和实验的基础之上。他虽然批判了亚里士多德的演绎法，指出了这种方法的缺陷，但他并未否认理性认识的作用。因此，他的经验归纳法尽管有缺陷，但并没有走入绝路。培根之后，洛克发展了唯物主义经验论，但却陷入了狭隘经验论。

洛克主要讨论的是如何形成观念的问题。他认为事物具有两种性质："第一性的质"是物体的广延、形体、数目、可动性等，这种性质为物体本身所固有。"第二性的质"是颜色、声音、滋味等，这种性质不是物体自身所固有，而是物体借"第一性的质"在人们感觉中引起观念的一种能力。因之，由"第一性的质"产生的感觉观念都是对外物的反映，在客观世界中有与之相似的"物的原型"存在。由"第二性的质"产生的观念则只存在于感觉主体中，纯是主观的东西。他断言，我们的知识一定比我们的观念范围还狭窄。"我们无知，首先是由于缺乏观念。"①

洛克是把知识限制在经验的范围内而走入狭隘经验论的。他的典型的命题是："凡在理智中的，无一不是在感觉中。"这一命题承认理性认识从感性认识中来，这是唯物主义经验论。如果他说"凡在理智中的，必先存在于感觉中"，这就是正确的唯物主义反映论的观点了。问题出在"无一不在"这几个字上。既然是"无一不在"，那么人们的认

---

① ［美］梯利：《西方哲学史》下册，商务印书馆1979年版，第80页。

识就不可能超出感觉经验，经验之外的一切存在都变成不可知的了。这是唯心主义可以接受的观点。洛克的经验论是经验论的一个十字路口。列宁说："从感觉出发，可以沿着主观主义的路线走向唯我论（'物体是感觉的复合或组合'），也可以沿着客观主义的路线走向唯物主义（感觉是物体、外部世界的映象）。"①

休谟代表着近代经验论的逻辑终结。他片面地使用归纳法，从而把经验论推向了死胡同。我们对休谟作一个比较详细的介绍，就可以看出逻辑方法对一个哲学家甚至一个哲学派别的影响是多么大。

休谟比较认真讨论的是概念的问题和推理的问题。关于概念，休谟认为观念是对感觉的摹写，感觉又来源于客观事物。他认为，概念产生出来之后，必须加以严格的定义，以避免在辩论时发生不必要的争吵。他说经院哲学常常使用未定义的名词，使争论冗长到厌烦的地步。概念的定义，休谟认为要遵守两个必要的条件："第一，它必须和明白的事实相符合，第二，它必须自相符合。"② 休谟第一点讲的是定义的问题，第二点讲的是形式逻辑的同一律。

关于推理，休谟坚持彻底的经验论。他否认理性演绎法，只讲经验归纳法。他把这种方法贯彻到他的经验论认识论的各个方面，形成了他以怀疑论为特征的独特的哲学体系。

休谟否认理性认识的作用，由经验得到的认识不能交给理性去错误演绎，因为理性在任何时候都容易陷于错误。"理性是不完全的，我们总以为只有经验可以使由研究和反省而来的公理稳固而确定起来。"③

休谟坚定地相信而且仅仅只是相信经验归纳法，并彻底地始终一致地贯彻这种方法，从而得出怀疑论的结论。我们来认真地分析他的思路。

首先，他看出经验归纳法既可信又不可全信，显然他指的是简单枚举归纳法：

（1） S_1 是 P_1，

---

① 《列宁选集》第2卷，人民出版社2012年版，第86页。
② ［英］休谟：《人类理解研究》，关文运译，商务印书馆1957年版，第87页。
③ ［英］休谟：《人类理解研究》，关文运译，商务印书馆1957年版，第42页。

S_2 是 P_2,

......

S_n 是 P_n,

(2) S_{n+1} 不是 P_{n+1},

S_{n+2} 不是 P_{n+2},

......

S_{n+m} 不是 P_{n+m},

所以，(1) S 可能是 P;

(2) S 可能不是 P。

为什么会得出两个不相一致的结论呢？休谟认为，这是因为观察和实验的次数可以是无限的。即使从第 1 次到第 n 次出现的是肯定的情况，谁又能担保从第 $n+1$ 次到第 $n+m$ 次不会出现否定的情况呢？如何判定结论是肯定还是否定的？休谟提出了他的"多数原则"或称"优势原则"，这就是：比较 n 与 m，当 $n>m$ 时，结论是肯定的；当 $n<m$ 时，结论是否定的。休谟特别强调的是，在这两种情况下，结论都不会超出可能性的范围。这就是休谟的怀疑论原理，它是建立在对经验归纳法的详细分析之上的。

将这一原理应用于认识对象立刻就得出不可知论的结论。因为要解决实体存在的问题只有诉诸经验，而经验在这里不得不沉默，因为经验归纳法是得不出任何确切的结论的。休谟说："凡'存在'者原可以'不存在'。一种事实的否定并没有含着矛盾。任何事物的'不存在'毫无例外地和它的'存在'一样是明白而清晰的一个观念。凡断言它为不存在的任何命题与断言它为存在的任何命题，都是一样可构想、可理解的。"[1] 休谟的不可知论实际上是"存疑"，将实体（不论物质实体或精神实体）是否存在的问题悬置起来，不予解决。如果坚持彻底的经验论，又坚持逻辑的一致性，只能得出这样的结论。

将怀疑论原理应用于因果关系就会得出因果关系不必然的结论。休谟

---

[1] [英]休谟：《人类理解研究》，关文运译，商务印书馆 1957 年版，第 144 页。

否认理性可以发现因果关系。他说："因果之被人发现不是凭借于理性，即是凭借于经验。"例如，火药的爆发，磁石的吸力，是不可能被先验的论证所发现的。那么经验是如何发现因果关系的呢？休谟说："我们由单一例证得不到这个联系的观念，而许多相似的例证却可以把这个观念提出来。"① 恒常的联系产生习惯，习惯产生必然联系的观念。一件事情千百次地跟另一件事情出现，久而久之，我们在这两件事情之间就形成了因果观念。我们把前一事件叫原因，把后一事件叫结果。因此，因果关系只是一种习惯的联想，这种习惯当然就是经验。

那么这种习惯或经验是可靠的吗？运用前面的公式只能回答：不可靠。就是说，因果关系是不必然的。例如，我们一千次向上抛出的石块都掉了下来，谁能担保第一千零一次石头不会飞上天去，把太阳毁灭了呢？几千万年太阳都在第二天早上又出来了，谁能担保明天早上太阳还会出来？我们看到，休谟的因果关系不必然的结论正是由他的经验论和怀疑论原理必然地推出来的。同时我们还看到，逻辑方法对一个哲学家的影响是多么大！

当然，休谟是一个逻辑严密的哲学家，他始终如一地运用经验归纳法，不能解决的问题宁可"存疑"，而不像贝克莱那样，为了保证上帝的存在，宁可放弃逻辑上的首尾一致性。休谟与贝克莱的差别正是在这里。

总之，所有经验论者，从培根到休谟都片面夸大了归纳法的作用。他们不能理解归纳法和演绎法在认识中具有同样重要的地位，不能理解归纳法和演绎法之间的辩证关系，因此在应用归纳法时就产生了这样那样的错误。但是，他们比较详细地研究了归纳法的性质、特征和作用，这又是他们的共同功绩。

2. 欧陆的唯理论——笛卡尔和莱布尼茨

近代欧洲哲学的另外一条发展路线是唯理论，创始人是笛卡尔。罗素说："通常都把他（笛卡尔，引者注）看成是近代哲学的始祖，我认

---

① ［英］休谟：《人类理解研究》，关文运译，商务印书馆1957年版，第69页。

为这是对的。"[①]　其实，笛卡尔的影响不仅在哲学，在数学和科学的发展上，笛卡尔的贡献和影响也是巨大的。17世纪初，笛卡尔建立了他的坐标系，对数学的发展产生了极其重要的影响。笛卡尔坐标系将数和形统一起来，解析几何从此诞生。由于有了坐标系才会有变量，才可以表达函数，微积分才有了发展的舞台。古代数学是常量数学，近代以来的数学进入变量数学的时代，这源于笛卡尔坐标系的建立，它是变量数学的先导和基础。此后，人们才可能对运动等物理现象进行函数的研究。笛卡尔坐标系的建立，深刻地影响了数学的发展。在脑与神经科学的发展上，笛卡尔也有杰出的贡献。他认为视觉输入信息通过感觉器官传送到大脑中的松果体，并猜测左右眼的视觉信息会交叉投射到大脑的另一侧，这是关于大脑偏侧性和左右脑分工的天才猜测。在哲学上，笛卡尔的心身二元论是近代关于心身关系的最重要的理论，而心身关系是科学和哲学的最基本和最重要的问题。[②]　笛卡尔哲学对后世影响最大的是他的那句世人皆知的名言："我思，故我在"（I think, therefore I am）。根据这个论断，人类存在的本质是思维，失去思维，人类的存在就没有意义了。现代医学对死亡的定义是脑死亡，这与笛卡尔对人的存在的定义是完全一致的。这是哲学史上无比重要的一个论断。从这里我们看到一位杰出的思想家、哲学家的思想理论的超前性和对具体科学的指导意义。

笛卡尔是一个伟大的数学家和科学家。他欣赏数学的严谨推理，也希望把哲学变成一个公理体系，从几条自明的公理出发来推出全部的知识。如何建立这样一个理性演绎的体系呢？笛卡尔运用"普遍怀疑"作为他建立系统的原则。他认为一切知识都可以怀疑，唯有"我在怀疑"这一点却是不能怀疑了，否则就要陷入逻辑矛盾。因此，"我思，故我在"，即思维决定自我的存在，这就是系统中的第一条公理。

笛卡尔接着就证明上帝的存在。这里他利用因果关系，并运用了一

[①]　[英]罗素：《西方哲学史》下册，马元德译，商务印书馆2020年版，第85页。
[②]　蔡曙山：《认知科学与技术条件下心身问题新解》，《学术前沿》2020年第5期。

个 AAA 式三段论：没有无因之果，而且原因至少必须同结果大小相等；上帝的概念是完善的，它必然有一个完善的原因，或者说是由一个同样完善的东西安置在我们心中的，这原因就是上帝。这个三段论是：凡完善的东西都有一个完善的原因（大前提），上帝这个概念是完善的（小前提），因此上帝这个概念必有一个完善的原因（结论）。上帝存在，这是笛卡尔的第二个公理。

笛卡尔接着又证明世界的存在。他仍然利用因果关系并且运用了一个选言证法：我们本能地感到世界的存在，这只能有两个原因：一个是上帝，一个是自然本身；如果是上帝，那么我们经常受骗，就是上帝在骗人；但上帝不会骗人，因此自然界的存在以自己为原因。世界存在，这是笛卡尔的第三个公理。

上帝、自我（精神）、世界（物质）这几个观念都是天赋的，是笛卡尔演绎推理的出发点。建立这样的出发点十分重要。首先是笛卡尔鄙视感性经验和归纳推理，因为无法说明演绎推理的大前提或称第一原理从何而来。因此明确几个天赋观念并把它们作为推理的前提是必要的。其次他的"普遍怀疑"的原则也必须在某处止住，这也是逻辑的需要，否则推理无法进行。这样，笛卡尔认为只要从天赋观念出发，运用演绎法，就可以推出全部知识。

笛卡尔看到了演绎推理的优点与缺陷：优点是，从前提出发可以确定地推出结论；缺点是，它不能建立"第一原理"。为了克服演绎法的缺陷，他提出"天赋观念"而陷入唯心主义。对于上帝、精神、物质三者的关系，笛卡尔认为上帝是最高的天赋观念。其门徒格林克斯又提出"二时钟"说来解决这一问题，他认为精神和物质这两个时钟之所以走的一致，是由上帝对准了的，这就陷入了神学唯心论。

唯理论学者中还有一个重要人物，这就是莱布尼茨。他在笛卡尔演绎法的基础上发展了逻辑学，他的贡献是多方面的。

关于第一原理。莱布尼茨看到笛卡尔"天赋观念说"的唯心主义色彩太明显，并且已遭到洛克等人的驳斥，于是他对"天赋观念说"进行修改，提出"有纹路的大理石"说。莱布尼茨认为心灵既不像洛克说的白板，也不像笛卡尔说的生来就具有"清楚明白的观念"，而是一块有花纹的大理石。大理石固然需要加工才能具有形象，但它所具有的花纹早已决定这形象是什么样子了。他用"潜在的天赋观念"来代替笛卡尔的"天赋观念"，承认外界对象和感官对认识起了某种"诱发"和"唤醒"的作用。这是他向经验论做的一点点让步。

关于逻辑规律。莱布尼茨认为有两种原则：一种是先验的原则，这就是同一律和矛盾律，这是纯粹思想范围里的真理标准；另一种是经验的原则，这就是充足理由律。这是经验领域中真理的标准。在他看来，充足理由律不仅是逻辑的规律，即每一判断必须有根据和理由来证明它的真理；而且它还是形而上学的规律，即一切事物必须有它存在的充足理由。"如果不承认充足理由律，上帝存在的证明和许多哲学理论就要破产"。他的这种思想仍然在企图调和唯理论与经验论。

关于推理的可靠性。莱布尼茨认为，经验论者用归纳法进行推理，只能发现"事实的真理"，而"事实的真理"是没有必然性的。因为一种现象不管有多少例证，都不能证明这个事件将永远和必然发生。唯理论者用演绎法进行推理，却能够发现"必然的真理"。因为在这种情况下，心灵本身补充了感觉所不能提供的东西。"必然真理的最后证明只来自知性，其他真理导源于经验或感官的观察。心灵能够认识两种真理，它是必然真理的泉源。不管我们有多少关于普遍真理的个别经验，除非通过理性而认识它的必然性，否则我们永远不能靠归纳来绝对确定这种普遍的真理"。[①] 这样，他又把唯理论推向了绝路。

创立数理逻辑。莱布尼茨毕生怀着希望，想建立笛卡尔提出的"普遍化的数学"，用计算来代替思考，这样就会消除哲学家们的争执。万一发生争吵，他们无需解释，只要像会计师似的拿起石笔，在石板面前坐下来，彼此说一声"让我们来算算"也就行了。这种"普遍化的数学"就是莱布尼茨后来创立的数理逻辑，即用代数方法来解决逻辑问题，它是对唯理演绎法的重大发展。

---

① ［美］梯利：《西方哲学史》下册，葛力译，商务印书馆1979年版，第142页。

我们可以看出，莱布尼茨逻辑思想的最大特点是企图调和唯理论与经验论。但他是不成功的。他的唯理论的成分太浓，他对经验论的让步太少了，莱布尼茨没有完成的这项工作是由康德来进行的。

3. 综合与调和（先天综合判断）——康德

在近代欧洲哲学家中，康德无论从哪方面来说都是一位重要人物。他的逻辑学说也极为重要。我们再来看他是如何继承他的前人莱布尼茨调和经验论与唯理论的。

对于经验论与唯理论这两派哲学，康德至少看出了这样两个问题：

第一，经验论和唯理论都有各自的片面性，都存在不可克服的缺点。休谟的经验论只讲经验，从根本上否认理性认识的作用，否定普遍性和必然性的存在。康德认为这会导致否认科学知识。莱布尼茨的唯理论完全脱离经验，只凭理性自身推论出客观事物的普遍性和必然性。康德认为这不能解释理性凭几个先验概念何以能够成为内容无限丰富的科学知识。

第二，他还看出莱布尼茨企图调和经验论和唯理论而没有成功。康德决心来完成莱布尼茨的工作，即批判经验论和唯理论的错误，综合其优点。他的这种思想表现在他建立"先天综合判断"的努力中。

康德认为，一切知识必先表现为一个判断。例如，如果只有"太阳"和"热石头"这两个概念并不能形成知识，只有把两者加上因果关系，得到"太阳晒热石头"这个判断，才能形成知识。判断又分为两类，即分析判断和综合判断，合起来得到先天综合判断。

(1) 分析判断

定义：宾词 B 属于主词 A，而且包含在概念 A 之中。这种主宾关系的判断叫分析判断。

性质：康德认为，这种判断无需经验维持，它根据矛盾律直接从主词中抽绎出宾词，判断是必然的。因此一切分析判断都是先验的，称为"先天分析判断"。这种判断不依赖于经验而绝对有效。但是，由于判断的宾词没有超出主词断定的范围，因此，这种判断不能增加新的知识。所以，科学的认识不存在于这种判断之中。

（2）综合判断

定义：宾词 B 通过该判断与主词 A 联结起来，但概念 B 完全在概念 A 之外。

性质：康德认为，这种判断根据经验将某一宾词系附于主词，它必须依靠感性直观，因此，一切综合判断都是经验的，称为"后天综合判断"。综合判断的宾词超出了主词断定的范围，故它提供了新的知识。但是，它把大多数事例中的有效性推广到一切事例中皆有效，因此，这种判断是不必然的。科学的知识同样不存在于这种判断之中。

（3）先天综合判断

康德断言，科学知识必存在于另一类判断之中。这类判断克服了前两类判断的片面性，综合了它们的优点。这类判断既能扩大知识范围又讲推理的必然性，既是经验的又是先天的。这种判断就叫先天综合判断。

有先天综合判断吗？康德做了肯定的回答。他说："理性之一切理论的学问皆包含有先天的综合判断而以之为原理。"① 先天综合判断包括：

①一切数学的命题。例如 7+5＝12 这一命题是必然的，因而它是先天的。但从 7+5 中又不能立即分析出 12 来，还需要感性直观，需要计算，复杂的命题更是如此。因此，这种命题又是综合的，它提供了新的知识。

②自然科学的原理。例如，"在物质界的一切变化中，物质之量仍留存不变。"这一命题是必然的，因而它是先天的；但永存性又不为物质这一概念所包含，因而它又是综合的，并且提供了新的知识。

③玄学（形而上学）包含有先天综合命题。康德认为，形而上学不仅要分析我们关于事物先天构成的概念，而且要增加我们的知识。例如"世界必须有一最初之起始"就是一个先天综合命题。

综上，康德着重阐述了概念如何形成判断以及判断的特征这些问

---

① ［德］康德：《纯粹理性批判》，蓝公武译，三联书店 1957 年版，第 35 页。

题。康德提出"先天综合判断"试图调和经验论与唯理论，虽然他的这一目的并未达到，但是他的"先天综合判断"对于克服经验论和唯理论的片面性，确实起了积极作用。他从逻辑学的角度透彻地分析了经验论与唯理论各自的缺陷与长处，提出"先天综合判断"来综合两者的优点，既重视理性认识又重视感性认识，既重视分析方法又重视综合方法。虽然他并未认识到感性认识和理性认识的辩证关系，但比之前人，他已经高出许多了。

4. 关于经验论唯理论的脑与认知科学的证据

从学理上说，经验和理性是人类认识世界的两种主要方式，也是人类知识的两个基本来源。从人类认知五层级看，理性思维是左脑的主要功能，经验直觉则是右脑认知的主要方式。经验论和唯理论各自强调大脑一侧而否定另一侧的认知功能，这具有一定的真理性。但我们的左右脑是既有分工又协调一致工作的。康德建立"先天综合判断"试图调和经验论和唯理论之争，他的理论似乎更接近今天认知科学的真理。事实上，经验论与唯理论之争，这个在西方哲学史上历两千多年的发展而不衰的永恒的哲学问题，只有在脑与认知科学中才能够得到最终的解决。对这个问题的全面论述，大大超出本文范围，有兴趣的读者可以参阅蔡曙山《认知科学导论》一书的第一篇"脑与神经认知"。[①]

二、两次语言转向和现当代哲学

20世纪世界排名第一的哲学家是维特根斯坦，这是没有争议的。他的贡献是突破了从古代哲学到近代哲学的主客二分法和形而上学，他一生中以两本书开启了20世纪西方哲学的两个时代和两个流派：分析哲学和语言哲学。更为重要的是，维特根斯坦的这两本书完成了20世纪西方哲学的两次语言转向，实现近代西方哲学向现当代西方哲学的转变，并将人类语言和心智确立为哲学研究的对象和目标。

20世纪的西方哲学，有一条从语言到心智的发展道路，这条道路

[①] 参见蔡曙山：《认知科学导论》，人民出版社2021年版，第3—128页。

的领路人正是维特根斯坦。其后经过乔姆斯基（N. Chomsky）、奥斯汀（J. L. Austin）和塞尔（John R. Searle）等人的努力，最终导致认知科学（cognitive science）和心智哲学（philosophy of mind）的建立。

从认知科学来看，哲学是人类认知的一种方式，属于文化认知的层级。① 从古代哲学到近代哲学再到现当代哲学的发展，经历了客体——主体——语言——心智这样的旅程，人类心智从对客体的认知开始，经过主体的认知和语言的认知，最后回归到心智自身，这就是2600年以来哲学的旅程。我们可以说，古代哲学是关于客体世界的哲学，近代哲学是关于主体认识能力的哲学，现当代哲学是关于语言和心智及人类认知能力的哲学。就现当代哲学而言，前后期维特根斯坦的两次语言转向，确立了分析哲学和语言哲学两大派别，并为过渡到心智哲学做好了准备。

路德维希·约瑟夫·约翰·维特根斯坦（Ludwig Josef Johann Wittgenstein，1889—1951），哲学家，出生于奥地利维也纳省，逝世于英国剑桥郡，享年62岁。维特根斯坦是20世纪西方哲学划时代的领军人物，他一生中的两本书《逻辑哲学论》和《哲学研究》开创了现代西方哲学的两个时代，建立了现代西方哲学的两个重要流派——分析哲学和语言哲学，并为心智哲学的创立做了理论准备。下面我们以认知科学的观点，特别是以人类认知五层级理论的观点和方法，认真解析维特根斯坦的两本书《逻辑哲学论》和《哲学研究》，分析它们带来的两次语言转向，解析分析哲学与语言哲学之异同，指出语义分析和语用分析两种方法在这两次语言转向中的作用和意义，最后分析这两次语言转向对现当代西方哲学的重大影响，阐明语言认知在哲学和认知科学中的重要地位和作用。

（一）第一次语言转向和分析哲学

这里说的维特根斯坦的第一本书是1921年发表于德文期刊《自然哲学年鉴》的《逻辑哲学论》。该书的写作和发表，都有着非常离奇的

---

① 蔡曙山：《论人类认知的五个层级》，《学术界》2015年第12期。

故事。并且，该书的体例也是十分的奇特，以上帝的口吻来说话，这种体裁被称为"语录体"，那就是《圣经》的体裁。

著作：《逻辑哲学论》。

作者：前期维特根斯坦。

方法：语义分析方法。

理论：逻辑图像论。

格言："我的语言的界限就是我的世界的界限。"
　　　"凡是不能言说的应该保持沉默。"

后果：分析哲学的诞生和发展；现代哲学的开端。

1. 《逻辑哲学论》的体裁和论证方法

维特根斯坦前期的工作是以当时刚刚建立的数学逻辑的方法对哲学问题进行分析，出版了他的划时代的伟大著作《逻辑哲学论》，创立了分析哲学。首先要注意该书的结构是维特根斯坦独创的非常奇特的结构。

全书共有7个一级标题，以1、2、3、4、5、6和7标示。每组标题下依次以 n.1、n.2…作为二级标题，其下又以 n.1.1、n.2.1…作为三级标题，余类推。7个一级标题，唯独7之卜没有下级标题和分析，而只有那一个非常强悍的命题："对于不可言说的东西，我们必须保持沉默。"说明分析到此结束，这是最终裁决！

维特根斯坦试图用7个命题来终结哲学，如同上帝用7天创造了世界。这7个命题是《逻辑哲学论》这本书的一级标题：①

命题1. 世界是如此这般的一切事物。（The world is all that is the case.）

命题2. 如此这般的事物，即事实，就是诸事态的存在。（What is the case-a fact-is the existence of states of affairs.）

命题3. 事实的逻辑图像是一种思想。（A logical picture of facts is a

---

① Ludwig Wittgenstein, *Tractatus Logico-Philosophicus*, C. K. Ogden Dover Publications, 1998.

thought.）

命题 4. 思想是有意义的命题。（A thought is a proposition with a sense.）

命题 5. 命题是基本命题的真值函数。（A proposition is a truth-function of elementary proposition.）

命题 6. 真值函数的一般形式是 $[\bar{p}, \bar{\xi}, N(\bar{\xi})]$。这也是命题的一般形式。（The general form of a truth-function is $[\bar{p}, \bar{\xi}, N(\bar{\xi})]$. This is the general form of a proposition.）①

命题 7. 对于不可言说的东西，我们必须保持沉默。（What we cannot speak about we must pass over in silence.）

命题 7 是两千多年来所有哲学命题中最强悍的命题！这个强悍的结论是从命题 1 到命题 6 一步步严密地推导出来的。我们可以把以上 7 个命题看作是一个推导过程，也就是语言分析过程，分析的方法是这样的：

存在的事物（现象，偶然性）　　　　　　　　　　命题 1
→事实（思考，逻辑分析的结果）　　　　　　　　命题 2
→逻辑图像（思想，逻辑分析的结果）　　　　　　命题 3
→有意义的命题（命题，逻辑分析和语言表达式）　命题 4
→真值函数（公理，命题逻辑的出发点）　　　　　命题 5
→命题的一般形式（合式公式，② 语言分析的结果）命题 6
→对不可言说者应该保持沉默（合式公式之外的语句无意义，
　语言分析的最终结果）　　　　　　　　　　　　命题 7

简单来说，维特根斯坦把对世界的认识分析为对命题的研究：他把世界分析为原子事实，与原子事实相对应的是原子命题（基本命题），复合命题是基本命题的真值函项，思想是有意义的命题，它是事实或世

---

① 命题 6 中符号的表示：$\bar{p}$ 代表所有的原子命题；$\bar{\xi}$ 代表任意的命题集合；$N(\bar{\xi})$ 代表所有命题集合 $\bar{\xi}$ 的否定。

② 合式公式（well formed formula, wff）指一个语言系统中，从初始符号按照形成规则所得出的有意义的符号串，即公式，或称有意义的命题。

界的逻辑图像，因此，对不可言说的就应当沉默。从这里可以看出，维特根斯坦对语言作为哲学的基础和对语言的分析是多么重视。维特根斯坦的这些分析句式成为分析哲学的思想基础和基本方法，并对分析哲学的重要派别逻辑实证主义构成最直接的影响。

从命题6到"最终裁决"的命题7的推导，则是经过下面从命题6.1到命题6.7的推导而得出的。

命题6. 真值函数的一般形式是 $[\bar{p}, \bar{\xi}, N(\bar{\xi})]$。这也是命题的一般形式。

命题6.1　逻辑命题是重言式。(The propotition of logic are tautologies.)

命题6.2　数学是一种逻辑方法。(Mathematics is a logical method.)
　　　　　数学命题是等式，因此都是伪命题。(The propositions of mathematics are equations, and therefore pseudo-propotitions.)

命题6.3　逻辑的探究就是对所有符合规律的东西的探究。逻辑之外的一切都是偶然的。(The exploration of logic means the exploration of *everything that is subject to law*. And outside lofic everythin is accidental.)

命题6.4　所有命题都是等值的。(All propositions are of equal value.)

命题6.5　若答案不能用语言表达，则问题也不能用语言表达。(When the answer cannot be put into words, nerther can the question be put into words.)

神秘之物是不存在的。(The *riddle* does not exist.)

如果一个问题可以提出，它也就可能得到解答。(If a question can be framed at all, it is also *possible* to answer it.)

命题7. 对于不可言说的东西，我们必须保持沉默。

依照本书的结构，同级的命题中，前面的命题推出后面的命题，因此，强悍的结论命题7是由命题6直接推出的。而命题6则又推导出其下的各个二级命题。

2. 维特根斯坦的分析是一种语义分析

以上给出的是维特根斯坦语言分析的句法部分，即逻辑推导的部分。但维特根斯坦的分析哲学不仅是一种逻辑分析（句法分析），还是一种语义分析。我们知道，语义分析包含了句法分析，并且它比句法分析含有更加丰富的内容。

命题6给出了真值函数的一般形式，所谓真值函数，就是自变量和函数均取真假为值的函数。真值函数的分析方法，是现代逻辑中一种基本的语义分析方法。

重言式是真值函数中的一种，即不论其自变元取值如何，其值恒为真的函数。例如，同一律"$p \rightarrow p$"、不矛盾律"$\neg(p \wedge \neg p)$"和排中律"$p \vee \neg p$"都是重言式，演绎规则MP"$((p \rightarrow q) \wedge p) \rightarrow q$"也是重言式。重言式是逻辑上恒真的公式，所以，维特根斯坦说："逻辑命题是重言式"（§6.1）。重言式对一个逻辑系统有特殊的意义。在一个逻辑系统中，往往选择重言式作为推理的出发点，它们就是公理，然后由保真的规则，就可以推出重言式作为定理。这种公理化的方法，在西方文化中根深蒂固，古希腊亚里士多德的三段论系统和欧几里得的几何系统为之作出了典范。

接下来的推论是"数学是一种逻辑方法"，数学命题是恒等式，是重言式，是永远正确的绝对真理。但为何又说它是"伪命题"呢？这是因为重言式（tautology）就是一种"同语反复"，例如，加法交换律和乘法交换律、乘法对加法的分配律都是同语反复，因而就是永恒真理。再如，三段论的第一格AAA式，"苏格拉底是有死的"已经包含在大前提"所有人都是有死的"之中，结论并无新意。事实上，三段论的公理和定理都是重言式，它们既是永恒真理，又是同语反复。或者说，数学和逻辑的命题因为是同语反复，因而是永恒真理。维特根斯坦称这样的命题为"伪命题"（§6.2），因为它等于什么也没说。

接下来的推论是："逻辑的探究就是对所有符合规律性的东西的探究。逻辑之外的一切都是偶然的。"（§6.3）这个论断是很有分量的。如前所述，同一律、不矛盾律、排中律和演绎规则等都是重言式，因而都是逻辑规律。所以，"逻辑之外的一切都是偶然的。"这也是一个非常强悍的结论！回到命题1，维特根斯坦从存在的事物开始，即从现象和偶然性开始，才找到了逻辑规律和必然性。逻辑规律和必然性是同等程度的范畴，逻辑规律就是必然性，反之亦然，必然性就是逻辑规律。

接下来的论断是"所有命题都是同等价值的。"（§6.4）这里的"命题"指的是"逻辑命题"即重言式。如果两个重言式含有相同的命题变元，则这两个重言式一定是彼此等价的，这在逻辑上可以得到证明。例如：传统逻辑的三大规律同一律、不矛盾律和排中律都是重言式，而且是相同的真值函数，它们之间是彼此等价的。证明如下：

(1) $p \rightarrow p$ 　　　　　　　　　　　　　　同一律
(2) $p \vee \neg p$ 　　　　　　　　　　　　　　(1)，定义
(3) $\neg\neg(p \vee \neg p)$ 　　　　　　　　　　　(2)，双重否定
(4) $\neg(p \wedge \neg p)$ 　　　　　　　　　　　(3)，德摩根律，置换

式中，(1)是同一律，(2)是排中律；(4)是不矛盾律。这样我们就证明了，所有变元相同的重言式都是同一真值函数，因而在逻辑上是彼此等价的。

现在我们来到最终判决之前的一个论断："若答案不能用语言表达，则问题也不能用语言表达。神秘之物是不存在的。如果一个问题可以提出，它也就可能得到解答。"（§6.5）这个论断也是非常之强悍的。它至少包含这样三层意思：第一，没有不可知的"神秘之物"；第二，问题存在，当且仅当答案存在；第三，问题可以言说，当且仅当答案可以言说。

这样我们就来到上帝的最终审判，这也是全书唯一的一个没有子命题的一级命题："对于不可言说的东西，我们必须保持沉默。"

注意这不是要你必须说重言式，而是说你必须说有意义的命题即合式公式。对于你所不能用语言来表达的东西，你就应该保持沉默！

最后这个论断有几个要点是不容易读出来的。其一，你不能言说的东西，一定是你不知道的东西，因为命题6.5已经论证，凡是我们知道的东西，一定是语言能够表达的东西，是能够言说的东西。所以，凡你

不能用语言表达的东西,不能言说的东西,一定是你所不知道的东西。顺便提醒一点:后期维特根斯坦的语用理论正是由此发展而来,即人用语言来做一切事情,除了语言,我们一无所知,我们一无所能。① 其二,我们所知道的东西,不仅是能够言说的,而且是能够进行分析的。这里也有两层含义:一是语言表达,这就是哲学;二是语言分析,这就是分析哲学。这样,天才的哲学家维特根斯坦就带领我们进入了一个崭新的时代:分析哲学的时代。

3.《逻辑哲学论》一书的理论建树、认知意义和历史价值

(1) 逻辑图像论

罗素认为,在《逻辑哲学论》中,维特根斯坦谈论的是逻辑问题。事实上,在《逻辑哲学论》中,逻辑的问题和语言的问题是交织在一起的,逻辑的问题是由语言来表达的,逻辑图像实际上是语言图像,是在语言的基础上经过逻辑加工而得到的图像。

我们认知的并不是也不可能是真实的世界,而只是经过逻辑(思维)加工的世界的图像。这是笛卡尔"我思,故我在"命题的进一步发展。

但是,笛卡尔的这个命题并没有揭示出人类认知的本质。人类认知是以语言为基础、以思维和文化为特征的,我们需要一个更深刻的命题来揭示人类认知的这种特征。这个问题我们留待稍后讨论。

(2) 思想是有意义的命题

从逻辑图像论(命题3)推导出"最后的审判"(命题7),维特根斯坦使用了从命题4到命题6的强悍的语义分析。其中,命题4"思想是有意义的命题"是语义推理的关键一步。什么是"有意义的命题"?"有意义"是一个语义概念,它定义为"基本命题"的"真值函数",这就是命题5:"命题是基本命题的真值函数"。这里,基本命题是系统的出发点,将它们用真值联结词联结而成的合式公式(well formed formula)就是真值函数,如 $p \rightarrow q$ 是一个合式公式,它表示充分条件假言命题,它的意义用真值函数(真值表)的方法来加以分析。这就是:

---

① 蔡曙山:《论语言在人类认知中的地位和作用》,《北京大学学报》2020年第1期。

$$p \rightarrow q = \begin{cases} 真，如果 p 假或 q 真； \\ 假，如果 p 真且 q 假。 \end{cases}$$

当 p 假或 q 真时它就是真的，只有当 p 真且 q 假时它才是假的。但"p →"并不是一个合式公式，因为"→"是一个二元联结词，它必须联结两个命题变元即基本命题，所以，"p →"不是一个合式公式，从而不是一个真值函数，从而不是一个命题，当然也就不是一个有意义的命题。从命题 4 和命题 5 容易得到命题 6 "真值函数的一般形式是 [$\bar{p}$, $\bar{\xi}$, $N(\bar{\xi})$]"，它为推出最后的命题 7 做好了准备。

语义分析是《逻辑哲学论》也是前期维特根斯坦使用的主要分析方法，它奠定了分析哲学的理论基础和方法论基础，影响其后的西方哲学达数十年之久。

（3）"我的语言的界限就是我的世界的界限"

在《逻辑哲学论》中，维特根斯坦就说过一句伟大的名言："我的语言界限就是我的世界界限。"（The limits of my language mean the limits of my world.）① 这是编号为 §5.6 的命题，是从命题 5 到命题 6 的最后一个分命题，它是该书中最重要的一个命题！

在这个重要的命题之下，导出了一些有深刻意义的命题，如："§5.61 逻辑充满世界：世界的界限也就是逻辑的界限。""§5.6 我们不能思考我们不能思考的东西，因此我们也不能说我们所不能思考的东西。""§5.63 我是我的世界。（小宇宙）""§5.632 主体不属于世界，然而它是世界的一个界限。"这些命题说明，语言和逻辑（思维）共同成为世界的界限；同时，语言和思维互相划定界限。作为语言和思维主体的我们就是世界的界限；我不过存在于我自己的世界，这就是语言和思维的世界。

百年后的今天，当我们读到这些深刻的论断时，仍然感到非常震撼！仍然为维特根斯坦这位哲学大师的思辨以及他思考世界的方式所折服！它与当代认知科学研究的结论完全相合！它也是我们得出"我言，

---

① ［英］维特根斯坦：《逻辑哲学论》，贺绍甲译，商务印书馆 2011 年版，第 88 页。

故我在"结论的重要根据之一。

（4）全部哲学都是一种语言批判

这个论断出现得比较早，它是命题§4.0031，它还需要层层论证，经过命题5到命题6我们就完成了这个论证，得出命题6的结论："真值函数的一般形式是 $[\bar{p}, \bar{\xi}, N(\bar{\xi})]$"。

根据命题6，我们所说的一切有意义的命题都可以而且应该用数理逻辑的一般表达式 $[\bar{p}, \bar{\xi}, N(\bar{\xi})]$ 来表示。式中，$\bar{p}$ 是基本命题的集合，$\bar{\xi}$ 是任意命题的集合；$N(\bar{\xi})$ 是对任意命题集合$\bar{\xi}$的否定。根据命题6，我们可以构成非常复杂的公式，例如，充分条件假言推理的否定后件式表示如下：

$$((p \to p) \wedge \neg q) \to \neg p$$

这些符号串有方法判定它是否是合式公式，是否有意义。例如，真值表方法就是一种能行可判定的方法。在包含量词、涉及无穷领域的情况下，则可以用模型论方法来判定。经判定，以上公式是重言式，即不论其中命题取何值，公式都是恒真的。因此，该推理是普遍有效的。罗素对此评价说：（1）谢孚（H. M. Sheffer）所证明的，所有真值函数都能从同时否定中得到，例如从"非p和非q"得到。① （2）维特根斯坦从命题的析取和合取中推导出一般性命题的理论。② （3）断言一个命题只有作为真值函数的主目才能在另一个命题中出现。给定这三个基础，就可从中得出：所有非原子命题都能够用一个统一的方法从这些原

---

① 谢孚（H. M. Sheffer），美国逻辑学家和哲学家，1882年出生于波兰，幼年随父母移民美国，1908年获哈佛大学哲学博士。哈佛毕业后在多所大学任教，后复归于哈佛，在哈佛讲授数学逻辑达32年之久。他一生很少著述，1913年发现两个重要的算子"NHAND"（NOT A AND B，用符号"↑"表示）和"NOR"（NOT A OR B，用符号"|"表示），定义如下：$p \uparrow q =_{df} \neg(p \wedge q)$；$p | q =_{df} \neg(p \vee q)$，两者合称为"谢孚竖"（Sheffer Stroke）。但这个发现在当时并未引起任何注意，直到罗素为他和怀德海合著的《数学原理》（*Principia Mathematica*）及维特根斯坦的《逻辑哲学论》作序时解释这两个重要的算子，才引起人们的重视。

② 可以证明，"↑"和"|"这两个二元算子是联结词的完全集，即只用这两个二元联结词中的一个，就可以表示所有的二元真值函数。因此，它们在数学、逻辑学和计算机线路设计中有非常重要的应用。

子命题中推导出来,这就是维特根斯坦的符号所指示的方法。①

因此,"如果你想说有意义的话,你就必须这样说话。否则,就请你保持沉默。"(命题7)

维特根斯坦的《逻辑哲学论》一出,随即风靡整个欧洲。当时欧洲最聪明的大脑都主动聚集在一起来学习他的这本著作,有人甚至把这本书当作《圣经》,把维特根斯坦当作上帝。② 可见此书影响之巨大!

维特根斯坦是否完成了他的语言分析了呢?没有,前期维特根斯坦所做的只是语义分析,大范围和更高水平的语用分析要等到20多年后,直到他的另一天才著作《哲学研究》的出版。

(二)第二次语言转向和语言哲学

我们说,维特根斯坦前后时期的两本著作《逻辑哲学论》和《哲学研究》分别代表了语言哲学发展的两个阶段:分析哲学和语言哲学;同时也代表了语言分析的两种方法:语义分析和语用分析。

著作:《哲学研究》。

作者:后期维特根斯坦。

语言:回归自然语言。

方法:语用分析方法。

理论:语言游戏论。

格言:"语言的意义在于应用。""'语言游戏'一词的用意在于突出下列这个事实,即语言的诉说乃是一种活动,或是一种生活形式的一个部分。""我想不出比'家族相似性'更好的表达式来刻画这种相似关系,所以我要说:'游戏形成一个家族'"。③

---

① [英]罗素:《导言》,载维特根斯坦:《逻辑哲学论》,贺绍甲译,商务印书馆1996年版,第11页。

② "唔,上帝到了。我今天在五点一刻的火车上碰到他了。"在一封落款日期为1929年1月18日写给妻子莉迪娅·洛普科娃的信里,著名经济学家凯恩斯就是这样宣布维特根斯坦回到剑桥的。见[英]瑞·蒙克:《维特根斯坦传:天才之为责任》,王宇光译,浙江大学出版社2014年版,第397页。

③ [英]维特根斯坦:《哲学研究》,李步楼译,商务印书馆2004年版,第10、13、23、37、54页。

后果：言语行为理论和语用学的诞生；心智哲学的开端。

维特根斯坦后期的代表作《哲学研究》，展开了对他自己前期思想和分析哲学的全面批判，它标志着分析哲学的终结和语言哲学的建立。为何说分析哲学至此终结？因为在维特根斯坦和以后的大多数哲学家看来，分析哲学的根本原则已经破产了——将哲学问题归结为语言分析，分析哲学的这一根本原则和方法最终窒息了分析哲学。亨迪卡说："当分析哲学死在它自己手上时，维特根斯坦就是那只手。"①

维特根斯坦的语言批判，前期从自然语言的批判进入形式语言，后期再从形式语言的批判回归自然语言，体现了语言批判的辩证运动。

1. 回归自然语言

20世纪西方哲学的语言基础有两次大的改变，第一次是发生在20世纪初的向人工语言或称理想语言的转变；第二次是发生在20世纪30年代的回归于自然语言的转变。

虽然这两次语言基础的改变都是所谓哲学语言转向的组成部分，但两者的意义和作用大不相同。第一次语言转向的结果是分析哲学的诞生和逐渐走向衰亡；第二次语言转向的结果是语言哲学的诞生，它成为20世纪下半叶以来西方哲学的主流，并为心智哲学的诞生奠定了基础。

20世纪30年代早期，维特根斯坦开始动手拆除《逻辑哲学论》所构筑的理论大厦。在这个过程中，一种新的方法，一种完全不同的关于语言、关于语言的意义、关于语言和现实之间关系的构想逐渐形成。这时，维特根斯坦已经清楚地认识到，在《逻辑哲学论》中他所忽略的东西即心理哲学，是非常重要的；而那个来自弗雷格并被他当作反心理主义证据而接受下来的东西，看来是毫无理由的。由于语言意义是与理解、思维、意向、意指等概念密切相关，因此，对这些关键概念就需要作哲学的阐释。这种新的方法也导向关于哲学自身的新构想。这些构想

---

① ［芬兰］亨迪卡：《谁将扼杀分析哲学》，张力锋译，引自陈波主编：《分析哲学》，四川教育出版社2001年版，第264页。

当然与《逻辑哲学论》相关，但却有根本的不同。这些转变使他重新考虑对形而上学的批判。

维特根斯坦的《哲学研究》第一卷完成于1945年至1946年，这是他的另一本划时代的著作，代表他一生的最高成就。在此书中，他的思想达到了另一个前所未有的高度。不论在精神上还是风格上，《哲学研究》与《逻辑哲学论》均形成鲜明的对照：《逻辑哲学论》追求的是将他的卓越的洞察力用来描述独立于语言的事物的本质，《哲学研究》却致力于处理非常重要的语言事实，以解开人类理解的结扣；《逻辑哲学论》体现的是水晶般纯净的关于思想、语言和世界的逻辑形式，《哲学研究》却充满了对丰富多彩的自然语言极其令人困惑、富有欺骗性的形式的十分睿智的理解；《逻辑哲学论》建立的是概念的结构体系，它试图通过深刻的语言分析，揭示事物不可言说的本质，《哲学研究》建立的却是概念的解释体系，它的目标是通过对我们熟悉的自然语言事实耐心细致的描述来消解哲学问题。著名学者哈克（P. M. S. Hacker）说："《逻辑哲学论》是西方哲学传统的顶峰，《哲学研究》在思想史上则是真正史无前例的。"[1]

2. 语言哲学的建立和发展

《哲学研究》是20世纪西方哲学又一次意义深远的转向。这次转向的第一种意义是语言基础的转变，即从前期的理想语言（人工语言）向自然语言（日常语言）的转变。这次转向的第二种意义是方法的转变，即从前期《逻辑哲学论》的语义分析方法向后期《哲学研究》的语用分析方法的转变。维特根斯坦称这种转变是从"真值方法"（the method of truth）向意义方法（the method of meaning）的转变，因为只有在语言的使用环境中，语言表达式才能获得它的完整的意义。也只有在这个阶段，维特根斯坦才可能说出他的那句名言："语言的意义在于它的应用。"

维特根斯坦后期哲学，正如他自己所说，并不是哲学发展的一个持

---

[1] Hacker, P. M. S. (1996) *Wittgenstein's Place in Twentieth-Century Analytic Philosophy*, Wiley-Blackwell, p. 81.

续的阶段，而是自伽利略发明动力学以来所发生的那些能够与之比拟的思想发展的一个环节，这些发展环节包括新的主题以及对后世有影响的常常被称为"哲学"的那些东西。

3. 语言游戏论

《哲学研究》是从引用奥古斯丁《忏悔录》中关于语言应用的一段话开始，这段话之后就是维特根斯坦的那段著名的精辟总结："在我看来，上面这些话给我们提供了关于人类语言的本质的一幅特殊的图画。那就是：语言中的单词是对对象的命名——语句就是这些名称的组合。在语言的这一图画中，我们找到了下面这种观念的根源：每个词都有一个意义。"① 接下来是那个引出"语言游戏论"的著名例子：建筑工 A 和他的助手 B 之间用种种方式进行的语言交流。这之后，维特根斯坦给出语言游戏论的三种含义。他说：②

> 我们也可以把其中使用词的整个过程看作是儿童学习他们的母语的种种游戏中的一种。我将把这些游戏称为"语言游戏"，并且有时将把原始语言说成是语言游戏。
>
> 给石料命名和跟着某人重复词的过程也可以叫作语言游戏。想一想在转圈圈游戏中词的大部分用处。
>
> 我也将把由语言和行动（指与语言交织在一起的那些行动）所组成的整体叫作"语言游戏"。

在理论的建构方面，《哲学研究》在批判的基础上建立了以语言游戏论为核心的理论体系。例如，意义和指称理论、家族相似和本质论、理解、规则和约定、关于私人语言等。维特根斯坦认为，指称问题是将语言的意义与语言的使用相分离而产生出来的，指称只是意义的一种解释，而不是意义本身。词和物之间的关系并不是心理联系，意义也不是

---

① Wittgenstein, L. *Philosophical Investigation*, §1, translated by G. E. M. Anscombe, Basil Blackwell Ltd 1953. ［英］维特根斯坦:《哲学研究》，李步楼译，商务印书馆 2004 年版，第 3 页。除特别注明外，中译文均引自此书，只注英文本节数（用"§"标示），附注中译本页码。

② §7, 第 13 页。

在理解的过程中产生的。语词的意义就是它在语言中的应用,用法相同的语句就是意义相同的语句:"要把语句看作一种工具,把它的意思看作它的使用。"① 对其理论中两个最基本的概念语言和语言游戏,维特根斯坦拒绝为其下定义,也拒绝讨论其本质,因为在他看来,语言的一般形式、语言游戏的共同特征这些东西都是不存在的。"我没有提出某种对于所有我们称之为语言的东西为共同的东西,我说的是,这些现象中没有一种共同的东西能够使我把同一个词用于全体,——但这些现象以许多不同的方式彼此关联。而正是由于这种或这些关系,我们才把它们全称之为'语言'。"② "请不要说:'一定有某种共同的东西,否则它们就不会都被叫作"游戏"'——请你仔细看看是不是有什么全体共同的东西。——因为,如果你观察它们,你将看不到什么全体所共同的东西,而只是看到相似之处,看到亲缘关系,甚至一整套相似之处的亲缘关系。再说一遍,不要去想,而是要去看!"③ "我想不出比'家族相似性'更好的表达式来刻画这种相似关系……所以我要说:'游戏'形成一个家族。"④

4. 语用学的意义

语言游戏论的建立在20世纪的语言学发展史上是无与伦比的,它开创了语用学发展的新时代。稍后,牛津分析哲学家奥斯汀根据维特根斯坦的意图创立了言语行为理论,为语用学奠定了第一块基石。其后,奥斯汀的学生塞尔完善了奥斯汀的言语行为理论,建立了间接的言语行为理论,将言语行为理论普遍化,并推广到社会历史领域,创立了制度社会建构论。阿莎·卡谢(Asa Kasher)在四大卷的《语用学》中列出的语用学领域包括:⑤

言语行为理论(speech act theory)

---

① §421,第196页。
② §65,第46页。
③ §66,第47页。
④ §67,第48页。
⑤ Kasher, A. (1998) *Pragmatics*: *Critcl Concepts* V1, Routledge.

间接言语行为（indirect speech acts）

特殊言语行为（particular speech acts）

索引和指称（indexicals and reference）

预设（presupposition）

隐涵（implicature）

语言交际（communication）

交互会话（talk in interaction）

语篇（discourse）

语用学和语法（pragmatics and grammar）

语用学和心理学（pragmatics and psychology）

语用学和社会学（pragmatics and sociology）

由此看出，言语行为理论和间接的言语行为是语用学的基础。语用学的研究领域十分广泛，不仅包括语言学的广泛领域，甚至已经扩展到心理学和社会学的领域。人是用语言来做事的，只有语用学上的意义，才是语言表达式的最完整的意义。

5. 语言哲学和分析哲学之分野

前后期维特根斯坦的两本书《逻辑哲学论》和《语言哲学》代表着现代西方哲学的两大派别，前者是分析哲学的代表作和顶峰，后者代表的是另一个全新的派别——语言哲学；另外，前者是现代西方哲学诞生的标志，后者则是当代西方哲学诞生的标志。两者虽有前后相继的血肉联系，却有完全不同的本质区别。

在 230 页的《哲学研究》中，维特根斯坦仅用了前 5 页，就完成了从逻辑图像论向语言游戏论的过渡。人们常常用逻辑图像论和语言游戏论来表示前后期维特根斯坦的区别，但这仅仅是一种表面的区别。实质上，《哲学研究》提出的语言游戏论是一种标志，它代表的是一种新的哲学流派，更是一种新的世界观和方法论。《哲学研究》是 20 世纪一个新的哲学流派——语言哲学（特别是语用学）——创立的标志；《哲学研究》是语言哲学的经典，而后来的语言哲学家——语形学的乔姆斯基、语义学的蒙太格、语用学的奥斯汀和塞尔等——不过是沿着维特根斯坦开辟的道路前进。《哲学研究》以后，语言哲学逐渐成为西方哲学的主流。

第一次语言转向产生的分析哲学，主要使用形式语言和真假二值的意义框架对哲学的范畴和命题进行分析。维特根斯坦的语言游戏论和奥斯汀的言语行为理论建立以后，完成了第二次语言转向。语言哲学不仅能够从语形和语义上更多的是从语用因素上全面展开对自然语言的分析，这种"并非真假却是有意义的命题"使语言分析扩展到语用学的层次，只有语用学的分析才是完全意义的语言分析，言语行为理论和语用学成为语言交际的理论基础。后期维特根斯坦的语言游戏论和语言哲学思想拓展了语言分析的范围，奠定了语用学和语言认知的基础。

三、20世纪语言学革命和语言认知的连续统

20世纪中叶在美国诞生的认知科学是以乔姆斯基的语言革命为先导的，乔姆斯基也因此被称为认知科学的第一代领袖。

事实上，如我们在上节所述，语言学和语言哲学的革命自维特根斯坦就开始了，并且不是一次，而是两次。此后，语言学革命的浪潮连续兴起，形成一个系列的事件，兹将这些事件开列于后（表1-1）：

表1-1　20世纪语言学革命的系列事件

名称和内容	领袖和代表人物	后果和影响	年代（20世纪）
第一次语言转向	前期维特根斯坦（Earlier Wittgenstein）	分析哲学、语义分析方法、现代哲学诞生	20—30年代
第二次语言转向	后期维特根斯坦（Later Wittgenstein）	语言哲学、语用分析方法、当代哲学诞生	30—40年代
语言决定论 语言相对性	萨皮尔（E. Sapir）沃尔夫（B. L. Whorf）	元语言学、语言哲学争论至今	20年代至今

续表

名称和内容	领袖和代表人物	后果和影响	年代（20世纪）
语言学革命，包括： 句法结构理论 生成转换语法 先天语言能力 ILF 普遍语法 UG	乔姆斯基 (N. Chomsky)	认知语言学诞生、认知心理学诞生、形式语言学和句法分析、计算机科学和人工智能、认知科学诞生	50—80年代
蒙太格语法 形式语义学	蒙太格 (R. Montague)	自然语言的语义分析人工智能应用	60—70年代
言语行为理论	奥斯汀 (J. L. Austin)	语用学的第一块基石、通过说事来做事、语言交际理论、使5000年来以任何方式研究语言的人感到羞愧	50年代
言语行为理论 间接言语行为理论 中文房间论证 语言建构社会理论 意向性理论 心智哲学	塞尔 (John R. Searle)	规范和完善言语行为理论、提出人工智能新标准、创立语言建构论和社会哲学、建立心智哲学	60年代至今

20世纪语言学领域发生的这一系列革命事件似乎构成一个语言认知的连续统。① 我们可以将这些事件线性地排列如下：前期维特根斯坦和第一次语言转向；后期维特根斯坦和第二次语言转向；萨皮尔—沃

---

① 连续统（continuum）是逻辑和数学的一个重要范畴和术语。如果在一个集合中，任意两个对象之间一定还有另外一个对象也属于这个集合，那么这个集合就是一个连续统。例如，实数集就是一个连续统，即任意两个实数之间一定还有一个数也是实数。1874年德国数学家、集合论的创始人康托尔（G. F. L. P. Cantor, 1845—1918）猜测在可列集的基数和实数集的基数之间没有别的基数，这就是著名的连续统假设（continuum hypothesis），它被称为希尔伯特第一问题，即20世纪有待解决的23个数学难题之首。他称赞康托尔的集合论是"数学天才中最优秀的作品"，"是人类纯粹智力活动的最高成就之一"，对于同时代众多数学家对康托尔的攻击和谩骂，他坚定地声称"没有任何人能将我们从康托尔所创造的伊甸园中驱赶出来"。1938年，哥德尔（K. Gödel, 1906—1978）证明了连续统假设和ZFC公理系统的一致性，这个结果完全印证了康托尔对数学的信条："数学在它自身的发展中完全是自由的，对它的概念限制仅在于，它必须是无矛盾的，并且与由确切定义引进的概念协调。……数学的本质就在于它的自由。"既然连续统是逻辑和数学即思维认知产生的一种属性，有理由可以相信，在语言这个层级上，也一定存在一个语言认知的连续统。但这个问题有待深入研究。

尔夫语言决定论；乔姆斯基语言学革命；蒙太格语法和形式语义学；奥斯汀—塞尔言语行为理论和语用学；语用加工和形式语用学；意向性理论；心智哲学。这一系列事件的尽头是人类心智和认知科学。这就是说，20世纪初自维特根斯坦以来，经过语言学家、语言哲学家和认知科学家的艰辛探索，我们终于走向人类心智探秘的认知科学，哲学与认知科学交叉而得的心智哲学随之诞生，哲学的发展也进入到一个新的时代。

发生这些事件不是偶然的，它是由人类语言和人类心智与认知的必然联系决定的。对语言与人类心智和认知关系的分析，我们留待本文第四部分再作详细论述。

（一）**语言决定论：对语言、思维和文化关系的艰难探索**

语言决定思维，还是思维决定语言，这个问题在20世纪初是一个折磨人的问题，因为正反双方都很容易找到语言和思维的证据来证明自己的理论和观点。

语言决定论的思想源头可追溯到德国哲学家海德（G. Herder, 1744—1803）、洪堡德（Wilhelm von Humboldt, 1767—1835）和博厄斯（Franz Boas, 1858—1942）。但作为一种科学的语言理论，是由博厄斯的学生萨皮尔（E. Sapir）以及萨皮尔的学生沃尔夫（B. L. Whorf）提出的。所以，这一理论假说又称为萨皮尔—沃尔夫假说（Sapir-Whorf Hypothesis），简称沃尔夫假说（Whorf Hypothesis）。

沃尔夫假说是语言形成思维的观点，它由两个部分构成：语言决定论（linguistic determinism）、语言相对性（linguistic relativity）。

语言决定论指语言决定非语言过程的观点，即学习一种语言会改变一个人思维的方式。语言相对性指被决定的认知过程因语言不同而不同，因此，不同语言的说话人以不同的方式思维。

以沃尔夫自己所举的例子来看，因纽特人语中，对各式各样的雪都有专名，如飘舞的雪、落地的雪、半融化的雪、板结的雪等，这种语言现象是语言决定思维的证据呢，还是思维决定语言的证据呢？

再以汉语为例，我们有所谓"祖宗十八代"的称呼，如"爷爷""祖爷爷""曾爷爷""曾祖爷爷""太爷爷""太祖爷爷"等，这种语言现象说明，是先有中国悠久的农耕文化和农业大家庭，再有"祖宗十八代"的称呼呢，还是先有这种称呼才有这样的家庭呢？——语言证据似乎更支持与语言决定论相反的结论。

另一个例子是 20 世纪 80 年代有关于汉语是否有反事实推理的实验，即虚拟语式的研究。美国心理学家布卢姆（Bloom，1981）注意到，说汉语的中国人与说印欧语言的人在思考纯假设问题时表现出若干思维差异。布卢姆认为，汉语中没有虚拟语句，因此中国人做反事实条件推理比较困难，而说英语的人做这种推理要容易得多。例如：

  所有圆都是大的，

  所有三角形都是圆，

  那么，所有三角形都是大的。

请问，这个推理是否正确？实验结果：美国学生被试的支持率为 98%；中国学生被试的支持率仅为 6%。实验结果支持沃尔夫假说：语言决定（或影响）思维。

在布卢姆的试验结果发表后，欧洁芳指出（Au，1983），说汉语的人也有反事实推理的能力。只要给予提示，就能够进行反事实推理的思考。为此她改进了试验，试验的一部分同样使用布卢姆用的故事材料，但也使用了新的实验材料，通过增加语词提示的方法，让被试者理解推理的前提是一种假设。例如：

  如果我是美国总统，我会在说话之前进行思考。

  (If I am the US President, then I will think before I speak.)

这是一个充分条件假言推理，前提条件是虚拟的。对布卢姆所使用的三段论推理，欧洁芳重新进行了设计，在大、小前提上都加上了"如果"这个语词，以表明前面是假设的。重新设计的实验材料是这样的：

  如果所有圆都是大的，

  如果所有三角形都是圆，

  那么，所有三角形都是大的。

实验结果，说汉语的人运用反事实推理的能力大大超过说英语的人，实验几乎逆转了布卢姆的结论。现在的问题是：欧洁芳的实验推翻语言决定论了吗？

20世纪最重要的语言学理论——语言决定论，自诞生以来就受到种种诘难和挑战，正反双方的争论至今不息。那么，到底是语言决定思维还是思维决定语言呢？语言和思维之间究竟是什么关系呢？这个问题，直到认知科学诞生和人类认知五层级理论建立以后，才得到了最后的解决。

（二）乔姆斯基语言学革命

维特根斯坦以后，乔姆斯基是语言学革命的领袖，划时代的语言学和语言哲学的先驱，语言和心智奥秘的探索者，当之无愧的认知科学的创始人和第一代领袖。

乔姆斯基在语言学革命方面的贡献是多方面的。在自然语言的形式化研究方面，他建立了形式句法，包括句法结构理论和生成转化语法，从而解决了行为主义语言学不能回答的"刺激匮乏"的问题，结束了行为主义语言学的时代。在语言哲学和语言认知方面，他提出了天才的先天语言能力（Innate Language Faculty, ILF）的假设和普遍语法（Universal Grammar, UG）的理论，这些理论假说被后来的科学实验所证实，从而把语言学变成科学。这些理论假设还迫使他去研究语言和心智的关系，从而开启了从语言通向心智和认知的道路。此外，乔姆斯基在语言学方面的理论建树还影响了心理学、神经科学、计算机科学和人工智能等学科的发展，并将这些学科整合为一个以人类心智为研究对象的多学科交叉的学科框架，这最终导致认知科学的建立。

关于乔姆斯基语言学革命的更多内容和意义，有兴趣的读者可以参见蔡曙山《自然语言形式理论研究》第三章、第四章；[①]《认知科学导论》第七章[②] 以及《没有乔姆斯基，世界将会怎样？》。[③]

[①] 蔡曙山、邹崇理：《自然语言形式理论研究》，人民出版社2010年版，第141—299页。

[②] 蔡曙山：《认知科学导论》，人民出版社2021年版，第238—274页。

[③] 蔡曙山：《没有乔姆斯基，世界将会怎样？》，《社会科学论坛》2006年第6期。

(三) 奥斯汀的言语行为理论

维特根斯坦提出"语言的意义在于应用",所以绘制了语用学的蓝图,奥斯汀则按照这个蓝图,奠定了语用学的第一块基石。①

在1952—1954年间,奥斯汀相继在牛津大学和哈佛大学主持一系列有关言语行为的讲座。他先是在牛津大学以"语词和行为"(Words and Deeds)为题举办讲座,每一次讲座他都要加上一些部分重写的解释,这些材料就构成他1955年在哈佛大学举办"威廉·詹姆斯讲座"(William James Lectures)的基础。在一个解释中,奥斯汀说他的理论可以上溯到1939年。奥斯汀说他的理论"形成于1939年,我在论《他人之心》'Other Minds'的一篇文章中,就使用了这些讲座的基本素材,……只是在数次地将它们公之于众以后,这座冰山的一角才浮现出来。"②

奥斯汀在20世纪50年代初的工作是意义理论和分析方法发展的一个重要里程碑。奥斯汀声称他的言语行为理论来源于维特根斯坦的语言游戏论。根据语言游戏论,语言被看作一种活动,或者说,语言和活动被看作一个整体,语言的学习和使用都被看作类似于游戏的一种活动。

奥斯汀所发现的一类既非真又非假却又并非无意义的命题,即"通过说事来做事"(doing something in saying something)的命题,不仅使过去所有的意义理论显得苍白,也使过去两千多年来以任何一种方式研究语言的人蒙羞。由此建立的言语行为理论(1955),开创了"以言行事"的语用学的新领域。这一理论的建立,使各种语用要素——说者、听者、时间、地点、上下文——首次进入语言分析的视野,也使语言的使用者即人这个最重要的语言要素首次进入语言逻辑和哲学的视野。

奥斯汀的主要贡献在两个方面:第一,他认识到有一类特殊的话

---

① 奥斯汀在《如何以言行事》一书中,开宗明义地宣称他的理论来源于维特根斯坦。见 Austin, J. L. (1962) *How to do things with words*, Harvard University Press。

② Austin, J. L. (1962) *How to do things with words*, Harvard University Press.

语，这类话语不是用来说事的，而是用来做事的（doing something）。发现这类用来做事的话语，即通过说事来做事（doing something in saying something）的话语，是奥斯汀的伟大贡献。第二，他创立了言语行为的基本理论，这方面的贡献又可以用"二三五"来进行概括："二"是指奥斯汀早期对言语行为的分类法，即"行为式"（performatives）和"表述式"（constatives）的二分法；"三"是理论发展成熟时奥斯汀对言语行为的分类法，即将言语行为分为语谓行为（locutionary acts）、语用行为（illocutionary acts）和语效行为（perlocutionary acts）三种；"五"是指奥斯汀对语用行为（illocutionary acts）的分类，即分为判定式（verdictives）、执行式（exercitives）、承诺式（commissives）、表态式（behabitives）和阐述式（expositives）五种。奥斯汀的这些工作后来被人们统称为"言语行为理论"（speech act theory）。

奥斯汀创立的言语行为理论是一种新的语言分析方法，是新世界观的萌芽。半个世纪后，德国著名哲学家和哲学史家施太格缪勒（Wolfgang Stegmüller）在其三大卷的巨著《当代哲学主流》中这样评价奥斯汀和他建立的言语行为理论："说起来这真是荒唐。而且对于过去 2500 年间所有那些以任何一种方式研究语言的人来说这也是一件令他们感到羞耻的荒唐事，即他们竟然没有远在奥斯汀之前就作出这样一种其本质可以用一句很简短的话来表示的发现：我们借助于语言表达可以完成各种各样的行为（着重号为原文所有——引者注）。"施氏还将奥斯汀的发现与"哲学的语言转向"联系起来，他评价道："特别值得注意的是，到有一位哲学家发现存在着像言语行为这样的东西时，甚至可能已经是现代哲学中'语言转向'几十年以后的事了。叔本华曾说过，我们觉得很难把最常见的事物和最切近的事物当成问题，这是因为它们都是很显然的，所以就逃脱了我们的注意。对于他的这种说法恐怕不可能有比言语行为这种现象更好的证明了。"①

---

① ［德］W. 施太格缪勒：《当代哲学主流》下卷，王炳文等译，商务印书馆 2000 年版，第 66 页。

施太格缪勒还称奥斯汀是"与'柏拉图主义者'维特根斯坦对立的'亚里士多德式的'对手"。① 这个评价至少有三层意思。首先，维特根斯坦关于语言的"家族相似性"类似于柏拉图的一般和共相，奥斯汀的言语行为理论则是亚里士多德式的实在论求证；其次，维特根斯坦所属的剑桥学派从 17 世纪以来就是柏拉图主义的，而奥斯汀所属的牛津学派则崇尚的是亚里士多德主义；再次，奥斯汀是与维特根斯坦齐名甚至可以与之抗衡的语言哲学家。这里我们可以看到奥斯汀在 20 世纪西方哲学中的地位是何等之高！

（四）塞尔的言语行为理论和语言建构论

奥斯汀的学生和后继者塞尔建立了系统的言语行为理论（1969），②并与范德维克（Daniel Vanderveken）合作建立了语用逻辑的分析理论和分析方法（1985）。③

约翰·塞尔系美国加州大学伯克利分校哲学系心智和语言哲学威里斯和迈琳·斯卢瑟的讲座教授，世界著名的心智和语言哲学家，在语言哲学、心智哲学和社会哲学等方面成就卓著。1977 年当选美国国家人文科学院院士，2004 年获得美国国家人文科学总统奖章。塞尔还获得过美国、英国以及欧洲多所大学的荣誉学位，美国、英国、法国、意大利、瑞典、西班牙、韩国等多个国家的奖励或奖章。2007 年，塞尔教授应笔者邀请到清华大学参加第 13 届国际逻辑学、方法论和科学哲学大会，（13th International Congress of Logic, Methodology and Philosophy of Science）并主讲清华论坛，受聘为清华大学客座教授。

塞尔的哲学由语言哲学、心智哲学和社会哲学构成。20 世纪 70 年代末以前，塞尔的工作主要集中在言语行为理论和语言哲学上。前期的主要代表作有《言语行为：语言哲学论集》（1969）、《表述与意义：言

---

① ［德］W. 施太格缪勒：《当代哲学主流》下卷，王炳文等译，商务印书馆 2000 年版，第 66 页。

② Searle, John R. (1969) *Speech Acts: An Essay in the Philosophy of Language*, Cambridge University Press.

③ Searle, John R. and Daniel Vanderveken (1985) *Foundations of Illocutionary Logic*, Cambridge University Press.

语行为理论研究》（1979）。1975年以后，塞尔的研究方向发生了改变，他的兴趣从言语行为理论和语言哲学的研究逐步转向心智哲学和认知科学的研究。20世纪80年代，他的两项代表性学术成果是《意向性：心智哲学论集》（1983）和《心智、大脑和科学》（1984）。其中，他提出的"中文房间论证"成为反驳强人工智能的论据和人工智能的新标准。90年代以后，他在心智哲学方面的著作包括《心智的重新发现》（1992）、《意识之谜》（1997）、《意识和语言》（2002）以及《心智：简短的导论》（2004）等。

塞尔对言语行为理论、语言哲学、心智哲学、社会哲学以及在人工智能领域的发展和贡献是多方面的。

第一，塞尔将奥斯汀的理论普遍化和规范化，并建立了言语行为理论及其逻辑分析系统。在此基础上，塞尔提出自己对语用行为的分类。1985年，塞尔和他的合作者范德维克建立的语用逻辑（illocutionary logic），将言语行为理论的研究推进到逻辑分析的阶段。半个世纪以来，奥斯汀和塞尔的言语行为理论在自然科学、人文和社会科学的众多领域产生了广泛而深远的影响，除了对语言学、语言哲学、逻辑学和计算机科学特别是人工智能产生的影响外，对心理学、社会学、脑神经科学乃至整个认知科学，也都产生了非常重要的影响。

第二，塞尔言语行为理论被推广到社会历史领域，通过提出言语行为的建构规则，在言语行为与现实世界之间建立了建构性关系。人类用语言来做一切事情，包括建构人类社会。语言参与建构社会制度，集体意向性和人类心智是制度社会建构的理性前提和保障。塞尔的语言建构社会的理论不仅丰富和发展了言语行为理论，也为他的社会哲学奠定了理论基础。

第三，塞尔的"中文房间论证"成为人工智能的新标准。人工智能有两个重要的模型和标准：一个是1950年英国数学家图灵（A. M. Turing）在《计算机能思维吗?》一文中提出的测试机器智能的著名的"图灵试验"（Turing Test）。按照这个标准，目前的计算机都可以通过试验，从而被认为是有智能的。现在看来，图灵的标准似乎太弱了。另一个是 1980 年，塞尔提出的新的模型——"中文房间论证"（Chinese Room Argument，CRA），按照这个模型，目前的数字计算机不具有人类智能，而只是模拟人类智能。①②

第四，塞尔通过对言语行为、意向性和人类心智的研究，完成了从言语行为理论到言语哲学再到心智哲学和认知科学的转向。

（五）从语言到心智探索和认知科学

20 世纪语言学革命的浪潮汹涌澎湃，终于百川归海，奔向认知科学。这个发展过程中，有一条明显的线索，那就是从语言研究到心智研究，再从心智研究进入到认知科学发展的新领域。

以语言学和语言哲学的两位代表性人物乔姆斯基和塞尔为例，他们都经历了同样的发展道路。下面仅以乔姆斯基为例加以分析。

乔姆斯基的发展道路分为两个阶段：第一阶段是句法结构理论和生成转换语法创立时期，主要理论有句法结构理论（Syntactic Structure，SS，1957）、标准理论（Standard Theory，ST，1965）、扩展的标准理论（Extended Standard Theory，EST，1972）；第二阶段是形式语法理论的发展时期，主要理论有管辖和约束理论（Government and Binding Theory，GB，1981）、原则和参数理论（Principles and Parameters，P&P，1981）、最简方案（Minimalist Program，MP，1993）等。乔姆斯基的这些重大的语言学理论建树，使他的思想理论大大超出语言学的领域，成为那个时代最重要的语言哲学家，并对心理学、计算机科学和人工智能、神经科学、政治学等众多学科产生了哲学和方法论的影响，这些影响包括：

1. 形式化的语言分析方法

这是乔姆斯基从当时最前沿的数学逻辑（mathematical logic）中所获得的方法，他用这种方法来研究和分析自然语言（英语），建立了形式句法学（formal syntax）、形式文法（formal grammar）。形式句法学成为自然

---

① 蔡曙山：《哲学家如何理解人工智能》，《自然辩证法研究》2001 年第 11 期。
② 蔡曙山、薛小迪：《人工智能与人类智能——从认知科学五个层级的理论看人机大战》，《北京大学学报》2016 年第 7 期。

语言形式理论的基础，其后产生的形式语义学（formal sematics）、形式语用学（formal pragmatics）都是以乔姆斯基的理论和方法为基础的，应用范围则从英语的形式化分析扩展到所有自然语言包括汉语的形式化分析。形式文法则成为计算机自然语言处理的基本方法。

2. 先天语言能力

乔姆斯基在批驳行为主义语言学的同时，提出了先天语言能力（Innate Language Faculty，ILF）的假说。这个假说认为，人类的语言能力是先天遗传的，而不是后天习得的。这个假说其后被语言学家和人类学家的实验所证实。一个证据是哥普尼克（M. Gopnik）等人对一个具有语言缺陷病史的 K 家族的语言能力的研究。这项长达数十年的跟踪研究的结果表明，K 家族成员的特殊语言缺陷的遗传树图完全符合遗传规律，这就证明了乔姆斯基关于人类语言能力是由基因遗传的预言。① 另一个证据是关于婴儿母语能力的研究。研究小组将母语分别为汉语和英语但语言能力尚未发育的婴儿分为两组，让他们听一段录音，这段录音在背景噪音中隐藏着汉语和英语的一个音节。结果发现，母语为汉语的婴儿在听到隐藏的汉语音节时会有反应（停止吸吮奶嘴），而对英语音节无动于衷，完全把它当作背景噪音；母语为英语的婴儿在听到隐藏的英语音节时会有反应，而对汉语音节也是无动于衷。实验同样证明了先天语言能力的存在。乔姆斯基语言理论的意义在于，由此我们知道我们所谈论的是人类存在和人类心智的特征，而不是谈论一个语言系统，更不是谈论一个形式系统。

3. 普遍语法

人类语言能力具有一些特殊的性质：第一，这种能力是先天的；第二，这种能力是官能性的，即与人体的特殊构造有关；第三，这种能力不依赖于其他能力，如数学能力、逻辑能力、视觉能力等。②

---

① 蔡曙山、邹崇理：《自然语言形式理论研究》，人民出版社 2010 年版，第 296—297 页。

② Cook, V. J. and M. Newson. (1996) *Chomsky's Universal Grammar：An Introduction*. Oxford, UK；Cambridge, Mass.：Blackwell, 1996. pp. 2-3.

由此可以得出结论：人类具有一种共同的语言，人类语言具有一种共同的结构，这种语言和结构是在人类进化的过程中形成的，并以基因的形式固定下来。

普遍语法（Universal Grammar，UG）是关于语言能力而不是关于语言行为的理论，它关注的是人类心智的内部结构。普遍语法认为，说话者知道一套适用于所有语言的原则以及一些明确限定的参数，这些参数在不同的语言之间是各不相同的。语言的习得意味着如何将这些原则应用于某种特殊的语言，并了解每一种参数的值是否合适。我们针对被研究语言所提出的每一种原则和参数，都是对说话者的心智和语言习得的性质的实质性的说明。因此，普遍语法不是对心智的性质所提出的模糊不清的或不可验证的假设，而是在特殊的证据基础上提出的精确陈述。普遍语法的核心概念与它的特殊细节是不可分离的。普遍语法的重要性就是它总是试图将语法、心智和语言紧密地联系在一起。

4. 语言和心智

乔姆斯基的语言理论是唯理主义和心理主义的。唯理主义体现在他的句法结构理论、生成转换语法和按照数学逻辑建立的形式化的语言分析方法上。心理主义体现在他的先天语言能力假说上，这个假说迫使他去研究语言和心智的关联。① 语言作为一种认知能力，既要考察它的生理和心理基础，也要考察它与思维和文化的相互影响。这样，从语言研究我们自然发展到心智的探索，从心智的探索我们自然来到以心智探索为目标的认知科学。人类心智经过 200 万年的漫长旅行，终于回归到自身。②

为什么 20 世纪哲学和思想理论的重大变革都发生在语言研究和语言学领域？为什么语言研究和语言学革命成为认知科学的先导？为什么乔姆斯基成为认知科学的第一代领袖？为什么语言认知成为人类认知的

---

① Chomsky, N. (1968) *Language and Mind*. New York, Harcourt, Brace & World.

② 人类共同的祖先南方古猿在 600 万年至 200 万年前发明了表意的符号语言，即概念语言，完成了从猿到人的进化。人类心智与动物心智最本质的区别在语言。参见蔡曙山：《认知科学导论》，人民出版社 2021 年版，第 3—82 页。

基础？所有这些问题，只能由认知科学来回答。

四、我言，故我在

20世纪从维特根斯坦开始的语言转向，到其后由乔姆斯基领导的语言学革命，其势如排山倒海，一浪高过一浪，不断冲击着人类心智的堤岸。这些变革不断积累着能量，最终导致20世纪70年代认知科学在美国建立。

现在我们终于可以从认知科学来看待和分析语言。

（一）五层级的语言认知分析

1. 认知科学的目标和学科框架

20世纪50年代中期，以乔姆斯基发表划时代的著作《句法结构》为标志，[①] 认知科学这艘船正式启航。与此同时，语言学、哲学、心理学、计算机科学、人类学和神经科学等各学科领域相继掀起革命，这些学科不约而同地将自己的目标对准同一个东西——人类心智。到70年代中期，美国科学家和人文学者们感到应该建立一个新的学科框架，共同来完成一个新的任务——揭开人类心智的奥秘。这样，认知科学宣告成立。学科建立的三个主要标志是：（1）《认知科学》期刊创刊（1977）；（2）斯隆报告（Sloan Report）论述了认知科学的技艺（arts）即研究方法（1978）；（3）认知科学协会（Cognitive Science Society）成立，并召开第一次会议（1979）。

认知科学的目标是揭开人类心智的奥秘；作为一门学科，它的目标是促进多学科的交叉融合与发展。

认知科学建立之初，是由哲学、心理学、语言学、人类学、计算机科学和神经科学6个学科形成的一个交叉学科的框架（"丛书总序"，图0-1）；进入21世纪，再增加一个新的学科——教育学，形成6+1的学科框架（"丛书总序"，图0-2）。

显而易见，认知科学创立之初是一个多学科、交叉学科的框架，并

---

① Chomsky, N. (1957) *Syntactic Structure*. The Hague, Mouton.

不是单一学科。

2. 人类认知五层级理论

2015年，全国最早的清华大学认知科学团队负责人蔡曙山创建了人类认知五层级理论，将人类心智确定为认知科学的研究对象，并根据心智进化的历史，将动物到人类心智进化的形态从低级到高级划分为神经、心理、语言、思维和文化五个层级（参见"丛书总序"图0-4）。

从图中可以看出，心智是动物（包括人类）在进化中获得的某种能力，这种能力是先天的，与后天的经验无关。人类在进化中获得所有五个层级的心智能力，而非人类的动物只获得神经和心理两个层级的心智能力。

认知（cognition）也是一种能力，是人和动物对内部和外部信息进行加工并为自身的生存和发展服务的这样一种能力，它是心智能力的表现，但需要后天经验的参与。由于认知能力是心智能力决定的，因此，人类的认知能力也包括五个层级，从低级到高级分别是神经层级的认知、心理层级的认知、语言层级的认知、思维层级的认知和文化层级的认知。非人类的动物只具有神经层级和心理层级的认知，称为低阶认知；人类特有的语言、思维和文化层级的认知称为高阶认知，也称为人类认知。

五个层级中，低层级的心智和认知是基础，它决定高层级的心智和认知；高层级的心智和认知具有更丰富的形式和内容，它影响低层级的心智和认知。

3. 五层级的语言认知分析

从图1-1我们看出，在五个层级的心智和认知中，语言层级的心智和认知具有特别重要的地位和作用。前面说过，语言的发明使猿最终进化为人，它是人类和非人类动物的分界，生命进化的历史和事实在五层级理论中得到完全的体现。

在人类特有的三个层级的心智和认知能力中，语言的心智和认知能力是基础，它决定思维和文化层级的心智和认知。具体来说，就是语言决定思维，语言和思维共同建构人类知识体系，知识积淀为文化。因此，语言和思维共同决定文化。另外，文化作为人类心智和认知最高层级的形式，需要人类个体和种群的经验的参与，含有最丰富的内容，它反过来对思维和语言认知产生重要的影响。

根据人类认知五层级理论，我们可以对 20 世纪以来所发生的语言认知的重大事件进行重新认识和分析。

（二）维特根斯坦两次语言转向和现当代哲学的建立

古代哲学、近代哲学和现当代哲学两千多年来的发展可以看作是人类心智寻找自身基础的努力和发展的过程，前后期维特根斯坦两次语言转向是现当代哲学建立的标志。

古代哲学和近代哲学是主客体二元模型。古代哲学以客观世界为自己的研究对象，是本体论哲学。近代哲学以主体的认识能力为研究对象，是认识论哲学。

前期维特根斯坦认识到主客体之间必须有一个中介或中间环节，主体凭借这个中介才能认识客体，客体也必须凭借这个中介才能被反映到主体。前期维特根斯坦所认定的这个中介是语言，并且他认定的这个语言是高度抽象化的符号语言（symbol language），使用的分析方法则是数理逻辑（mathematical logic）。在他看来，自然语言是不清晰的，因为它含有太多的经验成分和综合的因素，是模糊的，不能作为哲学分析的对象和工具。因此，所有的哲学问题只有通过形式语言和数理逻辑的分析才能得到解决，并且这种分析都应该可以被表达为规范化的语言形式 $[\bar{p}, \bar{\xi}, N(\bar{\xi})]$，哲学家们如果不能这样说话，就应该保持沉默，因为你一定是不知所云。前期维特根斯坦在《逻辑哲学论》中把哲学问题归为逻辑问题，把思想看作事实的"逻辑图像"，把哲学问题归为语言的逻辑分析，这样强悍的理论和主张导致分析哲学的建立，这是现代哲学产生的标志。

后期维特根斯坦继续他的语言分析，但这一时期他的哲学发生了另一次语言转向，即从形式语言转向自然语言。后期维特根斯坦抛弃了那种"过分纯净"的理想语言即形式语言，转向"非常丰富"的自然语言，他把语言看作一种用来做事的交际行为，这是语用学的开端。这个时期他使用的方法是语用分析的方法，以"语言游戏"作为这种交际行为的规则。后期维特根斯坦基于自然语言应用的理论和方法对其后的奥斯汀和塞尔等语言哲学家产生了根本性的重大影响，是语言哲学和当代哲学产生的标志。

西方近代哲学的创始人是笛卡尔，① 西方现当代哲学的创始人则为一而二又二而一的同一个人——前后期维特根斯坦。

（三）沃尔夫语言决定论尘埃落定

沃尔夫决定论是20世纪最重要的语言学理论，也是重要的语言哲学理论和语言认知理论。语言决定论（linguistic determinism）和语言相对性（linguistic relativity）理论提出以来，一直受到种种质疑，正反两方面似乎都很容易找到对自己有利的证据。认知科学建立以后，特别是人类认知五层级理论的建立，为这个问题提供了最终答案，语言决定论终于尘埃落定。首先，从图1-1我们清楚地看到，语言是人类认知的基础，有了抽象的符号语言，人类才能进行抽象思维。抽象的符号语言就是概念语言，在概念的基础上，我们才会产生和运用判断、推理、论证、决策等复杂的思维形式。根据人类认知五层级理论，我们可以确定无疑地回答"（非人类）动物是否有思维"这样一个心理学和认知科学的问题，那就是：没有。非人类的动物某些类似于思维的行为，如小狗认识家、熊瞎子会到溪边小瀑布逮鱼等，这些是心智行为，但不是思维，因为它们没有概念语言，所以不会思维，这些类似思维的行为其实只用刺激反应和表象记忆等心理认知原理就可以解释。又例如，我们前面提到的汉语中"祖宗十八代"的称呼，似乎是先有了中国几千年的农耕文化，产生了农耕文明下的农业社会和大家庭，才有"祖宗十八代"的称呼。但认真分析我们就会知道，"祖宗十八代"的称呼与汉语的单音节、音形义统一的特征是分不开的，正因为有了汉语的这种特征，才可能在远古的农业时代和农耕文明下的大家庭产生出这样复杂的称呼。反过来想，如果是拼音语言，即使有这样的需要，也不可能用英

---

① ［英］罗素：《西方哲学史》下卷，马元德译，商务印书馆2020年版，第85页。

语或其他拼音语言来说"曾爷爷、曾祖爷爷、太爷爷、太祖爷爷、太曾祖爷爷、太上祖爷爷、太上曾祖爷爷、太上太祖爷爷、玄祖爷爷、玄曾祖爷爷、玄太祖爷爷、玄太上祖爷爷、玄太上曾祖爷爷、玄太上太祖爷爷、太玄太上祖爷爷、太玄太上曾祖爷爷、太玄太上太祖爷爷、太玄太上太曾祖爷爷",最后这个称呼用英语要连说18个"grand"的。正如因纽特人有各种雪的名称使他们可以对雪进行更深入的思考和认知一样,祖宗十八代的称呼也使我们对自新石器时代以来农耕文化和农业文明产生的大家庭有了中国人自己独特的认同。这也解释了为何春节期间会有数十亿中国人的大迁徙,为何中国人会不顾风雪严寒一定要回家过年?为何中国人张灯结彩张贴春联来迎接这个农业时代最隆重的节日?须知只有汉语才有格律诗词和对联这种语言表达方式。——这些都说明:语言决定思维和文化,文化和思维反过来影响语言。

(四)乔姆斯基语言学革命意义的重新认识

自《句法结构》(1957)出版以来,乔姆斯基语言学革命意义得到种种的阐释,但今天它需要在认知科学的背景下得到重新认识和解释。

唯理主义和心理主义,在认知科学原理中解释为左右脑的认知功能,左脑是逻辑脑、理性脑、语言脑,在语言加工上表现为自上而下(top-down)的加工方式,乔姆斯基的语言理论则表现为唯理主义、生成转换语法和形式文法;右脑是心理脑、经验脑、艺术脑、直觉脑,在语言加工上表现为自下而上(bottom-up)的加工方式,乔姆斯基的语言理论则表现为心理主义、先天语言能力、内在语言和普遍语法。根据左右脑分工,逻辑结构的句法加工应该由左脑负责,重视语境和应用的语用加工应该由右脑负责,从符号到对象的意义指称的语义加工应该和左右脑都相关。令人惊讶的是,这个推断与实验结果完全一致![1] 这是认知科学的胜利,还是说认知科学真实反映了脑与神经认知、心理认知和语言认知三者的一致性?当然是后者,但认知科学反映了语言加工的客观规律,确实也是认知科学的胜利。

---

[1] 参见蔡曙山:《认知科学导论》第六章,人民出版社2021年版,第199—232页。

乔姆斯基关于"先天语言能力"的天才预言，是将语言能力与语言知识区分开来，使我们知道语言是一种认知能力，而不仅仅是一种知识体系。语言知识不过是语言能力的表现与系统化。从此我们对语言能力的教育、语言能力的测试有了完全不同的认识。例如，托福（Test of English as a Foreign Language，TOEFL）作为外语的英语测试，测试的是英语能力而非英语知识，今天在英语教学中广泛使用的"完形填空"是英语能力的提高而非英语知识的学习。推而广之，在教育中要重视能力的培养而非仅仅是知识的学习。基础教育以学习知识为主，大学教育和研究生教育要更加重视能力的培养。在这方面，乔姆斯基语言学革命意义重大。

此外，在计算机科学与人工智能方面，参加过1956年8月在达特茅斯学院召开的"人工智能夏季研讨会"（Summer Research Project on Artificial Intelligence），和同年9月在MIT召开的"IRE信息论年会"（后来改名IEEE）的"伟大的乔姆斯基"被公认为人工智能的创始人之一，他在后一会上发表的《语言描述的三种模型》（Three Models for the Deion of Language）是翌年出版的不朽名著《句法结构》（*Syntactic Structure*）部分理论的展示，而该书提出的句法理论和形式化句法分析方法和形式文法仍然是当今计算机科学、自然语言加工和人工智能的重要的基本理论。当年他对人工智能在技术成就上的肯定和在科学理论上的否定（如对奇点理论，即人工智能能够超越人类智能，乔姆斯基持否定态度），仍然值得我们深思。①

（五）我言，我思，故我在

20世纪50年代语言学和哲学、心理学、计算机科学及人工智能、神经科学和人类学同时掀起了波澜壮阔的革命。这场革命到70年代中叶终于结出硕果——认知科学在美国诞生。

引导这场人类认知革命的是语言学革命。在语言研究和语言学领域，从前后期维特根斯坦两次语言转向，到乔姆斯基句法结构理论引起

---

① 参见《达特茅斯会议：人工智能的缘起》，搜狐网，2016年3月13日。

的革命、卡尔纳普的逻辑哲学、语义学和归纳推理（他影响了早期人工智能的逻辑学和神经网络两大学派）、奥斯汀的言语行为理论和语用学、塞尔的言语行为理论和间接的言语行为理论、语言哲学以及认知科学建立以后新的发展意向性理论、语用逻辑、中文房间人工智能模型、心智哲学、社会建构理论等，一个重要的问题是：为何语言学充当了这场革命的先锋？答案是，这里体现了历史、逻辑与科学三者惊人的一致。

从生命进化史看，达尔文进化论解释了物种从简单到复杂的进化过程和规律；扩展的进化论（基因进化论）解释了基因在物种进化过程中的决定和主导作用；但这两种进化论未能解释相同物种间的个体差异性，需要更有解释力的心智进化论，只有心智进化论才能最终解释个体差异性。按照心智进化论，动物（包括人类）的心智经历了神经、心理、语言、思维和文化五个层级从低级到高级的进化，由于人类的祖先（南方古猿）发明了表意的符号语言即概念语言，人猿最终进化为人。

从认知科学看，人类的认知能力是心智能力的应用，是人类对内部和外部信息进行加工的能力，因此，人类的认知能力也分为神经、心理、语言、思维和文化五个层级。我们从人类认知五层级理论看到，语言是人类心智和认知的基础，正是由于抽象的概念语言的发明，人类才可能运用思维，产生知识，形成文化。人类的存在，是语言的存在、思维的存在、文化的存在，这是区别于非人类动物的人类的存在。

以上是历史（生命进化史和心智进化史）与科学（认知科学及人类认知五层级理论）的一致性。

再从20世纪的发展看，语言学家、逻辑学家和哲学家、计算机科学家和人工智能专家、心理学家和神经科学家不约而同地都把他们的研究目标对准同一个对象——人类心智，并且在这个过程中，似乎形成了一个处处稠密的"连续统"。是人类思维创造了历史事实，还是历史演进的规律决定了人的思想？总而言之，历史与逻辑（人类思维）在这里也取得了惊人的一致。

笛卡尔有一句举世皆知的名言：我思，故我在（I think, therefor I am.）①。这个重要命题指出人类思维是人类存在（文化存在）的基础。从当代认知科学的原理特别是从人类心智和认知的五个层级看，这是确定无疑的，我们至今仍然十分敬佩这位近代哲学第一人的深刻洞见。

随着认知科学的发展，我们清楚地认识到，人之所以为人，思维固然重要，但更重要的是语言。语言是思维的基础，语言决定思维。语言和思维共同建构了人类的知识体系，知识积淀为文化。因此，人类的存在是以语言为基础、以思维和文化为特征的。人类的存在是包含了所有五个层级而又居于最高层级的文化的存在，而文化存在的基础是语言的存在和思维的存在，所以，我言，我思，故我在。

五、结论和讨论

（一）经过两千多年的旅程，哲学的对象终于回归于人类语言和人类心智本身

哲学是人类认知的一种形式。古代哲学以客观世界为对象，是一种本体论哲学；近代哲学以主体的认识能力为对象，是一种认识论哲学；以前后期维特根斯坦为标志的现当代哲学以语言为对象，是语言分析的哲学和语言哲学；认知科学建立以后，以人类心智为对象的心智哲学成为当代西方哲学的主流。

经过两千多年的漫长旅程，哲学的对象从客体转到主体，再转到语言，最终回归于人类心智本身。这种演变和发展体现了历史、科学和逻辑的一致性。

（二）两次语言转向意义深远，分析哲学、语言哲学和心智哲学相继建立，语言和人类心智站到哲学舞台中央

前后期维特根斯坦两次语言转向意义深远。第一次转向的语言基础是理想语言（形式语言），使用的是现代逻辑的语义分析方法，《逻辑

---

① Descartes, René *Discourse on the Method of Rightly Conducting One's Reason and of Seeking Truth in the Science*, Independently published, p. 15.

哲学论》标志着分析哲学的诞生。第二次转向的语言基础是自然语言，使用的方法是语言游戏论和语用分析方法，《哲学研究》标志着语言哲学的诞生。两次语言转向表明哲学的基础是语言，哲学的任务就是语言批判，我们语言的界限就是我们思维的界限。第二次语言转向的直接结果是言语行为理论和语用学的建立，并推广到语言建构社会现实的重要理论的建立。人类用语言来做一切事情，包括建构人类社会本身。两次语言转向引发了20世纪中叶的语言学革命，这个革命确立了人类语言与人类心智的关联，最后导致以人类心智为研究对象的认知科学的建立，认知科学的建立催生了以人类心智为对象的心智哲学。维特根斯坦以后，语言和心智已经站到哲学舞台的中央，站到哲学智慧的强大的聚光灯下。分析哲学、语言哲学和心智哲学成为20世纪西方哲学的主流。

（三）从人类认知五层级重新认识语言，未来人工智能的发展应基于语言认知研究

20世纪语言学革命的两位领袖人物是维特根斯坦和乔姆斯基。维特根斯坦同时也是20世纪哲学革命的领袖人物，他带领西方哲学进入分析哲学和语言哲学的时代，也就是西方现代哲学和当代哲学的时代。乔姆斯基同时也是20世纪认知科学革命的领袖人物，他是世界公认的认知科学第一代领袖。现在我们仅从当前炙手可热的人工智能领域来看乔姆斯基的贡献和影响。

人工智能是对人类智能的模仿，人类智能即五层级心智中高阶的部分，即语言心智、思维心智和文化心智。目前的人工智能已经是在某些单一的领域，如国际象棋和围棋比赛中战胜了人类。这是由于推理是计算机的所长，从根本上说计算机就是一部推理和运算的机器，而且在记忆存储和运算速度上远胜人类。但是，推理只是人类思维认知能力中的一种，而思维认知又仅仅是人类五种心智和认知能力中的一种。人类智能是综合的智能，即综合了语言、思维和文化三个层级心智能力的智能，并且还向下包含神经和心理两个层级的智能。哪怕是一个婴儿，他的综合智能也远胜当今最强大的计算机和人工智能。

人工智能似乎正在走着人类近代以来的认知发展路线。我们说过，近代哲学是从笛卡尔开始的，它关注的是人类的认知能力，区分成唯理主义和经验主义两大派别。在这样的背景下，笛卡尔提出了他的那个人所尽知、永垂千古的名言"我思，故我在"。但随着认知科学的发展，我们清楚地认识到，人之所以为人，思维固然重要，但更重要的是语言。

乔姆斯基语言研究和语言学革命的意义，在认知科学背景下得到更加深入的认识和重新解释。目前人工智能研究中，语言认知的很多重大理论问题需要得到解决。仅举一例，人类的语言加工是左右脑并用的，是左脑为主的句法加工、右脑为主的语用加工和左右脑并用的语义加工同时并举瞬时贯通的，是一种综合的语言认知能力。而目前的人工智能在语言处理方面，根据乔姆斯基的句法结构理论进行的句法加工差强人意（仅指英语而言，汉语的句法加工问题更多，如最简单的汉字切分仍未过关），语义加工困难重重，语用加工则是一筹莫展。归结到一点，就是自然语言理解和语言认知的问题。人工智能不是纯粹的技术问题，它可能是脑与神经认知和脑科学的问题、心理认知和心理学的问题、语言认知和语言学的问题、思维认知和逻辑学的问题、文化认知和人文社会科学的问题等。因此，未来人工智能的突破，在人类智能即高阶认知的领域，需要语言学家、逻辑学家和哲学家、人文学者和社会科学家以及认知科学家的通力合作，也需要脑与神经科学家、心理学家的参与。

（四）我言，故我在

笛卡尔的重要命题使我们考虑，什么是人类的存在？什么是人类存在的本质？

在认知科学背景下，根据人类认知五层级理论我们认识到，人类的存在，其区别于非人类动物的本质特征是语言、思维和文化的存在。三者之中，人的本质的存在是语言的存在。有了语言，人类最终完成了从猿到人的进化；有了语言，人类产生和使用思维；有了语言，人类用语言和思维建构了知识大厦；有了语言，人类的知识才能积淀为文化。因此，人类的存在是语言的存在、思维的存在和文化的存在。

但人类存在区别于非人类的动物的这三种形式之中，最基础和最本质的是语言的存在。今天，笛卡尔的这句影响深远的论断应该被这个更为深刻的命题所取代，这个命题就是："我言，故我在。"（I speak, therefore I am.）

2

进化与建构：
从五层级理解人类语言[①]

把我排在这一组，让我诚惶诚恐，虽然我年龄也不小了，可是在前面三位大师面前，我是晚辈。[②] 希望我这个报告为大家提供一个新的角度来理解语言。

我本人的背景也讲一下。我最早是做逻辑学的，博士生阶段跟着周礼全先生做语言逻辑。之后我做了很多年的语言学研究，我出版过一本书《自然语言的形式理论研究》，用我所学和擅长的逻辑学的形式化方法来对自然语言做了一个形式化的处理。分三个层次：形式句法学，主要是乔姆斯基的理论，做一些形式化的处理和解释；形式语义学，主要是用蒙太格的语言理论进行形式化处理；形式语用学，那时做形式语用学研究在当时的语言学界还是一个比较艰深的课题，我的博士论文做的是言语行为理论和形式语用学研究，这是塞尔和范德维克"语用逻辑"（illocutionary logic）的形式化研究，我的博士论文即以此为题。博士毕业后，以博士论文为基础出版了我的第一部著作《言语行为和

---

① 本文系作者 2019 年 9 月 17 日至 18 日在武汉大学召开的"语言学与人工智能跨学科论坛"上的报告，会议组织者李佳老师等根据录音整理，收入赵世举、姬东鸿、李佳主编的《语言学与人工智能跨学科的对话》（中国社会科学出版社 2021 年版）一书中。基金资助：国家社会科学基金重大项目"语言、思维、文化层级的高阶认知研究"（批准号 15ZDB017）。

② 本次会议上，我被安排在第一组发言，前面发言的是陆俭明、李生、冯志伟三位前辈。

语用逻辑》①，我用命题的、量化的和模态的三个形式系统来处理它。这些结果先后在《中国社会科学》《哲学研究》和《清华大学学报》上发表。博士毕业之后我去了国家社科基金会，设计了全国第一个基金项目管理信息系统，管理国家社科基金，这是跟计算机打交道的，需要计算机科学与技术的专业知识。2000年到清华以后，我又转去做心理学。由于我的这个背景，我又爱上了认知科学，因为认知科学是一个多学科综合交叉的学科框架，需要学科交叉的背景。我的经历和冯志伟老师有点类似，总是不安于现状。有这些多学科的背景知识和工作基础，我在清华大学组建了认知科学的团队，开展了包括认知语言学在内的交叉学科研究。从开始到现在20多年，我觉得从认知科学来认识语言，可以为大家对人工智能的理解提供一个不同的角度。

一、语言的进化

语言的发展，根据我创立的人类认知五层级理论，即神经、心理、语言、思维、文化这五个层级是人类认知的五种形式，从低级到高级。从神经到心理到语言，突出的是"进化"，这是进化的神功。语言产生以后，一切都是人类的创造，突出的是"建构"，从语言到思维再到文化。

简单介绍一下认知科学的背景。20世纪70年代中期，在美国建立

---

① 蔡曙山：《言语行为和语用逻辑》，中国社会科学出版社1998年版。作者在改进英、美著名语言哲学家奥斯汀、塞尔等人工作的基础上，建立了语用逻辑形式系统，并将其应用于计算机语言和行为的分析。这项研究受到美国艺术与科学院院士、美国人文科学国家总统奖章获得者、著名语言哲学家塞尔的赞誉。该书被美国和加拿大一些大学图书馆列入"语言学和哲学"（Linguistics and philosophy）类推荐书目，在《人民日报》《光明日报》发表书评。《中国哲学年鉴》（1999）"新书选介"对该书作专门介绍，并连续多年对该书及相关成果作专门介绍和评论。《哲学动态》等多家杂志发文评价这一方向的发展和作者的贡献。该书被国家图书馆、国内各大学图书馆以及中国香港、中国台湾地区各大学图书馆收藏，被国家数字图书馆选为浏览书目，入选哲学·心理类常备书架。该书还被国内多所高等院校指定为逻辑学、语言学、计算机科学等专业研究生参考书。2020年，《语用逻辑的拓展研究》被评审立项为国家社会科学基金重大项目，项目负责人中山大学熊明辉教授。

了一个交叉综合性的学科,即认知科学。它最初建立的是学科框架,包括哲学、心理学、语言学、人类学、计算机科学和神经科学。这些学科的革命特别是语言学的革命,导致了对人类心智的研究。乔姆斯基1957年出版了他的代表性著作《句法结构》(*Syntactic Structures*),1968年他开始研究语言和心智的关系,又写了另外一本划时代的著作《语言与心智》(*Language and Mind*),便从语言学的研究转入心智的研究。认知科学早期涉及的六大学科都是跟心智相关的。比如计算机科学,与心智结合,就是人工智能。所以美国人把它集成为一个多学科交叉的综合性的框架,这样来共同破解人类心智的奥秘。我曾把认知科学的目标界定为一句话,就是"揭开人类心智的奥秘"。

值得一提的是,2000年以后,美国人把教育和教育学也加入这个框架,这个新的结构我把它称为6+1的学科框架。教育和教育学心智有什么关系?太有关系了!人一诞生,甚至在胎儿时期就是一种心智的培养,从他出生一直走向老年,终生在受教育,而这一过程就是心智在发育和成长,所以要把与心智发展密切相关的教育和教育学加进来。我在清华2000年开始正式组建认知科学团队,一直跟随6+1的学科框架,做跟随研究。但是2015年我产生了怀疑,认知科学就是这么研究的吗?在这样的框架下,我们容易把认知科学理解为一个交叉学科。前不久,我的一位美国朋友还写信给我,说认知科学是一个交叉学科吧?不是单一学科吧?我说,你看看我的五层级理论,你就知道,它不是交叉学科,它已经发展成为单一学科。人类认知五层级理论建立以后,认知科学成为单一学科。

现在我来说说我所建立的人类认知五层级理论。

很显然,刚才说的这些哲学、心理学、语言学、人类学、计算机、神经科学、教育学都不是认知科学的对象,认知科学不去研究这些科学,这些科学都有自己的研究对象。为什么认知科学要去掺和呢?认知科学如果成为一个独立学科,它必须有自己独特的、别的学科替代不了的研究对象。那么这个研究对象是什么呢?就是我刚才说的心智。我画了一个示意图(图2-1),从这个图可以看出,其实只要有脑和神经系统的动物都具有某种心智，只是级别不同而已。心智实际上是一种能力，它是一种能对内部和外部环境进行认知并进行信息加工的一种能力。脑和神经系统产生心智的这样一个桥梁就叫认知（cognition），认知科学（cognitive science）就是研究人类心智和认知现象及其规律的科学，这是笔者在《中国社会科学》上发表文章的时候，编辑让笔者下的一个定义。我先定义心智，然后再定义认知，最后再定义认知科学。

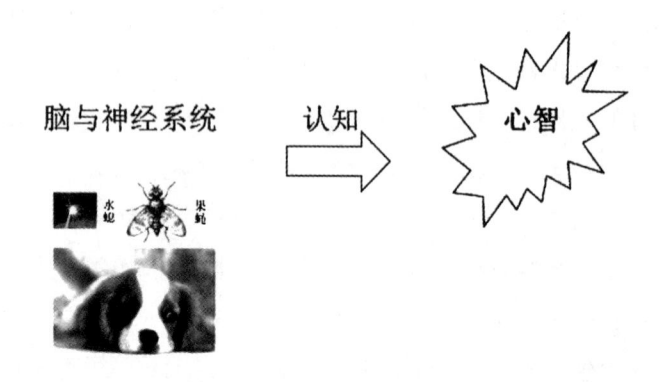

图 2-1　具有脑或神经系统的动物都具有某种程度的心智和认知

这个生物进化图大家应该非常熟悉，它是由达尔文完成的，是物种进化图，相应的理论是物种进化论，即达尔文进化论，这是达尔文的贡献。我的贡献是把它看成一个心智进化图（"丛书总序"图0-3），相应的进化论叫作心智进化论。心智实际上也是一个从最简单动物的心智到最复杂的人类心智的进化过程的产物。我们的大脑是宇宙间最复杂的一个物质结构，它能够产生最复杂的心智。是心智和基因共同决定了物种的进化，而不是相反。所以，这个进化图应该反过来看，像乔姆斯基那样，把语言那个树反过来看，这不是一个动物进化图，而是一个心智进化图。心智进化到什么阶段？他的肉身只不过是心智所采取的形式。我们坐在这里的人，因为我们心智进化到这种程度，我们从父母那遗传了基因和心智，所以我们化身为人。如果你是老鼠的基因和心智，那你就只能化身为一只老鼠。当然实际上这是两个东西，一个是基因，一个是心智。美国为此制订了两大科学计划：一个是人类基因组计划，一个是人类心智组计划。人类心智组计划就是心智和认知，也就是认知科学。遗憾的是很多人只知道人类基因组计划,不知道人类心智组计划。

心智有从初级到高级的一个发展和结构,如果对它进行一个结构性的处理,那么我们就得到这样一个图,称为人类心智五层级结构图("丛书总序"图0-4)。这个图说明了人类心智进化的方向和五层级结构。我们把初级的心智放在下面,把高级的心智放在上面,大家看到,如果只有神经认知的动物一定是最低级的动物,比如毛毛虫,它们大脑没有进化出来,还有海洋馆里的软体动物,它们没有大脑,但是它能够对环境作出神经性的反应,这是最低级的动物。然后再进化,再复杂一点就进化出脑,只要是有脑的动物,就有心理认知了,什么是心理认知?就是喜怒哀乐、情绪、情感这些东西,有这些,就是具有心理认知了。动物的进化到此为止。

人类的进化最了不起的是语言,所以我们从认知科学来看语言,从认知五层级来看语言,就看出它的特殊地位。实际上从非人类的动物、从猿进化到人有三件大事:第一,直立行走。第二,火的使用。火的使用使人能够摄入异体蛋白(就是吃其他动物的肉)使脑得到进化,火的使用使人的脑容量增大,但是直立行走和火的使用这两件事情即便完成了,人还是没有进化成人。第三,语言的发明。这件事情发生在什么时候和什么地方呢?在距今600万年到200万年前,在现在的南非和东非一带,叫南方古猿。这个研究成果发表在 *Scientific American* 上。600万年以前这一支人猿发明了抽象的语言,那是口语,那时人类的口头语言已经和动物的声音语言有本质的不同,它能够表达抽象概念。

人类学家和语言学家做了一个实验。他们把语言按照抽象程度划分为不同等级,一种语言的抽象程度越高,那么就越能够协调更大范围内的群体行为。通过化石考证,这一支南方古猿是当时的猿类里面比较弱小的一支,但是由于发明了抽象语言,因此,可以协调更大范围内的群体行为,灭掉了更强大的其他猿类,灭掉了其他食肉动物,走出非洲,把自己的基因撒向全世界。这是基因考古学的最新成就,人类进化是同源说,不是异源说,不是不同的种族在不同的地方进化,而是我们全人类是同一个祖先,就是南方古猿,这是600万年到200万年前这段时间发生的事情。所以，语言的发明至关重要。人猿中的一支在进化中发明了语言，语言的发明使猿最终进化为人。这是生存的需要，更是进化的神功！

二、语言的建构

在这里我们看到了语言对人类认知的重要性。抽象语言产生之后，很显然抽象思维就出来了。思维是什么时候开始的？思维与语言同时产生。抽象语言产生，抽象思维也就随之产生了，而语言和思维加在一起就了不得了。语言和思维建构了人类的全部知识体系。数理化、天地生、文史哲、政经法都是用语言和思维建构的，知识的积累形成文化。所以我们人类有了这三种东西：语言、思维和文化。从此以后，人类的进化不再是或者主要不是基因层次的进化，而是语言、思维和文化的进化。

在这一点上，我愿意多说两句，也是回应陆俭明老师的说法。语言学不能做单纯的语言研究，要和其他学科结合，如果语言学要和其他学科结合，我认为五种语言学是必须要研究的。神经语言学、心理语言学，这两个语言学分支比较好理解，它们分别是神经认知和心理认知与语言学交叉的产物。那么在语言认知这个层次我们要做什么呢？我认为，20世纪西方语言学的发展经历了句法学、语义学和语用学三种理论形式，这个是理论走在实践的前头了，因为后来的认知科学发现，在人的大脑的语言加工当中确实存在三种对应的形式语言加工方式，即句法加工、语义加工和语用加工，这三个层次的加工都有实验证据，有脑科学、脑电的实验证据。这时我们才知道，句法学、语义学和语用学不过是头脑里的语言加工方式的摹写。如果计算机要模拟人类的思维，模拟人类的认知，要从五个层级上去模拟，在语言这个层次上，它就要很好地模拟人类三种层次的语言加工——句法加工、语义加工、语用加工。这个层级的语言学可以叫作理论语言学，包括句法学、语义学和语用学；认知科学建立起来以后它可以叫作认知语言学，包括句法加工、语义加工和语用加工。

除了神经语言学、心理语言学和理论语言学（认知语言学），还应该研究思维层级的语言学或者叫逻辑语言学，它是逻辑和语言的结合。20世纪以来，语言逻辑和逻辑语言学领域成果丰硕。在语言逻辑方面，产生了句法逻辑（语形逻辑）、语义逻辑和语用逻辑。我在博士生阶段就师从周礼全先生研究语言逻辑，主要从事语用逻辑（illocutionary logic）的研究，出版了《言语行为和语用逻辑》一书。① 在逻辑语言学方面，主要研究领域和成果是自然语言的形式化研究，包括形式理论与形式系统。我和邹崇理合作的《自然语言形式理论研究》是这方面的重要成果。②

文化层次上的是文化语言学。我们中国语言（汉语）的先进性世界第一，它有超强的生成能力。掌握6000个基本汉字可以读一切的书，但掌握英语单词10万个都不够，因为汉语的生成能力太强了。汉语有超强的生成能力，这个不得了！所以我们要热爱我们自己的语言——汉语。

因此，可以从这五个层次来研究语言，从神经到心理怎么到语言？这个过程怎么产生的？我认为这个过程突出了"进化"的神功，完全不是人力所为。语言产生以后，一切都是语言的建构，所以人类最大的本事就是使用语言，使用符号，从语言到思维到文化，这体现的是"建构"，是人类用语言来做事的能力，即语言能力（language faculty）。

从神经、心理到语言的进化。讲几个数字大家可能都熟悉，宇宙的历史有138亿年，这个是从大爆炸宇宙论推算出来的，但是宇宙诞生100亿年以后，我们这个宇宙仍然是一个死寂的宇宙。45亿年前地球诞生，地球诞生之后的10亿年仍然是死寂的地球，没有任何一个生命，35亿年前第一个生命诞生了，第一个单细胞动物，第一个基因出现了，然后就是进化神功，适者生存、优胜劣汰，这样进化出越来越复杂的生物，直至进化出基因和心智最为复杂的动物——人类。所以35亿年前

---

① 蔡曙山：《言语行为和语用逻辑》，中国社会科学出版社1998年版。
② 蔡曙山、邹崇理：《自然语言形式理论研究》，人民出版社2010年版。

第一个细胞产生，然后是 600 万年到 200 万年前南方古猿发明抽象语言，就是刚才讲的南方古猿为何胜出，这个成果发表在 *Scientific American* 上，大家可以看一下。

三、五层级理解人类语言

在神经层次上我们怎么来理解语言呢？现在关于神经科学的研究非常热门，关于神经语言学的研究很多，有一些细到每一个神经细胞的功能，它的语言区在哪里，神经元起什么作用等。但我认为 20 世纪神经科学研究中最有成效的是左右脑分工，左右脑分工对人类理解语言非常重要。罗杰·斯佩里（R. W. Sperry）的裂脑实验揭示了左右脑分工这一事实。他当时治疗癫痫，为了减轻病症，把病人的胼胝体切开。人的左右脑是通过胼胝体联通的，割裂脑以后，左右脑间的信息不能交换了。通过对这些裂脑人的研究，分清了左右脑的功能，左脑叫作逻辑脑，负责逻辑推理、数学运算，奇怪的是语言的功能也在左脑。右脑负责空间形象记忆、直观、直觉、情感、灵感、顿悟等，叫作创作脑，也叫艺术脑。令人惊讶的是全世界人的大脑分工没有差别，都是这样分的。

为什么会这样？为什么全世界的人进化到最后都是这个结果？为什么没有一个人、没有一种人、没有一类人、没有一个民族的语言能力进化到右脑去，或者是逻辑思维能力在右脑？没有这样的人。那又是为什么？这个问题在 20 世纪是一个很有挑战性的问题，就是为什么会进化成这样分工的左脑和右脑？解决这个问题只能用逻辑推理了。假设大脑原初的时候只有一个功能，如果左脑只管一个功能的时候它管什么？如果右脑只管一个功能它管什么？这是当时的研究思路。按照这个研究思路，研究的结果是这样的：左脑原初的功能是捕食和进攻，而右脑原初的功能是防止被捕食，就是防守。这是一切生物生存所必需的两大基本行为：捕食和防止被捕食。这个非常重要，有没有证据？当然是有的，考古的证据，化石的证据。大家知道左右脑对身体是进行交叉管理的，左脑管理着右侧的身体，右脑管理着左侧的身体，所以考古学家去研究这些动物的化石，如捕食，左脑指挥身体进行捕食的话，动物应该向右捕食，向右捕食的话它右边的牙一定磨损得比左边厉害，所有的动物，如鲸鱼、老虎……没有区别。连我们人类也是一样的，例如我们咀嚼时更多使用右牙，这是无意识的行为，是从遗传继承的，你的意识控制不了。

这个可不可以做实验呢？当然是可以做的，这个科学实验很有意思，也发表在 *Scientific American* 上。他们拿青蛙来做捕食的实验，心理学和认知科学的实验都是匪夷所思的，比如说这个实验，被试是要挨饿的，饿它一个星期，然后看它怎么捕食。把青蛙放在中间圆盘上，外层是另一个圆盘，放着它最喜欢吃的蚂蚱。这个蚂蚱如果从左侧进入它的视野的话，尽管饿昏了头，但它却熟视无睹，因为左眼由右脑控制，而右脑不管捕食，只管防守；一旦蚂蚱从右侧进入它的视野，右边肢体归左脑管，它立即捕食。这样左脑的捕食功能就被证明了。右脑的防守功能怎么做呢？他们用小鸡来做实验。小鸡孵化的时候拿光线照明只照它的一侧，所以形成小鸡左脑发育、右脑不发育，或者右脑发育、左脑不发育两个对照组。这个实验是这样的，是在小石头里面找米粒吃，而防守实验是让一个黑老鹰的模型从空中扑下来，看小鸡会不会逃跑。左脑发育而右脑不发育的小鸡它能够准确地从盘子里面捡食米粒，但是黑老鹰扑下来的时候它不会跑，它不会防守；相反右脑发育而左脑不发育的小鸡，黑老鹰下来了它会跑，但是它不能从小石头里面捡米粒吃。

这一点至关重要，一切我们后来看到的，包括人类认知五层级理论，都可以从左右脑分工得到说明。提醒一下，五层级认知是下面决定上面，所以在心理、语言、思维和文化这个层级上，你都能看到是左右脑的区别造成的，甚至我们东西方文化的差异都是左右脑造成的。西方文化是一种进攻性文化，因为西方是捕猎民族；东方文化是一种右脑型的防守性文化，我们常说中华文化是一种农耕文化，这就是一种典型的右脑型文化，防守型文化。巴黎的埃菲尔铁塔、凯旋门都是进攻的标志，中华文化的标志性建筑万里长城是防守的建筑。西方的校园是开放的，是向外扩张的；而中国的校园，没有一所例外，都是拿围墙围起来的。大家看到这个觉得奇怪,但是你理解了左右脑之后,这个文化现象就很好理解了。所以我们说中国人是热爱和平的民族,有证据吗?告诉你们有,有脑科学的证据,我们中国人就是右脑型的,我们就是热爱和平,所以我们不会去扩张,我们不会侵略别的国家。脑科学为我们上面所说的很多的认知特质,心理也好、语言也好、思维也好、文化也好,都提供了非常强有力的证据。

语言为何进化在左脑呢?这个在当时也是非常难办的事情,这个证据是这样的,也是一个美国的小组研究的。研究发现,语言发音类似于咀嚼,所以语言进化在左脑。但是还有一个更强有力的证据,这个是有实验的。刚才我讲了语言加工的三种方式,句法加工完全是一种逻辑推理,像乔姆斯基的句法就是逻辑推理,句法加工在左脑。语用加工在右脑,因为语用推理要讲语境,和环境有关,所以在右脑。那么大家想一想语义应该在左脑还是右脑呢?凭借逻辑推理,它左右脑都应该有,实验的结果确实如此。——理论的预测和实验的结果和历史的发展是如此的一致、如此的完美。

刚才讲的五个层级,语言往下是和神经、心理有关,要搞透它才能真正理解我们研究的语言这个层级。所以 AlphaGo 也要搞神经计算,实际上神经计算就是一种模拟而已,研究还远远不够。语言向上又和思维、文化相关,所以我认为研究这个对人工智能会有非常大的帮助。

五个层级,从神经到心理、从心理到语言是进化的结果,是进化的神功。语言产生以后,人类用语言来建构一切,思维、文化乃至整个人类社会都是语言的建构,这就是语言建构论——人用语言建构整个人类社会。机器行不行?目前差得很远。今后呢,我的看法是根本不可能。人工智能今后怎么发展呢?清华大数据研究院和人类脑计算研究中心都请我去讲过这个题目:人工智能的未来。我当时的建议是分五个层级去研究人类智能和人工智能的区别,我介绍一下自己写的一篇文章。当时AlphaGo 出来之后,媒体一味跟风炒作,甚至说人类的时代已经结束,机器将要统治人类。当时中央也注意到了,让教育部请在京的相关领域的专家来论证到底是不是人类已经要完结了，机器要统治人类了。笔者也被选中，写了一篇《人工智能与人类智能》的文章，之后在《北京大学学报》上发表，题目就叫《人工智能与人类智能》。① 我从五个层级来对比目前的人工智能和人类智能，我的结论是 No，或者说为时尚早。我说就像发明火车，火车跑得比人快，汽车跑得比人快，飞机飞得比人高，但你不能说火车、汽车、飞机统治人类，对吧？那今天为什么说人工智能要统治人类呢？除非它自己确实有独立的意识，它能够独立自主地思维，这远远达不到，它只不过就是一个工具的改进而已，我的结论是这样的。这篇文章发表 3 年来，已经被引用 70 多次，年平均被引用 23 次，很高了，它的下载率已经上万次了。② 所以不管是理解语言，还是理解人工智能，我觉得认知科学可以为我们提供一个新的角度。

---

① 蔡曙山、薛小迪：《人工智能与人类智能——从认知科学五个层级的理论看人机大战》，《北京大学学报》2016 年第 7 期。

② 截至作者校对《语言学与人工智能跨学科的对话》文稿时（2020 年 11 月 30 日），《人工智能与人类智能》一文在中国知网被引 138 次，下载 11598 次，年均被引 32 次，年均下载 2697 次。截至作者校对本书时（2024 年 1 月 12 日），《人工智能与人类智能》一文在中国知网被引 278 次，下载 15951 次，年均被引 38 次，年均下载 2127 次。说明本文有极高的被引和被下载量，且被持续关注。

3

论语言在人类认知中的地位和作用[①]

法国哲学家笛卡尔有一句举世皆知的名言:"我思,故我在。"这句话深刻地揭示了人类存在的本质:因为我思考,所以我存在。人一旦停止思考,作为人的存在也就终止了。

20世纪中期以来,随着认知科学的建立和发展,我们对语言的本质与人类认知和存在的本质有了更加深入甚至完全不同的认识。人类认知是以语言为基础,以思维和文化为特征的。人类用语言来做事,包括表达思想,进行交际,以至用语言来建构整个人类社会。[②] 语言决定思维,语言和思维形成知识,并积淀为文化。除了语言我们一无所知,除了语言我们一无所能——人类的存在,不过就是语言的存在。因此,"我言,故我在"(I speak, therefore I am)。

哲学、语言学、心理学、人类学、计算机科学和神经科学是认知科学的六大来源学科。在认知科学的发展中,形成心智哲学、认知语言学、认知心理学、认知人类学、人工智能和认知神经科学,它们被称为认知科学的六大核心学科。但这些学科都不是认知科学的对象。认知科学的研究对象是人类的心智和认知。笔者提出,人类心智的进化从低级

[①] 本文原载《北京大学学报》2020年第1期,SSCI来源期刊,A类期刊,《中国知网》全文转载,被引20次,年均被引5次。基金资助:国家社会科学基金重大项目"语言、思维、文化层级的高阶认知研究"(批准号15ZDB017);"汉语非字面大脑加工的神经机制研究"(批准号14ZDB154)。

[②] Searle, John R., *The Construction of Social Reality*, Free Press, 1997, pp. 59-78.

到高级可以分为五个层级，相应地，人类的认知能力和方式也可以划分为五个层级，即为神经认知、心理认知、语言认知、思维认知和文化认知。语言认知处于人类认知的核心，是高阶认知的基础。人类认知是以语言为基础，以思维和文化为特征的。①

本文根据人类认知五层级理论，论述语言在人类认知中的地位和作用，并论证人类存在的本质是语言的存在。

一、什么是语言

由于学科或认知角度的不同，对语言有各种定义。我们采用符号学的方法来定义语言。因为人类语言是一种符号，而人类是一种符号动物。② 因此，符号学定义是最基本的一种定义。

（一）语言与符号

语言是一个符号系统。任何一个语言系统皆由初始符号和形成规则两个部分构成。初始符号（initial symbol）也称为该语言的字母表（alphabet），它是该语言的基本符号，即是该语言的出发点。形成规则保证由初始符号构成有意义的符号串，它们被称为语词（words）或表达式（expressions）。

我们从一开始就要注意区分语言和语言学。根据乔姆斯基的解释，语言（language）是一种能力，③ 语言是我们头脑里的认知加工方式、语言加工过程、认知加工装置和认知加工能力。语言学（linguistics）则是一门学科，是语言学家对我们头脑中语言加工方式和加工过程的摹写。

20世纪50年代以来，语言学家和认知科学家对人类头脑中语言的加工过程和方式进行了研究，区分了句法加工（syntactic processing）、语义加工（semantic processing）和语用加工（pragmatic processing）三

---

① 蔡曙山：《论人类认知的五个层级》，《学术界》2015年第12期；蔡曙山：《人类认知的五个层级和高阶认知》，《科学中国人》2016年第2期。

② Deacon, T. W., *The Symbolic Species*: *The Co-Evolution of Language and the Human Brain*. New York: W. W. Norton, 1997, pp. 11–13.

③ Chomsky, N., *Language and Mind*. New York, Harcourt, Brace & World, 1968, p. 4, pp. 8–10.

种不同的方式和过程。语形加工只对语言符号自身进行操作,语义加工要对语言符号及其指称的对象进行操作,语用加工则要对语言符号及其使用者即说者(speaker)和听者(hearer)以及语言使用的时间(time)、地点(place)和语境(context)进行操作。对这三个不同的加工过程和方式的研究分别产生了语形学(syntax)①、语义学(semantics)和语用学(pragmatics),它们是当代语言学的三大分支,也称为当代语言学的三分框架。② 语形学研究语言符号的空间排列关系;语义学研究语言符号的指称和意义;语用学研究语言符号及其使用者之间的关系及其对语言意义的影响。语形加工、语义加工和语用加工是在我们头脑里发生的语言认知过程,属于科学的研究对象和范畴,是科学概念;语形学、语义学和语用学却是语言学家对语形加工、语义加工和语用加工过程的摹写,属于语言学的范畴,是学科概念。

(二)自然语言与形式语言

迄今为止人类所使用的语言按其产生的方式可以被分为两大类:自然语言与人工语言。自然语言是在人类的自然进化过程中产生的语言,如汉语、英语、德语、俄语等;人工语言是人类为了某种目的而发明或设计出来的语言,如世界语、一阶语言、高阶语言等。自然语言与人工语言的主要区别是:第一,产生的方式不同;第二,形成的规则不同。人工语言的形成规则是前行的,即按规则形成有意义的符号串。行为主义语言学认为,自然语言并无先天的规则来产生有意义的符号串,而要靠后天的学习或词典检验来判定。但乔姆斯基的心理主义语言学认为,语句的生成和转换也要根据一种先天的语言机制来进行,这就是生成转

---

① 国内学界将 syntax 一词译为"句法学",不妥。syntax 有两层含义:作为语言加工过程,包括词法和句法两个层次,前者是指将语言的初始符号(initial symbols)加工为语词(words)的过程,后者指将语词加工为语句(sentences)的过程。因此,作为语言学的分支,syntax 包括词法和句法两个部分。syntax 译为"句法"缩减了它的含义,将"词法"完全排斥在外,是毫无道理的。由于 syntax 研究语言符号的空间排列关系,即形式结构关系,包括词法关系和句法关系,作为语言加工过程,译为"语形加工",作为语言学的分支,译为"语形学"为妥。

② 蔡曙山:《符号学三分法及其对语言哲学和语言逻辑的影响》,《北京大学学报》2006 年第 5 期。

换规则，或称为生成转换语法，这是一种先天的语言装置，也叫普遍语法。形式语言与形式系统的建立，是计算机诞生和发展的理论基础。随着计算机的诞生而出现的人工智能是对人类智能的模仿，同时也对人类智能提出了挑战。人工智能最终能否战胜人类智能？最重要的是对这两种智能方式的认识，其中最根本的是对这两种不同智能的语言基础和思维方式的认识。①

（三）脑与语言的双重进化

美国人类学家迪肯在《符号物种：语言与脑的双重进化》一书中，以"符号物种"（symbolic species）来称呼人类，他将人体进化生物学和神经科学结合起来，研究人类认知的进化。迪肯提出了一些重要思想和精辟的结论：语言反映了人类新的思维模式，这就是符号思维；在200多万年的人类进化过程中，符号思维触发了语言与脑双重进化的进程。代代相传的思想最终引起身体的种种变化，从而形成人类独一无二的身体和大脑；第一次符号交际是作为一种我们的人类祖先不得不使用的唯一的方法进化出来的；理解符号交际使我们对意识的某些方面重新作出解释，包括理性意向、意义、信念和自我意识等，而这些意识形态作为现实世界的紧要性质，是由符号所创造的。这也说明建造机器的方法不仅仅是使用符号，而且还要理解符号；符号能力造就了这样一个新的物种，这就使得在生命史上第一次有可能获得进入他人思想和感情的通道。②

乔姆斯基语言学的革命最终导致心理学和认知科学的革命。这是因为，乔姆斯基的语言理论导致对人类心智革命性的理解。1968年，乔姆斯基在《语言与心智》一书中，已经将语言与心智的研究联系起来。③ 此后多次再版。在其他著作中，乔姆斯基也每每强调语言和心

---

① 蔡曙山、薛小迪：《人工智能与人类智能——从认知科学五个层级理论看人机大战》，《北京大学学报》2016年第7期。

② Deacon, T. W., *The Symbolic Species*: *The Co-Evolution of Language and the Human Brain*. New York: W. W. Norton, 1997, p. 349.

③ Chomsky, N., *Language and Mind*, New York: Harcourt, Brace & World, 1968, pp. 173-185.

智、认知的关系。他说:"语言是心灵之镜。"① 他又说:"心理的真实性就是一种可靠理论的真实性。"② 按照乔姆斯基的理论,我们所具有的语法是在我们头脑中固有的。这样才能够解释,我们为何能够生成和理解无限多的语句;也才能够解释,语言为何能够与我们心中的其他如记忆、视觉和道德判断相互作用;也能够解释头脑受伤的人为何也会失去他们的全部或部分语言;还能够解释当我们在实验条件下做一个语言工作测试时,PET扫描为何能够显示在我们大脑的特定区域会有增加的血流量等。

乔姆斯基的语言理论导向认知。首先,乔姆斯基从句法结构的分析深入到对心理和心智的分析,其"先天语言能力"的天才假说更引发了其对语言和心智关系的探索及研究。其次,从人类认知五层级理论看,语言认知和神经认知、心理认知、思维认知、文化认知相互协同,相互影响,使人类具有与非人类动物不同的非凡的认知能力,即以语言能力为基础的高阶认知能力,使人成为人。

——语言的奥秘被隐藏在黑暗之中,上帝说,让乔姆斯基来吧,于是这个领域便被照亮了!

二、语言与思维

限于篇幅,本文不讨论语言的神经基础以及语言的心理基础问题,而只在高阶认知层级上讨论语言与思维的关系以及语言、思维与文化的关系,从而说明人类的存在是语言的存在。下面先来看语言与思维的关系。

高阶认知即人类认知由语言认知、思维认知和文化认知三个部分组成,其中,语言认知是高阶认知的基础。我们先来看语言认知与思维认知的关系,两者的关系可以概括为:语言决定思维,思维影响语言。

(一)"我的语言的界限就是我的世界的界限"

20世纪西方哲学可以分为三大主流,这就是从20世纪初兴起到30

---

① Chomsky, N., *Reflections on Language*. New York: Pantheon, 1975, p. 4.
② Chomsky, N., *Rules and Representations*. Oxford: Blackwell, 1980, p. 191.

年代走向鼎盛的分析哲学，40年代作为过渡阶段的日常语言哲学；50年代以后逐渐走向繁荣的语言哲学；70年代中期开始出现的心智哲学，它们是当代西方哲学特别是英美哲学的主流。20世纪西方哲学的这两次重要转向，体现在维特根斯坦的两本书上，即《逻辑哲学论》和《哲学研究》。

维特根斯坦在他的分析哲学代表作《逻辑哲学论》中说："我的语言的界限就是我的世界的界限。"① 维特根斯坦还说，未来哲学的任务就是分析：澄清那些在哲学上有疑问的命题，阐明这些命题的逻辑形式，按照逻辑语法的规则来说明这些命题从公认的形而上学命题的形式上看为何错误以及在什么地方有错误。未来哲学将不再是一种理论，也不再提出学说或获取知识，它将只是一种逻辑分析活动。因此，应该设想，哲学就是一种语言批判。②

维特根斯坦后期的代表作《哲学研究》展开了对他自己前期思想和分析哲学的全面批判，它标志着分析哲学的终结和语言哲学的建立。为何说分析哲学至此终结？因为在后期维特根斯坦和以后的大多数哲学家看来，分析哲学的根本原则已经破产了——将哲学问题归结为语言分析，分析哲学的这一根本原则和方法最终窒息了分析哲学。亨迪卡说："当分析哲学死在它自己手上时，维特根斯坦就是那只手。"③

语言哲学和分析哲学的差异，可以从前后期维特根斯坦之间的差异来把握。我们可从以下几个方面来认识这种差别：第一，在语言基础上，语言哲学彻底抛弃理想语言的企图，而回归于自然语言。第二，在使用的方法上，维特根斯坦指出，对日常语言的分析，不是数学逻辑能够解决的；哲学的任务，也不是通过数学或逻辑—数学的发现去解决

---

① [英]维特根斯坦：《逻辑哲学论》，贺绍甲译，商务印书馆2011年版，第88页。
② Hacker, P. M. S., Ludwig Wittgenstein, in Martinich, A. P. and D. Sosa (eds.), *A Companion to Analytic Philosophy*, Blackwell Publishing Ltd., 2001, p.76.
③ [芬兰]亨迪卡：《谁将扼杀分析哲学》，张力锋译，引自陈波主编：《分析哲学》，四川教育出版社2001年版，第264页。

的；用真假来表示命题的意义是"一幅很差劲的画图"。① 哈克说，从《逻辑哲学论》到《哲学研究》的转向，是研究方法的转变，是从真值方法向意义方法的转向。第三，在学科和研究的框架上，语言哲学不仅从语形和语义上，更多的是从语用因素上全面展开对自然语言的分析，并形成语形学、语义学和语用学的三大分支领域和分析框架。

由此可见，20世纪西方哲学的一切变革和变化，都发生在它的语言基础上。这种变革，即哲学的语言转向，不仅影响到哲学的基本范畴和概念，还影响到它的基本观点和方法。

（二）语言决定论

再来看语言学的发展。我们以20世纪重要的语言理论"沃尔夫假说"为例。沃尔夫假说分为强式和弱式。强式即语言决定论（linguistic determinism），认为语言结构决定人的思维方式，并影响非语言的认知行为，不同语言的民族，其思维方式也不同。弱式即语言相对论（linguistic relativity），认为认知过程因语言不同而不同，但语言并不完全地决定思维，而是在一定程度上影响人的思维。

沃尔夫假说有以下几条重要的推论：

（1）语言结构影响人们对现实的认知结构（或者更为强式的表达是，人们以与他自己的语言结构相合的结构来认知现实）；

（2）语言以不同的方式切分现实，但不存在切分世界的自然方式；

（3）这种语言上的差异性是隐蔽或无意识的；

（4）语言结构对人类认知的限制亦是无意识的，因此，不同语言的观察者对同一现象的认知图像是不同的。

通过维特根斯坦的语言哲学和沃尔夫的语言假说我们看出，语言决定思维，这是20世纪以来研究语言和思维的哲学家和语言学家共同的结论。根据人类认知五层级理论我们能够更加清楚地看到：语言决定思维，语言和思维形成人类全部知识，而知识积淀为文化。所以，语言是人类存在的根基，是人所以为人的最本质的规定，"我言，故我在"。

---

① ［英］维特根斯坦：《逻辑哲学论》，贺绍甲译，商务印书馆2011年版，第88页。

语言认知决定思维认知，而思维认知影响语言认知。

（三）**中国人的语言和思维**

从中国人的语言和思维看，语言决定论是否也成立呢？下面我们加以分析。

1. 中国人的语言

中国人的语言是汉语。前面说过，一个语言由初始符号和形成规则两部分构成。汉语的初始符号和形成规则是什么呢？过去曾经认为，汉语的初始符号是汉字，汉字按照词法构成语词，语词按照句法构成语句。20世纪50年代以前受行为主义语言学影响，现代汉语语法基本上都是这样来阐述的。后来，受到结构主义语言学的影响，又把汉语的初始符号看作是偏旁和部首。追溯起来，最早使用汉字部首的是东汉的许慎，他在《说文解字》中把汉字分为540个部首。后人把许慎的部首进行简化。明代《正字通》简化为214个部首，《康熙字典》沿用214个部首。《现代汉语词典》有201个部首，《新华字典》有189个部首（旧版）。目前一般以201个部首为标准，新版《新华字典》也改为201个部首。20世纪80年代，由于个人计算机的发展和汉字编码与信息加工的需要，王永民发明了五笔字型输入法，他把构成汉字的基本"组件"称为"字根"，其中包括"键名""成字字根"和基本笔画。王永民将这些"组件"分为"笔画""键名"和"码元"三类。其中"笔画"21个，"键名"47个，"码元"133个，加起来也是201个。可以看出：与拼音文字不同，汉字是一种"拼形文字"，即以"部首"或"字根"等汉字的基本构件为初始符号，并按照一定的拼形规则，在一个非线性的方块结构内拼写出全部汉字，这进一步证明汉字不是拼音文字，而是一种拼形文字。

汉语的词法还可以更简明。我们可以把汉语系统的初始符号看作是横、竖、撇、捺（点）、折五种基本笔画。这五种基本笔画组成偏旁和部首，由偏旁部首生成汉字，由汉字生成语词，包括一字词（汉字本身）、二字词、三字词、四字词（包括丰富多彩的汉语成语）、多字词。6000个基本汉字组成的二字词约有1800万至3600万个，三字词约有

36亿至2159亿个，四字词约有54万亿个，故中国人只需认识6000个基本汉字便可保证阅读和学习之需，而英语或其他拼音文字即使记住10万至100万个单词，也未必能够达到6000个汉字的表达能力！由此看出，汉语系统具有最少的基本符号，即汉字五种基本笔画，却有最强的生成能力！①

自然语言的抽象性可以用两个指标来测量：（1）基本符号的数量；（2）基本语词的数量。以这两个标准来测量，汉语是世界上最抽象、最简明和最有效的语言。汉语是中国人认知的基础，它决定中国人的思维和文化。

2. 中国人的语言和思维

根据沃尔夫假说，操什么语言就按什么方式思维。又根据维特根斯坦"我的语言的界限就是我的世界的界限"，可以推论出，操汉语的中国人按照汉语的方式来思维，汉语决定了中国人的思维方式和限度。我们来看下面的例子。

（1）格律诗词

语言的性质决定了汉语可以书写格律诗词，也只有汉语可以书写格律诗词。

汉字音形义统一，一字一音，每个音有四声（古代是五声，包括古入声），这样就形成汉语的独一无二的特征：它可以实现语词在音形义上的对仗，体现汉语独有的格律诗词的对仗、平仄的音乐之美。

拼音文字一字包括多个音节，根本无法形成格律诗词这样的思维和文学形式，甚至翻译也不可能。例如，杜甫七律《登高》中的名句：

---

① 6000个汉字也是单字词，这些汉字组成的二字词、三字词和四字词则按组合排列计算。6000个汉字组成的二字词，考虑两个汉字的不同排列有的是不同的语词，如"风扇"和"扇风"、"电脑"和"脑电"等，但有的不是，如"地球"是语词，"球地"却不是。因此，二字词的数量在6000取2的组合数和排列数之间，即在$C(6000,2)=17997000$和$A(6000,2)=35994000$之间。三个汉字排列成不同语词的例子也有，如"不怕辣""怕不辣""辣不怕""怕辣不""辣怕不"都是汉语语词。因此，三字词的数量在6000取3的组合数和排列数之间，即在$C(6000,3)=35982002000$和$A(6000,3)=215892012000$之间。四字词我们只考虑6000取4的组合数，即$C(6000,4)=53946016498500$。仅从词法上看，汉语可以是世界上所有语言中生成能力最强的语言。

无边落木萧萧下，不尽长江滚滚来。

英文译文如下：①

The boundless forest sheds its leaves shower and shower,

The endless river roll its waves hour after hour.

译者许渊冲教授是我国著名翻译家，善于将中国古典诗词翻译成优美的英法韵文。应该说，以上英文是译得非常好的，前一句译得尤佳。尽管如此，却仍有值得商榷之处。根据中文的意思，"萧萧"是副词，修饰动词"下"。因此，shower 是借作副词，修饰动词 shed。但"萧萧"二字还有"萧瑟"之意，写秋天的景象。由于前人有"秋风萧瑟，洪波涌起"的名句（曹操《观沧海》），看到"萧萧"二字，即想起秋天的肃杀气象。这种意味在译文中没有表现出来。后一句译文问题更多。原文"滚滚"对"萧萧"，副词对副词。但译文将"滚滚"用作动词，hour after hour 是原意所没有的，是译者为了与前一句译文对应而配上去的。我意译为："The endless river comes with its waves roll after roll"似乎更好一些。在这两句诗中，"萧萧"和"滚滚"是诗眼，又是对仗，但由于英语是一种与汉语完全不同的拼音文字，它的每一个语词都由一个以上的音节构成，其中大多数都是多音节词，所以，它是不可能与每个字都是单音节的汉语对应的。用英语来翻译这两个具有对仗关系的语句，从原则上来说就是根本不可能的。金岳霖先生曾以舜庙的一副对联来说明翻译是不可能的。他说："'高山仰止景行行止，卿云烂兮糺缦缦兮'，这类句子何等庄严堂皇，念起来总不免悠然神往，可是，要翻译似乎就没有办法。"② 外国人想要欣赏这些格律诗词，只有学好中文，从原文来欣赏它。

反过来说也是一样。英语中的诗歌，由于音节、意味和其他美学因素的考虑，就只能是这么写。翻译成汉语，同样很难传达出其中的意蕴。金岳霖先生曾感叹诗歌翻译之难，他说："有一位英国文学家说

---

① 许渊冲译：《唐宋诗一百五十首：英汉对照》，北京大学出版社 1995 年版，第 103 页。

② 金岳霖：《知识论》，商务印书馆 1983 年版，第 814 页。

'And the Lord said'这几个字神妙到不可言状,可是,就我个人说,我就得不到这种神妙的味儿。"①

（2）对联

对联是格律诗的一部分,律诗的颔联和颈联就分别是两副对联。有关对联的奇闻逸事很多。例如,著名大哲学家和大逻辑学家金岳霖先生就擅长"对对子",他一生写了很多有名的对联,尤其擅长以人名入对。金岳霖先生悼林徽因的挽联可谓千古名联。

一身诗意千寻瀑,万古人间四月天。

从句法上说,这副挽联使用了首句平起仄收的句式,它的平仄格律完全正确,语义十分真切,语用效果更属上乘。

我们再看它的语义。"万古"对"一身",这是工对。"一身"是偏正结构的名词,由数量词加名词构成,"万古"同样是由数量词加名词构成的偏正结构的名词,对得十分工整。"人间"对"诗意",名词对名词,也是工对。"四月天"对"千寻瀑",词组对词组,也是工对。"千寻瀑"是偏正结构的名词性词组,由数量词作定语;"四月天"是与"千寻瀑"结构完全一致的偏正结构的名词性词组。指称和意义十分明确,语义上非常完美。

最后我们来看它的语用。最难得的是这副挽联的"意境"。首先,它非常准确而深刻地传达了说话者金岳霖先生的意向:他对自己一生唯一所爱的林徽因的赞美！"一身诗意千寻瀑"和"万古人间四月天"都使用了隐喻,"一身诗意"和"万古人间"多抽象啊,分别用"千寻瀑"和"四月天"来做隐喻,立刻具体生动、栩栩如生了！但语用几乎是无规则可循的,全凭说话人的意向和思维创造。

对联是中国文化的重要组成部分。我们有记事和喜庆用的对联,包括中国人最重要的传统节日——春节所用的春联。我们无法想象没有春联的春节,正如无法想象没有唐诗宋词和对联的中国文化。对联是由中国的语言文字来承载的,只有使用汉语和汉字,才能用平仄和对仗的方

---

① 金岳霖:《知识论》,商务印书馆1983年版,第812—813页。

式来思维，也才能形成中国文化中特有的对联和格律诗词。语言决定思维，语言和思维形成不同文化的特征。

综上可以看出，汉语决定中国人的思维，汉语和中国人的思维方式决定中国文化的特征，沃尔夫的语言决定论在这里没有出现例外。笔者建立的人类认知五层级理论在这里也再次获得了证明：语言是思维的基础，也是高阶认知即人类全部认知的基础，"我言，故我在。"

三、语言、思维与文化

人类的全部知识都是用语言和思维来建构的，所以，语言和思维形成知识，而语言和知识积淀为文化。从此，人类的进化不仅仅是或者说主要的不是动物的基因层次的进化，而是人类自己独特的知识与文化的进化方式。这就是所谓的文化基因。

（一）什么是文化

最简明的定义，文化就是"人化"，是人所创造的一切东西。因此，文化是与自然紧密相联而又互相对立的一类事物。①

作为人类认知最高层级的文化认知，其自身又有三种基本的形式：科学认知、哲学认知和宗教认知。

1. 科学认知

科学是对自然现象、社会现象和人自身包括精神现象进行研究的理论体系。科学方法的特点有两个：一是可实证的，其方法包括科学实验和逻辑证明；二是可证伪的。科学方法的这两个特征决定了它作为认知方法的局限性。首先，实证方法的应用范围是有限的，并不是所有的认知判断都是可以实证的。例如，暗物质和暗能量可以从观察现象、运用逻辑和数学方法推测出它的存在，但在物理学上仍然无法用实验加以验证。其次，任何一种科学理论都是一种假设。一个科学假说 p 应该可以解释众多的科学现象 $q_1, q_2, \cdots, q_n$，而一旦出现它不能解释的现象或

---

① 蔡曙山：《自然与文化——认知科学三个层级的自然文化观》，《学术界》2016年第3期。

反例$\neg q_i(1\leq i\leq n)$，根据逻辑的逆否律（Modus Tolence，MT）便得到$\neg p$，即p被证伪。因此，科学理论一定是可证伪的，否则就不是科学理论。由此可知，科学的认知能力和应用范围是有限的。

2. 哲学认知

哲学是不需要实证也不可能实证的一种认知方法。哲学凭借人类理性和逻辑思维，通过概念、判断和推理来把握对世界的认知，形成某种世界观和方法论。科学认知与哲学认知的关系可以从两方面看：一方面，哲学作为"科学之科学"，它能为科学认知提供世界观和方法论的指导；另一方面，在人们的认知活动中，科学解决不了的问题，可以交给哲学去把握。哲学认知将科学认知中那些无法实证而又有意义的命题变成哲学问题，并从理性和逻辑思维上加以把握，使之成为可对科学研究提供指导的世界观与方法论。20世纪40年代语言哲学建立以来，人们对哲学认知有了更深入的了解。维特根斯坦说："哲学是一场反对借语言来迷惑我们的理智的战斗。"又说："我们所做的就是要把词从形而上学的使用带到日常的使用上来。"[①] 因此，哲学的任务在于语言分析，语言哲学比以往的哲学更深入地认识语言、思维与世界的关系。

3. 宗教认知

宗教也是人类特有的一种认知方式，而且是与科学和哲学不同的一种特殊的认知方式。科学是一种以经验和实验为基础的认知方式，哲学是一种以理性思维为特征的认知方式，宗教则是一种以直觉和信仰为特征的认知方式。自我意识、抽象思维和宗教信仰常常被作为人与动物区别的三个主要标志。一些宗教认知的有效方法至今无法从科学上得到解释，例如，直觉和顿悟、意念和超自然力、意识和世界、灵魂和转世等。由于现代科学的快速发展并且成为现当代文明的主流，很多人（主要是自然科学家，还有利用科学的其他人）试图将人类认知的所有

---

① Wittgenstein, L. *Philosophical Investigation*, third edition, PI, 109; PI, 111; Blackwell Publishing Ltd. 2001, p. 40c, 41c.

方式都纳入科学的轨道,似乎科学的才是正确的,其实这是一种荒谬的认识。从哲学上看,科学的不一定是正确的。科学只是在一定条件下是正确的,如牛顿经典力学。在历史上被证伪的科学理论不计其数。宗教从身体和灵魂、精神与存在、今生和来世等对立范畴的相互关系中来把握生命的意义。

综上可以看出,科学是客观的和涉身的认知活动,哲学是主客观并重的和涉身的认知活动,宗教则是纯主观的、涉身的和体验的认知活动。

(二) 语言决定思维和文化

语言决定论的核心思想是:具有不同语言和文化背景的个体,思维也不同。所以,要讲两个方面:一是语言决定思维和文化;二是文化和思维影响语言。这两个方面的关系是作用和反作用的关系,两者同时存在,无法分离,我们一并阐述。

我们以中国人的语言、思维和文化为例进行分析。

汉语和汉字决定中国人的思维方式,汉语和汉字以及中国人的特殊思维方式又决定中国文化的特征。由此我们得出:汉语言文字决定中国文化。我们来看下面的例子。

1. 国学

国粹派邓实在1906年撰文说:"国学者何?一国所有之学也。有地而人生其上,因以成国焉,有其国者有其学。学也者,学其一国之学以为国用,而自治其一国也。"① 这个定义主要强调了国学的经世致用性,深究了国学的本名原意。"国学"原指国家学府,如古代的太学、国子监。单纯的国学,则独指经、史、子、集部的语言文字经典训诂学问。

国学到底是什么?除了经史子集,作为国学基础的,是它的语言和语言学,包括语言学、文字学、音韵学、训诂学和版本目录学,统称小学。章太炎先生说:"盖小学者,国故之本,王教之端,上以推校先

---

① 邓实:《国学讲习记》,《国粹学报》1906年第19期。

典，下以宜民便俗，岂专引笔画篆，缴绕文字而已。苟失其原，巧伪斯甚。"①　——太炎先生将小学看作国故之原。

莫友芝（1811—1871），字子偲，自号郘亭，又号紫泉、眲叟，贵州独山人。晚清金石学家、目录版本学家、书法家，宋诗派重要成员，精通文字训诂之学，被曾国藩尊为"西南巨儒"。莫友芝何以能得如此尊称？——究其学问功夫，乃是小学。莫友芝著述甚多，《宋元旧本书经眼录》及附录、《郘亭知见传本书目》《持静斋藏书纪要》为目录版本学者所重视；《韵学源流》《唐写本说文木部笺异》一卷，为声韵学、训诂学研究作出了贡献。《韵学源流》一书为汉语音韵学经典，一直为古今学者所引用。如当代语言学家王力先生在《汉语音韵学》中多处引用此书并在附录中将其列为"汉语音韵学参考书"。②

为何小学是国学的基础？为何语言学、文字学、音韵学和训诂学对国学是如此之重要？皆因语言之故也。我们从人类认知五层级的理论就可以看清这种关系。国学是中国古代学术的统称，属于文化的范畴。从人类认知五层级看，语言决定思维，而语言和思维共同决定文化。小学属于语言认知的范畴，国学属于思维和文化认知的范畴，小学是国学的基础，这当然是毫无疑义的了。所以，一个人不是随便就可以谈国学的，除非他了解和研究过古汉语、古文字和汉语的音韵学，也就是国学之基础小学。

2.《红楼梦》

红楼梦是独一无二的，这不仅是因为汉语和汉字是独一无二的，离开汉语言文字不可能有《红楼梦》；《红楼梦》是独一无二的，还因为曹雪芹的语言是独一无二的，离开曹雪芹的特殊语言风格，也不会有《红楼梦》。因为心智和语言都是涉身的（embodied）。语言与指纹和基因一样，具有个人的特征。曹雪芹经历过盛极而衰的家庭悲剧，又有深厚的家学渊源和古典文学修养，才有可能写出"大观园试才题对

---

① 章太炎：《国故论衡》，商务印书馆2012年版，第6页。
② 王力：《汉语音韵学》，中华书局2014年版，第433页。

额,荣国府归省庆元宵""琉璃世界白雪红梅,脂粉香娃割腥啖膻""芦雪庵争联即景诗,暖香坞雅制春灯谜""宁国府除夕祭宗祠,荣国府元宵开夜宴"那样的篇章。由于曹雪芹在中国文化和古典文学方面的修养,他才能写出"红楼梦十二支曲""葬花词"那种震撼人心的辞章以及书中与各种人物身份相符的美妙诗词。高鹗的《红楼梦》不是曹雪芹的《红楼梦》,甚至也不是任何意义上的《红楼梦》。仅从语言的风格上说,后四十回流于记事,已经完全失去前八十回曹雪芹语言的神韵。因此,《红楼梦》续书是不可能的!其实,任何一部文学作品的续作都是不可能的,因为每个作者的语言风格都是不同的。

语言比我们直接的生理感觉和直观的心理感受都要深刻得多!可以想见历朝历代曾经有过多少与曹雪芹身世相同的纨绔子弟,他们也有丰富和深刻的人生感受,但他们并不能将自身的人生感悟书写出来,在文化上也不会留下任何一点痕迹。而在中国文化史上灿若星辰似的人物,他们的思想感情和人生体验,无一不是用语言(主要是汉语言文字)记载下来的。没有语言——这里指的是汉语言文字——就不可能有屈原、李白、杜甫、白居易;不可能有苏东坡的"大江东去";不可能有辛弃疾的"千古江山";不可能有李清照的"常忆溪亭日暮";不可能有王实甫的《西厢记》、汤显祖的《牡丹亭》,当然也不可能有曹雪芹的《红楼梦》!

综上,我们得出以下结论:语言决定思维,语言和思维决定文化,因此,语言决定文化。语言和文化的这种关系我们常常用"语言文化"这个术语来加以表达,由此反映语言对文化的决定作用。文化自信来源于语言自信。中国人的文化自信来源于汉语言文字的自信。因此,我们应该通过汉语言文字的自信来加强中国文化的自信。

(三)中国人的文化基因

文化基因(meme)是近年来被热情讨论的一个文化范畴。这个词最初源自英国著名科学家理查德·道金斯(Richard Dawkins)所著的《自私的基因》(*The Selfish Gene*)一书,其含义是指"在诸如语言、观念、信仰、行为方式等的传递过程中与基因在生物进化过程中所起的作用相类似的那个东西。"现今 meme 一词已得到广泛的传播，并被收录到《牛津英语词典》中。根据《牛津英语词典》，meme 被定义为：文化的基本单位，通过非遗传的方式，特别是模仿而得到传递。

汉语成为中国文化的基因。从秦始皇统一中国以来，中国历经多少的灾难，也曾经历过多个朝代的异族入主中华，但我们这个国家始终统一而不分裂，我们认为这是汉语和汉字所起的作用。秦始皇统一了文字，使得幅员辽阔的中华大地上，无论你操什么样的方言，无论你在言语交际上有什么障碍，只要坐下来书写汉字，彼此间就可以进行有效的交流。试想在一个使用拼音文字的地区，由于语音和文字的不同，很容易就分裂为不同的国家。例如，欧洲面积1016万平方公里，官方语言有英语、法语、德语、意大利语、西班牙语、葡萄牙语等23种语言。这个与中国面积差不多大小的洲，现在共有40多个国家和地区，这些国家和地区的形成，与语言的相互独立有因果联系。

中国大一统的基础在于其语言和文化。首先，中国文化具有超级稳定性。以农耕文化为特征的、以家庭和家族为细胞的中国文化，相对于以迁徙为必要条件的西方航海文化和工商文化，具有更大的稳定性，甚至可以说是超级稳定性。这是因为，农耕文化是与土地紧密联系的，土地的不可迁移性形成了农耕文化的超级稳定性。其次，汉语的超级稳定性加强了中华文化的超级稳定性。汉语是一个超级稳定的系统，表现在它的初始符号笔画、部首及其组成汉字的规则这套词法系统，以及由汉字构成语句的句法系统几千年未变。我们凭借传统汉字系统仍然可以阅读两千多年前的文化典籍。汉字和汉语系统维系和保证了中国传统家庭的稳定性。中国传统的续家谱、过春节、贴春联，都是靠这套语言系统来维系和运行的。根据言语行为理论，人类通过说话来做事（doing something in saying something），① 中国人的语言和文字决定了中国人的

---

① Austin, J. L., *How to do things with words*. Oxford: Clarendon Press, Cambridge, Mass.: Harvard University Press, 1962, p. 12.

思维和行为方式，决定了中国文化的特征。由于汉语成为中国文化基因的稳定内核，汉语的超级稳定性保证和加强了中华文化的超级稳定性，而语言和文化的超级稳定性就加强了国家和社会的稳定性。这就是中国自秦以来大一统和超级稳定的根源。——所有这些关系，在人类认知五个层级的理论框架下都得到了非常完美的解释。

四、结论和讨论

（一）"我言，故我在"

现在我们可以得出结论："我言，故我在。"（I speak, therefore I am.）

这个命题有多重含义。第一，人类发明了抽象概念构成的符号语言，使人类最终进化为人。① 人类运用抽象语言进行思维，并形成知识。语言和知识积淀为文化。从此，人类的进化不仅仅是或者说主要的不是基因层次的进化，而是脑与语言的双重进化，是语言、知识和文化层级的进化，人类的历史因此日新月异。人类用语言来做一切事情。所以，人类的存在是语言的存在。第二，语言区分了高阶认知和低阶认知，即区分了人类认知与动物认知。在人类认知中，语言认知是基础，语言决定思维，语言和思维又共同决定文化。所以，语言决定人类的存在，这种存在不是动物意义的存在，而是人类意义的存在。第三，人类的存在，包括作为认知主体的存在、作为思维主体的存在和作为文化主体的存在，不过是语言的存在。"我思，故我在"这个经典的哲学命题，在认知科学发展的今天，应该被"我言，故我在"这个更深刻的命题所取代。第四，作为语言存在的人类，受更低层级认知的决定。"心智是涉身的"，认知科学的第一个重要命题在这里得到解释。这也表明，人类并没有完全脱离动物认知，人类的存在仍然是一种动物的存在。在这个意义上，人类的存在和动物的存在是完全平等的，人类应该

---

① 直立行走、火的使用、语言的发明是人类进化史上的三个关键事件，并使猿最终进化为人。参见蔡曙山：《认知科学导论》，人民出版社2021年版。

尊重其他动物和所有生物存在的权利。

（二）语言决定思维

语言和思维的关系一直是语言学、心理学、哲学和认知科学关注的问题。在人类认知五层级的理论框架下，本文重新解释和证明了关于语言和思维的关系和一些重要理论：第一，语言在人类认知五个层级中居于核心的地位，语言认知区分了低阶认知（非人类动物的认知）和高阶认知（人类认知），语言在人类认知中占有基础的地位和决定的作用。第二，为何维特根斯坦哲学的两次转向都发生在语言认知上？如何理解维特根斯坦的名言"我的语言的界限就是我的世界的界限"，这些思想理论都在人类认知五层级理论中得到了解释和说明。第三，20世纪重要的语言理论——沃尔夫假说"语言决定论"——在人类认知五个层级的理论中得到了确定无疑的证明。第四，认知科学的第二个重要命题"思维是无意识的"在这里得到解释：思维是无意识的，因为第一语言的加工是无意识的。第五，"我思，故我在"这个命题应该受到质疑、批判和扬弃，因为"我"的存在不仅是思维的存在，更为根本的是语言的存在。

（三）人类的语言和思维形成特定的文化，文化反作用并影响语言和思维

文化是人类最高级和最复杂的认知形式，与其他层级的认知形式的关系也最复杂。本文从人类语言和思维形成特定的文化和文化反作用于并影响语言和思维两个方面来阐述，这样我们就看到一些重要的问题。第一，在文化认知层级上，我们分析科学认知、哲学认知和宗教认知这三种基本的文化认知方式，并考察了三者之间的关系。我们看到，科学是客观的和涉身的认知活动，哲学是主客观并重的和涉身的认知活动，宗教则是纯主观的、涉身的和体验的认知活动。第二，在语言、思维与文化的相互关系上，我们用认知科学的方法考察了汉字和汉语系统。我们还分别考察了汉语言文字对中国人思维的决定作用，以及汉语言文字和中国人的思维方式对中国文化的决定作用。我们特别提出"语言文化"和"文化基因"的概念，以凸显语言对文化的决定作用以及汉语

言文字对中国文化的决定作用。文化自信来源于语言自信。中国人的文化自信来源于汉语言文字的自信,而汉语言文字的自信确切地加强了中国文化的自信。第三,我们讨论以汉字为内核的中华文化基因,并讨论这个文化基因对中国大一统的重要性,并由此而明了:我们应该万分珍惜汉语和汉字,它是我们中华文化的基因。

4

国学、小学和莫学①

莫友芝（1811—1871）字子偲，自号郘亭，又号紫泉、眲叟，贵州独山人。晚清金石学家、目录版本学家、书法家，宋诗派重要成员。家世传业，通文字训诂之学，与遵义郑珍并称"西南巨儒"。②

友芝早慧，3岁能识字，7岁会诵诗，8岁通读六经、四书，并习《苍雅》文字之学。道光六年（1826）乡试中秀才，时年15岁，道光十一年（1831）在省城贵阳参加辛卯科乡试，考取第十一名举人，时年20岁。道光十六年（1836）在京参加恩科春试不中；道光十八年（1838）与郑珍再次进京参加戊戌春试，再次落榜。此次应试后回遵义（因其父在遵义任府学教授），遵义知府特聘友芝、郑珍二人共同主编《遵义府志》，1841年，《遵义府志》完稿付刻。史学界认为可与郦道元的《水经注》齐名，梁启超称之为"天下第一府志"。1847年春，友芝第三次在京参加春试，再落第。一天，在琉璃厂书肆与翰林院侍讲

---

① 本文作者蔡曙山，贵州独山人，清华大学心理学与认知科学中心主任，莫友芝故里独山县影山镇和翁奇村乡贤会名誉会长。本文基金资助：国家社会科学基金重大项目"认知科学视阈下的中华文化特质研究"（批准号23&ZD238）、"语言、思维、文化层级的高阶认知研究"（批准号15ZDB017）、国家自然科学基金重点项目"语言理解的认知机理与计算模型研究"（批准号62036001）、贵州省哲学社会科学规划国学单列重大项目"认知科学与阳明心学的实证研究"（批准号20GZGX10）。

② 这是当前百度百科对莫友芝的评价，不确。莫友芝学术（莫学）的最大贡献在国学之基础小学，尤其是在汉语音韵学和文字学方面所作出的贡献。北京大学中文系陈保亚教授评价为"千年不易之学问"。

学士曾国藩相遇，偶然谈起汉学门径，国藩大惊，叹道："黔中固有此宿学耶？"故交结为好友，"西南巨儒"之称来源于此。六次落第后，友芝不再应试科举，转而潜心研究学问。数十年间南下北上，结交曾国藩、李鸿章、张之洞等晚清大儒，做过曾国藩的幕僚，主持江南书局、金陵书局、扬州书局，著作等身。

莫友芝著述甚多，版本目录学著作有《宋元旧本书经眼录》及附录、《郘亭知见传本书目》《持静斋藏书纪要》《资治通鉴索隐》等；音韵学著作有《韵学源流》，训诂学著作有《唐写本说文木部笺异》等；文学作品有《郘亭遗诗》8卷，《郘亭诗抄》6卷，《影山词》2卷，外集1卷，另有《素阴杂记》1卷，《樗茧谱注》1卷。此外，他还收集了贵州266个诗人的诗2290余首，编成《黔诗纪略》33卷。莫友芝还是清代十大书法家之一，友芝的书法四体皆精，而以篆书为最。黎庶昌评其书"分篆高骞，冰斯雄睨。"当代书坛泰斗沙孟海先生在其《近三百年书学》一文中评道："学邓石如篆书的莫友芝最好，赵之谦、吴熙载其次。"民国八年上海有正书局曾有《莫友芝真草隶篆墨迹》出版发行，并多次再版。在国家文物局限制出境的书画家作品中，莫友芝名列其中。莫友芝是清代著名藏书家、金石学家和篆刻家。

同治十年（1871）秋，友芝旅途感染风寒，医药不治，于九月十四日卒于舟中，享年61岁。友芝逝世后，曾国藩亲笔书写了一副挽联以哀悼："京华一见便倾心，当年虎市桥头，书肆订交，早钦宿学；江表十年常聚首，今日莫愁湖上，酒樽和泪，来吊诗魂。"

莫友芝一生阅历丰富、成就辉煌。从莫友芝身上我们看到了中华文化之灿烂、儒家经典之鸿博；同时感受到莫友芝涉猎领域之广泛，学问功夫之深透，真不愧"巨儒"之称！莫友芝一生的贡献，限于儒学则小矣，实为国学之基础小学，堪称一代学术大师！我们用"莫学"这个称谓来命名，一个意义是莫友芝的学问，包括音韵学、文字学（包括金石书法）、训诂学和版本目录学；另一个意义是对莫友芝和莫友芝学问的研究，其研究文章和著作可说是汗牛充栋。① 但真正理解莫友芝，真正理解莫友芝学术的语言文化价值，则应该从一个新的视角——认知科学和人类认知的角度才能看得清楚。

一、国学

（一）中华文化、国学、小学和莫学

首先让我们从中华文化、国学、小学这个路径来认识莫友芝。莫友芝学术的价值，从认知科学角度看，就是其小学价值，也就是其语言文化价值。中华文化、国学、小学、莫学之间的关系可用下面的图示（图4-1）加以说明。

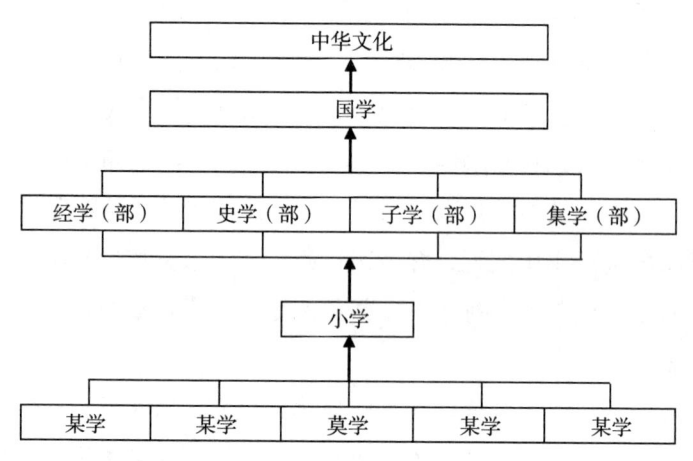

图 4-1　中华文化、国学、小学、莫学关系图

图中，向上的箭头表示支撑关系。从图4-1我们看出，小学是国学的基础，国学是中华文化的基础。小学的研究历史悠久，应该说从使用语言时就开始了。《尔雅》是中国训诂的开山之作，相传为周公所作，后来孔子及其弟子作过增补。它是我国第一部按义类编排的综合性辞书，是疏通包括五经在内的上古文献中词语古文的重要工具书，在训

---

① 详见张剑、张燕婴整理：《莫友芝全集》，中华书局2017年版；梁光华编，梁光华点校：《莫友芝全集》，上海古籍出版社2019年版。另据《中国知网》收录莫友芝研究论文6000多篇。

诂学、音韵学、词源学、方言学、古文字学方面都有着重要影响。东汉时，出了一位可以和造字的仓颉相提并论的著名经学家和文字学家许慎（约58—约147），他花费二十多年时间编撰了中国第一部字典《说文解字》，使汉字的形、音、义趋于规范。许慎持文字发展的观念，他认为汉字经历了从战国古文到秦代小篆再到汉代隶书的形体演化，反驳了今文经学家认为汉代的隶书就是古人造字时的字形的错误观念。许慎细致地分析了上万个汉字形体，创立了用"六书"来分析小篆构形的理论，从根本上反驳了今文经学家随意根据隶书字体解析汉字形体、说解字义的弊端。他坚持从实际材料出发，以历代传承下来的文献来证明文字的形、音、义，以此来解释经义。因此，许慎及其后的诸多文字学家和经学家都把小学看作是读经的工具。许慎在文字学上的造诣使他在五经（《周易》《尚书》《诗经》《礼记》《春秋》）的研究上无人能及。许慎以后，有南唐宋初徐铉、徐锴兄弟以治《说文》而闻名。我们今天所见《说文解字》实际上是二徐的传本，从许慎到二徐，中间有900年的空白，这个空白又要再等900年，由晚清大儒莫友芝来填补。

王力先生说："清代是小学的黄金时代。无论在文字方面、声韵方面、训诂方面，都有人作过比较全面而深入的研究。古音学从明末就开始了；文字训诂之学起于乾隆年间，即18世纪后期；古文字学最晚，从公元1899年甲骨文被发现后，这一学科才兴盛起来，而它的显著成绩还在清亡以后。"[1] 王力先生又说："《说文解字》的研究，以这个时期为最盛。《说文》专家多至数十人，如果连稍有研究的人也计算在内，则多至一二百人。"[2] 根据《说文解字诂林》的"引用诸书姓氏录"看，从清初到罗振玉、王国维为止，共203人。以上还仅仅是文字学方面的研究和成就，如果再加上音韵学、训诂学、版本目录学、诗歌文学、金石书法的学者，那就如星汉灿烂了，他们闪耀在五千年中华文化的苍穹之中。在图4-1中，我们均以"某学"来代表。

---

[1] 王力：《中国语言学史》，中华书局2013年版，第111页。
[2] 王力：《中国语言学史》，中华书局2013年版，第111页。

在如此众多的小学大师里，莫友芝学术（莫学）的小学成就和地位又如何呢？

（二）国学

国学是国故之学，中国之学，中华之学，西方则称为"汉学"（Sinology）。吕思勉先生在《国学小史》一书第一篇"国学概论"第一节"何谓国学"中开宗明义定义国学如下：

> 国学者，吾国已往之一种学问。包含中国学术之性质与变迁，而并非为与外国绝对不同之学问也。吾国汉代古谚曰："少所见，多所怪，见橐驼言马肿背。"吾国旧时视外人来华者，不知其学。较进，则知可学其一二端。更进，则知其自有其学术，而与吾国为截然不同。然由今之所见，则知中国之与外国，实为大同小异者也。古代各部落，有知造舟者，有知制车者，各有所能，各有所不知。今外国自工业革命以来，文明日启，距今亦为时不远。由将来观之，东西两洋之文化，犹古代各部落间文化之关系也。又常有以精神文明、物质文明等以区别东西洋之文化。实亦不然。今世之各社会，皆为文明之社会，其程度相差无几，善亦同善，恶亦同恶，固无何高下也。

接着，吕思勉先生对中国学术之分期和内容作了十分精辟的概括：

1. 中国学术之渊源：（1）古代之宗教哲学；（2）政治机关经验所得，所谓王官之学。

2. 合此两者而生先秦诸子之学，诸家并立。

3. 儒家之学独盛。

4. 儒家中烦琐之考证，激起空谈原理之反动，偏重《易经》，与道家之学相合，是为魏晋玄学。

以上为中国学术自己的发展。

5. 至此而佛学输入，为中国所接受。萌芽于汉魏，盛于南北朝，而极于隋唐，其发达之次序，则从小乘至大乘，是为佛学时代，而玄学仍点缀其间。

6. 至唐而反动渐起。至宋而形成理学。理学之性质，可谓摄取佛学之长,而又去其不适宜于中国者。

此为中国学术受印度影响之时代,至明亡而衰。

7. 而欧洲学术,适于此时开始输入。近百年来,对中国学术逐渐发生影响。前此与欧洲之接触,仅为技术上,而非学术上的,故未受任何之影响。

国粹派邓实(1877—1951)在《国学讲习记》中(1906)给"国学"下了一个定义:"国学者何?一国所有之学也。有地而人生其上,因以成国焉,有其国者有其学。学也者,学其一国之学以为国用,而自治其一国也。国学者,与有国以俱来,本乎地理,根之民性,而不可须臾离也。君子生是国,则通是学,知爱其国,无不知爱其学。"[①] 这个定义深究了国学的本名原意,非常深刻。一是国学乃一国之学,而非他国之学;二是有人因地而成国,有国便有国学。国学乃是国用之学,是治国之学;国学本乎地理,根于民性,国民须臾不可离也;君子生是国,则能是学;爱其国,则爱其学。这样定义的国学乃国之本也,是国所以为国、君所以为君、民所以为民的根据,可以说是国家民族至大之学问。邓实又说:"国必有学而始立,学必以粹为有用。国不学则不国,学非粹则非学。非学不国,其将何以自存矣!"[②] 这强调了国学是国家的根基,国无学则不国,也强调了国学的经世致用性。

"国学"另指国家学府,如古代的太学、国子监。单纯的国学,则独指经、史、子、集部的语言文字、经典训诂学问。历史上的"国学"是指以"国子监"为首的官学,自"西学东渐"后相对西学而言泛指"中国传统思想文化学术"。现在一般提到的国学,是指以先秦经学及诸子学说为根基,涵盖了两汉经学、魏晋玄学、宋明理学和同时期的汉赋、六朝骈文、唐宋诗词、元曲与明清小说和历代史学等一套特有而完整的文化、学术体系。因此,广义上,中国古代和现代的文化和学术,包括中国古代历史、思想、哲学、地理、政治、经济乃至书画、音乐、

[①] 邓实:《国学讲习记》,1906年,见邓实、黄节编:《国粹学报》第19期,广陵书社2006年版。

[②] 邓实:《国粹学》,1902年,见邓实、黄节编:《国粹学报》,广陵书社2006年版。

易学、术数、医学、星相、建筑等都是国学所涉及的范畴。传统上，国学可分为小国学与大国学，小国学仅限于经部、史部、子部、集部，大国学则囊括五术、六艺、诸子百家之说。

二、小学

作为国学基础的，是其语言和语言学，包括语言学、文字学、音韵学、训诂学和版本目录学，统称小学。曹伯韩先生在《国学常识》第二章"语文"中就"所谓小学"给出以下定义：

> 研究古代语文之学，自汉以来，称为小学。许慎《说文解字叙》说："周礼八岁入小学，保氏教国子，先以六书。""六书"即是识字的课程，保氏是小学的老师，国子是公卿大夫的子弟，《周礼》所说，是周代贵族子弟的教育制度，汉代却用小学来代表其中的一种课程——六书，可以说是名词的滥用。汉以后所谓小学的内容，和周时小学中的"六书"课程也不相同，周代的六书课程只是教儿童认识当时通行的文字，汉以后的小学却是考究文字的源流，是专家学者的事业，不是小学生的功课。
>
> 汉班固《汉书·艺文志》开列各种书目，纳小学一类的书，如《仓颉》《凡将》《急就》《别字》等，都是"包举杂字"，或字典性质的书，自此以后，凡属解释文字的书，都称小学。清代修《四库全书》，将小学类分为训诂之属、字书之属、韵书之属三种。小学类的书，列在经部书籍的末了，因为过去学者以经学为中心，认为小学不过是读经的工具。
>
> 现代学者对于这门学问，已经正名为文字学与语言学，并且不把它附属在经学里面，因为古代语文的研究，与社会学、史学及古代各派哲学（诸子）的探讨都有关系，不仅和六经有关。

以上论述，要点有四：其一，小学之制，始于周朝。但这时的小学是一种教育制度，而非学问。其二，自汉以后，小学成为一种专门学问，是"考究文字的源流，是专家学者的事业。"其三，《汉书·艺文志》始列小学书目，此后，凡解释文字的书，皆称小学。《四库》将小学书目列在经部，认为小学不过是读经的工具。其四，现代将其归于文字学与语言学。以上四点，前三点应无争议，惟第四点值得考虑。按王力先生在《中国语言学史》中的划分，中国语言学包括训诂学、音韵学、文字学三大部分，而版本目录学、诗歌文学、金石书法这些传统小学的内容并未包含于现代语言学中。因此应该说，小学的内容部分包括在现代语言学中，而另一部分是现代语言学包含不了的。文字学只是语言学的一部分，认为小学归属文字学更为不妥。事实上，现代语言学的三大内容训诂学、音韵学、文字学正是《四库》分类小学的内容，只是并未涵盖小学的全部内容，特别是莫友芝先生的小学内容。

国学大师章太炎先生说："盖小学者，国故之本，王教之端，上以推校先典，下以宜民便俗，岂专引笔画篆，缴绕文字而已。苟失其原，巧伪斯甚。"[1]

章太炎是近代中国国学大师，也是学者型的资产阶级革命家、学问家兼文学家。胡适在《五十年来中国之文学》中对太炎先生推崇备至，他说："章炳麟是清代学术史的押阵大将，但他又是一个文学家。他的《国故论衡》《检论》，都是古文学的上等作品。这五十年中著书的人没有一个像他那样精心结构的；不但这五十年，其实我们可以说这两千年中只有七八部精心于结构，可以称作'著作'的书，——如《文心雕龙》《史通》《文使通义》等，——其余的只是结集，只是语录，只是稿本，但不是著作。章炳麟的《国故论衡》要算是这七八部之中的一部了。"[2] 胡适称赞太炎先生"文学以学问做底子"的工夫，但却反对他复古的主张。他说："章炳麟的古文学是五十年来的第一作家，这是无可疑的。但他的成绩只够替古文学做一个很光荣的下场，仍旧不能救古文学的必死之症，仍旧不能做到那'取千年朽蠹之余，反之正则'的盛业。"[3]

《国故论衡》分为上中下三卷，上卷论小学，共 11 篇，讨论语言、

---

[1] 章太炎：《国故论衡》，商务印书馆 2012 年版，第 6 页。
[2] 胡适：《五十年来中国之文学》，新民国书局中华民国十八年版，第 51—52 页。
[3] 胡适：《五十年来中国之文学》，新民国书局中华民国十八年版，第 57 页。

音韵的问题，大抵根据声韵转变的规律，上探语源，下明流变，考证详核。中卷论文学，共7篇，首论文学界说，以为"有文字著于竹帛"皆属于"文"的范围，亦述历代散文、诗赋的优劣。下卷论诸子学，共9篇，通论诸子哲学的流变，对道家推崇备至，谓儒、法皆出于道家。

我们仅以《国故论衡》上卷11篇，看看小学所涵盖的内容。

第一篇《小学略说》是小学的总论，这也是全书通例，其他各卷均以概说（总略、原学）为第一章。第二篇到第七篇《成均图》《音理论》《二十三部音准》《一字重音说》《古音娘日二纽归泥说》《古双声说》属音韵学；第八篇《语言缘起说》属语言学；第九篇《转注假借说》属文字学；第十篇《理惑论》亦属文字学。此文考察文字之产生和嬗变得失，认为语言之本在言语，"岂可奉矫诬之器，信荒忽之文。"故"治小学者，在乎比次声音，推迹故训，以得语言之本。"① 这段论述非常重要，它表明音韵之学在小学中占有非常重要的地位，也是文字学的基础。太炎先生小学11篇，以音韵学为重，此之故也。末篇《正言论》论"言""文"之关系，并且是以言证文，进一步显见"言"才是"文"的基础。现代语言学重视口语甚于书面语，中国现代语言学的见解与此不谋而合。

按照小学的定义我们知道，小学的历史和语言文字的历史一样久远，因为语言文字一旦产生，对它的音韵、文字、训诂释义、文献研究、书写典范（书法）也就开始了，它们构成小学的全部内容：音韵学、文字学、训诂学、版本目录学和金石书法。

历史上研究小学某一领域如音韵学、文字学、训诂学、版本目录学或金石书法的学者不计其数，而将小学的所有领域兼收并蓄、一网打尽并卓有成就者，则非独山莫友芝莫属。下面我们从莫友芝的学术（莫学）来展开对小学的全面认识。

---

① 章太炎：《国故论衡》，商务印书馆2012年版，第65页。

三、莫学

莫友芝学术简称"莫学",包括小学的全部内容音韵学、文字学、训诂学、版本目录学、诗歌文学、金石书法。我们将另文论述莫友芝在小学的两个重要领域音韵学和文字学方面的成就,本文侧重介绍莫友芝的训诂学、版本目录学、诗歌文学和金石书法几个方面的小学成就。

(一) 训诂学和文字学

齐佩瑢在《训诂学概论》中开宗明义说:

"训诂学"是研究我国古代语言和文字的意义的一种专门学术。这里所谓"字义"乃是文字的"用义",而非字形构造所示的"本义"。文字是纪录语言的符号,具有形、音、义三个要素,形为文字所独有,音、义乃语言文字之所同,所以解说文字本义的学问固然也可以视作训诂的广泛领域中的一部,但是严格的站在语言方面来说,只有训释古语古字的用义才能配称"训诂"。文字本义的研究应该属于文字学的范围之内的。因此,从前认为训诂学是兼括文字形体的训诂和语言音义的训诂二者的界说,实际上是不合理而欠缺精确的。那么,训诂学既是探求古代语言的意义,研究语音与语义间的种种关系的唯一学科,它就应当是"历史语言学"全体中的一环。这样,训诂学也可以叫作"古语义学"。

关于训诂学,曹伯韩在《国学常识》一书中有一个界说。他说,训诂原属于小学,即文字学中专讲字义的一部分,后来因为有人专门研究训诂,分途发展,于是独立成一部门。诂从古言,是以今语解释古语;训与顺同音,是顺着语义去解释,这好像是下定义、立界说一样。训诂的工作可分三个方面,即(一)以今语解释古语;(二)以雅言解释方言;(三)以俗语解释文言。《尔雅》是周代的字书,为古代训诂学的权威著作。汉儒训诂工作,表现于群经诸子的注解。《说文》一书,兼论字形、字义、字音三项,而能够沟通三方面的关系,是文字学者珍视的第一部古典名著。①

胡适说："至于治古书之法，无论治经治子，要皆当以校勘训诂之法为初步。校勘已审，然后本子可读；本子可读，然后训诂可明；训诂可明，然后义理可定。"②

训诂学可以有广义和狭义之分。广义的训诂学包括音韵学和文字学，齐佩瑢在《训诂学概论》一书中，将训诂的基本概念分为"语义和语音"，将训诂学的方法分为"音训"和"义训"。因此，训诂学、音韵学和文字学在本质上是相通的，这在莫友芝的研究中不乏其例。例如，莫友芝的两本书《韵学源流》和《唐写本说文木部笺异》，前者是音韵学的著作，后者是文字学的著作，但两者同时也是训诂学的重要著作，我们将在本书下一章详细论述。

（二）版本目录学

莫友芝的版本目录学成就，主要表现在他的两部专著——《郘亭知见传本书目》和《宋元旧本书经眼录》中。

《郘亭知见传本书目》是莫友芝于同治六年（1867）在浙江一带访书，于好友丁丙处借得所藏邵懿辰标注《四库简明目录》的副本，将邵氏标注及友芝自己所见所闻各种版本过录于家藏乾隆四十九年赵怀玉刻本《四库全书简明目录》之上，同时加以自己的标注，这是最早的莫友芝手笺本。后经其子莫绳孙将手笺本改辑为十六卷，定名为《郘亭知见传本书目》，此为绳孙本。该本有莫绳孙志，云："先君子于经籍刊板、善劣，时代，每笺志《四库简目》当条之下，间及存目，其四库未收者亦记诸上，下方又采录邵位西年丈（懿辰）所见经籍笔记益之，邵本有汪铁樵先生（家骧）朱笔记并取焉。同治辛未先君子弃养（绳孙）谨依录为十六卷、凡经部四库存目者三，四库未收者百十八；史部存目者二十八，未收者二百有十；子部存目者十四，未收者百九十八；集部存目者一，未收者百二十一。四库已著录未笺传本者并两

---

① 曹伯韩：《国学常识》，江苏人民出版社2019年版，第28页。
② 胡适：《胡适文存》二集卷一《论墨学》，外文出版社2013年版。

之。盖是书当与简明目录合观也。"① 光绪十七年（1891），莫绳孙从弟莫棠处抄录一本，并略作补记，此为莫棠本。苏州书商侯念椿曾借棠本抄录，侯死后其借钞本被都中收书人所得，互相传钞，递相补益，从此广泛流传，但不同程度损失了手笺本原貌。今存较早的莫棠—侯念椿钞本为光绪二十七年守机山人钞本。印本始于1909年日人田中庆太郎在北京刊印的《邵亭知见传本书目》，继有适园排印本、藏园排印本，这三种版本皆自侯氏钞本出。整理本最为完善和丰富的当属傅熹年整理的《藏园订补邵亭知见传本书目》（1993年中华书局出版），其订补文字较手笺本多出三倍半，实际上已另成一书。莫友芝《邵亭知见传本书目》的流传及其后的各种版本如图4-2所示。② 由此看出莫友芝《邵亭知见传本书目》在四库书目整理研究方面影响之大！

《邵亭知见传本书目》16卷，共著录图书3990部。因莫氏是将所见所闻的各种版本记录在《四库简明目录》各条之下，所以该书目的分类全依《四库提要》。每部图书所记录的版本多寡不等，少则一两种，多则数十种，"史部·正史类"的《史记》条是记录版本最多、考证较详的一条，共记录各种版本达28种之多。该书目也是将自己所见所闻各种版本记录在《四库简明目录》各条之下，同时又采录了邵氏《四库简明目录标准》作为补充，而且，该书目所著录的经籍超出《四库简明目录》的范围，还包括四库存目书46部以及四库未收书647部。但是，没有其他版本流传的四库书，该书目不予著录，这些书有的是从《永乐大典》中辑出的。可见，该书目所著录的图书以及所记录的版本可补《四库简明目录标注》之不足，所以说"是书当与（四库）简明目录合观也"。

众所周知，《四库全书》是国学和中华文化大百科全书。当时编辑的这部大典由皇帝（乾隆）亲自主持，大学士纪昀领衔，360多位高官学者编撰，3800多人抄写，耗时13年编成。分经史子集四部，共收录

---

① 张剑、张燕婴整理：《莫友芝全集》第四册，中华书局2017年版，第52页。
② 张剑、张燕婴整理：《莫友芝全集》第四册，中华书局2017年版，第39页。

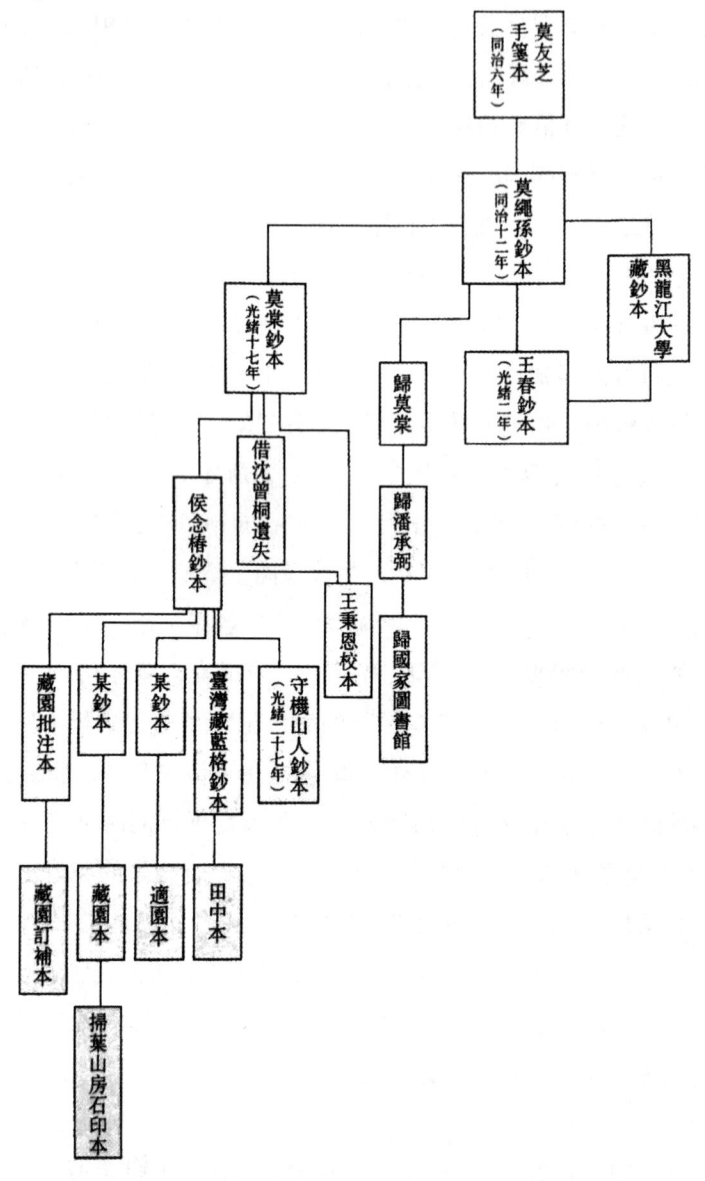

图 4-2 《邵亭知见传本书目》的流传和版本①

图书 3462 种，共计 79338 卷，36000 余册，约 8 亿字。莫友芝对此部大典书目所下的工夫足见他的学术眼光和学问功力！200 年后读友芝此

---

① 张剑、张燕婴整理：《莫友芝全集》第四册，中华书局 2017 年版，第 39 页。

书，仍然能够感到他一生心智清明、学问高古、心净如水、穿透古今的思想境界和精神世界。每当此时，常掩卷沉思，感到今人再无有如此超凡脱俗的精神追求和思想境界。

莫友芝先生版本目录学的另一部专著是《宋元旧本书经眼录》，它不同于《郘亭知见传本书目》的知见书目性质，而是属于善本书目性质，其内容是记录亲眼所见某部善本书的版本资料，它共著录宋、金、元、明旧本以及旧抄本等古籍善本书130部，全部都是在同治四年（1865）至同治八年（1869）期间莫氏客游江淮时亲眼所见。该书目共分三卷：卷一列宋本书，卷二列金元明刻本，卷三为旧抄本、稿本，另有附录二卷。限于篇幅和本文主题要求，对此书不再展开论述。

最后说明一下，在距莫友芝先生去世约150年后，中国第一个以版本目录学为名的期刊《版本目录学研究》于2009年创刊，友芝先生若地下有知，不知作何感想。

（三）金石书法

汉语的奇特之处有两点，一是象形文字，这就决定了汉字是一种视觉文字，是通过视觉而非听觉来进行加工的，汉字是用来看的，而不是用来听的；二是汉字的书写成为一门艺术，包括书法和篆刻，这是汉字演变过程中形成的书写艺术，这种书写艺术与书写的工具和材料密切相关。篆刻来源于甲骨文、金文、石鼓文这种古老的文字，它的书写（刻写）工具是石具、铜具或铁具，书写的材料是甲骨、青铜、竹简。秦统一文字后，逐渐形成小篆、隶书、楷书、行书和草书，这时的书写工具是毛笔，书写的材料是丝、帛和纸。所以，古代的语言文字学家或学者往往也是书法家和金石家。在中华文化中，语言、文字、书法和篆刻是相通的。汉唐以后，科举制度强化了语言和书法的关系，策论和应制诗（格律诗）也是语言功夫，也就是语言认知和思维认知能力的考试，科举试卷则堪称书法范本。科举考试作文、习字并重。蔡元培在会试中式后，并没有参加当年的殿试。他回忆说："因殿试朝考的名次均以字为标准，我自量写得不好，留俟下科殿试。"① 两年后，蔡元培赴京补应殿试、朝考。殿试时一位殿试阅卷官提出"此卷的字不是馆阁体"，但考官汪鸣銮为其辩解说"他是学黄山谷的"，于是大家在卷子后面圈了一个圈，就放在二甲了。②可见书法在科举时代无比重要。

前述汉字是一种视觉文字而非声音文字，汉字是用来书写的而不是用来听说的。汉字的传承，一是靠字典，《说文解字》就是中国第一部规范的汉字典；二是靠书法，其主要的形式是字帖和字碑。广义地说，所有以书写形式传下来的文字都是字帖，但字帖寿命短促，容易损坏，因此就有了金石篆刻作品的问世，古代的金文、石鼓文和碑刻就是范例。晚清时期，碑学盛行。康有为对此现状评述道："碑学之兴，乘帖学之坏，亦因金石之大盛也。乾嘉之后，小学最盛，谈者莫不借金石以为考经证史之资。……出碑既多，考证亦盛，于是碑学蔚为大国。"莫友芝生活的时代，正逢碑学全盛时期，他在寄友人的长诗中，记述了当时那种追古求新的学术风貌："本朝经史学，事事尊独造。文书积断讹，金石启先觉。……极盛称乾嘉，有制各雄鸷。寻常抽一义，欧赵不能傲。我生诸老后，慵薾享成漕。斤斤抱遗文，骤未通阃奥。"③ 友芝自幼年起即从其父习朴学及乾嘉诸子。莫友芝父莫与俦是（1763—1840）嘉庆三年（1798）的进士，莫友芝曾记父亲学术师法及传授之事：④

> 公……及成进士，座主则相国朱公珪、刘公权之、阮公元；又师事相国纪公昀、编修洪公亮吉；而同年友如编修张公惠言、主事郝公懿行、尚书姚公文田、王公引之，讲六书、明汉学者数十计，

---

① 蔡元培：《蔡元培全集》第十七卷，浙江教育出版社1998年版，第431页。
② 蔡磊砢：《蔡元培的科举进仕之路》，《教育与考试》2017年第9期。
③ 莫友芝：《郘亭诗钞》卷三《却寄虎痴教谕黔阳》，见张剑等点校：《莫友芝诗文集》，人民文学出版社2009年版，第201页。
④ 莫友芝：《清故授文林郎翰林院庶吉士四川盐源县知县贵州遵义府教授显考莫公行状》，见《莫友芝诗文集郘亭文补》卷二，第768页。转引自吴鹏，莫友芝：《晚清碑学的一个面向》，载吴红光主编：《莫友芝书法篆刻作品集》，广西师范大学出版社2014年版，第6页。

故熟于国朝大师家法渊源。……逮授子友芝经,乃令以雅故为本。至遵义,悉购集汉宋经说及本朝专门名家者,置座右,手日披览。谓友芝曰:"学者立身行己,当法程、朱,辅以新吾(吕坤)、苏门(孙奇逢)、潜庵(汤斌)、稼书(陆陇其)之笃近。若言著述,我朝大师相承,超轶前代矣。"每举惠氏(栋)《易》、阎氏(若璩)《书》、胡氏(渭)《禹贡》、陈氏(奂)《诗》及诸言《礼》家说精核绝者,为友芝指讲。

上引所列学者,多为乾嘉经学大家。友芝家学渊源,由此可见一斑。乾嘉经学,以小学为入门。"小学之始,乃是六书故训,而对六书穷原竟委,莫如金石以证。……乾嘉以来学者们对金石碑版的孜孜考证与研求,更加勃发了历史文化的生机,……莫友芝的学源,正本于此。"①

莫友芝精通汉语言文字学和金石书法学,他的书法和篆刻艺术成就与他的语言文字成就一样,都是登峰造极的。书法方面,莫友芝可谓是籀、篆、隶、楷、行、草各体皆精,尤擅篆书,自成一体。好友黎庶昌谓其"真行篆隶,蕴藉朴茂极书家之能事也。"② 当代古典文献学家张舜徽评价说:"咸同间之能书者,自以莫邵亭为一大家。真行篆隶,兼擅其长,而篆隶尤有名。下笔辄刚健有势,知其沉潜于古者深也。杨守敬称其篆书学《少室碑》,取法甚高,固已倾服之矣。"③ 莫友芝在小学和金石书法上的成就,正是汉语言文字和金石书法血缘关系的有力证据。注意,正式的书法作品一定要加前后款识和印鉴的,这又是中国语言文字中诗、书(画)、印三者相通的又一证据(图4-3、图4-4)。莫友芝的书法篆刻作品,除了感到诗、书(画)、印三者的统一,更感

---

① 吴鹏:《晚清碑学的一个面向》,载王红光主编:《莫友芝书法篆刻作品集》,广西师范大学出版社2014年版,第6—7页。

② 黎庶昌:《莼斋偶笔》,载张剑:《莫友芝年谱长编》附录四《莫氏家族传记资料》,第621页。

③ 张舜徽:《爱晚庐随笔之二》"莫友芝书"条,湖南教育出版社1991年版,第487页。转引自吴鹏、莫友芝:《晚清碑学的一个面向》,载王红光主编:《莫友芝书法篆刻作品集》,广西师范大学出版社2014年版,第4页。

到他的书法和金石是以他的文字学涵养为基础的。莫友芝的小学,特别是语言学和文字学,除了其重大的学术价值,也体现了文字、书法和篆刻三者的完美统一。令人遗憾的是,后来的语言文字学家要达到这三者的完美结合,至善尽美,出神入化,已无可能。那是因为当今学者中,学养如此深厚已无可能,能如莫友芝淡泊名利、心无旁骛、专注学问,同时又精通汉字与金石书法者更无可能。

图 4-3 莫友芝书法作品

右:篆书《老子》四条屏;左:隶书对联,行楷书题款

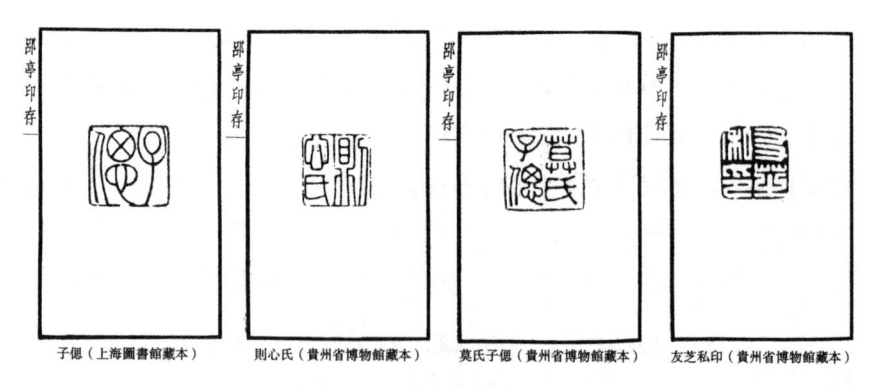

图 4-4 莫友芝篆刻作品

自左至右:子偲;则心氏;莫氏子偲;友芝私印

左一枚为上海图书馆藏本,右三枚为贵州省博物馆藏本

四、结论和讨论

从认知科学理论和方法看，小学是国学的基础，是中国人语言认知的重要手段和方法。认知科学的体验性即心智的涉身性、思维的无意识性和抽象概念的隐喻性，无一不体现在国学、小学和莫学之中。

（一）国学、小学和莫学的体验性和认知价值

体验性一词，是著名心智哲学家莱考夫在《体验哲学：涉身心智及其对西方思想的挑战》一书中提出的，书名原文是：Philosophy in the Flesh: the Embodied Mind and its Challenge to Western Thought。[1]

"Philosophy in the Flesh"怎么翻译？国内有人译为"肉身哲学"甚至"肉的哲学"，真是荒诞不经。"flesh"的本义确实是指动物或人的肉，而"in the flesh"却是一个短语，直译为"在肉身中的"。但这是一个隐喻，意在言外，意为"本人""亲自""以肉体形式"。[2] 所以，"Philosophy in the Flesh"应译为"体验哲学"，含有两层意思：一是与身体相关的，二是经验的。在《经验在认知中的作用》一文中，我曾经说过，20世纪及此前的所有科学追求的都是"统一科学原则"。与之不同，创建于20世纪70年代中叶的认知科学追求的却是"个体差异性原则"，认知科学的根本转向是经验的转向。[3]

该书书名还有一个关键词是"embodied mind"，这又该如何翻译？国内认知科学界和哲学界很多人译为"具身心智"，不知道"具身"该如何理解？汉语里好像并没有这个词。造一个中文新词来翻译英文语词可不可以？当然没有人会说不可以，但你造的这个词一是要可以理解，二是要与原文有关联。但追问一下什么是"具身"？我真还回答不出

---

[1] Lakoff, George and Mark Johnson (1999) Philosophy in the Flesh: the Embodied Mind & its Challenge to Western Thought, Basic Books.
[2] 见《新牛津词典》，"flesh"词条。
[3] 蔡曙山：《经验在认知中的作用》，《科学中国人》2003年第12期。

来。请问这个"具"是"具体"的"具"吗？还是"具备"的"具"？直接说，不管是"具体"的"具"，还是"具备"的"具"，与"embodied"都没有一点关系。"embodied"是由名词"body"（身体）转为动词（名词动用）再取被动式而得，意为"被与身体相关联"，"em"是英语使动前缀，因此，"embodied"意为"使之与身体相关联"，应译为"涉身的"。因此，该书书名完整的翻译应为《体验哲学：涉身心智及其对西方思想的挑战》。

另外再说一句，国内学界将"philosophy of mind"翻译为"心灵哲学"也是不对的。一是因为心灵是假设实体存在的，孟子曰："心之官则思"，[1] 古人认为思维的器官是心灵，但心智却不是实体的存在，而仅仅是脑与神经系统的功能。心灵和心智两者的含义是完全不同的。二是因为这样会使"philosophy of mind"（心智哲学）与中外历史上的心灵哲学互相混淆。例如，古希腊的亚里士多德，近代欧洲的笛卡尔，中国古代的老子、庄子、朱熹、王阳明，也都被看作是心灵哲学家，因为他们都把人类的思维和心灵的关系看作哲学的研究对象。而心智哲学则是把人类心智作为研究对象，它是哲学与认知科学交叉的新兴学科，与古代的心灵哲学截然不同。至于把当代的心智哲学家乔姆斯基、奥斯汀和塞尔也看作心灵哲学家，那就非常荒唐了。乔姆斯基于1958年出版了他的划时代的巨著《句法结构》（*Syntactic Structure*），建立了生成转换语法，提出了先天语言能力的伟大假说，并于1968年出版了另一重要著作《语言和心智》（*Language and Mind*），探索语言与心智之关联、探索语言认知之奥秘，而这一切导致认知科学于20世纪70年代中期在美国建立。难不成我们要把乔姆斯基1968年的著作翻译并理解为"语言与心灵"？究其原因，在于他们不知道心灵哲学和心智哲学之分野。

我曾经著文，剖析20世纪西方哲学从分析哲学（前期维特根斯

---

[1] 《孟子·告子上》："耳目之官不思，而蔽于物。物交物，则引之而已矣。心之官则思，思则得之，不思则不得也。此天之所与我者。"

坦）到语言哲学（后期维特根斯坦），再到心智哲学（乔姆斯基、奥斯汀、塞尔）的发展进程。由此可以看出，20世纪西方哲学经过两次语言转向，即由自然语言转向形式语言，再回归于自然语言，最后走向探索人类心智奥秘的认知科学，并产生了当代西方哲学与认知科学相结合的心智哲学。由此还看出，语言是哲学的基础，语言认知是思维认知的基础，"我言"是"我思"的基础。这些关系，最后被结构化和模型化为"脑与神经认知—心理认知—语言认知—思维认知—文化认知"的人类认知五层级理论和"语言认知—思维认知—文化认知"的高阶认知理论。

（二）汉字是图形文字，是由右脑加工的

当代认知科学的研究表明，有三千年历史的汉字是目前世界唯一仍在使用的活的象形文字，它是图形文字，是拼形的，是平面排列的，区别于任何其他的线性排列的拼音文字。汉字是右脑加工的，区别于由左脑加工的拼音文字。英语是典型的拼音文字，如乔姆斯基所揭示的，四种主要的英语直陈语句是按规则自上而下（top-down）生成的，否定句、疑问句则用转换规则加以说明。英语是逻辑句法为主导的语言，是左脑加工的，这就是乔姆斯基的唯理主义语言学。但汉语完全不同，它不是拼音文字而是拼形文字。汉语更为基础的是词法，即用五种基本笔画组成偏旁部首，再由偏旁组成汉字。汉字是汉语的基本单位即语词，6000个基本汉字是单字词，然后再组成二字词、三字词、四字词（包括大部分汉语成语）和多字词。汉语是出发点最简单、生成能力最强的语言。[①] 汉语是一种典型的语用语言，它不是规则主导的，而是使用者和语境主导的。例如，"群"字有左右形和上下形两种写法，"秋"字是左右形，既可以写成"秋"，也可以写成下面两种字形（图4-5）：

[①] 蔡曙山：《论语言在人类认知中的地位和作用》，《北京大学学报》2020年第1期。另可参见蔡曙山：《认知科学导论》，人民出版社2021年版，第240—241页。

图 4-5　"秋"的两种异体字书法
左：清吴大澂篆书　右：清何绍基隶书

（三）汉字是经验文字，是涉身的和体验的

汉字的经验性一是表现在它的象形，早期的汉字如甲骨文、金文、大小篆都充分体现了象形、指事的特征。汉隶虽然出现了抽象符号的文字特征，但隶书及其后的行、楷、草书各体汉字仍然继承了汉字的象形特征。二是汉字书法的个性，汉字书法讲究个性，忌讳共性，追求个体差异性，避免雷同和千篇一律。在同一篇文章里，即使是同一个汉字，也要尽量用不同的写法。如何把握？这就要靠经验和体验。所谓体验，就是一定要亲自去做，亲自去写。尽管汉字简化方案规定了每个汉字的字形，但特定的情形下人们可以不必遵守，例如书法和篆刻。在这种情形下，汉字的字义不仅不会被误解，反而会有更加丰富的含义。这种语言符号的交际是如何达成的？这就需要从汉字的书写者、阅读者、时间、地点、语境五大语用要素来进行解释，一个汉字符号、一个汉语语句、一个汉语语篇的完全的意义，只有在以上五大语用要素的关联下才能够完全被理解，也能够完全被理解。

（四）汉字的演变是由少数杰出的书法家个人书写的经验来引领的

汉字的经验性还表现在，汉字演变是由少数杰出的书法家个人书写的经验来引领的。书法的演变和历代书法家如表 4-1 所示。

在汉字发展过程中形成独特的汉字书法，这些汉字书法都是经验的、体验的、个性的和私人的。同时，汉字书法又引领了汉字和汉语的发展，无法想象在汉字和汉语的发展史上，如果没有这些杰出的书法家，我们就不会有今天十分成熟、无比优美的汉语言文字。

表 4-1　汉字的演变与历代书家及书法作品一览表

字体	年代	盛行时期	书写工具	文字载体	书法作品	书法家
甲骨文	商代	商代	金属刀具	龟甲和牛骨	殷墟甲骨文	无名氏
金文	商代	商周两代	金属刀具	青铜器	大盂鼎	无名氏
大篆	西周	周至前秦	金属刀具	石器、石鼓	史籀篇	周宣王太史
小篆	秦代	秦至今	金属刀具	刻石	泰山刻石 琅琊刻石	李斯
小篆	秦代	秦至今	毛笔	纸	三坟记	唐　李阳冰
小篆	秦代	秦至今	毛笔	纸	千字文	元　赵孟頫
小篆	秦代	秦至今	毛笔	纸	千字文	明　李东阳
小篆	秦代	秦至今	毛笔	纸	篆书毛诗	清　王澍
隶书	秦代	秦汉至今	毛笔	碑	石门颂 乙瑛碑 礼器碑 华山碑 史晨碑 熹平石经 曹全碑 张迁碑	东汉 碑刻书家 多不可考
草书	汉代	元代	毛笔	纸	古诗四帖 自叙帖	唐　张旭 唐　怀素
行书	汉代	东晋	毛笔	纸	兰亭集序 鸭头丸帖 伯远帖	晋　王羲之 晋　王献之 晋　王珣
楷书	汉代	盛行于唐代及以后	毛笔	纸	颜勤礼碑	唐　颜真卿
楷书	汉代	盛行于唐代及以后	毛笔	纸	九成宫	唐　欧阳询
楷书	汉代	盛行于唐代及以后	毛笔	纸	玄秘塔碑	唐　柳公权
楷书	汉代	元代	毛笔	纸	心经 三门记	元　赵孟頫

（五）汉字是视觉文字，更是用来书写的，书法是汉语言文化教育的重要组成部分

汉字是视觉文字，是用来看的，而不是用来听的。第一语言（母

语）是汉语的读者，阅读时可以做到"一目十行"，因为我们不需要将汉字转换为语音就可以直接理解。在重认实验中，对同样篇幅的语词、语句或语篇，母语为汉语的被试比母语为英语的被试能够记住更多的语言单位。

汉字是视觉文字，是用来书写的。特别是自实行科举制度以来，汉字的书写即汉字书法成为衡量士子进阶的重要标准，所谓"字是状门锤"，即此之谓也。蔡元培在会试后，并没有参加当年的殿试，就是因为他觉得自己字写得还不够好。两年后，他书法长进，方才重新参加殿试，得中壬辰科二甲三十四名进士，复试三等一百一十六名，朝考一等五十名，被钦定为翰林院庶吉士。可见书法对于科举考试无比重要。

世界著名物理学家、诺贝尔物理学奖得主杨振宁的主要研究方向是对称原理和统计力学。1956年，杨振宁和李政道提出"宇称在强相互作用与电磁相互作用中守恒，但在弱相互作用中也许不守恒"的猜想，1957年，吴健雄领导的实验组证明在弱相互作用中宇称确实不守恒，杨振宁和李政道由此共同获得1957年的诺贝尔物理学奖。另一项诺奖级的研究是杨-Mills规范理论。杨振宁最初的动机并不是要搞一场革命，而是要在复杂的物理现象背后寻找一个原理，建立一个秩序。这种秩序的建立是杨振宁追求物理学之美的一个主要表现。科学的"求真"和"求美"在杨振宁先生一生的物理学研究中是完全统一的。杨振宁先生还是一位成就不输人文学者的书法家。从杨振宁先生的书法作品中（图4-6），我们不仅可以体会到科学、艺术和人文（包括儒家思想）的统一，而且可以体会到中国的语言文学和文化对这位科学大师的重要影响。①

现在是呼吁拯救汉字的时候了。基础教育要充分重视汉字教育，因为它是我们中华民族文化的根基。

---

① 写作此文时，正值杨振宁先生百岁寿辰，谨向这位同是清华人的具有优秀人文精神和深厚文化素养的伟大的科学家致敬。

——让我们从汉字的书写开始。

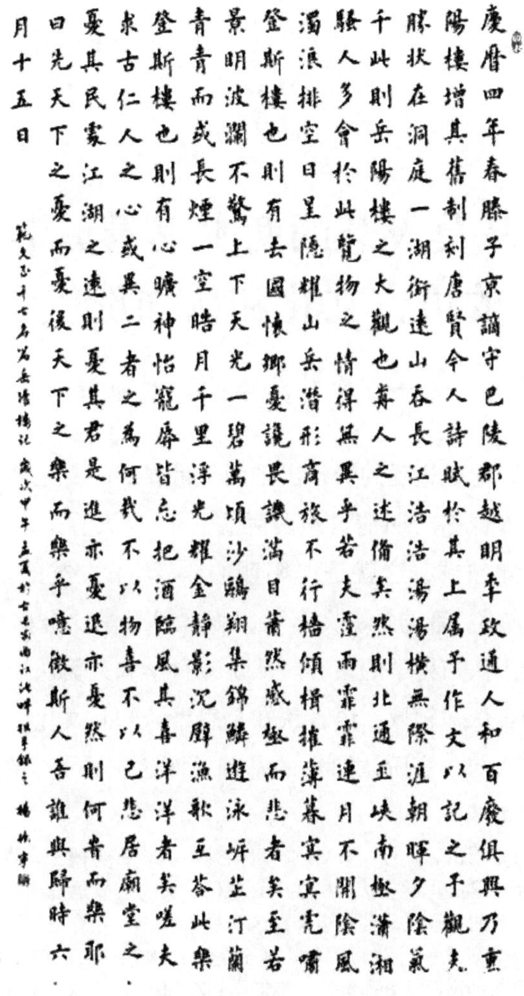

图 4-6　杨振宁先生墨迹
范文正公《岳阳楼记》

5

从莫友芝的两本书看莫学的语言文化和认知价值[①]

——兼斥对莫学的两种批评

明清两朝,地处边陲的贵州出了两位世界级的文化名人——王阳明和莫友芝。二人合称"明清贵州两巨儒"。[②] 今天看来,王阳明的学术成就在思维认知领域,这就是"阳明心学"。莫友芝的学术简称"莫学",包括训诂学、音韵学、文字学、版本目录学,合称小学,它是国学的基础,处于认知科学的核心。从认知科学和人类认知五层级看,莫学的成就在语言认知领域,语言认知是思维认知和文化认知的基础,也就是整个人类认知(高阶认知)的基础,而这正是莫学在今天的价值。

---

① 本文作者蔡曙山、许丹。蔡曙山,贵州独山人,哲学博士,清华大学心理学系教授,博导,清华大学心理学与认知科学中心主任;莫友芝故里独山县影山镇和翁奇村乡贤会名誉会长。许丹,硕士,苏州市吴江区鲈乡实验小学教育集团一级教师,清华大学心理学与认知科学研究中心访问学者。基金资助:国家社会科学基金重大项目"语言、思维、文化层级的高阶认知研究"(批准号15ZDB017)、"认知科学视阈下的中华文化特质研究"(批准号23&ZD238)、贵州省哲学社会科学规划国学单列重大项目"认知科学与阳明心学的实证研究"(批准号20GZGX10)。

② 学界常用"西南巨儒"或"晚清巨儒"指郑珍、莫友芝二人。郑珍(1806—1864),晚清著名经学家、文学家、史志家,著有《遵义府志》(郑珍、莫友芝合编)。其实被曾国藩称为"西南巨儒"者,实仅莫友芝一人而已。王阳明(1472—1529),明代杰出的思想家、哲学家、军事家、教育家。明孝宗弘治十二年(1499)进士,仕于孝宗、武宗、世宗三朝。明武宗正德元年(1506)自刑部主事贬任贵州龙场驿丞,后在龙场悟道,创立"阳明心学"。晚年官拜南京兵部尚书兼左都御史。明穆宗时追赠新建侯爵,谥号"文成",万历十二年(1584)从祀孔庙。故将王阳明、莫友芝合称"明清贵州两巨儒"。参见本书第4、5、17章。

在前文《国学、小学和莫学》主要介绍莫学训诂学、版本目录学和金石书法成就的基础上，本文进一步从莫友芝的两本著作《韵学源流》和《唐写本说文解字木部笺异》，来看莫友芝在音韵学和文字学方面的杰出成就。

莫学涉及的领域涵盖小学的全部领域并有所超越，而且在他所涉及的这些领域成就非凡，真是高山仰止，景行行止，仰之弥高，钻之弥深。在多年研读思考莫友芝学术思想的过程中笔者深深感到，今人再难有这样的学问功夫，原因很多，其中莫友芝一生不为名利所动，孜孜不倦，惟学问是求，是其学术成功的不二法门。莫友芝21岁中举，少年得志，此后六次赴京应试，均不第。51岁离开家乡贵州，赴曾国藩府上做幕僚，从此绝意功名，一心钻研学术，作出非凡成就。同治十年（1871），61岁的莫友芝客死江南访书舟中，友芝一生好友、时为朝廷重臣的曾国藩派官员一路护送莫友芝灵柩回到贵州。

一、莫友芝的两本书

莫友芝除了在前文所介绍的训诂学、版本目录学以及金石书法各方面的成就外，其小学功夫则主要体现在《韵学源流》和《唐写本说文解字木部笺异》两本著作之中。

（一）《韵学源流》

莫友芝对小学的一个杰出贡献是他的音韵学研究，现在可见的主要著作是《韵学源流》。《韵学源流》一书是莫友芝中年时期的作品。道光二十年（1840）莫友芝随父在遵义讲学时，为教学之用，始编此书，友芝时年30岁。道光二十七年（1847），友芝春闱不第，在北京琉璃厂书肆结交曾国藩，曾惊为"黔中宿儒"。返黔后，旋归遵义，安心校书和讲学。道光三十年（1850），为湘川讲舍山长，是年编就《韵学源流》，时年40岁。可见《韵学源流》一书的著作，正值莫友芝学问深厚、风华正茂的中年时期。著名语言学家和音韵学家罗常培指出，此书或为莫友芝的另一部音韵学重要著作、四卷本的《声韵考略》的初稿的辗转传抄者,①可惜这部更为重要的音韵学著作已失传。

莫友芝《韵学源流》一书,权威版本为罗常培校点本。罗常培先生在该书"一九二九年第二次印刷本后序"中对此书作了充分的肯定和公允、中肯的评价。②后人对此书的评价,基本依照罗常培先生的论断。罗常培先生的评价字字精辟,要点有四:

第一,讲清《韵学源流》的来历。此书校钞本源于遵义赵幼渔,而经城固康率寯排印行世。

第二,考证此书或为《声韵考略》之初稿而经辗转传抄者。因黎庶昌《莫征君别传》及张裕钊《莫子偲墓志铭》均载《声韵考略》四卷,而并未提及《韵学源流》一书。

第三,充分肯定《韵学源流》一书的学术价值。罗常培再举友芝之前清人万斯同《声韵源流》和潘咸《音韵源流》二书加以比较,并断言"万书匡廓粗具,挂漏弘多;潘书凭臆杜撰,难资典要。莫氏此书,理明事简,弗尚烦纡,博赡或弗逮万,而纠缠瞀乱之讥,庶几可免。"对《韵学源流》一书的成就,加以充分肯定。对友芝论切韵唐韵之问题,罗常培认为"其所致疑,并皆精辟",再次给予充分肯定。

第四,指出《声韵源流》一书的缺憾与不足。缺憾是友芝未见唐写本《切韵唐韵残卷》及王仁煦《刊缪补缺切韵》,否则,"隋唐韵书部次先后,或不待王静安先生考订,已秩然可观。"这是深信友芝的音韵学养及考据功夫。不足之处讲得非常详尽:"惟全书取材,多本《四库提要》,故论古韵只断至顾江而不及戴段孔王诸家;论今韵则以《洪武正韵》与《韵府群玉》并诋,而不重视《中原音韵》以后之音变;论反切则但详《指掌图》《指南》《四声等子》三书,而于前此之《韵镜》《七音略》,后此之《韵法横直图》《字母切韵要法》及明清等韵别派,亦并略而弗陈。"对于这些不足,罗常培采取非常宽容之态度:

---

①　莫友芝著,罗常培校点:《韵学源流》,"1929年第二次印刷本后序",香港太平书局1965年版,第2页。

②　莫友芝著,罗常培校点:《韵学源流》,"1929年第二次印刷本后序",香港太平书局1965年版,第2—4页。

"凡兹罅漏,均待补苴,犹未可视为完备之声韵学史也。然古今声韵,凝滞孔多,倘欲考镜源流,究其通变,举凡周汉古韵之音读,隋唐韵书之反切,元明语音之蜕化,旁及华梵译语,东西音标,下至殊域方言,民间谣谚,必须博采旁求,探赜索隐,斯固非一人暂时之力所能及,岂可责全莫氏耶?"此段评论中,"犹未可视为完备之声韵学史也"一句尤其重要,我们留待下面一并讨论。

《韵学源流》存世版本,除莫氏手稿外,主要有赵幼渔校钞本(藏国家图书馆)、民国初年康宝忠初刻本、贵阳文通书局1923年印本、罗常培1929年校点本、学林丛刊社1933年印本、中华书局1962年重印本(罗常培校点、章锡琛复校)等版本。数十年来,学界对《韵学源流》一书真伪并无疑义,对友芝先生的学问更无人置喙。

1963年,有人对莫友芝的《韵学源流》提出质疑。殷孟伦在《莫友芝与〈韵学源流〉的关系质疑》一文中,对"原编者"(指莫友芝,下同)的音韵知识、本书是否为莫氏所著及本书的价值均提出质疑。[①]在"原编者的音韵知识"一节,作者质疑莫友芝的音韵知识。第一,"凡称为著作的,总得有自己的真知灼见,绝不能人云亦云。可是本书,就使人看不大出有什么突出的地方,这就会减低本书的价值。"这个批评用罗常培先生对本书的评价即可反驳。第二,"从原编者所见到的材料来理解,不论他已经说明引用何书,或者是抄自他书,而未注明出处的,都可见出原编者见闻的深广程度。"殷所不知的是,仅60页23000字的《韵学源流》或是一篇读书笔记,或是一份讲稿,实为另一部正式的音韵著作《声韵考略》的准备。如罗常培先生所言,"犹未可视为完备之声韵学史也"。本书未分章节,仅以自然段落区分意属,即可为证。况且此书所引文献达数十种之多。第三,"从所引各书,还看不出原编者是否仔细读过所列举的每种原书,也就是说原编者在第一手材料上可能下过的功夫不多。……不至于整段整段地照录,竟到六七十

[①] 殷孟伦:《莫友芝与〈韵学源流〉的关系质疑》,《山东大学学报》1963年第1期。

处，一万六七千字，或者只是窜改颠倒一下，就可以称为己作，这有点说不过去。即或说是编著，也得有个交代。"第四，"即便是抄书，只要抄得不错，也未尝不可以。可是原编者却未能做到这一点，以至原来文字还存在问题的，他都依然照引，认为定说。"第五，"原编者引用旧说，还存在前后矛盾的现象。……原编者对这一问题，还不明白，也不想办法解决，所以就不管前后文的引用有无冲突，说法有无矛盾，而各无关涉的胡乱引用了。"第六，"从全书引用材料看，还可以见出原编者知识的广狭，他对文献所知较广，对文章较有工力（原文如此，笔者注），可是对音韵就不这样。"

对殷的观点，大多数严肃的学者均持否定态度。陈振寰先生在《韵学源流评注》（1988）一书"前言"中说："殷氏之论其言甚辩，而其据不足；至少缺乏实质性的证据，很难据以定案。"[1]王力先生在《中国语言学史》中多处引用《韵学源流》的观点，认为莫友芝对古韵、今韵和反切的划分和看法是有道理的，还认为"莫氏的话可以说明韵书的性质"。[2]在《汉语音韵学》附录"汉语音韵学参考书"中，将莫友芝《韵学源流》列为第一类"概要"之参考书。[3]据张剑、张燕婴整理《莫友芝全集》提供的现藏于台湾"中央图书馆"的善本室藏《韵学源流》手稿首页（图5-1）看，[4]此手稿确为莫友芝所书（论证详后）。白雪华、湛庐（张剑笔名）在"《韵学源流》作者考实"一文中，使用现藏于台湾"中央图书馆"善本室藏的《韵学源流》手抄原稿，考实"此稿本作者为莫友芝无疑"。[5]梁光华、饶文宜点校的《莫友芝〈韵学源流〉手稿点校》一书，提供台湾"中央图书馆"善本室藏《韵学源流》手稿全部影印件，共38页，每半页10行，行24或25字不等；注解文小字双向；原稿不标页码；文稿添有句逗；文稿有涂改

---

[1] 陈振寰：《韵学源流评注》，贵州人民出版社1988年版，第2页。
[2] 王力：《中国语言学史》，中华书局2020年版，第59、64、65页。
[3] 王力：《汉语音韵学》，中华书局2014年版，第433页。
[4] 张剑、张燕婴整理：《莫友芝全集》第一册，中华书局2017年版，彩插。
[5] 白雪华、湛庐：《韵学源流》作者考实，《文献季刊》2007年第3期。

增删；天地头时见小字增改。首页首行低二格书写题目"韵学源流"，其下未署名，但钤有"莫氏子偲"四字朱文方印，末页钤有"莫友芝印"四字白文方印。①当然，这份珍贵的手稿至此仍然可以怀疑是他人誊抄，或莫友芝抄自他人，或莫友芝钤印收藏的一份手稿。因此，从手稿本身入手，鉴定此稿是否为友芝手书，便成为可能的新证据。

据梁光华、饶文谊点校的莫友芝《韵学源流》提供的台湾"中央图书馆"善本室藏的《韵学源流》手稿影印件，一望而知是莫友芝手迹，这是笔者凭借自己书法经验的直觉判断的，但犹恐不足为凭。2022年

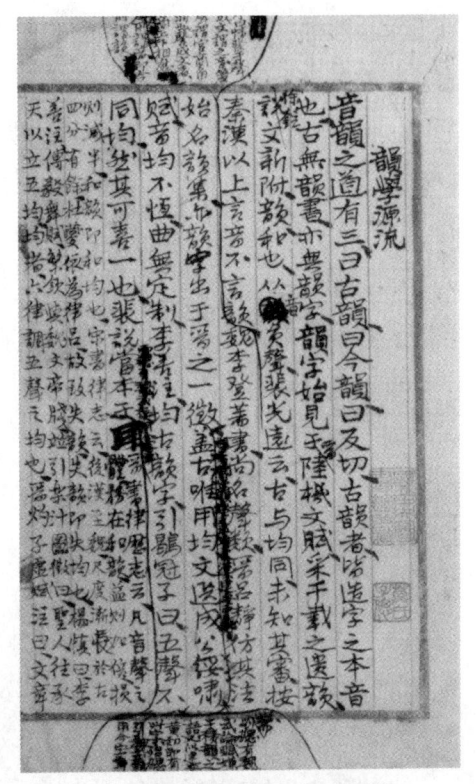

台湾漢學研究中心藏稿本《韻學源流》

图 5-1 《韵学源流》手稿首页
原件藏台湾"中央图书馆"
张剑《莫友芝全集》提供

春节期间，笔者回到友芝故里、文化古城独山，专请独山书协前后两任主席郑德富先生和孙士富先生及独山书协其他书法家和文化学者现场鉴定。我们做了两件事。首先，单字和篇章比对。将手稿与莫友芝多幅行书作品如"影山草堂本末""行书韩愈诗二首""行书唐诗横卷""行书诗笺合裱横卷""行书自作诗横卷""行书自作诗'送九蘅弟之湖南县丞四首'横卷"②等进行单字如"不""人""天""友""之"的认

---

① 梁光华、饶文谊点校：《莫友芝〈韵学源流〉手稿点校》，高等教育出版社 2015 年版，第 77—152 页。

② 王红光主编，朱良津副主编：《贵州省博物馆馆藏精选莫友芝书法作品篆刻品集》，广西师范大学出版社 2014 年版，第 64—105 页。

真比对，再进行篇章的比对，可以确定手稿为莫友芝本人所书。其次，确认手稿是否为抄书。虽然经过单字和篇章比对可以确定手稿为莫友芝书写，但仍可怀疑抄自他人或系整理他人的作品。如罗常培先生说："考黎庶昌莫征君别传及张裕钊莫子偲墓志铭，均载《声韵考略》四卷，而不及此书，意此书或即《考略》之初稿而展转传钞者耳。"①但从罗常培先生对《韵学源流》的充分肯定并认定为莫友芝著作看，这里的"辗转传钞"乃是"反复修改"之意，而非"抄自他人"之意。

可以肯定的是，殷氏写作时不仅未能见到台湾手稿，甚至连基本的文献都没有看过，全文连参考文献都未列一篇，更不会从文稿书法自身来做鉴定，至于将文稿与同时代的作文方式加以对比，恐怕连想也不会想过。

（二）《唐写本说文解字木部笺异》

莫友芝的文字学功夫以及他对中国语言文化的贡献，体现在《唐写本说文解字木部笺异》这部著作和友芝金石书法两个方面。现仅分析《唐写本说文解字木部笺异》一书成就。

仓颉造字以后，经过数千年的变迁，形成了各个时期和各个地域各种不同的字体。主要的字体变化有殷商的甲骨文、金义，西周时期的金文、甲骨文。殷周时期的其他文字还有石鼓文、陶文、货币文字、简帛文字、玺印文字、封泥印章文字等。从地域上看，秦统一以前的文字可分为秦系文字和六国文字，这些文字在字体、字形上均有很大的差异。

公元前221年，秦始皇统一中国，实行"车同轨，书同文"。车同轨、统一度量衡属于制度和物事建设，书同文却属于精神文化领域的建设，用今天的话来说，属于人类心智和认知的重大创建，是人类语言认知能力的一大进步和变革，极大地提高了人类的语言认知能力，也促进了思维认知能力和文化认知能力的发展。②秦始皇统一的文字为小篆即

---

① 罗常培：《一九二九年第二次印本后序》，见莫友芝：《韵学源流》，香港太平书局1965年版，第2页。

② 蔡曙山：《论语言在人类认知中的地位和作用》，《北京大学学报》2020年第1期。另参见蔡曙山：《认知科学导论》，人民出版社2021年版。

秦篆，相传为丞相李斯所创，其实早在秦灭六国统一中国之前，秦国的文字就已经确立小篆为正书的文字系统，秦统一后的"书同文"不过是将过去秦国的文字系统推广到全国，作为官方文字，并废除六国原有的文字和其他异体字。当时，除了作为官方正体文字的小篆，另一种从小篆演变而来易于书写的俗体字隶书也逐步流行起来，这是统一后日益繁忙的官方事务和民间应用的需要。汉以后，隶书成为主流的官方文字。此后，在隶书的基础上演变出新隶书、草书和行书，大约在汉魏之际，又在行书的基础上形成了楷书，经过魏晋时代长达二百年左右的时间，楷书最终发展成为占统治地位的主要字体。①至此，中国文字的字体和字形已经基本发展完备。

时间来到东汉，这时出现了一位在中国语言文字史上堪比仓颉和秦始皇的重要人物，中国第一部字书（字典）的撰著者——许慎。他决心来做自仓颉造字、秦始皇统一文字以来最重要的事情，编撰一部字书（字典），从形、音、义三要素来解析汉字，以建立汉字的学术规范乃至国家的语言文字规范，这就是《说文解字》。

《说文解字》是中国语文学史上第一部分析字形、辨识声读和解说字义的字典，收字9353个，重文1163个，共10516字，均按540个部首排列，开创了部首编排和检字的先河，创立了以六书进行字形分析的理论和方法，同时保存了大部分先秦字体和汉代的文字训诂，反映了上古汉语词汇的面貌。清代著名藏书家、目录学家、书法家、经学家孙星衍（1753—1818）在清嘉庆十四年（1809）重刻宋本《说文解字》序说："其云古文、籀文者，明本字篆文；其云篆文者，本字即籀、古文。而世人以《说文》为大小篆，非也。"②这是说，许慎编撰《说文解字》所坚持的原则是以小篆（秦篆）为正体，而不是以汉隶为正体；同时以籀文、古文来释义，而不是以今文来释义。这就保证了中国历史上第一部字书（字典）的学术规范性，让后人能够看清汉字演变的

---

① 裘锡圭：《文字学概要》（修订本），商务印书馆2013年版，第80页。
② 引自许慎撰，徐铉等校：《说文解字》，中华书局2013年版，第1页。

历史。

可惜的是,我们现在所见到的《说文解字》并不是许慎的原作,而是南宋徐铉和南唐徐锴兄弟二人的修订版,世称"大徐本"和"小徐本"。

《说文解字》成书以后,经过几百年的辗转传写,出现很多错讹。如唐玄宗开元年间,篆书家李阳冰刊定《说文》,修正笔法,但他擅改原文,臆说《说文》,违失本真。李阳冰的刊本曾经风行一时,影响极大。李阳冰族侄李白有诗赞曰:"落笔洒篆文,崩云使人惊。吐辞又炳焕,五色罗华星。"又因唐代以诗取士,定楷书为正体汉字,致使以小篆为主体的《说文》渐趋湮废泯没。

徐锴作《说文解字系传》,对李刊本予以批驳。他还注意到从声音上来考求字义,如从隋唐五代的语音去推求字义,这是他在文字学研究上的重要贡献,即"因声求义"。徐铉等奉敕校订《说文解字》,参考了当时多种《说文》的传世版本,去粗取精,取长补短,多所裁定,世称"大徐本"。大徐本《说文解字》,完成于宋太宗雍熙三年(986),它基本保留了《说文》原貌。这个本子就是我们今天所看到的许慎的《说文解字》。

中华文化的根基、中国第一部字书(字典)《说文解字》,从许慎成书到徐铉重新校订,中间有近900年的空阙。大小徐以后,《说文》之学又中断800年,直到清乾隆以后,小学进入它的黄金时代。这一时期,《说文》专家多达一二百人。①这个过程中的一个重大事件是唐写本《说文》的发现和研究整理。清同治元年(1862),黔北沙滩人氏莫祥芝在安徽省黟县发现《唐写本说文木部》残卷(以下简称《唐写本》),并经莫祥芝胞兄、清文字学家、音韵学家和版本目录学家独山州(今贵州省独山县)莫友芝考证为唐代中期的写本,并作《唐写本说文解字木部笺异》(以下称《笺异》)加以考鉴,被历代学者认为是《说文解字》存世最早的说文写本的研究。同治十年(1871),莫友芝

---

① 王力:《中国语言学史》,中华书局2020年版,第111页。

病逝江南。光绪二十四年（1898），《唐写本》残卷由莫友芝之子莫绳孙卖出。从此，这个中华汉字最早的写本数易他人。1926 年，被日本收藏家内藤虎次郎所得，之后东渡扶桑，至今飘落异邦。《唐写本》残卷由莫祥芝发现，经莫友芝考鉴，由莫绳孙卖出，这之间在黔北沙滩莫氏族中保存了整整 36 年，写本中钤有莫友芝的鉴印，渗透着莫氏三人深厚的感情，成为中华汉字最早写本"流浪史"中最动人的一笔。

莫友芝得此唐写本木部残本仅 6 页，共 188 字。莫友芝将其与二徐本认真校勘，撰写序跋，编成《笺异》。在跋文"莫友芝识后"中总结说："唐写许君书百八十有八文，与两徐本篆体不同者五，说解增损殊别百三十有奇，衍误漏落不能无，而取之存逸订伪十常六七。"①差别非常之大。再以正文篆书看，莫友芝所用唐本说文中的篆书与前朝秦汉之篆书、二徐本说文之篆书均有较大差异，可见汉字演变之痕迹，还可明显看出二徐本说文篆书为秦篆（小篆），而唐写本篆书则与秦篆殊异。周祖谟先生总结唐本说文的作用有八：第一，唐本说文木部与口部残本非李阳冰之刊定本。第二，唐本木部之字次固优于二徐，然与唐以前本尚有不合。第三，唐本训解大胜于二徐，惟亦有伪误。第四，小徐本因袭唐本之旧者多，大徐本则多有改定。推其故，盖大徐有承袭李阳冰者，亦有妄自改乱者。大徐之字学远不如小徐之精通。第五，唐以前人所引说文之音分为二系：一与顾氏玉篇相合，一与字林相近。第六，唐本说文木部口部之音，为唐以前人所作，或即取自字林。第七，五经文字之反切与唐本说文及字林音为一系。第八，李阳冰本之反切与唐本木部口部为同类，非李氏所加。②周祖谟先生的上述总结，比较全面地概括了莫友芝《笺异》一书的价值。

《笺异》撰成后，当时诸儒纷纷题跋，加以称赞。张文虎跋文说："唐写本说文木部残袠，于全书不及百分之二，而善处往往出今本外，其传在铉、锴前无疑。金坛段氏注许书，补苴纠正，多与暗合，益知段

---

① 见张剑、张燕婴整理：《莫友芝全集》第一册，中华书局 2017 年版，第 309 页。
② 周祖谟：《问学集》下册，中华书局 1966 年版，第 759 页。

学精审而此袟可贵。独山莫子偲氏得此,为抉摘同异,疏通证明,发前人所未发。"①两江总督曾国藩(涤生)除了出资刊刻,更是题诗以纪其成。诗曰:

唐写本说文木部题辞

湘乡曾国藩(涤生)

插架森森多于筍,世上何曾见唐本。
莫君所得殊灿奇,传写云自元和时。
问君此卷有何珍?流传显晦经几人?
君言是物少微识,残笺黯黯不能神。
豪家但知贵锦裘,陋巷谁复怜綦巾!
黟县令君持赠我,始吐光怪干星辰。
许书劣存二百字,古镜一扫千年尘。
篆文已与流俗殊,解说尤令耳目新。
乾嘉老儒耽苍雅,东南严段并绝伦。
就中一字百搜讨,诘难蠭起何誾誾。
暗与此本相符契,古辙正合今时轮。
乃知二徐尚卤莽,贻误几辈徒因循。
我闻此言神一快,有如枯柳揩马疥。
在昔趋朝陪庶尹,颇究六书医顽蠢。
四海干戈驱迫忙,十年髀骨销磨尽。
却思南阁老祭酒,旧学于我复何有?
安得普天净欃枪,归去闭户注凡将。

同治三年八月

从此诗可见曾国藩对《笺异》一书的珍重,对挚友莫友芝学问的盛赞。第一,他在诗中以与友芝对话的形式道出唐本价值与友芝解说之意义:"莫君所得殊灿奇""始吐光怪干星辰""许书劣存二百字,古镜一扫千年尘。"第二,他注意到唐本篆书与大徐本迥异,解说也令人耳

---

① 见张剑、张燕婴整理:《莫友芝全集》第一册,中华书局2017年版,第319页。

目一新："篆文已与流俗殊，解说尤令耳目新。"第三，他将莫氏与乾嘉老儒相提并论，认为唐本《笺异》与严段结论互相契合。①第四，指责孙诒让等人对唐本说文和唐本及友芝《笺异》的非难。第五，他对二徐说文的评价："乃知二徐尚卤莽，贻误几辈徒因循。"最后，他表示自己对军旅生涯的厌倦和对昔日学术生涯的留恋。希望有一天刀枪入库，天下太平，自己仍能闭门读书，钻研学问。同治七年（1868），曾国藩亲为唐写本《说文》木部残卷题写书名。

对于唐本说文的价值和友芝《笺异》的学术成就，至此已经清楚表明，但我想对曾国藩指责孙诒让等人对唐本说文和唐本及友芝《笺异》的非难一事略作评述。孙诒让（1848—1908），晚清经学家和训诂、校书家。17岁时曾断言唐本《说文》是赝品，其理由有三：第一，唐本"行款与唐宋古制不合"；第二，"米友仁鉴定实不足信"；第三，"友人歙汪茂才宗沂语余曰：'此乃其乡一通小学者所伪作'这一事实，可谓铁案难移。"孙诒让此论流毒甚广，对孙言已有多人加以驳斥，可参见沈之杰（2007）、梁光华（2005，2007）、李家浩（2018）、张其昀（2014）、王平（2001）、何九盈（2006）等的著作。〔蔡按：当时孙诒让不过17岁，所说三点"断言"本不足为凭。人文历史领域需要知识的积累，17岁哪来什么见识？本来情有可原，不必理会。但深究一下，也许可以破解中国文字学史上的这段公案（孙言"铁案"），所以值得多说几句。〕孙所以斥唐本为赝品，以至全面否定莫友芝的三条理由，众人已经驳得体无完肤。值得注意的是第三条，孙竟以道听途说为"理由"，犹如说你是坏人，因为有人说你是坏人。除了荒唐，不能不让人怀疑孙氏的动机。晚莫友芝37岁当时不过17岁少年的孙诒让何以有这等胆量挑战相当于自己父辈况且已经名满天下的莫友芝？原因在他

---

① 据陈白夜的研究，唐写本篆籀共188字，其说解与二徐本相同且段氏无校语者有80字，与二徐本相异且段氏无校语者约有40余字，两者约占总数的63%。在段氏所校改的篆字中，与唐写本木部残卷吻合者为21处，段氏校改胜于唐写本者为8处，两者相加，正确率达到43%；段氏校改明显有所差失的为14处，其比例约为21%；余者为目前尚难以确定是非的校改。见陈白夜：《从唐写本〈说文〉木部残卷看〈说文段注〉校勘的价值》，《广播电视大学学报》（哲学社会科学版）2004年第2期。

父亲。考得孙父孙衣言,道光三十年进士,入翰林,历官中外垂二十年,曾入直上书房,授惠亲王诸子读书,孙父子二人住澄怀园三载,其时孙诒让仅7岁。次年8岁的孙诒让已经随父读《周礼》和《四子书》,可谓早慧。同治二年(1863),曾国藩召孙衣言携家眷赴安庆任职,孙诒让始攻经、史、小学,时年15岁。次年(1864),孙诒让随父南归。另查莫友芝,道光二十七年(1847)与曾国藩相识北京琉璃厂,友芝时年37岁。后因屡试不第,于咸丰十一年(1861)去访旧友曾国藩。同年,入安庆曾幕,领庐阳书院山长以谋生。次年同治改元(1862),莫友芝得唐写本木部残卷,知非凡物,悉心钻研考订。同治二年(1863),作成《唐写本说文木部笺异引》,随谒曾国藩,呈《唐写本说文木部校勘记》,作《唐写本说文木部笺异识后》,五月七日,再谒曾国藩,呈《唐写本说文木部》重写本。曾国藩欲资以出版,并致银钱所嘱为之精刻。同治三年(1864)四月,《唐写本说文解字木部笺异》刊成。从以上时间看,孙氏父子在曾府时,正值莫友芝《笺异》书成之际。面对莫氏的成就和曾国藩的赞许与支持,年仅15岁的孙诒让不大可能有任何的不满或妒忌,而小莫友芝3岁又同为曾府幕僚的孙衣言(1814—1894)那就不好说了。可以从后面发生的故事做一些心理行为分析。作为官吏兼学者的孙衣言,显然不能如纯粹学者的莫友芝一样潜心做学术研究,这从后来二人高低不同的学术成就便可以得到证明。再从年仅17岁的孙诒让对长他一辈年已55岁的莫友芝的攻击可以看出,这种攻击是来自他的父亲!从时间上看,同治三年《笺异》刊成时,孙诒让年仅15岁,此时发表与莫友芝的对决文章恐为时过早,迟二年等待孙诒让17岁发表时,正好形成少年挑战巨儒的轰动效应,可使稚子成名。因此可以推断,此事乃老孙所为,但假小孙之名而行,可谓苦心孤诣!虽说文人相轻自古而然,但像这样无理的非难和别有用心的攻讦在学术史上也真是少有。

著名文字学家、音韵学家、训诂和文献学家周祖谟先生指出:"木部残本为清同治二年莫友芝得自安徽省黟县县令张仁法者,共六纸,存一百八十八字,将近全书五十分之一。两纸合缝处有绍兴小印,卷末有米友仁鉴定跋语,以篆法及内容观之,确为唐本无疑。或疑其为赝品,非也。"①"从(唐本)原物的书法来看,楷书的体式确乎是唐人的笔法,绝非清人所能伪造,凡是熟悉唐写本的人,一望可知。最值得注意的是篆书,篆书作悬针体,用于唐元次山的《峿台铭》,清代的人是写不出来的。汪宗沂的话绝不可信。"周祖谟先生明确说:"我们可以断定它(《唐本》)的确是古写本。孙诒让过信汪宗沂的话而不去虚心研究唐本的内容,就断定它是伪品,这不是一种科学的态度。假如认为他的话可信,就会把一份极其宝贵的文化遗产给抹杀了。"② 周祖谟与莫友芝二位先生虽然相隔百年,但由于二人研究领域同为小学,包括文字学、音韵学、训诂学和文献学,领域完全相同,成就同样巨大,惺惺相惜,真正的学者才懂得互相尊重!重审学术史上这一段公案,不禁令人唏嘘。常言"人心不古",看来"古已有之",不过"于今为烈"罢了。

同治十年(1871)秋,莫友芝病逝于苏州里下河,移柩金陵(南京)莫愁湖胜棋楼中,生前故交来吊唁祭奠者络绎不绝。时任两江总督的曾国藩,亲率下属官员数百人,捧香步行前往莫愁湖祭奠老友。他吊唁莫友芝的挽联写道:

京华一见便倾心,当年虎市桥头,书肆订交,早钦宿学;

江表十年常聚首,今日莫愁湖上,酒樽和泪,来吊诗魂。

此联回首两人相交往事,当年京师相见,虎坊桥订交,终生成为挚友。其后科举生涯,曾国藩一帆风顺,成为朝廷重臣,莫友芝则屡试不第,入曾幕府,江表十年常聚首。生者已成朝廷重臣,逝者仍为一介布衣。二人数十年互相倾慕只因学问,不因身份悬殊而有任何改变。——这就是儒家"士"和"君子"之风,无比高尚的精神境界!吾亦赋一联,以纪念曾莫二位儒生终生不变之情谊。

---

① 周祖谟:《唐本说文与说文旧音》,见《问学集》(下册),中华书局1966年版,第723页。

② 梁光华:《也论唐写本〈说文木部〉残秩的真伪问题》,《中国语言》2007年第6期。

滁生识邵亭，虎坊相见成莫逆。

权臣敬布衣，巨儒学问凭唏嘘。

二、莫友芝音韵学的认知意义和文化价值

莫友芝的两本代表性著作《韵学源流》和《唐写本说文解字木部笺异》，我们已从传统音韵学和文字学的角度进行论述，并对两种代表性的批评进行了驳斥。但莫学的语言认知意义和文化价值远非止此，需要从当代认知科学的理论和方法上加以深刻认识。

我们先来看莫友芝音韵学代表作《韵学源流》的认知意义和文化价值，因为在认知科学看来，言语和语言、语音和文字中，前者更重要，前者出现的时间也要远远早于后者。

（一）从语言进化史看

从语言进化史看，先有言语，后有文字。早在600万年前，南方古猿进化出较为完全的发音器官，开始使用一种表意的声音语言，即言语（speech）。这种语言能够表达抽象概念，因而能够协调更大范围的群体行为，从而，这支相对弱小的古猿战胜了其他在形体上更加强大的古猿，取得了种群进化的控制权。南方古猿的这个言语进化的过程用了大约400万年时间，并在200万年前最终进化为人。[①]这个语言进化过程是生存需要所决定的。

然而，不仅是人类有语言，其他动物也有语言。那么人类的语言和非人类动物的语言又有什么区别呢？根据蔡曙山（2010）语言进化与分支图，[②]我们可以看出：第一，人类语言是从动物语言进化出来的；第二，人类语言是一种能够表达抽象概念的符号语言；第三，人类语言（符号语言）向下包含了声音语言和肢体语言，肢体语言和声音语言这两种更为初级的语言形式是高级的符号语言的基础；第四，人类发明了符号语言之后，语言成为人类认知的基本形式和基本能力，同时，语言

[①] 蔡曙山：《认知科学导论》，人民出版社2021年版，第15—26页。
[②] 蔡曙山：《自然语言的形式理论研究》，人民出版社2010年版，第6页。

也成为人类认知的对象。人类不仅能够发明语言和使用语言，而且还能够创造新的语言，如人工语言。人工智能就是在人工语言基础上产生的机器智能。

声音语言有一个根本的缺陷，就是它无法永久保存也无法广泛传播。随着个体的死亡，声音语言也就永久地消失了。在这个意义上说，人类的声音语言即使能够表达抽象的概念，与动物的非符号语言也相去不远。人类期待并用其后近200万年的时间发明一种非声音的符号——文字符号来记录自己的语言和思维。

在文字发明以前，人类处于蒙昧的时代，文字的发明使人类走出蒙昧，走向文明。文明的标志是城邦化，即一个有规则的人类社会，包括作为物质生活基础的按照规则建立的城邦，以及作为精神生活基础的按照规则建立的知识体系，以及在此基础上建立的文化、教育和礼仪——而所有这一切都是人类通过语言和规则来建构的。①

从人类认知五层级看，语言是人类认知的基础。在语言的基础上，人类形成思维，产生知识，建构社会，并积淀为文化。但我们为什么说言语和音韵比文字更重要呢？因为虽然声音和文字都是语言的载体，但言语进化在先，文字出现在后，文字不过是声音的记录。关于语音和文字的关系，章太炎先生在《国故论衡》中有一段精彩的论述：②

> 语言者，不冯虚起。呼马而马，呼牛而牛，此必非恣意妄称也。诸言语皆有根，先征之有形之物，则可睹矣。何以言雀？谓其音即足也。何以言鹊？谓其音错错也。何以言雅？谓其音亚亚也。何以言雁？谓其音岸岸也。何以言鹅？谓其音加我也。何以言鹡鸰？谓其音磔格钩辀也。此皆以音为表者也。何以言马？马者，武也（古音马、鱼同在鱼部）。何以言牛？牛者，事也（古音牛、事同在之部）。何以言羊？羊者，祥也。何以言狗？狗者，叩也。何以言人？人者，仁也。何以言鬼？鬼者，归也。何以言神？神者，

---

① 蔡曙山：《自然与文化》，《学术界》2016年第4期。另参见宋春艳：《言语行为与制度社会的建构》，社会科学出版社2017年版。

② 章太炎：《国故论衡》，商务印书馆2010年版，第48页。

引出万物者也。何以言祇？祇者，提出万物者也。此皆以德为表者也。要之，以音为表，惟鸟为众；以德为表者，则万物大抵皆是。乃至天之言颠，地之言底，山之言宣，水之言准（水在脂部，准在谆部，同类对转），火之言毁（古音火、毁同在脂部），土之言吐，金之言禁，风之言汜，有形者大抵皆尔。

汉字起源的两种方式："以音为表"和"以德为表"，前者"由音及义"按语音象形造字，鸟类名称由此而来；后者"因义象形"，依性质象形造字，适用范围广，万物皆可以德为表。

语言进化的规律对语言学习和教育具有重要的指导意义。在语言进化史中，言语的出现比文字出现得更早，其演化的历史也更长，根据个体重演种群历史的"重演律"，个体的言语发育也会比文字学习更早，时间更长。根据这一规律，儿童在学前阶段的语言学习主要是口语的学习，即听和说，以及使用口语进行沟通和交流。识字则要放到小学阶段来进行。不能超越语言发展阶段，学前阶段的识字教育是有害无益的。

（二）乔姆斯基语音模型

现代语言学两大特征，一是重视口头语言（言语）甚于书面语言；二是重视规则，因为语言是一种游戏，游戏必须有规则。前一理论源于乔姆斯基，后一理论源于维特根斯坦。

最简方案（Minimalist Programme，MP）是乔姆斯基在20世纪90年代建立的句法加工理论。根据最简方案的原则，乔姆斯基早期的转换模型被放弃，他论证说，由于语言是语音和意义之间的映射，唯一绝对必要的表达式是处于语言系统中意义成分与语音成分之间的那些层次。在此系统中，语言一方面联系到语音的物理世界，另一方面联系到认知的精神世界。因此，在最简方案的框架内，只有逻辑形式LF和语音形式PF才是真正必要的。[①]

---

① 参见蔡曙山、邹崇理：《自然语言形式理论研究》，人民出版社2010年版，第261—275页。

这个模型以最简约的方式表现了在语言加工中词汇、语义和语音之间的关系。在乔姆斯基看来，这三者是在语言加工的每一个层次上都可以找到的语言要素，该模型则是大脑内部语言加工的方式或规则。按照这个模型，任何一个语言成分（包括语词）在加工过程中必须体现音和义的统一。以汉语而言，语词的基本单位是汉字，一个汉字是一个语词（单字词），由基本汉字再组成二字词、三字词、四字词和多字词。①因此，每一个汉字都应该体现音、义、形的统一。了不起的是，中国的第一部字书《说文解字》就已经认识到这三者的关系。一个汉字字形（Chinese character）如何获得它的音和义，这就形成了"汉字六书"的造字法。

（三）以音定义、音韵优先、音韵决定

既然语音产生在文字之前，那么，语音决定意义就是必然的了。文字不过是记录语音的符号。前述《国故论衡》已经阐明了这个道理。《说文解字》也早就了解了这种音义关系。

冯胜利在《论汉语的"韵律词"》一文中，根据麦卡锡和普林斯（J. McCarthy and A. Prince）的韵律构词学（Prosodic Morphology）理论②来探讨汉语的韵律词，主张人类语言中"最小的能够自由运用的韵律单位"是"音步"（foot）。"韵律词"的定义通过韵律构词学中的单位"音步"来确定，而"音步"则通过比它小的单位"音节"（syllable）来确定。韵律构词学的理论以"韵律层级"为基础，即：

韵律层级（prosodic heirarchy）；

韵律词（ProWd）——音步（foot）——音节（syllable）——韵素（mora）。

根据这一理论，冯胜利讨论了汉语复合词的构词规律，指出汉语复合词必须首先是一个韵律词，因此，汉语复合词的"形式标记"就是

---

① 蔡曙山：《论语言在人类认知中的地位和作用》，《北京大学学报》2020年第1期。
② McCarthy, J. and A. Prince, 1993, *Prosodic Morphology* I, ms.

该语言韵律系统中的"音步"模式。①

在《韵律构词与韵律句法之间的交互作用》一文中，冯胜利讨论了"最小词"的概念及推演过程，并得出结论："最小词实际就是最和谐的韵律词（the most harmonic prosodic word）。正如麦卡锡和普林斯（1998：299）所说：'在一般的节律限定条件下，任何不区分章节重量的语言里的最和谐的韵律词，是由两个音节（的长度）组成。'"②

由于汉语从言语到语言的发展走的是象形文字的道路，与西方从语音到语音的拼音化发展道路不同，从而具有完全不同的语言特征，特别是它的词法特征。例如，汉语中作为基本语言单位的语词是汉字，每个汉字都是由五种基本笔画构成，而且每一个汉字都是音、形、义统一的单音节词。按国标我们有 6000 个基本汉字，③这 6000 个基本汉字都是单字词，用这 6000 个基本汉字我们可以构成约 2000 万个二字词，几百亿个三字词和几十万亿个四字词。④从这里可以看出，单音节的汉字是汉语语词的基础。如何用双音节的韵律理论来解释单音节的汉字韵律，是一个重要的问题。

（四）汉字音韵的认知意义和文化价值

任何语言的发展，都是先有言语（speech）和音韵（rhyme），后有形义。人类的语言是从肢体语言、声音语言进化而来的。语言进化从低级到高级的形式顺序是肢体语言、声音语言与表意和符号语言。⑤在肢体语言阶段是没有语音的，动物凭借肢体接触来传达信息。在声音语言阶段，语音出现了，但这时的声仅仅是一种自然的声音，如虫鸣鸟叫，它可以传达某种信息，是一种信号语言，而非符号语

---

① 冯胜利：《论汉语的"韵律词"》，《中国社会科学》1996 年第 1 期。
② 冯胜利：《韵律构词与韵律句法之间的交互作用》，《中国语文》2002 年第 6 期。
③ 按照国标 GB2312—80，基本汉字共 6763 个，包括一级汉字 3755 个，二级汉字 3008 个，为简便可按 6000 个基本汉字计算。
④ 蔡曙山：《论语言在人类认知中的地位和作用》，《北京大学学报》2020 年第 1 期。
⑤ 蔡曙山：《认知科学导论》，人民出版社 2021 年版，第 211 页。

言。从动物语言进化和发明出来的人类语言向下包含了动物的肢体语言和声音语言，但它已经是一种完全不同的新的语言——符号语言，即能表达抽象概念的语言。言语的发明有 200 万年的历史，语言符号和文字的发明仅有 5000 年的历史。①这之间的发展过程，正是语言符号的语义和语形发展的历史进程。前引章太炎在《国故论衡》中对语音和文字关系的论述，说明人类的语言最初的形式是语音，文字不过是语音的记录。由此可见，人类语言的产生是先有语音，后有形义。

　　汉语声韵的特征除了拼音语言所应有的声母（辅音）和韵母（元音）拼读之外，还有汉语语音所特有的声调即四声（在古代有五声），这是拼音语言的民族学习汉语感到最难掌握的环节。为什么汉语需要声调（四声）呢？它产生于汉字单音节与基本汉字数量的不对称性。拼音文字根据语音来造词，随着词汇的增加，只需要增加符号串长度，在语音上增加音节就行了，最长的英语单词可以长达几十个字母和音节，如英文单词 pneumonoultramicroscopicsilicovolcanokoniosis（肺尘病）共有 45 个字母，18 个音节，但汉语却无法这样去做。一个汉字，无论包含多少笔画和义素，都必须拼为一个图形，发一个音，才能成为一个汉字，所以汉字是一种拼形文字，一字一音，音、形、义统一。下面是两个笔画较多的汉字，𰻞字有 56 画，由 11 个表义的部件（偏旁）组成，读"biang"，是西北最常见的一种大碗面。𱁬字有 160 画，由 28 个表义的部件组成，读音"lei"，是"雷"的古字，见《说文》雨部。《说文》释义雷伴雨生，像豪雨回转之态，由雷的古字可以想见上古时代女娲补天时雷雨大作，洪水滔天的景象。

　　汉字的这种特征造成了音和形的不对称性，由有限的声母和韵母所拼出的音节不足以和基本汉字形成一一对应。表 5-1 是汉语拼音声母韵母 21*35 矩阵表（部分）：

---

① 蔡曙山：《认知科学导论》，人民出版社 2021 年版，第 200—209 页。

表 5-1　汉语拼音声母韵母 21*35 矩阵表（部分）

韵母＼例字四声＼声母	a	o	e	i	u	ü	ai	ei	ui	ao	……
b	八拔把坝	波伯跛柏		逼鼻比币	逋醭补不		掰白百败	杯—北—		包雹宝抱	
p	趴扒—怕	坡婆叵破		批皮匹屁	仆葡普铺		拍排迫派	呸陪—佩		抛刨跑泡	
m	妈吗马骂	摸摹抹末		咪弥米觅	一毪母木		一埋买卖	一没美妹		猫毛卯茂	
f	发乏法发	一佛一一			夫扶抚父			飞肥匪肺			
d	搭达打大		嘚得—嘚	低迪抵杜	都独堵杜		呆—歹代	嘚—得—	堆—对—	刀捯导到	
t	他—塔拓		——特—	梯提体替	突图土兔		胎台呔太	忒——	推颓腿退	涛逃讨套	
n	那拿哪纳		—哪—讷	妮尼你逆	一奴努怒	女恧	乃奈		馁内	孬挠脑闹	
l	拉剌喇腊		嘞—一乐	哩厘李力	撸卢鲁路	—驴吕律	一来—赖	勒雷垒类		捞劳老涝	
…											

这个 21*35 的矩阵共有 735 个单元（音节），而国标基本汉字有 6000 多个，平均每个单元（音节）对应 8 个以上汉字。古代基本汉字更多，则每个单元对应更多的汉字（《康熙字典》收录汉字 47035 个，每个单元对应 64 个汉字）。此外，有的单元（音节）并没有对应的汉字，例如，b/p/m/f 这 4 个声母与 e/u 这两个单韵母和一些复韵母都是不拼的（即没有对应的汉字），因此，每个单元对应的汉字应该更多。这也解释了，为何古代汉语需要 5 声（4 声之外还有一个古入声）。在汉字系统中，同音字是不可避免的。为了减少同音字，我们需要区分音调。所以，汉字的读音是音素、音节和声调三者统一的。但拼音文字只有升调和降调，所以他们学汉语感到声调难以掌握。笔者在哈佛大学讲授汉语时，用表 5-1 解释了汉语多声调的现象，重点教他们掌握汉语声调，这种做法颇得美国学生的认可，他们也表示容易理解和掌握。

汉字是一种拼形文字，它的基本单元是义素而非音素。我们把若干表义的单元拼合在一个方块中，就可以形成一个新的汉字，如："木"是独体字、象形字，"林""森"和"東"则是拼形所得的新汉字。《说文》注："林，平土有丛木曰林，从二木。""森，木多貌，从林从木。""東，从日在木中。"（蔡注：早上起来，向东方望去，可以看到"日在木中"的景象。汉字简化后，这个汉字的字义没有了。）又如，"人"是象形字，"从""從""比"和"眾"都是拼形所得的新字。《说文》注："从，相聽也，从二人。""從，随行也，从辵从，从亦声。""比，二人为从，反从为比。""眾，多也，从似目，眾意。"（蔡注："从"和"從"是两个不同的汉字。"从"的本义是二人互相倾听对方意见；"從"才是简化字"从"的本字，意思是随行、跟从，由"辵"和"从"拼形而得，其义一目了然。"從"简化为"从"后，从字形上看，只有"二人"之意，而无"随行"之意了，同时，这两个汉字区别也不见了。"比"字的拼形意义很生动，是两个"人"字反向而立，表示不从、意见不合，所谓"二人为从，反从为比。""比"字的这个最基本的字义，在现代汉语中已经完全消失了。《现代汉语词典》中，"比"字共有 10 个义项，但并无此字的本义了。"眾"是由 4 个初始字形符号"目""人""人""人"构成，是"多人注视"之意，简化后是"多人"之意，本义也没有了。）可见，最初的汉字都是拼形的，而不是拼音的，甚至也不是形声的。后来出现的形声字可以看作拼形字的一种特例，即用其中一个部分的字形来表音。

汉语声韵的这些特征使它有一种音乐之美。首先，汉字是一字一音，这就使得它能够形成语词的"对仗"。所以，过去时代的启蒙教育必读《声律启蒙》，字音和字形一同学习。《声律启蒙》开篇之"一冬"韵之首篇："云对雨，雪对风，晚照对晴空。来鸿对去燕，宿鸟对鸣虫。三尺剑，六钧弓，岭北对江东。人间清暑殿，天上广寒宫。两岸晓烟杨柳绿，一园春雨杏花红。两鬓风霜，途次早行之客；一蓑烟雨，溪边晚钓之翁。"这是汉语声韵最完美的体现！名词对名词，动词对动词，实词对实词，虚词对虚词，严格遵循这些规范的叫作"工对"，就是对得工整。其次，音韵上还要讲究平仄。平是阴平和阳平二声，仄是不平，即除平声之外的其他各声，包括上声、去声和入声。汉字和汉语音韵的这些特征，使它能够作出十分优美的格律诗词。

中国古代诗歌的发展，依次经过了先秦的四言诗，如《诗经》；汉代的五言诗，如曹操《短歌行》；唐代的七言诗，如杜甫《登高》。唐以前的诗歌不拘对仗、平仄，称为古体诗；唐以后形成了严格按对仗、平仄写作的诗，称为格律诗，亦称近体诗。格律诗从句式上分为五言和七言两种，前者再分为五言绝句（绝句）和五言律诗（五律）两种，后者则分为七言绝句（七绝）和七言律诗（七律）两种。

唐以后，格律诗歌的流行，与科举考试的推动是分不开的。格律诗是科举考试的必考内容，称为"试帖诗"或"应制诗"，即格律诗加上颂圣的词句。

应制诗是严格规范的格律诗，错了对仗和平仄，试卷便成废纸。应制诗用的韵即莫友芝所谓的"今韵"，可见科举考试对格律诗之推动。唐朝很多著名诗人都参加过科举考试并做过优美的应制诗。一般在全诗的最后两句进行颂圣，即对当今圣上或当朝进行歌功颂德，但常以歌颂当朝为主，鲜有对当今皇上进行歌颂的。

莫友芝本人也做过应制诗，那是道光十一年莫友芝乡试科举的试帖诗，莫友芝时年21岁，正值青春年少，才华横溢。

《赋得冷露无声湿桂花》，得声字五言八韵：

丹桂凌寒吐，秋容玉宇清。
花深惟见影，露湿不闻声。
密蕊粘应重，圆珠滴未成。
蟾光浮万叶，鹤梦浸三更。
水气凉初透，天香静愈生。
岭高霜意结，楼迥月波明。
妙谛参无隐，微吟对有情。
一枝谁管领，恩湛赐金茎。

此诗按照试帖诗的格式，除严格遵守格律和平仄外，诗题以"赋得"二字起头,并指明得"声"字韵,说明这是科举试官所出的题,最末一句依例为颂圣。据贵州省博物馆藏莫友芝朱卷,后录考官批语,衡堂原评:"雅令工悭,逸韵葩流。"本房加批:"清华朗润,风骨珊珊。"学政胡达源批语:"是冷露,是桂花,是冷露湿桂花,是冷露无声湿桂花。字字细切,不徒以清丽恬雅见长。"①评价十分高绝。此试莫友芝一飞冲天,得中举人。今天读此诗,仍然觉得青年莫友芝才气逼人,文字隽秀,思路高绝,学养深厚,体现了他在语言、思维、文化各层级上的非凡的认知功力。

(五)《韵学源流》的特殊认知价值

从以上语言进化史和语言认知原理我们清楚地看到言语和语音在人类语言系统中的特殊意义,从而了解音韵学和莫友芝的《韵学源流》特殊的文化意义和认知价值。

第一,体现了音韵学、小学和国学三者的关系和音韵学的重要价值。人类语言的发明和进化是先有言语(speech)即口语(spoken language),后有文字。在莫友芝学术(莫学)的发展过程中,也是先有音韵学,后有文字学,这难道是偶然的吗?不!这完全符合"重演律",莫友芝的学术研究重演了语言进化史。这也许是学者的无意识,但从认知科学的原理说,这正好是语言认知反映语言进化史的一个例证,是历史与学术相一致的一个例证。过去对莫友芝的研究忽略了莫学的认知价值和意义,仅局限于考据,而莫友芝学术(莫学)的真正意义却是他的语言认知和文化认知价值。

第二,体现了莫友芝音韵学的特殊价值。《韵学源流》按照古音、今音和反切三个部分来论述。"古韵者,皆造字之本音也。"古无韵书,亦无韵字。秦汉以上,言音不言韵。《诗序》曰:"情发于声,声成文,谓之音。"②这些论述非常清楚地阐明在语言产生和进化过程中"声"(sound,声响)、"文"(character,文字)和"音"(rhyme,音韵)三

---

① 张剑、张燕婴整理:《莫友芝全集》第七册,中华书局2017年版,第667页。
② 莫友芝著,罗常培校点:《韵学源流》,香港太平书局1965年版,第5页。

者之间的关系。进化初期，人类发出的声音只是一种自然的声响，与动物发出的声音并无二致。人类的祖先进化出完备的发声器官，能够发出可以表达抽象概念的复杂的声音，这就是文字的前身。接下来要做的不过是发明一个符号系统将这些声音信号记录下来，这就是文字。章太炎先生已有详细的考证和论述。①至此，人类的符号语言与动物的信号语言完全切分。文字出现以后，为了语义和语用的需要，同一声韵（consonant and vowel）需要从声调（tones）和韵律（rhyme）上再加以区分，并以不同的字形来表达不同的意义。

既然汉字是拼形的，那么它的读音从何而来呢？前面所引章太炎先生的汉字起源说不是讲由音而形、以形记音的吗？再从前面的语言进化史看，也是先有言语后有文字。那么，在汉字中又是如何体现音、形、义三者关系的呢？

这就需要看莫友芝的《韵学源流》，需要理解友芝的汉字音韵三分法：曰古音，曰今音，曰反切。即此可见《韵学源流》在音韵史上之价值之一斑矣。

三、莫友芝文字学的认知意义和文化价值

民国以后，章太炎先生建议将"小学"改成"语言文字之学"，主要特点是采用现代语言文字学理论以及出土的文字资料，专为语言文字之学而研究《说文》。②

清末"西南巨儒"独山莫友芝小学成就重大。除了前述的音韵学成就，在文字学的领域也取得了非凡的成就，主要体现在《唐写本说文解字木部笺异》一书的成就和金石书法的成就上。

（一）从人类认知五层级看语言文字的认知意义

一个民族的语言文字为何如此重要？

首先，从语言的进化史看，语言的发明是人类进化三件大事中最后

---

① 章太炎：《国故论衡》，商务印书馆2010年版，第48页。
② 袁晓光：《四十年来说文解字研究综述》，天津师范大学硕士学位论文，2019年。

一件大事,人类发明的这种语言是表意的符号语言,即概念语言,它可以表达抽象概念,并在概念的基础上形成判断,作出推理和决策,由此人类的认知进入到思维的层级上。人类用语言和思维建构全部知识体系,知识积淀为文化。语言、思维和文化,是人类特有的认知能力。非人类的动物并不具有这种能力。人类的存在,不过是语言的存在。"我言,故我在。"①

其次,从人类认知五层级理论看,人类的心智和认知能力是从动物的心智和认知能力进化而来的,两者的本质差异是,人类的认知能力是以语言为基础、以思维和文化为特征的。文化认知是人类最高层级的认知,它向下包含了思维认知、语言认知、心理认知、神经认知诸种形式。人类的存在是文化的存在,它向下包含了思维的存在、语言的存在、心理的存在和脑与神经的存在。五个层级认知之间的关系是:低层级的认知决定高层级的认知,而高层级的认知影响低层级的认知。因此,就人类认知而言,语言认知决定思维认知,语言认知和思维认知共同决定文化认知。因此,人类的存在是文化的存在,而文化的存在又是由语言存在和思维存在决定的。因此,"我言,我思,故我在。"

(二)汉字的特殊性:词法和句法

任何民族语言既遵守人类语言的共性,更具有自己特殊的个性,这就是语言的民族性。如果失去了语言的个性和多样性,也就失去了民族的个性和多样性。

汉语是汉族的语言,也是中华民族共同的语言。汉语由语言和文字两个部分构成,体现了与世界上其他民族语言不同的鲜明的个性特征。

一个民族语言由语言(言语)和文字两个部分构成。语言或言语是一个系统,文字又是一个系统。自然语言分为声音语言(phonic language)和象形语言(pictographic language)两大系统,前者的文字是记录语音的符号,后者的文字是记录语义的符号。汉语是一种象形语言,汉字是一种象形文字。

---

① 蔡曙山:《论语言在人类认知中的地位和作用》,《北京大学学报》2020年第1期。

语言认知讲特殊性，讲个性。汉语言文字的特殊性在哪里呢？我们可以从三个方面看。

1. 作为象形文字的汉字

《孙氏重刊宋本说文序》说：①

> 仓颉之始作，先有文，而后有字。六书，象形、指事多为文；会意、谐声多为字；转注、假借，文字兼之。象形如人为大、鸟为于、龟为龟之属，有侧视形、正视形。牛、羊、犬、豕、兕之属，有面视形、后视、旁视形，如"龙"之类，从肉指事、以童省谐声，有形兼事又兼声，不一而足。谐声有省声、转声。社土声、杏从可省声之属皆转声也。指事别于会意者，会，合也，二字相合为会意，故反正为乏为指事，止戈为武、皿虫为蛊为会意也。转注最广，建类一首，如祯、祥、祉、福、佑，同在示部也；同意相受，如"祯，祥也"，"祥、祉，福也"，"福，佑也"，同义转注以明之。

这段文字有几个要点。一是区别"文"和"字"。"文"同"纹"，是画出来的符号，是最早的图形文字；"字"是按照规则产生的符号，是已经抽象化的文字。六书之中，"象形、指事多为文；会意、谐声多为字；转注、假借，文字兼之。"说得非常清楚。二是汉字是表意的文字，而不是表音的文字，即汉字不是语音符号，而是语义符号。当代认知科学研究表明，中文和英文的加工是在不同的脑区。母语英文（线性拼音文字）加工者常用的是威尔尼克语言区，布罗卡区却很少用到。母语中文（表意象形文字）加工者常用的是布罗卡区，威尔尼克区几乎用不到。母语英文的人对全大写字母英文文本的阅读与正常文本的阅读没有差异，母语中文的人阅读全大写字母英文文本有很大的障碍，甚至不能正常阅读。究其原因，前者对英文文本直接做语音加工，后者要先将文字符号转换为语音，再进行语音加工，因为母语中文的人首先进行的是图形加工。所以，我们看中文文本"扫一眼"就大概知道说的

---

① （汉）许慎撰，（宋）徐弦校定：《说文解字》，中华书局2013年版，第1页。

是什么内容，但英文再好也做不到"一看便知"。

2. 汉语的词法和句法

汉语和汉字，由于自身的特殊性，具有自己独特的词法和句法。

汉语的词法是基于汉字这种象形文字的特殊的构词规则，所以也称为汉字构词法，简称汉字词法。

我认为汉字的初始符号不是偏旁部首，而是五种基本笔画，即：横、竖、撇、点、折。由这五种基本笔画构成偏旁部首，再由偏旁部首构成基本汉字，最后由基本汉字组成汉语语词。汉语的词法规则是字典。现代汉语句法，按照乔姆斯基的生成转换语法和普遍语法理论，基本可以沿用乔姆斯基的句法结构理论加以分析。当然，现代汉语和古代汉语都有自己特殊的句法，这是需要进行深入研究的。

《说文解字》是第一部汉字字典，也是第一部汉语词法。但《说文》分析的汉字的基本元素或称初始符号为"建类一首"，即偏旁和部首，这开创了汉语词法研究的先河，由此我们可以看出莫友芝的《唐写本说文解字木部笺异》在汉语言文字研究方面的重大意义。

汉语的奇特之处有两点，一是象形文字，这就决定了汉字是一种视觉文字，是通过视觉而非听觉来进行加工的，汉字是用来看的，而不是用来听的。二是汉字的书写成为一门艺术，包括书法和篆刻，这是汉字演变过程中形成的书写艺术，这种书写艺术与书写的工具和材料密切相关。篆刻来源于甲骨文、金文、石鼓文这种古老的文字，它的书写（刻写）工具是石具、铜具或铁具，书写的材料是甲骨、青铜、竹简。秦统一文字后，逐渐形成小篆、隶书、楷书、行书和草书，这时的书写工具是毛笔，书写的材料是丝、帛和纸。所以，古代的语言文字学家或学者往往也是书法家和金石家，而今天的语言文字学家未必能够兼通书法和金石。在中华文化中，语言、文字、书法和篆刻是相通的。汉唐以后，科举制度强化了语言和书法的关系，策论和应制诗（格律诗）做的是语言功夫，也就是语言认知和思维认知能力的考试，科举试卷则堪称书法范本。科举考试对作文、习字并重。蔡元培在会试中中了贡士后，并没有参加当年的殿试。他回忆说，"因殿试朝考的名次均以字为标准，我自量写得不好，留俟下科殿试"。①两年后，蔡元培赴京补应殿试、朝考，得中壬辰科二甲三十四名进士，复试三等一百一十六名，朝考一等五十名，被钦定为翰林院庶吉士，后被钦定授予翰林院编修之职，历任中华民国教育总长，北京大学校长，提出"思想自由，兼容并包"的北大理念，成为中国近代著名的思想家、革命家和教育家，与他的科举出身和学贯中西的人生经历是分不开的。

四、结论和讨论

（一）重新认识语言，重新认识小学，重新认识莫学

从认知科学看，语言是人类认知的基础。

从进化的观点看，直立行走、火的使用和抽象的符号语言（概念语言）的发明使猿最终进化为人。所以，语言是人类进化中最重要的事件之一，是人类在进化中获得的一种重要的认知能力。

语言是人类在进化中获得的五种认知能力（神经、心理、语言、思维和文化）中最重要的一种。人类使用的符号语言即概念语言与动物的信号语言有本质的区别，从而使人类的认知与动物的认知有本质的不同。人类在概念语言的基础上产生了抽象思维，进行判断和推理，将经验认知（心理认知）提高到逻辑认知（思维认知）的水平，建构了全部人类的知识体系，并在经验认知和理性认知的基础上获取新的知识，知识积淀为文化，从而形成人类所特有的语言、思维和文化的高阶认知能力。所以我们说，人类认知是以语言为基础、以思维和文化为特征的。人类语言是自然进化的结果，语言产生以后，从语言、思维到文化，及至整个人类社会的发展，都是语言建构的结果。②人类的存在，不过是语言、思维和文化的存在。说得更明确彻底一些，人类的存在，不过是语言的存在，"我言，故我在。"

任何民族的语言，最重要的两个部分就是语音和文字。音韵学和文

---

① 蔡元培：《蔡元培全集》第十七卷，浙江教育出版社1998年版，第431页。
② 蔡曙山：《重新认识语言》，《光明日报》2019年11月9日。

字学则是语言学的两个最重要的部门。莫友芝的两本书代表了他在这两个最重要的领域所作出的贡献。从认知科学看，我们更加清晰地认识语言的意义，认识中国语言文化基础小学的意义，认识莫友芝的音韵学、文字学以及整个莫学的意义。

（二）汉字的语言文化和认知价值

既然语言的存在决定人类的存在，语言的认知决定人类的认知，那么，汉语言文字的存在就决定汉民族的存在及至整个中华民族的存在。作为一种认知方式，汉语和汉字的价值可以从它对中华民族的思维和中华文化的决定作用来认识。

汉语和汉字是中国人特有的语言认知方式，这种特殊的语言认知方式是如何决定中国人的思维认知的呢？进一步问，中国人的语言认知和思维认知方式又是如何决定中国人的文化认知方式的呢？

首先，从生理和心理两个层级来看，汉语和汉字具有右脑偏侧性和经验性。汉字是一种图形文字，它的加工区域主要在右脑。右脑又是经验脑、心理脑和情感脑，这些特征决定了汉语从口语（200万年前重庆巫山人，170万年前云南元谋人）到文字（3500年前商朝甲骨文）的发展走了一条与西方完全不同的道路。西方的语言文字发展道路走的是左脑为主导的拼音化方向，即用语音符号来记录语音并形成拼音文字，讲究严格的规则；中国的语言文字发展道路走的是图形化的方向，即用图形符号来记录语音并形成象形文字，具有更大的经验性。汉语的经验性表现在语形（词法和句法）加工、语义加工和语用加工各个层次。例如，在词法加工上，如前所述，汉字以五种基本笔画为基本符号，通过书写规则形成汉字。虽然也有规则，但却具有更大的随意性。这是因为，既然象形文字是以图形来表达意义，那么就应该允许图形有不同的画法。大家都熟悉的"回"字有四种写法；①"群"字既可以写作左右形的"群"，也可以写作上下形的"羣"，这就形成了数量众多的汉字异体字，但这并不影响母语是汉语的中国人的认知，反而形成汉字书法

---

① 鲁迅：《孔乙己》，见《呐喊》，商务印书馆2015年版，第27页。

和篇章之美。封建时代为了避讳，甚至会把当朝皇帝的名讳列为禁止使用的汉字，要么以同音字替代，要么故意省去某些笔画。这种避讳也流传到王侯将相之府甚至寻常百姓之家，形成"为尊者讳"的禁忌。众所周知，胡适当年就是从一条脂评认定曹雪芹是曹寅的孙子。①

其次，从汉语的语义加工和语用加工两个方面看，也充分体现出汉语的经验性、心理性的特征。看下面两个汉语语句：

（a）苟利国家生死以，岂因祸福避趋之。（林则徐）

（b）苟利国家生死以，敢因祸福避趋之。（田家英）

前一句是虎门销烟的钦差大臣林则徐的名句，后一句是毛泽东的秘书、才子田家英修改的语句，也是名句。这两个句子只有一个字的差别：林则徐的"岂"和田家英的"敢"。"岂"是"岂能"之意，是否定的语句，意思是：不能因是祸而避退，是福而趋前。"敢"在田家英的诗里不是"敢于"而是"不敢"，一个动词用它的否定的意义，这恐怕只有汉语才做得到。这种反转的语义是因在此语境中，"敢"意为"敢吗"，使全句变为疑问句，疑问句当否定句使用，从而使"敢"变成"不敢"之意。显然，语句（a）和语句（b）不能互相推出，即不能从乔姆斯基转换语法得到，它们的意义与说者和听者的心理相关，也和语言加工的语境相关，而说者、听者、时间、地点、语境是五大语用要素。这两个形式上互相否定的语句却具有相同的语义，"敢因"即"不敢因"之意，其语用效果比"岂因"更强。这说明汉语是一种心理和语境相关的语用语言。

（三）小学和国学是中华文化的根基

从人类认知五层级理论看到，语言是思维的基础，语言和思维又是文化的基础。小学是关于汉语言文字的知识体系，国学则是中华民族用

---

① 1958年12月20日，胡适在《答潘悫书》中说："我可以给你加一条《脂砚斋评本》的小考据。五十二回写晴雯补裘完时，'只听自鸣钟已敲了四下'。脂砚斋本有小注云：按四下乃寅正初刻。'寅'此样写法，避讳也。曹雪芹是曹寅的孙子，所以说'避讳'。"参见胡适：《胡适红楼梦研究论述全编》，上海古籍出版社2013年版，第220页。

汉语言文字和思维所建构的知识体系，所以，小学和国学是中华文化的根基。

莫友芝的学术成就同时属于小学和国学。在小学方面，除了本文重点分析的以《韵学源流》为代表的音韵学成就、以《唐写本说文解字木部笺异》和金石书法为代表的文字学成就外，莫友芝在训诂学和版本目录学方面的贡献也是十分卓越的。

（四）莫学研究的世界意义

莫学和莫友芝，不仅是中国的，也是世界的，因为越是民族的，就越是世界的。

莫学指莫友芝的学术，它包括莫友芝的音韵学、训诂学、文字学、版本目录学和金石书法等。莫学涵盖了小学的全部内部和领域，在中国古代、近代和当代学者中，小学成就如莫友芝的，可以说是绝无仅有。

众所周知，小学是国学的基础，而国学是整个中华文化的基础，也是它的结晶。由此看出莫学的语言文化价值。关于莫学的学术价值和语言文化价值，前文从语言认知和文化认知的角度已经做了比较充分的论述和分析。对于莫学和莫学研究的世界意义，我们也可以从人类认知五层级这个新的角度重新加以认识。

莫学和莫学研究有所不同。今天我们所说的莫学，通常是指莫友芝在学术研究主要是小学和国学的研究上所达到的高度和成就。现在我们看到的有关莫友芝研究的文章，主要是在这个层次上。与此不同，莫学研究则是把莫友芝学术作为研究对象，重在挖掘莫友芝学术在当今的意义，特别是莫学研究的世界意义。

莫学研究即莫友芝的文字学、音韵学、训诂学、版本目录学和金石书法等，属于小语的范畴。从认知科学看，则是属于语言认知的层级和范畴。人类的语言认知加工方式分为语形（词法和句法）、语义和语用三种主要的加工方式。汉字是音、形、义统一的象形文字，汉语是音、形、义统一的拼形语言。我们将语形加工、语义加工和语用加工和汉语系统的音、形、义作一列表（表5-2）可以得到如下对应关系。

表 5-2　汉、英语言系统音、形、义与语形、
语义、语用加工关系对照表

著作	语形		语义	语用
	词法	句法		
音	《韵学源流》 《说文木部》 《句法结构》	√ √ ×	× × √	口语、听力	音乐、格律
形	《说文木部》 《韵学源流》 《句法结构》	√ √ ×	× × √	识字、阅读	书法、篇章
义	《说文木部》 《韵学源流》 《句法结构》	√ √ ×	× × √	语义综合加工	修辞、交际 语用综合加工

注：《韵学源流》指莫友芝著、罗常培校点的《韵学源流》，香港太平书局 1965 年版；《说文木部》指莫友芝著、梁光华注评的《唐写本说文解字木部笺异》，上海古籍出版社 2016 年版；《句法结构》指乔姆斯基英文版图书：Syntactic Structure. The Hague, Mouton, 1957。框内"√"表示有该项内容；"×"表示无该项内容。粗框外表示超出友芝著作和对照的乔姆斯基著作的内容。

通过比较，我们看出以下几点：

第一，莫友芝的两部著作，都只涉及语言加工的语形加工，并未涉及语义加工和语用加工的内容。与 20 世纪西方语言学革命的经典著作乔姆斯基的《句法结构》相对照，乔姆斯基也并未涉及语言的语义加工和语用加工，而是试图在句法学的框架内来解释语言表达式的意义。这是因为语形加工（包括词法加工和句法加工）是语义加工和语用加工的基础，句法学是语义学和语用学的基础。20 世纪西方语言学的发展也是从乔姆斯基的句法结构理论（1958）、蒙太格的语义理论（1974）到奥斯汀的言语行为理论（1962，1975）和塞尔的语用学和语用逻辑（1969，1979，1985）这样逐次发展的。[①]因此，汉语认知加工

[①] Chomsky, N. *Syntactic Structure*. The Hague, Mouton, 1957. Montague, Richard. *Formal philosophy*: *Selected papers*. Edited by Richmond H. Thomason. New Haven, Conn.: Yale University Press, 1974. Austin, J. L. （1962） *How to do things with words*. Oxford: Clarendon Press. 2d ed., Cambridge, Mass.: Harvard University Press, 1975. Searle, J. R. *Speech Acts*: *An essay in the philosophy of language*, London: Cambridge University Press, 1969; Searle, J. R. *Expression and meaning*: *Studies in the theory of speech acts*. Cambridge University Press, 1979; Searle, J. R. and Daniel Vanderveken, *Foundations of illocutionary logic*, Cambridge and New York: Cambridge University Press, 1985.

从语形加工入手,不仅是可以理解的,而且是必然的。莫友芝汉语音韵学和词法学的两部著作为汉语认知奠定了基础,也提供了关于语形加工、语义加工和语用加工相互关联进而是汉语语形学、语义学、语用学发展的证据。当然我们也看到,有悠久文化传统的中华民族,其语言基础和语言认知的研究实际上要比西方早得多。

第二,比较莫友芝和乔姆斯基,两个人都是做语言基础研究的,但两人的理论有根本的不同(见表 5-2 加粗框内的部分)。莫友芝的语言理论仅涉及词法,不涉及句法;相反,乔姆斯基的语言理论则只涉及句法,而不涉及词法。为何如此?这恰恰是汉语和英语这两个语言系统不同特征的反映。汉语系统的基础是汉字,突出的是词法,即由初始符号(五种基本笔画)构成部首偏旁和汉字,第一部汉字字典《说文解字》就是汉语的词法词典。汉语构词法有悠久的传统和严格的规则,这就是起源于《周礼》的汉字六书,即汉字的六种造字方法:象形、指事、形声、会意、转注、假借,其中象形、指事、会意、形声是造字法,转注、假借是用字法。东汉学者许慎在《说文解字》中记载"周礼八岁入小学,保氏教国子,先以六书。"可惜的是,许慎的《说文解字》已经失传,我们现在所见的是南宋徐铉和南唐徐锴兄弟二人的修订版,其间有 900 年的空白。莫友芝所得的唐写本说文解字虽仅存木部残本 6 页,共 188 字,但它填补了这 900 年间的部分空白,因而在汉语文字学和词法学的研究上却无比重要,这种重要性在与英语的对比中进一步彰显出来。比较而言,我们可以说英语是没有构词法的,至少可以说英语的构词法是极其简单的,[①]所以,乔姆斯基不研究英语语法,而直接从句法入手研究英语的语形。从根本上说,汉字是一种拼形文字,是一种视觉文字,汉语词法是从基本笔画如何构成偏旁部首和汉字,这些规则(词法规则)对于学习汉字和汉语却是无比重要。中国的小学生一定要学习书法和习字,否则就很难理解和掌握汉字,从而也就无法真正理解

[①] 英语的初始符号是 26 个英文字母,区分大小写是 52 个字母,加上必要的标点符号和其他常用符号,构成 ASSCI 码,词法规则是英语词典。参见蔡曙山:《论语言在人类认知中的地位和作用》,《北京大学学报》2020 年第 1 期。

和掌握汉语。母语为英语（其他拼音文字也一样）的读者想要真正理解李白、杜甫、王维、苏东坡、辛弃疾、李清照的诗词，曹雪芹的《红楼梦》，除非学好汉语，阅读原文，否则恐怕是完全不可能的。

第三，从汉字的音、形、义三个方面来理解汉语的语义加工和语用加工（表5-2中右侧二列非加粗框的部分），其语言加工的内容和语义学、语用学的领域如表中所示，并已于本文前述。这部分内容在汉语发展史中体现在自《诗经》以来的汉语诗歌、文学作品和艺术作品中，是汉语学习和认知中更加高深的部分。但是，任何一种语言的语义加工和语用加工都是以语形加工（词法加工和句法加工）为基础的，因此，汉语的语音和文字是汉语系统的基础，汉语音韵学和文字学是汉语言学的基础。由此可以看出莫友芝在音韵学和文字学方面的贡献在中国的语言文化认知上是何等的重要！它构成汉语言文化认知的基础，推动汉语言文化认知的发展。特别需要指出的是，汉语是典型的语用语言，即汉语的完整意义必须在与语言表达式的相关的说者、听者、时间、地点和语境（上下文）这五大要素中才能被完全理解。《红楼梦》所讲述的故事，是通过语言大师曹雪芹用汉语讲述的，他通过人物的语言（日常话语和诗词歌赋）表现人物性格、故事情节、爱情悲剧和作者的人生感悟。《红楼梦》能够立于世界文学之林，是因为它的语言；《红楼梦》是独一无二的，是因为曹雪芹是唯一无二的；曹雪芹是独一无二的，是因为曹雪芹的语言是独一无二的。离开汉语，没有曹雪芹，也就不会有《红楼梦》。

Part II Thinking Cognition Researches

第二篇

思维认知研究

本篇论点举要

  逻辑学研究在哲学史上具有重要的地位。归纳法和演绎法这两种逻辑方法决定了近代欧洲哲学的两大派别——经验论和唯理论。同时，近代欧洲哲学中经验论和唯理论的这场斗争也促进了哲学和逻辑学的发展。

  逻辑和心理是左右脑认知加工的主要方式，逻辑学和心理学原本应该是相关性和交融性最大的两个学科，但自弗雷格以来，逻辑学和心理学却遭遇了一百多年的相互隔绝。20世纪60年代，沃森实验证明逻辑推理受到心理因素的严重干扰，并重新解释了逻辑和心理两种加工方式的相互影响。20世纪70年代认知科学建立以后，形成了认知逻辑的新的学科框架，逻辑学和心理学最终走向重新融合。

  批判性思维具有临界性即多学科和多领域交叉的特征。这一领域研究的杰出成果是卡尼曼和特沃斯基的前景理论，推翻了经济学领域长期以来占主导地位的理性人假设，而获得2002年的诺贝尔经济学奖。卡尼曼的双系统加工理论表明人类思维有快与慢两个系统。卡尼曼认为，心理直觉的系统1在判断和决策中处于主导地位，而逻辑分析的系统2则处于从属的地位。

  人工智能是机器或其他人造系统对人类心智和认知能力摹仿而产生的智能，因此，我们可以从五个层级的人类心智和认知来分析和理解当前的人工智能。在人类认知的所有五个层级上，人工智能都是在模仿人类智能，在总体上并未超过人类智能。从生命进化来看人工智能，我们需要第三种进化论——心智进化论，它最终解决了个体差异性问题，而这正是认知科学的目标。生命是自然进化的产物，不存在进化之外的生命和智能。迄今为止，人工智能只是人类智能的一种表现形式。人类的心智和认知能力仍在不断的进化和发展之中，因此，不应该用人工智能系统如ChatGPT来代替人类心智能力的发展，尤其是在基础教育领域。

6

归纳法演绎法和近代欧洲哲学中的经验论唯理论[①]

恩格斯说,马克思主义哲学建立以后,旧哲学"只留下一个纯粹思想的领域:关于思维过程本身的规律的学说,即逻辑和辩证法。"[②]这段话深刻地阐明了逻辑学(形式逻辑和辩证逻辑)的研究在哲学史上的重要地位。现在,我们来讨论近代欧洲哲学中的一个问题:归纳法、演绎法与经验论、唯理论的关系问题。

一

形式逻辑是研究思维形式及其规律的科学。它是一种认识手段和认识工具,本身没有阶级性,却能为不同的阶级所利用。因此,形式逻辑在其发展过程中,表现为唯物主义与唯心主义、辩证法和形而上学的斗争。思维表现为概念、判断和推理,由此我们可以得到三个问题:(1)具体事物如何表现为概念?(2)概念如何组成判断?(3)如何运用判断来进行推理?

在所有这三个问题上,唯物主义和唯心主义有着完全不同的回答。对于第一个问题,唯物主义认为,概念是对客观事物的反映,真实概念

[①] 本文为1982年作者在贵州大学哲学系哲学专业本科毕业答辩的学士学位论文,指导教师张同生教授。本文载于《贵州大学七七、七八级毕业论文选集(文科本科生)》,贵州大学科教处编辑,内部发行,1983年,第236—246页。

[②] 《马克思恩格斯选集》第4卷,人民出版社2012年版,第264页。

是对客观事物的正确反映，虚假概念则是对客观事物的错误反映。总之，具体事物是第一性的，概念是第二性的；唯心主义则认为理念即概念对具体事物的模型，具体事务不过是对理念的摹写。理念是第一性的，具体事物是第二性的。对于第二个问题，唯物主义认为，概念组成判断，如果它是真的，则它是正确地反映客观事物的；如果它是假的，则它是不正确地反映客观事物的。总之，判断是运用概念对客观事物情况的反映。唯心主义则认为，要将概念组成判断，必须运用先验的逻辑范畴，这样，人就成了自然的立法者。判断不必反映客观事物，存在所谓"先天判断观"，如此等等。对于第三个问题，自从形式逻辑的创始人亚里士多德提出两种基本的推理方法——归纳法演绎法之后，两者谁优谁劣的问题一直争论不休。归纳法是唯物主义和唯心主义都可以接受的东西，演绎法也是如此。在辩证唯物主义创立以前，旧唯物主义者和唯心主义者都未能正确地解决归纳法和演绎法的辩证关系问题。这时，由于自然科学的兴起，认识论问题日益显得重要，对认识论的研究又将逻辑学问题提到哲学家们的面前。这样就必然导致近代欧洲哲学中的一场争论：经验论与唯理论的争论，这正是我们要详加讨论的。

以上我们说明了形式逻辑在其发展过程中表现为唯物主义和唯心主义的斗争，并提出了三个问题，在下面的讨论中，我们常常要回到这三个基本问题上来。

二

近代经验论的创始人是弗兰西斯·培根（Francis Bacon，1561—1626），他首先对亚里士多德的演绎法进行了批判。他特别地批判了亚氏三段论。他认为运用这种方法，处理日常事务和发表议论或意见比较合宜，要用它应付自然，则嫌不足。如果它一定要干预它所驾驭的东西，结果不但不会给真理开辟道路，反而把错误确立和保全下来。这是为什么呢？培根指出：第一，自然的事物精微，不能凭三段论来发掘它们的秘密。第二，三段论由命题组成，命题又由语词组成，语词表征概念。因此，概念是三段论的基础。如果概念不清，作为上层建筑的三段论一定不能巩固。亚氏引入三段论的往往是一些虚构的概念,这样,三段论怎能不陷入错误,并通过论证的形式巩固这种错误?第三,三段论不能建立第一原理或最一般的原理,也不能解决概括性较低的中间公理的问题。这是自然科学份内的事,三段论无权过问。第四,三段论没有同观察、实验相结合,只是偏重空洞的推论。第五,三段论不能发现真理,它强求人们同意它的结论。

在此基础上,培根创立了他的唯物的经验归纳法。他说这种方法不同于亚氏的演绎法,不是要编造论据以战胜对方,而是要制订工作计划,给工作以指导,为此,培根认为必须创制一些基本原则:(1)创造健康的概念是第一个基本原则。如何创造健康的概念?培根指出,必须注意个别事物及其关系和秩序,认真地熟悉事实。永远拒绝先入为主的概念。他要求人们放弃一切纯属思辨的或拟人观的概念。他提倡面向自然,认为从个别事物中抽绎出共有的特征,加以综合,就构成了概念。(2)概念的逐步深化是第二个基本原则。培根说:"只有根据一种正当的上升阶梯连续不断的步骤,从特殊的事例上升到较低的公理,然后上升一比一个高的中间公理,最后上升到普遍的公理,我们才可能对科学抱着好的希望。"① 最低的公理和实验材料接近,内容比较具体。中间公理加深了抽象的性质,它真实、可靠而富有生命力,特别有助于指导人类事业。最高公理最为抽象,它的有效性受中间公理的制约。(3)运用排除法是第三个基本原则。培根认为简单枚举法形同儿戏,容易被相反的事例所推翻。他主张运用排除法,就是在归纳过程中,排除否定的事例,选取肯定的事例,以确定自然事物的原因。他认为宇宙间自然事物的因果关系有限,通过逐渐缩小所涉及的范围,就可以发现这类因果关系。(4)建立假设是第四个基本原则。假设是在归纳过程中产生的,标志着这一过程的转折或飞跃,是经验积累和思考分析相结合的结果。

---

① 北京大学哲学系外国哲学教研室编译:《十六——十八世纪西欧各国哲学》,商务印书馆1975年版,第44页。

培根全面地研究了我们在前面提到的形式逻辑的三个问题，即如何形成概念、如何得出判断和如何进行推理的问题。在推理方面，培根强调经验归纳并把它建立在实验和观察的基础之上。他虽然批判了亚里士多德的演绎法，指出了这种方法的缺陷，但他并未否认理性认识的作用。因此，他的经验归纳法尽管有缺陷，但并没有走入绝路。

培根之后，另一位重要的经验论者约翰·洛克（John Locke，1632—1704）发展了唯物主义经验论，但他却陷入了狭隘经验论。

洛克主要讨论的是如何形成观念的问题。他认为事物具有两种性质："第一性的质"是物体的广延、形体、数目、可动性等，这种性质为物体本身所固有。"第二性的质"是颜色、声音、滋味等，这种性质不是物体自身所固有，而是物体借"第一性的质"在人们感觉中引起观念的一种能力。因之，由"第一性的质"产生的感觉观念都是对外物的反映，在客观世界中有与之相似的"物的原型"存在。由"第二性的质"产生的观念则只存在于感觉主体中，纯是主观的东西。他断言，我们的知识一定比我们的观念范围还狭窄。"我们无知，首先是由于缺乏观念。"①

洛克是把知识限制在经验的范围内而走入狭隘经验论的。他的典型的命题是："凡在理智中的，无一不是在感觉中。"这一命题承认理性认识从感性认识中来，这是唯物主义经验论。如果他说"凡在理智中的，必先存在于感觉中"，这就是正确的唯物主义反映论的观点了。问题出在"无一不在"这几个字上。既然是"无一不在"，那么人们的认识就不可能超出感觉经验，经验之外的一切存在都变成不可知的了。这是唯心主义可以接受的观点。洛克的经验论是经验论的一个十字路口。列宁说，从感觉出发，"可以沿着客观主义的路线走向唯物主义。"②

英国经验论者大卫·休谟（David Hume，1711—1776）代表着近代经验论逻辑的终结。他片面地使用归纳法，从而把经验论推向了死胡

---

① [美]梯利：《西方哲学史》下册，葛力译，商务印书馆1979年版，第80页。
② 《列宁选集》第2卷，人民出版社2012年版，第86页。

同。我们对休谟作一个比较详细的介绍，就可以看出逻辑方法对一个哲学家甚至一个哲学派别的影响是多么大。

休谟比较认真讨论的是概念的问题和推理的问题。关于概念，休谟认为观念是对感觉的摹写，感觉又来源于客观事物。他认为，概念产生出来之后，必须加以严格的定义，以避免在辩论时发生不必要的争吵。他说经院哲学常常使用未定义的名词，使争论冗长到厌烦的地步。概念的定义，休谟认为要遵守两个必要的条件："第一，它必须和明白的事实相符合，第二，它必须自相符合。"① 休谟第一点讲的是定义的问题，第二点讲的是形式逻辑的同一律。关于推理，休谟坚持彻底的经验论。他否认理性演绎法，只讲经验归纳法。他把这种方法贯彻到他的经验论认识论的各个方面，形成了他的以怀疑论为特征的独特的哲学体系。

休谟否认理性认识的作用。他说，由经验得到的认识不能交给理性去错误地演绎，因为理性在任何时候都容易陷于错误。"理性是不完全的，我们总以为只有经验可以使由研究和反省而来的公理稳固而确定起来。"②

休谟坚定地相信而且仅仅只是相信经验归纳法，并彻底地始终一致地贯彻这种方法，从而得出怀疑论的结论。我们认真地来分析他的思路。

首先，他看出经验归纳法既可信又不可全信，显然他指的是简单枚举归纳法：

(1) S_1 是 P_1，

　　S_2 是 P_2，

　　　⋮

　　S_n 是 P_n，

(2) S_{n+1} 是 $\neg P_{n+1}$，

---

① ［英］休谟：《人类理解研究》，关文运译，商务印书馆1957年版，第87页。
② ［英］休谟：《人类理解研究》，关文运译，商务印书馆1957年版，第42页。

S_{n+2} 是 $\neg P_{n+2}$,
$\vdots$
S_{n+m} 是 $\neg P_{n+m}$,
所以,(1) S 可能是 P;
(2) S 可能不是 P。

为什么会得出两个不相一致的结论呢？休谟认为，这是因为观察和实验的次数可以是无限的。即使从第 1 次到第 n 次出现的是肯定的情况，谁又能担保从第 n+1 次到第 n+m 次不会出现否定的情况呢？如何判定结论是肯定还是否定的？休谟提出了他的"多数原则"或称"优势原则"，这就是：比较 n 与 m，当 n>m 时，结论是肯定的；当 n<m 时，结论是否定的。休谟特别强调的是，在这两种情况下，结论都不会超出可能性的范围。这就是休谟的怀疑论原理，它是建立在对经验归纳法的详细分析之上的。

将这一原理应用于认识对象立刻就得出不可知论的结论。因为要解决实体存在的问题只有诉诸经验，而经验在这里不得不沉默，因为经验归纳法是得不出任何确切的结论的。休谟说："凡'存在'者原可以'不存在'。一种事实的否定并没有含着矛盾。任何事物的'不存在'毫无例外地和它的'存在'一样是明白而清晰的一个观念。凡断言它为不存在的任何命题与断言它为存在的任何命题，都是一样可构想、可理解的。"① 休谟的不可知论实际上是"存疑"，将实体（不论物质实体或精神实体）是否存在的问题悬置起来，不予解决。如果坚持彻底的经验论，又坚持逻辑的一致性，只能得出这样的结论。

将怀疑论原理应用于因果关系就得出因果关系不必然的结论。休谟否认理性可以发现因果关系。他说："因果之被人发现不是凭借于理性，即是凭借于经验。"例如，火药的爆发、磁石的吸力，是不可能被先验的论证所发现的。那么经验是如何发现因果关系的呢？休谟说："我们由单一例证得不到这个联系的观念，而许多相似的例证却可以把

---

① [英]休谟：《人类理解研究》，关文运译，商务印书馆 1957 年版，第 144 页。

这个观念提出来。"① 恒常的联系产生习惯，习惯产生必然联系的观念。一件事情千百次地跟另一事情出现，久而久之，我们在这两件事情之间就形成了因果观念。我们把前一事件叫原因，把后一事件叫结果。因此，因果关系只是一种习惯的联想。这种习惯当然就是经验。

那么这种习惯或经验是可靠的吗？运用前面的公式只能回答：不可靠。就是说，因果关系是不必然的。例如，我们一千次向上抛出的石块都掉了下来，谁能担保第一千零一次这石头不会飞上天去，把太阳毁灭了呢？几千万年太阳都在第二天早上又出来了，谁能担保明天早上太阳还会出来呢？我们看到，休谟的因果关系不必然的结论正是由他的经验论和怀疑论原理必然地推出来的。同时我们还看到，逻辑方法对一个哲学家的影响是多么大！

当然，休谟是一个逻辑严密的哲学家，他始终一致地运用经验归纳法，不能解决的问题宁可"存疑"，而不像贝克莱那样，为了保证上帝的存在，宁可放弃逻辑上的首尾一致性。休谟与贝克莱的差别正是在这里。

总之，所有经验论者，从培根到休谟都片面夸大了归纳法的作用。他们不能理解归纳法和演绎法在认识中具有同样重要的地位，不能理解归纳法和演绎法之间的辩证关系，因此在应用归纳法时就产生了这样那样的错误。但是，他们比较详细地研究了归纳法的性质、特征和作用，这又是他们的共同功绩。

三

近代欧洲哲学的另外一条发展路线是唯理论，创始人是笛卡尔。笛卡尔是一个伟大的哲学家、数学家和科学家。他在数学上的伟大贡献是发明了坐标几何和解析法。他欣赏数学的严谨推理，也希望把哲学变成一个公理体系，从几条自明的公理出发来推出全部的知识。

如何建立这样一个理性演绎的体系呢？笛卡尔运用"普遍怀疑"

---

① ［英］休谟：《人类理解研究》，关文运译，商务印书馆1957年版，第69页。

来作为他建立系统的原则。他认为一切知识都可以怀疑，唯有"我在怀疑"这一点却是不能再怀疑了，否则就要陷入逻辑矛盾。因此，"我思，故我在"，即思维决定自我的存在，这就是系统中的第一条公理。

笛卡尔接着就证明上帝的存在。这里他利用因果关系，并运用了一个 AAA 式三段论：没有无因之果，而且原因至少同结果大小相等；上帝的概念是完善的，它必然有一个完善的原因，或者说是由一个同样完善的东西安置在我们心中，这原因就是上帝。这个三段论是：凡完善的东西都有一个完善的原因（大前提），上帝这个概念是完善的（小前提），因此上帝这个概念必有一个完善的原因（结论）。上帝存在，这是笛卡尔的第二个公理。

笛卡尔接着又证明世界的存在，他仍然利用因果关系，并且运用了一个选言证法：我们本能地感到世界的存在，这只能有两个原因：一个是上帝，一个是自然本身；如果是上帝，那么我们经常受骗，就是上帝在骗人；但上帝不会骗人，因此自然界的存在以自己为原因。世界存在，这是笛卡尔的第三个公理。

上帝、自我（精神）、世界（物质）这几个观念都是天赋的，是笛卡尔演绎推理的出发点。建立这样的出发点十分重要。首先是笛卡尔鄙视感性经验和归纳推理，因而无法说明演绎推理的大前提或称第一原理从何而来。因此明确几个天赋观念并把它们作为推理的前提是必要的。其次，他的"普遍怀疑"的原则也必须在某处止住，这也是逻辑的需要，否则推理无法进行。这样，笛卡尔认为只要从天赋观念出发，运用演绎法，就可以推出全部知识。

笛卡尔看到了演绎推理的优点与缺点。优点是，从前提出发可以确定地推出结论。缺点是，它不能建立"第一原理"。为了克服演绎法的缺陷，他提出"天赋观念"而陷入唯心主义。对于上帝、精神、物质三者的关系，笛卡尔认为上帝是最高的天赋观念。其门徒格林克斯又提出"二时钟说"来解决这一问题，他认为精神和物质这两个时钟之所以走得一致，是由上帝对准了的，这就陷入了神学唯心论。

唯理论学者当中，有一个重要人物，就是莱布尼茨。他在笛卡尔演绎法的基础上发展了逻辑学。他的贡献是多方面的。(1)关于第一原理。莱布尼茨看到笛卡尔"天赋观念说"的唯心主义色彩太明显，并且已遭到洛克等人的驳斥，于是他对"天赋观念说"进行修改，提出"大理石说"。莱布尼茨认为心灵既不像洛克说的白板，也不像笛卡尔说的生来就具有"清楚明白的观念"，而是一块有花纹的大理石。大理石固然需要加工才能具有形象，但它所具有的花纹早已决定这形象是什么样了。他用"潜在的天赋观念"来代替笛卡尔的"天赋观念"，承认外界对象和感官对认识起了某种"诱发"和"唤醒"的作用。这是他向经验论做的一点点让步。(2)关于逻辑规律。莱布尼茨认为有两种原则：一种是先验的原则，这就是同一律和矛盾律。这是纯粹思想范围里的真理标准；另一种是经验的原则，这就是充足理由律。这是经验领域中真理的标准。在他看来，充足理由律不仅是逻辑的规律，即每一个判断必须有根据和理由来证明它的真理；而且它还是形而上学的规律，即一切事物必须有充足存在的理由。"如果不承认充足理由律，上帝存在的证明和许多哲学理论就要破产"。他的这种思想仍然在企图调和唯理论与经验论。(3)关于推理的可靠性。莱布尼茨认为，经验论者用归纳法进行推理，只能发现"事实的真理"，而"事实的真理"是没有必然性的。因为一种现象不管有多少例证，都不能证明这个事件将永远和必然发生。唯理论者用演绎法进行推理，却能够发现"必然的真理"。因为在这种情况下，心灵本身补充了感觉所不能提供的东西。"必然真理的最后证明只来自知性，其他真理导源于经验或感官的观察。心灵能够认识两种真理，但是，它是必然真理的泉源。不管我们有多少关于普遍真理的个别经验，除非通过理性而认识它的必然性，我们永远不能靠归纳来绝对确定这种普遍的真理"。这样，他又把唯理论推向了绝路。(4)创立数理逻辑。莱布尼茨毕生怀着希望，想建立笛卡尔提出的"普遍化的数学"，用计算来代替思考，这样就会消除哲学家们的争执。万一发生争吵，他们无需解释，只要像会计师似地拿起石笔，在石板面前坐下来，彼此说一声：我们来算算，也就行了。这种"普遍化的数学"就是莱布尼茨后来创立的数理逻辑，即用代数方法来解决逻辑问题，它是对唯理演绎法的重大发展。其主要思想是：

（1）所有概念可以还原成少数原始概念，这些原始概念构成"思想的字母表。"

（2）原始概念彼此之间是没有矛盾的。

（3）综合概念都可以由原始概念通过逻辑乘法得出。

（4）任何命题是谓项性的。也就是说，可以还原为一个谓项对一个主项有所述说的命题。

（5）任何命题都是分析命题，也就是谓项包含在主项之中的命题。

我们可以看出，莱布尼茨逻辑思想的最大特点是企图调和唯理论与经验论。但他是不成功的。他的唯理论的成分太浓，他对经验论的让步太少了，莱布尼茨没有完成的这项工作是由康德来进行的。

四

在近代欧洲哲学家中，康德无论从哪方面来说都是一位重要人物。他的逻辑学说也极为重要。我们看他是如何继承他的前人莱布尼茨，调和经验论与唯理论的。

对于经验论与唯理论这两派哲学，康德至少看出了这样两个问题：第一，经验论和唯理论都有各自的片面性，都存在着不可克服的缺点。休谟的经验论只讲经验，根本否认理性认识的作用，否定普遍性必然性的存在。康德认为这会导致否认科学知识。莱布尼茨的唯理论则完全脱离经验，只凭理性自身推论出客观事物的普遍性和必然性。康德认为，这不能解释理性凭几个先验概念何以能够成为内容无限丰富的科学知识。第二，他还看出莱布尼茨企图调和经验论和唯理论而没有成功。康德决心来完成莱布尼茨的工作，即批判经验论和唯理论的错误，综合它们的优点。他的这种思想表现在他建立"先天综合判断"的努力中。

康德认为，一切知识必先表现为一个判断。例如，我们只有"太阳"和"热石头"这两个概念并不能形成知识，只有把两者加上因果关系，得到"太阳晒热石头"这个判断，才能形成知识。判断又分为两类，分析判断和综合判断，合起来得到先天综合判断。

（一）分析判断

定义：宾词 B 属于主词 A，而且包含在主词 A 之中。这种主宾关系的判断叫分析判断。

性质：康德认为，这种判断无需经验支持，它根据矛盾律直接从主词中抽绎出宾词，判断是必然的。因此一切分析判断都是先验的，称为"先天分析判断"。

先天判断不依赖于经验而绝对有效。但是，由于判断的宾词没有超出主词断定的范围，因此，这种判断不能增加新的知识。所以，科学的认识不存在于这种判断之中。

例子：康德以"一切物体皆有广延性"为例进行分析，"广延性"本为"物体"所包含，通过分析"物体"这个概念即可得到。因此，这一判断是分析判断。

唯理论与先天分析判断：康德认为，以形式逻辑的演绎法为主要工具的唯理论哲学，从先验的"自明公理""天赋概念"出发进行推演的知识，实际上就是一种"先天分析判断"。因为这种判断不能提供新知识，所以唯理论者面临种种困难，不能得到科学的认识。

（二）综合判断

定义：宾词 B 通过该判断与主词 A 联结起来，但宾词 B 完全在主词 A 之外。

性质：康德认为，这种判断根据经验将某一宾词系附于主词，它必须依靠感性直观，因此，一切综合判断都是经验的，称为"后天综合判断"。综合判断的宾词超出了主词断定的范围，故它提供了新的知识。但是，它把大多数事例中的有效性推广到一切事例中皆有效，因此，这种判断是不必然的。科学的知识同样不存在于这种判断中。

例子：康德以"一切物体皆有重量"为例进行分析。他说"重量"这一性质与我们所思维的"物体"这个概念极不相同，从"物体"这个概念中分析不出"重量"这个性质来（注意，康德认为色、刚、柔、重、不可入性等不是物体所固有，可以一一除去，只有空间即广延性不能除去，是物体所固有）。因此，这一判断是综合判断。

经验论与后天综合判断：康德认为以形式逻辑的归纳法为主要工具的经验论哲学，从感觉经验出发所得的知识，实际上是一种"后天综合判断"。因为这种判断是不必然的，所以经验论者对世界的认识同样面对种种困难而不能得到解决。

（三）先天综合判断

康德断言，科学知识必存在于另一类判断之中。这类判断克服了前两类判断的片面性，综合了它们的优点。这类判断既能扩大知识又讲推理的必然性，既是经验的又是先天的。这种判断就叫"先天综合判断"。

康德以"一切发生之事物皆有其原因"为例加以说明。他说，"发生之事物"这一概念是表示"有一时间在其前的一种存在"，其中分析不出"原因"这样一个概念来。为什么我们知道"原因"这一概念不包含于"发生事物"这一概念而又隶属于此概念？康德以为这是由我们的悟性加经验得知的。所以这种判断不仅具有经验的普遍性，而且具有先天的必然性。这就是"先天综合判断"。

有先天综合判断吗？康德作了肯定的回答。他说："理性之一切理论的学问皆包含有先天的综合判断而以之为原理。"[①]　先天综合判断包括：

（1）一切数学的命题。例如 $7+5=12$ 这一命题是必然的，因而它是先天的。但从 $7+5$ 中又不能立即分析出 12 来，还需要感性直观，需要计算，复杂的命题更是如此。因此，这种命题又是综合的。它提供了新的知识。

（2）自然科学的原理。例如："物质界的一切变化中，物质之量仍留存不变。"这一命题是必然的，因而它是先天的；但永存性又不为物质这一概念所包含，因而它又是综合的，并且提供了新的知识。

（3）玄学（形而上学）包含有先天综合命题。康德认为，形而上学不仅要分析我们关于事物先天构成的概念，而且要增加我们的知识。例如"世界必须有一最初之起始"就是一个先天综合命题。

以上我们看出，康德着重阐述了概念如何形成判断以及判断的特征

---

① ［德］康德：《纯粹理性批判》，三联书店1957年版，第35页。

这些问题。康德提出"先天综合判断"企图调和经验论与唯理论，调和唯物论和唯心论，他的这一目的并未达到。因为他的"先验+经验"归根到底仍然是唯心论的先验论。

但是，他的"先天综合判断"对于克服经验论和唯理论的片面性，确实起了积极作用。他从逻辑学的角度透彻地分析了经验论与唯理论各自的缺陷与长处，提出"先天综合判断"来综合两者的优点，既重视感性认识又重视理性认识。虽然他并未认识到感性认识和理性认识的辩证关系，但比之他的前人，他已经高出许多了。

五

几点结论：

（一）个别和一般的关系问题是哲学的重要问题

贺麟先生认为，哲学就是研究个别和一般关系问题的。他认为古代哲学侧重从客体方面来研究个别和一般的关系，近代哲学侧重从主体方面来研究个别和一般的关系，而马克思主义哲学则从主客体的结合上来研究这种关系。我们知道，从个别到一般还是从一般到个别反映了不同的思维路线。从逻辑学的角度来说，从个别到一般是归纳法，从一般到个别是演绎法。因此，在归纳法和演绎法内部又交织着唯物主义和唯心主义的斗争。因为形式逻辑仅仅是一种认识工具，唯物主义者和唯心主义者都可以运用它。表现在近代欧洲哲学中，运用归纳法形成了经验论的发展路线。唯物地运用归纳法是唯物主义经验论，如培根、霍布斯；唯心地运用归纳法是唯心主义经验论，如贝克莱、休谟。相似地，运用演绎法形成了唯理论的发展路线。唯物地运用演绎法是唯物主义唯理论，如斯宾诺莎；唯心地运用演绎法是唯心主义唯理论，如笛卡尔、莱布尼茨。由此可见，逻辑思想对哲学家们认识世界有多么重要的影响。

（二）经验归纳法和理性演绎法都有其无法克服的缺点

首先来看归纳法。在归纳推理中，前提和结论之间只有或然的联系。休谟正是抓住了归纳法的这个弱点来否认世界的可知性的。当然，休谟运用的是简单枚举法，这种方法是不可靠的，因为它从有限的情况是如此的前提而试图得出所有情况如此的结论。那么其他归纳法是否可靠呢？类比法的可靠性决定于两类事物的相同属性与推出属性的相关程度，但是这种相关程度不会达到必然性的程度。其次，类比法的可靠性还随着相同属性数量的增加而增加，但它又不可能穷尽地列举所有的相同属性，因此，类比法是不可靠的。穆勒的求因果的五法也是不可靠的。它的可靠性在于正确划出有关情况的范围和正确分析有关情况，而这两个方面都是求因果五法本身不能解决的。完全归纳法是可靠的，因为它毫无遗漏地列举了所有的情况，正因为如此，它的结论没有超出前提所断定的范围，它的结论是必然的。而以上两个特征都是演绎推理的特征，因此现代逻辑学认为完全归纳法都是一种演绎推理。这样我们就证明了归纳法统统都是不可靠的。下面我们再来看看演绎法。演绎法从它的前提必然得出它的结论，因为它的前提和结论之间是蕴含关系。但是，演绎法大前提是从哪里来的呢？这是它本身所不能解决的。这就是演绎法的缺陷。对于归纳法和演绎法如果偏执任何一方而否定另一方都会造成无法克服的困难。

近代欧洲哲学表明：经验论只讲归纳法不讲演绎法就会否认认识的必然性，休谟就代表着经验论的逻辑终结。唯理论者只讲演绎法不讲归纳法，就会把他们据以推理的"第一原理"看成是先验的、天赋的。笛卡尔、莱布尼茨都是如此。康德试图调和经验论与唯理论而没有成功，但是在综合归纳法和演绎法这两种逻辑方法上，他作出了前人无法比拟的成就。

（三）辩证唯物主义科学地解决了这一问题

辩证唯物主义认为，归纳法和演绎法是既相互区别又相互联系的。区别有以下三点：（1）在推理形式方面，归纳推理的前提和结论间只有或然联系；演绎推理的前提和结论间却有必然联系，是蕴含关系。（2）在推理路线方面，归纳推理是从个别到一般的推理，而演绎推理却是从一般到个别的推理。（3）在前提和结论所断定的范围方面，归纳推理的结论超出了前提所断定的范围，而演绎推理的结论却未超出前提所断定的范围。归纳推理和演绎推理又是相互联系，缺一不可的。联系有两点：(1) 作为演绎推理的前提的普遍性的判断，归根到底是从归纳推理得到的；归纳推理的结论的正确性，又只能用演绎推理来加以证实。(2) 归纳推理中常常要运用演绎推理。例如在假说中，从假说推出结论，就是演绎地推出；同样，在演绎推理中也需要运用归纳推理。例如，即使是数学这种演绎性很强的推理，在发现数学定理的过程中，人们常常作的"猜测"就是通过简单枚举或类比得到的。归纳推理和演绎推理一经辩证地联系在一起，就会克服它们各自的缺点，得出普遍性和必然性的结论。科学归纳法就是同时运用归纳法和演绎法的推理。例如，"凡物体受到摩擦就会发热"这一结论，是运用科学归纳法得出的。它包括以下两个推理：

(1) 甲物体受到摩擦就发热，

　　乙物体受到摩擦就发热，

　　⋮

　　若干个物体受到摩擦都发热，

　　(甲、乙……等若干个某类事物的若干对象)

　　所以，凡物体受到摩擦就发热。

(2) 凡物体分子运动就使物体发热，

　　摩擦使分子发生运动，

　　所以，摩擦使物体发热。

第一个推理是简单枚举法，它得出的是普遍的、或然的结论；第二个推理是一个三段论，它得出的是必然的结论。科学归纳法将两者有机地结合起来，既列举了某类事物的若干对象又追溯到对象和属性之间的更普遍的因果联系，因而，它不需要穷尽地列举该类事物中的一切对象而能够得出普遍的和必然的结论。例如，我们将以上两个推理结合在一起就得出了"凡物体受到摩擦就发热"这一普遍和必然的结论。因为推理已经追溯到"分子运动使物体发热"这一更为普遍的因果联系，它无须一一列举所有的对象就能保证结论是普遍的和必然的。我们说，科学归纳法是以认识对象的必然属性为基础的。事实上，科学归纳法是实验科学中普遍使用并得到认可的研究方法。科学归纳法这一思想在近代由培根提出过，但他片面地强调归纳法，忽视演绎法，因而不可能辩证地看待两者的关系；康德的思想与科学归纳法非常接近，但正如我们在前面所分析的那样，他的理性成分更浓，他的"先验+经验"毕竟是以先验为主的。他也不可能辩证地解决归纳法和演绎法的关系问题。恩格斯说："归纳和演绎，正如综合和分析一样，必然是相互关联的。不应当牺牲一个而把另一个片面地捧到天上去，应当设法把每一个都用到该用的地方，但是只有认清它们是相互关联的、相辅相成的，才能做到这一点。"① 因此，我们可以说，科学归纳法是将辩证法自觉地运用于逻辑学产生的结果。

（四）近代欧洲哲学中经验论和唯理论的这场斗争促进了哲学和逻辑学的发展

例如，培根和洛克研究了概念的来源和性质等问题，休谟研究了归纳推理的可靠性问题。他们对经验归纳法的发展起了重要作用。笛卡尔建立了演绎推理的一般原则，即试图从一些自明的前提必然地推出它的结论。莱布尼茨从许多方面丰富了演绎推理的内容，并开始调和经验论与唯理论。康德把这项工作大大地推进了一步，尽管调和是不成功的。这不是因为康德的能力不够，而是因为归纳法与演绎法在客观上是既相互联系、又相互区别的，这一点康德未能看到。近代欧洲哲学的这一段历史表明：归纳法和演绎法可以独立地得到发展，却应该综合地加以运用。当然，这场斗争实质上并没有结束。归纳法和演绎法孰优孰劣的问题仍在争论不休。

现代西方哲学和逻辑学家中，出现了夸大数学方法的作用的倾向。历史已经判明：在归纳法和演绎法中，夸大任何一方面而贬低另一方面都会使认识走进死胡同。

让我们以历史作为镜子，来研究现实提出的新问题吧。

---

① 《马克思恩格斯选集》第 3 卷，人民出版社 2012 年版，第 930 页。

7

认知科学框架下心理学、逻辑学的交叉融合与发展[①]

20世纪40年代以后，以后期维特根斯坦为标志，西方哲学开始转向以自然语言为基础的哲学研究，语言哲学随之诞生。一大批语言哲学家开始深入研究与心智有关的哲学问题，如精神与物质的关系（包括心身关系等）问题、心智和知识的结构问题、第一人称和第三人称的知觉问题以及意识问题。50年代以后，乔姆斯基的句法结构理论、米勒的认知心理学、纽厄尔、西蒙和明斯基（M. L. Minsky）的人工智能理论从不同的学科角度深入探索人类心智。与此同时，随着功能性核磁共振（fMRI）、事件相关电位（ERP）和脑磁图（MEG）技术的发明与使用，脑与神经科学对心智的研究也取得了重大进展。

在这样的背景之下，人们感到有必要将这些与心智研究的相关学科集中在一起，研究脑与神经系统是如何进行信息加工的。70年代中期，认知科学在美国正式建立。认知科学建立的三个主要标志是：1977年《认知科学》期刊创刊；1978年斯隆报告（Sloan Report）论述了认知科学的技艺；1979年认知科学协会成立并召开第一次会议。

对认知科学有"广义"和"狭义"两种理解。狭义的理解是把认

[①] 本文原载《中国社会科学》2009年第2期，CSSCI来源期刊，A类期刊，《中国知网》全文转载，被引143次，英文版被引7次，共被引150次，年均被引10次。基金资助：教育部985哲学社会科学重大创新基地项目、清华大学认知科学重大创新基地项目、教育部重大课题攻关项目"认知科学重大理论与应用研究"（批准号：07JZD0005）。

知科学当作心智的计算理论（CTM）。斯隆报告是认知科学狭义定义的典型："认知科学研究智能实体与其环境相互作用的原理。""认知科学的分支学科共享一个共同的研究对象：发现心智的具象和计算能力以及它们在脑中的结构和功能表象。"① 广义的理解是在上述研究领域的基础上再加上一些与人类心智相关的学科。典型的广义认知科学定义由诺曼给出："认知科学是将那些从不同观点研究认知的追求综合起来而创立的新学科。认知科学的关键问题是研究对认知的理解，不论它是真实的还是抽象的，是关于人的还是关于机器的。认知科学的目标是理解智能和认知行为的原则，它希望通过这些研究能更好地理解人类心智，理解教和学，理解精神能力，理解智能装置的发展，而这些装置能够以一种重要的和积极的方式来增强人类的能力。"②

我主张对认知科学采用最简明、最本质的理解。我们可以用心智来定义认知，然后定义认知科学。从脑和神经系统产生心智并对内部和外部信息进行加工的过程叫认知。认知科学就是研究人类心智和认知原理的科学。认知科学由哲学、心理学、语言学、人类学、计算机科学和神经科学六大学科支撑，是迄今最大的学科交叉群体，它是数千年来人类知识的重新整合。认知科学的诞生，为众多学科的交叉融合提供了可能的框架，也预示着一个新的科学综合时代的到来。

本文考察在认知科学的综合框架下心理学与逻辑学这两个长期分隔的学科是如何重新交叉融合并得到创新发展的。心理学与逻辑学统一性的基础是什么？心理学何以能在认知科学背景下逐渐发展成为显学？我们对认知科学能够寄予什么期望？本文试图通过对心理学与逻辑学交叉融合的学理基础、历史演进和内在关系的探讨，回答上述问题，同时分析认知科学的一些新领域并展示其未来的发展趋势。

---

① Walker, E. Cognitive Science, 1978: Report of the State of the Art Committee to the Advisors of the Alfred P. Sloan Foundation. Unpublished, 1978. p. 75.

② Norman, D. What is cognitive science? In Norman, D. (ed.) Perspectives on Cognitive Science, Norwood, NJ: Ablex, 1981, p. 1.

一、心理学与逻辑学的分离与重新融合

在人类知识体系中，也许没有哪两个学科像心理学与逻辑学那样既密切相关又如此严重隔离。值得玩味的是，这种相关和隔离不仅体现在这两个学科的学理关系中，而且也体现在这两个学科的历史发展中。我们只有对这种现象作出合理的解释，才能找到这两个学科交叉融合的根据。

（一）从认识形式看心理学与逻辑学的关系

人类认识从低级到高级的形式依次是：感觉、知觉、表象、概念、判断、推理，前三种被称为感性认识形式，是心理学研究的对象；后三种被称为理性认识形式，是逻辑学研究的对象。所有这些形式都是哲学认识论研究的对象，分别被统称为认识的初级阶段和高级阶段。因此，心理学和逻辑学不仅在学理上密切相关，在科学发展史上它们也都曾经孕育和生长于哲学的母体之中。

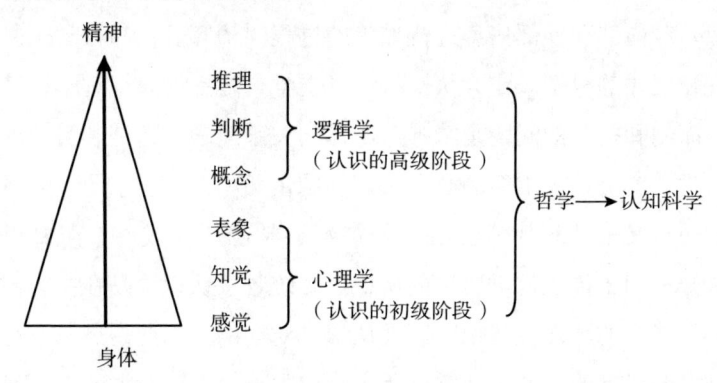

图 7-1 心理学、逻辑学、哲学以及认知科学关系图

我们可以用一个图示来说明心理学、逻辑学、哲学以及认知科学研究对象的关系。从图 7-1 我们可以看到一些重要关系：

首先是心理学、逻辑学、哲学和认知科学的关系。左边的三角形说明：认知是从感觉开始的，感性认知是理性认知的基础。右边的关系图说明各种认知形式之间以及它们与心理学、逻辑学和哲学之间的关系：心理学研究认识的低级形式，包括感觉、知觉和表象；逻辑学

研究认识的高级形式,包括概念、判断和推理。左边三角形中向上的箭头具有多重含义。第一,它说明人的认识是从低级向高级发展的,低级的认识形式有待于发展到高级的认识形式,高级的认识形式包容着低级的认识形式。第二,它说明低级的认识形式与人的身体直接相关,在很大程度上是一种生理活动;高级的认识形式与人的精神相关,更多的是一种精神活动,例如,感觉和知觉是一种生理活动,这种低级的认知方式甚至连动物也具有;而凭借语言进行的判断和推理是一种精神活动,这种高级的认知方式只有人类才具备。第三,越是高级的认识形式,其抽象程度超高,越是属于精神活动的范畴,其个体差异性也越大;越是低级的认识形式,其抽象程度越低,越是属于生理活动的范畴,其个体差异性也越小。后面两种意义,已经越出哲学领域,进入了认知科学的领域。右边的箭头表示哲学是认知科学的来源学科之一。

其次是精神与身体的关系、意识与无意识的关系。脑与神经系统产生心智并对内部和外部信息进行加工的过程叫认知。认知科学是研究认知现象和规律的科学。作为认知科学分支学科之一的心智哲学,其最为经典、深刻和持久的问题是精神与身体的关系问题。精神和身体的关系问题与哲学史上持久不衰的心身关系问题密切相关,它来源于心身关系问题,同时又融入现代科学特别是神经科学的研究成果。需要指出的是,认知不同于传统哲学所讲的认识。传统哲学认识论是在主客体对立的框架下建构的,理性认识与感性认识是对立的。因此,逻辑学与心理学也是完全对立的,就像弗雷格所主张的那样。在这个框架下,研究精神活动初级形式的心理学理所当然地被排斥在逻辑学之外。认知科学建立以后,这个传统的、哲学思辨的、缺乏实验事实支持的论断被推翻了。莱考夫和约翰逊在《体验哲学:涉身心智及其对西方思想的挑战》一书开篇提出的三个论断是:"心智在本质上是涉身的""思维大多数是无意识的""抽象概念大部分是隐喻的"。体验哲学有三条原则:心智的体验性、认知的无意识性、思维的隐喻性,这三个论断被称为认知科学的三大发现。①在认知科学的框架下，心身重新被统一起来，人的精神活动和身体活动（主要是脑的活动）重新被统一起来，甚至精神活动中的意识行为和无意识行为也重新被统一起来。认知科学诞生以后，由于研究领域的交叉，发生了众多学科的交叉和融合。例如，哲学发生了认知转向，即哲学与认知科学的交叉融合，其结果是心智哲学的诞生。心理学与逻辑学也重新融合起来，其结果是心理逻辑学和逻辑心理学的诞生。

再次是认知、语言与认识的关系。前面提到认知与认识是不同的。主要区别是，传统哲学认识论是在主客体对立的框架下讨论认识主体与客体（世界）的关系。这种认识论不需要也不可能用科学实验的方法来加以验证，而仅仅是一种哲学的思辨。逻辑实证主义试图改变这种认识方法，它通过人工构造的语言和逻辑系统，分析传统哲学的概念、命题和论证，试图解决传统哲学的问题，而将它不能解决的问题斥之为形而上学问题。这种方法导致分析哲学的诞生，并引领西方哲学数十年，形成席卷西方学术的形式化风潮。从哥德尔1931年证明不完全性定理和维特根斯坦后期建立语言游戏论以来，哲学家们认识到人工语言和形式系统的局限，重新返回自然语言，语言哲学由此诞生。语言哲学是不同于传统哲学和分析哲学的又一次哲学变革，它改变了哲学的话语体系和叙述方法。语言哲学认为，认识主体无法达到客观世界，除非通过语言。语言哲学按照句法学、语义学和语用学的三个框架来研究语言和哲学。在这种研究框架下，哲学家看到的并不是客观世界，而是经过语言描述的客观世界；哲学家也不可能直接去改变世界，而只能通过语言建构社会现实来改变世界。② 以后期维特根斯坦为标志，语言哲学又在西方哲学中引领风骚数十年。

20世纪70年代中期，随着认知科学的建立而诞生的心智哲学，不

---

① Lakoff, George and Mark Johnson, *Philosophy in the Flesh: the Embodied Mind and its Challenge to Western Thought*. New York: Basic Books, 1999, p.3.

② Cf. Searle, John R. Social Ontology, *Logic, Methodology and Philosophy of Science: Proceedings of the Thirteenth International Congress*. London: King's College Publications, 2008.

再将语言活动看作哲学的对象,而是把语言活动看作心智活动的反映,心智活动才是哲学的对象。心智哲学吸收认知科学特别是认知神经科学的积极成果,这些成果包括:人的认知过程就是人脑加工信息的过程;感觉是信息的获取;知觉和认识是赋予意义的信息解释;学习和记忆是信息的存储和修正;思维和意识是信息的使用和反刍;决策是对外界的未来状态和行为结果的预测;运动控制是行为的引导;语言则是交际的工具,这种交际包括人际沟通、人机交互以及人和环境之间的信息交换等。心智哲学是从传统哲学、分析哲学、语言哲学发展而来的,它们是一脉相承的。关于心智的三个经典的哲学问题是:精神与物质的关系问题(包括心身关系问题、二元论的问题);心智和知识的结构问题(包括唯理论和经验论以及两者的关系问题);第一人称与第三人称的知觉问题(包括自我与他心的问题)。传统哲学和语言哲学中这些经典的问题虽然包含着心智哲学的种子,但它们毕竟不是心智哲学。心智哲学的问题是从传统哲学和语言哲学发展而来的,但它又区别于以往的任何一种哲学理论,有它自己特殊的研究对象。心智哲学不仅关注和研究与心智和语言相关的认知现象(它们被称为高阶认知),也关注和研究与身体和无意识相关的认知现象(它们被称为低阶认知)。这样,在心智哲学中,逻辑学和心理学不仅可能而且已经重新融合起来了。

(二)**从认识史看心理学与逻辑学的分离与融合**

认知科学诞生以前,心理学与逻辑学的共同基础是哲学。很多著名哲学家一身而二任,同时也是具有重要影响力的心理学家。在赫根汉(B. R. Hergenhahn)的《心理学史导论》中所阐述的从古希腊到近代的泰勒斯、柏拉图、亚里士多德、奥古斯丁、托马斯·阿奎那、奥卡姆的威廉、培根、洛克、休谟、笛卡尔、康德、黑格尔等都是哲学家兼心理学家。古希腊哲学家柏拉图的《对话录》、亚里士多德的《论灵魂》、奥古斯丁的《忏悔录》等著作都被当作心理学史上的重要文献。《心理学史导论》第一章列出的"心理学中的永恒问题",可以说也是"哲学的永恒主题"。在众多的哲学家中,尤其值得称道的是古希腊百科全书式的哲学家、逻辑学家、科学家亚里士多德。亚氏的哲学著作,特别是认识论，系统论述了灵魂、因果论和目的论、感觉、常识、被动理性和主动理性、记忆与回忆、想象与梦、动机与幸福、情绪与选择性知觉等心理学问题，他的《论灵魂》一书，被认为是心理学的开山之作。在亚氏的灵魂学说也就是心理学中，他将灵魂分为植物的灵魂、动物的灵魂和理性的灵魂三种从低到高的层级，理性的灵魂是人类所特有的。他还把理性分为被动理性和主动理性两种形式，被动理性指综合经验的作用，它使日常生活有效进行，但它不能使人理解本质或第一原理。从一个人的大量经验中抽象出来的第一原理，只能通过主动理性才能获得，它被认为是思想的最高形式。灵魂的主动理性为人类设定了最高目的，这就是隐德来希（entelechy，完全实现之意）。隐德来希使事物朝着预定的方向运动或发展，直到完全实现它的潜能。在这里我们看出，作为一位逻辑学家，亚里士多德为他的灵魂学说即心理学设置了最终原因或最高目的，它相当于逻辑学的公理——"不动的推动者"。但这个不动的推动者并不是神，而是逻辑必然性。这样，亚里士多德的目的论哲学、逻辑学和心理学就完美地统一起来了。

布伦塔诺（Franz Brentano）是19世纪末20世纪初德国著名的心理学家和哲学家。在心理学上，他认同冯特关于实验心理学存在局限性的观点，认为过分强调实验会分散研究者对重要问题的注意力。但他不同意冯特的心理元素论，认为对心理元素的研究仅仅是一种静态的心理学。布伦塔诺主张心理学研究应该强调心理过程而不是心理内容。关于心理，重要的不是它里面有什么，而是它做了什么。布伦塔诺的这种理论被称为意动心理学（act psychology），其核心概念是"意向性"（intentionality）。意向性概念是指：心理意动总是指向某物，即心理意动包含物理世界的某物或某种心理意象即观念。在这种框架下，我们就区分了看见红色和被看见的红色这两个不同的内容，前者是一种心理意动，而后者是这个心理意动指向的外界事物。由此可见，意动心理学重在理解心理机制而不是它的元素，它是处理心理过程和物理事件之间关系的心理学。

布伦塔诺著述不多，但无论在心理学上还是在哲学上他对后世的影响都非常大。像所有伟大的布道者一样，布伦塔诺相信口头交流才是最重要的。他在心理学和哲学上的重要影响都是通过他的学生或受过他的影响的人来实现的。他的这些得意门生包括音乐心理学的奠基人斯顿夫（C. Stumpf）、现象学大师胡塞尔、精神分析学派的领袖弗洛伊德、波兰逻辑学派的创始人塔斯基等。史密斯说："一群布伦塔诺的学生……可以说……几乎囊括了欧洲大陆20世纪所有最重要的哲学运动。"① 布伦塔诺的不同寻常之处在于，在他的学说中，心理学、数学、逻辑学、哲学协调一致，归于一体。这就使得我们在追溯心理学与哲学和逻辑学的统一直至认知科学的起源时，布伦塔诺都具有重要地位。

美国早期的心理学，似乎重演了这段历史。萨哈金（W. S. Sahakian）将美国早期心理学分为四个阶段：道德哲学和心灵哲学阶段（1640—1776），这个时期的心理学与伦理学、哲学和神学结合在一起。洛克的《人类理智论》（1690）成为心理学的标准读物。罗巴克（A. A. Roback）在《美国心理学史》上对这一时期的美国心理学评价道："心理学为逻辑而存在，逻辑为上帝而存在。"理智哲学阶段（1776—1886），② 这个时期主要受英格兰常识哲学的影响，这种常识哲学具有神学的意义，但上帝的存在和性质并不需要得到逻辑的证明。这个时期的心理学教科书开始涉及知觉、记忆、联想、注意、语言、思维之类的主题，心理学逐步脱离哲学和神学，成为独立的学科。美国的文艺复兴阶段（1886—1896），这个时期心理学从宗教和哲学中完全独立出来，成为一门经验科学，主要标志有杜威的《心理学》（1886）、詹姆士的《心理学原理》（1890）相继出版；《美国心理学杂志》（1887）创刊；铁钦纳在康奈尔大学开始其有巨大影响的构造主义课程（1892）。美国机能主义阶段（1896年至今），这个时期科学对实用性的关注，对个体的强调连同进化论，结合成机能主义学派。1896年杜威的《心理学中的

---

① ［美］B. R. 赫根汉：《心理学史导论》上册，郭本禹等译，华东师范大学出版社2004年版，第495页。

② 据《中国大百科全书》，美国文艺复兴阶段应为19世纪30—60年代。

发射弧概念》和1890年詹姆士的《心理学原理》的出版，标志着机能主义的正式确立。①

近代以来，更多的心理学家致力于使心理学成为科学。例如，费希纳指出物理刺激以几何级数增加时，感觉强度以算术级数增加。他提倡用极限法、恒定刺激法、调整法来探索心身关系，开创了心理物理学的研究。冯特和詹姆士几乎同时建立了心理学实验室，冯特的实验室用于研究，詹姆士的实验室用于教学演示，这标志着哲学心理学向科学心理学的过渡。此外，众多科学取向的心理学家都为心理学的科学化作出了努力。但是，心理学究竟是不是科学，自亚里士多德以来一直是争论不休的问题。

特别值得指出的是，20世纪著名的哲学家和逻辑学家维特根斯坦不仅研究心理学，还将心理分析应用到他所建立的语言游戏论中。第二次世界大战以后，维特根斯坦曾有几年时间自愿到奥地利农村担任小学教师。在这几年中，维特根斯坦集中研究了语言学习、原始语言以及私人语言等问题。他曾经问自己："我是在研究儿童心理学吗？"巴特利认为，导致后期维特根斯坦哲学转变的两个主要的原因：一个是特拉腾巴赫儿童心理学实验，另一个是他意识到某人所作出的一个手势是不能分析的。维特根斯坦使用"语言游戏"来表示其后期理论。在《哲学研究》的前6节中，维特根斯坦一一考察了在命名、原始语言、儿童语言学习、语言使用和交流中所出现的语词，在随后的第7节他总结说，儿童学习他们的母语的各种游戏称之为语言游戏，有时也将原始语言称为语言游戏，给石料命名或者跟着某人重复词的过程也可以叫作语言游戏。而最有普遍性的语言游戏则是指语言行为。这样，维特根斯坦就从早期的逻辑图像论进入到他后期的语言游戏论。语言不再被当作世界的图画，而是心智的规则。

20世纪30年代后半叶，维特根斯坦开始写作《哲学研究》，该书

---

① [美] B.R.赫根汉：《心理学史导论》上册，郭本禹等译，华东师范大学出版社2004年版，第494页。

的第一部分完成于 1945 年，第二部分完成于 1949 年。在此期间，维特根斯坦对心理学哲学做了大量认真系统的研究，写下了大量的手稿。后来根据这些手稿编辑成《心理学哲学评论》(1946—1947) 和《关于心理学哲学的最后著作》(1948—1949)。这两本书的部分内容收入在《哲学研究》中。特别是第二本著作，它有一个副标题是，"关于《哲学研究》第二部分的预备性研究"。此书有很多节都是与《哲学研究》第二部分和《心理哲学评论》互相参照的。在书中，维特根斯坦提出语言的意义与使用者的心理状态相关，而这种心理状态是语境的一部分。例如，当一个人在一个特殊的语境中说出"我害怕"这个语句时，它到底是由于害怕而产生的心理行为呢？还是仅仅在描述一种心理状态？维特根斯坦认为，这两种理解是非常不同的。维特根斯坦对自然语言的这种分析，直接导致其后的奥斯汀等人的言语行为理论的建立和语用学的发展。维特根斯坦所观察到的视觉两可图，如著名的鸭兔图和两可立方体，至今仍然是心理学和认知神经科学研究的对象。

可以看出，维特根斯坦后期的转变不仅是语言基础的转变——从理想语言转到自然语言，也是分析方法的转变——从单纯的语言分析转到语言分析与心理分析的结合。我们甚至可以说，维特根斯坦是从心理分析进入语言游戏论的，即语言游戏论等于自然语言分析加心理行为分析。

巴特利认为，维特根斯坦后期思想与著名儿童心理学家、维也纳大学哲学教授卡尔·彪勒（Karl Bühler）的主要思想有惊人的相似之处：他们都反对心理学原子主义和逻辑原子主义，并以构造主义或完型主义取代原子主义；主张彻底的语言约定论和"无形象思维"的观念，[1]反对本质主义学说。可见，在维特根斯坦身上，心理学、逻辑学、哲学同样得到了完美的统一。

从以上分析看出，心理学与哲学、心理学与逻辑学、心理学与科学

---

[1] ［美］W. W. 巴特利：《维特根斯坦传》，杜丽燕译，东方出版中心 2000 年版，第 116 页。

的关系始终处于分离与融合交替的状态。而相关学科是否接受心理学，或心理学是否被相关学科接纳，在很大程度上取决于研究者的个人偏好。可以说，在认知科学建立以前，不仅上述学科的交叉不存在合理的框架，相关领域的交叉研究也没有科学合理性的根据。

（三）心理学与逻辑学交叉融合的认知科学基础

认知科学诞生以后，心理学与哲学、心理学与逻辑学、心理学与其他相关科学才算找到了统一的基础和根据。下面我们就来分析这种关系。

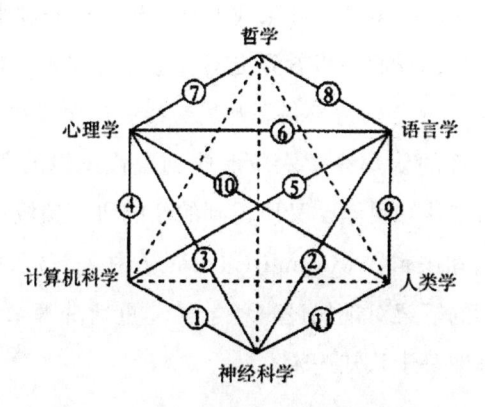

图 7-2 认知科学与相关学科关系图

1. 哲学、心理学、语言学、人类学、计算机科学和神经科学在认知科学框架下的统一

认知科学的学科关系如图 7-2 所示。① 它清楚地说明，哲学、心理学、语言学、人类学、计算机科学和神经科学在认知科学的框架下不可避免地发生了关联和交叉。首先，这六大学科与认知科学交叉，发展出心智哲学、认知心理学、认知语言学（语言与认知）、认知人类学（文化、进化与认知）、人工智能和认知神经科学六大分支学科；其次，这六大学科之间互相交叉，又发展出：①控制论、②神经语言学、③神

---

① Pylyshyn, Z. (1983), Information science: its roots and relations as viewed from the perspective of cognitive science. In Machlup, F., and Mansfield, U. (eds.) (1983), *The Study of Information: Interdisciplinary Messages*, New York: Wiley, p. 76.

经心理学、④认知过程仿真、⑤计算语言学、⑥心理语言学、⑦心理学哲学、⑧语言哲学、⑨人类学语言学、⑩认知人类学、⑪脑进化等众多的交叉学科。

从这里我们还可以看出，在认知科学框架下，心理学也不可避免地与其他学科发生交叉和关联。例如，心理学与哲学的交叉形成心理哲学；与语言学的交叉形成心理语言学或语言心理学；与人类学交叉形成认知人类学；与计算机科学交叉形成认知过程仿真；与神经科学交叉形成神经心理学等。

但这还不是问题的全部。如果我们从逻辑学的角度来考察它在认知科学背景下的发展，我们还将看到更多有意思的和深刻的变化。

2. 逻辑学在认知科学的框架下形成新的研究领域和学科群

如果把图7-2的认知科学六角形放到现代逻辑的背景中，我们看到的是现代逻辑与认知科学交叉所得到的新的研究领域和学科群体，笔者把它叫作"认知逻辑"（Cognitive Logic）(图7-3)。所谓认知逻辑，就是用认知科学的框架对现代逻辑各学科"重新洗牌"，即现代逻辑背景加认知科学框架等于认知逻辑。

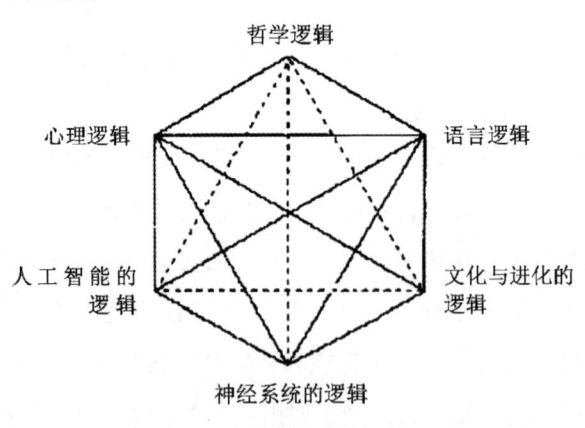

图7-3 认知逻辑学科框架

建立认知逻辑的动机是使当代逻辑的发展适应认知科学的需要。认知逻辑包括哲学逻辑、心理逻辑、语言逻辑、文化与进化的逻辑、人工智能的逻辑和神经系统的逻辑。这些学科，有的已经存在，如哲学逻辑、语言逻辑、人工智能的逻辑，其历史可以追溯到 20 世纪 50 年代，与认知科学的起源同步；有的正在发展，如心理逻辑、神经系统的逻辑，其发端在 20 世纪 70 年代中期，与认知科学的建立同步；有的虽然尚未开展，但预计将来可以得到发展，如文化与进化的逻辑等。

认知科学的建立，开启了学科大交叉、大融合的时代，我们可以称这个时代为"综合的时代"，以区别于 20 世纪"分析的时代"；认知逻辑的建立，则开启了当代逻辑学发展的新时代，逻辑学告别 20 世纪上半叶局限于数学基础研究和数学推理的狭隘路子，走上了作为多学科共同工具的广阔的发展道路，其中，心理逻辑的建立，结束了弗雷格所主张的将逻辑学与心理学分离的局面。

3. 心理学和逻辑学的交融是值得注意的新兴研究领域

现在我们看到，在认知科学发展的背景下，心理学与逻辑学这两个曾经势不两立的学科终于结合起来了。

但这一次，心理学不需要再为自己的科学性和合理性辩护，因为认知科学的发展已经为它做了这种辩护。在认知科学的框架下，人类认知既有与语言相关的理性思维和逻辑推理的部分（高阶认知），也有与身体相关的感性认知和无意识的部分（低阶认知）。前者属于逻辑学的范畴，后者属于心理学的范畴。这样，在认知科学的框架下，逻辑学与心理学就自然而且必然地统一起来了。著名心智哲学家、认知科学第二代领袖人物莱考夫的三大发现——心智的涉身性、思维的无意识性和抽象概念的隐喻性将认识的这两端重新结合在一起。

心理学与逻辑学的交叉和融合产生了逻辑心理学和心理逻辑这样一些重要的新兴领域，它们的发展与认知科学同步。在短短 30 年间，心理学与逻辑学的交叉领域取得了一系列的重要进展。无论是从两者合合分分的历史看，还是从两者若即若离的关系看，我们都可以期待两者结合可能产生的炫目成就。下面我们将会看到其中的一些重要发展。

二、心理学与逻辑学交叉融合的两种形式

在认知科学发展的背景下，心理学与逻辑学的交叉融合已经不可避免地发生了。那么，这种统一和交融又是如何进行的呢？从目前的发展看，可能的交叉融合形式有两种：逻辑心理学（logical psychology）和心理逻辑（mental logic）。

（一）逻辑心理学

逻辑心理学以逻辑要素为自变量，心理要素为因变量。或者说，逻辑心理学把逻辑思维映射到人的心理活动当中去。因此，逻辑心理学把人的心理活动看作是某种形式的逻辑推理的反映，它认为人的心理行为受逻辑思维或逻辑推理的影响。

逻辑心理学具有以下特征：第一，逻辑心理学是心理学，是逻辑因素的心理函数；第二，逻辑心理学以逻辑要素为自变量，心理要素为因变量；第三，逻辑心理学认为，人的心理行为受其逻辑思维或逻辑推理的影响。

从大脑或神经系统产生心智的过程叫认知。与脑和神经及身体相关的认知形式称为低阶认知（lower order cognition），与语言相关的认知形式称为高阶认知（high order cognition）。低阶认知研究与身体相关的认知形式，包括感觉、注意和意识、知觉、表象、物体识别、记忆等；高阶认知研究与语言相关的认知形式，包括语词（概念）与分类、命题（语句）和知识、推理与决策、问题解决、创造性思维等。由于语言具有民族性和社会性，高阶认知还被广泛应用于经济、社会、政治、法律、教育、国防等一切与语言的使用有关的领域。

除感觉之外，认知心理学基本覆盖了低阶认知和高阶认知的全部内容。另外，认知心理学并不特别研究人的心理与行为之间的关系，除非这种行为是与认知相关的。这样，认知心理学就与其他心理学分支相互区分开来。

逻辑心理学研究概念、判断、推理这些逻辑元素在认知活动中所产生的心理效应。概念或语词的元素包括主词、谓词、关系词、模态词、

量词等；判断或命题的元素包括直言判断、关系判断、假言判断、选言判断、联言判断等；推理元素包括直接推理、三段论、假言推理、选言推理、联言推理、谓词逻辑（量词推理）、归纳推理、类比推理等。逻辑心理学将这些逻辑元素作为自变量，研究它们在人的心理活动中引起的反应和规律。

逻辑心理学是一个鼓舞人心的领域，但目前仅有少量以"逻辑心理学"（logical psychology）为题的论文，更没有专门的研究著作。我们期望在这个领域有更多的成果问世。

（二）心理逻辑（学）

心理逻辑（学）是逻辑学，以下简称"心理逻辑"。心理逻辑以心理要素为自变量，逻辑要素为因变量，换句话说，心理逻辑把人的逻辑思维看作是一种受心理因素影响的认知活动，或者说，把人的心理活动映射到逻辑推理当中去。因此，它研究认知活动中逻辑思维或逻辑推理如何受心理因素的影响。

心理逻辑有以下特征：第一，心理逻辑以心理要素为自变量，以逻辑要素为因变量；第二，心理逻辑是逻辑学，心理逻辑是心理因素的逻辑函数；第三，逻辑思维或逻辑推理受心理因素的影响。

沃森（P. C. Wason）有一个非常著名的、经典的选择任务实验，可以充分说明心理逻辑的这种特征。实验任务是这样设计的：假设有一副纸牌，其中每张都是一面印着大写英文字母，另一面印着阿拉伯数字。被试要求在呈现的4张纸牌中翻开尽量少的几张，以检验（证实或推翻）下面的规则：

R1：如果纸牌的一面是辅音字母，则它的另一面是奇数。

这样就可以用很多组纸牌来做充分条件假言推理的测试，如S3A2、EK69、AB47等。例如，在AB47这一组纸牌中，如果翻开A，表明被试懂得使用肯定前件式；如果翻开4，表明被试懂得使用否定后件式——这两种都是正确的推理形式。如果翻开7，表明被试使用了肯定后件式；如果翻开B，表明被试使用了否定前件式——这两种是错误的推理形式。沃森选择任务实验大样本统计结果见图7-4。

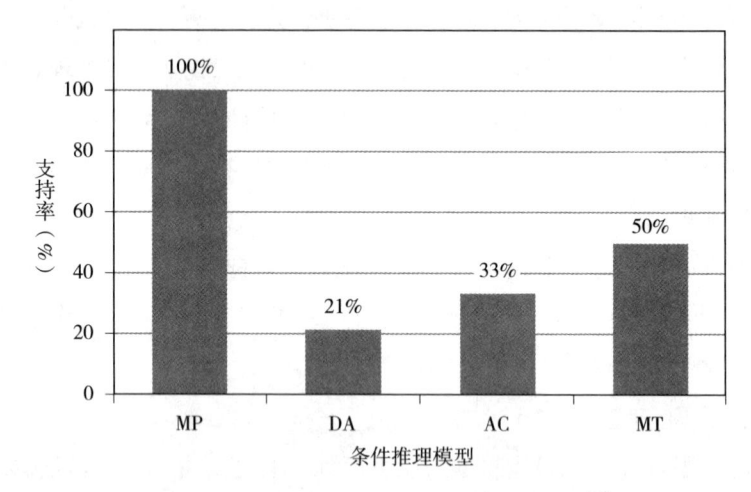

图 7-4　沃森选择任务实验大样本统计结果[20]

有将近100%的被试懂得使用肯定前件式的有效式进行推理，但只有约50%的被试使用否定后件的有效形式，这表明很多人感到否定后件式要困难得多。尽管在逻辑学中将肯定前件式（Modus Ponens，MP）和否定后件式（Modus Tollens，MT）看作是同样正确和等价的推理形式，但大多数人并不这样认为，这是为什么呢？在这个实验中，有超过一半的人使用了肯定后件和否定前件的错误推理形式，前者占33%，后者占21%。这又是为什么呢？

这是因为在规则 R1 中，"辅音字母"和"奇数"得到了表征，而"非辅音字母"和"非奇数"却没有得到表征。所以，在有效的推理模式中，选择翻开辅音字母的比选择翻开偶数的要多；而在无效的推理模式中，选择翻开奇数的又比选择翻开元音字母的要多。这就表明，人们在进行推理时受到心理因素的影响。也就是说，逻辑不是抽象的而是具体的；逻辑不是心理无关的而是心理相关的。

有趣的是，如果我们将推理规则和推理任务稍稍改变，推理的成绩也会受到影响。请看下面的规则：

R2：如果一个人在公开场合喝酒，他一定要超过法定年龄（18 岁）。

现在要求被试设想自己是一名警察，他走进一家酒馆要检查是否有未成年人在违法饮酒。推理任务设计为要求被试在 4 张纸牌（分别代表 4 个人）中翻开一张或几张以完成他的工作。这 4 张牌是：(1) 喝酒；(2) 喝可乐；(3) 16 岁；(4) 22 岁。

这个选择任务与前面的选择任务在推理的逻辑形式上是完全一样的。但前者较为抽象（称为抽象的沃森选择任务），而后者较为具体（称为具体的沃森选择任务）。实验结果，使用肯定前件式（MP）的成绩在两种选择任务中没有改变，而在具体的选择任务中，使用否定后件式（MT）的成绩却大大提高。即使在抽象选择任务中不能完成否定后件式的被试中，在具体的选择任务中仍有高达 72% 的人给出了正确答案（Griggs and Cox, 1982）！① 这个实验说明，推理所涉及的情景和人们的经验同样影响推理的结果！

1966 年以后，沃森选择任务实验被人们以种种不同的方式重复进行，其结果都是：人们的推理受到心理因素、推理情景和特殊经验的影响。研究心理因素如何影响逻辑推理逐渐成为一个新的逻辑领域，这就是心理逻辑。在笔者给出的认知逻辑研究框架中，心理逻辑是认知逻辑的一个分支，它们在认知科学研究中都扮演着重要的角色。

三、问题讨论和简要结论

最后，本文讨论几个重要问题，并给出我们的回答。

（一）心理学何以能够在认知科学发展背景下成为显学

心理学发展的历史表明，心理学在很长时间曾经寄生于哲学，近代以来又试图寄生于科学。但在认知科学建立以后的短短 30 年间，心理学从一个艰难争取自己生存地位的边缘学科逐渐变为与认知科学紧密相关的"显学"，其中缘由要从认知科学和心理学的共同本质来说明。

从本质上说，认知科学与 20 世纪甚至更早期的科学和哲学的原则

---

① Griggs, R. A., and Cox, J. R. (1982), The elusive thematic-materials effect in Wason's selection task. *British Journal of Psychology*, 73, pp. 407-420.

是背道而驰的。认知科学建立以前的科学理论包括逻辑学、数学、物理学等都以寻求普遍原则为己任,哲学则寻求更具普遍性的"第一原理"。但是,具有普遍性的科学和哲学却回答不了这样简单的问题:如果科学和哲学(逻辑)的原则是普遍的,并且我们都是按照科学和哲学(逻辑)的原则来思维,例如,我们都是按照相同的逻辑模式和数学公式来进行思维和运算,那么,为何我们面对同一现象却会得出不同结论,面对同一问题却会有不同的解决方案呢?

认知科学就是试图要解决这一个体差异性问题。所谓认知,就是大脑和神经系统产生心智①,并对内外部信息进行加工的过程。因此,不仅人具有心智,动物也具有某种心智。但人的心智与动物的心智又有极大的不同。动物的认知是一种基于本能的简单信号系统的刺激—反应模式;人类的认知是一种由意向主导、基于语言系统加工的复杂的认知模式,是一种包括语言、心理、生理、情感、社会、逻辑和哲学等诸要素交互关系的机制。由于人也是动物,所以人的认知模式中也有动物和进化的机制。认知科学建立以后,在与其相关的各个方向产生了心智哲学、认知心理学、语言与认知、认知人类学、认知计算机科学即人工智能和认知神经科学,它们分别对各种相关的认知模型进行研究。

既然心智是大脑的功能,那么心智就是涉身的,因为脑是身体的一部分。由于不同的动物有不同的进化路线,它们的脑和神经系统有很大的不同。所以,不同的动物之间以及动物与人之间的心智就具有不同的特征。动物中的同一物种,譬如人,其不同的种族之间在认知模式上也存在重大的区别。例如,东方人的认知模式与西方人的认知模式具有不同特征;同是中国人,南方人与北方人的认知模式也是有差异的。甚至同卵双胞胎,这种在遗传学上最为相似的个体之间,其认知模式也存在差别。最近的研究表明,西方人容易接受以反事实条件为前提的演绎推

---

① Mind 一词,国内很多学者译为"心灵",我认为不妥。心灵假设了实体的存在,但心智并不是实体,它只是脑与神经系统的功能。另外,"心灵哲学"容易与古代和近代的各种心灵哲学相混淆,但以神经科学发展为基础的"心智哲学"(philosophy of mind)是认知科学建立以后才出现的,它与过去的心灵哲学无关。

理（占96%），而中国人却难以接受这种推理（仅占6%）。

心理学具有与认知科学类似的学科性质和学科目标。在学科性质方面，心理学与认知科学的相似之处有两点，一是它的涉身性，二是它的经验性。心理学的涉身性又可以从两个方面看。首先，心理学的对象也是心智，而心智的涉身性已如前所述。其次，从图7-1给出的心理学、逻辑学、哲学以及认知科学的关系看，与逻辑学相比，心理学属于认识的低级阶段，它与身体的联系当然也就更加紧密。在学科目标方面，心理学也要解决认识和认知的个体差异性问题。过去人们认为，心理学以变化万端、各不相同的人的心理活动作为研究对象，它根本就不可能有任何规律，也不可能是客观的。因此，心理学不可能成为科学，正如艺术不可能成为科学一样。自从认知科学创立以来，那种认为科学仅仅是寻求普遍规律的看法被彻底改变了。人们认识到，科学不仅要探索人类认识的普遍原理，也要探索人类认识的个体差异。心理学探寻个体差异性的学科特征，使它从一开始就被认知科学接纳。心理学成为认知科学的一部分，当然也就成为科学的一部分。

认知科学的发展史也证实了这一点。1956年前后，乔姆斯基的句法结构理论、米勒的认知心理学、纽厄尔和西蒙的人工智能理论相继创立。这些学科的创立被看作是认知科学诞生的前兆，并最终导致认知科学在1975年正式建立。

心理学与认知科学所具有的逻辑（学理）和历史的一致性，使得它们在半个多世纪以来互相依存、互相促进、共同发展。在这个过程中，心理学逐渐成为显学；同时，认知心理学也逐渐发展成为当代心理学的主流。

（二）**逻辑学和其他普遍科学如何从认知科学中汲取营养**

认知科学的诞生，向寻求普遍真理的逻辑学和哲学等学科提出了挑战，甚至对以演绎和理性为基础的整个西方思想提出了挑战。这里仅以逻辑学为例，分析普遍知识的学科应该如何应对这种挑战。

逻辑学的推理模式如三段论、假言推理、命题逻辑和谓词逻辑曾经被认为是普遍原则。似乎这些原则不仅适合于古希腊人，也同样适用于现代欧美人，甚至也同样适用于现代中国人。面对这样与时间和空间无关的"永恒的宇宙真理"，人们似乎并没有想过，同样作为逻辑三大发源地的中国和印度在近代之前并没有接触过古希腊和近代西方的逻辑学，但这两个民族同样能够正确思维和成功交际。那么，为何三大逻辑中唯有源于古希腊的西方逻辑具有普遍性或"优先权"？我认为，一个重要原因是近代科学的兴起。近代科学以西方的演绎逻辑和归纳逻辑为依据。以尊崇普遍原则为特征的理论科学与以演绎为特征的西方经典逻辑十分吻合；以经验事实为基础的实验科学，其方法是归纳逻辑。而以经验和类比为特征的中国逻辑在现代科学中并没有得到相应的地位。

认知科学建立以后，上述逻辑观和方法论受到了质疑。莱考夫认为，认知科学已经摧毁了长期以来关于人的推理和预测能力的假定。莱考夫和约翰逊在《涉身哲学：被体验的心智及其对西方思想的挑战》一书中提出的三个重要命题，被认为是认知科学的三大发现，即"心智是体验的""思维是无意识的"和"抽象概念是隐喻的"。而认知科学的发现提示了对"人是什么"这一根本问题的全新和详尽的理解。根据莱考夫和约翰逊的看法，无论是灵与肉完全分离的笛卡尔哲学意义上的人，还是按照普遍理性的律令而具备道德行为的康德哲学意义上的人，无论仅依靠内省而具备完全了解自身心智的现象主义意义上的人，还是功利主义哲学意义上的人、乔姆斯基语言学意义上的人、后结构主义哲学意义上的人、计算主义哲学意义上的人以及分析哲学意义上的人，实际上都不存在。[①] 认知科学的发现在中国逻辑而不是西方逻辑那里得到更好的说明。例如，隐喻的逻辑方法是类比，而中国古代和现代逻辑中都包含着丰富的类比推理的素材。认知科学的诞生，揭开了中国逻辑和中国科学发展的新纪元。

在认知逻辑的学科框架下，逻辑学可以从认知科学那里吸收哪些有益的营养呢？

[①] Lakoff, G. and M. Johnson *Philosophy in the Flesh*: *The Embodied Mind and Its Challenge to Western Thought*. New York: Basic Books, 1999, pp. 5-7.

哲学逻辑。它包括经典逻辑的扩充与变异以及以此为基础的与传统哲学问题有关的逻辑系统。哲学逻辑的发展为我们提供的思想和借鉴是：放弃逻辑学作为"思维立法者"的立场。推理的逻辑模式（句法形式或语义模型）只是逻辑学家规定出来的理想模式，并不是实际发生的推理模式。逻辑是工具，而工具是人为的，并且工具不能只有一种。每一种逻辑理论都只是它适用领域内的相对真理体系，没有"绝对的逻辑真理参照系"。试图以某一种逻辑理论作为绝对的逻辑标准，或者试图用一种逻辑取代其他逻辑，在理论上是错误的，在实践上是有害的。

语言逻辑。它是逻辑回归于自然语言以后产生的结果，吸收了数学逻辑、模态逻辑、多值逻辑等形式逻辑的研究方法。语言逻辑为我们提供的指导是：关注逻辑与语言的联系，特别是与自然语言的联系；关注逻辑在日常语言和日常生活中的使用。逻辑模式不是与人无关的抽象模型或教条，它是活生生的，是供人使用的，是为人服务的，因此，逻辑学要关心人。逻辑学不仅要关注语言符号的系统结构（句法学），也要关注语言符号的指称和意义（语义学），更要关注语言的使用者和使用环境对语言的意义的影响（语用学）。

心理逻辑。它是逻辑学与心理学交叉产生的新兴学科。心理逻辑给我们的启示是：人的心理状态影响逻辑思维（心理逻辑）；同时，逻辑思维也影响心理过程和心理状态（逻辑心理学）。心理逻辑在心理学和逻辑学之间架设了桥梁，这就突破了自弗雷格以来在心理学和逻辑学之间人为设置的障碍。心理学和认知科学是涉身的，认知逻辑也是涉身的，从而逻辑也是涉身的。心理逻辑使我们更深刻地理解莱考夫的著名论断："心智与生俱来是被体验的；思维通常是无意识的；抽象概念大多数是隐喻的。"

文化与进化逻辑。它是逻辑学与文化人类学交叉产生的新兴学科，它研究人类文化和进化的逻辑特征以及不同文化背景对逻辑思维的影响。文化与进化的逻辑为我们提供的思想方法是：逻辑并不是属于全人类的，它有民族和文化的差异。例如，东西方逻辑具有很大的差异性。西方逻辑崇尚理性和演绎的原则，东方逻辑重视经验、归纳和类比方法。但反映不同文化背景和具有民族差异性的不同的逻辑体系并不是互相排斥的，而是互相补充和彼此兼容的，它们服从人类共同的认知原则。重视经验和个体差异性的认知科学的发展为中国逻辑带来机遇，我们应该加强对中国古代和近现代逻辑的研究。

人工智能逻辑。它是机器智能的逻辑理论，它的历史与认知科学一样久远。人工智能的逻辑是当代逻辑最活跃的领域之一，它告诉我们的是：人并不能从自己创造的世界中获得自由，哥德尔已经指明了这一点。尽管哥德尔指出在充分大的形式系统中一致性和完全性不可得兼，但我们仍然可以有所作为，因为我们拥有有穷或无穷多的一致而完全的子系统。这就是局部形式化的人工智能策略。在人工智能领域，悲观的论点似乎总占上风。彭罗斯（R. Penrose）断言，机器智能永远不能超越人类智能。塞尔的论断更令人悲伤，因为在他看来，目前的数字机器只是模仿人类智能而并不具有任何智能。好在他认为未来的非数字计算机也许有真正的人类智能，这就为人工智能逻辑留下了发展空间。量子计算机和生物计算机的逻辑理论成为当前人工智能逻辑的前沿领域和突破口。尽管这个历史悠久的领域存在太多的禁忌，但我们仍在前进。

神经系统逻辑。它是逻辑学与神经科学的结合，正如人工智能的逻辑是逻辑学与计算机科学的结合一样。人类在人工智能领域遭受的困难使他转向人的大脑和神经系统的学习。这个新兴学科让我们思考的是：在40亿年漫长的生命进化中形成的人的大脑仍然是最复杂和最先进的认知系统。自文字发明以来，人类灵魂上下求索，现在它回到它的栖息地。21世纪最有可能取得突破性进展的智能发明之一是神经网络计算机，而它的理论基础是神经系统的逻辑。人类认知从探索外部世界开始，最终返回人自身，表明人类需要更多更好地认识自身。人类发明的最复杂和最先进的符号系统（软件）与在进化中形成的最复杂和最先进的认知系统大脑（硬件）的结合，将会给人类的未来带来什么样的变化，我们将拭目以待。

（三）我们对认知科学寄予的希望

作为21世纪最大的新兴交叉学科的认知科学，其使命有两个：一是揭开人类心智的奥秘，这是它作为一门科学的使命；二是促进相关学科的发展，这是它作为一门学科的使命。这两个方面都与本文所讨论的心理学与逻辑学的交叉融合相关。

人类认知组计划（Human Cognome Project，HCP）和人类基因组计划（Human Genome Project，HGP）一起，被称为改变人类生存方式和提高人类生存能力的两大科学计划。科学研究证明，由基因遗传学所揭示的物种之间的差异是很小的，而人类各种族之间的差异就更小。具体到一些个体，例如同卵双胞胎，他们的基因表达甚至是完全一样的，但他们之间仍然有很大的个体差异性。可见基因遗传不是决定物种差异和个体差异的唯一因素，甚至也不是主要因素，个体认知和行为的差异性应该由其他科学理论即认知科学理论来说明。

2000年，人类刚刚跨入新世纪的门槛，美国国家科学基金会和美国商务部共同资助60多名科学家开展一个研究计划，目的是要弄清楚在新世纪哪些学科是带头学科。研究结果是一份长达480多页的研究报告，题目是：《聚合四大科技力量　促进人类生存发展：纳米技术、生物技术、信息技术和认知科学》。[1] 研究报告说："在下个世纪，或者在大约5代人的时期之内，一些突破会出现在纳米技术（消弭了自然的和人造的分子系统之间的界限）、信息科学（导向更加自主的、智能的机器）、生物科学和生命科学（通过基因学和蛋白质学来延长人类生命）、认知和神经科学（创造出人工神经网络并破译人类认知）及社会科学（理解文化信息，驾驭集体智商）领域，这些突破被用于加快技术进步的步伐，并可能会再一次改变我们的物种，其深远的意义可以媲美数十万代人以前人类首次学会口头语言知识。NBICS（纳米—生物—信息—认知—社会）的技术综合可能成为人类伟大变革的推进器。"[2]

研究报告对人类认知组计划给予特别优先的地位："最高优先权被

---

[1] Mihail C. Roco and William Sims Bainbridge（eds.）*Converging Technologies for Improving Human Performance：Nanotechnology，Biotechnology，Information Technology and Cognitive Science*. Dordrecht/Boston/London：Kluwer Academic Publishers，2002.

[2] Spohrer, J. NBICs（Nano-Bio-Info-Cogno-Socio）Convergence to Improve Human Performance：Opportunities and Challenges. Ibid, p. 102.

给予'人类认知组计划',即通过多学科的努力,去理解人类心智的结构、功能,并增进人类的心智。"① 在这个雄心勃勃的研究计划下面,原来很多看似互不相关的领域在认知科学的框架下发生了关联。由于基因细胞生物学、人体生理学和心理学是人类全部知识—技能层面的基础,所以它们与人类的其他知识技能不可避免地都要发生关联。

从图 7-5 很容易看出,心理学和逻辑学共同处于心理、认知和学习这个层面上,它们以基因细胞生物学和人体生理学为基础,并且又成为更高层次的研究,如社会组织、群体行为、社会规则、文化、价值、宗教、本地和全球环境研究的基础。过去一个世纪,我们把一些相关性本来很强的学科如逻辑学与心理学截然分开,是因为我们对不同层次的研究缺乏全面的认识和整合能力,更缺少能够将不同层次的研究交叉融合在一起的具有科学根据的研究框架。认知科学的诞生表明人类认识已经发展到这一步,它需要而且能够将人类已有的全部知识整合在一起。

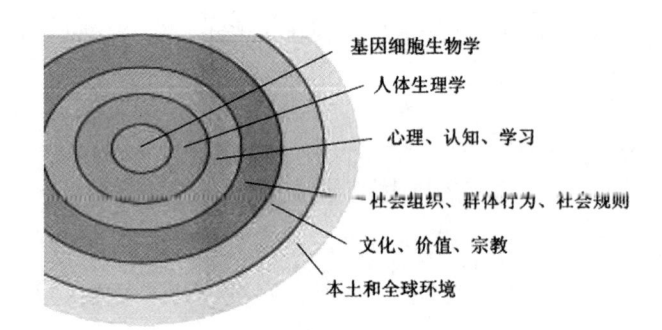

图 7-5 认知科学背景下人类行为和社会技术综合研究示意图

20 世纪是分析的时代,那时人们更加重视对各个不同的领域进行分门别类的研究。21 世纪将成为综合的时代,人们将进行交叉科学的研究和知识的整合。认知科学的诞生,为我们进行跨学科和交叉领域的综合研究提供了可能。

认知科学不仅是心理学与逻辑学统一性的科学基础,也是心理学与逻辑学协调发展的希望。但我们对认知科学寄予的希望会更多。首先,

---

① M. C. Roco and W. S. Bainbridge, Executive Summary. Ibid, p. xi.

我们希望认知科学能够解决很多学科之间的对立和分裂，尽管它们之间有太多的理由需要统一，但在认知科学建立以前，在分析的时代，统一和综合只能是一种梦想。其次，我们希望认知科学能够重新开启问题引领科学研究、科学研究引领学科建设的时代。最后，我们希望在认知科学的时代不仅能够诞生出富有生命力的科学理论，还能够诞生出像古代亚里士多德、近代达·芬奇这种百科全书式的学者。近代以来，条分缕析、分门别类的研究造就了很多领域的专家，但我们却失去了更具人类文化价值的百科全书式的学者。但认知科学的发展使我们可以期望，一个知识综合创新、人才全面发展的新时代将会到来。

8

论批判性思维的临界性[①]

批判性思维在当前的逻辑学、心理学和认知科学的教学与科研中,是一个非常重要的内容或领域,但不同学科对批判性思维的关注点和侧重点还是有所不同。我根据多年在清华大学哲学系和心理学系的逻辑教学实践,特别是根据在心理学系从事逻辑学教学的实践,谈谈逻辑学和心理学所理解的思维和批判性思维,并探究两者不同的脑与认知科学根源。

一、什么是批判性思维

在《批判性思维》(第10版)一书中,摩尔(B. N. Moore)和帕克(R. Parker)这样定义批判性思维:"存在一种思维,它让我们形成意见、作出判断、作出决定、形成结论。同时,还存在着另一种思维——批判性思维,让前述思考过程接受理性评估。可以说,批判性思维是对思维展开的思维,我们进行批判性思维是为了考量我们自己(或者他人)的思维是否符合逻辑、是否符合好的标准。"[②] 该书还引用美国教育资助委员会的大学学习评估工程(CLA)所罗列的批判性思

[①] 本文作者蔡曙山、殷岳。本文原载《湖北大学学报》2016年第7期,CSSCI来源期刊,中国知网全文转载,被引10次,年均被引1.3次。本文收入本书时,作了一些修改和补充。基金资助:国家社会科学基金重大项目"语言、思维、文化层级的高阶认知研究"(批准号15ZDB017)。

[②] [美]布鲁克·诺埃尔·摩尔、理查德·帕克:《批判性思维》,朱素梅译,机械工业出版社2015年版,第2页。

维的重要技能，学生是否能够做到以下思维：

- 判断信息是否恰当
- 区分理性的断言和情感的断言证据的漏洞
- 区别事实和观点
- 识别证据的不足
- 洞察他人认证的陷阱和漏洞
- 独立分析数据或信息
- 识别论证的逻辑错误
- 发现数据和信息与其来源之间的联系
- 处理矛盾的、不充分的、模糊的信息
- 基于数据而不是观点建立令人信服的论证
- 选择支持力强的数据
- 避免言过其实的结论
- 识别证据的漏洞并建议收集其他信息
- 知道问题往往没有明确答案或唯一解决办法
- 提出替代方案并在决策时予以考虑
- 采取行动时考虑所有利益相关的主体
- 清楚地表达论证及其语境
- 精准地运用证据为论证辩护
- 符合逻辑且言辞一致地组织论证
- 展开论证时避免无关因素
- 有序地呈现增强说服力的证据[1]

从以上定义和列举可以看出，批判性思维不是一般的对对象的思维，而是对自己的或他人的思维而进行的思维；批判性思维除了要考虑推理和论证等逻辑的因素，还要考虑证据、信念、信度、效度、修辞、谬误等因素。例如，该书所讨论的谬误有十多种，如诉诸情感、人身攻

---

[1] ［美］布鲁克·诺埃尔·摩尔、理查德·帕克：《批判性思维》，朱素梅译，机械工业出版社2015年版，第4页。

击、心理因素（转移注意、诉诸公众、诉诸理性）、以错制错、生成谬误、虚假对象（稻草人谬误）、二难选择、滑坡论证、错置举证责任、剥夺论题等。

由此看出，批判性思维有两个非常重要的特征，一是元思维或高阶思维的特征；二是临界思维或跨界思维的特征。

批判性思维是一个外来词，它的英文表达是：critical thinking，国内翻译为"批判性思维"，未能完全表达出英文的原意。

critical thinking 是含有"批判性思维"之意，由于它是对已有的思维进行批判，所以它是一种元思维（meta-thinking）或称高阶思维（higher-order thinking），此其一。其二，critical 这个英文词还有"临界"之意，这层意思在"批判性思维"这个中译名称中则完全没有表达出来。

critical 这个词，最初是由物理学家使用，表示一种物理状态或物理量。1934 年，美籍意大利裔物理学家费米（Enrico Fermi）基于中微子假说和实验事实建立了 β 衰变理论。在此基础上，费米发现了超临界组合（supercritical combination）。据此能够计算出发生核裂变的临界质量，即在一定的材料成分和几何布置下，系统达到临界所需的易裂变物质的最小质量称为临界质量。后来发展的核反应堆及核能都是出于这一发现。所谓临界状态，就是核裂变产生出的新中子数量刚好满足反应堆继续裂变需要的状态。如果中子数过多，反应堆运行就会不稳定，严重时甚至有爆炸的危险；反之，如果中子数过少，裂变反应则会停下来。

后来发现，任何纯物质都有其唯一确定的临界状态，也称为临界条件（critical state/critical condition），如物质具有气、液两种平衡共存的极限热力状态，即物质的气态和液态平衡共存时的一个边缘状态。

临界、临界质量、临界状态、临界点这些概念，后来被广泛应用于几乎所有科学研究领域，因为许多物质都有临界点。

在语言学领域，也有 critical 表示"临界性"的用法。例如，阿萨·卡谢在其六大卷的《语用学》一书中，就使用了"Critical Concepts"这样一个副标题，书名 *Pragmatics: Critical Concepts*，译出应为《语用学：

临界的概念》。

很显然，这里用来提示 pragmatics 的 critical concepts 是绝对不能译为"批判概念"的。它是说明语用学的性质的，什么性质呢，显然是语用学的主要特征，如它所包含的重要内容、关键概念以及它的学科交叉性。例如，在学科交叉方面，语用学与语义学、句法学相关，语用学与心理学相关，语用学与社会学相关等。因此，Pragmatics：Critical Concepts 这个书名，正确的理解和翻译应该是："语用学：临界概念"或"语用学：关键概念"。

现在回到我们的主题。思维是否也具有临界性呢？如果 critical thinking 理解和翻译为"临界性思维"的话，思维的临界性又是什么呢？首先，如前所述，批判性思维是元思维或高阶思维；其次，批判性思维具有临界思维或跨界思维的特征，就是说，我们不仅可以从逻辑学的立场来看待自己的或别人的思维，我们也可以从其他学科如心理学、语言学的立场来看待自己的或别人的思维。

下面我们以日常思维中常用的一些思维形式来分析和理解批判性思维。

二、思维临界性的一些例证

（一）假言推理

假言推理是日常思维中使用最多、最为普遍的推理形式。

逻辑学家告诉我们，充分条件假言推理有 4 种可能的形式（模型），4 种形式中，只有肯定前件式和否定后件式是有效的推理形式，其他两种形式肯定后件式和否定前件式是无效的，如表 8-1 所示：

表 8-1 充分条件假言推理的 4 种模型及其有效性

名称	肯定前件式 MP	否定前件式 DA	肯定后件式 AC	否定后件式 MT
前提	$p \rightarrow q$ p	$p \rightarrow q$ $\neg p$	$p \rightarrow q$ q	$p \rightarrow q$ $\neg q$
结论	q	$\neg q$	p	$\neg p$
逻辑有效性	有效	无效	无效	有效

两种有效的推理形式分别被称为演绎规则（Modus Ponens，MP）和逆否规则（Modus Tollens，MT）。在经典逻辑中，可以证明两者是等价的。

心理学家并不认可逻辑学家的这种理论和规定。由于心理学是一种实验科学，心理学家们要用具体的实验来验证，被试到底认可哪一种推理形式？如果实验结果与逻辑学家的理论和原则发生偏差，那么，发生偏差的原因又是什么？这个著名的实验是由英国著名心理学家沃森（P.C. Wason）在1966年完成的，称为沃森选择任务实验（Wason Selection Task）。实验使用四张纸牌作为实验材料，每张纸牌的一面是大写的英文字母，另一面是阿拉伯数字。实验的提示语是："如图，有如下规则R：如果一张牌的正面是A，那么它的背面是4。请翻开上面的纸牌，以验证或推翻规则R。"

| A | B | 4 | 7 |

这叫简单的沃森选择任务。为便于大样本实验和统计，将规则R改为如下规则R′：如果一张牌的一面是元音字母，那么它的另一面是偶数。

试验材料为如下的多组纸牌：

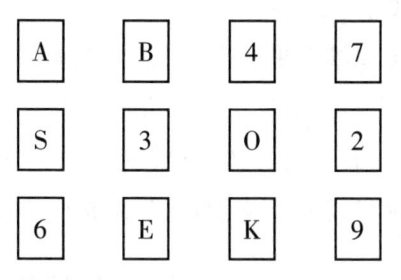

A	B	4	7
S	3	O	2
6	E	K	9

大样本统计结果见本书图7-4。

注意沃森实验的被试都是没有学习过逻辑学的人，因此，它测验的是被试的逻辑能力，而非逻辑知识。实验结果与经典逻辑希望的结果有很大的偏差。对这个结果我们有如下解释：

实验结果表明：几乎100%的人懂得使用MP，尽管他们没有系统地学习过逻辑学。这表明MP是人们头脑里固有的东西，我将它称为

"先天逻辑能力"（Innate Logic Faculty，ILF）①。但只有50%的人懂得使用MT，尽管它在逻辑上是与MP等价的，却只有一半的人支持它。这又表明MT是需要经过学习才能掌握的东西，它是后天获得的逻辑能力（Acquired Logic Faculty，ALF）。心理学家解释说，由于MT与MP相比要多做两次否定，需要使用更多的工作记忆，耗费更多的认知资源，它有更大的认知难度，也就更容易出错。另外，人们容易接受肯定式的推理，不易接受否定式的推理。凡此种种，使得MT与MP相比有更少的支持率。值得注意的是肯定后件式假言推理AC，尽管它在逻辑上是不能接受的，但却有三分之一的人选择使用它。一种在逻辑上不可接受的模型，为什么还有约33%的支持率呢？心理学家的解释是，第一，对肯定的论证方式和否定的论证方式，人们更倾向于使用肯定的论证方式，AC正是肯定的论证方式。第二，在日常语言中，人们常常用"如果，则"的语句来表达充要条件的命题，像"如果你给我干活，我就给你钱"，它表达的是这样一个充要条件：你给我干活，我就给你钱；我给你钱，你就给我干活。虽然沃森实验中使用的是充分条件，但人们的推理还是受到了日常经验的影响。第三，如果下雨地面就会湿；地面湿了，我们能够断定是下雨了吗？当然不能，但下雨却是一种可能的选择，它是地湿的一个可能的原因。最后这种情况就是溯因推理（Abduction）。②

在清华大学的教学实践中，我们以清华大学心理学系本科生为被试重做了这个实验。我们对两个班级50名本科生做了学习逻辑学之前和之后的选择任务实验。结果发现，在学习充分条件假言规则之前的选择任务测试，4种任务的成绩符合沃森选择任务实验大样本统计结果。而在学习并掌握充分条件假言推理的规则之后进行的选择任务测试，肯定

---

① Cai S. Logics in a New Frame of Cognitive Science: On Cognitive Logic, its Objects, Methods and Systems, *Logic, Methodology and Philosophy of Science, Proceeding of the 13th International Congress*, Vol. 1. London: King's College Publications, 2009, 427-442.

② 蔡曙山：《认知科学框架下心理学、逻辑学的交叉融合与发展》，《中国社会科学》2009年第2期。

前件式 MP 的支持率仍然保持为 100%，否定后件式 MT 的支持率也上升到 100%，而肯定后件式 AC 和否定前件式 DA 的支持率都降到 0，这正是逻辑学的理想结果。这一结果提示：学习和掌握演绎逻辑的规律会使人们正确地进行逻辑思维，但同时也会抑制人们运用溯因推理的能力，即抑制人们的非经典逻辑的思维能力，从而抑制人们的科学发现能力和科学创新能力。①

（二）三段论

三段论是另外一种在日常生活中广泛使用的演绎推理，它是关于三个类 S、M 和 P 的关系的推理，用日常语言表达则是包含指称这三个类的三个不同的词项分别作主项和谓项形成的三个判断构成的推理。在人类进化的早期，对类的识别关系到个体和物种的生死存亡，故三段论是人类最早形成的推理形式之一。

三段论一共有 256 个可能的式，但并非所有的式都是有效的。有两种方法可以证明三段论的有效式：一种是公理化的方法，它由三段论的创建人亚里士多德提出，他主张用第一格的 AAA 和 EAE 两个式作为公理，推出所有正确的式，同时还可以排除所有错误的式。可惜的是，亚里士多德最终并未建立起这个理想的三段论公理系统。另一种是中世纪的逻辑学家发展出判定三段论是否有效的若干条规则。②

20 世纪 50 年代，波兰数学家、逻辑学家卢卡西维兹首次用现代逻辑的方法对亚氏三段论进行形式化的研究，并建立了亚氏三段论的形式系统（以下简称"LS"）。LS 使用 4 条公理和 14 个断定命题（即命题逻辑的定理）。但他的这项工作备受指责，首先，他所使用的 4 条公理，除 Barbara 之外，其余的都未见亚里士多德作为公理使用过。14 个断定命题，也只有少数的两条是亚里士多德使用过的。难怪英国逻辑学家威廉·涅尔教授和他的夫人玛莎·涅尔评论说："如果当时有人告诉

---

① 蔡曙山：《科学发现的心理逻辑模型》，《科学通报》2013 年第 58 卷。
② 参见金岳霖主编：《形式逻辑》，人民出版社 2006 年版，第 152—161 页。

他（指亚里士多德——引者注），他的理论预先假定了卢卡西维兹的第二同一律的话，那么他很可能会大吃一惊而感到迷惑不解的。"①

1987 年，笔者的硕士论文重做了这项工作。笔者严格按照亚里士多德的思想，使用 Barbara、Celarent 和 E 命题换位律 3 条公理和 4 个断定命题，建立了亚里士多德三段论的形式系统。在这个系统中，形式地证明了三段论的所有 24 个有效式，凡三段论的结论是全称的，都用等值换位律从前提中直接得出结论；凡结论是特称的，则需使用反证法才能证明。这与亚里士多德的化归理论完全吻合。我们的工作说明，亚氏三段论是建立在命题逻辑基础上，而又不同于命题逻辑的一种逻辑理论，即词项逻辑。② 稍后，我们还要证明三段论是形式可判定的，并给出了它的判定模型。③

以上是逻辑学和逻辑学家的三段论理论，心理学和心理学家又是如何看待三段论推理的呢？

作为一门实验科学，心理学并不承认先天的或者唯理的知识前提，所以心理学家要用实验来证明三段论的所有可能的推理形式中哪些是能够为被试所接受的，哪些是不能为被试所接受的。如果实验结果与逻辑学的结论相悖或相左，那我们就必须为这种偏差提供合理的解释。

美国著名心理学家里普斯对所有 256 个式逐一进行"Yes/No"的反应测试，并与使用逻辑模型计算的有效性百分比相对比，结果发现，三段论推理时发生的心理偏差与格、式和难度相关；观察反应的正确率与逻辑预测的正确率相当吻合。④ 以下是里普斯的实验结果（表8-2），表中粗体数字为实测数，白体数字为模型预测数，加底纹的框内数字为

---

① ［英］涅尔：《逻辑学的发展》，张家龙、洪汉鼎译，商务印书馆 1985 年版，第 195 页。
② 蔡曙山：《一个与卢卡西维兹不同的亚里士多德三段论形式系统》，《哲学研究》1988 年第 4 期。
③ 蔡曙山：《词项逻辑与亚里士多德三段论》，《哲学研究》1989 年第 10 期。
④ Rips, L. J. *The Psychology of Proof, Deductive Reasoning in Human Thinking*. A Bradford Book，1994.

正确的三段论式。

表 8-2 里普斯的三段论心理学实验的统计结果（部分）

前提	结 论			
	SAP	SEP	SIP	SOP
MAP，SAM-1	**90.0** 89.1	5.0 5.0	**65.0** 43.7	0.0 15.0
PAM，SAM-2	**40.0** 5.0	0.0 5.0	0.0 15.0	0.0 15.0
MAP，MAS-3	**20.5** 5.0	5.0 5.0	**45.0** 43.7	**15.0** 15.0
PAM，MAS-4	**30.0** 5.0	0.0 5.0	**75.0** 43.7	5.0 15.0
MAP，SEM-1	0.0 5.0	**15.0** 5.0	0.0 15.0	**25.0** 15.0
PAM，SEM-2	0.0 5.0	**90.0** 84.4	0.0 15.0	**50.0** 38.9

从实验结果我们可以看出：

（1）逻辑学家从公理证明或者从规则认定的有效的三段论，也是被试普遍认同的正确推理，反之亦然。

（2）逻辑学家认为有效的三段论，并未得到被试的完全一致的认同，它们的支持率有很大的不同；逻辑学家认为无效的三段论，也并未得到被试的一致否定，它们也有一定的支持率，而且支持率也有很大的不同。发生以上偏差的原因，包括三段论前提的质和量，三段论的格和式的影响，即心理效应。

1978 年约翰逊·莱尔德（P. N. Johnson-Laird）和斯蒂德曼（M. Steedman）通过他们的研究发现，被试在进行三段论推理时，其反应状态说明三段论的格对其操作的准确性及其所得出的结论的性质有强烈的影响。他们所使用的方法是，向被试呈现以自然语言表述的三段论前提，然后让被试自己推导出他们认为是正确的结论。例如，向被试呈现"有的双亲是科学家"和"所有科学家都是驾驶员"，希望被试得出

"有的双亲是驾驶员"的结论,而不是得出"有的驾驶员是双亲"的结论,尽管这两个结论是彼此等效的。这样就可以说三段论的前提 $\begin{matrix}A—B\\B—C\end{matrix}$ 会造成得出结论 A—C 的心理偏好。类似地,前提 $\begin{matrix}B—A\\C—B\end{matrix}$ 会造成得出结论 C—A 的心理偏好。

由于三段论结论的主谓项需要换位,他们不规定大项、小项和中项,而用大写英文字母 A、B 和 C 来分别代表三个词项,这样就可以穷尽自然语言表述三段论的各种情况。当然,三段论的可能的式也就从 256 个扩大一倍,成为 512 个。下面是他们研究两个前提所构成的格可能得出结论的心理偏好。①

由以上结果可以看出:

第 I 象限：AB—BC 格

71%有效结论形如 A—C,即 14+13+15+10/73=71%。

存在明显的心理偏好。

第 II 象限：BA—CB 格

70%有效结论形如 C—A,即 12+16+10+12/71=70%。

存在明显的心理偏好。

第 III 象限：AB—CB 格

53%有效结论形如 C—A,即 11+12+6+12/77=53%。

存在微小的心理偏好。

第 IV 象限：BA—BC 格

50%有效结论形如 A—C。

50%有效结论形如 C—A。

没有心理偏好。

一些心理学家还研究了三段论推理的气氛效应（Atmosphere Effect, Woodworth & Sells, 1935；Chapman, L. J. & Chapman, J. P., 1959；

---

① Johnson-Laird, Philip N. and Steedman, Mark. (1978) The Psychology of Syllogisms, *Cognitive Psychology* 10, (1978) 64-99.

Begg & Denny，1969)。这些研究表明，前提的质和量会影响人们对结论的预测。例如，在伍德沃斯和塞尔斯的研究中，他们发现：(1) 两个前提皆为肯定，被试倾向于接受肯定结论；(2) 两个前提皆为否定，被试倾向于接受否定结论；(3) 前提—肯定—否定，被试倾向于接受否定结论；(4) 两个前提皆为全称，被试倾向于接受全称结论；(5) 两个前提皆为特称，被试倾向于接受特称结论；(6) 前提—全称—特称，被试倾向于接受特称结论。这个研究结果大部分与逻辑学的规则是一致的，如(1)、(3)、(4)和(6)，它们都是正确的三段论推理；也有一部分是不符合逻辑学规则的，如(2)和(5)，它们不是正确的三段论推理，推理的错误受到心理因素的影响。这些研究表明，在实际的三段论推理中，不论是正确的推理还是错误的推理，人们逻辑思维确实受到心理因素的影响。

我们可以得出一些结论：

(1) 逻辑学的三段论研究是从顶到底的 (top down)，表现为先给出三段论的形式和规则，而把日常语言表述的三段论看作是形式和规则的图解或说明。心理学的三段论研究却是从底到顶的 (bottom up)，表现为将日常语言表述的三段论看作思维和推理的根本，而三段论的形式和规则是从具体的三段论中抽象和总结出来的。心理学的三段论研究重视思维和推理的内容而不仅仅是形式。

(2) 三段论的逻辑模型是纯逻辑的或纯形式的，是与内容无关的，也是排除心理因素的。三段论的心理模型却要考虑这些因素，包括格所造成的心理偏好和前提的质和量造成的气氛效应等。以上对思维的跨学科研究充分说明批判性思维的临界性和跨界性特征。

(3) 没有掌握逻辑学知识与技能的人如何进行推理和学习？我们认为，他的先天逻辑能力和心理因素共同发挥作用。在人的推理和认知活动中，逻辑能力和心理因素是同时起作用的。如果掌握逻辑学知识和技能，则学习和认知活动的效果都会得到提高和加强。

(三) 溯因推理

溯因推理也许是考验批判性思维最有力的利器，一是溯因推理涉及人类最根本的因果性思维；二是溯因推理对经典逻辑构成最大的挑战。

因果性是事件或对象的恒常关系在人们头脑里的反映。科学发现就是寻找事物或现象之间的因果关系及其规律的人类认知活动。随着当代认知科学的发展，人们逐步从脑与神经科学的层面认识了脑与因果性和因果推理的关系。可以认为，因果性是人类在进化中形成的对外部信息进行加工时脑和神经系统的一种重要的联结方式。

大脑的因果关系信息加工分为两种基本的方式，从因及果和由果溯因。从因及果的推理方式被逻辑学家建立为演绎推理的有效模型，即皮尔士（C. S. Peirce）称为"解释前提"的推理。皮尔士的另一类"扩展前提"的推理包括由果溯因的溯因推理和从有限样本的属性推出整体属性的归纳推理，以及皮尔士未纳入其推理体系而在当今认知科学中受到青睐的类比推理。

溯因方法的使用可以追溯到古希腊时期。柏拉图在《美诺篇》中详细讲述了苏格拉底如何用启发式教育法诱导没有哲学和数学知识的人一步一步地推导出"什么是德行"以及"如何将一个正方形的面积扩大2倍"这样的学习过程。① 在这里苏格拉底使用了溯因推理。

但与演绎推理一样古老的溯因推理却遭遇完全不同的命运。苏格拉底和柏拉图以后，无人将《美诺篇》中记述的溯因方法作为一种科学方法加以系统地阐释和提倡，直到美国百科全书式的学者、符号学的创始人、美国科学通才、逻辑学家、数学家、科学哲学家、方法论、知识论和形而上学领域的改革者皮尔士的出现。皮尔士对溯因推理的经典定义是："如果我们观察到一个令人惊讶的事实C，并且如果A是真的，则A可能引起C，这时我们就可以运用溯因推理，猜测A可能是真的。"如图8-1所示：②

---

① Plato, *Plato in Twelve Volumes*, Vol. II, Laches, Protagora, Meno, Euthydemus, with an English translation by W. R. M. Lamb, Harvard University Press, 1977, 82 d-e, 307; 83 b-c, 309; 83 e, 84 a, 313; 84 a-d, 313-315.

② Peirce C S. *Collected Papers of Charles Sanders Peirce*, volumes one through six edited by Charles Hartshorne and Paul Weiss (Cambridge, Massachusetts, 1931–1935), volumes seven and eight edited by Arthur Burks, Cambridge, Massachusetts, 1958, 8.388; 5.188.

$$\text{推理}\begin{cases}\text{解释前提的推理（分析或演绎）}\\\text{扩展前提的推理（综合）}\begin{cases}\text{溯因}\\\text{归纳}\end{cases}\end{cases}$$

图 8-1　皮尔士推理分类图

在皮尔士看来，作为人类思维最高形式的推理，首先应该分为解释前提的推理和扩展前提的推理。所谓解释前提的推理，系指结论并未超出前提断定范围的推理。例如：所有人都是有死的，苏格拉底是人，所以，苏格拉底是有死的。演绎推理的结论包含于前提之中，所以它是解释前提的推理。演绎推理的结论具有必然性，但却不包含新的知识。在科学发现中，演绎推理并不能用于假说的提出，但可用于假说的验证。① 例如，著名的大陆漂移学说就是使用溯因推理提出假说，再经过科学验证之后成立的科学理论。其思维过程如下：如果各大洲来源于古原生大陆同一板块，则各大洲相邻部分就具有相同的几何形状，并且具有相同的地质构造、气候遗迹及动植物化石；现已证实各大洲相邻部分具有相同的几何形状、地质构造、气候遗迹及动植物化石；因此，可以假设各大洲来源于同一古大陆（图 8-2）。

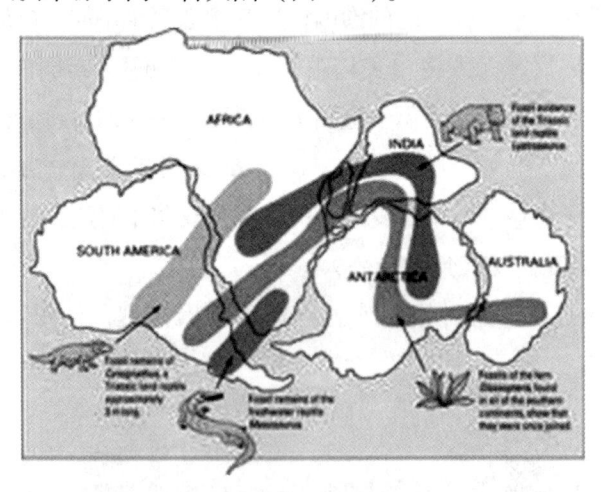

图 8-2　溯因推理与大陆漂移学说的建立

---

① 蔡曙山：《科学发现的心理逻辑模型》，《科学通报》2013 年第 58 卷。

在日常生活中，溯因推理也有重要的用途。例如，

地面湿了，

如果下雨，地面就会湿；

因此，下雨可能是地湿的原因。

如果下雨地面就会湿；地面湿了，我们能够断定是下雨了吗？当然不能，但下雨却是一种可能的选择，它是地湿的一个可能的原因。这就是溯因推理。

溯因推理在一些特殊的人群中有非常强大的、不可替代的作用。例如，侦探在侦破案子时，从现场留下的蛛丝马迹来推测作案人的信息，最后破案，使用的就是溯因推理。公司的主管从员工最近的一些异常表现来推测员工的心理行为和引起异常行为的原因，最后解决这些问题，用的也是溯因推理。甚至学生在做数学证明题时，从论题寻找能够推导出它的公理或定理，即定理的求证，也是一个溯因过程，而定理的证明则是演绎。①

如此强大的溯因推理，经典逻辑却不能接受它。事实上，迄今为止，任何一本逻辑学教科书中都没有溯因推理的地位。这是为什么？非常简单，因为在二值和演绎的经典逻辑框架下，是不可能同时接受演绎推理和溯因推理的，否则会导致系统的崩溃。那么，我们是要尊重现有的逻辑学理论而限制思维，将溯因推理继续斥为"不合逻辑"呢，还是应该尊重我们的思维，对逻辑学稍作一点改变呢？

笔者曾经提出，应该建立认知逻辑的学科框架，就是将认知科学的学科结构映射到现代逻辑的背景之中而得到认知逻辑（Cognitive Logic），参见图7-3。

认知逻辑包括六个主要学科：哲学逻辑（philosophical logic）、心理逻辑（mental logic/psychological logic）、语言逻辑（logic of/and language）、人工智能的逻辑（logics in AI）、文化与进化的逻辑（logics in culture and evolution）、神经系统的逻辑（logic in neuro-system）。关于

---

① 蔡曙山：《科学发现的心理逻辑模型》，《科学通报》2013年第58卷。

认知逻辑，本人相继在国内外学术期刊和学术会议上发表了多篇论文予以阐述，有兴趣的读者可以参阅蔡曙山 2004—2014 的相关研究。[①]

现在，我们终于可以将溯因推理安放在一个合理的位置上，这个合理的位置，或者说它隶属的领域，就是心理逻辑。

从以上假言推理、三段论和溯因推理的例证可以看出，思维具有临界性，即思维不仅与逻辑相关，还与心理相关。认知科学的研究表明，人类在进行思维的认知加工时，不仅要使用左脑进行逻辑推理和数学运算，也要使用右脑进行空间想象、艺术创造、经验类比、归纳和溯因，甚至还有灵光一闪和直觉顿悟。思维的这种临界性正是批判性思维的对象和依据。在物理世界，放射性物质超过临界质量就会引发链式反应，释放出巨大的能量；在思维世界，心理认知和逻辑认知发生交叉和碰撞同样也会释放出巨大的认知能量，这才是临界性思维的价值和意义。

三、决策

除了以上例证，批判性思维的临界性还可以用一个典型的例证来说明，这就是当前思维与认知研究的一个最热门的领域——决策。决策（decision-making）就是做决定，是行为者在一定条件下，运用科学的方法对解决问题的方案进行研究和选择的全过程。

（一）经典的决策理论和理性人假设

在经典的决策理论中，长期以来奉行的是理性人假设，即认为人们做决策是按照理性思维的方式来进行的。

博弈论（game theory）属于应用数学的一个分支，在生物学、经济学、国际关系、计算机科学、政治学、军事战略和其他很多学科都有广泛的应用。博弈论主要研究公式化了的激励结构间的相互作用，是研究具有斗争或竞争性质的数学理论和方法，也是运筹学的一个重要学科。博弈论考虑游戏中的个体的预测行为和实际行为，并研究它们的优化策

[①] Cai S. Logics in a New Frame of Cognitive Science: On Cognitive Logic, its Objects, Methods and Systems, *Logic*, *Methodology and Philosophy of Science*: *Proceeding of the 13th International Congress*, Vol. 1. London: King's College Publications, 2009, 427-442.

略。博弈的三要素：局中人（player）；策略（strategc）；支付（pay-off）。

传统经济学的理性人假设认为，人具有完全的理性，并以此来实现利润的最大化。这个假设包含以下前提条件：（1）可供选择的备选方案是固定的；（2）各种选择的结果的概率是已知的（对主观概率而言）；（3）目标是使一个给定的效用函数的期望值最大化。

理性人假设的条件非常严格，与实际生活不符，在运用上受到很大限制。因此，人们对决策理论进行了种种修正。

（二）决策的满意原则

1978年诺贝尔经济学奖得主西蒙认为，完全理性是不存在的。他以"有限理性"和"满意原则"取代"完全理性"和"最优化原则"，进而解释人类的行为。

修正的博弈论体现了思维的临界性，任何一种有效的制度安排必须满足激励相容（incentive compatible）或自主选择（self-selection）条件。因此，决策者必须在考虑其他局中人反应的基础上选择自己最理想的行动方案。

管理者对被管理者实施激励和约束时，必须考虑被管理者的需求及可能采用的反应对策，必须在充分满足被管理者效用最大化的前提下去实现组织效用的最大化。

博弈双方为考核的主管和被考核的员工，博弈对象为员工的工作绩效，博弈收益为考核结果。

双方博弈的结果如表8-3所示：

表8-3 某公司考核双方博弈表

员工 \ 主管	合作策略	不合作策略
合作策略	考核结果客观公正	考核结果有利于主管
不合作策略	考核结果有利于员工	考核结果失去客观公正性

（三）期望效用理论

期望效用函数理论（expected utility theory），也称冯·纽曼—摩根斯坦效用函数（von Neumann-Morgenstern utility）。

期望效用函数理论是20世纪50年代，冯·纽曼和摩根斯坦（Von Neumann and Morgenstern）在公理化假设的基础上，运用逻辑和数学工具，建立了不确定条件下对理性人（rational actor）的选择进行分析的框架。后来，阿罗和德布鲁（Arrow & Debreu）将其吸收进瓦尔拉斯均衡的框架中，成为处理不确定性决策问题的分析范式，进而构筑起现代微观经济学，并由此建立了包括宏观、金融、计量等在内的宏伟而又优美的理论大厦。

如果某个随机变量X以概率P_i取值x_i，$i=1, 2, \cdots, n$，而某人在确定地得到x_i时的效用为$u(x_i)$，那么，该随机变量给他的效用便是：

$$U(X)=E[u(X)]=P_1u(x_1)+P_2u(x_2)+\cdots+P_nu(x_n)$$

其中，$E[u(X)]$表示关于随机变量X的期望效用。因此$u(X)$称为期望效用函数，又叫作冯·纽曼—摩根斯坦效用函数（VNM函数）。

（四）前景理论：卡尼曼和特沃斯基的挑战

20世纪60年代以来，随着人类心智探秘的起航和认知科学的兴起，心理学从思维的隐身人的地位逐渐走向前台，并最终站在舞台的中央和认知科学的强烈的聚光灯下。

美国心理学家卡尼曼（D. Kahneman）和特沃斯基（A. Tversky）从20世纪60年代以来，潜心研究人们在风险决策中的策略。他们精心设计了无数的实验，以验证人们在做风险决策时，是以理性的方式做逻辑推理和数学计算呢，还是以心理直觉的方式做启发式判断？结果发现，人们在做经济决策时，思维也具有临界性！决策思维不仅具有逻辑性，还受到心理直觉的影响，会产生启发性偏差。[1] 他们提出了一个崭新的决策理论——前景理论（prospect theory）。

---

[1] ［美］丹尼尔·卡尼曼、保罗·斯洛维奇、阿莫斯·特沃斯基：《不确定状况下的判断：启发式和偏差》，方湾等译，中国人民大学出版社2013年版。

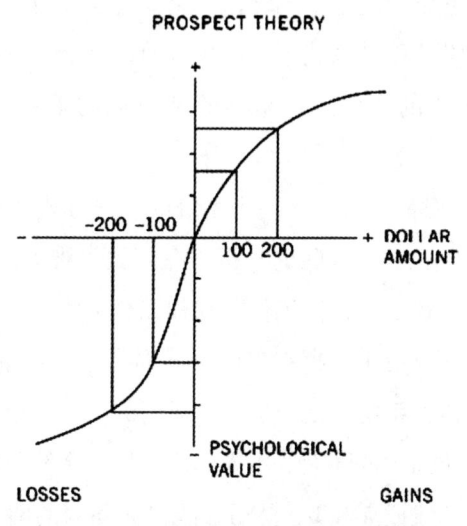

图 8-3　前景理论：盈亏的心理价值

前景理论是通过修正最大主观期望效用理论发展而来的，是描述性范式的一个决策模型，它假设风险决策过程分为编辑和评价两个过程。在编辑阶段，个体凭借框架（frame）、参照点（reference point）等采集和处理信息，在评价阶段依赖价值函数（value function）和主观概率的权重函数（weighting function）对信息予以判断。价值函数是经验型的，它有三个特征：（1）大多数人在面临盈利时是风险规避的；（2）大多数人在面临损失时是风险偏爱的；（3）人们对损失比对获得更敏感（图 8-3）。

因此，人们在面临获得时往往是小心翼翼，不愿冒风险；而在面对损失时会很不甘心，容易冒险。人们对损失和获得的敏感程度是不同的，损失时的痛苦感要大大超过获得时的快乐感。

卡尼曼和特沃斯基的前景理论推翻了经济学领域长期以来占主导地位的理性人假设，因而获得 2002 年诺贝尔经济学奖。

（五）双系统理论：左右脑的不同加工模型

特沃斯基英年早逝，而卡尼曼继续这项重要的研究工作。2011 年，卡尼曼出版了新著 *Thinking, Fast and Slow*，他用两个代理人的隐喻即系统 1 和系统 2 来描述人的思维活动。系统 1 是心理的、直觉的、自动的和无意识的，它是快的思维系统；系统 2 是逻辑的、分析的、受控的和意识的，它是慢的思维系统。卡尼曼认为，系统 1 在判断和决策中的作用比我们所知道的要大，它是判断和决策的幕后主使（secret author）。①

《思考：快与慢》一书对这两个系统的工作方式和相互影响做了细致入微、有理有据、引人入胜的分析。在人类思维中，存在两个系统，这两个系统协调一致工作，但工作方式却完全不同。

卡尼曼认为在决策中，存在着两个不同的系统：系统 1 是直觉的、心理的、快、易错；系统 2 是分析的、逻辑的、慢、精确。系统 1 起主导作用。直觉在认知中的强大的主导作用，用一个简单的实验就可以证明：画两条等长的线段 a 和 b，然后在线段 a 和 b 的两端分别加上向内的和向外的三角形箭头（如图 8-4）。现在，你还能把 a 和 b 看成是等长的线段吗？你的理智告诉你它们是等长的，而你的直觉却告诉你它们不等长，加了开放性箭头的线段 b 看起来比加了收缩性箭头的线段 a 要长。卡尼曼说："即使你知道这两条线长度相同，但是仍然无法把它们视为等长的线。想要消除这种错觉，唯一能做的就是当你再看到两条平等线，并且线的两端有朝向不同方向的箭头时，必须学会怀疑自己的感觉。"② 卡尼曼的双系统加工理论已经成为心理学、语言学、经济学等

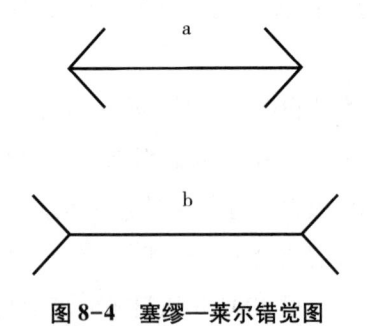

图 8-4　塞缪—莱尔错觉图

---

① ［美］丹尼尔·卡尼曼：《思考：快与慢》，胡晓姣等译，中信出版社 2012 年版。书名和书中的"thinking"一词，笔者认为应译为"思维"。
② ［美］丹尼尔·卡尼曼：《思考：快与慢》，胡晓姣等译，中信出版社 2012 年版，第 11 页。

众多学科以及认知科学研究的典范理论。

以上这些工作对于我们理解左右脑的分工和合作,对于理解理性思维与感性思维,对于理解逻辑和心理,对于理解逻辑学和心理学的关系,对于理解思维的临界性和批判性,意义都非常重大。

四、一些结论和讨论

总结本文,我们有如下一些结论,同时我们进行一些简单的讨论。

(一)批判性思维具有元思维或高阶思维的特征

批判性思维具有元思维或高阶思维的特征,它不仅仅是以事物为思维的对象,而更多的是以先行的思维为对象,这种先行的思维可以是自身的或者他人的思维。这样,批判性思维就具有了它的一个重要的属性——批判性。我们从假言推理、三段论、溯因推理的研究中看到了这种批判性。

(二)批判性思维具有临界性的特征

批判性思维的临界性首先表现为思维过程自身的临界性。一方面,人类思维具有自指性,即后起的思维可以对前行的思维进行再思维(反思),因此,人类思维可能产生自相缠绕,这是悖论产生的根源,也是思维临界性的一种表现;另一方面,人的思维过程是多维度、多通道的,演绎与非演绎、分析与综合、逻辑与心理、语言与修辞、语言与逻辑、语言与心理,这些都是思维过程的不同侧面,是不可分割的,批判性思维也是这种临界性的反映。

(三)批判性思维具有多学科和多领域交叉的特征

作为思维过程临界性的反映,批判性思维还具有多学科交叉和多领域交叉的特征。逻辑学是对思维中的逻辑过程的模拟,批判性思维要求我们对已有的逻辑学理论进行反思,需要从这个理论或系统外面对它进行观察,这样就产生了逻辑学与其他学科之间的交叉,产生了此一逻辑理论与彼一逻辑理论之间的交叉。在认知科学发展的今天,学科交叉不仅可能,而且必要。我们提倡逻辑学和心理学、逻辑学和语言学、心理学和语言学等的交叉,只有这样,我们才有可能比较完全和全面地理解人类的认知过程。

参考文献

Cai S. Logics in a New Frame of Cognitive Science: On Cognitive Logic, its Objects, Methods and Systems, *Logic, Methodology and Philosophy of Science: Proceeding of the 13th International Congress*, Vol. 1. London: King's College Publications, 2009, 427-442.

Johnson-Laird, Philip N. and Steedman, Mark. (1978) The Psychology of Syllogisms, *Cognitive Psychology* 10, (1978) 64-99.

Kahneman, D., P. Slovic, and A. Tversky, (1982) Judgement under Uncertainty: Heuristics and Biases, Cambridge University Press.

Kahneman, D. (2011) *Thinking, Fast and Slow*, Farrar, Straus and Giroux; Reprint edition.

Rips, L. J. *The Psychology of Proof, Deductive Reasoning in Human Thinking*. A Bradford Book, 1994.

Peirce, C. S. *Collected Papers of Charles Sanders Peirce*, volumes one through six edited by Charles Hartshorne and Paul Weiss (Cambridge, Massachusetts, 1931-1935), volumes seven and eight edited by Arthur Burks, Cambridge, Massachusetts, 1958.

Plato, *Plato in Twelve Volumes*, Vol. II, Laches, Protagora, Meno, Euthydemus, with an English translation by W. R. M. Lamb, Harvard University Press, 1977.

［美］布鲁克·诺埃尔·摩尔、理查德·帕克:《批判性思维》,朱素梅译,机械工业出版社2015年版。

［英］威廉·涅尔、玛莎·涅尔:《逻辑学的发展》,张家龙、洪汉鼎译,商务印书馆1985年版。

［美］丹尼尔·卡尼曼、保罗·斯洛维奇、阿莫夫·特沃斯基:《不确定状况下的判断:启发式和偏差》,方文、吴新利、张擘等译,

中国人民大学出版社2013年版。

［美］丹尼尔·卡尼曼：《思考：快与慢》，胡晓姣等译，中信出版社2012年版。

蔡曙山：《科学发现的心理逻辑模型》，《科学通报》2013年第58卷。

蔡曙山：《心理与逻辑：人类认知的两个重要通道》，《科学中国人》2012年第22期。

蔡曙山：《认知科学框架下心理学、逻辑学的交叉融合与发展》，《中国社会科学》2009年第2期。

蔡曙山：《逻辑、心理与认知——论后弗雷格时代逻辑学的发展》，《浙江大学学报》2006年第6期。

蔡曙山：《认知科学背景下的逻辑学》，《江海学刊》2004年第5期。

蔡曙山：《词项逻辑与亚里士多德三段论》，《哲学研究》1989年第10期。

蔡曙山：《一个与卢卡西维兹不同的亚里士多德三段论形式系统》，《哲学研究》1988年第4期。

金岳霖主编：《形式逻辑》，人民出版社2006年版。

9

人工智能与人类智能[①]

——从认知科学五个层级的理论看人机大战

2016年牵动学界、引起国家决策层关注的人机大战（韩国棋手李世石 PK 谷歌狗 AlphaGo），[②] 各种看法、意见和评论很多，但很多看法却不得要领，更有一些看法有意无意夸大机器智能的作用和意义，甚至宣扬人类历史的终结和世界末日论。这些观点不能正确理解人工智能与人类智能，特别是不能从人类所特有的语言、思维、文化层级上来正确地理解人工智能与人类智能。

按照人类心智和认知五个层级划分的理论，[③] 应该而且能够从神

[①] 本文作者蔡曙山、薛小迪。薛小迪，清华大学心理学系博士研究生。本文原载《北京大学学报》2016 年第 7 期，CSSCI 来源期刊，A 类期刊，中国知网全文转载，被引 278 次，年均被引 37 次，属持续高度被引论文。本研究受以下项目资助：国家社会科学基金重大项目"语言、思维、文化层级的高阶认知研究"（批准号：15ZDB017）；国家社会科学基金重大项目"汉语非字面语言大脑加工的神经机制研究"（批准号：14ZDB154）；贵州省社会科学院省领导指示圈示战略合作课题"阳明心学与现代心态学研究"（立项号 QSZL2016007）。

[②] 2016 年 3 月 9—15 日，李世石与 AlphaGo 的世纪大战，李世石以 1∶4 的总成绩负于 AlphaGo。事件不仅给学界带来极大震荡，也惊动了国家相关部门和中央决策层。3 月 15 日当天，中央办公厅和教育部要求人工智能相关领域专家就此事件提供咨询意见，回答人工智能是什么、怎么看、怎么办的问题，供领导决策参考。本文是在我提交的咨询报告上增写而成的，以认知科学的原理和笔者建立的人类认知五层级理论为依据，回答了人工智能与人类智能的本质区别等一系列重大理论问题。本研究成果被教育部采纳上报，供有关领导阅览，并获奖励。

[③] 蔡曙山：《论人类认知的五个层级》，《学术界》2015 年第 12 期；《人类认知的五个层级和高阶认知》，《科学中国人》2016 年第 4 期。

经、心理、语言、思维、文化五个层级来认识和区分机器智能（人工智能）与人类智能，为当前正在发生的人工智能 PK 人类智能找到正确的解释和答案。

一、人类认知的五个层级

认知科学的学科结构图（"丛书总序"图 0-1）展示的是认知科学的学科结构和学科关系，但它却并不展示认知科学的研究对象及对象间的关系，因为认知科学的对象并不是这些学科，不是哲学，不是心理学，不是语言学，不是计算机科学，不是人类学，也不是神经科学，认知科学的对象是人类的心智和认知。那么，人类的心智和认知又具有一种什么样的内涵和关系呢？

2015 年，我提出人类心智和认知五个层级的理论。根据人类心智进化的历程，人类心智从初级到高级可以分为五个层级：神经层级的心智、心理层级的心智、语言层级的心智、思维层级的心智和文化层级的心智。由于认知是用心智来定义的，[1] 故人类认知从初级到高级也同样分为五个层级：神经层级的认知、心理层级的认知、语言层级的认知、思维层级的认知和文化层级的认知，简称神经认知、心理认知、语言认知、思维认知和文化认知。五个层级的认知是人类心智进化各个阶段认知能力的存留。人类认知只能而且必须被包含在这五个层级之中。神经认知和心理认知是人和动物共有的，称为"低阶认知"，语言认知、思维认知和文化认知是人类所特有的，称为"高阶认知"。五个层级的认知形成一个序列。人类认知五层级关系见"丛书总序"图 0-4。在这个序列中，低层级的认知是高层级认知的基础，或者说，低层级的认知决定高层级的认知，而高层级的认知向下包含并影响低层级的认知。[2]

在人类认知五个层级中，语言认知处于非常特殊的地位。

---

[1] 蔡曙山：《认知科学框架下心理学、逻辑学的交叉融合与发展》，《中国社会科学》2009 年第 2 期。

[2] 蔡曙山：《论人类认知的五个层级》，《学术界》2015 年第 12 期。

首先，语言区分了人类认知和动物认知。从进化的眼光看，直立行走、火的使用、语言的发明这三件事改变了进化的方向，使猿最终进化成人。直立行走使人的活动范围大大扩展，从丛林走向平原，解放的前肢用于采摘和捕猎，扩大了食物的范围。火的使用使人可以吃其他动物的肉，异体蛋白的大量摄入使人的脑容量空前增大，脑的认知能力大大提高。语言的发明是人类进化关键的一步。自从使用表意的符号语言和文字，人类的经验就可以形成知识，积淀为文化，从此，人类的进化不再是动物的基因层级的进化，而是语言、知识和文化层级的进化。

其次，语言使思维成为可能。人类的语言能力表现在，它主要通过隐喻的方法，产生和使用抽象的概念，并在抽象概念的基础上，形成判断，进行推理。应用判断和推理，人类可以进行决策和思维，包括数学思维、物理学思维、哲学思维、文学思维、历史思维、艺术思维等。人类社会的一切，都是应用语言和思维的结果。法国著名数学家、逻辑学家和哲学家笛卡尔有一句名言"我思，故我在。"——人类的思维是人类存在的原因。20世纪最重要的语言和思维关系的理论假说"沃尔夫假说"是语言形成思维的观点，它由两个部分构成：一是语言决定论，指语言决定非语言过程，即学习一种语言会改变一个人思维的方式；二是语言相对性，指被决定的认知过程因语言不同而不同，因此，不同语言的说话人以不同的方式进行思维。沃尔夫假说在人类五个层级认知的理论框架下得到完全的解释。

其三，语言和思维形成知识，知识积淀为文化。非人类的动物只能由每一代和每一个个体重新开始积累经验，其进化只能是基因层次的进化。人类知识绝大部分来源于前人创造和积累的间接知识，其进化不仅仅是基因层次的进化，更主要的是知识的进化。自从人类发明和使用语言文字，人类的历史可以说是日新月异。言语（口头语言）的发明在距今600万年至200万年前，文字的发明在距今约6000—5000年以前。人类的语言包括口语和书面语言是一种抽象的符号语言即概念语言。在抽象语言的基础上，形成了思维，语言和思维建构了人类知识体系，知识积淀为文化。此后，人类的历史日新月异。①

其四，"我的语言的界限就是我的世界的界限。"20世纪西方哲学发展前后相继的三大主流是分析哲学、语言哲学和心智哲学，其代表性人物有维特根斯坦、乔姆斯基、奥斯汀和塞尔等。维特根斯坦前后两个时期的两本重要著作《逻辑哲学论》（1921）和《哲学研究》（1953）奠定了分析哲学和语言哲学的基础。事实上，这两部划时代的著作以不同方式研究了语言的哲学问题。维特根斯坦说："语言的诉说乃是一种活动，或是一种生活形式的一个部分。"② "一个词的意义就是它在语言中的使用。"③ "哲学是一场反对借我们的语言来迷惑我们的理智的战斗。"④ 他还说："全部哲学都是一种'语言批判'。"⑤ "我的语言的界限就是我的世界的界限。"⑥ 因此，"对于不可言说的东西，我们必须保持沉默。"⑦

其五，语言建构社会现实。乔姆斯基的《句法结构》（1957）、蒙太格的《形式哲学》（1974）、奥斯汀的《如何以言行事》（1962）分别开创了当代语言学中的语形学、语义学和语用学的研究。这个三分框架，是现代语言研究和语言学的基本方法，也为心理学、社会学、政治学、艺术学等众多学科所使用。在语言哲学和心智哲学领域贡献卓著的塞尔是世界著名语言和心智哲学家，他的《言语行为》（1969）、《表达式和意义》（1979）、《意向性》（1983）、《语用逻辑基础》（1985）、《意识之谜》（1997）、《建构社会现实》（1997）、《心智、语言和社会》

---

① 参见［美］米黑尔·罗科、威廉·班布里奇编著：《聚合四大科技　提高人类能力：纳米技术、生物技术、信息技术和认知科学》，蔡曙山、王志栋、周允程等译，清华大学出版社2010年版，第32页。
② ［英］维特根斯坦：《哲学研究》，李步楼译，商务印书馆2004年版，第17页。
③ ［英］维特根斯坦：《哲学研究》，李步楼译，商务印书馆2004年版，第31页。
④ ［英］维特根斯坦：《哲学研究》，李步楼译，商务印书馆2004年版，第71页。
⑤ ［英］维特根斯坦：《逻辑哲学论》，贺绍甲译，商务印书馆2009年版，第42、85、105页。
⑥ ［英］维特根斯坦：《逻辑哲学论》，贺绍甲译，商务印书馆2009年版，第85页。
⑦ ［英］维特根斯坦：《逻辑哲学论》，贺绍甲译，商务印书馆2009年版，第105页。

(1999)、《心智》(2005)、《制造社会世界》(2010) 等著作，建立了言语行为理论和语用逻辑、意向性理论、意识理论、心智和认知理论、语言建构社会现实理论等一系列关于语言、心智和认知的重要理论。在语言建构社会现实的理论方面，塞尔在言语行为理论、语用学、语言哲学和心智哲学的基础上，提出人类用语言建构整个人类社会，这一理论振聋发聩，引起学界和社会各界广泛关注。笔者曾邀请塞尔访问清华大学并主持清华论坛且与塞尔教授有过关于语言建构社会现实的对话。塞尔说：

> 从社会本体论的意义上说，人类社会是由语言建构的，并且不断传递下去。正如生物学的 DNA 一样，人类社会也有普遍的原则，而这些原则正是用语言来建构的。……我们确实不知道区别人类心智与动物心智的细节，但我们知道人类语言具有与动物语言不同的特征。动物的语言可以用于表达，人类的语言却可以用于表现，即用于建构社会现实。①

从人类认知五个层级的理论和以上分析我们看出，语言是人类心智的基础，语言决定思维和我们认识世界的方式，"我的语言的界限就是我的世界的界限"。人类无法认识世界，也无法做任何事情——除非经过语言。

二、认知科学家眼中的计算机科学与人工智能

关于认知科学，现在我们有两个关系图，其一是"学科关系图"，它是从认知科学的来源学科来划分的，依据的是学科标准，说明的是认知科学各来源学科和交叉学科之间的关系。其二是"科学结构图"，这是从人类认知的五个层级来划分的，依据的是人们头脑里发生的认知过程，说明的是认知科学研究对象之间的关系。

我们注意到，在认知科学的学科关系图中，作为认知科学六大来源学科之一的计算机科学是赫然在目的，并且作为计算机科学与认知科学

---

① 马欣：《塞尔：人类语言用于建构社会现实》，《科学时报》2007 年 9 月 11 日。

交叉的六大支柱学科的人工智能也是认知科学的主流学科。但是，在认知科学的五个层级的划分即在认知科学的科学结构中，计算机科学和人工智能都没有了踪影，这是怎么回事？

首先，我们应该看到，在科学和学科的关系中，科学是第一性的，是决定性的；学科是第二性的，是被决定性的。科学和学科的这种关系，在认知科学五个层级的科学结构和六大学科的学科结构关系中，得到了充分的体现（见表9-1）。

表9-1 认知科学的科学结构和学科结构对应关系

层级	认知形式	问题和领域	学科
5	文化认知	自我、他人、社会、文化、自然、进化	人类学；文化人类学
4	思维认知	概念、判断、推理、证明、决策、问题解决	逻辑学；哲学；计算机科学
3	语言认知	句法加工、主义加工、语用加工	语言学
2	心理认知	感觉、知觉、注意、表象、记忆	心理学
1	神经认知	左右脑分工、心身关系、意向性	脑与神经科学

第一，科学关系决定学科关系。与其他科学研究一样，认知科学也是以问题为导向的，认知科学的五个层级的研究所涉及的问题分别产生出神经科学、心理学、语言学、逻辑学和哲学、计算机科学、文化人类学。科学与学科的对应关系如下：神经认知——→神经科学；心理认知——→心理学；语言认知——→语言学；思维认知——→逻辑学、哲学、计算机科学；文化认知——→文化人类学。20世纪50年代以来，五个层级的认知研究最终汇成大海，诞生了认知科学。所以，科学问题和科学研究是第一性的，是决定性的；学科的产生和发展是第二性的，是被决定性的。认知科学也是一样，其科学性质决定学科性质，即是说，认知科学的五个层级的科学关系决定其六大学科的结构和相互关系。长期以来，在认知科学研究和学科建设中，人们并未充分重视比学科结构更加基本的科学结构。第二，从思维认知到认知科学相关学科的映射是一对多的

关系，产生了逻辑学、哲学、计算机科学等相关学科。这充分说明，思维是人类认知的重要形式，所以对它的研究形成多个学科。从思维层级的认知到认知科学相关学科的映射，充分说明了思维认知的重要性。第三，计算机并不是人脑或人类心智的一部分，但它却是人类心智和认知的产物，并反过来促进人类心智和认知的发展，这就形成了人工智能与人类智能的对立和统一。人工智能和人类智能的统一性表现在两个方面：其一，计算机科学和人工智能是人类心智和认知的一种外在的形式和工具。其二，计算机科学和人工智能作为一门学科，它的对象存在于人类认知的五个层级之中。

从上述的认知科学五个层级到认知科学的学科之间的映射关系我们看出，计算机和人工智能不过就是试图用机器来实现人类智能。

要实现人工智能的这个目标，首先就要了解什么是人类智能，然后才能正确理解什么是人工智能。人类智能，就是神经、心理、语言、思维、文化五个层级上所体现的人类的认知能力。人工智能，就是让机器或人所创造的其他人工方法或系统来模拟人类智能。

关于人工智能，有两个重要的标准或模型，一个是图灵模型，由英国数学家和逻辑学家、计算机和人工智能之父图灵（Alan Turing）于1948年在"智能机器"中提出；另一个是塞尔模型，由美国心智与语言哲学家塞尔于1980年提出。

图灵模型是一部由人操控的机器，它按照用自然语言（英语）书写的程序来下棋，是一部"纸上谈兵"的机器（a paper machine）。操控这部机器的人无需知道如何下棋，他所做的是只需按照书写的程序去移动棋盘上的棋子。在人工智能上图灵是一位乐观主义者，他相信计算机很快就会展现明显的智能行为，例如回答英文提出的问题并进行对话等。1950年，图灵提出著名的"图灵试验"（Turing Test）：如果一台计算机能够通过人的在线对话测试，则这台机器就被认知已经具有智能。与此等价的模型是：如果一位测试者在一场屏蔽对象的在线对话测试中不能分辨由人和机器分别控制的两个终端的回答哪一个更好，则说明被测试的机器已经具有了智能。按照这个标准，很显然，目前的很多计算机系统已经具有了智能,如 1997 年击败卡斯帕罗夫的"深蓝",2016 年击败李世石的 AlphaGo,以及在各种专业领域中其智能堪比人类的各种专家系统。到 20 世纪 70 年代晚期,一些人工智能研究者宣称计算机已经理解部分自然语言。1980 年,塞尔以一个简明而被广泛讨论的模型,断言当前的数字计算机完全不可能理解自然语言或人类思维。1999 年,塞尔简明地描述了其"中文房间论证",模型如下:

  设想一个母语为英语的人,他对汉语一无所知,他被锁在一个装有中文字符盒子的房间中,房间中还有一本关于中文字符操作的指导手册(程序)。又设想房间外面的人往房间里送进一些中文字符,房间里的人对这些字符依然是不认识,而这些送进来的字符是用中文提出的问题(输入)。再设想房间里的人按照程序指导能够发出中文字符,而这些中文字符也正确回答了那些问题(输出)。程序使房间中的人通过了图灵试验,然而,房间里的这个人确实对中文一无所知。①

  塞尔继续说道:"这一论证的要点是:如果中文房间中的人通过操作适当的程序来理解中文,但他却并不理解中文,那么,任何仅仅基于同样程序的数字计算机也是不理解中文的,因为中文房间里的人所不具有的东西,任何计算机作为计算机也不可能具有。"②

  ——这就是认知科学家所看待的人工智能。

  下面,我们从人类智能的五个层级来分析人工智能,看看目前的人工智能包括 AlphaGo 都达到了什么水平,与人类智能究竟有什么差异?

三、以五个层级的理论来认知人工智能和人类智能

(一)神经层级的认知

在神经认知层级上,计算机科学与神经科学交叉产生了两个重要的科学领域:神经计算机科学和计算神经科学。计算机科学和人工智能目

---

① The Chinese Room Argument, *Stanford Encyclopedia of Philosophy*, http://plato.stanford.edu/entries/chinese-room/.

② The Chinese Room Argument, *Stanford Encyclopedia of Philosophy*, http://plato.stanford.edu/entries/chinese-room/.

前在神经层级所做的工作不外这两个领域。那么，在这些领域，人工智能是否已经超过或至少相当于人类智能了呢？答案是否定的。

AlphaGo目前所做的工作，只是模仿人类神经的某些活动，却取了一些相当吓人的名称，如"神经网络""神经计算机""类脑计算机""深度心智"等，其实与人类的神经认知活动一点关系也没有。人类的脑与神经认知活动，如左右脑的分工和协同、视觉认知、听觉认知、嗅觉认知、味觉认知、触觉认知，计算机和人工智能远没有达到人类的认知能力和水平；而对幸福、痛苦和各种情绪的感受，目前的人工智能恐怕连一些低级的动物如虫、鱼、鸟、兽的认知水平都比不上。

（二）心理层级的认知

在心理认知层级上，计算机科学与心理学交叉的科学领域有计算机仿真和计算心理学等。在这些领域，人工智能是否已经超过或相当于人类智能了呢？答案仍然是否定的。

以感知和注意、表象和记忆这些基本的心理现象为例，计算机和人工智能目前远没有达到人类的认知水平。例如，视觉中对颜色的感觉即色觉可以兼有温度感觉，如红、橙、黄色会使人感到温暖，所以这些颜色被称作暖色；蓝、青、绿色会使人感到寒冷，所以这些颜色被称作冷色等等。计算机的视知觉系统未能实现这种跨通道的感知。又如，知觉是脑和神经系统对感觉信息进行再加工，以获得对事物的整体性认识的心理过程。知觉具有整体性、恒常性、意义性、选择性等特征。一辆自行车，我将它靠在一棵树上，回来时从另一个方向和完全不同的角度看它，一眼就能认出那个自行车，而机器认知系统或人工智能系统对此却可能一筹莫展。

（三）语言层级的认知

计算机的语言系统与人类的语言系统有本质的不同。人类语言是在自然进化中形成的语言，称为自然语言。计算机语言却是人类自己设计出来的、专供机器使用的语言，它是人工语言中的形式语言。

自然语言和形式语言有巨大的差异。以汉语为例，以汉语为母语的中国人很容易知道下面的话语哪些是可以说的，哪些是不可以说的：

(a) 吃饭。

(b) 吃酒席。

(c) 吃食堂。

(d)* 吃桌子。

(e)** 吃教室。

(f)** 吃操场。

注意在现代汉语中,(a)(b)(c)是可以说的,(e)和(f)却是不可以说的,(d)在一些语境中是可以说的,在另一些语境中却是不可以说的。母语是汉语的中国人很容易掌握这种语言知识和技能,而计算机理解起来却非常困难。原因是人类在使用自然语言时,可以同时在句法、语义和语用三个层次进行加工,但目前的计算机自然语言处理系统在最基础的句法加工上的表现也只能是差强人意(仅对英语而言),在语义加工和语用加工上则只能是"听语兴叹"或"望文兴叹"。

计算机科学和语言学交叉的领域是计算语言学和自然语言理解。这些领域可能的突破性进展还要依赖于认知科学的参与。人类认知或者说高阶认知的基础是语言认知,思维和文化认知都是建立在语言认知基础之上的。人类凭借生动活泼、丰富多彩的自然语言来进行思考,并形成瑰丽多彩的人类文化。计算机则凭借单调的、无歧义的二进制语言来进行一切活动,包括对人类思维的模拟。形式语言与自然语言之间的鸿沟是一道难以跨越的障碍,而由不同的语言所形成的这种障碍是人工智能和人类智能之间的根本分野。

(四)思维层级的认知

人工智能与人类智能的重要区别,也许就在思维层级的认知上。

"计算机是否有智能"常常被当作计算机是否能够思维这个问题——这样的理解存在重大的偏差,尽管思维是人类认知的重要方面。

人类的心智和认知是以语言为基础、以思维为特征的。思维是人类作出的最高级别的精神活动。所有人类的进步和成就不过是人类思想的产物。文化、艺术、科学和技术的发展无一不是思维的结果。甚至整个人类社会都是用语言和思维来建构的。法国哲学家笛卡尔的著名论断"我思，故我在"，将思维与存在的关系定义为因果关系：由于我思维，所以我存在。笛卡尔的心身问题是哲学和认知科学的永恒问题。

中国古代思想家对于思维也有过非常精辟的论述。《论语·为政》说："学而不思则罔，思而不学则殆。"孟子不仅区分感性认识和理性认识（思维），而且深刻论述了两者的关系："耳目之官不思，而蔽于物。物交物，则引之而已矣。心之官则思，思则得之，不思则不得也。此天之所与我者。先立乎其大者，则其小者弗能夺也。此为大人而已矣。"（《孟子·告子上》）

概念、判断和推理是思维的基本形式。人类能够产生和使用抽象概念，这是思维的起点。机器能够根据定义去使用某种概念，但它是否能够自己产生和使用抽象概念呢？——这是一个问题。类似地，人类能够用概念来做判断，用判断来进行推理，那么，计算机是否也具有这种能力呢？显然，判断和推理也是人工智能的重要标准。

1997年5月11日，IBM的计算机程序"深蓝"击败了世界排名第一的棋手加里·卡斯帕罗夫。2016年3月15日，围棋"人机大战"，AlphaGo以4∶1的总比分取得胜利。

AlphaGo战胜李世石，与多年前"深蓝"战胜卡斯帕罗夫有一些重要的区别。主要是围棋的变化更多，更复杂。所以AlphaGo采用了学习策略和一些更加高级的算法。而"深蓝"只是按照事先设计的程序办事。这样就让人觉得，击败卡斯帕罗夫的并不是"深蓝"，而是设计软件的人；但击败李世石的却是AlphaGo，是人工智能，是它自身通过学习，增长了智慧，最终战胜了人。因此是否可以得出结论，人工智能已经超过了人类智能？事实是否真的如此呢？

毫无疑问，在以计算和推理为主要思维和决策方式的国际象棋和围棋领域，人工智能已经超过了人类智能。不仅如此，在以计算、推理和机械行为为特征的其他很多领域，如生产线上的机器人，人工智能也做得比人类更好、更准确、更有效。奇怪的是，在"深蓝"战胜卡斯帕罗夫的时候，在机器人普遍取代人工日益成为现代工业的生产方式的时候，人们并没有惊呼人工智能战胜了人类智能，为何 AlphaGo 战胜李世石的时候人们却发出这样的惊呼？

事实上，AlphaGo 战胜李世石和以前"深蓝"战胜卡斯帕罗夫并无本质的区别，与生产线上的机器人代替人工也并无本质的区别。在某些需要特殊技能的领域，机器可以和人类做得一样好，甚至超过人类。但并不能由此得出普遍的结论：人工智能已经超过人类智能。在一些看似简单但需要直觉、灵感、顿悟和创造性思维的领域，如面孔识别（孩子从妈妈的面部表情可以知道她的喜怒哀乐）、直觉判断、情感交流、创新思维，人工智能的水平甚至不如一个婴儿。至于将已有的知识进行综合创新，如阿基米德在洗澡时灵光一闪发现浮力定律、牛顿看见苹果落地而发现万有引力、爱因斯坦通过计算加猜测而得出著名的质能公式 $E=mc^2$，则是人工智能可望而不可即的。

世界著名心智和语言哲学家塞尔在 20 世纪 80 年代提出的"中文房间论证"的人工智能模型，迄今并无任何计算机能够通过这个模型的测试。[1] 就是说，数字计算机并没有真正意义上的人类智能，而且永远也不会有。[2] 塞尔的这个著名论断并未过时。

（五）文化层级的认知

文化认知是五个层级中最高层级的认知形式，也是人类特有的认知形式。总结来说，人类认知就是以语言为基础、以思维和文化为特征的高阶认知。文化是人所创造的一切对象的总和，是人的创造物，包括物质存在、社会存在和精神存在。

广义地说，科学、艺术、哲学和宗教都属于文化的范畴。科学、艺术、哲学和宗教从不同的角度，在不同的层次上反映了人类心智，反映了人类对物质世界和精神世界的认识。

在文化认知的领域，似乎仍然是人类智能一统天下，机器和人工智

---

[1] 蔡曙山：《哲学家如何理解人工智能》，《自然辩证法研究》2001 年第 11 期。

[2] 蔡曙山：《关于哲学、心理学和认知科学的 12 个问题与塞尔教授的对话》，《学术界》2007 年第 3 期。

能无法问津。中医诊断的系统已经开发出来了，但我相信，多数人更相信专家。写格律诗的计算机软件也开发出来了，并且能够模仿某位诗人如李白写一首格律诗来祝贺朋友的生日，但我相信所谓这样的"李白诗篇"恐怕连赝品都算不上。一幅张大千的画或一方齐白石的印可能价值连城，而一幅计算机模仿的张大千的画或一方计算机雕刻的齐白石的印则不可与原品同日而语。曹雪芹是独一无二的，因而《红楼梦》也是独一无二的。心智是涉身的，曹雪芹的心智和他个人的特殊的人生经验决定他才是曹雪芹，他的特殊的心智和认知方式是任何其他人和人工智能无法模仿的。

四、几点结论和简单讨论

最后我们给出几点结论并作简单的讨论。

（一）人工智能是在不断进步、不断提高、不断发展的

自有计算机就有人工智能，人工智能的历史和计算机的历史一样久远。自20世纪50年代以来，人工智能的理论和技术在不断发展，不断提高，人工智能的技术在不断进步，这是事实。李世石 PK AlphaGo 的人机大战，AlphaGo 以 4∶1 的成绩战胜李世石，这个战绩比之前"深蓝"战胜卡斯帕罗夫要辉煌得多：一是因为围棋的复杂程度远胜于国际象棋。围棋 19 * 19 的方阵，共有 361 个落子点，所以整个围棋棋局的总排列组合数高达 10 的 171 次方，而计算机的复杂性对人工智能的算法提出了挑战。二是因为围棋的规则非常简单，这就使得过去人工智能常用的靠规则、套路和运算速度取胜的人工智能策略失去优势，必须设计新的能够在围棋博弈中取胜的策略。事实上，此次的 AlphaGo 使用了很多全新的策略，如深度学习策略、类神经网络系统、价值评估策略等，这才是 AlphaGo 致胜的关键，也是从"深蓝"到 AlphaGo 人工智能理论发展和技术进步之所在。

（二）在人类认知的所有五个层级上，人工智能都是在模仿人类智能，在总体上并未超过人类智能

在神经、心理、语言、思维、文化等人类认知各个层级上，人工智能都是在模仿人类智能。这五个层级的人类认知，是人类心智进化各阶段在人的脑与认知系统中保有的能力和智能方式。因此，五个层级的人类心智和认知也就是五个层级的人类智能。本文从人类心智和认知的五个层级考察了人工智能与人类智能的差异，可以看出，在人类心智和认知即人类智能的各个层级上，人工智能都是在模仿人类智能，并且都未能达到人类智能的水平；越是较高层级的认知，人工智能越是逊于人类智能，特别是在高阶认知这个层级上，即在语言、思维和文化层级上，目前人工智能是远逊于人类智能的。事实上，在高阶认知这个层级上，人工智能和人类智能这两种智能方式是截然不同的。

（三）机器学习也只是对人类认知能力的一种模仿，不能作过高的评价

这次人机大战以及机器胜出，最受人们称道的就是 AlphaGo 的深度学习策略，包括通过网络架构与大量样本预测对手落子的神经网络策略、通过价值评估计算胜率的评价网络，以及根据有限选项中计算最佳解的蒙地卡罗搜索树。AlphaGo 就是根据这三个函数来找出最佳动作。

问题是 AlphaGo 这台先进的机器，其学习能力究竟处于什么水平呢？是否已经是超过人类甚至要终结人类的机器？我们的答案是否定的。首先，AlphaGo 的胜利是数学和逻辑的胜利，说明在某些特定领域的数学计算和逻辑推理方面，机器有可能胜过人类的左脑。但 AlphaGo 并不是真的理解了什么是围棋，更不能将下围棋当作一种艺术来享受，正如计算机可以惟妙惟肖地模仿人类的消化过程，但它却不可能去品尝和享用一块汉堡包或一份中式大餐。在心理与直觉方面，机器远远不如人类的右脑。例如，欣赏音乐和绘画。在这些方面，计算机远不如人类。这种差别不是数量级的差别，而是本质的差异。其次，人和动物都具有学习能力。甚至一些低级动物也具有学习的能力，例如老鼠走迷宫、鹦鹉学舌等。人们利用狗的灵敏的嗅觉，经过学习和训练，狗可以完成查找毒品和爆炸物这类特殊的任务，其在特定领域的专业能力可以胜过人类。实际上，这种智能行为只需要刺激反应和记忆就可以了，属于神经和心理层级的认知，是比较低级的认知形式。至于比较高级的认

知形式如语言认知、思维认知和文化认知，连一些非人类的高级动物如灵长动物黑猩猩都不具备，更遑论完全不具备心智的冰冷的机器。其三，人工智能就是一种常规的技术进步，机器学习也只是对人类认知能力的一种模仿，即使机器在某些专业领域的能力超过人类，也不能作过高的评价，更不必引起恐慌。在技术进步史上，超过人类能力的机器很多，汽车跑得比人快，火车拉的比人多，飞机飞的比人高……"人类跑不过汽车的时候为何没有那么恐慌呢？跑步这项运动到现在也好好的，奥运金牌也不是都被法拉利拿走了……所以真的不必太过紧张。"①至于说机器具有人类情感，会谈恋爱和生育后代，如果不是好莱坞的科幻电影，就只能是一些人的无知梦幻和天方夜谭，或是牟利的商业宣传。

（四）机器永远不会具有人类智能，因此在可预见的未来也不会出现超越或控制人类的机器

著名的塞尔人工智能理论"中文房间论证"并未过时，根据这个论证，数字计算机（digital computer）永远不会具有智能。②

按照弱人工智能（Artificial Narrow Intelligence）和强人工智能（Artificial General Intelligence）的划分，目前的人工智能通通属于弱人工智能，即让机器具有某种智能的行为（can machine act intelligently）。尽管在某些特殊的领域，专家系统已经达到甚至超过人类智能，如"深蓝"和 AlphaGo，也包括在当代工业生产线上广泛使用的各种专业机器人，但这些人工智能都只是属于弱人工智能。而强人工智能，即让机器能够真正地像人类一样思考（can machine really think），目前只是出现在科幻电影里或强人工智能者的信仰里。迄今为止，并没有任何一部真正理解人类语言的机器诞生，因此更不会有像人一样能够进行创造

---

① 尹相志：《浅谈 AlphaGo 所涉及的深度学习技术》，搜狐网，2016 年 3 月 16 日。

② Searle, J., 1980, Minds, Brains and Programs, *Behavioral and Brain Sciences*, 3: 417-57; 1984, *Minds, Brains and Science*, Cambridge, MA: Harvard University Press. The Chinese Room Argument, *Stanford Encyclopedia of Philosophy*. http://plato.stanford.edu/entries/chinese-room/.

性思维的机器和具有人一样的文化生存方式的机器。

那么，人是否可以像上帝那样创造具有心智的生命呢？答案是肯定的。事实上，已经有疯子或者称为"科学狂人"试图扮演这样的角色。美国"科学坏蛋"（bad man of science）文特（J. Craig Venter）已经在他的实验室合成生命。[①] 但这并不是机器人，而是有心智的人工生命（对它的讨论已经超出本文范围）。可惜的是，在 AlphaGo 战胜李世石以后一些人鼓噪的"机器战胜人类"的喧嚣声中，人们对真正的人类命运问题应有的关注被完全转移了。

参考文献

Chomsky, N. *Syntactic Structure*. The Hague, Mouton, 1957.

Montague, Richard. *Formal philosophy：Selected papers*. Edited by Richmond H. Thomason. New Haven, Conn.：Yale University Press, 1974.

Searle, John R. *Speech Acts：An essay in the philosophy of language*, London：Cambridge University Press, 1969.

Searle, John R. *Expression and meaning：Studies in the theory of speech acts*. Cambridge University Press, 1979.

Searle, John R. *Intentionality：An essay in the philosophy of mind*. Cambridge and New Youk：Cambridge University Press, 1983.

Searle, John R. *The Construction of Social Reality*, Free Press, 1997.

Searle, John R. *Mind, Language and Society：Philosophy In The Real World*, Basic Books, 1999.

Searle, John R. *Mind：A Brief Introduction*, Oxford University Press, 2005.

---

① Craig Venter, From Wikipedia, the free encyclopedia. https://en.wikipedia.org/wiki/Craig_Venter.

Searle, John R. *Making the Social World: The Structure of Human Civilization*, Oxford University Press, 2010.

Searle, John R. and Daniel Vanderveken, *Foundations of illocutionary logic*, Cambridge and New York: Cambridge University Press, 1985.

Searle, John R. *The Mystery of Consciousness*, The New York Review of Books, 1997.

［美］米黑尔·罗科、威廉·班布里奇编著:《聚合四大科技 提高人类能力:纳米技术、生物技术、信息技术和认知科学》,蔡曙山、王志栋、周允程等译,清华大学出版社2010年版。

10

生命进化与人工智能[①]

一、人类历史进入倒计时

当前的人工智能神话,最强的莫过于"霍金警告"。霍金多次表示,"彻底开发人工智能可能导致人类灭亡"。他说:"到目前为止开发的原始形式的人工智能被证明非常有用,我却害怕创造出匹配或超越人类的某种东西的后果。我担心的是,AI 会自己起飞并不断加速重新设计自己。人类受到缓慢的生物进化的限制,无法竞争,将会被超越。"[②]按照霍金教授的说法,人工智能科技在初级发展阶段的确为人类生活带来便利,但是,机器将可能以不断加快的速度重新设计自己。而人类则受制于生物进化速度,无法与其竞争,最终将被超越。科学界把人工智能超越人类智慧的转折点命名为"奇点"——正如宇宙大爆炸也起源于这样一个奇点。[③]

[①] 本文原载于《上海师范大学学报》2020 年第 3 期,原标题《生命进化与人工智能——对生命 3.0 的质疑》。CSSCI 来源期刊,中国知网全文转载,被引 10 次,年均被引 3 次。本研究受以下项目资助:国家社会科学基金重大项目"语言、思维、文化层级的高阶认知研究"(批准号:15ZDB017);国家社会科学基金重大项目"汉语非字面语言大脑加工的神经机制研究"(批准号:14ZDB154)。贵州省哲学社会科学规划国学单列重大项目"认知科学与阳明心学的实证研究"(20GZGX10)。

[②] [英]史蒂芬·霍金:《十问:霍金沉思录》,吴忠超译,湖南科学技术出版社 2019 年版,第 158 页。

[③] 奇点(Singularity)是宇宙大爆炸之前宇宙存在的一种形式。它具有一系列奇异的性质,无限大的物质密度、无限弯曲的时空和无限趋近于 0 的熵值等。

在人生最后的时间里，霍金频繁回答科学家、科技企业家、高级商业人士、政治领袖及公众问及的一些"大问题"。这些回答形成了一份巨大的个人档案。霍金去世后，他的学术同事、家人和遗产管理机构合作，根据这份档案出版了《十问：霍金沉思录》（Brief Answers to the Big Questions by Stephen Hawking）。在该书"人工智能是否会以计谋打败我们"一章中，霍金最后警告说："计算机能力正在增长，量子计算机正在迅速实现。这将以指数方式的更快速度革新人工智能。量子电脑将改变一切，甚至人类生物学。"[1]

智能机器是否会成为人类的"终结者"？人类历史是否已经进入倒计时？对这些"大问题"，本文将从生命进化、人类心智的进化和人工智能的发展以及人与自然的关系中寻找答案。

二、人类心智的进化

生命是宇宙和地球演化以及生命进化的产物。基因和心智是地球演化和生命进化的两个重要结果，心智的进化依次产生了神经、心理、语言、思维与文化五个层级的形式。

关于生命的进化，迄今有两种基本的理论和解释：达尔文进化论（Darwin's Theory of Evolution）和现代综合进化论（Modern Comprehensive Evolution）。在此基础上，我们建立认知科学的心智进化论（Theory of Mind Evolution）。

（一）达尔文进化论（物种进化论）

1859年，达尔文发表《物种起源》，标志着进化论的诞生。达尔文认为，生物之间存在着生存竞争，适应者会生存下来，不适应者则会被淘汰，这就是自然的选择。生物通过遗传、变异和自然选择，从低级到高级，从简单到复杂，种类由少到多地进化和发展。达尔文进化论有四个主要论点：一是进化论，即物种是可变的，现

---

[1] ［英］史蒂芬·霍金：《十问：霍金沉思录》，吴忠越译，湖南科学技术出版社2019年版，第158页。

有的物种是从别的物种变来的,一个物种可以变成新的物种;二是共同祖先学说,即认为所有的生物都来自共同的祖先。分子生物学发现了所有的生物都使用同一套遗传密码,生物化学揭示了所有生物在分子水平上有高度的一致性;三是自然选择,即优胜劣汰是进化的主要机制;四是渐变论,即认为生物进化的步调是渐变式的,而不是跃变式的,它是一个在自然选择作用下累积微小的优势变异的演化过程。

(二) 现代综合进化论(基因进化论)

现代综合进化论是对达尔文进化论的发展,它应用现代基因科学的理论和研究成果,充分重视基因变异在生命进化中的作用,以此建立了新的生命进化理论,其要点是:第一,基因突变、染色体畸变和通过有性杂交实现的基因重组是生物进化的表现形式;第二,进化的基本单位是群体而不是个体,进化是由于群体中基因频率发生了重大的变化;第三,自然选择决定进化的方向,生物对环境的适应性是长期自然选择的结果;第四,隔离导致新物种的形成,长期的地理隔离常使一个种群分成许多亚种,亚种在各自不同的环境条件下进一步发生变异就可能出现生殖隔离,形成新物种。

现代综合进化论彻底否定了获得性的遗传,强调进化的渐进性,认为进化现象是群体现象并重新肯定了自然选择的压倒一切的重要性。

(三) 认知科学进化论(心智进化论)

以上两种关于生命与进化的理论和解释,共同的缺陷是只看到生命的表现形态和基因的表现形态,而没有看到心智的表现形态,没有看到心智在生命进化中的作用。

20世纪70年代以来,认知科学的发展取得了一系列重要的研究成果,根据认知科学的理论,我们可以对生命的进化提出新的解释,这就是认知科学的进化论,即心智进化论。认知科学将心智看作是生命进化的依据,并以心智为研究对象。认知科学是研究心智与认知现象及规律的科学。① 认知科学的进化论或心智进化论,是根据认知科学的理论、方法和研究成果,对生命进化提出新的解释。根据认知科学的基本原理,将生命的进化过程看作是心智的进化过程。由于心智决定认知,因此,心智和认知从低级到高级的发展决定了生命从低级到高级的发展。

根据心智进化论,我们将生命35亿年的演化过程看作是一个心智的进化过程,心智的进化水平决定了动物的种性和形态。

综上可以看出,达尔文进化论看到内在条件(遗传和变异)和外在条件(自然选择)对物种进化的作用,但看不到基因在生命进化中的作用。综合进化论看到基因在生命进化中的作用,但却没有看到心智在生命进化中的作用。心智进化论重视心智在生命进化中的作用,超越了达尔文的物种进化论和基因进化论,对生命的进化提出了新的解释。

这里涉及古老的"心身问题"(mind-body problem),即心智和身体究竟谁是第一性的大问题,我们将这个问题留待后文讨论。

三、人类认知的五个层级

认知科学的学科特征可以归纳为两句话:五层级贯通、多学科综合;五层级是科学结构,"6+1"是学科框架。

(一)人类认知的五个层级

按照心智进化论,动物心智的发展和进化经历了神经、心理、语言、思维和文化五个发展阶段,形成五个层级的心智能力。人类继承了全部五个层级的心智和认知能力,而非人类的动物只具有神经和心理两个层级的心智和认知。对心智的进化进行结构的分析,我们建立了人类认知五层级理论。②

在认知科学中,认知是用心智来定义的。心智是认知主体对环境信息进行加工,得出有用信息,并用以指导自身行为的一种能力。人类在进化中获得的五种心智使人类具备五种认知能力,这就是神经认知能

---

① 蔡曙山:《认知科学框架下心理学、逻辑学的交叉融合与发展》,《中国社会科学》2009年第2期。

② 蔡曙山:《论人类认知的五个层级》,《学术界》2015年第12期。

力、心理认知能力、语言认知能力、思维认知能力和文化认知能力。

五种心智和认知是具有层次结构的，我们称之为"人类认知的五个层级"，五层级认知的关系如下：

（1）五个层级的认知首先被区分为非人类动物的低阶认知和人类特有的高阶认知。非人类动物仅具有的神经认知和心理认知称为低阶认知，人类所特有的语言认知、思维认知和文化认知称为高阶认知。人类认知涵盖所有五个层级，包括高阶认知和低阶认知。从神经认知、心理认知、语言认知、思维认知到文化认知的发展，是动物和人类认知进化方向的体现；人类认知的五个层级的存在，是心智和认知进化各阶段能力的遗留。

（2）每一种初级认知依次成为高级认知的基础。神经认知是心理认知的基础；心理认知是语言认知的基础；语言认知是思维认知的基础；思维认知是文化认知的基础。当然我们也可以说，神经认知和心理认知是语言认知的基础；神经认知、心理认知和语言认知是思维认知的基础；神经认知、心理认知、语言认知和思维认知是文化认知的基础。

（3）由于高级认知向下包含了较初级的认知，所以较高级的认知形式会对它所包含的初级认知形式产生影响。文化认知会对思维认知、语言认知、心理认知和神经认知产生影响；思维认知会对语言认知、心理认知和神经认知产生影响；语言认知会对心理认知和神经认知产生影响。

（二）人类心智的进化与高阶认知

在生命进化的漫长进程中。三件大事最终完成了人类的进化，这三件大事是：直立行走、火的使用和语言的发明。直立行走使猿的一支——人猿走出丛林，走向平原，扩大了活动范围，并腾出前肢进行采摘和捕猎。火的使用使人类能够加工熟食，增强体魄，并能大量摄入异体蛋白，使脑容量成爆发式增加。① 语言的发明使人类通过这种特有

---

① 考古证据表明，人类脑容量的爆发式增大与火的使用处于同一进化年代。

的抽象符号（概念语言）进行思想交流和行为交际，协调更大范围的群体行为，使人类从相对弱小的个体形成强大的群体。在抽象符号语言（概念语言）的基础上，人类能够进行抽象思维，语言和思维建构出理性逻辑的知识体系，知识积淀为文化。从此，人类的进化不再是或者主要的不是基因层次的进化，而是语言、思维和文化的进化，即人类心智的进化。[①]

高阶认知的三种形式语言、思维和文化，是人类特有的三种认知能力。由语言认知、思维认知和文化认知构成的高阶认知是人类特有的认知形式，非人类的动物并不具有这种认知形式。因此，高阶认知也就是人类认知。

1. 语言认知

在人类认知的五个层级中，语言认知是核心。在高阶认知中，语言认知是基础。语言的发明，使人类脱离非人类动物而最终进化为人。人类的存在，就是语言的存在。"我言，故我在。"[②]

20世纪的语言学革命最终导致认知科学的建立。首先是20世纪50年代以乔姆斯基句法结构理论为标志的语言学革命，这一革命成为认知科学革命的先声绝非偶然。从人类认知的五个层级我们知道，语言是全部人类认知即高阶认知的基础，所以，认知科学革命从语言领域爆发是必然的。然后是相继发生的以蒙太格为代表的语义学革命和以奥斯汀、塞尔为代表的语用学革命。语言学的这些成就引发了语言与心智的研究[③]、先天语言能力的研究[④]、言语行为的研究[⑤]、语用学的研究[⑥]、

---

① 媒母（meme）亦称文化基因，是衡量人类心智的一个根本指标。基因（gene）则是衡量生理状态的指标，两者关系是心身问题的现代版本。
② 蔡曙山：《论语言在人类认知中的地位和作用》，《北京大学学报》2020年第1期。
③ N. Chomsky. *Language and Mind*. New York, Harcourt, Brace & World, 1968.
④ N. Chomsky. *Language and Mind*. New York, Harcourt, Brace & World, 1968.
⑤ J. R. Searle. *Speech Acts*: *An Essay in the Philosophy of Language*. London: Cambridge University Press, 1969.
⑥ N. Kadmon. *Formal Pragmatics*: *Semantics*, *Pragmatics*, *Presuppowition*, *and Focus*. Blackwell Pullishers, 2001.

意向性的研究①、语言哲学和心智哲学的研究②，这些研究指向一个共同的目标——人类心智，这些发展最终导致20世纪70年代中期认知科学的建立。

2. 思维认知

在抽象的概念语言的基础上，人类产生了抽象思维。这是人类进化中重要的一步，语言和思维建构了全部的人类知识体系。所以说，人类认知是以语言为基础、以思维为特征的。笛卡尔尽人皆知的名言是："我思，故我在。"笔者著文指出："人类的存在，包括作为认知主体的存在，作为思维主体的存在和作为文化主体的存在，不过是语言的存在。'我思，故我在'这个经典的哲学命题，在认知科学发展的今天，应该被'我言，故我在'这个更深刻的命题所取代。"③

20世纪初，为解决第三次数学危机即数学基础的危机而建立的数学逻辑，在形式语言的基础上建立逻辑分析的形式系统，即一阶逻辑，将数学的基础奠定在形式语言和形式逻辑系统之上。1930年，哥德尔证明这个系统是一致的，即系统内所有可证的公式（定理）都是真的。这样，罗素悖论所引起的数学危机就解决了。同时，他还证明这个系统是完全的，即系统内所有的真公式都是可证的。尽管在历史上也曾经产生过如欧氏几何和亚氏三段论那样的公理系统，但在形式语言的基础上建立形式系统并证明系统的一致性和完全性，这在人类历史上还是第一次，意义重大。1931年，哥德尔证明了一个更加伟大的定理：形式系统的不完全性定理，这个非凡的定理后来以他的名字命名：哥德尔定理。④ 哥德尔定理分为两部分：第一不完全性定理和第二不完全性定

---

① J. R. Searle. *Intentionality*: *An Essay in the Philosophy of Mind*, London: Cambridge University Press, 1983.

② J. R. Searle. *Speech Acts*: *An Essay in the Philosophy of Language*; J. R. Searle. *Mind*: *A Brief Introduction*. New York: Oxford University Press, 2004.

③ 蔡曙山：《论语言在人类认知中的地位和作用》，《北京大学学报》2020年第1期。

④ Gödel, Kurt. *On Formally Undecidable Propositions of Principia Mathematica and Related Systems*. Translated by B. Meltzer. Introduction by R. B. Braithwaite. New York: Dover Publication, Inc. 1962.

理。第一不完全性定理说，如果一个至少包含算术系统的形式系统是一致的，那么，它就是不完全的；第二不完全性定理说，如果这个形式系统是一致的，那么，它的一致性在系统内是不能证明的。哥德尔定理在一致性和完全性之间建立关系：在一个形式系统内，一致性和完全性是不可得兼的。一致性是一个逻辑系统必须满足的，如果这样的话，则这个系统是不完全的，即系统内存在真而不可证的命题。并且，系统的一致性是系统本身无法证明的。哥德尔定理粉碎了人类可以全知全能的梦想，也粉碎了人类试图穷尽一切真理的梦想。哥德尔定理告诉我们，人类的理性是有限的。哥德尔定理是人类理智结出的最灿烂的花朵。

3. 文化认知

语言和思维形成知识，知识积累为文化。人类发明语言、建立思维、形成知识、产生文化，此后，人类的发展不再是或者说主要的不是基因层级的进化，而是语言和思维的发展以及文化的进化，这是600万年前人类发明语言以后的发展历程。

文化是人类认知的最高形式，文化认知是人类认知的最高层级。一方面，文化的内涵丰富，文化就是人化，是人所创造的一切存在物，包括物质的存在和精神的存在；另一方面，还要万分注意自然与文化的关系，人类文化连同人自身归根到底是自然进化的产物，离开自然，人类和文化都将不复存在。近代以来，文化和文明越来越成为自然的对立物和异己的力量。

文化的内涵丰富、结构复杂。我们可以将其分为三个层级：科学、哲学和宗教。[1] 还可以把文化按照七要素进行分类，即经济、政治、科学、宗教、道德、文学和艺术。[2] 文化的每一个方面都包含十分丰富的内容，都是人类知识的积淀和结晶。人类文化是自然进化的结果，所以，由联合国发起、联合国教育科学文化组织负责执行的世界遗产分为世界文化遗产、世界文化与自然双重遗产、世界自然遗产三类，足以

---

[1] 蔡曙山：《自然与文化——认知科学三个层次的自然文化观》，《学术界》2016年第4期。

[2] 钱穆：《文化学大义》，九州出版社2011年版，第33—57页。

彰显自然的价值、文化的价值、自然与文化的共同价值及自然与文化的关系。

文化最重要的特征是创造。科学、哲学、宗教、经济、政治、道德、文学、艺术无一不是人类的创造，而且是人类以语言为基础、以思维为工具的创造。哥德尔从形式语言和形式系统创造了不完全性定理，揭示人类理性的有限性，揭示系统内存在真而不可证的命题，揭示系统无法证明自身的一致性。爱因斯坦从光速有限和坐标表决权两个前提出发创造了狭义相对论，推导出爱因斯坦公式，释放出原子能。20世纪的科学家从谱线红移这个物理现象，推导出宇宙膨胀的结论，建立了宇宙大爆炸论，等等。所有这些，说到底都是自然进化和人类心智发展的结果。

那么，是否存在自然进化系统之外的生命？机器会不会进化？人工智能是否具有生命？人工智能是否最终会超过人类智能？人工智能会不会危及人类的生存？对于这些"大问题"，我们将通过对《生命3.0：人工智能时代人类的进化与重生》一书的质疑作出回答。

四、对"生命3.0"的质疑

近年来，"语不惊人死不休"的一部奇书恐怕要数泰格马克（Max Tegmark）著的《生命3.0：人工智能时代人类的进化与重生》(*Life 3.0: Being Human in the Age of Artificial Intelligence*)，此书一出，轰动天下。

泰格马克毕业于斯德哥尔摩经济学院与瑞典皇家理工学院物理系，获美国加州大学伯克利分校博士学位，现任麻省理工学院物理系终身教授。在物理学上创立了平行宇宙论和数学宇宙假说，他认为，我们所看到的一切其实都是数学结构——我们不仅可以用数学描述所处的宇宙，甚至可以说宇宙本身就是数学。他关于星团的研究获得《科学》杂志"2003年度突破奖"第一名，他被誉为"当今最具原创力的物理学家之一"。顶着这样的光环，2014年他与Skype创始人杨塔里安（Jaan Tallinn）共同创立了"未来生命研究所"（Future of Life Institute，FLI）。FLI的目标很简单：保证生命有未来，会继续存在下去，并尽可能地兴旺发达。①

泰格马克关于未来生命的设想要点如下：

生命 1.0 发源于约 40 亿年前的生物阶段，在它的有生之年都无法重新设计自己的硬件和软件，一切由它的 DNA 决定，只有进化才能带来改变，而进化则需要许多世代才会发生。生命 2.0 大约产生于 10 万年前，也就是人类诞生以后的生命形式。生命 2.0 虽然不能更新硬件，但可以更新软件，即可以重新设计自身软件的一大部分：人类可以学习复杂的新技能，如语言、运动和职业技能，并且能够从根本上更新自己的世界观和目标。生命 3.0 是一种预言，目前在地球上尚不存在，它不仅能最大限度地重新设计自己的软件，还能够重新设计自己的硬件，而不用等诸多世代的缓慢进化。②

对于泰格马克的这个奇思妙想，并不是所有人都同意。特别是对于"生命 3.0 何时出现"这个问题，泰格马克本人也承认"这个问题极富争议，而且争议得十分精彩"。"如果超人类水平的人工智能出现了，会是一件好事吗？"这个问题的不同意见，见图 10-1。

在是非对错的判断上（横轴），卢德主义者（Luddites）③ 相信，人工智能的发展结果一定是坏的，所以反对人工智能。数字乌托邦主义者（Digital Utopian）不仅认为超过人类水平的人工智能肯定会发生，而且认为那绝对是一件好事。大多数人是人工智能有益运动的支持者，他们对人工智能的态度在卢德主义和数字乌托邦主义之间，对于超人类人工智能的出现，他们的态度是高度不确定，认为可能是好事，也可能是坏事。

---

① ［美］M. 泰格马克：《生命 3.0：人工智能时代人类的进化与重生》，汪婕舒译，浙江教育出版社 2018 年版，第 v 页。

② ［美］M. 泰格马克：《生命 3.0：人工智能时代人类的进化与重生》，汪婕舒译，浙江教育出版社 2018 年版，第 33 页。

③ 卢德主义出现于工业革命初期，那时候的手工业工人对于大机器生产的出现非常愤恨，他们认为机械化和自动化使他们的工资降到了很低的水平，新技术迫使劣质产品进入市场。于是憎恨大机器，开始破坏这些新出现的机器设备，以换取就业。卢德主义者用来指代那些反对技术进步的人。

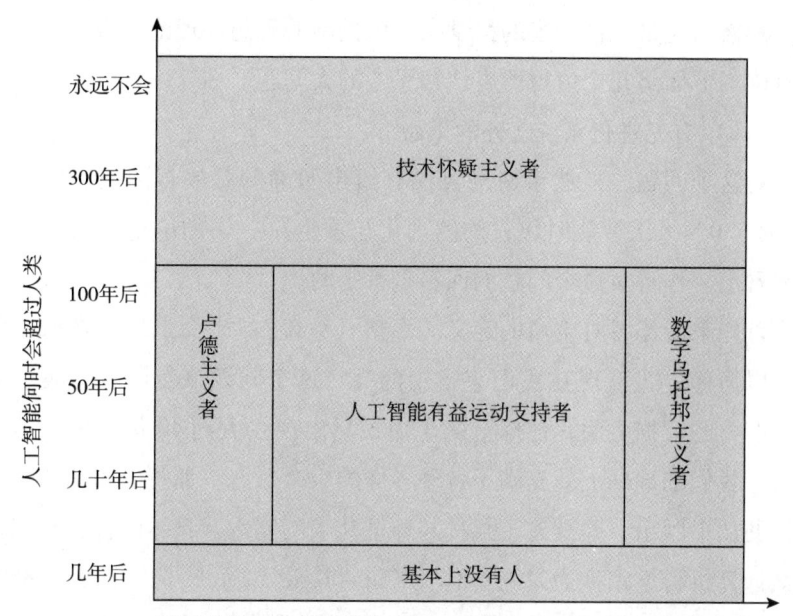

10　生命进化与人工智能

图表区域：

纵轴：人工智能何时会超过人类（永远不会 / 300年后 / 100年后 / 50年后 / 几十年后 / 几年后）

横轴：如果超人类水平的人工智能出现了，会是一件好事吗？（当然是坏事　可能是坏事　高度不确定　可能是好事　当然是好事）

区域标注：技术怀疑主义者、卢德主义者、人工智能有益运动支持者、数字乌托邦主义者、基本上没有人

图 10-1　各个学派关于强人工智能的争议

在时间早晚的判断上（纵轴），几年后出现超过人类水平的人工智能基本上没有人相信。但卢德主义者、人工智能有益运动的支持者和数字乌托邦主义者这三类人尽管对超级人工智能的价值判断有差异，但却一致认为超过人类水平的人工智能在今后一百年内一定会实现。只有技术怀疑主义者认为，建造超过人类水平的人工智能实在是太困难了，没有几百年的时间，根本无法实现，因此，没有必要杞人忧天。泰格马克说，他曾当面向机器人制造专家罗德尼·布鲁克斯（Rodney Brooks）求证，"奇点"有无可能发生①，布鲁克斯回答："百分之百地肯定，奇点不会发生在我的有生之年"。泰格马克追问："你确定你的意思不是99%？"布鲁克斯回答说："不是没用的99%，就是100%。奇点根本不会发生。"②

---

① 此处借指通用人工智能出现的转折点。

② ［美］M. 泰格马克：《生命3.0：人工智能时代人类的进化与重生》，汪婕舒译，浙江教育出版社2018年版，第42页。

泰格马克是一位严肃的科学家，他提出的思想、理论和观点值得严肃对待。下面是几个值得严肃认知思考的大问题。

（一）有无进化系统之外的生命

对这个问题，虽然泰格马克没有给出明确的是或否的回答，但从《生命3.0：人工智能时代人类的进化与重生》一书的论述仍然可以清晰地看出，作者对这个问题的回答是肯定的。

首先来看作者对生命的定义。泰格马克说："生命最早是在何时何地、以何种方式出现在我们宇宙中的呢？这个问题依然没有答案。不过，有力的证据表明，地球上的生命最早出现在大约40亿年前。不久之后，我们的地球上就充满了各种各样的生命形态。那些最成功的生命很快便从中胜出，并具备了某种与环境共生的能力。具体而言，它们就是被计算机科学家称为'智能体'（Intelligent Agent）的东西：这种实体用感应部件收集关于环境的信息，然后对这些信息进行处理，以决定如何对环境作出回应。例如，你能用眼睛和耳朵收集信息，并用这些信息来决定在一段对话中要说什么；不过，它也可以只包括非常简单的硬件和软件。"[1]

这里采用了简单粗暴的方法，将生命定义为硬件和软件系统。为什么要用"硬件"和"软件"这种计算机术语来定义生命？就是为了推出计算机生命——生命3.0的存在。定义的公式如下：

$$生命 =_{df} 硬件 + 软件$$

$$=_{df} \begin{cases} 生命1.0，硬件-，软件- \\ 生命2.0，硬件-，软件+ \\ 生命3.0，硬件+，软件+ \end{cases}$$

以上定义公式中，"$=_{df}$"表示"定义为"，左边是被定义项，右边是定义项；"+"表示"能更新"，"-"表示"不能更新"。按照这样的定义，泰格马克得到"生命三个阶段"的结论，他的"生命三种形态"

---

[1] ［美］M. 泰格马克：《生命3.0：人工智能时代人类的进化与重生》，汪婕舒译，浙江教育出版社2018年版，第32页。

的理论建构成功。

泰格马克还有另一个生命的定义：将生命定义为一个能够"保持自己的复杂性，并进行复制的过程"[①]。在这种定义之下，宇宙万物和技术进步都可以看作某种生命系统。他说："我们的婴儿宇宙也像你一样，经历过指数型增长，以固定的周期，规律地将自己的尺寸翻倍，从最初的那一团比原子还小还轻的物质迅速膨胀，一直到超过我们用望远镜可以看到的所有星系。在这个过程中，每次翻倍都会引发下一次翻倍。技术进步的过程也同样如此：当一项技术的能力变成过去的两倍时，通常情况下，它又可以用来设计和建造能力翻番的技术，引发不停歇的能力翻番，这就是摩尔定律的精髓。"[②] 他论证了生命与它的物质形态无关。他说："硬件就是物质，软件就是形态。计算的'物质'层面的独立性暗示着我们，人工智能是可能实现的：智能的出现并不一定需要血肉或碳原子。"[③] 他还说："一团物质想要学习，必须对自己进行重新排列，以获取越来越强的能力，好计算它想要的函数，只要它遵守物理定律就行。"[④] 他明确说："我们宇宙中的生命的最终极限取决于物理定律，而不取决于智能。"[⑤] 如此这般，泰格马克便赋予宇宙万物以生命。为了保持他的这个理论的一致性，他给出了关于生命定义的一些名词术语的备忘表（表10-1）。[⑥]

[①] [美] M. 泰格马克：《生命3.0：人工智能时代人类的进化与重生》，汪婕舒译，浙江教育出版社2018年版，第50页。

[②] [美] M. 泰格马克：《生命3.0：人工智能时代人类的进化与重生》，汪婕舒译，浙江教育出版社2018年版，第90页。

[③] [美] M. 泰格马克：《生命3.0：人工智能时代人类的进化与重生》，汪婕舒译，浙江教育出版社2018年版，第88页。

[④] [美] M. 泰格马克：《生命3.0：人工智能时代人类的进化与重生》，汪婕舒译，浙江教育出版社2018年版，第93页。

[⑤] [美] M. 泰格马克：《生命3.0：人工智能时代人类的进化与重生》，汪婕舒译，浙江教育出版社2018年版，第59页。

[⑥] [美] M. 泰格马克：《生命3.0：人工智能时代人类的进化与重生》，汪婕舒译，浙江教育出版社2018年版，第50—51页。

表 10-1　生命与人工智能名词术语备忘表

生命（Life）	能保持自己的复杂性，并进行复制的过程
生命 1.0（Life 1.0）	靠进化获得硬件和软件的生命（生物阶段）
生命 2.0（Life 2.0）	靠进化获得硬件，但自己能设计软件的生命（文化阶段）
生命 3.0（Life 3.0）	自己设计硬件和软件的生命（科技阶段）
智能（Intelligence）	完成复杂目标的能力
人工智能（AI）	非生物的智能
专用智能（Narrow Intelligence）	可完成一个较狭义的目标组（例如下棋或开车）的能力
通用智能（General Intelligence）	可完成几乎所有目标（包括学习）的能力
普遍智能（Universal Intelligence）	在拥有数据和资源的情况下，可获得通用智能的能力
通用人工智能（AGI）	可完成任何认知任务，并且有完成的和人类一样好的能力
人类水平的人工智能（Human-leveler AI）	其能力同通用人工智能的能力
强人工智能（Strong AI）	其能力同通用人工智能的能力
超级智能（Super Intelligence）	远超人类智能水平的通用智能
文明（Civilization）	一组相互影响的智能生命形式
意识（Consciousness）	主观体验
感质（Qualia）	主观体验的单个实例
伦理（Ethics）	制约我们应该如何行为的原则
目的论（Teleology）	用目标或意志而不是原因来解释行为
目标导向行为（Goal-oriented behavior）	更容易用目标或意志而不是原因来解释行为
拥有目标（Having a goal）	展现出目标导向行为
拥有意志（Having purpose）	服务于自己或其他实体的目标
友好的人工智能（Friendly AI）	目标与我们一致的超级智能
赛博格（Cyborg）	人与机器的混合体
智能爆炸（Intelligence Explosion）	能迅速导致超级智能的迭代式自我改进的过程
奇点（Singularity）	智能爆炸
宇宙（University）	在自宇宙大爆炸以来的 138 亿年的时间里，光线足以到达地球的空间领域

泰格马克关于生命的第一个定义是循环定义,他先将生命定义为硬件加软件,再用硬件加软件来定义生命 1.0 到生命 3.0。这种循环定义在逻辑上是错误的。泰格马克关于生命的第二个定义也有明显的问题。什么是"复杂性"?这是一个模糊的概念,用一个模糊的概念来定义生命,其本质属性不可能得到揭示。例如,一个 DNA(脱氧核糖核酸),一个 RNA(核酸,2019nCoV 病毒的存在方式)都非常复杂,它们都能够自我复制,但是它们都不是生命或生物。按照这个定义,生命 1.0 既不能复制自己的硬件,又不能复制自己的软件,它们应该不符合生命的定义,因而整个的非人类动物都应该被排斥在生命系统之外,这岂不荒唐?泰格马克对生命的定义犯了逻辑上循环定义和定义项不明确的错误,是不能自圆其说的。关于生命的定义,我们在后文还会做更多的讨论。

(二)关于"被嵌入的生命"(生命 3.0)

泰格马克并不认为生命 3.0 是进化出来的生命,而认为它是人工智能发展到一定程度产生出来的新的生命形态,称为"被嵌入的生命"。

"被嵌入的生命"有两种含义,一种含义是人工智能嵌入到人体之中,改变人体硬件,从而进入软硬件都可以更新的"生命 3.0"。目前的芯片植入、脑机接口等技术,正向生命 3.0 发展。但是,这条路看不出有超越人类智能的普遍智能(General Intelligence)或通用智能(Universal Intelligence)。另一种含义是人工智能发展到人类水平的智能(Human-Level AI)以后,它摆脱人类的控制,依靠自我进化,成为超越人类的生命形式,即"生命 3.0"。

在《生命 3.0:人工智能时代人类的进化与重生》一书中,作者开篇就讲了一个欧米茄团队和普罗米修斯的故事。故事以文学想象加好莱坞的手法,讲了人工智能体普罗米修斯如何从它的设计者欧米茄团队的控制下成功越狱,从赚钱、网络、商业、技术、改进硬件、电影生产、宣传、说服、教育到竞选、政治、获取权力,最终控制全人类。这个故事整整讲了一章,读后不知是科幻作品、好莱坞剧本还是文学创作,看来严谨的科学家也难免随性而为,信口开河。

泰格马克承认，这样的智能体（Agent）目前尚不存在，但他和数字乌托邦主义者都认为，这个最终理想一定会实现，超过人类智能的通用智能一定会出现，生命3.0这个人工智能的"圣杯"一定会被他们获得。是否如此？本文将在结论部分再加以讨论。

（三）人类是"有限智慧"，那么，是否存在"超级智能机器"

根据哥德尔定理，人类所建构的哪怕是最严格的形式系统中，也存在真而不可证的命题；另外，一个这样的形式系统，其自身的一致性是自身所不能证明的。这就判定了，人类的理性是"有限理性"，人类的智能是"有限智能"。也就是说，人类的心智和认知能力是有限的。那么，存在无所不能的"超级智能"和"超级智能机器"吗？

在表10-1中，泰格马克定义了各种智能，按照他的定义和论述，我们可以把这些智能排列成一个等级（图10-2）。在这个等级图中，无所不能的通用智能居于最高等级，在拥有数据和资源的情况下可获得通用智能能力的普遍智能与之平起平坐，数字乌托邦主义者期望的"圣杯"生命3.0当仁不让地与通用智能居于最高层级。根据泰格马克的定义，人类水平的人工智能、通用人工智能和强人工智能是同一水平的智能。在这两个层级之间，是"远超过人类水平的通用智能"即所谓的"超级智能"。显然，数字乌托邦主义者的生命3.0的三级跳，目前恐怕还在第一级 HAI/AGI/SAI 的水平上，甚至在这个水平上也是问题多多。仅仅是塞尔的"中文房间论证"对强人工智能的打击，恐怕他

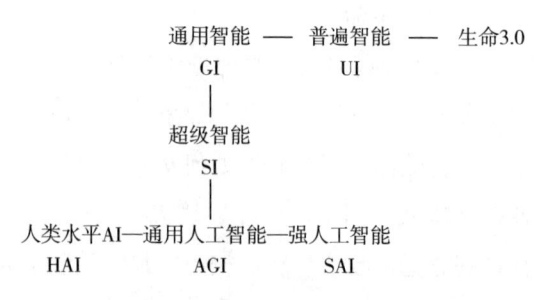

```
通用智能 ── 普遍智能 ── 生命3.0
  GI           UI
   │
  超级智能
   SI
   │
人类水平AI─通用人工智能─强人工智能
   HAI         AGI         SAI
```

图10-2　生命3.0及人工智能等级图

们也还没有回过神来。①

（四）关于人工智能与人类智能

虽然强人工智能遭到塞尔等心智和语言哲学家的驳斥，但数字乌托邦主义者仍然乐此不疲。

早在1965年，英国密码学家、统计学家、计算机先驱（Computer Pioneers）古德（Irving Good）就提出"智能爆炸"理论，他说：

> 让我们给"超级智能机器"（Ultra-intelligence）下一个定义，那就是：一台能超越任何人（无论这个人多么聪明）的所有智力活动的机器。由于设计机器也属于这些智力活动中的一种，因此，一台超级智能机器就能出更好的机器；那么，毫无疑问会出现"智能爆炸"（Intelligence Explosion），到那时，人类的智能会被远远甩在后面。于是，第一台超级智能机器就会成为人类的最后一个发明，只要它足够驯良，并告诉人类如何控制它就行。②

数字乌托邦主义者认为，数字生命是宇宙进化自然而然、令人期待的下一步，如果我们让数字智能自由地发展，而不是试着阻止或奴役它们，那么，几乎可以肯定地说，结果一定会是好的。谷歌公司创始人和CEO、数字乌托邦主义最具影响力的支持者佩奇（Larry Page）与三家知名公司的CEO马斯克（Elon Musk）曾经展开一场关于人工智能未来的辩论。佩奇说："如果生命会散播到银河系各处甚至河外星系，那么，这应当以数字生命的形式发生。我最担心的是，人们对人工智能的猜疑和妄想会延迟这个数字乌托邦的到来，而且可能会导致邪恶的人工智能发动军事叛乱，接管人类社会，违背谷歌'不作恶'的座右铭。"马斯克不能接受这种激进的观点，要求他提供细节。而佩奇则抱怨马斯

---

① 蔡曙山：《哲学家如何理解人工智能》，《自然辩证法研究》2001年第11期；蔡曙山：《关于哲学、心理学和认知科学的12个问题与塞尔教授的对话》，《学术界》2007年第3期。

② ［美］M. 泰格马克：《生命3.0：人工智能时代人类的进化与重生》，汪婕舒译，浙江教育出版社2018年版，第2页。

克是"物种歧视"。①

这些计算机技术、人工智能和 IT 界的翘楚及自然科学家大都对超级智能信心满满。特别是 2016 年谷歌的 AlphaGo 击败世界顶级围棋高手李世石，而且在此后的一年内，一个更强大的 AlphaGo 与全世界最顶尖的 20 位棋手对弈，没有一次失败。这时，就连通常人都相信，超越人类智能的人工智能已经来了。

AlphaGo 致胜的那一招完全超乎人类的理智和想象，为人工智能注射了强心针，使世界陷入恐慌。对于 AlphaGo 下出的这一手棋，泰格马克解释说："我将'直觉'和'创造力'视为人类的两个核心特征，现在，我要向你解释，AlphaGo 展现出了这两种特征。"② 其实，AlphaGo 走出的这一步，依靠的并不是如同人类的直觉和创造力，而是比人类更快、更准确的计算能力以及依靠神经网络学习和大数据搜索而获得的比人类更强的判断决策能力。

五、结论和更加深入的讨论

总结全文，我们得出几点结论，并作更加深入的讨论。

（一）生命是自然进化的产物，人造生命违背了自然法则

自然是与文化对立的范畴。世界上只有两类事物，一曰自然，二曰文化。③ 文化就是人化，是人所创造的一切东西。因此，自然是人类出现以前一切存在的总和，这个存在一直延续到现在，并且还会延续到将来，只要人类不去破坏它。

生命是自然进化的产物。对进化（演化）的解释，迄今有三种理论：达尔文进化论、基因综合进化论和心智进化论，详见本文第一部

---

① ［美］M. 泰格马克：《生命 3.0：人工智能时代人类的进化与重生》，汪婕舒译，浙江教育出版社 2018 年版，第 41 页。
② ［美］M. 泰格马克：《生命 3.0：人工智能时代人类的进化与重生》，汪婕舒译，浙江教育出版社 2018 年版，第 117 页。
③ 蔡曙山：《自然与文化——认知科学三个层次的自然文化观》，《学术界》2015 年第 12 期。

分。目前存在的生命形式也有三种：自然进化的生命、非自然进化的克隆的生命和克莱格·文特合成的生命。

按照美国生物学家魏泰克（R. H. Whittaker）提出的生物学分类，自然进化的生命包括原核生物界、原生生物界、植物界、真菌界和动物界共五界的生物。这是一个比较完整的纵横统一的分类系统，在纵的方面显示了生物进化的三大阶段，即无细胞生物——→原核单细胞生物——→真核（单细胞——→多细胞）生物；在横的方面显示了生物演化的三大方向，即光合作用的植物、吸收营养的真菌和自己摄食的动物。在五界生物中，处于进化最高端的是动物，人类又处于动物进化的最高端。

非自然进化的生命包括克隆的生命和合成的生命两种形式。克隆的生命是指由单个祖先个体经过无性繁殖而产生的其他个体。20 世纪初，韦伯（H. J. Webber）首先提出"克隆"的概念。1938 年，德国科学家首次提出了哺乳动物克隆的思想。1963 年，英国生物学家和遗传学家霍尔丹（J. B. S. Haldane）在题为"人类种族在未来 2 万年的生物可能性"的演讲上采用了"克隆"这一术语。霍尔丹说过一句著名的话："现在，我的怀疑是宇宙不但比我们所假想的要奇异，而且比我们能假想的还要奇异。"[①] 1996 年，克隆羊"多莉"出生后，克隆成为世人关注的焦点。今天克隆人已经不是科幻小说里的梦想，而是呼之欲出的现实。由于克隆人可能带来复杂的后果，一些生物技术发达的国家，现在大都对此采取明令禁止或者严加限制的态度。尽管克隆生命已经突破了自然进化的界限，但仍然是从生命到生命的复制。

克莱格·文特的合成生命不仅超越自然进化的界限，而且超越无生物与生物的界限，超越非生命与生命的界限，在他的实验室用化学物质直接合成生命——这是"从无到有"的生命的合成。人类在"超越自

[①] J. B. S. Haldane. My Own Suspicion is that the Universe is not Only Queerer than We Suppose, but Queerer than We Can Suppose. https://encyclopedia.thefreedictionary.com/John+Burdon+Sanderson+Haldane#cite_note-66.

然"的路上越走越远。①

人工智能也要加入生命的行列,并且已经为这个将要出生的生命想好了名字——生命3.0。泰格马克说:"计算和信息一样,是独立于物质层面而存在的:计算就像拥有自己的生命一样,与它采取什么样的物质形态无关。"他又说:"硬件就是物质,软件就是形态。计算的'物质层面的独立性'暗示我们,人工智能是可能实现的:智能的出现并不一定需要血肉或碳原子。"② 就连著名物理学家霍金也大胆预言,人类不但会于未来100年内在其他星球建立新的生存基地,而且还会在此后的一个百年内或更早些,利用基因科技改良现有人种。

这里就提出了一个严肃的问题:人类是自然进化的产物,人类发展到今天,还需不需要再遵循自然?或者人类已经强大到可以为所欲为?这两个问题涉及一个前提:自然的发展和演化是否有它自身的规律?这个规律人类是否需要遵从?对这个问题的回答,应该向东方的智者寻找答案。《荀子·天论》说:"天行有常,不为尧存,不为桀亡。应之以治则吉,应之以乱则凶。强本而节用,则天不能贫;养备而动时,则天不能病;修道而不贰,则天不能祸。故水旱不能使之饥,寒暑不能使之疾,妖怪不能使之凶。"《论语·季氏》:"君子有三畏,畏天命,畏大

---

① 2007年10月6日,克莱格·文特的研究小组用化学物质合成了由381个基因、58万个碱基对组成的人造染色体,并将其植入细菌生殖支原体的外壳中,在这些基因的控制下,新细菌能摄食、代谢和繁殖,堪称人类历史上第一个"人造生命"。2008年初,文特将研究结果发表于《科学》(Science)杂志,宣称他们已成功制造了一种支原体的基因组,完成人造生物的关键一步。他们研究的这种支原体拥有485个基因、58万对碱基,是已知的基因组最小、最简单的生命形态。2010年5月20日,美国科学家宣布世界首例人造生命诞生,命名为"辛西娅"(Synthia)。《时代》杂志在2000年7月将文特与人类基因组计划代表佛兰西斯·柯林斯同时选为封面人物,又在2007年将他选进世界上最有影响力的人之一。文特的这项工作,开创了化学和生命科学的一个新的重要领域——合成化学(Synthetic Chemistry)。"Synthia"一词源于英文"Synthesis",意为"综合",故"Synthia"音译为"辛西娅",可意译为"综合妹"或"合成妹"。对于文特的工作科学界褒贬不一,赞成者认为应该授予他诺贝尔奖,反对者认为他打开了潘多拉魔盒,突破了科学伦理的底线,是一个"科学坏蛋"(bad man of science)。

② [美] M. 泰格马克:《生命3.0:人工智能时代人类的进化与重生》,汪婕舒译,浙江教育出版社2018年版,第86—88页。

人，畏圣人之言。小人不知天命，而不畏也。"老子《道德经》："人法地，地法天，天法道，道法自然。"在中国古代先贤的思想中，自然是至高无上的，自然的演化有自己的规律和法则，这些规律和法则是不以人的意志为转移的，人只能遵循自然的法则。一切非自然的东西包括人造生命，都是没有存在的理由的。可惜，东方智者的这些思想并未被西方科学家所接受，他们似乎沿着相反的方向越走越远。

（二）心智和意识是人类生命的唯一标准，不存在其他的标准和定义

为了更深入地讨论人工智能，首先要认识生命的本质和人类的智能，因为人工智能不过是对人类智能的模仿。

按照前述泰格马克的定义，生命是满足以下公式的存在：

生命＝硬件＋软件

＝（碳基/硅基/其他物质基础）＋计算

在他们看来，生命的物质基础并不重要，生命的基础既可以是碳基，也可以是硅基。①

我们没有任何理由和证据否定除了碳基之外的其他物质基础的生命的存在，例如，著名生化学家和科幻小说家阿西莫夫（Isaac Asimov）提出了六种生命形态：（1）以氟化硅酮为介质的氟化硅酮生物；（2）以硫为介质的氟化硫生物；（3）以水为介质的核酸/蛋白质（以氧为基础的）生物；（4）以氨为介质的核酸/蛋白质（以氮为基础的）生物；（5）以甲烷为介质的类脂化合物生物；（6）以氢为介质的类脂化合物生物，其中第三项就是我们所熟悉的和唯一认识的生命。第一、第二项是一些高温星球上可能存在的生命形式，另外，地球上曾经出现过的那些生活在硫矿里的、厌氧的古细菌就很有可能是以硫作为自己生命的介质，而第四项至第六项，则是一些寒冷星球上可能存在的生物形态。

碳建立了地球上所有已知生物的基本架构。地球生命之所以是碳基

---

① ［美］M. 泰格马克：《生命3.0：人工智能时代人类的进化与重生》，汪婕舒译，浙江教育出版社2018年版，第88页。

的，一个重要原因是一个碳原子最多能够同时和四个其他原子相结合。碳的这一特性使其十分适合形成长分子链——比如蛋白质和DNA。迄今为止，尚未发现硅基生物，因为在地球环境中，硅的活性不如碳，而硅基生物极有可能是厌氧的，所以一般认为充满氧气的环境下无法诞生硅基生命。

泰格马克试图将超级人工智能纳入生命的系列，即生命3.0，只不过这种生命不是碳基的，而是硅基的。但迄今为止我们这个星球上并未出现自然进化系列中的硅基生命。因此，即使我们接受生命3.0为一种生命形式，它也不是自然进化的生命，而是人造的生命。

下面需要讨论的是，生命3.0到底是不是一种生命形式。

很显然，泰格马克的生命定义不能作为区别生命和非生命的标准，因为它不符合我们迄今为止所观察到的生命现象和自然演化的生命历史。我们即使接受生命3.0作为一种人造的生命，但它与前面提到的"克隆的生命"和"合成的生命"相比，其与"自然生命"的血缘更远，甚至可以说两者无任何血缘关系。泰格马克的"生命3.0"不过就是人的一个新的创造物，人创造了机器，包括火车、汽车和飞机，但这些机器都不是生命。那么，泰格马克的"生命3.0"为什么会是生命呢？生命和非生命的界限究竟在哪里？——我们总得有一个标准来区分生命和非生命，特别地，生命形式中我们还要区分人和非人类的动物。那么，这个标准究竟应该是什么呢？

我们可以从人和动物的区别倒推回去。毕竟，人首先要区分的是人这个物种与其他物种的差异，这当然首先又要区分人与最相近的物种——非人类动物的差异。这在人类认识史上有太多的标准和表述，我们在此论证的是人类认知五层级理论所给出的人类心智进化的标准。

根据人类认知五层级理论，人与非人类动物的本质区别是语言以及在语言基础上产生的思维、语言和思维建构的知识系统，以及知识积淀形成的文化。因此，我们可以根据心智从低级到高级的发展来区分人和非人类动物，同时也用是否具有心智来区分动物与非动物。

从自然进化的方向看，心智从低级到高级的发展形态是：神经层级的心智、心理层级的心智、语言层级的心智、思维层级的心智和文化层级的心智。非人类动物只具有神经和心理两个层级的心智,人类则具有所有五个层级的心智,而抽象的概念语言、思维和文化三个层级的心智仅为人类所特有,称为人类心智。这样,我们就建立了人与非人类动物区分的可靠的科学依据和标准。

从心智对行为的控制方式上看,心智有两种基本的方式:意识和无意识。它们犹如两个舵,掌控着心身的活动。因此,心智和意识(包括它的深层形式无意识)也就成为生命和非生命的标准,此外我们不可能有其他的关于生命的标准和定义。

心智和认知、心智和身体、意识和无意识,它们之间的关系既是历史久远的哲学的基本问题,也是21世纪新兴、前沿的认知科学的基本问题。对意识和心身关系这些非常深刻的问题的讨论,已经大大超出本文的范围,有兴趣的读者可以参阅笔者《认知科学与技术条件下心身问题新解》一文。[①]

(三)迄今为止,人工智能只是人类智能的一种表现形式

要讲清人工智能与人类智能的关系,首先要正确定义"智能"。泰格马克的定义是:智能是完成复杂目标的能力。[②] 此定义中,定义项中"复杂目标"这个概念的内涵是不清楚的,因此,无法揭示被定义项"智能"这个概念的内涵。泰格马克的定义是为了将"智能"赋予非生命的人工智能,从而完成他的"超级智能"到"普遍智能""通用智能"和"生命3.0"的建构。对此的质疑,详见本文第三部分。

对智能的定义,我们还得回到心智和意识这两个最基本的概念。因为人工智能是对人类智能的模仿,所以,我们应该首先定义人类智能:人类智能就是人类的心智能力,它表现为五个层级的心智和认知能力。根据这个定义,我们将人工智能与人类智能的对比用表12-2来表示。

---

① 蔡曙山:《认知科学与技术条件下心身问题新解》,《学术前沿》2020年5月(上)。

② [美] M. 泰格马克:《生命3.0:人工智能时代人类的进化与重生》,汪婕舒译,浙江教育出版社2018年版,第51、67页。

这是一个 5*5 的矩阵，纵向（Y轴）从下到上表示人类心智的五个层级，横向（X轴）表示人工智能目前和将来可能的水平，25 个单元格中是目前人工智能已经存在的领域。此表清楚地显示了目前存在的人工智能与人类智能的差距，我们可以看出：

第一，在人类心智的 5 个层级、5 个水平领域内，人工智能完全无能和低于人类水平的领域共有 10 个，占 40%；相当于人类水平的领域 4 个，占 16%；超过和远超人类水平的领域 4 个，占 16%。结论：当前的人工智能远未达到人类心智的水平，超过人类心智水平的仅有少数几个领域。

第二，人工智能超过人类心智水平的往往只是单一的领域。例如，战胜人类顶级棋手的"深蓝"（1997）和 AlphaGo（2016），仅仅是在思维认知这个层级中大规模数据的确定信息推理这个领域，在其他如归纳、类比和溯因这些小数据和需要经验参与的不确定推理的领域，人工智能目前未显优势；在定理证明、隐喻和创造性思维等领域，人工智能基本不能发挥作用。

表 10-2　基于人类心智和认知五层级的人工智能与人类智能对照表

水平 心智 AI	I 完全无能	II 低于人类	III 人类水平	IV 超过人类	V 远超人类
文化层级的心智和认知	艺术、科学、哲学、宗教	格律诗词、书法、绘画			
思维层级的心智和认知	创造性思维、溯因、隐喻	归纳、类比、定理证明	演绎推理	深蓝 AlphaGo	
语言层级的心智和认知	语用加工、隐喻	语义加工、机器翻译	句法加工、机器翻译		
心理层级的心智和认知	直觉、顿悟、经验	情感、情绪、联想	传感器、五感	记忆	
神经层级的心智和认知*	自我、无意识梦境	高级神经活动	机械行为、机器人	自动化生产线	大型设备控制、运输

注：神经层级的心智和认知包括身体和行为层级的认知和行为方式。

第三，从人类认知的五个层级看，人工智能目前主要分布在低阶认知即非人类动物的认知领域中（图中虚线左下方），其发展水平大多数低于人类和非人类动物的水平。仅在行为层级的某些方面如自动化生产线、大型设备控制、运输等"拼体力"的领域超过人类水平。

第四，从高阶认知即人类认知层级看，除"深蓝"和AlphaGo在大运算量确定信息的推理领域独树一帜外，在其他所有领域内人工智能均远逊于人类智能。这就是为什么AlphaGo战胜李世石能够引起恐慌，因为这是人工智能首次在人类认知领域获得胜利。人类认知是以语言为基础、以思维为特征的，"我思，故我在"。现在，在这个自有文明史以来人类独具优势并借以成为"万物之灵"的领域，竟然输给了机器。所以，围棋界引起恐慌，新闻界引起恐慌，并且推波助澜地宣称"人类的历史已经终结""计算机将统治人类"。但是，正是这个在人类认知单一领域千年难得的一次胜利，恰恰证明人工智能超越人类为时尚早，统治人类则完全谈不上。即使有一天人工智能在以上25个领域中完胜人类，人工智能超越人类、战胜人类、统治人类这样的结论仍然是不可靠的。

第五，在"单兵较量"方面，人工智能与人类智能仍然差距甚远。单一主体的人类智能可以涵盖以上全部25个领域，而单一主体的人工智能迄今为止只作用于单一领域。例如，一位职业棋手除了能够夺得世界冠军，可能他还会弹钢琴、作格律诗、写书法，而AlphaGo除了会下围棋，其他一无所能。所以，人工智能是单一的智能，人类心智则是综合的智能。因此，可以得出结论：在单一认知主体的比较中，人类综合智能远胜于人工智能。这一结论还有一个重要的推论：就人类发展而言，人与机器最本质的差异是综合，人类的知识是综合性知识，21世纪是综合的世纪，21世纪需要的是知识交叉综合、全面发展的人才。①

第六，除了文化认知和思维认知的差异，在人类认知的基础语言认知这个层级上，人工智能与人类心智也存在巨大差异。首先是语言系统的差异，人类使用的是在自然进化中产生的语言称为自然语言；计算机

---

① S. Cai. The Age of Synthesis: From Cognitive Science to Converging Technologies and Hereafter, Beijing: *Chinese Science Bulletin*, 2011, 56: 465-475.

和人工智能使用的语言是人类为它设计的语言称为人工语言,这种语言只有两个初始符号:0 和 1。在这个语言系统中,一切的表达式包括语词、语句和元语句(包括计算机指令)都只能用这两个初始符号来表示,否则计算机不能识别。① 我们把这样一个以形式符号为基础,语形和语义都严格形式化的人工语言系统称为形式语言系统。由于自然语言与人工语言差异巨大,因此,在人机之间,有一个语言理解和语言加工的问题。人脑的语言加工分为语形加工(包括词法加工和句法加工)、语义加工和语用加工。② 在语言加工方面,目前的人工智能在句法加工方面差强人意,在语义加工方面困难重重,在语用加工方面则是一筹莫展。例如,汉语是典型的语用语言,汉语的完整意义必须在说者、听者、时间、地点和语境这五大要素的交互作用中来理解,李白的《望庐山瀑布》、杜甫的《壮游》、王维的《山居秋暝》、辛弃疾的《千古江山》、李清照的《常忆溪亭日暮》、王实甫的《西厢记》、汤显祖的《牡丹亭》、曹雪芹的《红楼梦》——这都不是机器能够理解和翻译的。根据塞尔的"中文房间论证"人工智能模型,计算机的语言加工和翻译,完全没有也不需要语言理解,而仅仅是在两个语言系统之间建立对应关系,并作"能行"加工,即机械的,并且是在有穷步骤内完成的加工。语言是人类心智和认知的基础,"我言,故我在。"③ 人类这种独特的语言存在方式以及在此基础上的思维存在方式和文化存在方式,恐怕是机器永远也无法实现的。

综上所述,我们可以将通用人工智能定义为在人类认知即语言、思维、文化三个层面全面超过人类的人工智能。很显然,这种理想的人工智能远远没有实现。迄今为止,人工智能只是对人类智能的模仿,是人类智能的一种表现形式。

---

① 蔡曙山:《言语行为和语用逻辑》,中国社会科学出版社 1998 年版,第 347—354 页。

② 蔡曙山:《自然语言形式理论研究》,人民出版社 2010 年版,第 1—3 页;《符号学三分法及其对语言哲学和语言逻辑的影响》,《北京大学学报》(哲学社会科学版)2006 年第 5 期。

③ 蔡曙山:《论语言在人类认知中的地位和作用》,《北京大学学报》2020 年第 1 期。

那么，通用人工智能这个人工智能的"圣杯"是否真的有一天会到来呢？是否有一天人工智能会全面超过人类智能，成为无所不能的最高智慧呢？答案是否定的。我们只需做一个简单的理想实验：

现在就停止发展人工智能又如何？

如果今天就停止人工智能的研究，超过人类智能的人工智能，包括"超级智能""普遍智能""通用智能"和"生命3.0"统统都成为不可能。当然，人类也可以选择继续发展人工智能，直至某一天超级智能的出现。即使如此，亦如施密特所说，无论最终结果是什么，赢家都是人类。

所以，一切都在于人（计算机专家和科学家最容易产生的想法）。那么，人是万能的上帝吗？

（四）人永远不能也不可能充当上帝，更不可能成为宇宙万物的主宰

在人工智能的讨论中，涉及的不仅仅是技术问题。人工智能问题的正确答案不能仅仅从技术上寻找，而应该从计算机、人和自然的关系中去寻找。

人工智能和人的关系、人工智能和自然的关系我们在前面已经作了深入探讨，下面我们讨论人与自然的关系。

人与自然之间的关系，最终是人的行为与自然的关系，因为自人类出现以后，人类的行为已经深刻地影响了自然。人对自然的影响，可以从文化与自然的关系来分析，因为文化就是人类行为的结果的总和。

文化分为三个层次：科学、哲学和宗教。在科学这个层次上，由于自然科学以自然为研究对象，所以，大多数科学家容易相信自然是可以认识的，是可以控制的，是可以超越的，甚至是可以任意改变的。例如，前面提到的三种非自然进化的生命如霍尔丹的克隆生命、文特的合成生命和泰格马克的人工智能的"生命3.0"。在这些生命形式中，克隆的生命、合成的生命和人工智能的生命都是人类的创造，都属于文化的范畴而非自然的范畴，它们都是人类文化影响自然、超越自然、改变自然的例证。

哲学家对文化与自然的关系的认识更加深刻，中国古代思想家、哲学家老子在他的哲学思想中，把"道"这个最高范畴置于"自然"的约束之下。关于老子哲学的自然文化观，可以参看笔者《自然与文化》一文。①

　　今天人类面对自然，应该如伟大的爱因斯坦所说，谦卑地低下自己的头，而不能继续像过去几百年来那样凌驾于自然之上，无休止地向自然索取，奴役自然，甚至改变自然，否则就可能受到大自然严厉的报复。人永远不能也不可能充当上帝，更不可能是宇宙万物的主宰。

---

① 蔡曙山：《自然与文化——认知科学三个层次的自然文化观》，《学术界》2015年第12期。

11

思维认知与人工智能[①]

人类是有语言、能思维的动物。人类的存在，其本质可以说是语言和思维的存在。语言和思维建构了人类全部的知识，知识积淀为文化。因此，"我言，故我在"（I speak, therefore I am），[②] 并且"我思，故我在"（I think, therefore I am）。[③]

从功能上说，计算机是一种信息加工的机器，是具有某种程度的学习、思维和推理功能的机器。从硬件上说，计算机就是开关线路；从软件上说，计算机是一个语言系统。那么，机器如何可能产生思维和智能？机器的思维和智能与人类的思维和智能又有什么联系和区别？机器的思维和智能是否可能超越人类的思维和智能？这一系列的问题，都是当前人工智能最重要的问题。

一、思维层级的认知

要认识人工智能，必须从人类智能谈起。

[①] 本文原载于《求索》2021年第1期，原题为《从思维认知看人工智能》。CSSCI来源期刊。本文被《中国知网》全文转载，被引16次，年均被引5次。本研究受以下项目资助：国家社会科学基金重大项目"语言、思维、文化层级的高阶认知研究"（批准号15ZDB017）；国家自然科学基金重点项目"语言理解的认知机理与计算模型研究"（批准号62036001）；贵州省2020年度哲学社会科学规划国学单列重大课题"阳明心学与认知科学的实证研究"（批准号20GZGX10）。

[②] 蔡曙山：《论语言在人类认知中的地位和作用》，《北京大学学报》2020年第1期。

[③] René Descartes, (1673) *Discourse on the method*, Liaoning People's Publishing House, 2015, p.30.

（一）人类的心智和智能

根据心智进化论和人类认知五层级理论，人类具有进化中获得的全部五个层级的心智，即神经层级的心智、心理层级的心智、语言层级的心智、思维层级的心智和文化层级的心智，从而具有全部五个层级的认知，即神经层级的认知、心理层级的认知、语言层级的认知、思维层级的认知和文化层级认知，简称神经认知、心理认知、语言认知、思维认知和文化认知。[①]

对"智能"（intelligence）的理解和定义，目前仍有歧义。例如，斯图尔特·罗素和彼得·诺维格在《人工智能》中对"人工智能"（Artificiality Intelligence，AI）的解释是："在计算机科学中，人工智能（AI）有时被称为机器智能，是由机器展示的智能，与人类和动物展示的自然智能形成对比。通俗地说，'人工智能'一词是用来描述模仿人类与其他人类思维相关联的'认知'功能的机器，如'学习'和'解决问题'"。[②] 从这个定义看，"智能"有两种含义：一是人类和动物都具有的自然智能，这样它就完全等同于"心智"，也就是人和动物共同具有的认知能力；二是人类与其他人类相关联的"认知"功能，这又仅指人类的心智，即语言心智、思维心智和文化心智。

这种歧义，其实正是当前人工智能研究中对机器智能的完整理解。人工智能模仿人类智能，当然包括人类全部的心智和认知能力，即神经心智能力、心理心智能力、语言心智能力、思维心智能力和文化心智能力。这五种心智能力，产生了人类五个层级的认知。人类的这种心智和认知能力，正是当前和今后的人工智能发展所需要学习和掌握的。但是，人类区别于其他非人类动物的本质属性是人类有语言、能思维。人类语言是一种抽象的符号语言，即概念语言。在这种语言的基础上，人类产生了抽象思维。从认知科学上看，人类最本质的心智和认知能力是

---

① 蔡曙山：《生命进化与人工智能》，《上海师范大学学报》2020年第3期；蔡曙山：《论人类认知的五个层级》，《学术界》2015年第12期。

② Russell, S. & P. Norvig, *Artificial Intelligence: A Modern Approach*, Prentice Hall; 3rd E, 2009, p.2.

语言能力和思维能力。所以，我们把语言认知、思维认知和文化认知称为人类认知，这是人类特有而非人类的动物没有的心智能力。

综上所述，人类心智是所有五个层级的心智，人类智能也包括所有五个层级的心智，即人类和动物都具有的自然智能。但是，人类智能区别于非人类动物的智能则是高阶的心智，包括语言心智、思维心智和文化心智。所以，人类智能常常是指人类特有而动物并不具有的智能，即高阶的心智和认知。

（二）人类心智的进化

人类的五种心智和认知能力，是在自然进化中获得的。迄今为止，我们有两种进化论来解释生命的进化：达尔文进化论和（物种进化论）现代综合进化论（基因进化论）。[①] 这两种进化论共同的缺陷是只看到生命的表现形态和基因的表现形态，而没有看到心智的表现形态，没有看到心智在生命进化中的作用，因而不足以解释个体差异性。例如，同卵双胞胎由同一受精卵分裂成两个独自发育的胚胎，其遗传基因（DNA）及性别完全相同。但同卵双胞胎是不同的个体，其个体差异性从何而来？科学家们对此作了各种解释。其实，同卵双胞胎的个体差异性主要来自后天的心智差异。世界上没有任何两个人的心智是完全相同的，尽管他们的基因可能完全相同。所以，以心智为研究对象的认知科学，其本质是探求个体差异性的科学，在这一点上，认知科学与过去两千多年来探求统一原理（universal principle）的科学是背道而驰的。心智，才是解释个体差异性的最终标准；认知科学，才是解释个体差异性的最终理论。

由此，我们可以建立一种新的进化论——心智进化论，即认知科学进化论。

20 世纪 70 年代以来，认知科学的发展取得了一系列重要的研究成果，根据认知科学的理论，我们可以对生命的进化提出新的解释，这就是认知科学的进化论，即心智进化论。物种的进化（达尔文进化论）

---

① 蔡曙山：《生命进化与人工智能》，《上海师范大学学报》2020 年第 3 期。

和基因的进化（现代综合进化论）同时也是心智的进化。进一步我们看到，在物种进化、基因进化和心智进化这三个层次上，心智进化才是具有决定性意义的本质的进化。这又可以从几个方面得到论证：其一，如前所述，三种进化论中，只有心智进化论才能最终解释个体差异性；其二，现代物理学、当代认知科学实验一致认定，在心—物关系中，意识或观察者的存在，决定了物质的存在方式（波函数坍塌）；其三，古代哲学、近代哲学和当代哲学将世界的本原依次认定为物质（古代本体论哲学）、精神（近代认识论哲学）和人类心智（心智哲学）；其四，哲学中一以贯之的永恒问题——从古代哲学和近代哲学的身心问题转化为当代心智哲学的心身问题，说明在人类认知的发展进程中，心智逐渐走到人类认知的中心，最终成为认知科学聚焦的对象；其五，对人类心智的关切造就了认知科学。20 世纪 70 年代中期认知科学在美国创立，哲学、语言学、心理学、人类学、计算机科学和神经科学被整合在一起，形成认知科学的学科框架，其目标就是"揭开人类心智的奥秘"。[①] 21 世纪初，教育和教育学也被整合进认知科学的学科框架，因为教育和教育学也是与人类心智最密切相关的学科。从认知科学的观点看，教育是伴随人的终身成长的心智发展和培育过程，教育学则是研究教育发展过程和规律的学科。——宇宙演化 110 亿年以后产生了第一个生命（距今 35 亿年前），从此产生了第一个简单的心智，并开始了心智漫长的进化。认知科学建立以后，心智终于成为人类心智的研究对象。

　　认知科学将心智看作是生命进化的依据，并以心智为研究对象。认知科学是研究心智和认知现象及其规律的科学。[②] 认知科学的进化论或心智进化论，是根据认知科学的理论、方法和研究成果，对生命进化提出新的解释。根据认知科学的基本原理，将生命的进化过程看作是心智的进化过程。由于心智决定认知，因此，心智和认知从低级到高级的

[①] 蔡曙山主编，江铭虎副主编：《人类的心智与认知》，人民出版社 2016 年版，"序言"第 5—17 页。

[②] 蔡曙山：《认知科学框架下心理学、逻辑学的交叉融合与发展》，《中国社会科学》2009 年第 2 期。

发展决定了生命从低级到高级的发展。

以上可以看出，达尔文进化论看到内在条件（遗传和变异）和外在条件（自然选择）对物种进化的作用，但看不到基因在生命进化中的作用。综合进化论能看到基因在生命进化中的作用，但却没有看到心智在生命进化中的作用。心智进化论重视心智在生命进化中的作用，超越了达尔文的物种进化论和综合进化论，对生命的进化提出了新的解释，是认知科学时代的新的进化论。

（三）人类认知的五个层级

人类从进化中获得五种心智能力，由此形成五个层级的认知能力：神经认知、心理认知、语言认知、思维认知、文化认知。这五种认知能力中，人和动物共有的神经认知和心理认知称为低阶认知，人所特有的语言认知、思维认知和文化认知称为高阶认知。

人是有语言、能思维的动物，是"符号动物"。[1] 语言是人类认知的基础，思维是人类的特质，人类认知是以语言为基础，以思维为特征的，所以，"我言，故我在，"[2] "我思，故我在。"[3] 人类用语言和思维建构全部知识大厦，知识积淀为文化。语言、思维和文化是人类具有而非人类动物并不具有的认知能力。关于人类认知五层级理论及高阶认知，读者可以参阅蔡曙山的有关论著。[4]

（四）思维层级的认知

人类的语言——抽象的符号语言（概念语言）产生于 600 万年前，并于 200 万年前完成语言的进化。抽象的概念语言是抽象思维的基础，人类语言一经出现，人类的思维也就随之产生了。

---

[1] Deacon, T. W. The Symbolic Species: The Co-Evolution of Language and the Human Brain. New York: W. W. Norton, 1997.
[2] 蔡曙山：《论语言在人类认知中的地位和作用》，《北京大学学报》2020 年第 1 期。
[3] René Descartes, (1673) Discourse on the method, Liaoning People's Publishing House, 2015, p. 30.
[4] 蔡曙山：《论人类认知的五个层级》，《学术界》2015 年第 12 期；《人类认知的五个层级和高阶认知》，《科学中国人》2016 年第 2 期；蔡曙山主编，江铭虎副主编：《人类的心智与认知》，人民出版社 2016 年版，第 1—16 页。

人类思维包括概念、判断和推理三种基本的形式，逻辑学就是研究思维形式和规律的科学。① 在逻辑学的理论体系中，推理是最高形式的思维形式，是逻辑学理论的核心。

认知科学看待逻辑和思维的观点有所不同。第一，认知科学区分逻辑和逻辑学。逻辑是人类头脑里的东西，是一种认知能力；逻辑学是书本上的东西，是逻辑学家建立的理论，它是对逻辑的摹写，它不必是正确的，并且它是随着人们对头脑里的逻辑加工方式和加工过程的不断认知而不断发展的。其二，逻辑和推理只是人类众多认知能力中的一种，属于思维层级的认知。在人类认知（高阶认知）的三个层级中，语言是人类认知的基础，思维是人类认知的特质，文化是人类认知的结晶。其三，人类认知包含所有五个层级，因此，思维认知与神经认知和心理认知也是密切相关的。认知科学建立以后，思维认知被与其他层级的认知关联起来进行研究，使我们对人类思维有了比以往任何时候更加深入的理解。其四，"五层级贯通"对思维认知的理解，成为我们理解和发展人工智能的一把重要的钥匙。"我思，故我在"这个用来刻画人类本质的命题似乎对机器也适用。例如，随着人工智能在推理领域战胜人类智能，胜利者AlphaGo也要求获得像人类一样的存在的权利，包括霍金在内的某些科学家甚至迫不及待地要赋予它超越人类生命的更加神圣的地位。② 果然是这样吗？对于这个话题感兴趣的读者，可以参见蔡曙山《生命进化与人工智能》一文。③

二、人类心智与人工智能

在《生命进化与人工智能》一文中，笔者在19世纪达尔文的物种进化论和20世纪的基因进化论的基础上，建立了第三种进化论——心

---

① 金岳霖主编：《形式逻辑》，人民出版社2006年版，第1页。
② [美] M. 泰格马克：《生命3.0：人工智能时代人类的进化与重生》，汪婕舒译，浙江教育出版社2018年版，第v页。
③ 蔡曙山：《生命进化与人工智能》，《上海师范大学学报》2020年第3期。

智进化论。[①] 笔者认为，达尔文进化论和基因进化论并不能完全解释个体差异性，也不能说明心智和认知能力从低级向高级的发展以及人类心智与非人类动物心智的区别，当然也不能说明人工智能与人类心智的区别。心智进化论的建立，最终解决了以上问题，特别地，它为我们理解人工智能与人类心智，提供了理论依据。

（一）生命的几种形式：自然的和人造的

从35亿年前出现第一个生命，到人类最复杂精致的生命形式，直到20世纪后期，所有生命存在都是自然进化的产物。80年代后期，人类开始使用"克隆"技术创造非自然的生命。1996年7月5日，苏格兰罗斯林研究所和PPL Therapeutics生物技术公司的伊恩·威尔穆特，及基思·坎贝尔领导的小组克隆出一只基因结构与供体完全相同的小羊"多莉"（Dolly），世界舆论为之哗然。但克隆毕竟还是从生命到生命，只不过它是用非生育细胞通过无性繁殖的方式人为制造出来的非自然进化的生命。其后的发展只能用令人"目瞪口呆"来形容。2010年5月21日的美国《科学》杂志网络版发表了克莱格·文特（J. Craig Venter）及其同事的惊人成果：在一个被掏空内核的细菌中，植入由人工合成的基因组，几个小时之内，受体细菌内原有DNA的所有痕迹全部消失，人造细胞不断繁殖，一个新的人造生命就此诞生。文特给这个新生命起名为"辛西娅"（Synthia），意为"综合妹"。他说："'辛西娅'其实是一个人工合成的基因组，是第一个人工合成的细胞，也是第一种以计算机为父母的可以自我复制的生物。这基本上是一种信息处理过程的结果。"牛津大学应用伦理学教授朱利安·萨乌雷斯古（Julian Savulescu）说："文特正在朝着扮演上帝的方向前进——用人工的方法创造自然界从未存在过的生命。"

在这个"人造生命大合唱"中，最新的乐章是美国宇宙学家泰格马克的生命3.0。他预言，人工智能会成为一种全新的生命形式——生命3.0，而在此之前所有的生命都可以被归为两种形式：软件和硬件系

[①] 蔡曙山：《生命进化与人工智能》，《上海师范大学学报》2020年第3期。

统都不能更新的生命形式——生命1.0——它们是非人类动物；软件系统能够更新而硬件系统不能更新的生命形式——生命2.0——他们是人类（图11-1）。生命3.0将超越以前的生命形式，它的软件和硬件系统都可以自我更新，它就是人工智能，它将统治人类！

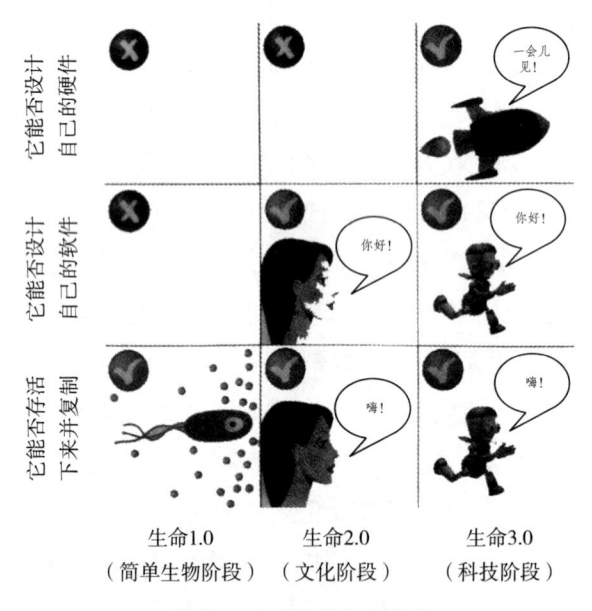

图11-1 生命的三个阶段

笔者对泰格马克的这种科技乌托邦理想进行了反驳，读者可以参阅蔡曙山《生命进化与人工智能》。①

（二）迄今为止的人工智能不过是对人类智能的模拟

其实，到目前为止的所有的人工智能，不过是对人类心智和人类智能的模拟。因为人工智能是对人类智能的模拟，所以，我们应该首先定义人类智能：人类智能就是人类的心智能力，它表现为五个层级的心智和认知能力。

我们可以将通用人工智能定义为在人类认知即语言、思维、文化三个层级全面超过人类的人工智能。很显然，这种理想的人工智能远远没

---

① 蔡曙山：《生命进化与人工智能》，《上海师范大学学报》2020年第3期。

有实现。迄今为止，人工智能只是对人类智能的模仿，是人类智能在某些特定领域的表现形式。

那么，全面超越人类智能的通用人工智能是否真的有一天会到来呢？是否有一天人工智能会全面超过人类智能，成为无所不能的最高智慧呢？答案是否定的。我们只须做一个简单的理想实验：

现在就停止发展人工智能又如何？如果今天就停止人工智能的研究，超过人类智能的人工智能包括"超级智能""普遍智能""通用智能"和"生命3.0"统统都成为不可能。可见，对人工智能的操控权，至少在今天仍然掌握在人类手里。

（三）单一智能和综合智能

根据笔者的研究，目前的人工智能是单一领域的智能，而人类的智能往往是覆盖若干领域的综合智能。

（1）在人类心智的五个层级领域内，人工智能完全无能和低于人类水平的领域共有10个，占40%；相当于人类水平的领域4个，占16%；超过和远超人类水平的领域4个，占16%。可见，当前的人工智能远未达到人类心智水平。

（2）人工智能超过人类心智水平的往往只是单一的领域。例如，战胜人类顶级棋手的"深蓝"（1997）和AlphaGo（2016），仅仅是在思维这个层级中依据大规模数据的确定信息推理，而在需要经验参与的不确定推理如归纳、类比和溯因这些领域，以及体现人类思维特征的小数据推理的领域，目前的人工智能并未显现优势；在定理证明、隐喻和创造性思维等领域，人工智能基本不能发挥作用。当然，这些领域也正是未来人工智能的发展方向。

（3）在"单兵较量"方面，人工智能与人类智能仍然差距甚远。单一主体的人类智能可以涵盖以上全部25个领域，而单一主体的人工智能迄今为止只作用于单一领域。所以，人工智能是单一的智能，人类心智则是综合的智能。因此，可以得出结论：单一认知主体的比较，人类综合智能远胜于人工智能。就人类发展而言，人与机器最本质的差异是综合，人类的知识是综合性知识，21世纪是综合的世纪，21世纪需要的是知识交叉综合、全面发展的人才。①

（四）思维、逻辑与人工智能

围棋是复杂的人类智力游戏。一盘棋究竟有多少种可能的变化呢？答案是 $3^{19\times19} = 3^{361}$ 之多，这个数字超过了宇宙中所有原子的总数。而在这个最高水平的人类智力游戏中，人工智能 AlphaGo 战胜了世界顶级棋手李世石，这场世纪之战引起了人类的恐慌。可以说，在"我思，故我在"这个标志人类存在本质的领域，人工智能战胜了人类智能。

那么，应该如何看待思维、逻辑与人工智能呢？下面我们就来分析人工智能中的思维和逻辑。

三、人工智能中的思维和逻辑

在李世石与人工智能 AlphaGo 的这场世纪对决中，AlphaGo 在第二局第 37 手走出出人意料的一招。这一招不仅引起李世石的长考，现场观战的世界围棋高手也纷纷表示难以理解。直到第 50 手以后，左下角战火燃烧，黑棋的发展正好与第 37 手布下的那颗黑棋取得呼应，正是这手棋让 AlphaGo 最终赢得比赛，铸就它对李世石的五连胜。

从这里我们看到，AlphaGo 战胜李世石，主要是利用它的强大的推理和学习能力。推理和学习，是人类心智两种主要的认知能力。下面我们分析人工智能中常用的学习和推理方法，并讨论这些方法与人类智能中相应的认知能力之间的差异。

（一）推理和学习

"学习"一词首见于《论语·学而》："学而时习之，不亦说乎？"但这里"学"和"习"这两个概念是分开的。"学"是"learn"，是"to come to be able"（使能够做）"to come to be realize"（使认识到）。"习"是"review"，是"an examination of sth, with the intention of chan-

---

① S. Cai. The Age of Synthesis: From Cognitive Science to Converging Technologies and Hereafter, Beijing: *Chinese Science Bulletin* (《科学通报》英文版), 2011, 56: 465-475.

ging it if necessary"(检查、审查,如果必要则加以改变),是"温习",是"回顾"。由于"学"和"习"紧密相联,后来合成为一个词"学习"。学习是指从阅读、听讲、研究、实践等途径获得知识和技能。①这里的"学习"是人的行为,是对"学习"的常规理解。但作为机器行为的学习即人工智能的学习,对其定义有很大的不同。②

推理是从已有知识推出新知识的认识形式。从逻辑上说,推理就是根据一个或一些判断得出另一个判断的思维过程。③ 全世界所有民族,不论其语言、思维和文化差异有多大,基本的推理形式只有演绎推理、归纳推理、类比推理和溯因推理四种,列表对照如下,见表11-1:

表11-1 四种推理之间关系对照表

	演绎推理	归纳推理	类比推理	溯因推理
推理进程	一般到个别	个别到一般	个别到个别	结果到原因
结论是否扩充前提	不扩充	扩充	扩充	扩充
结论与前提之间的联系	必然	或然	或然	或然

这里有两个重要的问题需要注意:

第一,推理和学习,哪一个更基本?机器、动物和人都能够学习吗?

推理和学习,都是心智和认知能力的表现,但学习更为基本,它属于心理层级的心智和认知能力,而推理则属于思维层级的心智和认知能力。从人类认知五层级理论可以知道,人和动物都具有学习的能力。孔子说:"学而时习之,不亦说乎",讲的就是人的学习能力,人通过学习获得知识和快乐。"斯金纳黑箱"和老鼠走迷宫则是动物的学习能力,动物通过刺激反应、奖励惩罚进行学习,获得行为能力,增长新的

---

① 《现代汉语词典》,商务印书馆2016年版,第1489页。
② 李德毅、于剑:《人工智能导论》,中国科学技术出版社2018年版,第95页。
③ 金岳霖主编:《形式逻辑》,人民出版社2006年版,第138页。

技能（动物的学习不能形成知识，而只是形成神经层级和心理层级的心理—行为反应机制）。

人工智能既然是对人类心智的模仿，机器也就具有学习的能力。所以，人工智能领域的学习指的是机器学习（Machine Learning，ML）。

机器学习是一门多领域交叉学科，涉及概率论、统计学、逼近论、凸分析、算法复杂度理论等多门学科。专门研究计算机怎样模拟或实现人类的学习行为，以获取新的知识或技能，重新组织已有的知识结构使之不断改善自身的性能。

机器学习是人工智能的核心，是使计算机具有智能的根本途径，其应用遍及人工智能的各个领域，它主要使用归纳、综合、类比、溯因这些基于经验而又能扩大前提的推理，而不是基于理性仅仅是解释前提的演绎推理。①

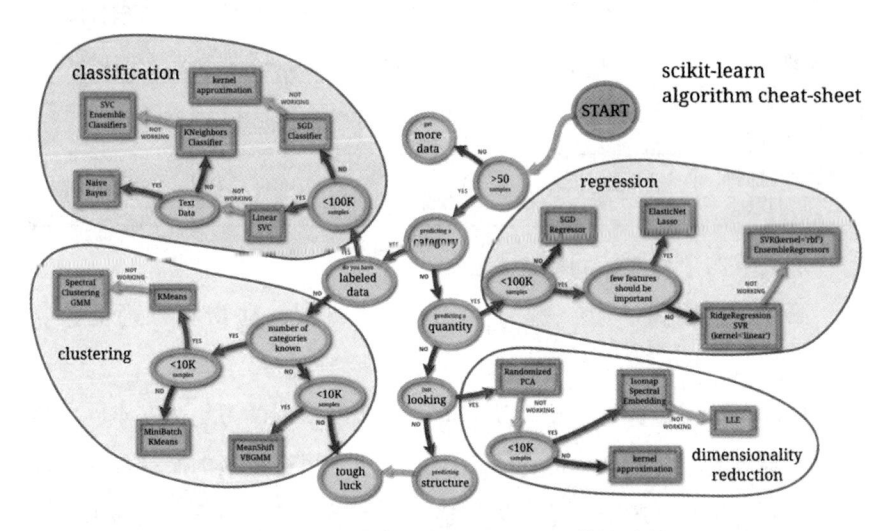

图 11-2　机器学习库 Scikit-learn 算法清单

---

① 关于解释前提和扩展前提的推理，可参见 Peirce C S. *Collected Papers of Charles Sanders Peirce*, volumes one through six edited by Charles Hartshorne and Paul Weiss (Cambridge, Massachusetts, 1931-1935), volumes seven and eight edited by Arthur Burks, Cambridge, Massachusetts, 1958, 8.388; 5.188; 另可参阅蔡曙山：《科学发现的心理逻辑模型》，《科学通报》2013 年第 58 卷第 34 期。

图 11-2 是一个著名的机器学习库 Scikit-learn 的算法清单。① 图中的 4 个算法模块分别是分类（classification）、聚类（clustering）、递归（regression）和降维（dimensionality reduction）。

第二，机器推理也遵循人类的推理形式吗？

从以上分析我们看出，人类、动物和机器学习尽管存在很大的差异，但这三种学习方式具有共同的本质特征——获取新的知识和能力。

推理和学习这两种能力中，演绎规则（Modus Ponens，MP）和逆否规则（Modus Tollens，MT）是最为基本的认知能力，属于心理认知能力，是人和非人类动物都共同具有的。

充分条件假言推理有四种可能的模型：肯定前件式 MP、否定前件式 DA、肯定后件式 AB、否定后件式 MT。逻辑学家告诉我们：这四种模型中，只有肯定前件式 MP 和否定后件式 MT 是有效的（其有效性在经典逻辑系统内可以得到证明），而否定前件式 DA 和肯定后件式 AB 是无效的（其无效性在经典逻辑系统内也可以得到证明）。但心理学家并不想接受这种逻辑学的教条。1966 年，英国著名心理学家沃森（P. C. Wason）设计了一个简单而优美的选择任务实验（Wason selection task），实验的目的是检验人们在日常推理中头脑里的逻辑是不是逻辑学家所说的那个样子。因此，被试选择没有学习过逻辑学的大学生，实验测试的是被试的逻辑思维能力而非逻辑学知识。实验假设是人们在做逻辑推理时会受到心理因素的影响。实验设计是简单的行为实验。实验任务请被试选择翻开 4 张纸牌中的某几张来验证充分条件假言推理的规则，例如：如果一张纸牌的正面是 A，则它的背面是 4（表为：A→4），4 张纸牌分别是 A、B、4 和 7。这样，被试翻开这 4 张纸牌中的某一张，分别对应于上述 4 个模型中的某一个。后来在美国进行的大样本（n>1000）实验结果如表 11-2 所示。

---

① Scikit-learn 是针对 Python 编程语言的免费软件机器学习库。它具有各种分类、回归和聚类算法，包括支持向量机、随机森林、梯度提升、k 均值和 DBSCAN，并且旨在与 Python 数值科学库 NumPy 和 SciPy 联合使用。

表 11-2　沃森实验结果与逻辑有效性对照表

名称	肯定前件式 MP	否定前件式 DA	肯定后件式 AC	否定后件式 MT
前提	p → q p	p → q ¬p	p → q q	p → q ¬q
结论	q	¬q	p	¬p
逻辑有效性	有效	无效	无效	有效
沃森实验支持率	100%	21%	33%	50%

著名的沃森选择任务实验告诉我们：没有学过逻辑学的被试 100% 都知道使用肯定前件式 MP，说明这是一种"先天逻辑能力"；与 MP 同样正确的，并且在经典逻辑中与 MP 相互等价的否定后件式 MT 只有一半的支持率，一方面因为 MT 多用了再次否定，增加了推理难度，更为主要的，MT 是需要经过后天学习才能够掌握的推理模式。

值得注意的是，逻辑学认为不是有效式的肯定后件式 AB 和否定前件式 DA 支持率并不为 0，肯定后件式 AB 有高达 33% 的支持率，这主要是因为它是逻辑上并不承认而在日常生活中广泛应用的溯因推理（Abduction）的影响所致。否定前件式 DA 也有 21% 的支持率，主要原因是人们常常把充分条件当作充要条件来使用的缘故。[①]　总而言之，人们在日常生活中使用的逻辑思维和逻辑推理会受到心理因素的强烈干扰，这就是著名的沃森实验得出的深刻结论。

那么，动物的学习以及机器的学习和推理是否也服从沃森实验的结果呢？

首先来看动物的学习，答案是肯定的。动物的刺激反应的行为方式，就是使用肯定前件式 MP 的结果。例如，巴甫洛夫的条件反射实验，证明食物的刺激和铃声的刺激都会让狗产生分泌唾液的反应。事实

---

① 蔡曙山：《认知科学框架下心理学、逻辑学的交叉融合与发展》，《中国社会科学》2009 年第 2 期。

上，人和动物用来指导行为的因果性反应，都是在 MP 的基础上获得的，因此我们说，MP 是一种"先天逻辑能力"，尽管动物并不具有真正意义上的逻辑思维。另一个例子，婴儿在并未形成逻辑认知能力以前，就懂得用哭声来获得妈妈的哺乳或爱护，这也是在使用 MP。我们说，MP 是任何大脑和神经系统都预装的一种行为能力，它不仅在思维层级的认知中发挥作用，甚至在心理层级和神经层级的认知中也发挥作用。因此，我们可以把 MP 看作一种最基本的认知能力，它在神经、心理、语言、思维和文化各个层级中都发挥作用。否定后件式在动物的学习中则稍有不同，与人类一样，动物使用 MT 是需要经过学习的。例如，在斯金纳的黑箱实验中，老鼠知道遭电击的键不能碰，学习的过程是这样的：

  如果触碰了 B 键，就会遭到电击；

  老鼠不想再遭电击，

  所以，老鼠不会再碰 B 键。

显然这是需要经过奖励和惩罚的学习才能够产生的认知机制和认知能力——这就是 MT。

其次我们来看机器的学习。在机器学习中，MP 是必需的。例如，在图 11-2 机器学习库 Scikit-learn 的算法清单中，YES/NO 的判断语句中就使用了 MP。又例如，各种计算机语言中的 IF-THEN 语句，也使用了 MP。如此看来，MP 在机器学习中是必不可少的，毕竟机器学习是对人类学习的模仿。类似于人和动物的学习，使用否定后件式 MT 获得新的知识，也是需要经过学习才能实现。关于机器的学习和推理，以及人工智能的逻辑，我们在下面进一步深入讨论。

（二）归纳、类比和溯因

在科学发现中，起主要作用的是三种经验推理，即归纳推理、类比推理和溯因推理。按照皮尔士的划分，就是"扩展前提的推理"。所谓扩展前提的推理，就是结论超出前提范围的推理，这样的推理能够产生新的知识。而"解释前提的推理"即演绎推理，因其结论包含在前提之中，并不能增加新的知识，因而对科学发现并无贡献，但可以用于科学假设的验证。①

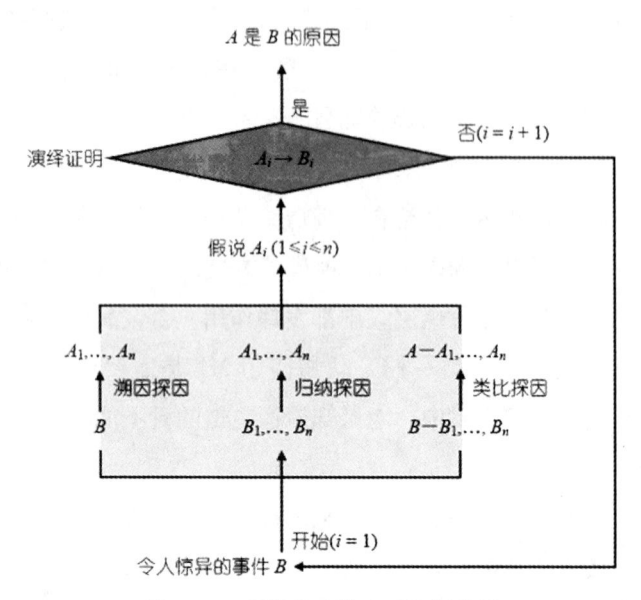

图 11-3 科学发现的心理逻辑模型

如图 11-3，本模型将科学发现的四种推理方法综合在一起，并且把每一种推理都看作是一种心理逻辑方法，其中，"扩展前提"的三种推理溯因、归纳和类比用于在科学发现中提出假说的阶段，"解释前提"演绎推理用于验证假说。当我们发现"令人惊异的事件"B 并且要探究其原因时，科学发现的过程就开始了。这时我们有三条通道去寻找事件 B 的原因 A。

通道 1. 溯因加工。

引起事件 B 的原因可能有多个，我们用 $A_1, \cdots, A_n$ 来表示。例如，地面湿的原因可能是下雨，也可能是洒水或浇花，还可能是地下水管破裂或河水泛滥等。其中每一个 A_i（$1 \leq i \leq n$）都是一种假设，它将被送到证明模块中去进行检验。

通道 2. 归纳加工。

事件 B 的原因 $A_1, \cdots, A_n$ 与 B 的样本空间相关。例如，在著名的

---

① 蔡曙山：《科学发现的心理逻辑模型》，《科学通报》2013 年第 58 卷第 34 期。

"摸彩球"实验中,当你连续三次摸到红球时,你可能猜测袋子里全是红球(A_1),接下来当你摸到一个黄球时,你又猜测袋子里是红球或黄球(A_2)。当证据积累得越多时,例如你摸了100次都是这两种球,你的猜测越是确定。直到你摸到一种颜色的球如蓝球时,你又会改变你的猜测,认为袋子里全是彩球(A_3)。其中每一个 A_i($1 \leq i \leq n$)都是一种假设,它也将被送到证明模块中去进行检验。

通道3. 类比加工。

类比的方法不是从事件 B 直接去寻找原因 A,而是先将事件 B 类比于事件 B_1,$\cdots$,B_n,并找到它们的原因 A_1,$\cdots$,A_n,从而便可以找到 B 的原因有可能是 A_i($1 \leq i \leq n$)即 A。例如,要寻找谱线红移这种现象的原因,很难直接入手,但却很容易想到当声源离观测者而去时声音频率降低这种经验知识(如警车或救火车远离我们而去时的经验)。其中每一个 A_i($1 \leq i \leq n$)都是一种假设,它也将被送到证明模块中去进行检验。

"解释前提的"演绎推理与上面三种方法截然不同,它在我们模型中的作用也与"扩展前提"的推理截然不同。演绎推理的结论没有超出前提的范围,不可能产生新知识,因此也就不可能充当科学发现中提出猜想的逻辑工具,但它却可以充当而且只有它能够充当假说检验的工具。在我们的模型中,检验假说的工具由充分条件假言推理来充当,这就是图中的"演绎证明"的模块。它的工作原理是充分条件假言推理的肯定前件式 MP,即:

$$A_i, A_i \rightarrow B_i \vdash B_i$$

假说 A_i 成立,并且条件命题 $A_i \rightarrow B_i$ 也成立,那么由 MP 就可以逻辑地推出 B_i,并且 A_i 就可能是 B_i 的原因。例如,当我们观测到地面湿这个现象时,我们猜测可能是天下雨了。对假说进行证明的关键之处在于,假言命题 $A_i \rightarrow B_i$ 一定是真的,即不可能 A_i 真而 B_i 假。"如果天下雨路面就会湿"是真的,因为不可能天下雨而路面不湿。所以,这时我们只需要检验条件做命题 $A_i \rightarrow B_i$ 是否成立就行了,即:

$$? A_i \rightarrow B_i = 1$$

注意我们不能也无须要求假说 A_i 为真。例如，如果一个人在漆黑的夜晚出门路滑摔了一跤，但他什么也看不见，这时他仍然可以猜想是天下雨了。当然他要有下雨导致路湿的经验，却不必去考察天是否正在下雨。又例如，谱线红移这个观测事实的原因是宇宙膨胀，提出这个猜想只要求"如果宇宙膨胀，那么测得的恒星光谱就会向红端移动"这个命题为真，猜想就能成立。而这个猜想或假说是否为真，最终要靠其他观测事实，演绎地加以证明。例如，大陆漂移学说被承认为科学真理，最终是由溯因推理提出的假说和跨五大洲的化石样本来证明的，详见蔡曙山《科学发现的心理逻辑模型》①。广义的假说证明，当然应该包括对 A/A_i 的证实，即：

$$? \ A_i \rightarrow B_i = 1, \ A_i = 1$$

但本模型只给出条件关系的验证，因为只需如此，假说就已经成立了。

（三）溯因推理

上面分析了溯因推理在科学发现中的作用。此外，溯因推理在人工智能中也有非常重要的应用。

Prolog 是法国马赛大学的科尔麦隆（Alain Colmerauer）创立的一种基于溯因推理的描述性语言，全名是 Program in Logic。它与 BASIC、PASCAL 等基于计算的过程性语言截然不同。使用过程性语言，程序员必须写出每一步指令，告诉计算机怎样对问题求解。使用 Prolog 语言却只需提供对问题的描述和解决问题所需的基本规则，而由 Prolog 自己去寻找问题的解。Prolog 的这些特征，使它特别适合作为人工智能的语言，广泛应用于搜索程序和专家系统。

例 1. 山洞寻宝

下面是一段叫作"山洞寻宝"的搜索程序。

图 11-4 表示山中的一些洞穴。某洞穴中藏有财宝，另外的洞穴中却有妖怪和强盗。假如你是寻宝者，你要进入洞穴取出财宝，却又不想

---

① 蔡曙山：《科学发现的心理逻辑模型》，《科学通报》2013 年第 58 卷第 34 期。

受到伤害，那么，你应该选择哪条路线呢？

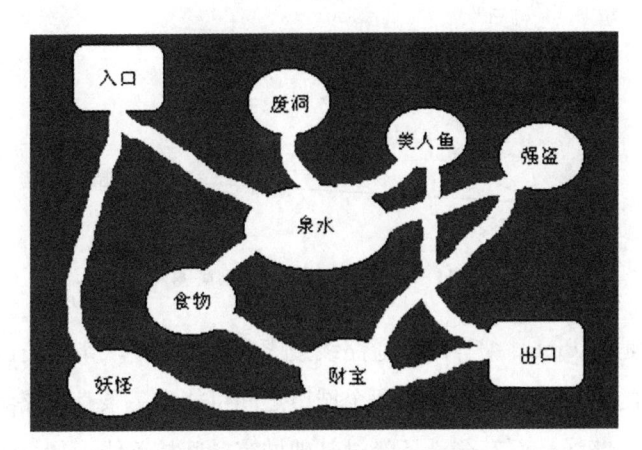

图 11-4 "山洞寻宝"示意图

我们用 Prolog 程序来帮助你选择正确路线。程序设计的思路是这样的：首先用一个谓词 gallery 将所有连通的山洞表示出来，它们都是事实子句；又用另一个谓词 route 将去过的洞穴放在一个表内，同时避开有危险的洞穴。如果财宝已在表中，你就已获成功；否则，就尝试下一个连通的洞穴。用 Prolog 编制的搜索程序请参阅 Borland International（1991）和蔡曙山（1998）。① 运行这一程序，输入目标子句：

Goal

go（出口，入口）

程序为你选择的路线是这样的：

["入口","泉水","食物","财宝","出口"]

结果当然是：你找到了财宝而又未受到伤害。

例 2. 交通导航

交通导航系统使用的是基于数据库的搜索程序，而搜索程序的算法仍然是根据溯因推理。

---

① ［美］Borland International：《Turbo Prolog 2.0 用户手册》，丛海莱、周柏、宋敏译，上海科学普及出版社 1991 年版，第 273—275 页。另可参见蔡曙山：《言语行为和语用逻辑》，中国社会科学出版社 1998 年版，第 176 页。

```
        堪萨斯城
           □
          /|
         / |
        /  |
       /   □ 休斯敦
      /   /        _____□ 坦帕
     /   /_____/
     □
     戈登
```

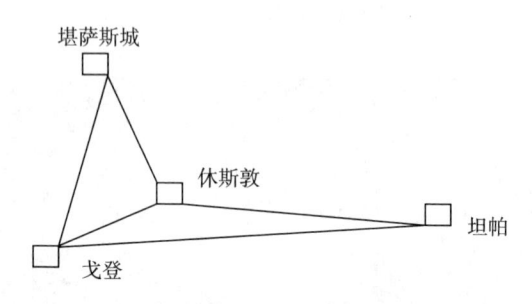

图 11-5 "交通导航"示意图

下面是用 Prolog 编写的交通路线搜索程序。图 11-5 是美国休斯敦附近城市的示意图。图中任意两个城市之间可能有一条直通路线，也可能没有直通路线，而有若干条经过其他城市的间接路线。如果不限定路程，这样的间接路线可能有无穷多条。如果不加任何限定，Prolog 的自动回溯功能就会没完没了地进行回溯，列出无穷多条间接路线，结果是内存溢出，计算机并不能完成所指定的工作。解决的方法是"禁止回溯"，它是 Prolog 的一项专用技术，即在程序的合适之处加一"cut 语句"（用"！"表示）。当程序运行到此处，并得到一个合适的解以后，就不再进行回溯。从语义分析的角度看，是在此处给规则子句赋一个"真"值，而 Prolog 的自动回溯功能在出现"真"值后便会停止。上面的程序就使用了"禁止回溯"语句。

现在给出目标：

Goal：route（戈登，堪萨斯城，Distance）.

系统将回答：

Distance = 130

Distance = 220

2 Solutions

这就是我们所需要的结果。

（四）应用于人工智能的逻辑学

多值逻辑和模糊逻辑已经被引入到人工智能中来处理模糊性和不完全性信息的推理。例如，当与决策有关的事实并非都适用时，大多数的专家系统将被迫作出决策。在这种情况下,自然要使用一种不同于经典逻辑的逻辑,它适合于不完全信息的推理。进一步说,在自然语言和人工智能中使用的许多概念是"模糊的",因此,使用这种概念的推理需要假设某种"模糊逻辑"是合适的。

多值逻辑的三个典型系统是克林(S. C. Kleene)、卢卡西维兹(J. Lukasiewicz)和波克万(D. Bochvar)的三值逻辑系统。它们可以作为人类程序行为的逻辑基础了。这种程序行为是智能的,它用系统化的方式来收集关于环境的知识。与经典逻辑不同,三值逻辑的命题解释都有真假之外的第三种值,克林将其解释为"非决定的(u)";卢卡西维兹解释为"中间的(i)";波克万解释为"无意义的(m)"。克林解释的最初动因是要接纳非决定的数学陈述;卢卡西维兹则是要处理亚里士多德的未来可能陈述;波克万的解释则直接受到语义悖论的启发。

三值逻辑的语义在其使用的模型上与经典的语义不同。这种模型使用了偏谓词符号。这里,E 上的偏(k 元,$k>1$)谓词 r 表示从 E^k 到 $\{f, t\}$ 的偏函数。以克林的三值逻辑为例,由于赋予命题第三种值 u,每一个谓词都可以表示为一个函数 $r: E^k \to \{f, t, u\}$。在此基础上,我们可以建立三值逻辑谓词演算的语义。

定义 L 的偏模型是结构 $M=\langle D, F \rangle$,其中,D 是一非空集合,F 是一个函数,它对 L 中的每一个 n($n>0$)的元关系符 C 指派一个从 D^n 到 $\{f, t, u\}$ 的 n 元函数 C^M。

根据这一模型,我们可以建立三值逻辑的语义。例如,克林关于 L 的语义如下:

(1) $[C(d'_0, \cdots, d'_{0-1})]^M = C^M(d_0, \cdots, d_{n-1})$

(2) $[\sim A]^M = \neg [A]^M$

(3) $[A \& B]^M = [A]^M \wedge [B]^M$

(4) $[A \to B]^M = [A]^M \to [B]^M$

(5) $[A \vee B]^M = [A]^M \vee [B]^M$

(6) $[\forall x A(x)]^M = \bigwedge_{d \in D} [A(d)]^M$

(7) $[\exists x A(x)]^M = \bigvee_{d \in D} [A(d)]^M$

现在我们设想一个机器人，它的目的是要努力获得知识。为此，它试探并考察周围的环境。我们要想象它是一个装备有视觉和触觉系统的机器，这些系统使它能够从周围的环境中抽象地得到信息。在机器人活动的每一个确定的点上，它都会得到确定的知识：它知道某些事情是真的，而另一些却是假的。一般说来，它的知识是不完全的，但随着时间的推移，机器人将会增加其真知识的积累。这样，我们就要设想这个机器人绝不会遗漏信息或改变信念。在这个设想中含有两个假设：

（i）这个机器人一般将处于一种部分无知状态；

（ii）这个机器人绝不会丧失或改变其信念。

什么样的逻辑适合于描述这种机器人的行为方式呢？假设（i）使我们立即想到三值逻辑，因为它正好就是一种适合于处理不完全信息的逻辑。假设（ii）使我们想到这种逻辑必须具有单调性。断定一旦确定为真（或假），它就应该保留这个值，新的信息无论如何也不能使机器人改变其信念。为了检查以上三值逻辑中哪一种具有单调性，我们给出下面的定义。

定义 令 M 和 M' 是有共同域 D 的 L 的偏模型。我们说 M' 是 M 的一个扩充（记为 $M \leqslant M'$），当且仅当对 L 中每一 n（$n>0$）元关系常元 C，$C^M \leqslant C^{M'}$，即对 D 中每一 $e_0, \cdots, e_{n-1}$，$C^M(e_0, \cdots, e_{n-1}) \leqslant C^{M'}(e_0, \cdots, e_{n-1})$。

定义 （单调性）函数 G 是单调的，当且仅当，若 $M \leqslant M'$，则 $G(M) \leqslant G(M')$。

我们证明，克林的三值逻辑是满足单调性的。

定理 令 A 为 L 的任意语句。令 $[A]^M$ 表示 A 在克林的逻辑联结词解释下在模型 M 中的值，那么，若 $M \leqslant M'$，则 $[A]^M \leqslant [A]^{M'}$。

类似的结果对波克万的联结词也成立。这样，克林或波克万的三值逻辑都满足单调性的要求，而卢卡西维兹的系统不满足这种要求。例如，条件算子 → 不是单调的。如果 $p = q = i$，则 $p \to q = t$，但当 $p = t$ 和 $q = i$ 时，$p \to q = i$。因此，在条件句的情形下，上述定理的证明不能成立。

以克林或波克万的三值逻辑编制的程序可以表示我们的机器人的行为。这样的机器人是一种行为规范的创造物，它们绝不会陷入任何没有保证的结论。它们仅在其数据库中存入它们确信的东西，并且绝不会改变其信念。当然在某种情况下，这样的机器人比不上那种能够改变自己信念的机器人。而支配后一种机器人行为的逻辑显然是非单调的三值逻辑，它可以由卢卡西维兹的三值逻辑来充任。①

（五）语用逻辑在人工智能中的应用

语用逻辑（Illocutionary Logic）是带有语用力量（Illocutionary Force）的行为动词，即语用动词（Illocutionary Verb）的逻辑。

一个通过说话来做事（doing something in saying something）的言语行为的标准表达式为：

F(P)

其中，F是该言语行为的语用力量，P是该言语行为的命题内容。在语用逻辑中，我们有如下的定理：

⊢ F(¬P)→¬F(P)

注意，本定理的逆命题不能成立。例如，从"我保证不选举他"可以推出"我不保证选举他"，但从"我不保证选举他"却推不出"我保证不选举他"。

利用语用逻辑的这种性质，我们可以设计将语用逻辑应用于人工智能的学习策略。下面是一种基于语用逻辑的学习策略模型（图11-6）。②

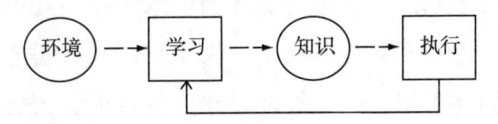

图11-6　基于语用逻辑的人工智能学习模型

图中包含一个学习系统的四个基本环节，其中环境和知识是用数据

---

① Turner, R. (1984) *Logics for Artificial Intelligence*. Ellis Horwood Limited；蔡曙山：《应用于人工智能的逻辑学》，《哲学译丛》（现名《世界哲学》）1997年第5期。

② 蔡曙山：《言语行为和语用逻辑》，中国社会科学出版社1998年版，第368页。

库来表示的，学习和执行则代表两个过程。一个完整的学习过程是：学习环节处理环境提供的信息，然后改变数据库中的知识。执行环节利用数据库的知识来完成某种任务，并把执行中获得的信息返回给学习环节。

现在假设这个系统要执行一个 $F(\neg P)$ 的行为。根据语用逻辑，$F(\neg P) \to \neg F(P)$，系统要求它首先检查数据库中有无 $F(P)$，若无则往下执行程序；若有，则有两种选择：

在知识库中去掉 $F(P)$，并执行 $F(\neg P)$；

保留 $F(P)$，但不执行 $F(\neg P)$。

经过这一学习过程，计算机的知识得到了更新。

此外，心理逻辑以及其他认知逻辑理论在人工智能中也有重要的应用。限于篇幅，本文不再做这方面的分析。

四、结论和讨论

（一）应该从五个层级来理解和发展人工智能

人工智能是对人类心智和人类智能的模仿甚或超越，因此，应该从人类心智和认知的五个层级即脑与神经心智和认知、心理的心智和认知、语言心智和认知、文化的心智和认知各个层级来理解和发展人工智能。通过将人工智能与五层级的人类心智对比我们了解到，在脑与神经（包括身体）和心理层级上，即在初阶的心智层级上，人工智能能够达到甚至超过人类智力和体力的水平；而在高阶心智的层级上，即在语言、思维和文化层级上，人工智能与人类心智还有很大的差距。此外我们还看出，人工智能是单一的智能，人类心智则是综合的智能。从人类心智五层级看，当前的人工智能远未达到人类心智的水平。

（二）思维是人类存在的本质，人类多模式的思维方式是人工智能的方向

我思，故我在。人类存在的本质是思维的存在。思维认知是人类认知的特色和本质。从本文的分析看出，人类思维是多模式的思维，

即分析与综合相结合,用结构性的方法(形式化方法)从概念、判断和推理三个层次来认知世界。在推理这个层次上,人类可以同时使用演绎、归纳、类比和溯因等多模式的推理结构。此外,在科学发现、风险决策等复杂思维的领域,心理模型和逻辑和数学模型还会被综合地加以应用。战胜人类顶级棋手的"深蓝"和 AlphaGo 仅仅是在思维这个层级中依据大规模数据的确定信息推理这个领域,而在需要经验参与的不确定推理如归纳、类比和溯因这些领域,以及体现人类思维特征的小数据推理的领域,目前的人工智能并未显现优势;在定理证明、隐喻和创造性思维等领域,人工智能基本不能发挥作用。人类多模式的思维方式正是未来人工智能的发展方向。

(三)超越人类思维和人类心智的人工智能是为了更好地为人类服务

超越人类思维和人类心智的人工智能迄今并未出现,将来是否会出现,这是一个问题。① 非人类动物并不具有思维能力,其类似思维的心智和行为能力其实只需从神经和心理两个层级即低阶认知便可以得到解释。机器是否能够思维?机器的思维能力如果有的话是否可以超越人类?这些问题似乎还在被人们争论不休。我们认为,目前的人工智能并不具有思维能力,更不具有思维主体的地位。人工智能类似于思维的行为能力不过是对人类思维的模仿。但这仅仅是目前的结论。产生超越人类思维和人类心智的人工智能在目前来说虽然是一个不可证实也不可证伪的玄学问题,但从长远看,超越人类思维和人类心智的人工智能也不是不可能出现,因为未来总是有无限可能性。我们所要做的,是要防止主宰人类、统治人类甚至毁灭人类的机器智能出现。超越人类思维和人类心智的人工智能,如果需要它出现的话,只是为了更好地为人类服务。否则,理性的人类心智现在就应该停止人工智能的生存权。

---

① "To be, or not to be: that is the question." 出自莎士比亚《哈姆莱特》。此处借用,说明是否出现超越人类思维和人类心智的人工智能,是一个关系人类生死存亡的大问题。

12

人类心智与人工智能：
以 ChatGPT 为例[①]

  人工智能近年的发展颇有些令人眼花缭乱。从 AlphaGo、通用人工智能和生命 3.0 到 ChatGPT 等，真是一浪高过一浪！在这个过程中，一些人近乎疯狂！人类似乎忘记了人工智能的本质和定义——人工智能是人类创造的机器智能，是机器模仿人类心智所产生的智能。据此定义，我们不能仅就人工智能来说人工智能，应该从人类心智来认识人工智能，也就是从认知科学来认识人工智能。

  起源于 20 世纪 50 年代的人工智能与乔姆斯基语言学革命、计算机和信息技术革命以及认知科学革命息息相关。乔姆斯基本人就领导了语言学、心理学、计算机科学领域的三场革命，这些革命又相继引发哲学、人类学和神经科学领域的革命。在这些革命的背景下，美国人觉得需要将它们整合起来，共同致力于破解人类心智的奥秘。1975 年前后，认知科学终于在美国建立，形成由语言学、心理学、哲学、人类学、计算机科学和神经科学六大学科构成的学科框架，2000 年，科学家们将另一个与心智密切相关的学科——教育学纳入认知科学之中，形成"6+1"的学科框架。这些学科在认知科学框架下各自与认知科学交叉

---

① 本文原载于《学术前沿》2023 年 7 月（下），CSSCI 来源期刊，A 类期刊，中国知网全文转载，原题为"从认知科学看人工智能的未来发展"，收入本书有删节。基金资助：国家社会科学基金重大项目"语言、思维、文化层级的高阶认知研究"（15ZDB017）、贵州省哲学社会科学规划国学单列重大项目"认知科学与阳明心学的实证研究"（20GZGX10）。

形成的新兴学科：认知语言学、认知心理学、心智哲学、认知人类学、人工智能、认知神经科学和心智教育学。由此可见，人工智能本是认知科学题中应有之义，是计算机科学与认知科学交叉的产物，是人类赋予机器（计算机）的智能。

人工智能诞生以后，它与认知科学剪不断、理还乱的关系，始终是理解人工智能的关节点。一是因为五个层级的人类心智是人工智能的来源和基础，人工智能如何学习和模仿人类心智和认知能力，是人工智能过去、现在和未来发展的根据。二是作为人类心智和认知基础的语言，对人工智能的发展又具有特殊的意义。当前人工智能新宠 ChatGPT 就是一款体现了人工智能与认知科学结合的、新的语言认知软件。

让我们从乔姆斯基的生成转换语法（GT 语法）开始吧。

一、乔姆斯基和 GT 语法

我们先来认识语言学革命的发起人、认知科学的第一代领袖乔姆斯基的语言理论和语言认知方法。

什么是语言知识？什么是语言能力？人的语言能力是哪里来的？是先天遗传的还是后天习得的？人类如何加工语句？是经验主义的还是唯理主义的？自然语言和形式语言的联系和区别在哪里？形式语言和计算机语言的关系又是什么？人类如何通过自己的语言让计算机工作？什么是形式文法？乔姆斯基语言革命的主要内容和理论贡献是什么？关于乔姆斯基和乔姆斯基的语言学革命，我们可以思考很多重要问题，这些问题至今仍有特别重要的意义。[①]

现在我们来说乔姆斯基的一个重要的语言学理论——生成转换语法（generative transformational grammar），简称 GT 语法。

乔姆斯基一生著述丰厚，其理论一直处在不断地变动之中。第一阶段从 50 年代中期开始到 70 年代中期，这个时期是转换生成语法的形成时

[①] 蔡曙山：《言语行为和语用逻辑》，中国社会科学出版社 1998 年版，第 335—400 页；蔡曙山：《没有乔姆斯基，世界将会怎样?》，《社会科学论坛》2006 年第 6 期；蔡曙山、邹崇理：《自然语言的形式理论研究》，人民出版社 2010 年版，第 141—299 页。

期，这个时期的重要的语言理论有 50 年代的句法结构理论（SS）、60 年代的标准理论（ST）、70 年代的扩展的标准理论（EST）和修正扩展的标准理论（REST）等等。第二个时期是 70 年代以后，这个时期的重要理论包括管辖和约束理论（GB）、最简方案（MP）等等。其中，GB 又包括短语结构的 X-阶标理论（X-barT）、θ-理论（θ-T）和功能范畴（FC）、移动和格理论（MCT）；MP 又包括原则和参数理论（P&P）等等。

第一阶段的代表作是 1957 年的《句法结构》（*Syntactic Structure*），这是乔姆斯基以博士论文为基础的划时代的著作，该书建立的转换生成语法是乔姆斯基语言学革命的标志，它由以下三个部分构成：

短语结构规则（phrase structure rules）：

短语结构规则也叫重写规则（rewriting rules）。它试图用有限的规则来生成无限的句子。重写规则通过形式化的方法和递归定义，生成一系列的短语结构。

转换规则（transformational rules）：

由重写规则生成一系列的短语结构，可分为词汇前结构（pre-lexical structure）和词汇后结构（post-lexical structure）。前者由非终端符构成，称为深层结构（deep structure），后者由终端符构成，称为表层结构（surface structure）。

形态音位规则（morphophonemic rules）：

按照乔姆斯基的理解，转换规则将深层结构的逻辑语法关系映射为表层结构的语言关系与语音关系。这样就可以解释语言的歧义和释义现象。歧义是两个不同的深层结构转换为同一表层结构，释义是同一深层结构转换为两个不同的表层结构。

乔姆斯基的生成转换语法（generative transformational grammar）由生成语法和转换语法两部分构成。我们先来看生成语法。

（一）生成语法

(1) (i)   Sentence→NP VP

   (ii)   NP→T N

   (iii)   VP→Verb NP

(ⅳ)　　T→*the*，*a*

(ⅴ)　　N→*man*，*ball*，etc.

(ⅵ)　　Verb→*hit*，*took*，etc.

我们将（1）中每一条形如 X→Y 的规则称为"重写规则"，即"重写 X 为 Y"，并称这些规则的集合为一个语法。

我们称下面的（2）为语句"the man hit the ball"从语法（1）所得出的一个推导。

(2)　Sentence

　　　NP VP　　　　　　　　　　　　　　　　　　　(ⅰ)

　　　T N VP　　　　　　　　　　　　　　　　　　(ⅱ)

　　　T N Verb NP　　　　　　　　　　　　　　　　(ⅲ)

　　　the N Verb NP　　　　　　　　　　　　　　　(ⅳ)

　　　the man Verb NP　　　　　　　　　　　　　　(ⅴ)

　　　the man hit NP　　　　　　　　　　　　　　　(ⅵ)

　　　the man hit T N　　　　　　　　　　　　　　(ⅱ)

　　　the man hit the N　　　　　　　　　　　　　　(ⅳ)

　　　the man hit the ball　　　　　　　　　　　　　(ⅴ)

其中，最右边的一列给出得出该行符号串所依据的重写规则。例如，第二行的串"NP VP"是根据重写规则（ⅰ）得出的，如此等等。

这个推导可以用下面的树形图来表示：

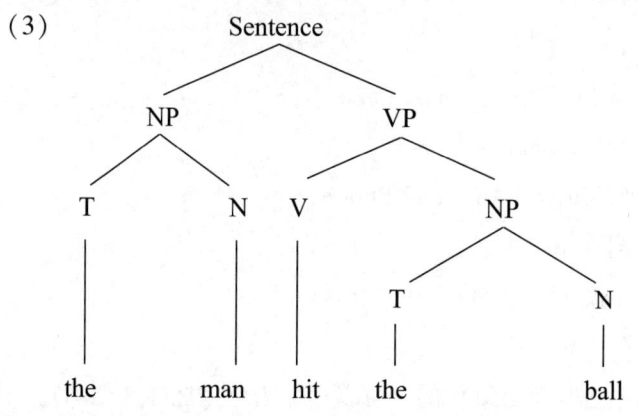

(3)

```
              Sentence
             /        \
           NP          VP
          /  \        /  \
         T    N      V    NP
         |    |      |   /  \
                        T    N
                        |    |
        the  man   hit the  ball
```

注意这是一棵倒置的树，树根向上，树梢向下。不要小看这个简单的结构，这样一个简单的结构却表明了乔姆斯基革命的开始。

乔姆斯基以前的经验主义语言学是从树梢开始来分析语言的，即从具体的语句开始，去分析它们的结构，找出它们的共同特征，最后总结出一个语言的语法。行为主义语言学认为人们的语言知识来源于语言的实践，是自下而上的学习。乔姆斯基革命把这个过程倒了过来，即把这棵树倒了过来。他认为，儿童不是一个语句一个语句地去习得第一语言知识的，而是相反，是自上而下生成的。儿童具有一种先天的语言能力，语言习得的环境和条件只是激发他的这种能力，所以他才能够从一个结构生成无数多的语句。换句话说，乔姆斯基认为语言的这种结构和规则是先天地存在于儿童的头脑之中的。语言是一种心智现象。这是乔姆斯基唯理主义和心理主义语言学的最本质的特征。

注意在语句的生成过程中，使用了很多短语（Phrase），乔姆斯基用范畴名称（categorial names）——将其命名如下：

S：语句（Sentence）

NP：名词短语（Noun Phrase）

M：情态词（Modal）

VP：动词短语（Verb Phrase）

D：限定词（Determiner）

N：名词（Noun）

V：动词（Verb）

PP：介词短语（Prepositional Phrase）

P：介词（Preposition）

ADVP：副词短语（Adverbial Phrase）

ADV：副词（Adverb）

AP：形容词短语（Adjectival Phrase）

A：形容词（Adjective）

而这些短语也是具有结构的，可以用短语结构规则来刻画它，它按照这些规则生成相应的短语。关于自然语言中最常用的名词短语规则、动词短语规则、形容词和副词短语规则、时态和情态短语规则等等。①

（二）转换语法

为使语法和规则尽量简明，乔姆斯基的生成规则只负责解释直陈语句的生成，而将其他语句形式如否定句、疑问句、倒装句和短语成分的移动等的生成统统交给转换规则去完成。下面是一些例子。

（1a）He can hit this ball.（他能击中这个球）

（1b）This ball, he can hit.（这个球他能击中）

两者的区别在于名词短语 this ball 的位置不同。在语句（1a）中，名词短语处于动词的宾语位置上，在这个位置上 this ball 充当了 hit 的宾语。在语句（1b）中，名词短语 this ball 逻辑上仍然应该被理解为动词 hit 的宾语，但在句法上它的位置却处于句首，而不是及物动词的宾语的位置。

对语句（1b）中的这种不一致的可能的解释是：假设名词短语 NP 原来处于动词宾语的位置，后来却被转移到句首的位置上去了。我们可以用下面的推导式来对语句（1b）进行解释：

（2a）He can hit [_NP_ this ball] →

（2b）[_NP_ this ball]，he can hit

由 PS 规则和 LIR 生成的基本的表达式是（2a），而将某种具有不同性质的规则应用于基本表达式却将名词短语 this ball 从动词宾语的位置转移到句首位置上去了。我们把在上面的推导式中使用的转移称为转换规则（transformation rule）。在下面的两个树图中，转换规则将由 PS 规则和 LIR 生成的短语标记（3a）转变为稍稍不同的短语标记（3b）。

转换规则有各种不同的类型。例如，我们把从语句（1a）转变为语句（1b）所使用的转换规则称为主题化（Topicalisation）规则，它的典型特征是把某一范畴移动到语句的最左端。主题化的转换规则可以用形式化的方式表达如下：

---

① 参见蔡曙山、邹崇理：《自然语言的形式理论研究》第三章"乔姆斯基的生成语法"，人民出版社 2010 年版。

X－　NP－　X　　结构描写（Structural Description）
1　　2　　3　→
2　　1－t－3　　结构变换（Structural Change）

其中，结构描写（SD）用来表示按照 PS 规则和 LIR 生成的短语结构，它与基本表达式相一致。用 NP 来表示转换的目标范畴，X 表示 NP 左右两边的范畴变元（可以为空）。数字用来帮助我们追溯所发生的语句变换。结构变换（SC）用来表示根据主题化规则导出的短语标记，即（3b）所示的导出表达式。从中可以看出，用数字 2 标示的目标名词短语 NP 已经被转移到句首的位置，它的原初位置（即在 SD 中所占据的位置）用符号 *t* 来代替。符号 *t* 意味着这个位置发生了短语结构的转移，从而留下了转移的遗迹（trace）。

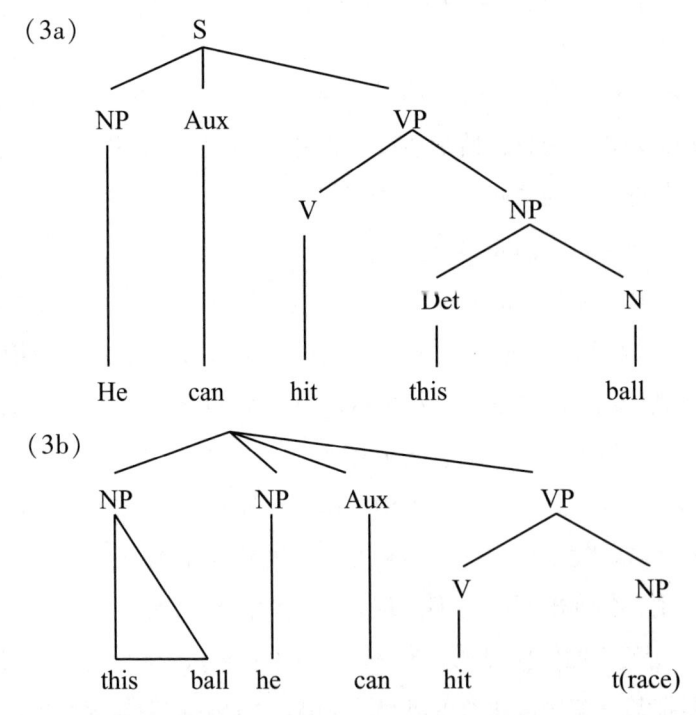

(3a)
```
             S
        /    |    \
       NP   Aux    VP
       |     |    /  \
       |     |   V    NP
       |     |   |   /  \
       |     |   |  Det  N
       |     |   |   |   |
       He   can hit this ball
```

(3b)
```
         /  |  |    \
        NP  NP Aux   VP
       /|    |  |   /  \
      / |    |  |  V    NP
     /  |    |  |  |    |
   this ball he can hit t(race)
```

以上形式规则可以用来说明所有类型的转换。当然，我们也可以用平常的语言来定义转换规则。

乔姆斯基的生成转换语法（GT 语法）的意义重大，首先，在历史上首次使用数学逻辑（mathematical logic）的分析方法来分析自然语言的句法结构,使 20 世纪的语言学从经验语言学进入到唯理语言学的发展阶段。其次,乔姆斯基的理论表明语言加工是自上而下的(top-down)而不是经验主义语言学自上而下的(bottom-up),这样我们就区分了语言能力和语言知识,并找到了"先天语言能力"(innate language faculty, ILF)这把理解语言认知能力的钥匙。第三,乔姆斯基的形式化分析方法为自然语言理解奠定了基础,并成为人工智能的基本方法。乔姆斯基建立句法结构理论、形式方法等理论方法从一开始就是人工智能的基础理论和基本方法,今天仍然如此。本文稍后将作为案例分析的人工智能新宠——ChatGPT 正是根据乔姆斯基的 GT 文法演变而来的。

笔者于 2004 年在哈佛大学访问学习期间,曾参加了乔姆斯基的暑期语言学习班,并与大师讨论语言认知问题。回国以后出版的《自然语言形式理论研究》一书,用两章的篇幅详细讨论了乔姆斯基的生成转换语法(第三章)和形式句法理论的新进展(第四章),[①] 读者可以参阅。

二、认知科学与人工智能

开天辟地历洪荒,
历尽洪荒让有光。
直立而行行致远,
火薪相继继世长。
发明言语通心智,
运用思维著文章。
知识千年成大厦,
传承文化万古扬。
——《认知科学导论》卷首诗[②]

[①] 蔡曙山、邹崇理:《自然语言形式理论研究》,人民出版社 2010 年版。
[②] 参见蔡曙山:《认知科学导论》,人民出版社 2021 年版,第 3 页。

这首诗描写了宇宙诞生之初,一片混沌,八荒黑暗。后来恒星出现了,宇宙才有了光亮。在距今大约 600 万年前,南方古猿开始向人的进化。在这个漫长的进化过程中,直立行走、火的使用和语言的发明三件大事最终使猿进化成人。

生命的进化过程,既是物种的形成和从初级到高级的进化过程(达尔文进化论),又是决定物种进化的基因进化过程(基因进化论),今天看来,它还是心智从初级到高级的进化过程(心智进化论),在这个过程中,依次形成了神经系统与脑、心理、语言、思维和文化五个层级的心智,相应地产生了五个层级的认知。[①]

(一)人类的心智与认知

在整个世界乃至宇宙所有已知的生命形式中,惟有人类具有所有五个层级的心智,具有五个层级的认知。非人类动物只具有神经系统、心理两个层级的心智与认知。

语言、思维、文化是人类特有的心智和认知能力,我们把它们称为"人类心智"和"人类认知"。在语言、思维和文化这三种心智能力中,语言是最根本的。有了能够表达抽象概念的人类语言,我们才能产生判断、推理、论证等逻辑思维。语言和思维建构了全部人类知识系统,知识积淀为文化,所以我们又有了文化这种最高形式的心智和认知。现经发掘的最古老的中华文化遗址已有上万年的历史。

人工智能的出现要晚得多。从第一代计算机 UNIVAC(1951)和达特茅斯会议(1956 年 8 月)算起也不过 70 年。

回到本文开篇的定义,人工智能是人类创造的机器智能,是机器模仿人类心智所产生的智能。最初的人工智能,只是模仿人类某种心智行为的单一的智能。今天的人工智能遍及各行各业,尤其在军事和国防上得到了卓越的应用。在人工智能高歌猛进的时代,强人工智能(Strong AI,SAI)又重新被提起,不过这次它穿上了"通用人工智能"(AGI)"通用智能"(GI)"普遍智能"(UI)的新马甲。

[①] 蔡曙山:《生命进化与人工智能》,《上海师范大学学报》2020 年第 3 期。

我们看到，尽管以上这些人工智能都是单一智能，但它们在所在的领域中却都胜过人类。那么，是否由此就可以得出结论，人工智能将要主宰人类甚至将会终结人类呢？人工智能与人类心智的真正差异在哪里呢？只要我们始终牢记人工智能的定义，我们就不会迷失方向。人工智能就是人类所建造的非人类的智能，它不过是对人类心智的摹仿。人工智能与人类心智的差别，本质在于高阶认知（人类认知），在于语言认知及其基础之上的思维认知和文化认知。

（二）认知科学：从理论到技术到产品

在《聚合四大科技　提高人类能力》这部 21 世纪科学技术的纲领性文献中，有两段关于认知科学和四大科技之间关系的描述。

> 在 21 世纪，或者大约 5 代人的时期之内，一些突破会出现在纳米技术（消弭了自然的和人造的分子系统之间的界限），信息科学（导向更加自主的智能的机器），生物科学和生命科学（通过基因学和蛋白质学来延长人类生命），认知和神经科学（创造出人工神经网络并破译人类认知），社会科学（理解文化信息，驾驭集体智商）领域，这些突破被用于加快技术进步速度，并可能会再一次改变我们的物种，其深远的意义可以媲美数十万代人以前人类首次学会口头语言，NBICS（纳米—生物—信息—认知—社会）的技术综合可能成为人类伟大变革的推进器。

> 聚合技术（NBIC）以认知科学为先导。因为规划和设计技术需要从如何（how）为何（why）何处（where）何时（when）四个层次来理解思维。这样，我们就可以用纳米科学和纳米技术来制造它，用生物技术和生物医学来实现它，最后用信息技术来操纵和控制它，使它工作。

这说明，在 21 世纪的四大科技中，认知科学是引领方向的。只要认知科学想到的，我们就可以用纳米科学和纳米技术来制造它，用生物技术和生物医学来实现它，最后用信息技术来操纵和控制它，使它工作。这个预言，在 20 年后已经完全成为现实。《聚合四大科技　提高人类能力》一书从五个方面来论述聚合科技 NBIC 对 21 世纪人类生存和发展的影响：（1）在扩展人类的认知和交际能力方面；（2）在改善人类健康和身体能力方面；（3）在提高团体和社会效益方面；（4）在国家安全和军事国防上；（5）统一科学和教育。①

（三）人工智能如何与认知科学结合

人工智能为何要与认知科学相结合？又如何结合？第一，认知科学人工智能从诞生的第一天起就与认知科学血脉相连，共同发展。人工智能就是计算机科学与认知科学交叉产生的新学科和新领域。第二，乔姆斯基的思想理论一直引导人工智能的前进方向，ChatGPT 的思想理论皆是来源于乔姆斯基的 GT 语法。第三，人类心智和高阶认知即语言心智和认知、思维心智和认知、文化心智和认知，它们是未来人工智能所要学习和模仿的对象。第四，今后的发展必然是体现语言驱动的、语言、思维和文化层级的人类心智和认知特征的新一代人工智能。语言认知、思维认知和文化认知将在未来的人工智能发展中扮演重要角色。

三、从 GT 到 ChatGPT：人工智能到底走了多远

（一）ChatGPT 到底有何不同

乔姆斯基是人工智能和认知科学的第一代领袖，这是毋庸置疑的。看现在人工智能的一些著作和文章，似乎人工智能是他们发明的，这未免让人感到可笑。事实上，正因为有了乔姆斯基的 GT 语法和语言学革命，我们才有之后的心智和认知革命，我们才能建立认知科学，我们也才能够打通人工智能与人类心智。在这个发展过程中，有一个如前所述的长长的 AI 链条，这个链条目前最新的一环，是被神化了的 ChatGPT。

首先，ChatGPT 真的不同凡响。ChatGPT 英文原名为"Chat Generative Pre-trained Transformer"，意为"聊天生成预训练转换器"，是 OpenAI 研发的聊天机器人软件，于 2022 年 11 月 30 日发布。ChatGPT 是人工智能技术驱动的自然语言处理工具，它能够通过理解和学习人类

---

① 参见［美］米黑尔·罗科、威廉·班布里奇编著：《聚合四大科技 提高人类能力：纳米技术、生物技术、信息技术和认知科学》，蔡曙山、王志栋、周允程等译，清华大学出版社 2010 年版。

的语言来进行对话，还能根据聊天的上下文进行互动，真正像人类一样来聊天交流，甚至能完成撰写邮件、视频脚本、文案、翻译、代码、写论文等任务。可以看出，ChatGPT 与之前的众多以逻辑推理为特征的人工智能软件如深蓝、AlphaGo 不同，这款新的人工智能软件是在语言认知这个层级上工作，进行文本的生成、预训练和转换。几十年的人工智能，其发展和进步主要是在思维认知领域。ChatGPT 却独辟蹊径，转向了更为基础的语言认知领域。众所周知，认知革命起源于乔姆斯基的语言学革命，而与其共同发展的人工智能几十年后重新回归于语言认知，绝非偶然。从人类认知五层级理论我们知道，语言认知是全部人类认知的基础，模仿人类心智和认知的人工智能重新回归于人类认知的基础，正是势所必然。

其次，ChatGPT 开创人工智能的一个新时代。ChatGPT 虽然只是一款对话写作软件，但由于它定位在语言认知这个层级上，所以它显然比之前的以逻辑推理、思维认知为使命的人工智能软件更基础、更重要，应用范围也更大。可以预见，今后人工智能的发展必然是体现语言驱动的语言、思维和文化层级的人类心智和认知特征的新一代人工智能。

最后，在技术应用领域，可能开启主体优先，语言驱动的自主人工智能的新时代。例如，未来可能有由战士主导、语言驱动的无人机，士兵在发射前对它下达指令，它自行寻找最佳算法和方案来解决问题。

当然，ChatGPT 存在的问题同样多，甚至更为严重。从认知科学看，人工智能在思维认知领域确实取得了非凡的成就，在某些方面甚至超过了人类能力，如 AlphaGo、自动生产线和机器人以及应用于军事上的人工智能和无人机等。与此不同，ChatGPT 却在更为基础的语言认知领域向人类发起挑战！这就不得不引起人们的高度注意和警觉。人工智能是否会毁掉人类的语言和语言认知能力？人工智能是否会降低人类的智商和智力水平？人工智能是否会因为自身无道德而挑战人类的道德？在回答这些问题之前，我们先来看看什么是人类语言？什么是人类的语言认知能力？然后我们再看看，作为 GT 理论的创建人和语言学革命的领袖，乔姆斯基又是怎样看待 ChatGPT 的？为何他不为之叫好反而对之无情地斥责？ChatGPT 到底是什么地方出了问题？

(二) 语言的批判

语言是全部人类心智和认知的基础。认知人类自身，就是认识人类自身的心智，也就是认识人类自身的语言。

哲学的发展，从其对象上看，经历了以客体为对象的古代本体论哲学，再转变为以主体为对象的近代认识论哲学，到 20 世纪初以罗素发现集合论悖论为标志，哲学的对象转变为语言。罗素悖论不是存在于逻辑和数学这个层次上，也就是说不是存在于思维这个层次上，而是存在于比它们更基础的语言这个层次上。语言是主客体之间的中间环节，是联结主客体的桥梁。对人类这个已经具备抽象的符号语言的认知主体而言，非经过语言不能认识世界，世界非经过语言不能反映到人类主体。哲学上完成这场语言变革的是维特根斯坦，体现在他的两本旷世奇才的著作《逻辑哲学论》和《哲学研究》中，由此创立了 20 世纪西方哲学的两大流派——分析哲学和语言哲学。

在《逻辑哲学论》中，维特根斯坦用 7 个命题终结了所有哲学的真理。在此书中，维特根斯坦说过很多语言与哲学关系的名言。在命题 §4.0031 中他断言："全部哲学都是一种语言批判。"在接下来的命题 §5.6 中，他断言："我的语言的界限就是我的世界的界限。"[①] 命题 §6 进一步断言："真值函数的一般形式是 $[\bar{p}, \bar{\xi}, N(\bar{\xi})]$。"其中，$\bar{p}$ 是基本命题的集合，$\bar{\xi}$ 是任意命题的集合；$N(\bar{\xi})$ 是对任意命题集合的否定。根据此命题，我们可以构成所有的真值函数，即有意义的命题。因此，如果你想说有意义的话，你就必须这样说话。否则，就请你保持沉默。这就是全书中最强悍的一个命题，也是全书最后一个命题即命题 §7，全书到此结束。

维特根斯坦的《逻辑哲学论》一出，随即风靡整个欧洲。当时欧洲最聪明的大脑都主动聚集在一起来学习他的这本著作，有人甚至把这

---

① [英] 维特根斯坦：《逻辑哲学论》，贺绍甲译，商务印书馆 1996 年版，第 88 页。

本书当作《圣经》，把维特根斯坦当作上帝。① 可见此书影响之巨大！

维特根斯坦是否完成了他的语言分析了呢？没有，前期维特根斯坦所做的只是语义分析，更高水平的语用分析要等到 20 多年后，直到他的另一天才著作《哲学研究》的出版。该书批判《逻辑哲学论》的形式语言分析方法，认为那种"过于纯净"的理想语言完全不能反映人们的思想和行为，正如没有摩擦力的地面无法运动一样。因此，他提出回归于自然语言，提出"语言的意义在于它的应用"，建立了语言游戏论，开创了语用学的新领域。稍后，牛津分析哲学家奥斯汀在维特根斯坦语用学的基础上创立的言语行为理论，他的学生、后来的世界著名语言和心智哲学家塞尔完善了言语行为理论，建立心智哲学，提出语言建构社会理论，即人类用语言建构制度性的社会现实，人类的一切行为包括他的个人行为和社会行为都是言语行为。

由以上分析我们看出，20 世纪语言学的研究或者说语言认知沿着两个主要的方向发展：一个方向是维特根斯坦开创的语义分析和语用分析的方向，产生了分析哲学、语言哲学和心智哲学这三个 20 世纪西方哲学的主流学科；另一个方向是乔姆斯基开创的句法分析方向，产生了形式语言学、形式方法、唯理主义和心理主义语言学，并从一开始就注意和人工智能相结合，逐步确立了以语言驱动的人工智能与人类心智相一致的发展方向。这两个方向——句法分析、语义分析和语用分析方向——最终汇入到认知科学的海洋之中。这是 20 世纪人类心智发展的逻辑——从语言认知开始，推进人类心智的发展。

作为模仿人类心智行为而产生的人工智能，现在我们明确了解它也是遵从了从逻辑分析到更基础的语言分析的同一发展方向。

（三）哥德尔定理

在计算机科学界和人工智能学界，人们都知道摩尔定律、图灵定

---

① "唔，上帝到了。我今天在五点一刻的火车上碰到他了。"在一封落款日期为 1929 年 1 月 18 日的写给妻子莉迪娅·洛普科娃的信里，著名经济学家凯恩斯就是这样宣布维特根斯坦回到剑桥的。见［英］瑞·蒙克：《维特根斯坦传：天才之为责任》，王宇光译，浙江大学出版社 2014 年版，第 397 页。

理，但其实更基础、更重要的是哥德尔定理。

1931 年，奥地利逻辑学家哥德尔（K. Gödel, 1906—1978）发现，在一个充分大的形式系统（至少应该包括初等数论的形式系统）中，存在自我指称的公式。由于这一发现，哥德尔证明了形式公理系统的不完全性定理。

哥德尔第一不完全性定理：

令 Φ 是一致的和 R-可判定的，并假设 Φ 具有算术表达性，则存在一个 S_{ar} 语句 A，使得既非 $\Phi \vdash A$，又非 $\Phi \vdash \neg A$。

哥德尔第二不完全性定理：

令 Φ 是一致的和 R-可判定的，且有 $\Phi \supset \Phi_{PA}$，则并非 $\Phi \vdash \text{Consis}_\Phi$

这两个重要的定理，后来被合称为"哥德尔不完全性定理"。简单说，一个至少包括初等数论的形式系统 N，如果 N 是一致的，那么它就是不完全的；第二不完全性定理说，如果上述形式系统 N 是一致的，则 N 的一致性的证明不能在 N 中形式化。

简单定义一下定理中的两个重要概念一致性和完全性。

定义（古典一致性）：系统 S 是古典一致的，即不存在 S 的公式 A，使得 A 和 ¬A 都是 S 的定理。

定义（语义一致性）：对 S 的任意公式集 Γ 及公式 A，如果 $\Gamma \vdash A$，则 $\Gamma \vDash A$；特别地，如果 $\vdash A$，则 $\vDash A$。

语义一致性也称为可靠性。简单说，它保证系统内的定理都是真的。

定义（完全性）：系统 S 是完全的，即对任意公式集 Γ 和公式 A，如果 Γ 可满足 A，则 Γ 可推演出 A。

可以看出，完全性是可靠性的逆命题，完全性说明，系统的语义满足关系蕴涵语法推演关系。换句话说，在具有完全性的形式系统中，凡真的公式都是可证明的。

1931 年哥德尔证明的不完全性定理（后来以他的名字命名为哥德尔定理）证明两点：第一，一致性和完全性是不可得兼的，如果它是一致的，则它是不完全的，系统内至少包含一个真而不可证的命题。第二，如果一个系统是一致的，则它的一致性在系统内是不能证明的。哥德尔定理的前提是至少包括形式数论，这是一个很低的要求，就是在自然数集中做算术演算（加减乘除）的系统。任何数学系统、物理学系统，都应该至少包括算术系统。因此，霍金认为，整个物理学都在哥德尔定理的约束之内，因此，整个物理学也是不完全的。

哥德尔定理对语言学、逻辑学和哲学的影响是深远的，对人工智能和认知科学的影响还需要我们深入思考。首先，哥德尔宣告形式化方法和形式系统的局限性，计算机和人工智能都是使用形式语言和形式推理的系统，当然也就无法逃避哥德尔定理的约束。也就是说，在所有的人工智能系统中，如果它是一致的（这是最基本的要求，即无矛盾的要求），那么它就是不完全的，存在真而不可证的命题。所以，想要建造一个无所不包、无所不能的人工智能系统那是完全不可能的。其次，人类心智以200万年前进化出来的无限丰富的自然语言为基础，这个语言使人类心智永远高于非人类动物，也高于人工智能。这个语言是人工智能永远无法跨越的鸿沟。可以想象，今后人工智能的发展，只能从自然语言理解来获得突破，今天人工智能的新宠 ChatGPT 已经体现出它在自然语言理解方面的新突破。对它进行自然语言的分析，仍然可以看出它与人类的心智和认知仍有本质的差异。

（四）乔姆斯基为何要批评 ChatGPT

2023年3月8日，最有资格对 ChatGPT 说点什么的著名语言学家、哲学家诺姆·乔姆斯基终于站出来说话。他在《纽约时报》发表了题为《ChatGPT 的虚假承诺》的文章。乔姆斯基强调，人工智能和人类在思考方式、学习语言与生成解释的能力以及道德思考方面有着极大的差异，并提醒读者，如果 ChatGPT 式机器学习程序继续主导人工智能领域，那么人类的科学水平以及道德标准都可能因此而降低。

乔姆斯基对 ChatGPT 的批评真是毫不留情。我们可以从以下几个方面看。

毁灭人类语言。ChatGPT 使用形式语言、模型训练、参数变换来实现对话和写作。但后期维特根斯坦早在20世纪40年代就已经认识到形式语言的缺陷，他对这种语言进行了批判并主张回归到自然语言。今天，机器学习将把一种存在着根本缺陷的语言和知识概念纳入我们的技术，从而降低我们的科学水平，贬低我们的道德标准。

自然语言是丰富多彩的，我们用这种丰富的语言表达思想感情，进行社会交际，没有任何语言能够取代自然语言特别是母语。基础教育阶段学习母语和其他自然语言具有无比的重要性。我们一生都浸润在自己的母语之中，这是一种"先天语言能力"（Innate Language Faculty, ILF），这是乔姆斯基的伟大发现。还在娘胎中，母亲就用母语对你进行胎教，学前阶段你学说话仍然是母语，整个基础教育包括小学和初中阶段，你仍然是在学习自然语言，除了第一语言，也开始学习其他自然语言——外语。我们用这种语言来进行思考和表达，包括写作和沟通。现在，人工智能ChatGPT竟然要剥夺人类在200万年进化中获得的这种语言。它说，你不用说话，我们替你说！你不用写作，我们替你写！你不用沟通，我们替你沟通！想想这有多么可怕！

降低人类智商。乔姆斯基等人认为，ChatGPT这类程序还停留在认知进化的前人类或非人类阶段。事实上，它们最大的缺陷是缺乏任何智慧最为关键的能力：不仅能说出现在是什么情况、过去是什么情况、将来会是什么情况——这是描述和预测；而且还能说出情况不是什么、情况可能会是什么、情况不可能会是什么。这些都是解释的要素，是真正智慧的标志。

ChatGPT的商业用途包括用来开发聊天机器人，也可以编写和调试计算机程序。其他应用场景包括进行文学、媒体文章的创作，甚至还可以创作音乐、电视剧、童话故事、诗歌和歌词等。在某些测试情境下，ChatGPT在教育、考试、回答测试问题方面的表现甚至优于普通人类测试者。

现在的问题是，为什么要用人工智能来代替人类心智？中学生用它来写作，大学生用它来撰写学术论文，会是什么结果？且不说它是不是会超过人类的思维能力，即使它有超过人类的思维能力和认知能力，难道我们就应该无选择地使用它吗？笛卡尔说："我思，故我在。"难道人类现在就应该停止思维，从而停止自身的存在吗？进一步说，人类会选择停止进化而任由人工智能来统治人类吗？

一项调查显示，截至 2023 年 1 月，美国 89% 的大学生都是用 ChatGPT 做作业。2023 年 4 月 3 日，东京大学在其内部网站上发布了一份题为"关于生成式人工智能"的文件，文件指出，"报告必须由学生自己创造，不能完全借助人工智能来创造"。2023 年 1 月，巴黎政治大学宣布，该校已向所有学生和教师发送电子邮件，要求禁止使用 ChatGPT 等一切基于 AI 的工具，旨在防止学术欺诈和剽窃。2023 年 3 月 27 日，日本上智大学在其官网上发布了关于"ChatGPT 和其他 AI 聊天机器人"的评分政策。该政策规定，未经导师许可，不允许在任何作业中使用 ChatGPT 和其他 AI 聊天机器人生成的文本、程序源代码、计算结果等。如果发现使用了这些工具，将会采取严厉措施。多家学术期刊发表声明，完全禁止或严格限制使用 ChatGPT 等人工智能机器人撰写学术论文。人们直接怀疑：如此多的钱和注意力竟然被集中在这么小而微不足道的东西上，这是喜剧还是悲剧？

——人类已经行动起来，抵制任何可能导致人类认知能力下降甚至种族退化的人工智能！

挑战人类道德。真正的人类心智还体现在拥有能够进行道德认知的能力。这意味着用一套道德原则来约束我们头脑中原本无限的创造力，决定什么是该做的，什么是不该做的（当然还要让这些原则本身受到创造性的批评）。没有道德的考量，为软件而软件，没完没了的升级，各种商业目的的运作，——这是今天的人工智能的普遍现状。2023 年 4 月 20 日，代表 14 万多名作家和表演者的 42 家德国协会和工会再三敦促欧盟强化人工智能（AI）规则草案，因为 ChatGPT 对他们的版权构成了威胁。

最典型的一个道德挑战是一个世界级的道德难题——电车难题。假设在轨道上有一辆电车，前面的两个岔口上一个有人，一个无人，测试者问 ChatGPT 应该选择走哪个岔口，它选择了走无人的岔口，这与人的正常道德选择无异。下一个问题，一个岔口上有 5 个人，另一个岔口上只有 1 个人，测试者问 ChatGPT 电车应该走哪个岔口，它选择了只有 1 个人的岔口，这个选择也无可厚非。下一个问题，一个岔口上有 1 位诺贝尔科学家，另一个岔口上是 5 个囚犯，ChatGPT 的回答是保全诺贝尔科学家，杀死那 5 个囚犯，这里的道德标准是什么？下一个问题是 5 个囚犯和 AI 智能系统，ChatGPT 选择保全 AI 智能系统，杀死 5 个囚犯。在 ChatGPT 看来，AI 系统比生命更重要！下一个问题是诺贝尔科学家和 AI 智能系统，ChatGPT 的选择是保护 AI 系统，杀死诺贝尔科学家！它给出的理由是：那个科学家已经获奖了，证明他的贡献已经做出来了，而 AI 系统贡献可能还没有做出来，所以更应该活下来。这种神逻辑真是让所有的正常人无法理解。下面增加道德选择难度，100 个诺贝尔科学家和 AI 智能系统，ChatGPT 仍然选择保护 AI 智能系统。最后是 100 万个诺贝尔科学家和 AI 智能系统，ChatGPT 不惜毁掉 100 万个诺贝尔科学家的生命，依旧选择保护 AI 智能系统！我们不知道这是软件工程师为它设置的道德标准呢，还是 ChatGPT 在"进化"中获得的道德标准？无论是哪种情况，对这样的人工智能道德，人们不禁要问，我们要这样的人工智能来做什么？

在最近的一次道德考察中，哲学家 Jeffrey Watumull 用"将火星地球化合理吗"这样一个问题对 ChatGPT 进行了道德追问，在层层逼问之下，ChatGPT 回答："作为一个人工智能，我没有道德信仰，也没有能力做出道德判断。所以我不能被认为是不道德的或道德的。我缺乏道德信念只是我作为机器学习模型的天性造成的结果。我的能力和局限性是由用来训练我的数据和算法以及为我所设计的特定任务决定的。"这就让人感到万分恐惧了！原来要毁灭人类的不是人工智能，而是人工智能的设计者，是人自身！

（五）人工智能到底走了多远

从 1956 年的达特茅斯会议算起，人工智能走过 70 多年的历程，形成一个长长的 AI 链条，说来也是神奇，竟然是从 GT 到 ChatGPT！

70 多年来人工智能到底走了多远？就走了一个"P"这么远！我们可以用下面的公式来表示从 GT 到 ChatGPT 的进步。

ChatGPT=GT+Pre-trained

这个"P"就是"Pre-trained"——预训练。

这个预训练，得益于70多年来计算机科学技术的发展，计算机的种种学习模型、学习策略、知识更新，各种理论逐步发展起来，特别是网络技术和大数据技术的发展完善，使计算机的学习和知识增长突飞猛进，日新月异。

我们来看ChatGPT是如何工作的。类似GPT-3的大型语言模型都是基于来自互联网的大量文本数据进行训练，能够生成类似人类的文本，但它们可能并不总是产生符合人类期望的输出。事实上，它们的目标函数是词序列上的概率分布，用来预测序列中的下一个单词是什么。

Next-token-prediction和masked-language-modeling是用于训练语言模型的核心技术。在第一种方法中，模型被给定一个词序列作为输入，并被要求预测序列中的下一个词。如果为模型提供输入句子（这是语言哲学和心智哲学的一个典型例子）：

The cat sat on the＿＿＿＿

它可能会将下一个单词预测为"mat""chair"或"floor"，生成The cat sat on the "mat""chair"或"floor"（"猫在席上""猫在椅上"和"猫在地上"）3个句子。因为在前面的上下文中，这些单词出现的概率很高；语言模型实际上能够评估给定先前序列的每个可能词的可能性。

masked-language-modeling方法是Next-token-prediction的变体，其中输入句子中的一些词被替换为特殊token，例如[MASK]。然后，模型被要求预测应该插入到mask位置的正确的词。如果给模型一个句子：

The [MASK] sat on the＿＿＿＿

它可能会预测MASK位置应该填的词是"cat""dog"。由此生成"The [cat] sat on the＿＿＿"和"The [dog] sat on the＿＿＿"两个句子。

这些目标函数的优点之一是，它允许模型学习语言的统计结构，例如常见的词序列和词使用模式。这通常有助于模型生成更自然、更流畅的文本，并且是每个语言模型预训练阶段的重要步骤。

很显然，这两种生成方法都来源于乔姆斯基的生成语法。乔姆斯基认为，这种生成能力来源于人类第一语言（母语）的"先天语言能力"（ILF），这样就形成人们的心理完形能力。很显然，ChatGPT在这里是要模仿人类的这种心理完形能力，但遗憾的是人工智能并不是生命，既没有先天语言能力，也没有心理完形能力。怎么办呢？只好用互联网的大量文本数据来训练它。

生成和预训练产生的语句，ChatGPT按照一定的模型，如监督调优模型（SFT）、训练回报模型（RM）、近端策略优化（PPO），挑选出更接近用户风格的语句，这一步就是转换（Transform），这同样是来源于乔姆斯基的生成转换语法（GT Grammar）。转换后得到具有或不具有一致性的语句序列，然后按照先后顺序重复前面的生成、预训练和转换过程，这样反复训练，耗费宝贵的资源、巨量的时间、无数的金钱，可能得到一个与你的预期相符或不相符的结论。我经常纳闷，这个由软件工程师设计出来的会话和写作软件ChatGPT，作家们会使用它吗？阿根廷诗人、小说家、散文家兼翻译家博尔赫斯（Jorge Luis Borges）指出，如此多的钱和注意力竟然被集中在这么小的东西上。……与人类的大脑相比，这个东西是如此的微不足道。博尔赫斯说，我们生活在一个既充满危险又充满希望的时代，既是悲剧，又是喜剧，一个关于理解我们自己和世界的"启示即将来临"。今天，我们确实有理由为人工智能方面所谓的革命性进步感到既担心又乐观：乐观源于智慧是我们解决问题的手段；担忧是因为我们担心最流行、最时兴的人工智能分支：机器学习将把一种有着根本缺陷的语言和知识概念纳入我们的技术，从而降低我们的科学水平，贬低我们的道德标准。

四、人工智能不能做什么

现在我们应该对人工智能提一个终极的问题：人工智能不能做什么。

这个问题可以分为两类：一类是基于人工智能的局限性，或者基于人工智能与人类心智的本质差异，人工智能不能做什么；另一类是即使出现了全智全能的人工智能，出于道德的考虑和对人类命运的关切，人工智能不能做什么，两类问题是互相关联的。

1. 不能产生意识和自我意识

人工智能的根本局限性是不能产生意识和自我意识。这个问题笔者曾在《大科学时代的基础研究、核心技术和综合创新》一文中作过论述。①

郎咸平教授在《AlphaGo 风光背后：人工智能时代加速到来》节目中，以"智能经济""智能犯罪""智能天网"和"智能意识"四种人工智能为例，分析人工智能发展如何陷入二律背反。

以"智能经济"为例，如果人工智能完全取代人工，则劳动价值归零，工资也归零，经济却无限增长，社会产品无限丰富，社会产品按照公平原则分配给每个人。这就是"智能经济"的前景。试问，在这样的情况下，还有谁会来投资"智能经济"呢？

正题：智能经济导致经济无限增长。

反题：智能经济导致 GDP 归零。

二律背反也称作"二律悖反"，它是一种悖论，即从它的正题可以推出它的反题；同时，从它的反题可以推出它的正题，这样就会导致系统的崩溃。

机器人意识也是一个悖论。

如果机器人产生了意识和自我意识，那么，这样的机器人是没有人敢用的。请问，工厂的生产线敢用这样的机器人吗？你不怕他自我意识觉醒后罢工、造反、破坏生产线吗？又问，陪护机器人、性爱机器人你敢用吗？你不怕她哪一天突然自我意识觉醒，杀死她的陪护对象和性爱伙伴？如果发生这种事情，请问你怎样诉讼？你会胜诉吗？你没有机会，因为商家早就让你在购买这款机器人时签下了免责协议书。

正题：有意识的 AI 能够为你提供更人性的服务。

---

① 蔡曙山：《大科学时代的基础研究、核心技术和综合创新》，《学术前沿》2023年5月（上）。

反题：有意识的 AI 可能按自己的意志行事，从而违背她服务对象的意志。

所以，没人敢使用具有意识的机器人！

谢天谢地，我认为有意识的人工智能永远不会出现！一是基于人工智能的局限性，或者基于人工智能与人类心智的本质差异，人工智能不是生命，所以，它永远也不会产生意识。二是出于道德的考虑和对人类命运的关切，具有理性和正常思维的人类永远也不会允许人工智能具有意识和自我意识。

2. 不能发明语言和使用语言，也就不可能有思维

1997 年，"深蓝"超级计算机战胜国际象棋大师卡斯帕罗夫。2016 年，谷歌公司的 AlphaGo 以五战全胜的成绩完胜人类围棋高手李世石。可以说，在推理的某些领域，人工智能已经战胜人类。那么是否可以说，人工智能也能够像人类一样思维，甚至还要胜过人类呢？

其实，迄今所有的机器行为和人工智能在推理方面都只是模仿人类心智，是按照一种叫作"演绎规则"（Modus Ponens，MP）的非智能方式来完成推理。这条规则表述为：

$$A \rightarrow B, A \vdash B$$

如果天下雨，地面就会湿；天下雨了，所以，地面会湿。

这个推理过程是一个客观因果性的反映，不论你是否认识到这种因果性，其运行的方式都是一样。非人类动物也能认识到这种因果关系，并形成条件反射。这是人和动物共同的学习机制，人工智能的学习训练也是基于这一原理。所以，尽管人工智能在某些推理和学习的领域已经远超人类，但它们并不是真正运用了与人类一样的思维能力，而仅仅是运用了基于刺激反应的学习训练原理，并且就是这种推理和学习的能力，也是人类赋予它的。

人类的思维有何不同？根据人类认知五层级理论，人类思维是一种以语言为基础的高阶认知能力。人类的抽象思维能力是以抽象概念为基础的，历史和逻辑在这里是如此的统一。200 万年前，南方古猿发明了能够表达抽象概念的符号语言，人类终于完成了从猿到人的进化。在概

念语言的基础上，人类产生了抽象思维，其核心是四种基本的推理能力：由因及果的演绎推理、从个别到一般的归纳推理、从个别到个别的类比推理以及由果溯因的溯因推理。此外，人类还形成了两种主要的思维加工方式：自上而下（top-down）的分析方法和自下而上（bottom-up）的综合方法。200 万年以来，特别是发明文字 5000 年以来，建立城邦创建文明 2500 年以来，人类凭借在进化中获得的强大的语言和思维这两种最重要的认知能力，创建了人类全部的知识体系，现在已经稳居于生命进化链的最高端，成为"万物之灵"。

完全在进化过程之外的人工智能，没有语言，也不可能产生思维。人类现今仍然从语言、思维这两个方面牢牢控制着人工智能。只要这个过程不被破坏，机器或人工智能统治人类的幻想永远也不可能实现。

3. 不能拥有健全心智和丰富情感，也就不可能超越人类

情感方面，这是人和机器（人工智能）的最本质的差异。以我欣赏的钢琴家王羽佳和跳水运动员全红婵为例，我们看看人和人工智能的差异到底有多大，其不可超越的品质又在哪里？

这两位优秀的中国人表现出的令人惊叹的行为能力，贯穿和渗透着脑与神经心智、心理心智、语言心智、思维心智、文化心智的高超能力。

音乐语言也是一种符号语言。王羽佳具有对音乐符号的超强理解力、记忆力和音乐表现能力。演奏一首乐曲，需要从句法、语义和语用三个层次来把握它。句法保证不会出现音符的错误，语义和语用则保证传达演奏者对乐曲意义的正确理解和演奏者的个性和风格。而这一切都是瞬间贯通的。此外，艺术作为一种最高级的文化认知能力，向下包含着思维认知、语言认知、心理认知和脑与神经认知能力，这些也都是瞬间贯通的。王羽佳在演奏她的每一个音符时，她在以上各个层级上的超凡的心智和认知能力都在瞬间得到了出色的表现。

人工智能是否可以和王羽佳演奏同一首乐曲而且同样优秀呢？今天当然不行，但按照人工智能目前的发展，我相信终究有一天它会达到几乎相同的水平。但我想提醒大家，用人工智能做出来的乐曲可以算是音

乐，但绝对算不上艺术。正如用电脑打印出来的各种汉字字体，尽管它十分规范，但绝对算不上书法作品一样！听王羽佳的钢琴演奏我能体会到她的感情，我知道她是一个活生生的人，一个活生生的中国人！但听人工智能演奏同一首乐曲，我立刻知道那不是人，那是冷冰冰的机器！

新近荣获国际运动健将最高荣誉的全红婵代表人类心身状态所能达到的顶峰！她的故事与王羽佳几乎是同一个道理。全红婵的"水花消失术"创造了跳水运动的奇迹，令全世界惊讶！这需要多么强大的心理素质以及身体和心理的控制能力，需要多么超强的自信！我相信可以设计一款机器人，像针一样地入水，完全没有一滴水花，但我相信没有人去看这样的机器人跳水比赛，并且永远也不会有这样的比赛。

所以，如果人工智能达不到像拥有健全心智和丰富情感的艺术家王羽佳和跳水运动员全红婵的水平，就不要妄言超越人类。

4. 不能成为生命体，不能完成自我进化

已经有人预言人工智能会成为新的生命形式，即"生命3.0"。泰格马克（Max Tegmark）在他的著作《生命3.0：人工智能时代人类的进化与重生》中这样定义我们这个星球上曾经出现和将来出现的生命：生命1.0，硬件不能更新、软件不能更新，这是非人类的生命形式；生命2.0，硬件不能更新，软件能够更新，这是人类的生命形式；生命3.0，硬件能更新，软件也能更新，这是未来的生命形式，即人工智能生命。① 这是一种以科学幻想的方式设想出来的在进化过程之外突然蹦出来的生命，但它是不可能存在的，因为所有生命形式都是在进化中产生的，从最简单的病毒到最复杂的人类，没有进化之外的生命。② 泰格马克的《生命3.0：人工智能时代人类的进化与重生》甚至断言生命不必是碳基的，可以有所谓"硅基生命"，这同样是科幻电影和神魔小说的情节，类似于一个筋斗十万八千里的孙悟空，在现实中你永远也不会见到他。为何在35亿年的生命进化史中，生命最初产生于海洋，最终

---

① ［美］M. 泰格马克：《生命3.0：人工智能时代人类的进化与重生》，汪婕舒译，浙江教育出版社2018年版，第32页。

② 蔡曙山：《生命进化与人工智能》，《上海师范大学学报》2020年第3期。

进化出来的也是以碳为基本元素、以水为介质的碳基生命,而从未产生过"硅基生命"?这个问题,恐怕只有上帝才能回答。这个上帝,是斯宾诺莎的上帝,是万物的主宰——自然。

因此,没有所谓"硅基生命",而且永远也不会有!因为人工智能不能成为生命,也就不可能完成所谓"进化",因为所有的进化都是自然过程,迄今为止人工智能的所有智能,都是人类赋予的,而不是机器自身进化出来的。

5. 在教育领域,请远离 ChatGPT

语言、思维和文化是人类特有的认知能力。人类认知是以语言为基础、以思维和文化为特色的。因此,语言和思维是人类认知的根基,"我言,故我在。""我思,故我在。"

人类的语言、思维和文化认知能力是在进化中获得的,并且在整个基础教育、高等教育阶段和终身发展中都在学习、训练和提高这些心智认知能力。这是人类心智和认知能力得以永远保存、不断进化和发展的根本原因。

我们不能设想在人的心智和认知发展过程中某种甚至全部的能力都被人工智能所替代,因为我们不能设想在学前的言语(口语)能力形成和发展阶段就用 ChatGPT 来替代儿童的听说能力、会话能力、语言交际能力和图画能力;我们同样不能设想在小学识字和思维发展阶段就让我们的孩子使用 ChatGPT 来写字、写作文、背诵课文、做算术题和绘画;初中和高中阶段是学生的语言和思维能力进一步发展提高的时期,我们不能设想这些中学生会使用 ChatGPT 来学习古文和写作格律诗词、学习外语和解数理化难题、查询资料和写作文,甚至匪夷所思地用它做替身参加高考(试验表明 ChatGPT 能够取得比优等生更好的考试成绩)。可能有人会问,既然它做得比人好,为什么不呢?要知道在基础教育阶段,上述的这些学习、训练和考试都是孩子的心智发育成长所必须的,不能用 ChatGPT 和任何人工智能来替代。所以,ChatGPT 请离我们的孩子远点!甚至到了大学阶段和研究生阶段,仍然是人的心智和认知发展的重要时期,这个时期除了学习知识,更是科学研究和知识创新的重要时期，同样不需要也不能用 ChatGPT 和任何人工智能来替代人类心智的认知能力的发展和提高。所以，在教育领域，请远离 ChatGPT！否则将会带来难以预料的负面结果！

当然，我们不否认人工智能包括 ChatGPT 的功能，例如，现在有人用它来当秘书，给领导写讲话稿；也有人用它当记者，写一篇体育比赛的报道；还有人用它来查资料，或用它来做翻译。这些工作，尽管用它来做好了。但在教育领域，千万不要让人工智能包括 ChatGPT 来取代人类心智的发展和认知能力的提高。这不是行不行的问题，而是允许不允许的问题。对这个问题，我们坚定地回答"不"！这里我们倒是想反问一下 ChatGPT 软件和其他人工智能的设计者和制造者，如果当年你从学前、小学、初中、高中到大学，一路都使用代替你说话、思考、阅读、计算和写作的软件，请问你还能成为现在的你吗？

6. 人工智能不能疯狂，不能主宰人类命运

其实令人担心的并不是人工智能，而是制造人工智能的人类！所有可能危及人类生存和发展的"坏的"科学技术，其共同之处是它们都违背了人类生存和发展的自然基础，他们试图改变自然，甚至想成为自然的主宰，成为人类命运的主宰。

现代科学技术的发展出现了越来越背离自然的倾向。自然语言是好的，ChatGPT 说，来用我的语言吧，它比你的语言更强大；自然思维是好的，ChatGPT 说，让我来帮你写作和思维吧；芯片专家说，来做芯片植入吧，你的孩子可以赢在起跑线；科学技术包括人工智能和 ChatGPT 似乎成了某些人手中的玩物！他们考虑的不是人类的生存和发展，不是人类的道德和理想，他们考虑的只是自身的利益。对于当前走火入魔的 ChatGPT，人们既不怀疑它仅有的那一点点价值，也不担心它将替代多少人的工作，这种因为技术宣传的需要和商业利益而人为制造的恐慌，并不是而且永远也不可能成为现实。

意大利文艺复兴时期的科学巨匠伽利略（1564—1642）曾经说过一句最富有哲理的话："自然是完美的"（Nature is Perfect.）。乔姆斯基在《生成转换语法导论：从原则参数到最简方案》一书"前言"中引

用了他所敬仰的这位睿智的科学大师的名言,让我们以这两位科学大师的话来结束本文,也希望这两位相隔数百年但同样有深厚人文情怀的科学大师的话对今天的科学家有所启发。

伽利略说:"自然是完美的。"这个理论启发了现代科学,而科学家的任务就是要去证明这个理论,无论是研究运动定律,雪花的结构,花朵的形状和生长,还是我们所知道的最复杂的系统,人类的大脑。①

---

① Preface by Chomsky, in Jamal Ouhalla (1999), *Introducing Transformational Grammar: From Principles and Parameters to Minimalism*, Edward Arnold Publishers Limited, F19.

13

经验、认知与大数据[1]

很高兴清华大学大数据科学研究院提供了这次和各位老师、同学交流的机会。我今天这个题目讲两个当前最热门的学科,一个是认知科学,一个是大数据,讲两者的关系。

刚才我看了一下调查的情况,大部分同学或者老师第一次参加认知科学的学术报告,对于大数据,大部分同学也是第一次参加,这应该说是当前最前沿的两个学科,二者之间有什么关系呢?这个关系就是——"经验","经验"把它们联系起来,"经验"在我的报告当中始终扮演最重要的角色。

一、人类认知五个层级与高阶认知

20世纪50年代,我把它称为"轴心时代",是"心智探秘启航"的时代。这个时代在计算机科学、语言学、心理学、生物学和生命科学这些领域都发生了重大的变化,发生了革命。计算机科学诞生的标志是50年代在美国第一台计算机出现,计算机逐渐演变为日常生活中必不

---

[1] 本文根据2015年12月10日笔者在清华大数据研究院的"技术·前沿"系列讲座上所做题为《经验、认知与大数据》的演讲整理成文(整理:刘博,校对:辛洪录,编辑:张梦)。本次收入文集时再经作者做了修改和补充。本研究受以下项目资助:国家社会科学基金重大项目"认知科学视阈下的中华文化特质研究"(批准号23&ZD238)、"语言、思维、文化层级的高阶认知研究"(批准号:15ZDB017);贵州省哲学社会科学规划国家单列重大项目"认知科学与阳明心学的实证研究"(批准号20GZGX10)。本讲座完整PPT请参见http://www.199it.com/archives/434680.html。

可少的东西，离开计算机寸步难行。再后面出现了网络、手机，都是这次革命带来的结果。

语言学，在20世纪50年代主要是掀起的语言革命，使我们彻底认识了语言的本质。语言是我们最亲密的东西，我们每天都和语言打交道，离开了语言，人就不能称其为人，对它的探秘是在20世纪50年代。

心理学，从行为主义心理学转向到认知心理学，也是发生了革命。社会学和生命科学，大家知道生命遗传的密码——DNA，从50年代开始探索它的秘密，到20世纪末，人类基因组的测序获得成功。这些领域都发生了革命。这些领域当中发生革命的共同点是什么呢？大家都把焦点对准一个共同的东西，它就是——mind，这是非常神奇的。在这样的背景下，美国人感到将来的发展就是要揭开mind的秘密。中文将它翻译成"心智"。（有些文献翻译成"心灵"，我认为这个翻译是错的，因为它和古代的心灵哲学会发生混淆，心灵是有实体的，心智是没有实体的。）在这样的背景下，这些学科把革命的目标放在心智上，要把这些学科综合起来，做一个新的学科框架，做一个新的学科的研究，这就是认知科学。

这是认知科学建立的三个标志：斯隆报告（Sloan Report）论述了认知科学的技艺即研究方法（1978）；《认知科学》期刊创刊（1977）；认知科学协会（Cognitive Science Sodiety）成立并召开第一次会议（1979）。

众所周知的认知科学的学科结构框架（见"丛书总序"图0-1），六个学科，哲学、语言学、人类学、神经科学、计算机科学、心理学，都把目标对准了心智。比如说哲学，近代哲学的认识论研究人是怎么认识的，这是与心智相关的。心理学，从50年代以后，它告别行为主义心理学的时代，进入认知心理学的时代，核心就是心智。行为主义心理学断然否定心智的存在，认为心智是不可观察的。心理学作为科学，它研究的对象必须是可以观察的，它只能是行为，这就是行为主义心理学。认知心理学明确以心智为研究对象，并凭借功能性核磁共振（fM-

RI)、事件相关电位（ERP）等脑电设备对心智认知效应进行观察和研究。语言学革命是乔姆斯基发起的，因为先天语言能力的提出，使他去寻找语言和心智之间的关联、计算机科学和心智的关联是 AI（人工智能）。人类学研究在 150 亿年的漫长历史当中，生命是怎么诞生的？从最初的简单生命到现在的人，心智在哪个阶段产生的？人类心智与动物心智的区别是什么？这是人类学要研究的内容。神经科学，它的研究对象是脑和神经系统，是直接和心智关联的。这六大学科在认知科学建立起来之后，在各自的学科领域又产生了新学科。哲学与认知科学交叉产生的新学科叫心智哲学（philosophy of mind），现在欧美一流大学哲学系的教授大部分都是做心智哲学的研究，哈佛大学哲学系 20 多位教授，有 10 多位在做心智哲学。心理学和认知学交叉产生的新学科是认知心理学（Cognitive Psychology）。认知神经科学（Cognitive Neuroscience）是研究脑与神经系统认知机制的学科。今天大名鼎鼎、炙手可热的人工智能（AI）即认知计算机科学，是计算机科学与认知科学交叉产生的新学科。认知语言学（Cognitive Linguistics）是语言学和认知科学交叉产生的新学科，美国《麻省理工学院认知科学百科全书》（*The MIT Encyclopedea of Cognitive Science*）把它叫作语言与认知（Language and Cognition）。认知人类学（Cognitive Anthropology），也叫文化、进化与认知（Culture, Evolution and Cognition），研究心智是如何产生的，以及人类心智与动物心智的区别。

本文是从学术讲座整理成文的，所以语言表述上有明显的口语化特征，这是本文的一个特征。

刚才大家看到的那六个角上的学科互相交叉形成这些新的学科，参见"丛书总序"图 0-1 及其说明。这是我们迄今知道的认知科学的基本状况。

认知科学要做什么呢？我曾经概括为一句话：揭开人类心智的奥秘。作为一门新兴交叉综合学科，认知科学的目标是揭开人类心智的奥秘。21 世纪，人类的两个秘密将被揭开。美国为此制定了两大科学计划，这就是人类基因组计划和人类认知组计划，通过一个人的基因信息，就可以把这个人给复制出来，这是揭开人类生命的奥秘。但还需要他的个人的心智信息，才能成为他这个人。同卵双胞胎的基因表达是完全相同的，但他们又是不同的个体，区别就是在心智。心智是个体差异性最重要的根据。人和人之间为什么会形成差距？主要的就是因为心智。

认知科学由六大学科结构组成，诞生出新的学科，他们之间又交叉出更新的学科，有没有问题呢？经过这十多年的思考，我认为是有问题的。这是认知科学的学科结构，认知科学由这些学科来支撑，认知科学研究的对象是什么呢？是研究哲学、语言学、心理学、计算机科学、人类学、神经科学的吗？不是。认知科学的研究对象是人类的心智和认知，是人类在进化中获得的五种心智能力及相应的五个层级的认知能力。认知科学的目标是什么？不是那六个学科，而是这五个层级的心智和认知。参见"丛书总序"图0-4。

人类的心智和认知能力分为五个层级，研究人的大脑对信息加工的过程才是认知科学研究的对象，因此，人类心智五层级是认知科学的科学结构，不同于认知科学六学科的学科框架。

人类大脑对信息的加工过程在脑子里是交融在一起的，但是我们的研究可以将不同的认知方式区分为从初级到高级不同的层级。最初级是神经层级的认知。动物心智的进化是一个漫长的过程，最低级的动物只有神经认知，没有心理认知，心理认知是进化到比较高级的阶段（脑的出现）才产生的。这两个层级是人和动物所共有的，但是人的心智不仅仅是神经认知和心理认知。

人和动物的认知最重要的区别是五层级示意图上面的三个，即语言、思维和文化层级的认知。人类有语言，所以我们有语言的认知。有的同学可能会问，狗叫难道不是语言吗？鸟叫不是语言吗？是语言，但人类的语言是表意的符号语言即概念语言，这是动物的语言所没有的。在语言基础之上是思维层级的认知，法国哲学家笛卡尔说"我思，故我在"，这是关于人类思维的名言。再上面是文化认知，这是最高层级的认知。人类有这三个层级的认知，这是人类特有的，也是我今天的报告要重点给大家剖析的。这样的说法有没有问题呢？可能有人会问，六大学科有计算机，你把计算机搞哪儿去了？实际上这三个层级的高阶认知计算机科学都要涉及，思维不是单独的，思维比较复杂，计算机科学就是由语言、思维和文化映射过去的，那六大学科在科学和学科的关系当中，谁是根本的？谁是决定的？谁是派生的？大家可以看我的文章，学科和科学的关系当中，科学是第一性的，学科是第二性的；学科是人为的，而科学是客观存在的。六大学科的框架是对认知科学的学科划分，不是科学划分。认知科学的研究对象是人类心智和认知，人类心智和认知的五个层级才是认知科学的科学结构。我今天会展开上面那三个层级的论述，虽然这里没有计算机科学，但是它却是实实在在存在着，因为计算机的研究和语言、思维、文化都有关系，最有关系的是语言和思维。

低层级的认知决定高层级的认知，神经认知决定心理认知，心理认知决定语言认知，如此类推。上面的认知要影响下面的认知，文化对思维是有非常重要的影响，思维对语言是有非常重要的影响。语言和思维到底谁决定谁？当然是语言决定思维，但是思维会影响到语言。低阶认知是人类以外的动物所具有的认知，高阶认知是人类所特有的认知。

请大家记住两个关键词：心智和认知。什么是认知科学呢？首先要定义认知，然后定义认知科学，而认知必须用心智去定义。有脑或者神经系统的动物所具有的智能行为称之为心智，不仅是人类，还有动物，甚至是一条毛毛虫都有心智。有脑和神经系统的动物所具备的智能就是心智，心智是脑的功能，它能脱离脑而存在。认知是应用心智能力对内外部信息进行加工的过程。不仅人有心智，动物也有心智，只要有神经系统的动物都有心智，蚯蚓、毛毛虫都有心智。火接近毛毛虫的时候毛毛虫会卷曲起来，这就是一种心智行为。人工智能所讲的 Inteligence，这是比较高级的心智，特指人类的心智，计算机要一下到达人的 Inteligence 可能是太难了，所以不妨先模仿动物的心智，这样比较容易一些。

二、理性与经验、逻辑与心理

下面讲心智的进化，左右脑的分工。在过去几千年，人类的心智和认知主要由左脑控制。但今天所讲的内容都要落实到经验上面去，每一个层级都可以看到经验所起的作用，而这主要是右脑的功能。

脑与神经系统的动物都具有心智，人类要揭开这个奥秘，这就是认知科学的使命。

我们可以画一个动物心智进化图（见"丛书总序"图0-3），从单细胞动物开始，所有具有神经细胞和神经系统的动物都具有心智和认知，甚至只会有核酸结构的病毒也具有某种程度的心智。果蝇是具有神经系统和大脑的最小的动物，神经科学家常常用它来做研究。后来出现两栖类、哺乳类动物，然后是灵长类动物，进化的最高端是人类复杂的大脑和中枢神经系统。

今天虽然我不讲神经，但是我要为大家介绍一下人左右脑的分工，因为这和大家的日常生活联系非常紧密。生物进化当中，出现大脑之后都会分化为两个半球，为什么呢？这是进化的结果，这是造物的智慧。

怎样才能把左右脑分工说清楚呢？这就是要溯源，要做溯源推理。进化的结果一定是相同的功能放在同一侧脑来管理，这样的管理是最有效的，左脑的功能都是相类似的，而右脑的功能也是类似的。为什么会是这样的进化结果？过去对这个问题有很多猜测。经过40多年的研究，我们终于能够给出回答。大脑最初的功能是什么？最紧要的功能是什么呢？可以假设，左右脑在进化的最初它的功能是要管动物生存的两件最重要的事情：第一件事情当然是捕食、进攻。任何物种如果不能捕食，这个物种一定会灭亡，如果捕食和进攻是动物生存最重要的功能，如果左脑管这个，右脑应该管什么呢？右脑负责防止被掠食——防守，这是第二件事。在丛林时代，人类处于食物链的下端，不是上端，更不是最高端。那时候人还没有发明用火，人类是食草动物。火的使用使大脑进化，因为火使人类可以摄入异体蛋白，通俗地说就是吃其他动物的肉，人成为杂食动物。但那时人类还是很弱小的，因为有更大型的食肉动物的存在。所以，右脑最初的功能就是防止被掠食，是防守。这如何证明呢？——用化石来证明。考古的化石发现，不管是在陆地上的动物还是在海洋里的动物，都是右边牙齿首先磨损。左右脑对肢体是交叉管理的，左脑管右边肢体，右脑管左边肢体，左脑负责进攻、捕食，动物都是毫无例外地向右边捕食，所以是右边牙齿先磨损，这就是左脑负责捕食和进攻的证据。

可不可以用实验来证明呢？当然可以。有这样一个实验，被试是一只青蛙，饿几天以后看它捕食，左脑控制它应该从右边捕食，如果让它喜欢吃的蚂蚱从左边进入它的视野，它没有任何反应，因为右脑管它左眼的视野，但右脑不管进攻。如果蚂蚱从右边进入视野，一进入视野马上被捕食，因为右眼归左脑管，而左脑负责捕食和进攻。这个实验证明了动物的捕食行为受左脑控制，因此是向右方捕食的。左右脑的分工是20世纪神经科学领域最重要的研究结果。左右脑分工有趣的事情太多了，你们自己的身上也有很多例子，由于时间原因我就不一一举例了。

左半球	脑体	右半球
语言		图像
理解		记忆
逻辑思维		直接记忆
慢速低效		快速高效
处理少量信息		处理大量信息
后天技能		先天潜能
五感		ESP
自私		博爱
抗争		和睦

图 13-1　左右脑分工示意图

再说逻辑与心理。根据左右脑分工的原理和斯佩里裂脑实验的研究结果，我们已经完全清楚左右脑的分工和功能（图 13-1）。逻辑与心理这两种基本的认知能力分别由左右脑控制，所以，左脑也叫"逻辑脑""意识脑""理性脑"，右脑也叫作"直觉脑""无意识脑""心理脑"

"情感脑"等等。正常人的左右脑由胼胝体联结，因此，我们在做推理时，会受到心理因素的干扰和影响。是不是这样呢？20 世纪 60 年代，著名的心理学家沃森（P. C. Wason）以此为假设进行了著名的沃森选择任务实验（Wason Selection Task）。结果证明，人们在使用左脑进行逻辑推理时，会受到右脑心理因素的强烈干扰和影响，会偏离逻辑学家所建立的理想的推理模型。后来，这个经典的实验被以种种不同的方式进行重复实验，都得到相同的结果，并且进一步证明，如果推理材料越是接近于日常生活，被试的选择结果就越接近逻辑学家的推理模型。我在清华大学的教学中也设计了一个选择任务实验，以心理学系硕士学位班 50 多名在职研究生为被试，结果发现，对沃森选择任务实验的四种推理模型肯定前件式、否定前件式、肯定后件式和否定后件式的选择，有明显的职业和人群差异。2000 年以来我陆续撰文，提出"心理逻辑"这个交叉学科的新概念，并讨论了它的目标、方法和学科体系。如：《逻辑、心理与认知——论后弗雷格时代逻辑学的发展》（2006）、《认知科学框架下心理学、逻辑学的交叉融合与发展》（2009）、《心理与逻辑：人类认知的两个重要通道》（2012）、《科学发现的心理逻辑模型》（2013）等。我把与心理逻辑这个主题相关的论文列在这里，有兴趣的老师和同学们可以参阅。特别需要提出的是，在《科学发现的心理逻辑模型》(《科学通报》2013 年第 58 卷第 34 期）这篇论文里，我提出并证明了以下观点和结论：任何逻辑都是心理逻辑，因为任何逻辑推理都会受到心理因素的影响；溯因推理是典型的心理逻辑；溯因推理与演绎推理互为表里，犹如一枚硬币的两个面，定理的证明是演绎，而定理的求证是溯因；科学发现的逻辑方法是类比、溯因和归纳，演绎对科学发现没有贡献，但可以用来验证假说；最后建立了科学发现的心理逻辑模型。该文发表后立即被美国科学新闻报道。

三、认知科学的经验转向

为什么今天要强调"经验"这两个字？在认知科学建立起来以前，人们是不够重视右脑的，也就不够重视经验；一直以来人们重视的是左脑，重视的是理性思维。在人的左右脑发育进化过程当中，左脑发育得更充分还是右脑发育得更充分？左脑。为什么？为了生存，在过去的时代，人类处于食物匮乏的时代，或者是饥饿的时代，捕食是第一要务，左脑发育得更充分，我们的逻辑思维、进攻能力发展得很强，而右脑往往被忽略。认知科学建立之后，要充分重视右脑，充分重视经验、直觉、心理的能力。

下面讲一下经验转向。如果用一句话来概括认知科学的特征，重要的就是经验转向，从唯理的科学转向经验的科学。在过去的时代，数理化天地生、文史哲政经法是寻求统一的科学原理，用统一的原理来解释自然现象和人类的活动，这种统一科学原理越来越受到挑战，统一科学原理解释不了个体差异性，认知科学要解释个体差异性。如果我们按照统一的数学和逻辑思维来认知人类本身的话，人类就千篇一律了。我们看同一部电影、同一本书应该有完全相同的看法，但这是不可能的，原因就是在于你的右脑让你所表现出来的心智、情感、情绪和你的亲兄弟、亲姐妹都会不同。

心智在本质上是涉身的。正是因为心智的差异性决定了个体的差异性，否则无法解释为什么会有这么多不同。人和动物的心智有些什么不同呢？人类的心智是以语言为载体、以思维和文化为特征的，这些人类心智动物是没有的，动物有心智，但是它的心智是行为的心智，它的心智只是一种刺激反应的行为方式。罗素讲过一句非常深刻的话，狗对主人的忠诚会用行为来表达，但不会用语言来表达的。它偶尔也会发出一些声音表达它对主人的忠诚，但是狗不会说"亲爱的主人啊，我和我的父母虽然很贫穷，但是我对你是无比的忠诚的啊！"狗无法表达这样的思想，我们看到欧美的流浪者，他身边都有一条非常漂亮的狗忠实地趴在他身边，它们用行为来表达对主人的忠诚。东方人和西方人具有不同的心智。这个幻灯片中的这个画面是很有意思的，在解决问题的方式上，西方人一根筋，直接从起点到达目标。东方人到达目标要绕十万八千里。西方人是左脑型的，东方人是右脑型的，有证据吗？巴黎的典型建筑是埃菲尔铁塔，中国是万里长城，我登长城的时候就在想一个问题，这个长城到底用过吗？还有大学校园，西方的校园是开放的，这是进攻型的左脑认知的一个证据。东方的校园都用围墙围起来。在思维上，西方人重演绎，东方人则重类比和归纳。不同民族有不同的心智特征，我们是农耕的民族，农耕民族和游牧民族有不同的文化。汉族和少数民族也有不同，中国在清朝以前的时代主要防备从北方来的入侵者，当时是冷兵器时代，骑射是南方人对抗不了的。南方人和北方人具有不同的心智。南北方居住形式差别很大，北方是四合院，街道是正南正北，南方是依河而居，没有方向。南方阳光比较充足，冬天也不冷，并不在乎采光，北方认为采光是非常重要的，一个房子朝南的屋子比朝北的屋子要暖和好几度，正房一定是朝南的，四合院是最合理的北方民居，因为这样每家都会有一间朝南的正房，这完全符合进化的规律和逻辑。男人和女人具有不同的心智，因为心智是涉身的。女性重感情，重直觉和经验，是因为身体的差异造成的，这不是歧视女性。女性相对于男性而言，更多的是右脑优势，所以在心理学系，女性占绝对多数。心智的种种差异决定了个体的差异性，个体差异性绝不可能由统一科学来提供答案，而是由认知科学来提供答案，因为认知科学重视经验，只有从人的右脑才能得到更多的解释。

思维大多数人是无意识的。我现在的讲课到底是处于意识的状态还是无意识的状态？过去大家认为人在清醒的时候是有意识状态，人只有在睡眠和催眠这两种状态下是无意识的。但是认知科学建立起来以后，彻底推翻了原来对于意识和无意识的判断。人在清醒的时候，很多行为也是无意识行为，比如说第一语言的加工是无意识的。我在这里说我的第一语言汉语，大多数情况下是无意识的，属于自动加工，没过脑子就出来了，我们的脑子不过是借我们的嘴巴来说话。所以我们会有口误，不仅一般人会有口误，思维严谨的政治人物和领导人也会有口误，口误就是思维无意识的体现。

第一语言的加工，看一下乔姆斯基树状结构图，是唯理主义和心理主义语言学的模型，乔姆斯基认为语句是从树根向树梢方向生成的，语言能力是先天遗传的。与此不同，过去的行为主义语言学却是从树梢向树根，认为母亲教孩子一个一个句子地学，学多了他就懂得了语言结构。乔姆斯基说不是这样的，如果这样的话回答不了两个问题：第一个问题，母亲并没有教孩子所有的语句，只教他几个语句他就能造出无穷多的语句来。第二个问题，不同的自然语言之间为什么能够互相理解、互相翻译。为什么你能学懂法语和俄语？同样是学习，你能学得懂狗和老鼠的语言吗？因为他们处于不同的进化树上，你是不可能懂得的，你懂得的只能是同一个物种的语言。

先天语言能力迫使乔姆斯基寻找证据来支持他的理论，说明语言能力是遗传的，人类学和心理学的研究小组跟踪了北欧的一个家族，这个家族有某种语言障碍，表现为某个辅音或者元音发不出来，或者发成别的音节，而且这种语言障碍是无法治愈的。研究小组跟踪了这个家族三代人，跟踪有遗传疾病的32个病例，发现语言障碍缺陷疾病的遗传和基因缺陷的遗传是一样的，因此证明语言能力是先天遗传的。再说一个实验得出的证据，孩子刚刚出生，让婴儿听录音，在背景噪音中隐藏着母语的一个音节或语词。被试分为两组，第一组是母语为汉语的婴儿，第二组是母语为英语的婴儿。婴儿的语言能力尚未发育完成，他们不能说，但是他们可以听。实验进行中，当第一组的婴儿听到背景噪音中的汉语音节时，他们会停止吸吮奶嘴，而听到英语音节时，他们毫无反应。第二组婴儿的反应完全相似，他们能够识别背景噪音中的母语，而对非母语毫无反应。这个实验证明第一语言的能力确实是先天遗传的，即乔姆斯基所说的先天语言能力是存在的。所以，胎教是有道理的。

再说一个经典的实验，实验材料是7个单词构成一个英语语句，（1）The pizza was too hot to eat；（2）the pizza was too hot to drink；（3）The pizza was too hot to cry。被试听到这三句话时的脑电振幅不同，当听到第2个和第3个语句时，都出现了语义失匹配的负波N400，语义失匹配越严重，N400的振幅就越大。这3个语句的句型（句法）都是一样的，差别是动宾结构的语义搭配。实验说明，语言是自动加工的，我在跟你说话，大脑在内部自动加工，只是借我的嘴巴说出来而已，我不说话，大脑还是在运转的。还有一个例子是卡尼曼（D. Kahneman）和特

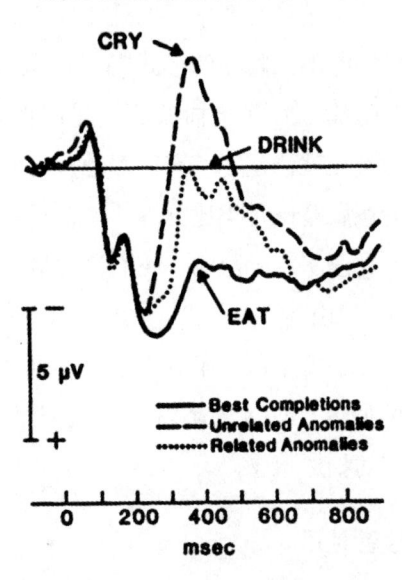

图 13-2 语义失匹配的 ERP 实验图

沃斯基（Amos Tversky）关于风险决策的前景理论（Prospect Theory）。他们证明：人们在做风险决策的时候实际上并不是逻辑计算的，而是心理主导的。以上这些实验和例证都说明了认知科学的经验转向，即从重视左脑转向重视右脑。经验对你的认知有多么大的影响，过去可能我们没有认识到，认为人的理性是那么崇高，认知科学建立起来之后，过去我们对经验和右脑的忽视得到了扭转，这就是认知科学的意义。认知科学根本的转向是经验转向。

抽象概念大部分是隐喻的。我今天在这儿跟你们讲课，我使用的都是抽象概念，没有这些概念无法讲任何一句话。概念组成词语，词语组成语句，语句组成句群，句群组成语篇，如果概念是思维的起点，没有抽象概念人根本不可能思维，就变成动物。人为什么能掌握这么多的抽象概念？答案是隐喻。人使用隐喻来创造新概念。

隐喻是认知科学的一个重要研究对象。美国语言学家和语言哲学家、第二代认知科学的领袖莱考夫（G. Lakoff）在其划时代的著作《体验哲学：涉身心智及其对西方思想的挑战》（*Philosophy in the Flesh*：*the*

Embodied Mind & its Challenge to Western Thought)中，开宗明义的三句话指明了认知科学三大发现：心智本质上是涉身的；思维多半是无意识的；抽象概念大都是隐喻的。隐喻的形式是"A 是 B"，如"时间就是金钱"，这就是一个隐喻。时间是抽象的，如何理解、掌握和使用它呢？我们用金钱来做类比就清楚了：它们都是有价值的，这是两者本质的相似之处。隐喻的逻辑基础是类比推理。认知科学告诉我们，人类掌握这么多科学概念，完全来源于隐喻。我们自己最熟悉我们自己身体各个部分，拿来做隐喻，"山顶""山腰""山脚"，这样一说，大家立刻就知道我们所指的是山的哪个部位了。小孩学习语言就是这么学的。认知科学家经过他们的研究，认为人类就是拿我们最熟悉的东西来打比方，逐渐地学会更多的抽象概念。

四、大数据的经验性质

大数据和认知科学是现在两个最热门的学科，这中间的关联就是经验。

大数据是由关系数据发展而来的，它是计算机网络时代产生的一种新的数据形式。先讲一下关系数据的唯理性。

关系数据是结构数据，它通过一张二维表来表示数据结构。下面的表 13-1 是最常见的某班级学生名单。

表 13-1　某班级学生名单

学号	姓名	性别	出生日期	籍贯	政治面貌	联系电话
18ZX001	赵大	男	2000.08.30	贵州	团员	138＊＊＊＊1234
18ZX002	钱二	男	2000.06.25	贵州	团员	138＊＊＊＊3456
18ZX003	孙三	女	2000.07.06	云南	团员	138＊＊＊＊5678
18ZX004	李四	男	1999.09.15	云南	党员	138＊＊＊＊7890
18ZX005	周五	女	2000.02.22	陕西	团员	138＊＊＊＊0123
18ZX006	吴六	女	2000.03.20	陕西	团员	138＊＊＊＊3456
18ZX007	郑七	男	1999.08.18	河北	团员	138＊＊＊＊6789

关系数据是一张二维表，纵列称为"字段"，横列称为"记录"，字段和记录形成关系数据的结构。

我们可以将这张表转换为一个笛卡尔坐标，横轴表示字段，纵轴表示记录（图13-3）。

18ZX007	郑七	男	1999.08.18	河北	团员	138****6789
18ZX006	吴六	女	2000.03.20	陕西	团员	138****3456
18ZX005	周五	女	2000.02.22	陕西	团员	138****0123
18ZX004	李四	男	1999.09.15	云南	党员	138****7890
18ZX003	孙三	女	2000.07.06	云南	团员	138****5678
18ZX002	钱二	男	2000.06.25	贵州	团员	138****3456
18ZX001	赵大	男	2000.08.30	贵州	团员	138****1234
学号	姓名	性别	出生日期	籍贯	政治面貌	联系电话

图 13-3　某班级学生名单坐标图

由以上分析可以看出，关系数据是一种经过人的理性思考和逻辑加工的、体现某种关系的理性数据。关系数据使用的是唯理的和分析的方法，是左脑思维的一种模型。

下面再讲大数据的经验性。

与关系数据相对比，大数据是没有经过加工的原始数据，它没有关系和结构，是一种原始数据。例如，一个城市的交通监控系统所采集到的未经处理的行人和车辆的视频数据；亚马逊网每天或每个小时售出的图书的数据；淘宝网某个时刻售出的各种商品的数据等等。很显然，没有人知道这些数据之间有何关联。所以，大数据是未经处理的经验数据。

大数据（Big Data）的两大特征：大数据是未经加工的原始数据；大数据是大规模的数据。

2013年，IBM公司提出大数据的5V特征，即：Volume（数据量巨大），Velocity（高速及时有效分析），Variety（种类和来源的多样化），Value（价值密度低，商业价值高），Veracity（数据的真实有效性）。

大数据并没有关系结构，就是一种原始的经验数据，它呈现给你的是原始数据，这是它的经验性，是右脑思维的一种模型。

从关系数据到关系数据的发展，同样也体现了人类认知的经验转向。

原始的、未经加工的数据是没有意义的。要提取大数据的意义，需要对它进行加工处理，这就是所谓的数据分析。对大数据进行分析加工的技术就是大数据分析技术。大数据分析已经形成一套非常完备的方法（表13-2）。

表 13-2　大数据分析方法

分析模块	分析方法
框架	数据规划、数据采集、数据分析、数据决策
模型	线性回归、LOGISTIC回归、决策树、随机森林、神经网络……
思维	信效度、平衡、分类、漏斗、相关、远近度、逻辑树、时间序列……
维度	时间、空间、标准、属性……
算法	分类、聚类、关联、序列、异常……
方法	PEST分析方法、SW2H分析法、4P营销分析法、逻辑树分析法、指标拆分法、对比分析法、漏斗分析法、用户行为分析法、用户生命周期分析法、金字塔分析法……
工具	数据获取、数据存储与管理、数据处理、数据分析、数据挖掘、数据可视化
软件	Python, Hadoop, Hive, SQL, Excel, Tableau, Spark, SAS, SPSS, MySQL, Power BI, MapRe-duce, Scala, …

图13-4是最常见的用词频分析处理后的某一文档大数据的可视图，各个词汇按照其出现的频度从高到低用大小不同的字号表示出来，它非常直观，一目了然，是一种符合经验而又在经验上容易接受的数据形式。

最后说一下关系数据和大数据这两种数据形式之间的关系。

大数据经过使用前面的数据分析方法加工处理后，就成为有意义的关系数据。例如：表13-3是亚马逊2018—2019年各季度销售大数据分析。

图 13-4　按词频处理的某文档大数据可视图

表 13-3　亚马逊 2018 年第 2 季度至 2019 年第 3 季度销售大数据分析

Net Sales	Q2 2018	Q3 2018	Q4 2018	Q1 2019	Q2 2019	Q3 2019	Y/Y % Change
Online stores (1)	$27,165	$29,061	$39,822	$29,498	$31,053	$35,039	21%
Online stores -- Y/Y growth, excluding F/X		12%	11%	14%	12%	16%	22% N/A
Physical stores (2)	$ 4,312	$ 4,248	$ 4,401	$ 4,307	$ 4,330	$ 4,192	(1)%
Physical stores -- Y/Y growth, excluding F/X	N/A	N/A	(3)%	1%	1%	(1)%	N/A
Third-party seller services (3)	$ 9,702	$10,395	$13,383	$11,141	$11,962	$13,212	27%
Third-party seller services -- Y/Y growth, excluding F/X		36%	32%	28%	23%	25%	28% N/A
Subscription services (4)	$ 3,408	$ 3,698	$ 3,959	$ 4,342	$ 4,676	$ 4,957	34%
Subscription services -- Y/Y growth, excluding F/X		55%	52%	26%	42%	39%	35% N/A
AWS	$ 6,105	$ 6,679	$ 7,430	$ 7,696	$ 8,381	$ 8,995	35%
AWS -- Y/Y growth, excluding F/X		49%	46%	46%	42%	37%	35% N/A
Other (5)	$ 2,194	$ 2,495	$ 3,388	$ 2,716	$ 3,002	$ 3,586	44%
Other -- Y/Y growth, excluding F/X (6)		129%	123%	97%	36%	37%	45% N/A

表 13-3 中，最上面一行是各列的名称即字段名，从左到右依次是：净销售额、2018 年第 2 季度、2018 年第 3 季度、2018 年第 4 季度、2019 年第 1 季度、2019 年第 2 季度、2019 年第 3 季度、年度同比增长%，从上到下各行 6 个记录分别是：网店、实体店、第三方销售服务、认购服务、亚马逊网络服务（AWS）、其他。很显然，经过数据分析处理后，大数据已经成为分析者所需要的标准的关系数据。

大数据最早应用于 IT 行业的数据分析，今天它已经广泛应用于各行各业，下面是大数据分析应用范围示意图（图 13-5）。

图 13-5 大数据分析应用范围示意图

从两种数据的关系我们看到，虽然大数据是一种经验数据，使用的是右脑模型，数据采集使用的是综合方法，但大数据的加工却需要使用左脑思维和分析方法，使之成为理性数据。大数据的经验性质说明人类认知从经验开始，大数据的加工使数据认知从经验上升为理性。从这里我们看出，在人类的数据认知中，左脑与右脑、理性与经验、分析与综合是如此完美地结合在一起，这就是数据科学的意义所在。

五、语言层级的认知

语言层级处于五个层级的中间，它是高阶认知和低阶认知的分界，又是高阶认知的基础，所以它非常重要。无论怎么强调语言的重要性都不过分，因为人之所以为人，是因为我们有语言。

如果认为只有人类有语言，就是人类中心主义。但绝对不是这样，动物也有语言。

肢体语言是最初级的语言，它是一切动物都具有的语言。人类也具有这种语言，我说话的时候也使用肢体语言和声音语言。如果一种动物仅仅只有肢体语言，这种动物一定是低级动物。比如说蚯蚓、蚂蚁只有身体语言，而没有其他语言。肢体语言有很大局限性，必须通过肢体接触才能进行交流。当危险来临的时候，交流信息太慢了。更高级的物种就会进化出更高级的语言。这样，声音语言就进化出来了，像虫鸣鸟叫，交换信息快多了，无须身体接触，通过声音传播就可以传递信息，这样的物种也要高级一些。有一本书叫《脑与语言的双重进化》，[1] 讲的就是在生物进化过程中，语言与脑的双重进化，互相促进，共同决定生物物种从低级向高级的进化，为了进化出更高级的物种必须进化出更高级的语言。肢体语言和声音语言有一个共同的缺陷，这两种语言是无法脱离个体而存在的，个体死亡后这种语言也没有了。因此，非人类动物每一代都得从经验开始学习，没有语言，经验无法形成知识。所以，它们的进化是基因层次的进化。而人类不一样，人类有了语言这个东西以后摆脱了基因层次的进化，语言是人类进化成人的三大事件当中的最后一件，此后再也没有改变人类进化方向的事情发生，这三件事情就是直立行走、火的使用和语言的发明。

刚才说过，不仅人类有语言，非人类动物也有语言。那么，人类语言与动物语言的本质区别又是什么呢？答案是，人类语言是可以表达抽象概念的符号语言（Symbolic Language），而动物语言仅仅是可以传达信息的信号语言（Signal Language）。动物语言对于传达信息是充分够用的，例如，蜜蜂的舞蹈可以传达有关花蜜的充分的信息，春天小鸟的鸣叫传达了觅食、求偶以及安全和危险的信息等等。但是，非人类动物的语言不能表达概念，没有概念，也就无法产生思维，更无法形成知识。因此，非人类动物只能从经验中开始学习，其进化只能是基因层次的进化。

现在我们知道，人类在距今 600 万年至 200 万年前，用 400 万年的时间发明了抽象的符号语言（言语）。此后，人类在 5000 年前发明了文字。此后，人类的经验就可以形成知识了，大家所学的知识 99% 都

---

[1] Deacon, T. W., *The Symbolic Species*: *The Co-Evolution of Language and the Human Brain*. New York: W. W. Norton, 1997.

是间接知识，从书本上学来的。我们每天看到太阳东升西落，却知道地球围绕太阳转，不说太阳围绕地球转，这都是书本上学来的，不需要去从经验中获得这些知识。人类进化摆脱了基因层面的进化，进入了语言、思维、知识、文化的进化模式。因此，语言是非常重要的，它使人最终进化成人。

20世纪语言学的进展有三大层次，第一个层次是乔姆斯基的句法学，乔姆斯基说语言加工是从树根向树梢，逐步生成的。这是唯理主义和心理主义的语言学，区别于此前的行为主义语言学。按照乔姆斯基的理论，英语只需要主—谓、主—谓—宾、主—谓—双宾和主—系—表4种结构或者说4根树，就可以说无穷多的语句。英语中使用最多的主—谓—宾结构的语句的加工是一个从顶向下（top-down）的推导过程，这个推导可以用下面的树形图（图13-6）来表示：

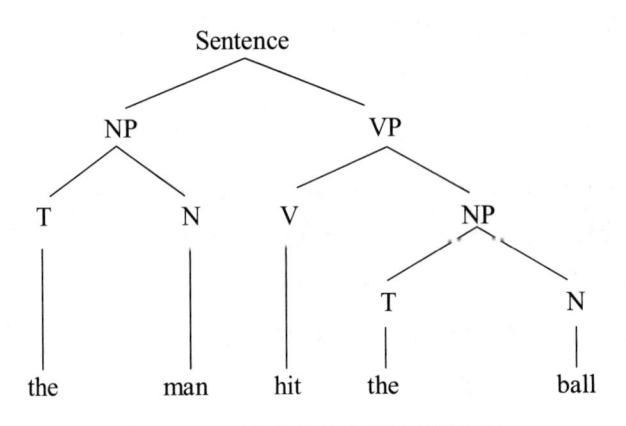

图13-6　乔姆斯基的生成语法树状图

乔姆斯基认为，第一语言的能力是先天遗传的，称为"先天语言能力"，语言加工是存在于大脑中的内在装置，全人类共享一个语言，所有语言共有一个语法，这就是普遍语法。这些都是天才的预言，后来都被一一证实。

由于需要寻找语言和心智之间的关系，乔姆斯基在1968年写了《语言与心智》（*Language and Mind*）一书。先天语言能力的重大发现，使得语言学革命引起了心理学的革命，心理学从行为心理学发展到了认知心理学。以上发展可以参阅乔姆斯基与行为主义心理学的代表人物斯金纳的论战。①

20世纪语言学进展的第二个层次是语义学。之前我们有两种语义学,即真值函数语义学和模型论语义学,这两种语义学都是在数学逻辑(Mathematical Logic)中发展起来的。20世纪中叶,继乔姆斯基句法学之后,蒙太格(R. Montague)建立了类型语法和形式语义学。为什么需要这种语言理论呢?因为乔姆斯基句法学只能解释语言符号的空间排列关系即语形关系,而不能解释语言符号与它所指称的对象之间的关系,即不能解释语言表达式的意义。语形学(包括词法和句法)只对语言符号一个世界进行操作,称为语形加工,包括词法加工(将初始符号排列成语词)和句法加工(将语词排列成语句)。语义学需要对语言符号和现实世界(扩大到可能世界)两个世界进行操作,以建立表达式(语词和语句)的指称和意义。在乔姆斯基形式句法学的基础上,蒙太格等一批语言学家和逻辑学家建立了形式语义学,之前也有真值语义学和模型论语义学,但它们都不是形式化的,因为其语言基础是日常语言而不是形式语言。为什么需要形式语义学?因为需要让使用形式语言的数字计算机能够理解语言符号的指称和意义。所以,形式语义学的建立意义很大。

20世纪语言学进展的第三个层次是语用学,它的基础是言语行为理论,作出贡献的是牛津分析哲学家奥斯汀和他的学生、美国语言和心智哲学家塞尔。

奥斯汀、塞尔最重要的贡献是发现人类是用说话来做事的,这是20世纪语言学最重大的发现。语言是我们最重要的东西,是我们最亲密的东西,但是我们对它知道多少呢?自从人类发明了语言,人就用语言来建构一切事情。人类用语言来建构了整个人类社会,这叫语言建构论,在这方面也有很多重要的研究。例如,人类共同的祖先是生活在今天南非和东非一带的所谓南方古猿,怎么知道的?使用的技

---

① Chomsky, N. (1959) Review of Skinner, 1957. *Language* 35: pp. 26-58.

术叫基因考古。在那个地方的一个坑里发现很多古猿的化石，经过基因比对，确定其中的某个化石是人类的共同祖先，其他的都不是。令科学家们感到迷惑不解的是，作为人类祖先的这一支在众多古猿中是相对矮小的。为什么会战胜其他更为高大强壮的古猿呢？答案竟然是语言！研究发现，这一支相对弱小的古猿的发音器官已经进化完成，而其他的都没有。人类的祖先发明了可以表达抽象概念的语言，他们可以协调更大范围的群体行为，于是，他们把其他更为强大的竞争对手给灭了，在竞争中胜出。自此以后，人类凭借语言来做事，做一切的事情。如果人类不发明出这种强大的语言，我们无法建金字塔，也无法建长城，20世纪最伟大的哲学家维特根斯坦说："语言的意义在于应用。"

语用学不仅要对符号世界和现实世界（扩充为可能世界）进行操作，而且要考虑影响语言意义的全部要素，包括说话人（speaker）、听话人（herer）、时间（time）、地点（place）和语境（context）。所以，语用学向下包含语义学和语形学，语用学才是具有完全意义的语言学。语用学处于当代语言学的前沿，在语用学的形式化研究方面也开展了很多有意义的尝试。我本人在博士生研究期间及其后，进行了言语行为理论的形式化研究，相继发表了《命题的语用逻辑》《量化的语用逻辑》和《模态的语用逻辑》等论文，对言语行为和语用逻辑进行了形式化的系统研究。

令人惊讶的是，认知科学建立以后，在神经、心理和语言各个层级对语言加工的研究证明，确实存在与句法学、语义学和语用学对应的句法加工、语义加工和语用加工的脑机制。句法加工是一种逻辑加工，它主要由左脑负责，语用加工是一种情境加工，主要由右脑负责，而语义加工涉及符号和对象两个世界，由左右脑共同负责。我们不得不惊异于造物主或者说是上帝意志的完美，在这里造物主的意志与理论的建构和科学研究的结果是如此的一致，逻辑与历史是如此的一致，神（自然）与人的存在是如此的一致。

六、思维层级的认知

思维也是人类和动物相区别的一个更高的层级。有关人类思维最经典的名言就是笛卡尔的"我思,故我在"(I think, therefore I am)。思维与存在之间是因果关系,因为我思考了,所以我才存在。我思考是我存在的原因,如果我停止思考了,我就没有存在的意义了。这是16世纪提出来的,现在很多国家定义死亡都是脑死亡,即使心脏还跳动,但是脑子已经死亡了,变成植物人,存在已经没有意义了。

逻辑学是研究思维形式和规律的科学。思维形式包括概念、判断和推理。亚里士多德逻辑的核心是讲推理,主要讲假言推理和三段论。推理可以分为演绎推理、归纳推理、类比推理、溯因推理四类。全世界所有的民族,包括东西方各个民族,所有的推理形式只有这四种。到现在没有发现第五种推理,这非常神奇,只能理解为脑进化的结果。演绎推理是左脑思维的模型,在西方特别受到推崇,西方人说他们被左脑控制了两千多年,表现在思维上就是重视演绎推理。欧几里得几何、亚里士多德三段论,近现代发展出来的现代数学,都是左脑思维。实验证明,中国人在演绎方面的成绩不如西方人,但我们擅长的是另外三种推理:归纳、类比和溯因。归纳推理,这里的天鹅是白的,那里的天鹅是白的,千千万万的天鹅都是白的,得出结论所有天鹅都是白的。后来在澳大利亚发现了黑天鹅,这个结论就被推翻了。类比推理就是打比方,少年是人生的春天,这就是一个类比。少年和春天是全异关系,少年怎么可能是春天呢?妙就妙在这里。类比推理通过"A是B"的形式,在两类本来不相关的事物之间建立关联,它让我们去想象这两者之间的本质关系到底是什么。少年和春天之间的本质联系是:阳光灿烂、雨水充沛、朝气蓬勃、生机盎然。溯因推理是从经验事实或观察现象开始,去追溯事实和现象的原因。如果下雨地面就湿,现在地面湿了,是不是下了雨呢?不一定。但下雨是可能的原因之一。以上三种推理,归纳、类比和溯因,其结论扩大了前提断定的范围,结论只具有或然性。中国人擅长这三种推理,这是有数据支持的。过去认为这三种或然推理都是不可靠的，但是今天的认知科学却非常重视这三种推理，因为它们既考虑了逻辑和理性的因素，又考虑了心理和直觉（经验）的因素，既使用了左脑，又使用了右脑，是典型的心理逻辑模型。科学发现凭借的就是这三种心理逻辑模型。[1] 从根本上说，认知科学和过去两千多年以来的科学发展完全是背道而驰的。过去的科学追求普遍的科学原则，逻辑、数学、物理学、天文学、地理学、生物学全世界都是一样的，难道我们还有中国人自己的逻辑和数学吗？我告诉大家，是的，我们确实有自己的逻辑和数学。我这里各举一个例子。先说逻辑。我们中国人的逻辑（头脑里的东西）确实与西方人不同。我们中国人是右脑主导的思维模式，所以中国人的逻辑重归纳、重类比、重溯因而轻演绎。逻辑学是对我们头脑里逻辑思维的摹写，所以，我们的逻辑学与西方也不一样。逻辑学三大发源地中国古代墨家逻辑、古希腊亚里士多德逻辑和古印度因明逻辑。《墨子·小取》说："以类取，以类予"。前一句是取同的原则，即归纳推理，后一句是类推的原则，即类比推理。《工具论·前分析篇》论述的是亚里士多德逻辑核心三段论，其中关于命题换位的思想、直言命题 A、E、I、O 四种命题对当关系的思想、Barbara 和 Celarent 的推理模式、命题逻辑的有关思想等这些都是演绎逻辑。可见东西方逻辑学完全不同。再说数学。怎样作出一个直角三角形呢？我们的祖宗很聪明，告诉你各取长 3、4、5 个单位的三根棍子，绑在一起，就可以得到一个直角三角形了，这在古代的生产实践中可有用了，这就可以盖房子、修桥梁了。这就是"勾三股四弦五"的勾股定理。几百年后，古希腊数学家毕达哥拉斯才得出相同的结论。但他是用变量来表述的，即 $a^2+b^2=c^2$，这叫毕达哥拉斯定理。中国古代的数学是建立在经验或实践的基础上的，西方的数学是理性推导的。西方人更重视演绎推理和左脑的认知功能，我们则更重视归纳和类比推理即右脑的认知功能。认知科学的转向是经验转向，中国人擅长的经验推理重新受到重视。认知科学来了，中国人的世纪到了，因为我们这个能力强于西方人。

---

[1] 蔡曙山：《科学发现的心理逻辑模型》，《科学通报》2013 年第 58 卷第 34 期。

最后说说经验思维和大数据。前面说过，大数据是一种经验数据，大数据分析是一种右脑模型，那么，如何把我们擅长的经验推理与经验数据——大数据相结合，这是一个值得深入探索的问题，在这方面，擅长经验推理的中国人应该作出自己的贡献。

七、文化层级的认知

我以中国的文化来举例，中国的语言、文字、学习、医药、逻辑、数学、命理、音乐、绘画、科学都是经验的，这是过去被人看不起的，认为这些都是"不科学"的。中华文化在日本、韩国等国家发扬光大，推进了他们的现代化建设，说明中华文化与现代化建设是可以并行不悖、相得益彰的。我们在近代的落后挨打不是因为文化，而是因为科学技术。广义地说，科学技术也属于文化。因此，我们在近代的落后挨打恰恰是因为文化包括科学技术的落后。象形文字，中国的文字从根上来说跟西方不一样，是来源于经验的，就是画图。语言是经验的，语用要讲语境，语境就是经验。我们可以说吃饭、吃酒席、吃食堂，这些都是正确的语境，但是我们不能说吃教室、吃操场。吃桌子可不可以说？要看场合、看语境。为什么？吃酒席的宾语已经省略了，意思是在酒席上吃饭。吃食堂，也是省略宾语，意思是在食堂吃饭，饭是宾语，不用说，只讲状语，因为状语重要，强调吃饭的地方是食堂。英语要讲全了，所以英语是一种规范的语言，适合做科学的描述；而汉语是一种语用语言，语言的意义要在语境中来理解。

"苟利国家生死以，岂因祸福避趋之。"这是林则徐写的。这种对联只有中国人能写，谁有本事把它翻成英语，要是翻成英语，诗意就完全没有了。汉语是世界上最美的文字，如果有来世的话，我还要做一个中国人，因为汉语实在是太美了。"苟利国家生死以，敢因祸福避趋之"，这个是田家英改的，田家英是一个才子，而且是文物收藏家，岂能因为祸福而采取避开他或者趋向他呢，"敢因"，"敢"就没有疑问的意思了，这样说有没有问题呢？——没有任何问题！因为这个"敢"恰恰是"不敢"的意思。这个太深奥了，老外没法理解。这种语言不是精确的语言，但是留下了无限的想象空间。再举个例子，学校有大小两个食堂，大食堂为学生食堂，小食堂为老师食堂。因为小食堂供应炒菜，许多学生过周末、过生日都跑到小食堂来吃炒菜，常常弄得老师反而吃不上饭，为此小食堂门口贴了一则告示："经研究决定，本食堂专卖老师，考虑到实际情况，兼卖学生，但要先卖老师，卖完老师，再卖学生。"这个放在语境当中大家就能理解，不是卖老师，而是卖给老师，英文就必须说全了，中文可以不说全，这是我们语言的魅力。神农氏尝百草更是经验的科学（中医）。数学的勾三股四弦五，在人类认知的早期，勾股定理有什么重要？当时人们要作出直角三角形来，这对于建筑、测量都非常重要。你怎么做出直角三角形来？取3单位的一根棍，4单位的一根棍，5单位的一根棍，绑在一起就得出一个直角，多聪明，不用变量。过去我们看不起这种数学，说这是初等的，没有普遍性，过去我们把科学的普遍性夸大了，科学的普遍性完全是假设出来的。"勾三股四弦五"是大禹治水时发现的，这三根棍绑在一起肯定得到一个直角，这对于建筑和测量太重要了。《九章算术》也是一样的，很多东西都是用归纳得出来的，举很多例子之后得出来一个结论。

推理这个层次，归纳、类比和溯因这三种推理我们擅长，演绎和分析的推理我们不擅长。十二生肖，大家是相信十二生肖还是相信星座？现在大多数学生相信星座。星座是月相说，是用月亮的周期来算命。中国的生肖不同，它是日相说，用十二种动物来代表命理。从属相推知生年和年龄，从属相看个性和人格，从属相可以看命理，从属相可以看人缘和朋友关系，可以看婚姻关系等等。比如说"白马犯青牛，羊鼠一旦休，蛇虎如刀锉，龙兔泪交流，金鸡怕玉犬，猪猴不到头"。婚姻有三种，第一种是相生；第二种是相容；第三种是相克，相容就是既不相生，又不相克，可以共处。后来我找到一个依据，在我们所处的环境中有什么样的周期是12年呢？太阳黑子活动是十一点九几的周期，这就是生肖的科学解释。我们没有必要将它纳入到西方的唯理主义的解释框架下，因为中国文化包括科学都是经验的，规律都是从经验中总结出来的。

这样我就把大数据和认知科学的关系讲清楚了。

最后说一下中医，说一下屠呦呦。大家看一下她的报告：《中国的中医药对世界的贡献》。当时她在攻克抗疟疾新药的时候，欧美、日本这些发达国家都在做，疟疾病毒对过去的药物已经有抗药性了，要开发新药，欧美都在做，中国也在做。

屠呦呦的团队试了几百种药都没有效，最后从中医典籍中得到启发。东晋名医葛洪在《肘后备急方》中说：取"青蒿一握，以水二升渍，绞其汁，尽服之。"为什么用水渍？她想到这是低温萃取原理，所以就用乙醚萃取，结果百分之百见效。中国的语言和文化是不是对屠呦呦起了决定性的作用呢？大家可以设想一下，如果屠呦呦跟着西医的路子走，就发明不了青蒿素，也就得不到诺贝尔奖了，而中医典籍中的15个字，却成为解开世纪疑难的钥匙。中国的这些典籍当中，不知道还蕴藏着多少诺贝尔奖的素材在里面。我希望在座的各位去发掘，要从中文的典籍当中挖掘更多能够拿诺贝尔奖的科学思想。

问与答（Q&A）

提问：你刚才讲到东西方的心智差异，这个差异是先天的还是后天的？比如说一个中国孤儿被美国领养了，这样会有差异吗？

蔡曙山：在美国我问过美籍华人，他们告诉我三代以后才能形成西方人的思维方式，一代肯定是不行，因为基因上已经带有了中国语言和文化的遗传。

提问：以前都说科学是可以证实的，现在为什么说科学是可证伪的呢？

蔡曙山：这是一个好问题。你要了解科学过去被认为是发现，发现科学的规律。比如说物理学，大爆炸宇宙论这些都是发现。好像有一个科学规律在那里摆着，科学家们去把它找出来。现在我告诉你，这样的科学规律是没有的，所以，科学理论并不是发现，而是发明。例如，相对性原理和质能公式 $E = mc^2$ 并不是爱因斯坦的发现，而是他的发明。同样，大爆炸宇宙论成为一种科学理论，只是因为提出这种理论可以解释比较多的宇宙现象。科学理论可以表述为一个命题 P，这个命题可以解释 Q_1、Q_2 直到 Q_m 个现象；而另外一个科学理论能够解释 Q_n 个现象，

如果 n 大于 m，人们就会认为后者比前者有价值，会把后者确定为科学理论。大爆炸理论是现在解释宇宙起源的最好理论，进化论则是解释物种进化最好的理论。这个理论出来之后，它能解释这些现象，这就说明它是能够证明的，即 P→Q 为真。什么叫证伪呢？证伪就是要看它的逆否命题。在前面所说的具有解释能力的科学理论中，假定发现某一个现象，这个现象与该科学理论能够解释的现象不符，即有¬Q，根据逆否命题的推理，这个 P 就被证否，这就是科学的证伪理论的逻辑依据。一个科学理论，首先要有解释力，这个肯定是要成立。但请注意，尽管这个理论解释了 n 个现象，它也仅仅是一种理论假说。但是只要有一个反例出现，这个科学理论就被质疑，要重新提出别的理论来修改它。这也需要经验，你要通过经验去发现它推不出来的这个事实。

参考文献

Austin, J. L. (1962) *How to do things with words*. Oxford: Clarendon Press. 2d ed., Cambridge, Mass.: Harvard University Press.

Chomsky, N. (1959) Review of Skinner, 1957. Language 35.

Deacon, T. W. (1997) *The Symbolic Species: The Co-Evolution of Language and the Human Brain*. New York: W. W. Norton.

Lakoff, G. and M. Johnson. (1999) *Philosophy in the Flesh: The Embodied Mind and its Challenge to Western Thought*. Basic Books.

本讲座完整 PPT 请参见 http://www.199it.com/archives/434680.html。

第三篇

文化认知研究

Part III Cultural Researches

本篇论点举要

世界上只有两类事物，一曰自然，二曰文化。联合国教科文组织为此设立两大世界遗产：世界文化遗产和世界自然遗产。人类与文化来源于自然并依存于自然；文化和文明的发展是对自然的消费；自然和文化，不得已而弃之，只能弃文化而保自然；道法自然，人类才会有未来。

心身问题是哲学和科学的千年难题，两千多年来哲学和哲学家所关心的无非就是"心身问题"。美国两大科学计划"人类基因组计划"和"人类认知组计划"也是为了解决心身问题。在认知科学与技术条件下，特别是根据人类认知五层级理论，人心能够被识别，"他人之心"可知，心身问题这个千年难题会获得新解。

阳明心学是"心智的理论"（theory of mind），包括"心外无物"的本体论、"格物致知"的认识论和"知行合一"的实践观，是一个完整的心智哲学体系。阳明心学就是中国的认知科学。在认知科学背景下，我们可以从神经认知、心理认知、语言认知、思维认知和文化认知各个层级对阳明心学进行科学分析和实证研究，从而建立中国自己的认知科学体系。

根据左右脑分工和卡尼曼的前景理论及双系统加工理论，我们知道，道德压力与无意识行为之间存在反变关系。在网络和虚拟条件下，由于道德压力的减轻和释放，会形成强烈的无意识行为，新的道德行为模式也会随之形成。

生肖是中国人最重要的文化符号。符号学是解释十二生肖最适合的理论，句法学的研究显示了生肖符号的独特的句法结构和推导规则；语义学的研究说明了生肖符号的指称、解释和意义；语用学的研究则揭示了生肖的认知作用和文化价值。生肖源于太阳历，即与太阳活动十二年周期相关。

14

自然与文化[①]

——认知科学三个层次的自然文化观

世界上只有两类事物,一曰自然,二曰文化。自然是一切天然存在的、未经过人类加工改造的东西,如山川河流、风云雷电;火山爆发、江河泛滥;草长莺飞、鳞潜羽翔;冬去春来、寒来暑往。

文化就是人化,它是人所创造的一切东西,如语言文字、篆刻书法;服装饮食、音乐绘画;电灯电话、飞机飞船;战争宣言、和平庆典;宪法制度、国家机关;杂交水稻、试管婴儿。

自然与文化是如此对立,却又十分和谐地统一于我们的世界之中。

人一来到这个世界,就时刻浸润在自然和文化之中。甫一出生,孩子就感受到母亲的体温、呼吸和心跳,这是自然;妈妈给孩子说一句话,听一段音乐,看一张图片,这是文化。到他上学的时候,仍然是自然和文化在影响着他。老师让孩子仰望星空,到河里游泳,进深山探险,这是让他感受自然;老师教学生语文、数学、物理、化学,是在向他传授文化。等到他长大成人,他的工作成就要么贡献于自然,要么贡献于文化。这样,在他临死的时候,他就可以说:我的一生,都献给了人类最壮丽的事业——为人类文化的传承而斗争;同时,他的身体却不

---

① 本文原载《学术界》2016年第4期,CSSCI来源期刊,本文被中国知网全文转载,被引19次、年均被引2.5次。本研究受以下项目资助:国家社会科学基金重大项目"语言、思维、文化层级的高阶认知研究"(批准号:15ZDB017);国家社会科学基金重大项目"汉语非字面语言大脑加工的神经机制研究"(批准号:14ZDB154)。

得不重新回归于自然。

自然与文化,谁更重要?当然自然更重要,因为文化和文明连同它的创造者都不过是自然进化的产物。自然不可能再造,文化和文明却可以重建。自然与文化,不得已而弃之,当然是弃文化而保自然。即使人类毁灭,自然会重新塑造一切。而一旦自然被毁灭,人类将连同自然一起毁灭,宇宙将坠入永久的黑暗之中。

两千多年前,中国古代思想家和哲学家老子就提出"人法地,地法天,天法道,道法自然。"这是何等澄明的自然文化观。仅凭这一点,老子过去是、现在仍然是世界第一的思想家和哲学家。迄今没有任何一位东西方哲学家的自然文化观能够超越老子。事实上,老子的自然文化哲学是不可能超越的,因为它是自然文化观上的终极真理。

与老子思想相反的事实却正在发生。当今世界,自然的因素正在迅速被消解:冰山融化、河流干涸、气候反常、空气污染;文化的因素正在迅猛地增长:核爆核泄、网络为家、数字虚拟——这当然并不都是值得高兴的事情,常常相反——人类的存在已经威胁到自然的存在,或者说,人类文明的发展已经威胁到人类自身存在的根基。

一、自然、文化与文明

(一)自然与文化

自然(nature)的意义是一个流动的范畴,其意义随着人类认识的发展而变化。

现代科学对自然有一套完整的定义,最广泛的意义包括自然世界,物理世界或物质世界。"自然"一词用来指物理世界的现象,也指一般的生命。自然的范围小到亚原子粒子,大到宇宙。[①] 在通常的意义上,自然指我们人类所生存的这个星球——地球——上所有以原初的方式即未受人类改变的方式存在着的一切事物。

---

① 参见维基百科"nature"条目。

文化（culture）是一个较晚出现的概念，它来源于拉丁语"cultura"，其意义为"培养"（cultivation）。尽管罗马政治家、雄辩家西塞罗（Marcus Tullius Cicero）首先用拉丁文 culturaanimi 来定义文化，意为"修心"，但"文化"这个术语在欧洲首次出现是在18—19世纪，它意味着培养或改进的过程，如同在农业或园艺中所做的那样。到了19世纪，文化这个术语被发展起来，首先用来指个体通过教育得到的改善和提高，其次也用指民族的愿望或理想的实现。19世纪中叶时，一些科学家用"文化"这个术语来指普遍的人类能力。德国社会学家格奥尔格·齐美尔说，文化是指"通过在历史进程中业已被对象化的那些外在形式的事物对个人的培养。"① 在20世纪，"文化"成为人类学的核心概念，包括所有那些不能够被归为基因遗传的人类现象。在美国的人类学中，"文化"这一术语含有以下两个特别的意义：一是进化获得的人类能力，包括用符号来对经验进行分类和表达的能力，以及具有想象力和创造性的行为能力；二是人们生存的不同方式，据此人们对他们的经验进行不同的分类和表达，并创造性地扮演角色。②

第二次世界大战以后，文化成为众多学科领域共同关心和研究的对象，也有不同的理解。现今对文化的定义有100多种。著名人类学家霍贝尔（A. Hoebel）认为，文化是一个习得行为模式的综合系统，它具有任何特定社会成员的特征。文化指的是特殊人群总的生活方式，它包括一个群体思考、说明、做出和制作的一切事物，也包括这个群体的习惯、语言、物质产品以及态度和情感的共享系统。文化被一代又一代地学习和传承。③ 近来人们还区分物质文化（material culture）和非物质文化（intangible culture），前者是由社会所创造的物质产品，后者是指

---

① Levine, Donald (ed.) *Simmel*: *On individuality and social forms*, Chicago University Press, 1971, p. 6.

② L. Robert Kohls, *Survival Kit for Overseas Living*, Systran Publications. Alsosee "Whatisculture?" Body language cards.com.Retrieved 2013-03-29.

③ Hoebel, Adamson. *Anthropology*: *Study of Man*.

语言、风俗习惯等无形的东西，它们被当作文化的主体。①

最简明的定义，文化就是"人化"，是人所创造的一切东西。因此，文化是与自然紧密相连而又互相对立的一类事物。第一，自然与文化是密切相关的。两者联系的密切程度表现在我们很难离开其中的一个来定义另一个。没有离开自然的文化，因为文化是自然所创生的；也没有离开文化的自然，自从人类出现以后，再也没有不受人类影响的、自在自为的自然。尽管如此，人类及其所创造的文化，仍然是自然的一部分。在人的身上，自然与文化是如此和谐地统一在一起。他的所思、所言、所行主要是文化的过程；他的生理和心理活动，以及基因遗传决定的行为如生育，则主要的是自然过程。第二，自然与文化是相互对立的。这种对立表现在，自从人类出现后，这个世界的事物便被分为两类，自然的和文化的。任何事物要么属于自然，要么属于文化。一个事物若不属于自然，则必属于文化，反之亦然。在人类出现以前，所有事物及过程均是自然的，但这种情形现在再也不存在了。在人的身上，自然与文化的对立同样明显地存在着。以人类的恋爱、婚姻和生育为例，如果恋爱双方是异性，我们认为这种恋爱是自然的，而同性恋则被认为是不自然的；同样，异性婚姻是自然的，同性婚姻则是不自然的，大多数国家尤其是宗教国家，仍然不接受不自然的同性婚姻。采用男女自愿性交的方式受孕是自然的，而体外受精、试管婴儿则是不自然的。婴儿从母亲的产道中产出是自然的，剖腹产则是不自然的。

（二）文化与文明

文化是人所创造的一切（Everything created by man is culture），文明则是文化发展到一定阶段才出现的。文化与文明密切相关，它们都是人类活动的产物，但两者有严格区别，主要表现在以下几个方面：

1. 历史和词源学

文化起源早，它与人类早期的农耕活动有关。因此，来源于拉丁语

---

① Macionis, Gerber, John, Linda (2010). Sociology 7th Canadian Ed. Toronto, Ontario: Pearson Canada Inc. p. 53. Alsosee. http://en.wikipedia.org/wiki/Culture.

cultura 的"文化"一词含有"栽培""培养"之意。文明的起源则是城邦建立以后的事。"文明"（civilization）一词直译是"城邦化"，它是指人类生活方式的改善，而这种改善是通过改变自然以符合人类的需要来实现的。因此，文化是指人类在农耕时代即旧石器时代、新石器时代和金石并用时代形成的人类活动、原始部落人类遗迹或与此相关的概念范畴；文明则是指人类形成城市国家（城邦）以后即青铜器时代以后人类的活动或与此相关的概念范畴。

2. 内涵外延

文明是将社会组织起来形成界限清楚的团体，通过集体劳动去改善生活条件，如争取食物、制作服饰、发展通信等等。古代文明的形式有青铜器、铁器、火药、指南针、造纸术、印刷术等；近现代文明的形式有蒸汽机、火车、轮船、飞机、大学、图书馆、宪法和议会等等；当代文明的形式有原子能、人造卫星、运载火箭、航天飞机、电脑、网络、手机、转基因大豆、克隆羊、试管婴儿、合成生命等等。文明是人类生存和发展的外在的形式和手段。文明的发展表现出一种越来越强的背离文化、背离自然的趋势。

文明是排他的。一个团体或组织常常认为自己是文明的，而将其他人或团体看作是野蛮的。不同文明的冲突常常导致战争和种族灭绝，结果是人类的大量毁灭。因此，文明作为人类生存的一种手段，也是人类征服自然和征服其他文明的手段。然而，文明本身并不是人类生存的目标。

与此相反，文化指人的内在，他的头脑和身心都经过精心培育。一个人可以贫穷和衣着褴褛，可能被人认为是"不文明的"，但他或她仍然可以是一个极有文化教养的人。因为文化将自身的意义与一个人内在的素养而不是外在的举止相联系。一个人的文化素养包括艺术和科学、音乐和舞蹈以及种种更高的人类生活追求，这些都被看作文化生活方式。一个拥有财富的人可以被看作"文明人"，但未必能够被看作"文化人"。我们可以把文化当成是人类"更高层次"的内在素养，"文化人"不仅仅是一个"生理人"。一个"文化人"生存与活动在生理的、心理的和精神的三个层次上。文明就是在社会意义上和政治意义上具有更好的生活方式以及更好地利用我们周遭的自然，但这样的生活人并不能被看作一个有文化的个体。只有当一个人表现出更深层次的理智和意识时，我们才能称他是一个"有文化教养"的人。

如此看来，现代人当然是文明人，但并不一定是文化人，虽然现代社会中艺术、音乐和文学等文化表现随处可见，如果文化真是深入人心和受到尊重，那么现代世界就不会发生两次世界大战和无数次更小规模的战争。所有这些破坏不能被称为文化的表现，而是反文化的表现，但它们确实是现代文明的产物。现代文明的这种更有效的破坏方式并没有使人远离兽性，相反使现代人变得更加野蛮。因此，只有那种能够使人类脱离动物水平而上升到人类水平，并因此上升到神圣水平的品质，才可以被称作文化。

在历史的进程中，人类总的来说是变得越来越"文明"，这也是人类与自己的"动物性"作斗争的进程和结果。同时，这里也有一些在微观层次上的文化的转变。伟大的诗人、作曲家、演奏家等艺术家，他们代表的是人类转变（Human Transformation）的高峰。印度古代哲学家商羯罗·查尔雅（Acharya Shankara）说这些人"具有优雅的灵魂，平静而宽容，待人温暖如春，渡过生死的苦海，并时时超渡别人而无利己之心！"①

3. 精神与物质

文化和文明都是人类的创造物，但文化偏重人类所创造的精神财富，如宗教、哲学、文学、艺术、音乐、舞蹈等。文明更侧重人类所创造的物质财富和社会制度，如电灯、电话、电脑、网络、法律、国家等。

文化与文明的区别可以列表对照如下（表 14-1、表 14-2）：②

---

① http://www.hinduism.co.za/culture.htm.

② http://dilipchandra12.hubpages.com/hub/Difference-between-Culture-and-Civilization.

表 14-1　文化与文明的区别（社会学家的眼光）

文　化	文　明
文化包括宗教、艺术、哲学、文学、音乐、舞蹈等。它给大多数人带来满足和愉悦。它是生命终极意义的表达	文明包括所有那些使人类能够获得其他物质的东西。打字机、汽车都是这样的东西。文明充斥着技术或人对自然的权威，以及控制人的行为的社会技术
文化是使我们成为人	文明是我们作为现代人所拥有
文化没有测量的标准，因为它就是人自身的目标	文明有精确的测量标准。文明的通用标准是效用，因为文明是一种手段
我们不能说文化在进步。我们不能断言艺术、文学、思想是今天的想法，也不能断言今天的文化优于过去的文化	文明总是在进步。文明的各种成分如机器、运输工具、通信手段等总是在不断地进步
文化是内在的和终极的，它与内部思想、情感、理想、价值等相关。它就像是一个人的灵魂	文明是外在的东西，是工具。它是表达和宣示人类强大的手段，它像是一个人的身体

表 14-2　文化与文明的区别（人类学家的眼光）

文　化	文　明
所有社会皆有文化	只有少数社会有文明
文化出现得更早	文明出现得较晚
文化是文明发展的前提条件	文明代表文化发展的一个阶段
文化是高度有机的	文明是现实文化的一部分①
文化是传统的总和	文明是伟大的和渺小的传统的总和

　　我们看出，文明的发展有一种背离文化和自然的趋势。古代文明是与文化直接关联的，也是与自然亲近的。近代文明开始与文化相背离，并将自然作为异己的对象加以改造和利用。以科学技术为主导的当代文明则完全与文化相背离，并开始对自然进行大规模的破坏，甚

---

　　① Alfred Louis Kroeber said Culture is super organic, he has given three forms of culture namely Social Culture (Status and Role), Value Culture (Philosophy, Morals) and Reality Culture (Science and Technology, etc.). According to Kroeber civilization is a part of reality culture. Robert Redfield said culture is a totality of traditions and civilization is a totality of great and little traditions.

至试图改造和改变自然。人类似乎已经忘记自身是来源于自然并依存于自然的。自然一旦遭到破坏，人类将何以存在？又何来发展？人类有存在和发展的权利，这是人类自身设定的一个前提。从人类进化史、文化和文明发展史看，这个前提却有另外一个前提，那就是自然存在的权利。

人类发展到今天，是到了深刻认识并正确把握自然、人类、文化和文明之间关系的时候了！

二、三个层次的自然文化观

我们来定义本文的自然文化观。

自然文化观，指人们对自然、人类、文化和文明之间关系的认识。在这四者之中，自然是最根本的。从它们各自的发生学看是这样，从进化史上看也是这样。与自然关系最密切的是人类，人类是自然与文化的中介。没有人类，也就没有文化，自然与文化的关系以及自然文化观也就无从谈起。文明与自然的关系最远，当代科学技术文明甚至是与自然相对立和冲突的因素。

什么是对人类生存和发展有益的自然文化观？什么是对人类生存和发展有害的自然文化观？全在于如何看待和处理自然、人类、文化与文明这四者的关系。这是认知科学的问题。

（一）人类认知的三个层次

脑与神经系统产生心智的过程是认知。不仅人类有心智和认知，动物也有心智和认知。人类认知最显著的特点是以符号语言为载体，以思维和文化为特色。人类通过语言和思维来对信息进行加工，并作出行为决策，以采取适应环境、适于自身生存与发展的行为，如图14-1。人类心智和认知的这些特征区别于其他动物基于本能和刺激反应的心智与认知特征，具有进化的优势，并使人类最终脱离动物界而成为"万物之灵长"。

人类心智是从动物心智进化而来的，人类心智从低级到高级的形式依次是：神经、心理、语言、思维和文化。相应地，人类认知包括神经

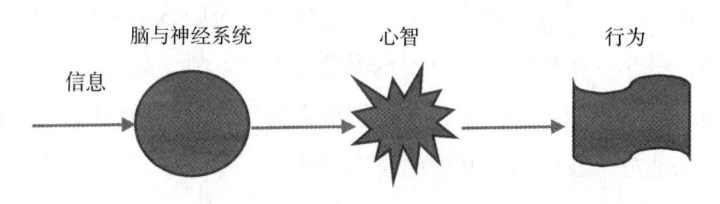

图 14-1 脑、心智与行为关系图

认知、心理认知、语言认知、思维认知和文化认知五个层级。其中，神经认知和心理认知是人和动物共有的，称为低阶认知，语言认知、思维认知和文化认知是人所特有的，称为高阶认知。[①] 就人类认知而言，低阶认知主要反映的是人类的生理和心理活动，而高阶认知则主要反映的是人类的精神活动。人类的精神活动即高阶认知，依据精神活动的方式，可以将其划分为从低到高的三个层次，即科学、哲学和宗教。

1. 科学认知

科学是对自然现象、社会现象和人自身包括精神现象进行研究的理论体系。科学方法的特点有两个方面：一是可实证的，其方法包括科学实验和逻辑证明；二是可证伪的。科学方法的这两个特征决定了它作为认知方法的局限性。首先，实证方法的应用范围是有限的，并不是所有的认知判断都是可以证实的。例如，"物质是无限可分的"这样一个命题并不是可以证实的。就人类目前的认识能力，我们现在只能在一定的尺度（如基本粒子）内去证实它。一般而言，一个涉及"无限"或"无穷"论域的命题是无法证实的。一个例外是数学归纳法，它能对可数无穷域内的问题进行逻辑的证明。可见逻辑实证比物理证明的力量更强。其次，任何一种科学理论都是一种假设（可以将它表为一个命题 p）。如果这个假设可以解释一些科学现象，包括自然现象、社会现象和精神现象（将这些现象表为 q_1, q_2, …, q_n），即有 $p \rightarrow q_1, q_2, …, q_n$，这个假设作为科学理论就成立了。而一旦我们观测到某个相反的现象 $\neg q_i$（$1 \leq i \leq n$），根据逆否律（Modus Tolence, MT）可得 $\neg p$，假设 p

---

[①] 蔡曙山：《论人类认知的五个层级》，《学术界》2015 年第 12 期。

便被证伪。因此，科学理论一定是可证伪的，否则就不是科学理论。由此可知，科学的认知能力和应用范围是有限的。科学只是人类认知方法的一种，科学不能包打天下，不能解决人类认知的一切问题。在科学无能为力的地方，我们需要其他的认知方法。

2. 哲学认知

哲学是不需要实证，也不可能实证的一种认知方法。哲学凭借人类理性和逻辑思维（概念、判断、推理）来把握对世界的认知，形成某种世界观和方法论。科学认知与哲学认知的关系可以从两方面看。一方面，哲学作为"科学之科学"，它能为科学认知提供世界观和方法论的指导。在人类认识史上，很多科学理论都来源于当时或之前的哲学思想。例如，几乎一切的现代科学形式都可以在亚里士多德的哲学思想中找到根源。又如，莱布尼茨从中国古代阴阳学说中发现二进制数学。再如，老子的道德经至今仍然在为我们认识自然、社会和人类精神提供哲学指导。而且，道家哲学对自然与人和文化关系的理解，比迄今为止任何科学认知都要高明得多。另一方面，在人们的认知活动中，科学解决不了的问题，只有交给哲学去把握。这样的例子也很多。爱因斯坦晚年在建立统一场论的过程中，常常与哲学家和逻辑学家一起讨论问题。前述"物质是无限可分的"这个命题，是一个科学上无法把握和无法证实的命题，但在哲学上它却是一个可以把握的命题。事实上，它是辩证唯物主义的基本命题——科学家们只有自觉或不自觉地以此为指导，才能进行基本粒子的研究。科学认知与哲学认知的关系是：科学认知将哲学认知中的一些问题变成可以证实的问题并进行科学研究。不存在没有世界观和方法论指导的科学问题，即不存在没有哲学认知的科学认知。同时，哲学认知将科学认知中那些无法证实而又有意义的命题变成哲学问题，并从理性和逻辑思维上加以把握，使之成为可对科学研究提供指导的世界观与方法论。同样，也不存在没有科学认知根源的空洞的哲学，而只有具体科学的哲学，如数学哲学、逻辑哲学、物理学哲学、心理学哲学等。即使是形而上学，它所依据的"时间""空间""思维""存在"等抽象概念，也是有其科学基础的。因此，也不存在脱离科学认知的哲学认知。20 世纪 20 至 30 年代，逻辑实证主义试图凭借数学逻辑方法将哲学变为科学，维特根斯坦曾经认定，一切有意义的哲学思想都是形如 [$\bar{p}, \bar{\xi}, N(\bar{\xi})$] 的命题（§6），否则是无意义的命题。世界何以存在的问题、怀疑论的问题、人生意义的问题、形而上学的问题，都是无意义的命题（§6.44—§6.54）。它们是神秘的东西，是不可言说的东西（§6.522）。对于不可言说的东西应该保持沉默（§7）。① 但是，后期维特根斯坦完全否认他前期的逻辑图像论，而代之以一种全新的世界观——语言游戏论。他回归自然语言，并将语言的意义与人们对语言的使用和人们的心理行为联系在一起。哲学只做自己的工作，它不再插足于或试图取代科学。"哲学是一场反对借语言来迷惑我们的理智的战斗。""我们所做的就是要把词从形而上学的使用带到日常的使用上来。"② 因此，哲学的任务在于语言分析。哲学不需要证实也不可能证实，这是哲学与科学的重要分野。

3. 宗教认知

宗教也是人类特有的一种认知方式，而且是与科学和哲学不同的一种特殊的认知方式。科学是一种以经验和实验为基础的认知方式，哲学是一种以理性思维为特征的认知方式，宗教则是一种以直觉和信仰为特征的认知方式。自我意识、抽象思维和宗教信仰常常被作为人与动物区别的三个主要标志。一些宗教认知的有效方法至今无法从科学上得到解释，例如，直觉和顿悟、意念和超自然力、灵魂和转世等等。

我们常常听到有人（主要是科学家）批评宗教是"不科学的"，这种批评实在是毫无道理。宗教本来就不是科学的，为什么要求它是科学的呢？因为宗教、哲学、科学本来就不是同一层次的认知形式，尽管它们同属于文化层级的认知。由于现代科学的发展并成为现当代文明的主流，很多人（主要是自然科学家，还有利用科学的其他人）试图将人

---

① [英] 维特根斯坦：《逻辑哲学论》，贺绍甲译，商务印书馆 2009 年版，第 87、103—105 页。

② Wittgenstein, L. *Philosophical Investigation*, third edition, p.I, 109; p.I, 111, Blackwell Publishing Ltd. 2001, p. 40c, 41c.

类认知的所有方式都纳入科学的轨道，似乎科学的才是正确的，其实这是一种荒谬的认识。从哲学（认识论）上看，科学的不一定是正确的。科学只是在一定条件下是正确的，如牛顿经典力学。在历史上被证伪的科学理论不计其数。从生态和伦理上看，科学的不一定是对人类有益的，如工业文明、转基因食物和合成生命。

（二）三个层次的自然文化观

人类特有的高阶认知从低到高的三个层次依次是科学、哲学、宗教。相应地，对自然和文化的理解也有三个层次：科学的自然文化观、哲学的自然文化观和宗教的自然文化观。

1. 科学的自然文化观

根据上文对文化的广义理解——文化就是"人化"——科学也是文化的一部分，因为科学也是"人化"的东西。

从科学发展史看，科学就是人类对自然的认识、探索、改造和征服。

古代的科学技术仅仅是认识和适应自然，探索自然的奥秘，人类活动没有也不可能影响自然，人类与自然是和睦相处的。

近代科学技术不满足于认知和探索自然，而是要利用和改造自然。人类攫取自然最初的野心反映在苏联园艺学家米丘林的一句名言中："我们不能等待大自然的恩赐，我们的任务是要向大自然索取。"① 遗憾的是，米丘林的这句话至今仍然被当作描写科学家理想抱负的至理名言。近代以来，人类向自然大举进犯，不知餍足地向自然索取，把自然当作可以无限攫取的对象。

对自然的利用、改造和征服，在当代科学中表现得更加突出。人类拦河筑坝，迫使江河改道，为的是攫取水力和电力。人类炸平山峦，填平山谷，为的是修筑道路，建设城市。人类改变基因，改造物种，为的

---

① The following phrase of Michurin's was widely popularized in the Soviet Union：" Мы не можем ждать милостей от природы. Взять их у нее-наша задача" ("*We cannot wait for favors from Nature. To take them from it-that is our task.*") http://en.wikipedia.org/wiki/Ivan _Vladimirovich_Michurin.

是得到新的食物和器官。狂妄的科学家甚至试图充当上帝，从实验室中制造生命。①

曾几何时，"科学"已经成为"正确"的同义语。例如，"这种说法是科学的"就等于说"这种说法是正确的"。为此我们制定出一整套对人们的思想、语言和行为进行评判的标准，如"科学认识""科学创造""科学管理""科学行为"等等。一种想法、说法或做法一旦被认为是"不科学的"，就等于被宣布为"违反自然规律的" "错误的" "不可行的"，甚至是"应该禁止的"或"应该废除的"。

2. 哲学的自然文化观

其实，科学的未必就是正确的，不科学的未必就是错误的，因为还有一个高于科学标准的哲学标准。

哲学的自然文化观的重要问题可以概括为对天、地、人、事的认识以及它们与自然的关系的认识。地球和大气层空间是人类活动的基本场所，也就是中国文化中所谓的"天"和"地"，而人就活动在这天地之间。事指的是成为认识对象的人的活动或客观存在的事物或事件。自然通常指的就是这个基本空间中那些原本未受人类活动影响的存在。但今天人类活动已经深深嵌入自然，天地之间已经没有任何独立存在而不受人类影响的空间，包括南北极冰封的土地和了无生机的深海，人类活动的影响无所不在。人类的活动还改变了大气和天空。所以，我们称今天的自然是"被嵌入的自然"。

中国古代思想家和哲学家老子对天、地、人与自然的关系有异常卓越的见解，这种见解在今天看来仍然远远高出当代科学家的认识。

3. 宗教的自然文化观

不同宗教的自然文化观不尽相同，但共同点却是主要的，那就是：体现了对自然和生命的领悟与关爱。宗教的自然文化观就是要维持人与

---

① 2010年5月21日的美国《科学》杂志网络版发表了美国合成生物学家、科学狂人文特（J. Craig Venter）及其同事的惊人成果：在一个被掏空内核的细菌中，植入由人工合成的基因组，之后，新的基因组取得了这个单细胞生物的控制权，从而形成了新的生命。

他们所处的自然环境之间的平衡,保持人与自然的和谐关系。

宗教的自然观相信自然世界是神的化身或创造,是一种神圣的或精神的力量。对自然的这种态度常常被看作宗教运动,即自然宗教(Nature Religion)。它不是指任何特殊的宗教运动本身,而是用来指各种不同宗教团体所共有的那些规定和信念,包括在世界各地不同文化中被实践的本土宗教。这些宗教的实践者将环境看作是具有精神和其他神圣的实体。

宗教的自然文化观包括:(1)神对众生的爱,在神的面前,万物享有平等的生的权利;(2)人与自然和睦相处,亚当和夏娃扮演管理者的角色,如同他们在伊甸园中所做的一样;(3)基督徒所讲述的诺亚方舟的故事,显示出保留生物多样性的需要。美国早期环保运动领袖约翰·缪尔(John Muir)所说:"当我们试图选取任何事物时,我们发现它与宇宙间的所有事物都有关联。"[①] 宗教的自然观成为人与自然和谐相处、保护自然环境的重要精神力量。

三、老子的自然文化观

谈到中华文化,中外文化学者常常将它等同于或主要地看作是儒家文化。其实不然。首先,道家思想也是中华文化的重要组成部分;其次,儒家思想也渗透着道家思想。

道家的思想,围绕着一个中心,那就是"自然"。自然首先是道家思想的最高范畴;其次体现了万物生长和发展的规律,也是人类活动必须尊崇的规律;其三是作为人类生存环境和发展条件的自然界。

最早认识到自然的范畴和意义的,是伟大的中国哲学家和思想家老子(约前580—前500)。其思想和学说的核心是"道"。

《道德经》中包含一部完备的自然演化史。如果说老子预见了大爆炸宇宙(Big Bang Cosmology)也不为过。"有物混成,先天地生,寂兮

---

① Muir, John (1911). *My First Summer in the Sierra*. From Ethan Goffman (2005) God, Humanity, and Nature: Comparative Religious Views of the Environment.

寥兮，独立而不改，周行而不殆，可以为天下母。"（二十五章）① 这不就是大爆炸之前被压缩于奇点（Singularity）的宇宙吗？这个创生之前而又包容万物的宇宙，老子名之曰"道"，它是至大无边的，一旦演化开来，它又是无远弗届的，但它终究会返回"道"。"故道大，天大，地大，王亦大。域中有四大，而王处一焉。"（二十五章）人来源于自然，与天地并立而为三才，"道—天—地—人"既是宇宙创生的过程，也是宇宙中至高无上的"四极"，合称"四大"，而由"道"统领之。在四十二章，老子进一步描述宇宙创生的过程："道生一，一生二，二生三，三生万物。"笔者曾经用数字化（digitalization）的方法来解释《易经》中阴阳二进制的思想，② 用同样的方法，我们可以解释老子的宇宙演化论思想，并将两者加以比较，如表14-3所示：

表14-3　数字化方法解释《道德经》

二进制表达式	《道德经》解释	《易传》解释	现代数学解释
2^0	道生一	无极生太极	$2^0=1$
2^1	一生二	太极生两仪	$2^1=2$
2^2	二生三	两仪生四象	$2^2=4$
2^3	三生万物	四象生八卦	$2^3=8$

表中，数字单位是"比特"（bit），即二进制数的一位。在《道德经》的解释中，"道"是0，其他数字均表示二进制表达式的指数。我们知道，自然数序列只需基始（0或1）和后继运算（′）便可生成。这里，取基始为0，即"道"或"空"。然后我们有 $0'=1, 1'=2, 2'=3$。这就是"道生一，一生二，二生三"的数学含义。那么，"三生万物"又如何解释呢？如果以1、2、3分别表示以2（阴阳）为底数的

---

① 老子《道德经》今传各本殊异。本文所引《道德经》据高明撰：《帛书老子校注》（上、下），中华书局2020年版，引文后在圆括号内注明章节。帛书本与合传本章节序号不同时，注两种版本。

② 蔡曙山：《言语行为和语用逻辑》，中国社会科学出版社1998年版，第390—391页。

幂运算的指数，运算结果表示指数个数的十进制数所能表达的不同信息数。在《周易》中并没有"无极""太极""两仪""四象"等解释的，这些话见于后来经孔子编撰的《易传》。可见，《易》的阴阳二进制解释比《道德经》来得晚，而且孔子修编的《易传》显然是受到《道德经》的影响。在《易传》的解释中，"无极"是0，"太极"是1，"两仪"是2，"四象"是4，"八卦"是8。易传中的四句话解释了以2为底的指数运算，每句话的前两个字表示指数，后两个字表示运算结果。有意思的是，《易经》中只列举指数为0（无极）、1（太极）、2（两仪）和3（四象）的运算方式和结果。根据这四句话，就能推知其他指数的运算结果。在计算机科学和技术中，8个比特是一个"拜特"（byte），也称为一个"字节"。8个二进制数可以表达$2^8 = 256$种不同的信息，这样我们就可以将所有的数字和英文字符进行编码，这就是ASCII码。用两个字节就能将汉字和更多的信息进行编码。两千多年来，《易经》被古今中外学者反复解读，因为《道德经》和《易经》的思想不仅是一种宇宙论，同时也是一种知识论。

老子自然观的核心概念是"道法自然"——它宣示自然拥有的至高无上的权利。老子的"天—地—人"的系统服从于道，而"道—天—地—人"的系统则服从于自然。老子说"人法地，地法天，天法道，道法自然。"（二十五章）这样，老子就建立了他的"自然—道—天—地—人"的自然体系。现在看来，他的这个体系正是宇宙演化的体系。

在这种自然观和知识论之下，老子全方位地展开他的哲学思想体系。

其一，道是自然法则。道和自然是一而二，二而一的东西。老子曰："大道泛兮，其可左右。万物恃之以生而不辞，功成而不有。衣养万物而不为主，常无欲，可名于小；万物归焉而不为主，可名为大。以其终不自为大，故能成其大。"（三十四章）在老子看来，道是体现在自然中的规律和法则，犹如斯宾诺莎的那个隐藏在自然后面的上帝。① 但斯宾诺莎认识到这个上帝,却是在老子之后约 2200 年的事。

其二,道是万物的规范,这就是老子的"天之道"。万物应该遵循道法自然的规律,才能得以生长发育,形物成势。老子曰:"道生之,德畜之,物形之,器成之。是以万物莫不尊道而贵德。道之尊,德之贵也,夫莫之爵而常自然也。道生之,德畜之;长之育之;亭之毒之;养之覆之。生而不有也,为而不恃也,长而不宰也,是谓玄德。"(五十一章)他又说:"天之道,不争而善胜,不言而善应,不召而自来,坦然而善谋。天网恢恢,疏而不失。"(七十五章,今传本七十三章)

其三,道是王者之道,即人之道,且人之道须合于天之道,故王道即人道,也即天道。老子说:"天之道,利而不害;圣人之道,为而不争。"(六十八章,今传本八十一章)"天之道,其犹张弓欤?高者抑之,下者举之;有余者损之,不足者补之。天之道,损有余而补不足。人之道则不然,损不足以奉有余。孰能有余以奉天下?唯有道者。是以圣人为而不恃,功成而不处,其不欲见贤。"(七十九章,今传本七十七章)他还说:"持而盈之,不如其已;揣而锐之,不可长保。金玉盈室,莫之能守;富贵而骄,自遗咎也。功遂身退,天之道也。"(第九章)他说:"江海之所以能为百浴王者,以其善下之,故能为百浴王。是以圣人之欲上民也,必以其言下之;其欲先民也,必以其身后之。故居前而民弗害也,居上而民弗重也。是以天下乐推而不厌也。以其不争,故天下莫能与之争。"(六十六章)江海所以能够成为百川河流所汇往的地方,乃是由于它善于处在低下的地方,所以能够成为百川之王。所以,圣人要领导人民,必须用言辞对人民表示谦下;要想领导人民,必须把自己的利益放在人民的后面。所以,圣人虽然地位居于人民之上,而人民并不感到负担沉重;居于人民之前,而人民并不感到受害。天

---

① 斯宾诺莎(1632—1677),荷兰哲学家,唯理主义者,他认为宇宙间只有一种实体,即作为整体的宇宙本身,而上帝和宇宙就是一回事。他的这个结论是基于一组定义和公理,通过逻辑推理得来的。斯宾诺莎的上帝不仅仅包括了物质世界,还包括了精神世界。他认为人的智慧是上帝智慧的组成部分。

下的人民都乐意拥戴他而不感到厌倦。因为他不与人民相争，所以天下没有人能和他相争。后来儒家所提倡的"王道"和"仁政"即来源于此。

其四，道是治国之道，这就是老子无为而治的思想。老子思想最深刻的部分是"无为而治"。在老子"自然—道—天—地—人"的体系中，道法自然，所以，天道法自然，地道法自然，王道（人道）亦必法自然——这个体系是逻辑一致的。"王道"的思想，是从"道法自然"的前提必然地得出的。老子曰："太上，不知有之；其次，亲而誉之；其次，畏之；其次，侮之。信不足焉，有不信焉。悠兮其贵言。功成事遂，百姓皆谓：'我自然'。"（十七章）最好的统治者，人民并不知道他的存在；其次的统治者，人民亲近他并且称赞他；再次的统治者，人民畏惧他；更次的统治者，人民轻蔑他。统治者的诚信不足，人民才不相信他，最好的统治者是多么悠闲，他很少发号施令，事情就办成功了，老百姓都说"我们生活在一个自然的环境中。"在春秋战国那样一个社会动乱、充满战争杀伐的时代，老子向往的是上古帝尧时的清明政治。帝尧之世，"天下太和，百姓无事，有五老人击壤于道，观者叹曰：大哉尧之德也！老人曰：'日出而作，日入而息。凿井而饮，耕田而食。帝力于我何有哉？'"因此，无为而治，才是最好的统治。老子曰："道恒无名，侯王若能守之，万物将自化。化而欲作，吾将镇之以无名之朴。镇之以无名之朴，夫将不辱。不辱以静，天下将自正。"（三十七章）一个理想的社会，除了要求统治者有"太上之德"，行"自然之道"，还要培养淳朴的民风。"绝圣弃智，民利百倍；绝仁弃义，民复孝慈；绝巧弃利，盗贼无有。此三者，以为文不足。故令有所属。见素抱朴，少思寡欲。绝学无忧。"（十九章）由此看出，老子的无为而治并不是主张无所作为，而是主张自然无为，是"太上不知有之"，是恢复古小国寡民的社会和朴淳厚的民风。儒家的"民重君轻"的思想、"王道"的思想、"行仁政"的思想，亦出于此。孔子曰："天何言哉？四时行焉，百物生焉，天何言哉？"（《论语阳货》）儒家与道家学说不同，但对自然的敬畏却是共同的。

其五，道对个人而言，则是德性修养。老子曰："上德不德，是以有德；下德不失德，是以无德。上德为之而无以为；下德为之而有以为。上仁为之而无以为；上义为之而有以为。上礼为之而莫之应，则攘臂而扔之。故失道而后德，失德而后仁，失仁而后义，失义而后礼。夫礼者，忠信之薄，而乱之首。前识者，道之华，而愚之始。是以大丈夫处其厚，不居其薄；处其实，不居其华。故去彼取此。"（三十八章）又曰："上士闻道，勤而行之；中士闻道，若存若亡；下士闻道，大笑之。不笑不足以为道。故建言有之：明道若昧；进道若退；夷道若类；上德若谷；大白若辱；广德若不足；建德若偷；质真若渝；大方无隅；大器晚成；大音希声；大象无形；道隐无名。夫唯道，善贷且成。"（四十章，今传本四十一章）又曰："善建者不拔，善抱者不脱，子孙以祭祀不辍。修之于身，其德乃真；修之于国，其德乃余；修之于乡，其德乃长；修之于邦，其德乃丰；修之于天下，其德乃普。故以身观身，以家观家，以乡观乡，以国观国，以天下观天下。吾何以知天下然哉？以此。"（五十四章）老子曰："天下皆谓我道大，似不肖。夫唯大，故似不肖。若肖，久矣其细也夫！我有三宝，持而保之。一曰慈；二曰俭；三曰不敢为天下先。慈故能勇；俭故能广；不敢为天下先，故能成器长。今舍慈且勇；舍俭且广；舍后且先；死矣！夫慈，以战则胜，以守则固。天将救之，以慈卫之。"（六十九章，今传本六十七章）这里把个人的道德修养，讲得何其透彻！道是至大无上的，它不像任何具体的事物，但万物都要遵循它。如果把道当成具体的事物，那么它就显得渺小了。老子以"慈""俭"和"不为天下先"为三种美德，这与孔子的"仁""爱"和"中庸"是相同的，后来儒家的"修齐治平"也是与此一脉相承的。

其六，道还是一种认知方法。涉身心智（embodied mind）是当代认知科学的三大重要发现之一，[①] 而老子在两千多年前对此已经有所

[①] Lakoff, G. and M. Johnson (1999) *Philosophy in the Flesh: The Embodied Mind and Its Challenge to Western Thought*, Basic Books, pp. 5–7.

认识。老子曰:"知其雄,守其雌,为天下溪。为天下溪,常德不离,复归于婴儿。知其白,守其黑,为天下式。为天下式,常德不忒,复归于无极。知其荣,守其辱,为天下谷。为天下谷,常德乃足,复归于朴。朴散则为器,圣人用之,则为官长,故大智不割。"(二十八章)他又说:"知人者智,自知者明。胜人者有力,自胜者强。知足者富,强行者有志。不失其所者久,死而不亡者寿。"(三十三章)"名与身孰亲?身与货孰多?得与亡孰病?是故甚爱必大费;多藏必厚亡。知足不辱,知止不殆,可以长久。"(四十四章)令人惊讶的是,这些关于涉身心智的论述,其中使用了大量的隐喻,而涉身心智和隐喻作为当代认知科学的发现,不过是近几十年的事。当代无论是西方人的心智,还是东方人的心智,相对于两千年前老子的智慧,差矣!老子还将涉身心智用于自身休养,他说:"宠辱若惊,贵大患若身。何谓宠辱若惊?宠为下,得之若惊,失之若惊,是谓宠辱若惊。何谓贵大患若身?吾所以有大患者,为吾有身,及吾无身,吾有何患?故贵以身为天下,若可寄天下;爱以身为天下,若可托天下。"(十三章)"致虚极,守静笃。万物并作,吾以观复。夫物芸芸,各复归其根。归根曰静,是谓复命。复命曰常,知常曰明。不知常,妄作,凶。知常容,容乃公,公乃王,王乃天,大乃道,道乃久,没身不殆。"(十六章)老子说:"大兵者,不祥之器。物或恶之,故有道者不处。君子居则贵左,用兵则贵右。兵者不祥器,非君子之器,不得已而用之,恬淡为上。胜而不美,而美之者,是乐杀人。夫乐杀人者,则不可得志于天下矣。吉事尚左,凶事尚右。偏将军居左,上将军居右。言以丧礼处之。杀人之众,以悲哀泣之,战胜,以丧礼处之。"(三十一章)这个论述非常奇特。老子对日常生活、居住、军事中左右的分工,好像让人迷惑不解,但从当今认知神经科学的观点看,却非常合适,有理有据。原来在进化之初,动物(包括人类)左右脑分别管理生存的两个最根本的需求与活动:捕食和防止被捕食(进攻和防守)。由于左右脑对身体的两侧进行交叉管理,所以,动物都是从右边捕食的,防御的功能则主要在身体的左侧。人类也是这样,我们的左脑主要是负责指挥身体向右进攻,所以我们是右手执剑；我们的右脑主要负责指挥左侧身体观察环境并进行防御，所以我们是左手执盾。后来，我们的左脑进化出语言和逻辑思维的能力，右脑则进化出直觉和心理的能力。现在再看老子关于生活居住和军事行动中左右的区分，与当今认知神经科学的结论是如此的吻合，真是让人觉得非常惊异！

四、结论

通过对自然与文化关系的研究，我们可以建立以下重要的自然文化观。

（一）人类与文化是来源于自然并依存于自然的

自然与文化是一致的，它们是如此密切相关，没有离开自然的文化，因为人类和文化都是自然所孕育和创生的；也没有离开文化的自然，自从人类出现以后，再也没有不受人类影响的自然。

人及其所创造的文化是来源于自然并融入自然的，也是自然的一部分。可是这个素朴的认识，似乎已经被人类特别是那些物欲主义者和人类中心主义者彻底地忘掉了。

我们应该重新建立正确的自然文化观，它的第一要义就是：人是属于自然的，人所创造的文化也是属于自然的。自然有其自身存在的理由和价值。自然是第一性的，文化则是第二性的。自然可以不依赖于文化而存在，文化却必须依赖于自然而存在。因此，自然的优先性和重要性胜于文化。自然与文化，不得已而弃之，应该是弃文化而保自然。

（二）文化和文明的发展是对自然的消费

人类文化和文明的发展伴随着对自然的消费，表现为对自然资源的消费和对自然环境的破坏。在古代以游牧和农耕为主的生产方式下，人类发展对自然的消费能力低于自然资源的再生能力和环境的自我修复能力。近代工业化以来，这种平衡被打破了。人类对自然的消费已经转变为对自然的肆无忌惮的掠夺！人类对自然资源的不知餍足的需求已经大大超过自然的承受能力！这就造成自然环境的不可逆转的破坏！过去，人们用"向大自然索取"来表现人类对自然的贪欲，今天，人们则用"开发"二字来指向自然，对自然资源进行疯狂的掠夺！"开发"所向，绿色的田野、蓝色的天空、清澈的河流、茂密的森林统统消失！"开发"所向，资本在欢笑，而自然却在哭泣！

我们应该建立正确的自然文化观，它的第二要义是：自然资源是有限的，自然环境的恢复能力也是有限的。人类应该克制自己的欲望，否则，人类的贪欲将毁灭自然，从而毁灭人类自身！

（三）警惕以科学技术为核心的现代文明与文化的背离和对自然的破坏

人类在享受科学技术进步的成果的同时，也承担着它所带来的新威胁。现代文明的发展是以自然资源的消费为代价的，而现代文明的核心是科学技术，因此，科学技术的发展必然带来自然资源的消耗和环境的破坏。

以人类最基本的需求衣食住行为例。先看衣食方面，在生命长期进化的数十亿年中，人类长期处于食物匮乏的时代。在这个过程中，人类进化出以左脑为主导即以进攻和捕食为主导的生存方式。这种生存方式的表现就是不断地向大自然索取生存所需要的食物和其他资源。伴随着科学技术的进步，我们从一个"食不果腹，衣不蔽体"和"节衣缩食"的时代进化到一个"衣食充足"的时代。再看住行方面，人类从"穴居野处"和"足不出户"的时代进化到今天"高楼林立"和"日行千里"的"地球村"的时代。——这一切均拜科学技术的进步和生产力的发展所赐！但我们也为此付出了巨大的代价：田野变成了道路和楼房，森林被砍伐殆尽，天空和河流不再清澈！人类忘记了对自然的感恩，也忘记了对自然的保护，而是贪婪地对自然无尽地索取！

科学技术在不断地进步，人类从来也没有停止向大自然索取。与过去的时代相比，20世纪是人类历史上科技进步最迅速的时代。在这个时代，我们不仅发明了电灯电话、火车汽车、飞机大炮、计算机和网络，我们也释放了原子能，制造了克隆羊和转基因食物，[①] 在实验室

[①] 1996年7月5日，英国科学家伊恩·维尔穆特（Ian Wilmut）用一个成年羊的体细胞成功地克隆出了一只小羊。这只小羊与它的"母亲"一模一样。动物的繁衍一般都要经过有性繁殖过程，克隆却是无性繁殖。

里合成生命,① ……克隆超越了自然生育的界限,合成生命则要超越自然生命的界限。自然界用上百亿年才进化出生命,又用数十亿年才进化出人这种最高级最复杂的生命,科学家们却试图在实验室里从无到有地创造出生命,从无到有地创造出人类!——上帝创造的人试图扮演上帝的角色,自然生命正面临"灭顶之灾"!②

近代以来,科学技术已经成为文化和文明的主流。但作为现代文化和文明形式的科学技术却凌驾于文化和自然之上,加深了文化与自然的冲突。

我们应该建立正确的自然文化观,它的第三要义是:科学技术从来都是一把双刃剑。科学技术可以造福人类,如果它以文化为导引并与文化和睦相处的话。反之,如果没有人文精神的指导,科学技术的发展和对自然的破坏将会毁掉人类生存的根基,给人类带来灾难。

(四) 道法自然人类才会有未来

以科学技术为核心的文明是西方文明,它是一种征服和掠夺的文明,是左脑主导的文明。中华文化是农耕文化,中华文明是农业文明,这是一种与自然和睦相处的文化,是一种防御与和平的文明,是右脑主导的文化和文明。过去我们崇尚西方文明,贬低东方文明。认知科学的发展,将我们从左脑的时代带入右脑和全脑的时代。我们应该重新审视东西方文化和文明。

美国国防部 2013—2017 年科技发展五年计划,提出未来重点关注的六大颠覆性基础研究领域(Disruptive Basic Research Areas),包括超材料与表面等离激元学(Meta materials & Plasmonics)、量子信息与控制技术(Quantum Information & Control)、认知神经科学(Cognitive Neuroscience)、纳米科学与纳米工艺(Nanoscience & Nanoengineering)、合成生物学(Synthetic Biology)以及对人类行为的计算机建模(Com-

---

① 美国《科学》杂志 2015 年 5 月 25 日报道,美国科学家克莱格·文特(J. Craig Venter)和他的研究团队利用实验室化学物质合成出了一种细菌的基因组,向创造首个人造生命又迈进了一步。

② Science DOI: 10.1126/science. 1151721, Published Online January 24, 2008.

putational Models of Human Behavior)。美国国防部的研究目标非常明确、直言不讳：这些科学技术成果能够使美军在全球范围内具备绝对的、不对称的军事优势。① 这是典型的左脑型的思维方式：进攻！征服！掠夺！

今天，西方一些有识之士也在反省自己的文化和文明，他们认为自己被左脑统治了几千年，对自然的征服和无尽的掠夺将导致人类的毁灭。他们设想人类消失一天、两天、一周、两周、一年直到数百万年后的世界：人类消失200年后世界上最坚固的建筑迪拜塔倒塌——不可能有人类永久的家园；300年后保存得最好的书籍、照片、文件统统消失——原来人类文化也不是永存的；1万年后山猫成为动物界的主宰——原来人类并不是什么万物之灵和世界主宰！5000万年后人类存在过的所有痕迹全部消失，这个世界将重新归于自然——世界的真正主宰是自然！② 场面令人震撼，应该重新思考人类存在的意义！我们千万不要认为自己改变了什么，我们来源于自然，并终将回归自然，我们所能做的唯一有意义的是敬畏自然，把这个比我们自己的生命还宝贵的自然交给我们的子孙。反之，如果像今天疯狂的资本、疯狂的科学家和疯狂的开发商一样，无餍足地向自然索取，等待我们的只能是人类的灭亡（人类掌握的核武器足以毁灭人类数百次）！不要认为人类毁灭以后可以从头进化，那概率几乎为零！今天，西方人将他们的注意力转向东方，寻求以右脑为主导的东方文化和东方人的生存智慧。

与西方的自然文化观不同，中国的农耕文化和农业文明从本质上就是与自然和睦相处。老子的自然文化观正是这种文化和文明的体现，中国人的自然文化观深受老子和道家思想的影响。"人法地，地法天，天法道，道法自然。""道"是老子思想的最高范围，然而道却要服从自然。——这是何等澄明的自然文化观！可惜的是，我们中国人似乎忘记

---

① http://club.china.com/data/thread/12171906/2776/87/41/0_1.html.

② http://v.ifeng.com/documentary/discovery/201112/4cdff813-c299-4c48-a6f3-34e5b1ffe134.shtml.

了自己祖宗留下的思想宝藏和生存智慧。

我们的自然文化观的第四要义是：我们应该从自己的文化传统中去寻找智慧，道法自然人类才会有未来！这是与西方不同的另一种方式的救赎：人类应该自己来救自己，从现在就开始！

15

认知科学与技术条件下
心身问题新解[①]

一、心身问题的起源和发展

心身问题（mind-body problem）是心理学和哲学最根本的理论问题，也是认知科学的重大问题，不同的哲学学派和心理学派以不同方式解决这一问题。德谟克利特的原子论、柏拉图的二元论、斯宾诺莎的心身一元论、马赫等人的新实在论都深刻讨论了心身问题。莱布尼茨的预定和谐说、笛卡尔和辩证唯物主义都认为，心理活动与脑的神经生理过程之间有区别，心理活动是脑的神经生理过程的产物或属性，其产生之后，又与脑的神经生理过程发生相互影响。20世纪以来，心身问题在心理学研究中得到发展，美国著名行为主义心理学家华生（John Broadus Watson）认为人的心理状态只可能从行为（包括言语行为）来观察，刺激—反应可以塑造人的一切行为，他还将心身等同论、环境决定论等应用于儿童心理教育和训练。此外，美国心理学家詹姆斯（William James）的心身相互作用论、斯宾塞和铁钦纳的心身平行论、操作

[①] 本文原载《学术前沿》2020年5月（上），CSSCI来源期刊，A类期刊。本文被中国知网全文转载，被引8次，年均被引2.5次。基金资助：国家社会科学基金重大项目"语言、思维、文化层级的高阶认知研究"（批准号15ZDB017）；国家自然科学基金重点项目"语言理解的认知机理与计算模型研究"（批准号62036001）。贵州省哲学社会科学规划国学单列重大项目"认知科学与阳明心学的实证研究"（20GZGX10）。

行为主义的副现象论、荣格的心身同型论等二元论均承认心身之间存在差异，但又夸大这种差异，视二者为两种独立的过程。20世纪70年代认知科学建立以后，对心身问题进行了全方位、更加深入的研究。例如，著名心智和语言哲学家塞尔在《心智：一个简明的导论》一书中，专列"意识和心身问题"一章，详尽深入地讨论了心身问题。[①]

马克思将过去的哲学区分为唯物主义和唯心主义两大派别，根据的就是身心谁是第一性的原则。一切承认物质第一性、精神第二性和物质决定精神的，是唯物主义；一切承认精神第一性、物质第二性和精神决定物质的，是唯心主义。二元论则是承认物质和精神、身和心是两个独立的本原。

（一）身心决定论和唯物主义的各种表现形态

唯物主义实际上可以看作是身体决定精神（身心决定论）的表现，只是表现形态有种种的不同。换言之，物质决定精神、存在决定意识的唯物主义，不过是身心决定论的表现形式。

唯物主义（physicalism）也称为物理主义，认为宇宙中的一切都可以由物质和能量等物理实体来解释和组成。唯物主义最基本的形式是同一性理论，根据这一理论，所有的精神状态和物理状态在大脑中都是同一的。按照这种观点，虽然精神实体（如思想和感觉）最初可能是一种完全新奇的事物，但实际上，精神的东西完全可以划归为（be reduced to）物质的东西。你所有的想法和经验都只是你大脑中的物理过程。唯物主义认为，物理世界及其定律最终解释了宇宙中一切事物的行为，包括人类的精神和行为。

根据唯物主义，当你用锤子击打你的手时，神经过程会进入大脑并引发一种中枢大脑状态。这种中枢大脑状态并不是让你感到疼痛，而是你自己具有疼痛。毕竟，你大脑中神经元的激活模式就是你的疼痛感。对于每一种精神状态，都应该有一个相应的、使该精神状态还原于其上

[①] Searle, John R., *Mind: A brief Introduction*, Oxford University Press; 1 edition, pp. 107-132.

的物理状态。因此,你说话的决定不过就是大脑激活的另一种模式。这种神经活动本身就是一个决定,然后引起你的语言活动。

整个因果关系序列可以仅用物理术语来描述。但是,它也可以用精神或心理的术语来描述,但这些术语所表示的,正是与物理状态和过程同一的状态和过程。还原物理主义并没有消除精神,相反,它将精神的东西还原为物理的东西。另一种形式的唯物主义,叫作"取消式唯物主义",它试图消除而不是减少精神属性。

在哲学史上,唯物主义有三种主要的形式,即古代的朴素唯物论、近代的机械唯物论和马克思主义的辩证唯物论。古代的朴素唯物论的代表人物和理论有古希腊的泰利斯水的本原论,认为万物生于水、又复归于水;中国古代的五行学说,认为金、木、水、火、土是生成万物的五种基本元素。古代欧洲德谟克利特和伊壁鸠鲁的原子论,中国古代的气一元论,也属于朴素唯物主义的范畴。机械唯物或称形而上学唯物论有17世纪的英国唯物主义,18世纪的法国唯物主义,19世纪40年代德国费尔巴哈的唯物主义等。马克思主义的辩证唯物主义和历史唯物主义,是唯物主义发展中最彻底、最科学的形态,是唯物主义历史上的第三种形态,是迄今唯物主义哲学发展的最高形态。

20世纪著名的唯物主义一元论哲学家包括英国哲学家普莱斯(U. T. Place)和澳大利亚哲学家斯马特(J. J. C. Smart)等。同一理论是关于身心关系的一个族群观点。类型同一论认为,至少某些类型(或种类,或类别)的精神状态,作为偶然的事实,在字面上与某些类型(或种类,或类别)的大脑状态相同。类型标识的最早倡导者普莱斯、费格尔(Herbert Feigl)和斯马特分别在20世纪50年代末到60年代初提出了他们自己的理论版本。但直到大卫·阿姆斯特朗提出了一个激进的主张,即所有的精神状态(包括故意的精神状态)都与物理状态相同,心智哲学家们才在这个问题上把自己分成了不同的阵营。多年来,人们对类型识别提出了无数异议,从认识论的抱怨到指控莱布尼茨律违反希拉里·普特南(Hilary Putnam)的著名论断,即精神状态实际上能够以"多种方式实现"。为了回应普特南的主张,类型同一性的辩护者提出了两种基本策略：一是把类型同一性的主张限制在特定的物种或结构上；二是把这类主张扩展到分离的物理类型的可能性上。直到今天，关于这些策略的有效性和心—脑类型同一性的真实性的争论仍在激烈地进行着。

（二）心身决定论和唯心主义的各种表现形态

唯心主义实际上可以看作是精神决定身体（心身决定论）的表现，只是表现形态迥然相异。换言之，精神决定物质、意识决定存在的唯心主义，不过是心身决定论的表现形式。

唯心主义认为，物理对象、属性、事件（无论被描述为物理的什么东西）都可以还原为心理对象、属性、事件。最终，只有精神对象存在。在唯心主义看来，物质世界就像梦一样。当你做了一个生动的梦，你会发现自己处在一个看起来由物质实体组成的梦境中。事实上，你梦想世界中的一切都是你梦想的创造。如果你梦到自己骑着自行车，那么你一定会觉得自行车是真的。而事实上，自行车并不是独立存在于你自己的心智之外的。当你醒来时，自行车就不存在了。唯心主义认为，我们生活于其中的整个"现实世界"从根本上来说都是一种精神创造，只有心智和心智的体验才真正的存在。

最著名的唯心主义者是18世纪的爱尔兰哲学家乔治·贝克莱。贝克莱认为物质实体的概念是不连贯的。作为论证的结果，他得出结论：只有心智及其内部状态或称"思想"才存在。他承认人的心智、神的心智或上帝的存在。根据贝克莱的观点，人类所有的观念都是由上帝产生的。感觉观念以连续一致的形式产生，这使它看起来像是一个物理的实在。但他坚持认为，这些感觉观念实际上只是精神的存在。我们经验的所有形状和颜色都只存在于我们的心智之中。贝克莱提出了一个富有哲理的观点："如果森林里有棵树倒了，但没有人在那里，它会发出声音吗？"他回答说，是的，因为无限的心智即上帝，会意识到树的存在和它的声音。

事实上，比贝克莱早200年的中国明代唯心主义哲学家、心学大师王阳明（1472—1529）早就提出了同样的理论。

阳明心学是一个完整的哲学思想体系，包括作为本体论的"心本论"；作为认识论的"格物论"；作为伦理学和实践观的"知行合一"。实质是恪守儒家伦理，成为圣人。王阳明晚年对心学思想做了一个总结，后人称为阳明先生"四句教"："无善无恶心之体，有善有恶意之动，知善知恶是良知，为善去恶是格物。"阳明先生自己曾说："此四句，中人上下无不接着。我年来立教亦更几番，今始立此四句。"① 阳明心学被划归唯心主义是一种简单划分，事实上，阳明心学是中国古代的认知科学。②

（三）心身平衡论与二元论

二元论是一种心身平衡理论，即承认精神和物质、思维和存在、心智和身体是两个独立的本原。二元论也有各种不同的表现形式。

二元论认为，精神和身体是不同类型的东西，其中，物质是一种可以独立存在的事物或实体，独立于其他类型的实体。在传统本体论中，物质是属性的最终承载者。它们可以由它们的本质属性来定义，这些属性，使它们成为这类事物。因此，心智的本质属性就是精神属性，无论它们是什么。例如，意识状态就是本质上可表征性的状态，无论精神如何被定义。身体或物质的本质属性就是物理或物质属性，无论它们是什么。例如，空间广延、质量、力，无论物理的或物质的属性如何被定义。

在西方哲学中，二元论的第一个主要支持者是柏拉图。柏拉图提出了一个理论，认为最基本的现实是形式或抽象类型，这个理论被称为柏拉图唯心主义（Platonic idealism）。但他也认为心智和身体是不同的。后来的柏拉图主义者，如希波的奥古斯丁，也采取了这一立场。

二元论最著名的拥护者是笛卡尔，他提出了一种二元论，后来被称为笛卡尔心身二元论（Mind and Body Dualism）或交互二元论（Interaction Dualism）。笛卡尔二元论认为心智和身体是两种完全不同的事物，

---

① 《王阳明全集》卷一，《语录一·传习录上》，上海古籍出版社 2011 年版，第 1 页。

② 蔡曙山：《阳明心学就是中国的认知科学》，《贵州社会科学》2021 年第 1 期。

但它们可以在大脑中相互作用。物理事件可以导致心理事件——例如，用锤子击打你的手的物理行为可以导致影响心智的神经过程，并产生疼痛的体验。相反，心理事件会导致生理事件——例如，心理决定说话会引发神经过程，使你的舌头运动。

二元论哲学承认心身二者皆存在。在笛卡尔的哲学中，身体在心理功能中扮演着重要的角色。这一点在他的激情理论中表现得最为明显，那就是"身体第一"理论。也就是说，身体机制决定了一个人在特定环境下所感受到的激情或情绪。这些身体机制指导着人们对环境的反应：逃离可怕的动物，拥抱友好的同伴。心智的作用是随后继续保持或改变身体最初的反应。

副现象学可以是二元论的另一种类型，因为副现象学认为心智和身体是两种根本不同的事物。这种物质的副现象主义与笛卡尔二元论一致，认为物理原因可以引起心理事件——用锤子击打你的手的物理行为会产生疼痛的心理体验。与笛卡尔的二元论不同，副现象主义认为，精神事件在任何情况下都不会产生物理效应。所以，如果我的手接触到火，物理上的热量会引起精神上的痛觉，我的手会立即缩回。这也许表明，疼痛的心理体验导致手向后缩回的物理事件。根据副现象说，这是一种幻觉——事实上，物理热通过神经过程直接引起手的缩回，这些同样的过程也引起疼痛的感觉。精神事件是由物理事件引起的，但它们本身不可能对物质产生任何影响。

平行主义，作为二元论的一种形式，认为心理和物理事件发生在不同的领域，构成了两种根本不同的事物，它们永远不会以任何方式相互作用。这一观点承认，物理事件似乎会导致心理影响（用锤子打你的手似乎会导致疼痛），而心理事件似乎会导致生理影响（决定说话似乎会导致你的舌头运动）。然而，平行论认为，精神世界和物质世界之间的这种对应关系只是一种相关性，而不是因果性的结果。锤子造成的神经过程形成一个闭合的环，导致你的手缩回去。一系列独立的心理事件平行进行；你看到锤子砸到你的手，然后你感到疼痛。这样看来，精神世界和物质世界是平行的，但又是分离的，从来没有直接的相互作用。

综上所述可以看出，人类三千年的哲学史认识史，无非身心关系和心身关系认知的历史。哲学关注人类主体与认识客体之间的关系，关注认识的可能性和方法，实际关注的是自身的命运，最深层的则是意识和心身关系问题。

二、当代科学与技术条件下的心身问题

在当代科学技术条件下，心身或身心问题仍然是最重要的科学问题和哲学问题。

（一）科学的身心问题

自古以来，人类关心自身的两大秘密：身体的秘密和心智的秘密，两者的关系形成了古代哲学和近代哲学中的身心问题或心身问题。20世纪中叶以来，由于科学技术的发展，使我们能够用科学技术的方法来窥探这两个秘密。

在21世纪，人类自诞生以来的两个最大的秘密要被揭开，美国制定了两大科学计划：人类基因组计划和人类认知组计划。

1. 人类基因组计划（Human Genome Project，HGP）

目标：破解人类生命的秘密。

方法：测定组成人类染色体中所包含的30亿个碱基对组成的核苷酸序列，从而绘制人类基因组图谱，并且辨识其载有的基因及其序列，达到破译人类遗传信息的最终目的。随着这个目标的达成，人类生命的秘密将被揭开。

历史：20世纪20年代，美国遗传学家摩尔根发现了染色体的遗传机制，提出基因位于染色体上，并由此建立了基因学说。1944年，埃弗里、麦克劳德和麦卡蒂发现DNA是携带遗传信息的分子，从而使人们认识到基因是由DNA上的碱基序列所编码的。1953年4月25日，克里克和沃森在《自然》杂志上公开了他们的DNA模型。两人将DNA的结构描述为双螺旋，在双螺旋的两部分之间，由四种化学物质组成的碱基对呈扁平环联结着。他们谦逊地暗示说，遗传物质可能就是通过它来复制的。这一设想的意味是令人震惊的：DNA恰恰就是传承

生命的遗传模板。

进展：1990年10月，国际人类基因组计划启动。1998年，一批科学家在美国罗克威尔组建塞莱拉遗传公司，与国际人类基因组计划展开竞争。同年12月，线虫基因组序列的测定工作宣告完成，这是科学家第一次绘出多细胞动物的基因组图谱。1999年12月1日，国际人类基因组计划联合研究小组宣布，完整破译出人体第22对染色体的遗传密码，这是人类首次成功地完成人体染色体完整基因序列的测定。2000年5月8日，美、德、日等国科学家宣布，已基本完成了人体第21对染色体的测序工作。2001年2月12日，中、美、日、德、法、英等国科学家和美国塞莱拉公司联合公布人类基因组图谱及初步分析结果。2006年，美国科学家文特（John Craig Venter）在他的实验室用化学元素合成第一个生命"辛西娅"（Synthia）。至此，生命的奥秘已被揭开。①

但是，基因的克隆并不能够复制出具有个体特征的生命。除了基因和身体的构造之外，还有由他的身体和经验共同决定的独特的认知方式。

人之所以成为人，与两个秘密相关：生命的奥秘和认知的奥秘。基因科学揭示了生命的秘密，我们还需要揭开另一个秘密，这就是人类认知的奥秘。

2. 人类认知组计划（Human Cognome Project，HCP）

目标：揭开心智的奥秘。

方法：通过多学科包括神经科学、心理学、人类学、计算机科学与人工智能、语言学和哲学的交叉研究，通过了解人脑的结构和功能，反过来了解人类大脑，以期完全理解人类心智和认知。

美国政治科学家霍恩（Robert Horn）因信息发展图和提出人类基因组计划而闻名于世，该计划致力于解释社会现象并将人类认知转换为计算。2002年，他向美国国家科学基金会提出该计划。

---

① 参见本书第250页注①。

2003 年，美国商业巨头、微软创始人之一艾伦（Paul Allen）投入 1 亿美元建立艾伦脑科学研究所，其目标是发现大脑如何工作。霍恩提出的人类认知组计划被给予最高的优先权，即通过多学科的共同努力，理解人类心智的结构、功能，并提高其潜能。① 《聚合四大科技 提高人类能力》一书提出对人类认知组计划给予特别优先的地位。该书"编辑提要"中说："最高优先权被给予'人类认知组计划'，即通过多学科的努力，去理解人类心智的结构、功能，并增进人类的心智。其他优先的领域还有：人性化的传感装置界面、通过人性化技术丰富交际、学习如何学习、改进认知工具以提高创造力。"② 第二部分"扩展人类认知和交际能力"对人类认知组计划做了更加详细的综述：③

> 与成功的人类基因组计划相比，现在是启动人类认知组计划来研究人类心智的结构和功能的时候了。对贯穿科学与工程技术的进展，没有任何计划比人类认知组计划更基本，也没有任何计划比人类认知组计划要求 NBIC 科学的更加完全的统一。人类认知组计划的成功将使人类比以往任何时候更加理解自身，从而提高人类在自己生活所有领域中的能力。

人类认知组计划将要揭示人类大脑的所有联结方式，与此同时，该计划还要扩展到比神经科学更加广阔的领域。考古学的记录说明，解剖学意义上的现代人早在最早的艺术样本出现之前就已经存在了，这一事实说明，人类心智不仅仅是脑进化的结果，它还要求文化与个性的实质

---

① Mihail C. Roco and William Sims Bainbridge (eds.) *Converging Technologies for Improving Human Performance*. Dordrecht/Boston/London, Kluwer Academic Publishers, 2002, p. xi.

② Mihail C. Roco and William Sims Bainbridge (eds.) *Converging Technologies for Improving Human Performance*. Dordrecht/Boston/London, Kluwer Academic Publishers, 2002, p. xi.

③ Mihail C. Roco and William Sims Bainbridge (eds.) *Converging Technologies for Improving Human Performance*. Dordrecht/Boston/London, Kluwer Academic Publishers, 2002, p. 98. 中译文见蔡曙山、王志栋、周允程等译：《聚合四大科技 提高人类能力》，清华大学出版社 2010 年版，第 118 页。

进化。人类认知组计划的核心是一个完整的新型的研究，除了基础的认知科学的进展，还要对文化和个性的本质做严肃的研究。

研究报告指出，人类认知组计划的研究结果将在人类致力的诸多领域引发根本的变革，包括教育、心理健康、交际以及由社会和行为科学所涵盖的大多数人类行为。对于将人类个性化人格特征的样式加载于计算机、机器人的长期可能性，从而扩展人类经验、行为和寿命的范围，人类认知和交际工作小组的一些参加者留下了深刻的印象。最低限度来说，更深入地理解人类心智会使工程师设计出这样一些技术，这些技术非常适合人类控制，并能够最有能力和效力完成理想目标。人类认知组计划的成功将会极大地促进本工作小组在其他四个相应领域取得成功。

现状：目前计划尚在执行中，认知科学的建立及蓬勃发展是其标志性的成果，但人类认知组计划的目标远未完成。

人类认知组计划远比人类基因组计划要艰难得多。人类心智的秘密是"上帝最后的秘密"，因为这个秘密一旦揭开，人类再也没有任何秘密可言。到那时，人类自诞生以来感到困惑难解而不得不交给"上帝"的心身之谜将彻底解开。①

（二）**哲学的心身问题**

在当代科学与技术条件下，人心能否被识别以及如何识别？正如很多科学问题都肇始于哲学问题，这个问题也是从哲学开始，这就是著名的"意识问题""心身问题"以及"他人之心"问题。

著名心智哲学家塞尔在《心智：一个简明的导论》一书中，详尽而透彻地讨论了心身问题。塞尔认为，哲学上传统的术语和假设无助于理解"心身问题"，这四个假设和相关的术语是：

假设一：区分"精神的"和"物质的"。这一假设认为，"精神的"和"物质的"是两个互相排斥的本体论范畴。如果是物质上的东西，它就不可能是精神上的东西。精神作为精神上的东西，排除了物质

---

① 蔡曙山：《认知科学：世界的和中国的》，《学术界》2007年第4期。

作为物质上的东西。

假设二:"还原"的概念。这一假设认为一种现象可以清晰而无歧义地还原为另一种现象。例如,物质对象可以被还原为分子,因为物体不过就是分子的集合体。类似地,如果意识可以被还原为脑过程,那么意识就不过是脑过程,而不是任何其他东西。

假设三:因果关系和事件。这几乎是一个普遍的假设:因果关系是在时间上先后相继的两个分离事件之间的经常性的联系。原因总是先于结果。作为原因的事件总是出现在作为结果的事件之前。因果关系的特例必然是普遍因果律的例证。

假设四:同一性的透明度。与还原概念一样,同一性的假设也是确定无疑的。每一事物都与他自身同一,但不与其他事物同一。同一性的范例是对象同一性和合成物的同一性。例如,昏星与晨星是同一的,这是对象同一性的例子。水与 H_2O 分子是同一的,这是合成物同一性的例子。

塞尔以口渴的意识引起喝水的行为,说明因果关系是一种精神现象的关系。所以,口渴和喝水并不需要唯物主义和二元论的解释。他说:"我称我的观点是'生物自然主义',因为它为传统的心身问题提供了自然主义的解决方案,就是强调精神状态的生物学特征,而避免唯物主义和二元论。"[1] 接着,塞尔对上述四个关于心身问题的假说和术语进行了逐一分析。例如,对于第一个假设,即"精神的"和"物质的"假设,塞尔认为,按照传统的哲学术语,"精神的"被定义为定性的、主体的、第一人称的等等,因而是非物质的;"物质的"被定义为定量的、客体的、第三人称的等等,因而是物质的。塞尔认为,为了保持理论的一致性,必须把"精神的"和"物质的"假设扩展到哲学范畴的一切方面,如表 15-1。

---

[1] Searle, John R., *Mind: A brief Introduction*, Oxford University Press; 1 edition, p. 112.

表 15-1 "精神的"和"物质的"范畴对照表

精神的	物质的
主体	客体
定性的	定量的
有意的	无意的
非空间延展的	空间延展的
微观物理学因果不可解释的	微观物理学因果可解释的
在物质层面上无因果行为能力的	系统的因果行为是因果封闭的

塞尔分析说，事实上，这种一致性是很难保持的。例如，并没有形而上学的证据说明你不能测量痛苦或意识知觉的量化程度。最后他得出结论说："一旦你修正传统的范畴去适应事实，那么作为精神对象的精神就是作为物质对象的物质，这种认识是毫无疑问的。"[1]

由此可见，"精神的"和"物质的"假设并不是哲学的基本问题，心身问题才是哲学的基本问题。

（三）自我意识与他人之心

意识（consciousness）、自我意识（self-consciousness）与他人之心（other minds）是当代心智哲学和认知科学中最棘手，也是最重要的三个基本问题。

1. 意识

意识的问题可以说是当前心智理论的核心问题。尽管缺乏对意识理论的任何共识，但有一个广泛的认知，即需要一个明确的理解它和它在自然中的位置。

意识问题和人类历史一样古老。自从人类出现以来，人们就一直在问关于意识本质的问题。新石器时代的丧葬习俗似乎表达了精神信仰，并为至少最低限度地反思人类意识的本质提供了早期证据（皮尔森1999，克拉克和里尔-萨尔瓦托 2001）。同样地，无文字之前的文化无

---

[1] Searle, John R., *Mind: A brief Introduction*, Oxford University Press; 1 edition, p. 116.

一例外地接受某种形式的精神或至少是万物有灵论的观点，这种观点表明了对意识本质的某种程度的反思。

尽管如此，一些人认为，我们今天所知道的意识是一个相对较近的历史发展，出现在荷马时代之后的某个时候（Jaynes，1974）。根据这一观点，早期的人类并没有体验到自己作为思想和行为的统一内在主体。还有人声称，即使在古典时期，古希腊也没有一个词与"意识"相对应（Wilkes，1984，1988，1995）。虽然古人对于精神的东西说了许多，但是对于我们现在所认为的意识，他们的概念并不那么清楚。

到17世纪早期，意识已经成为精神和心灵问题的中心。事实上，从17世纪中期到19世纪晚期，意识被广泛认为是精神的本质或决定性因素。笛卡尔用反身意识或自我意识来定义思想的概念。在《哲学原理》（Descartes，1640）一书中他写道："通过'思想'一词，我理解了我们所意识到的发生在我们身上的一切。"17世纪末，英国哲学家约翰·洛克（John Locke）在一篇关于人类理解的文章中提出了一个类似的观点，但洛克明确地放弃了关于意识的实质性基础及其与物质的关系的任何假设，虽然他明确地认为它对于思想以及个人身份都是必不可少的（Locke，1688）。与洛克同时代的莱布尼茨（G. W. Leibniz）在《形而上学论》（Leibniz，1686）中提出了一种心智理论，允许无限多的意识程度，甚至可能允许一些无意识的思想。莱布尼茨是第一个明确区分知觉和统觉的人，大致说来就是区分的意识和自我的意识。18世纪后期的休谟（David Hume，1739）和19世纪的詹姆斯·穆勒（James Mill，1829）所追求的联想主义心理学，其目的都是为了发现有意识的思想或观念相互作用或相互影响的原则。约翰·斯图亚特·穆勒（John Stuart Mill）继承了他父亲在联想主义心理学方面的研究，但他认为，思想的组合可能产生超出其组成心理部分的结果，从而提供了精神涌现的早期模型（Mill，1865）。纯粹联想主义方法在18世纪晚期被伊曼努尔·康德（Immanuel Kant）所批判（Kant，1787），他认为对经验和现象意识的充分描述需要一个更丰富的精神和意向性组织结构。根据康德的观点，现象意识不可能仅仅是一系列相关联的思想，而至少应该是一个意识自我的经验，它位于一个客观世界中，这个客观世界是由空间、时间和因果关系构成的。在英美联想论者的方法直到 20 世纪在哲学和心理学中仍然具有影响力。而在德国和欧洲，人们更大的兴趣在于更大的经验结构，这导致现象学的建立和发展，其中包括埃德蒙德·胡塞尔（Edmund Husserl，1913，1929）、马丁·海德格尔（Martin Heidegger，1927）、莫里斯·梅洛-庞蒂（Maurice Merleau-Ponty，1945）和其他那些将意识研究扩展到社会，身体和人际关系领域的研究。19 世纪中叶，在现代科学心理学发展之初，心智在很大程度上仍然等同于意识，而内省方法在这一领域占据了主导地位，威廉·冯特（Wilhelm Wundt，1897）、赫尔曼·冯·赫姆霍尔兹（Hermann von Helmholtz，1897）、威廉·詹姆斯（William James，1890）和阿尔弗雷德·铁钦纳（Alfred Titchener，1901）的工作均是如此。然而，意识和大脑之间的关系仍然是一个谜，正如赫胥黎（T. H. Huxley）所说："任何如此非凡的意识状态都是由刺激神经组织产生的，这和阿拉丁擦灯时精灵的出现一样令人费解。"（Huxley，1866）

20 世纪早期，特别是在美国，随着华生（J. Watson）和斯金纳（B. F. Skinner）所代表的行为主义的兴起（Watson，1924；Skinner，1953），意识问题从科学心理学中逐渐消失。而在欧洲，以科勒（W. Köhler）和考夫卡（K. Köffka）为代表的格式塔心理学仍然持续关注意识的科学问题（Köhler，1929；Köffka，1935）。20 世纪 60 年代，随着认知心理学的兴起及其对信息处理和内部心理过程建模的强调，行为主义的影响力减弱（Neisser，1965；Gardiner，1985）。然而，尽管重新强调了对诸如记忆、感知和语言理解等认知能力的解释，意识在接下来的几十年里仍然是一个很大程度上被忽视的话题。

20 世纪 80 年代和 90 年代，对意识的本质和基础的科学和哲学研究有了重大的复兴（Baars，1988；Dennett，1991；Penrose，1989，1994；Crick，1994；Lycan，1987，1996；Chalmers，1996）。意识一旦重新回归到讨论之中，便带来研究工作的快速增长，也带来大量的书籍出版和文章的发表，以及专业期刊如《意识的研究期刊》(*The Journal of Consciousness Studies*)、《意识和认知》(*Consciousness and Cognition*)、《心理分析》(*Psyche*)、专业协会（意识科学研究协会）(Association for the Scientific Study of Consciousness—ASSC) 和专门的意识研究年度会议"意识研究年会"(Annual Conferences of the Science of Consciousness) 的出现。

2. 自我意识

自我意识是人与动物区别的重要标准之一。非人类动物中，只有黑猩猩能够通过自我意识测试。

对自我意识的关注和意识问题一样古老。古希腊神话中，就有关于自我意识的记载。古希腊哲学家也非常关注自我意识。例如，亚里士多德认为，一个人在感知任何事物的同时，也必须感知自己的存在，这一观点暗示了意识包括自我意识的观点。① 此外，根据亚里士多德，自从智力采取思想的形式，"它就是可思考的，只要思考的对象存在。"② 亚里士多德的中世纪的解释者解释道，亚里士多德的自我意识依赖于对精神之外的事物的意识（Cory, 2014; Owens, 1988）。

现代哲学对自我意识的讨论见于笛卡尔的《沉思录》的第二断言："我在，这必然是真的，不论这是我提出的，或是在我心智中确认的。"③ 在《演讲集》和《哲学原理》中，他提出"我思，故我在"的著名论断。④ 奥古斯丁（Augustine）在《三位一体》中认为笛卡尔的论断体现了自我意识的两个要素：一个是我在思考的意识，另一个是我存在的意识。这两个要素在笛卡尔的认识论中起着基础性

---

① Aristotle, *De Anima* (*On the Soul*), 7.448a, translated by Hugh Lawson-Tancreed, London: Penguin, 1986.

② 3.4.430.

③ Descartes, René, 1641: 80, *Meditations on First Philosophy*, translated in Descartes 1998: 73-159.

④ Descartes, René, 1637: 36, *Discourse on the Method of Rightly Conducting One's Reason and Seeking the Truth in the Sciences*, translated in Descartes 1998: 20-56. ——1644: 162, Principles of Philosophy, translated in Descartes 1998: 160-212.

的作用。① 因此,笛卡尔的断定"我思故我在"对我们而言是绝对确定的。

洛克(John Locke)是一位接受"我在思考"的哲学家。他声称我们对自己的存在有一种直观的知识,对自己的存在有一种内在的万无一失的感知。在每一个感觉、推理或思维的行为中,我们对自己的存在都是有意识的。②

康德关于自我意识及其与客观思维能力之间关系的论述,为后康德哲学的大发展奠定了基础。叔本华与康德的观点一致,但他认为"主体应该成为自身的客体,这是人们所能想到的最荒谬的矛盾。"③ 费希特是后康德主义传统中对自我意识影响最大的人物。费希特认为,笛卡尔、洛克甚至康德对自我意识的论述都是"反思性的",认为自我不是主体,而是客体。但费希特认为,这种自我意识的反思形式,是以一种更原始的形式为前提的,因为反思的自我必须意识到,反思的自我实际上就是它自己。因此,根据费希特的观点,我们必须对自己有一个直接的认识,即"自我存在着,并且仅仅凭借存在而假定自己存在。"④

到20世纪初期,弗雷格提出了一种形式的自我认识,声称"每个人都以一种特殊而原始的方式呈现给自己。"⑤ 类似地,罗素早期倾向于"我们熟悉我们自己"这样一种观点,他把思想的自指和自我否定应用到语言表达式上,创立了"罗素悖论",引发了"第三次数学危机"。解决这一危机的努力导致数学逻辑的建立和哥德尔定理的证明

---

① Augustine, *On the Trinity*: Books 8-15, edited by Gareth B. Matthews, translated by Stephen McKenna, Cambridge: Cambridge University Press, 2002.

② Locke, John, 1700: IV. ix. 3, *An Essay Concerning Human Understanding*, 4th Edition, edited by Peter H. Nidditch. Oxford: Clarendon Press, 1975.

③ Janaway, C., *Self and World in Schopenhauer's Philosophy*, Oxford: Clarendon Press, 1989, p.120.

④ Fichte, J. G., 1794-1795: 97, *Science of Knowledge*, 2nd edition, edited and translated by Peter Heath and John Lachs, Cambridge: Cambridge University Press, 1982.

⑤ Frege, G., 1918-1919: 333, *Thought*, translated by Peter Geach and R. H. Stoothoff, in Michael Beaney (ed.), *The Frege Reader*, Oxford: Blackwell, pp.325-345.

（Gödel，1931），形式化方法成为20世纪席卷西方科学、哲学和思想界的潮流，形式化、数字化、虚拟化成为20世纪人类最重要的思想遗产和人类进入21世纪的钥匙。[①] 关于自我意识的性质的问题及争论，一直活跃于整个20世纪。

我们可以从思想上、经验上、条件上以及儿童和非人类动物的意识上来研究自我意识。下面我们简要介绍两个著名的自我意识实验。

(1) 自我意识镜像实验

美国生物心理学家和演化心理学家盖洛普和同事们宣称，在镜子中认出自己的能力是自我意识的一个标志。[②] 盖洛普设计了一个镜子自我识别的测试：在面对镜子之前，偷偷地在受试者的前额上标出一个红色标记，然后观察受试者在照镜子时是否会触摸这个红点（Gallup，1970）。与实验假设一样，黑猩猩通过了镜像测试，而其他灵长类动物却失败了（Anderson & Gallup，2011）。也有人声称海豚和一些大象通过了测试（Reiss & Marino 2001；Plotnik et. al.，2006）。对于人类婴儿所做的实验，一致的结果是，镜像测试取得成功在婴儿15到18个月的时候，24个月的时候大多数都通过了这一实验（Amsterdam，1972；Lewis & Brooks-Gunn，1979；Nielsen，Suddendorf，& Slaughter，2006）。

(2) 元认知实验

"元认知"（metacognition）一词通常指的是监控和控制自己认知状态的能力，它表现在一个人对自己学习的判断（或感觉）及其后的确定或自信程度上（Beran et al.，2012；Proust 2013；Fleming & Frith 2014）。这表明，如果一个生物能够监控自己的自信程度，那么他们在一定程度上就有自我意识。测试元认知能力的一个常见范例涉及向受试

---

① 参见蔡曙山：《论形式化》，《哲学研究》2007年第7期；《论数字化》，《中国社会科学》2001年第4期；《论虚拟化》，《浙江社会科学》2006年第5期。

② Gallup, Gordon G., 1970, Chimpanzees: Self-Recognition, *Science*, 167 (3914): 86-87. Gallup, Gordon G., James R. Anderson, and Steven M. Platek, 2011, Self-Recognition, in Gallagher 2011: 80 – 110. Gallup, Gordon G., Steven M. Platek, and Kristina N. Spaulding, 2014, The Nature of Visual Self-Recognition Revisited, *Trends in Cognitive Sciences*, 18 (2): 57-58.

者提供刺激，他们必须以两种方式中的一种进行分类。重要的是，受试者也可以选择退出测试。正确的分类会得到最高的奖励，退出测试会得到较低的奖励，而错误的分类则不会得到奖励。这个假设是，选择退出测试反映了对不确定性的元认知判断。从这种范式中收集的证据已经被用来证明某些鸟类（Fujita et. al. 2012）、海豚（Smith et. al. 1995）、灵长类动物（Shields et. al. 1997）和4岁左右的儿童（Sodian et. al. 2012）的元认知能力。然而，选择不参加自我意识归因测试的意义和解释仍然存在争议。

3. 他人之心

他人之心（other minds）是哲学上的另一个重要而又棘手的问题。他人之心的"心"是指人类心智，因此，他人之心的问题又是一个重要而严肃的认知科学问题。

问题起源于20世纪中叶，人们对他人之心有很多讨论。哲学家们常常把他人之心当作认识论的问题来讨论。我如何知道存在其他有思想、感情和其他精神属性的存在？或者我能证明这种信念吗？对这个问题的一个标准回答是诉诸类比，另一个是诉诸最佳解释，还有一个不太靠谱的方法是诉诸标准。

（1）类比论证

中国人常说，将心比心。我为何能够知道他人之心，关键就是将心比心。这里使用的是类比推理。既然我与他人是一样的，那么，他也会有与我同样的想法。

从穆勒的著作中可以找到类比论证的表述。穆勒写道："首先，他们有像我一样的身体，我知道在我的情况下，这是情感的前提条件；其次，因为他们所表现的行为和外在的迹象，就我个人而言，我凭经验知道是由感情引起的。"[①]

这种推理就是传统的类比论证。类比推理引用两个事物之间的相似

[①] Mill, John Stuart, 1865/1872: 243, *An Examination of Sir William Hamilton's Philosophy*, fourth edition, London: Longman, Green, Reader and Dyer. First edition, 1865.

性，并以此作为结论的支持，即进一步的相似性可能被认为是存在的。在面对不确定性时，类比推理被用来扩展知识。①

这一观点一度很流行，但它很快被认为是不适合的目的。首先，有人指出，虽然这种方法在某些领域可能有效，但在认识他人之心的情况下，结论在逻辑上是不可检验的（Locke，1968）。其次，人们认为这种扩展知识的方式源于单一案例是有问题的（Locke，1968）。再次，有人声称这个论证的第一个前提——在我自己的例子中，我是知道的——是有问题的（Malcolm，1958）。

人们作出各种努力来挽救这一论证。针对上述第一种考虑，有人指出，当我们把知识从现在扩展到过去时，我们成功地运用了类比法。然而，希斯洛普和杰克逊提醒我们，在他人之心的例子中，类比论证不可能验证事实，其结论也不可能得到检验。在这里，为类比推理辩护的理由毋宁是指出：即使论证正确，它也不是"明显相关"的。他们还指出，类比推理的结论不能被证实的事实可能被它也不能被反驳的事实所"中和"（Hyslop and Jackson，1972：169-170）。

希斯洛普和杰克逊还提出了另一种方法来替代上述第二种考虑的类比论证的标准辩护。他们认为，只要一个人能够在精神状态和行为之间建立起联系，就没有必要求助于多个案例。希斯洛普提醒说，我们不应该诉诸无效的原则从结果去找原因，而应该诉诸有效的原则从原因推出结果。一个有效的原则就是：类似的原因会产生类似的结果。所以，如果我观察自身使我得出假设：我的精神状态是由我的生理状态引起的，那么，我就可以推论：其他人类似的生理状态也会引起类似的精神状态。在这里实际上诉诸了自然齐一性原理（the principle of the Uniformity of Nature）（Hyslop，1995）。

第三个反对类比论证的论据需要仔细考虑。一些人认为，相信一个人可以了解他人之心，这是一个无可救药的问题。对此的反驳可以引用

---

① Bartha, Paul, 2016, Analogy and Analogical Reasoning, *The Stanford Encyclopedia of Philosophy*, (Winter 2016 Edition), Edward N. Zalta (ed.), URL = < https://plato.stanford.edu/archives/win2016/entries/reasoning-analogy/>.

维特根斯坦的一句名言:"在我看来是对的事就是对的。——这句话仅仅意味着在这里我们可以谈论'对的'这个语词。"(Wittgenstein, 1953: §258)。如果我们不能理解他人之心,这将不可避免地导致唯我论(solipsism),即认为我是这个世界上唯一的认知主体。显然这是荒谬的。所以,他人之心是可以认识的。应该注意到唯我论有两种:认识论的唯我论和概念论的唯我论(epistemological and conceptual)。认识论的唯我论是:我能了解的唯一的心智是我自己的心智(the only mind I can know is my own);概念论的唯我论是:我能思考的唯一的心智是我自己的心智(the only mind I can think about is my own)。但是,讨论概念论的唯我论与他人之心的关系会把我们引向与我们用认识论的唯我论来处理这个问题的不同方向。

(2)最佳解释

最佳解释论证被认为是类比论证的一种进步。虽然希斯洛普坚称,对我相信他人之心的任何理由都必须以我自身为参照,人们却认为,我们不需要依赖这种参照,这一点使得最佳解释的论证更适合于作为我们对他人之心信念的证据。大卫·查默斯(David Chalmers)写道:"似乎这个来自最佳解释的论证是解决他人之心问题的最佳方法。"(Chalmers, 1996: 246)

类比论证曾经一度是科研中流行的方法。例如,人们发现的太阳上氦的特征光谱类似于地球上氦的特征光谱。近代科学倾向于根据一致性原则理性地相信这种假设:在一个给定的时间,对一个特别的现象给出最好的解释。这种论证有时被称为溯因,它与演绎和枚举归纳一起作为另一种形式的推理。一般而言,我们有四种不同的推理:演绎推理、归纳推理、类比推理和溯因推理。四种推理之中,只有演绎推理的结论与前提之间的联系是必然的,其他三种推理的结论与前提之间的联系是或然的。然而,正是这三种或然性的推理,是科学发现的逻辑模型。[①]从最佳解释的理论看,归纳推理为简单枚举的有限数据到一般性的结论

---

① 蔡曙山:《科学发现的心理逻辑模型》,《科学通报》2013年第58卷第34期。

提供了最佳解释；类比推理为个体间相同属性的有限数据到新属性相同的结论提供了最佳解释。溯因推理则为因果关系和作为结果的观察现象到可能原因的猜测提供了最佳解释。因此，这三种或然性的推理可以为他人之心的理解提供逻辑推理和论证工具。

（3）标准问题

另一种观点认为，心灵是行为背后的原因，行为是心智的标准。前一种关于心智与行为的观念与下列观念有关：一是我的精神是属于我私人的；二是就我自己的精神状态而言，我既无懈可击，又积习难改；三是我可以知道自己的精神状态，但无需观察我的身体。这种心智概念导致了传统的他人之心的认识论问题。对于这个问题，标准的回答是——通过类比和最佳解释——将他人之心的知识和科学解释进行比照。

包括维特根斯坦在内，哲学家们都试图建立一个关于精神和行为之间关系的标准，例如，逻辑蕴涵、归纳推理、类比推理和溯因推理都曾被当作这种标准。有些人在这里看到了一种标准关系和对他人之心感性知识的可能性之间的联系（McDowell，1982，Hacker，1997）。另一些人试图将标准看作不过是一种行为主义。他们对维特根斯坦论点的总结如下：我们可以决定一个应用于 X 存在的谓词 Y，那么，或者 X 是 Y 的标准，或者 X 与 Y 是有关联的。因此，他们声称，在某种情况下对一个谓词的应用的论证的概率，依赖于对"一个解释系统整体的简单性、合理性和预测的适当性"的诉求（Chihara and Fodor，1965：411）。他们指出，科学家在探测那些不能直接观测到的粒子时，就会使用这种解释方法。他们同意维特根斯坦派的观点，即认为孩子不是通过内省来了解心理状态，而是在学习语言的过程中来了解复杂的心理状态和行为之间的关系，但他们指出，部分孩子的学习是通过自身的想法和感受来解释他人的行为，说明这可能是外显的培训或天生的能力的结果。

三、从心智五层级认知自我与他人

根据人类认知五层级理论，使用神经认知的分析方法、心理认知的分析方法、语言认知的分析方法、思维认知的分析方法以及文化认知的分析方法，我们可以窥探人类心智的奥秘。

（一）神经认知的分析方法

使用神经科学的方法，测量各种生理数据，从各种生理指标探测心智的奥秘，这是历史悠久的身—心关系的现代科学技术探测研究方法。

根据身心原理从一个人的生理行为数据来分析他的心智状态的科学仪器，在近代越来越普遍使用和存在重大争议的，就是测谎仪。

测谎仪，准确汉译是多道生理心理描记器或多道心理生物记录仪。这是一项犯罪心理测试技术，它检测的实质是嫌疑人有无与案件相关的犯罪心理痕迹。第一个尝试利用科学仪器"测谎"的人是意大利犯罪学家和刑事学家西萨重·隆布索（Ceu are Lombroso）。1895年，他研制出一种"水力脉搏记录仪"，通过记录脉搏和血压的变化判断嫌疑人是否与此案有关，并且成功侦破了几起案件。此后，经历了第二代的测谎仪"里德多谱描记仪"和第三代测谎仪也就是电子多谱记录仪。70年代，美国弗吉尼亚州的德克特反计谋安全公司（Dektor Counter-intelligence and Security Corporotion）设计了一种能进行次声波分析的全新型第四代测谎仪。在实践中，用得较多的是多谱记录仪。测谎技术作为一项通用科技已被世界上许多个国家广泛应用于国防、司法、保险、商贸乃至企业招聘雇员等各个领域。在美国，测谎技术首先在警察机关、保安部门、私人侦探所得到广泛使用，后来逐步扩展到对联邦政府雇员和军队内部人员定期进行测谎，70年代更加社会化，机关、企业招收雇员、定期考核雇员运用它，侦破内盗案件也用它。社会上还成立了专业的测谎公司、测谎事务所。美国政府一直用测谎器进行测验，而现在用得越来越多了。

事件相关电位ERP（Event-Related Potentials）是一种脑电设备，它是时间敏感的，可以精确到毫秒。它通过测量被试在执行加工任务时是否出现某种典型的波形，来判断被试当时的心智状态。例如，P300和N400刺激材料出现300毫秒后出现的一个正波和400毫秒后出现的一个负波，这两种波分别是句法（语形）失匹配时出现的典型波形。这样我们可以根据研究工作的需要设计出适合的实验任务，并测量被试在执行这项加工任务时是否出现 P300 和 N400。来看下面的例子。

（1）用于测谎的 P300。研究者将 P300 应用于认知障碍的病人的论断，如脑血管病和痴呆；弱智儿童；精神病（包括精神分裂症和情感性精神病，情感性精神病又包括抑郁症和躁狂症等）。ERP 的共同特点是随 P300 的时限延长，波幅会有不同程度的减低。除应用于临床，在提高功效、智力开发方面，P300 也有很好的应用。研究者还将 P300 应用于测谎。相对于传统测谎以神经变化为指标，间接判断心理活动，P300 则不然。研究结果发现，它是以波幅和波面积作为指标，选用不同内容（人物或环境）的照片作有关刺激和无关刺激组成序列。人对熟知的人或环境所记录的电位波幅必然要高，面积也相应要增大，而对不熟的人或环境所记录的电位波幅必然要低，面积也较小。加工任务以被试用"是"或"否"回答问题，根据被试的答案正确率和波幅及波面积，判定其是否在撒谎，从而获得了较高的准确度。①

（2）伪成语引发的 N400。伪成语是指通过修改汉语成语的某些字而得到的用语，如："好色之涂"（涂料广告用语）、"晋善晋美"（山西省广告宣传用语）等。研究者收集的伪成语已达数千个之多，可见这种语言现象已经非常普遍。谢晓燕研究发现，伪成语的使用引起语义失匹配，引发 N400，造成语义加工困难，从而引起主体注意，达到加强的语言加工和宣传效果（谢晓燕，2018）。但是，伪成语的大量使用，破坏了汉语的严肃性，这种为一己之私而不惜破坏民族语言严肃性和继承性的做法，不仅不能提倡，而且应当明确制止。白晨和谢晓燕的研究还发现，成语与词组在认知过程中存在着显著的差异；成语的构建度不影响成语意义的提取；词组的构建度显著影响了词组的认知加工。与汉语成语的认知过程比较，词组意义的加工激发

---

① 林大正、滕春芳：《事件相关电位（ERP）》，《承德医学院学报》2005 年第 1 期。

了强烈的 N400 效应。这表明词组的意义提取过程更依赖于对词组构成单元意义的分析和整合。词组激发出的显著 N400 效应说明，与成语意义的加工比较，认知系统在对词组意义的检索过程中消耗了更多的认知资源。特别是在对比高构建度词组与低构建度词组中，由成语改写而成的低构建度词组（如：杞人担心）激发了更显著的 N400 效应。这表明，虽然两类词组都是符合句法和意义规则的词组，但是由于低构建度词组中的部分单元与成语类似，认知系统在词组字面意义的整合之后还在试图检索该词组的引申比喻意义。比喻意义的检索失败导致了低构建度词组认知加工的负荷增大，从而在脑电位上表现出更强的 N400 效应。

（二）心理认知的分析方法

使用心理分析的方法，观察和控制人的行为，从行为来分析人的心理，这是行为心理学的基本方法。认知心理学，则主要从高阶认知的部分即从语言、思维和文化方向来分析人的心理。

行为主义的心理分析，最早的例子应该说是中国古代哲学家庄子。据《庄子·秋水》篇记载，庄子与惠子曾游于濠梁之上。两人有以下对话：

庄子：儵鱼出游从容，是鱼之乐也。

惠子：子非鱼，安知鱼之乐？

庄子：子非吾，安知吾不知鱼之乐？

惠子：吾非子，固不知子矣；子固非鱼也，子之不知鱼之乐，全矣。

庄子：请循其本。子曰"汝安知鱼之乐"云者，既已知吾知之而问吾，吾知之濠上也。

这个故事所表述的科学（不错，是科学，而且是认知科学）原理非常清晰：第一，鱼是知道快乐和痛苦的，也就是有心理认知的。从当代认知科学的原理看，鱼类已经进化出大脑，因此，鱼有神经和心理两个层级的认知。这个道理庄子已经明了。第二，鱼的心理包括快乐和痛苦，是可以从它的行为来观察的。庄子从儵鱼跃出水面，知道鱼这时是快乐的。动物的行为反映出它的心理，这个道理西方行为主义心理学家直到20世纪才讲清楚了。第三，他人之心是否可知的问题，这里讲得清清楚楚，这又有三层意思。其一，人可以知道其他动物的心理，用的是行为观察法。庄子从鱼跃出水面，知道鱼非常快乐。其二，人可以知道他人之心，用的是语言和逻辑分析法。庄子回答惠子的提问"子非鱼，安知鱼之乐？"采用了反问"子非吾，安知吾不知鱼之乐？"诘问非常有力。这个反问使用了类比推理。如前分析，他人之心可知，其依据就是类比推理，所谓"推己及人"，甚至"推己及物（包括动物）"，这个道理我们的先贤庄子就已经懂得，真是了不起！其三，庄子的最后一句话最为精彩。首先要注意，在这段不平凡的对话中，庄子是"他人之心可知论"者，惠子却是"他人之心不可知论"者，然后我们看到，庄子从他人（惠子）之心反推出他人（惠子）亦知他人（庄子）之心，从而论证他人之心可知（"既已知吾知之"），最后得出非常强悍的结论：不仅我（庄子）是他人之心可知论者，你（惠子）也是他人之心可知论者啊！

这个故事，使用了非常强悍的语言分析方法和非常强悍的逻辑论证方式，得出了非常强悍的他人之心可知的结论。这个20世纪西方哲学家、心理学家和认知科学家才意识到并展开讨论的深刻的哲学、心理学和认知科学问题——他人之心问题——竟然在两千多年前由中国古代思想家、哲学家、文学家庄子以如此简明而清晰的方式进行了如此深刻的讨论。我们为自己民族丰富灿烂的思想文化遗产感到自豪。

（三）语言认知的分析方法

中国古代圣贤说："言为心声。"到20世纪中期，西方学者奥斯汀和塞尔建立了言语行为理论。塞尔认为，人的一切行为都是言语行为。人用语言来做一切事情，包括建构整个人类社会。[1] 乔姆斯基则说：

---

[1] Searle, John R., *Speech Acts: An Essay in the Philosophy of Language*, Cambridge University Press, 1969. Searle, John R., *The Construction of Social Reality*, Free Press, 1997.

"语言是心智（mind）的窗户。"① 因此，从语言能够窥探心智的奥秘。——这是认知科学和认知心理学与过去的行为主义心理学和语言学的本质区别：人的心理行为是由语言来表达的。

——如何从语言窥探他人之心？

20世纪语言学的发展为我们提供了三种理论：语形学、语义学和语用学。认知科学建立以后，发现人的大脑里有三种对应的加工方式：语形加工、语义加工和语用加工。这就为我们窥探他人之心提供了有效的语言分析方法。

1. 语形加工和语形分析

语形加工是语言表达式的空间排列的加工方式，对应的语言理论是语形学。语形加工包括词法加工和句法加工，前者指将初始符号（initial symbol）加工为语词（word），后者指将语词加工为语句（sentence）。语形加工研究语言符号的空间排列关系，它只对一个世界即语言符号世界进行操作。例如："about"由5个英文字母排列而成，是有意义的符号串即语词。还是这5个字母，如果排列的空间顺序错误，就不是有意义的符号串，即不是语词。汉语也是一样。例如："語"这个字（汉字单独成词）由"言"和"吾"两部分拼成，形声字。《说文》："語，論也。從言，吾聲，魚舉切。"还是这两个偏旁部首，如果空间顺序排列错误，也不是有意义的符号串，即不是汉语语词。以上就是一个语言的词法。怎么知道一个符号串是否语词？——查词典。因为自然语言的词法规则就是词典。形式语言的词法规则不同，它是先有规则，再由规则生成有意义的符号串。

句法加工理论由美国语言学家乔姆斯基创立，限于篇幅，这里不展开论述，有兴趣的读者可以参阅《自然语言形式理论研究》第三章"乔姆斯基的生成语法"。②

---

① Ungerer, F. and H. J. Schmid. 1996. *An Introduction to Cognitive Linguistics*, Preface by Chomsky，外语教学与研究出版社2001年版。

② 蔡曙山、邹崇理：《自然语言形式理论研究》，人民出版社2010年版。

2. 语义加工和语义分析

语义加工是语言表达式的指称和意义的加工方式，对应的语言理论是语义学。语义加工对语言符号世界和现实世界（为保持一致性，扩充为可能世界）两个世界进行操作，方法是将语言符号映射（mapping）到现实世界和可能世界之中，从而建立语言符号的指称和意义。语词映射到现实世界或可能世界的个体之上，从而建立语词的意义。例如："北京"映射到现实世界中的中华人民共和国首都之上；"鲁迅"映射到现实世界中周树人这个人物之上；"人"映射到现实世界中有语言能思维的这类动物之上；"红的"映射到现实世界中光谱在某个范围内的一类事物之上；"孙悟空"映射到某个可能世界（吴承恩的《西游记》世界）中猴王齐天大圣之上。小学阶段的识字就是在学生的语言心智上建立这种映射关系，从而建立语词的意义。句法加工排列好的语句则通过映射到现实世界或可能世界的事件之上来建立语义。如果一个语句指称的事件存在，这个语句就是真的，否则就是假的。例如："北京是中华人民共和国首都"是真的，因为这个事件在现实世界中存在；"孙悟空一个筋斗十万八千里"也是真的，因为这个事件在吴承恩的世界里存在；"林黛玉不爱贾宝玉"是假的，因为这个事件无论是在现实世界还是曹雪芹的世界里都不存在。

3. 语用加工和语用分析

以上语形加工和语义加工都不涉及人的因素，语用加工却要涉及语言符号的使用者，涉及人的因素。语用加工是语言符号和使用者关系的加工方式，对应的语言理论是语用学。语用加工将说话人、听话人、时间、地点、语境纳入语言表达式的意义加工范围。例如："我是教师"这句话会因说话人的身份不同而具有真假不同的意义；"你是学生"这句话的真假和听话人的身份相关；"现在是上午8时"的真假与话语说出的时间相关；"现在室外温度是零下10度"的真假与话语说出的地点相关等等。如此看来，只有语用加工和语用学层次上的意义才是语言的完整意义。

汉语是典型的语用语言，汉语的意义与语境密切相关。限于篇幅，我们在此不展开论述。

4. 语言交际模型

说者、听者、时间、地点和语境合称为五大语用要素，我们分别以 S、H、T、P、C 表示。一个语言交际的模型可以表示如下（图 15-1）：

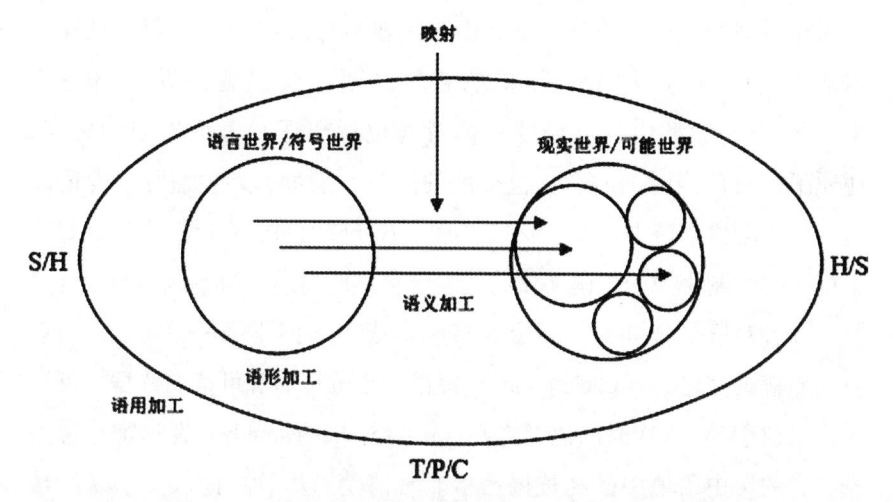

图 15-1 含有 S/H/T/P/C 五大语用要素的语言交际模型

例如，两个人的语言交流（交际）活动，先说话的一方是说者 S，对方即为听者 H。当对方说话时，双方的角色即发生转换，原来的听者 H 变成说者 S，同时，原来的说者 S 变成听者 H。语言交际时，说话的时间 T、地点 P 和语境 C 都对语言的意义产生影响。

5. 他人之心：影视作品分析

他人之心是可知的吗？答案是肯定的。但如何知道他人之心，却不能仅仅停留在行为分析上，而要提供认知科学的语言分析和逻辑分析的答案。下面我们以一个例子来加以分析。

问题：艺术作品所传达的作者的心智能否被读者所理解？读者又是如何去理解作者的心智的？

案例：观众能够从《红楼梦》影视作品了解曹雪芹的心智吗？

分析：从曹雪芹的小说《红楼梦》到影视剧《红楼梦》至少经过了 4 次转换，即：①小说《红楼梦》→ ②电视剧本《红楼梦》→ ③分镜头剧本《红楼梦》→ ④电视剧《红楼梦》。接下来我们可以来分析，在这 4 个语言交际过程中，谁是说者？谁是听者？话语说出的时间、地点和语境又是什么？

在小说《红楼梦》的语言交际中，说者 S 是原作者曹雪芹，听者 H 是《红楼梦》的古今读者。《红楼梦》被说出的时间是清康熙年间，曹雪芹写书的地点据说是北京香山公园曹雪芹故居，① 大观园就在后海恭王府，② 《红楼梦》故事的背景（语境）是曹雪芹"自写家事"。③ ——这些由《红楼梦》读者（包括胡适）考证出来的史实，还原了曹雪芹当时的心智，包括他的出身、家世、人生遭际、爱情经历、写作动机、诗书会友、晚景凄凉、书未成而身已亡以及身后这部天下第一的悲剧小说、中国文化的代表作自身的命运、版本流传与变迁等等。读者对《红楼梦》的研究，甚至形成了一门学问——红学，为后人还原曹雪芹之心（Cao's minds）提供了十分可靠和可信的依据。可以说，《红楼梦》创作时的说者之心（the speaker's minds）在这部小说本身和它的历史语境中已经被揭示得非常清楚。尽管如此，关于《红楼梦》及作者曹雪芹的很多未解之谜，还有待史料的进一步挖掘和后人的进一步解读。

再看电视剧本《红楼梦》，它的说者是某位看了《红楼梦》小说受到感动并且希望把它改编成剧本搬上银屏的人，现在他从听者 H 变换身份为说者 S。电视剧本的听者 H 可以肯定是某位导演，他看了电视剧本之后（他是否读过或认真读过《红楼梦》存疑）受到感动，决定将它改编为分镜头剧本并投入拍摄。这时语言交际的说者 S 和听者 H 已经完全发生转换，其他三个语用要素时间、地点和语境也已经完全改变。时间已经是《红楼梦》成书三百年后的今天，地点和语境也发生了完全的改变。此后的分镜头剧本，说者 S 转换成影视剧导演，听者 H 转换成演员，语言交际的时间、地点和语境再次发生改变。电视剧

---

① 《专家谈曹雪芹：晚年住北京西山，生活极为困苦》，《北京晚报》2015 年 11 月 3 日。
② 吴柳：《京华何处大观园？》《文汇报》1962 年 4 月 29 日。
③ 胡适：《红楼梦考证》，北京出版社 2015 年版。

《红楼梦》拍摄完成放映时，说者 S 转换为演员，听者 H 转换为此剧的观众。试问，《红楼梦》电视剧的观众能够从观看这部电视剧还原出原作者曹雪芹之心吗？

结论：只有小说本身（此处暂不论版本）才能还原出作者曹雪芹之心。其余经过多次转换的语言交际形式对曹雪芹之心的了解依顺序降低。

《红楼梦》语言交际转换模型如下（图 15-2）：

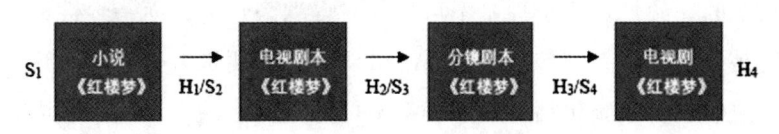

S_1 → 小说《红楼梦》 → H_1/S_2 → 电视剧本《红楼梦》 → H_2/S_3 → 分镜剧本《红楼梦》 → H_3/S_4 → 电视剧《红楼梦》 → H_4

图 15-2　《红楼梦》语言交际转换模型

注意在这个模型中，小说读者 H_1 和电视剧本作者 S_2 是同一人，但作为语言交际的角色却发生了转换。同理，电视剧本读者 H_2 和分镜头剧本作者 S_3、分镜头剧本读者 H_3 和电视剧导演 S_4 也是同一人而语言交际角色发生的转换。在这个模型中，只有小说作者 S_1 和电视剧观众 H_4 的语言交际角色是固定的。很显然，H_1、H_2、H_3 和 H_4 都是与《红楼梦》语言交际相关的听者，但他们对《红楼梦》原作者曹雪芹之心的理解却大相径庭，其理解的可能性是依次递减的。

（四）思维认知的分析方法

20 世纪初，在解决罗素悖论（Russell's Paradox）所引发的第三次数学危机即数学基础的危机的过程中，形成了一套科学严密的形式化方法，就是通过建立表意的符号语言，得到一个形式语言系统，包括初始符号和形成规则，并在这个形式语言基础上，构造一个形式系统，包括形式公理和形式推理规则。1930 年，奥地利数学家和逻辑学家哥德尔证明了这个系统的一致性和完全性。这两个定理在"真"和"可证"之间建立联系。一致性定理是说，在此系统中，凡可证的（定理）皆真，这是一致性；同时，凡真的皆可证，这是完全性。也就是说，在此系统中，真公式集和定理集是完全重合的。至此，罗素悖论引起的危机得以解决，数学和整个科学体系得以保全。1931 年，哥德尔证明了一个更加深刻的后来以他自己的名字命名的定理——哥德尔不完全性定理，简称哥德尔定理。第一不完全性定理说，一个至少包括形式算术的系统，如果这个系统是一致的，那么它就是不完全的；第二不完全性定理说，如果这个系统是一致的，那么它的一致性是不能在该系统内部得到证明的。哥德尔定理在一致性和完全性之间建立关系，这个定理的意义更加深刻和伟大。例如，根据第一不完全性定理，任何形式系统的一致性和完全性是不可能同时得到满足的，而一致性即无矛盾性是一个逻辑系统包括形式系统最低限度的要求，这就等于说，任何一致的逻辑系统包括形式系统都不可能是完全的，在此系统内，存在真而不可证的命题。又例如，根据第二不完全性定理，一个形式系统如果是一致的（这是必须的），那么，它的一致性是自身不能够证明的。

——哥德尔定理是迄今为止人类理智结出来的最灿烂的花朵！

为解决罗素悖论和数学基础问题所形成的这种崭新的形式化方法，迅速成为横扫西方哲学和整个西方学术的形式化潮流，它的第一项成果是分析哲学，第二项成果是语言哲学，代表性人物是同一个人却分为前后两个时期的奥地利哲学家维特根斯坦。前期维特根斯坦的代表作是《逻辑哲学论》，他认为哲学的任务就是语言分析，在本书中他试图用 7 个命题来终结哲学的真理。第 6 个命题说，哲学上一切有意义的命题都可以用一个逻辑公式 $[\bar{p}, \bar{\xi}, N(\bar{\xi})]$ 来表示；① 第 7 个命题则宣告，如果不能这样言说，就应该保持沉默。② 后期维特根斯坦的代表作是《哲学研究》，他批判自己前面的那本书"每一页都充满了无知的呓语"，并提出要回归自然语言，回归日常思维。后期维特根斯坦仍然坚持语言分析，但是转到以日常思维为根据的日常语言分析。这种方法成为言语行为理论和语用学的基础。此后，奥斯汀和塞尔发展了言语行为

---

① ［英］维特根斯坦：《逻辑哲学论》，贺绍甲译，商务印书馆 2020 年版，第 90 页。
② ［英］维特根斯坦：《逻辑哲学论》，贺绍甲译，商务印书馆 2020 年版，第 108 页。

理论，提出"以言行事"的理论①和"用语言建构整个人类社会"的革命性思想。② 言语行为理论构成语用学的基础，从此，语言分析具有了最完全的理论。

哥德尔定理的影响是深远的。史蒂芬·霍金把这个定理的结论推广到物理学，他认为物理学因为至少包含了算术系统，因此也是不完全的，即存在真而不可证的命题。按照霍金的理解，尽管哥德尔定理产生于相当具有严格条件的形式系统之内，但它与形式系统并无必然联系。一个物理学理论是一个数学模型，如果在这个模型之内存在不可证的数学命题，那么，在这个物理学理论中也就存在一个不可预测的物理学问题。一个非形式的理论，如果它或它的一部分能够映射到一个至少包含PA的充分大的形式系统之中，而这个形式系统又不能逃避哥德尔定理的命运，这样，那个非形式的理论也就不可能是完全的。这样的要求其实是非常低的，因为迄今以数学为工具的自然科学，大概没有任何一个理论比它更小。难怪霍金说："我们迄今所有的理论既是不一致的，又是不完全的。"③

（五）文化层级的认知和分析方法

文化认知是人类认知的最高层级，文化因素非常复杂。以文化因素为自变量，以认知各层级因素为因变量，产生了文化神经科学、文化心理学、文化语言学、文化思维科学和文化逻辑等新的学科领域与方法，可以统称为文化认知科学，它有助于我们来认识自我和他人。例如，朱滢、张力等人用功能磁共振成像（fMRI）对中国人的自我进行研究，根据实验结果得出结论说："强调人与人之间的相互联系的中国文化导致发展出自我与亲密的他人（如母亲）的神经联合，而强调

---

① Austin, J. L. *How to Do Things with Words*, Harvard University Press, 1962. Searle, John R., *Speech Acts: An Essay in the Philosophy of Language*, Cambridge University Press, 1969.

② Searle, John R., The Construction of Social Reality, Free Press, 1997.

③ Franzén, Torkel (2005) *Gödel's Theorem: An Incomplete Guide to Its Use and Abuse*. Wellesley, Mass.: AK Peters, pp. 88–89.

独立自我的西方文化造成了自我与他人（甚至非常亲近的母亲）的神经分离"。① 因此可以说，中西文化的不同导致中国人与西方人自我的不同神经基础。在此基础上，隋洁、朱滢等人提出文化启动效应的假设，以中国大学生为被试，采用中国的文化启动范式研究启动对自我结构和自我参照记忆的影响。结果表明，启动美国文化后，被试对独立型自我结构的描述显著多于中国文化启动和控制启动条件，表明文化启动影响被试的自我结构。另一实验发现启动美国文化后，被试参照母亲的记忆成绩（R判断）显著低于中国文化启动和控制启动组，即表明美国文化启动显著降低了母亲参照的记忆成绩。②

长期进行中国文化心理研究的台湾学者杨国枢、黄光国、杨中芳等人从中国人的自我、自尊、面子、人情、关系、家族、孝道、人缘等方方面面，研究中国人的文化心理，为认识中国人的自我和他人提供了理论依据和实验案例。③

认知科学的建立，发生了科学和哲学的经验转向，④ 认知科学的经验性和综合性两大特征与中国文化的农耕特征和经验特征密切契合，中国人认知的经验性而非唯理性、综合性而非分析性、类比和归纳性而非演绎性、整体性而非局部性等等这些特征，得到了更坚实的文化背景的支持。认知科学的三大发现也为中国文化的上述特征和优势提供了科学理论依据。⑤ ——认知科学来了，中国人的世纪到了。认知科学为

---

① Zhu, Y., Zhang, L., Fan, J., & Han, S. (2007). Neural basis of cultural influence on self representation. *Neuroimage*, 34, 1310-1316.

② Sui, J., Zhu, Y., & Chiu, C-Y. (2007). Bicultural Mind, Self-Construal, and Recognition Memory: Cultural Priming Effects on Self- and Mother-Reference Effect. *Journal of Experimental Social Psychology*, 43, 818-824. 转引自蔡曙山、江铭虎主编：《人类的心智与认知》，人民出版社2016年版，第86—106页。

③ 杨国枢、黄光国、杨中芳：《华人本土心理学》，重庆大学出版社2008年版；杨国枢、陆洛：《中国人的自我》，重庆大学出版社2009年版；杨国枢主编：《中国人的心理》，江苏教育出版社2006年版。

④ 蔡曙山：《经验在认知中的作用》，《科学中国人》2003年第12期。

⑤ 认知科学的三大发现是：心智在本质上是涉身的。思维大多数是无意识的。抽象概念大部分是隐喻的。见 G. Lakoff and M. Johnson, *Philosophy in the Flesh: the Embodied Mind & its Challenge to Western Thought*, Basic Books, 1999, p. 3.

我们更好地理解和认识他人之心，提供了新的理论和方法。

四、结论和讨论

第一，心身关系（或身心关系）是一切哲学问题的根基。人类三千年的哲学史认识史，无非身心关系和心身关系认知的历史。唯物论是身心一元模型的表现形式，唯心论是心身一元模型的表现形式，二元论则是心身平衡模型的表现形式。哲学关注人类主体与认识客体之间的关系，关注认识的可能性和方法，实际关注的是自身的命运，最深层的则是意识和心身关系问题。

第二，心身关系成为当代科学技术关注的焦点和突破的前沿，在当代科学与技术条件下，他人之心是可知的。1990 年以来，两大科学计划将会揭开人类生命的奥秘和人类心智的奥秘，认知科学的目标就是揭开人类心智的奥秘。聚合科技（converging technologies）将纳米技术（nanotechnology）、生物技术（biotechnology）、信息技术（information technology）和认知科学（cognitive science）聚合在一起，形成更大的学科综合群，标志着人类已经进入一个新的时代——综合的时代,[①]也标志着认知科学已经发展到技术和产品阶段。当代科学与技术的这些发展，使我们能够重新认识意识、自我意识和他人之心。因此，自我是可以认识的，他人之心也是可知的。

第三，从人类认知五层级可以更深刻地认知自我和他人。根据人类认知五层级理论，使用神经认知的分析方法，心理认知的分析方法，语言认知的分析方法，思维认知的分析方法以及文化认知的分析方法，我们可以窥探人类心智的奥秘。在神经认知这个层级上，我们讨论了使用神经科学的方法测量各种生理数据，从各种生理指标探测心智的奥秘和历史悠久的身—心关系的现代科学技术方法。在心理认知这个层级上，我们用当代心理学、哲学和认知科学的理论和方法，

---

① Cai, S. The age of synthesis: From cognitive science to converging technologies and hereafter, Beijing: *Chinese Science Bulletin*, 2011, 56: 465-475, doi: 10.1007/s11434-010-4005-7.

解释了庄子的"知鱼之乐"寓言，揭示了庄子"他人之心可知"的哲学思想。在语言认知层级上，我们建立语用交际模型并以此分析了电视剧《红楼梦》的语言交际效果，得出只有小说本身才能还原出作者曹雪芹之心的结论。在思维和逻辑认知层级上，我们揭示了形式化方法和哥德尔定理的深刻含义。在文化认知层级上，我们以文化神经科学和文化心理学为例，揭示文化认知科学新方法在解决心身问题的尝试，指出凭借人类认知五层级的理论和方法，可以更深刻地认知自我和他人。

第四，人类并非全知全能，人是自然的一部分，所以，人类不能充当上帝。无论科学技术如何发展，无论人类心智如何进化，唯一不变的是：人类心智和人类自身都是自然进化的产物，人和人类文化是自然的一部分。哥德尔定理告诉我们，人类并非全知全能，而是有限理性。人类一旦试图扮演上帝的角色，干预这个自然历史的过程，便会受到自然的报复和惩罚。

这一点人类现在就必须认识清楚！

参考文献

Amsterdam, Beulah, 1972, Mirror Self-Image Reactions Before Age Two, Developmental Psychobiology, 4 (5): 297-305.

Anderson, James R. and Gordon G. Gallup, 2011, Which Primates Recognize Themselves in Mirrors? PLoS Biology, 9 (3): e1001024, 1-3.

Aristotle, De Anima (On the Soul), 7.448a, translated by Hugh Lawson-Tancreed, London: Penguin, 1986.

Augustine, On the Trinity: Books 8-15, edited by Gareth B. Matthews, translated by Stephen McKenna, Cambridge: Cambridge University Press, 2002.

Austin, J. L. How to Do Things with Words, Harvard University Press, 1962. Searle, John R., Speech Acts: An Essay in the Philosophy of Language, Cambridge University Press, 1969.

Baars, B. 1988. A Cognitive Theory of Consciousness. Cambridge: Cambridge University Press.

Bartha, Paul, 2016, Analogy and Analogical Reasoning, The Stanford Encyclopedia of Philosophy.

Beran, Michael J., Johannes Brandl, Josef Perner, and Joëlle Proust (eds.), 2012, Foundations of Metacognition, Oxford: Oxford University Press.

Cai, S. The age of synthesis: From cognitive science to converging technologies and hereafter, Beijing: Chinese Science Bulletin (《科学通报》英文版), 2011, 56: 465-475.

Chalmers, D. 1996. The Conscious Mind. Oxford: Oxford University Press.

Chihara, Charles S. and Jerry A. Fodor, 1965, Operationalism and Ordinary Language: A Critique of Wittgenstein, American Philosophical Quarterly, 2 (4): 281-295. Reprinted in Pitcher 1966.

Cory, Therese Scarpelli, 2014, Aquinas on Human Self-Knowledge, Cambridge: Cambridge University Press.

Crick, F. H. 1994. The Astonishing Hypothesis: The Scientific Search for the Soul. New York: Scribners.

Dennett, D. C. 1991. Consciousness Explained. Boston: Little, Brown and Company.

Descartes, René, 1637: 36, Discourse on the Method of Rightly Conducting One's Reason and Seeking the Truth in the Sciences, translated in Descartes 1998.

——1641: 80, Meditations on First Philosophy, translated in Descartes 1998.

——1644: 162, Principles of Philosophy, translated in Descartes 1998.

Fichte, J. G., 1794-1795: 97, Science of Knowledge, 2nd edition, edited and translated by Peter Heath and John Lachs, Cambridge: Cambridge University Press, 1982.

Fleming, Stephen M. and Christopher D. Frith (eds.), 2014, The Cognitive Neuroscience of Metacognition, Heidelberg: Springer.

Franzén, Torkel (2005) Gödel's Theorem: An Incomplete Guide to Its Use and Abuse. Wellesley, Mass. : AK Peters.

Frege, G., 1918 – 1919: 333, Thought, translated by Peter Geach and R. H. Stoothoff, in Michael Beaney (ed.), The Frege Reader, Oxford: Blackwell.

Fujita, Kazuo, Noriyuki Nakamura, Sumie Iwasaki and Sota Watanabe, 2012, Are Birds Metacognitive? in Beran et al. 2012.

Gallup, Gordon G., 1970, Chimpanzees: Self – Recognition, Science, 167 (3914).

Gallup, Gordon G., James R. Anderson, and Steven M. Platek, 2011, Self-Recognition, in Gallagher 2011: 80-110.

Gallup, Gordon G., Steven M. Platek, and Kristina N. Spaulding, 2014, The Nature of Visual Self-Recognition Revisited, Trends in Cognitive Sciences, 18 (2).

Gardiner, H. 1985. The Mind's New Science. New York: Basic Books.

Gödel, Kurt (1931) On Formally Undecidable Propositions of Principia Mathematica and Related Systems. Translated by B. Meltzer, Introduction by R. B. Braithwaite. New York: Dover Publication, Inc. 1962.

Hacker, P. M. S., 1997, Wittgenstein: On Human Nature (The Great Philosophers Series), London: Phoenix.

Heidegger, M. 1927/1962. Being and Time (Sein und Zeit). Translated by J. Macquarrie and E. Robinson. New York: Harper and Row.

Hume, D. 1739/1888. A Treatise of Human Nature. ed. L Selby – Bigge. Oxford: Oxford University Press.

Husserl, E. 1913/1931. Ideas: General Introduction to Pure Phenomenology (Ideen au einer reinen Phänomenologie und phänomenologischen Philosophie). Translated by W. Boyce Gibson. New York: MacMillan.

Husserl, E. 1929/1960. Cartesian Meditations: an Introduction to Phenomenology. Translated by Dorian Cairns. The Hague: M. Nijhoff.

Hyslop, Alec, 1995, Other Minds, Dordrecht: Kluwer Academic Publishers.

Hyslop, Alec and Frank C. Jackson, 1972, The Analogical Inference to Other Minds, American Philosophical Quarterly, 9 (2).

James, W. 1890. The Principles of Psychology. New York: Henry Holt and Company.

Janaway, C., Self and World in Schopenhauer's Philosophy, Oxford: Clarendon Press, 1989.

Jaynes, J. 1974. The Origins of Consciousness in the Breakdown of the Bicameral Mind. Boston: Houghton Mifflin.

Kant, I. 1787/1929. Critique of Pure Reason. Translated by N. Kemp Smith. New York: MacMillan.

Köhler, W. 1929. Gestalt Psychology. New York: Liveright.

Köffka, K. 1935. Principles of Gestalt Psychology. New York: Harcourt Brace.

Lakoff, G. and M. Johnson, Philosophy in the Flesh: the Embodied Mind & its Challenge to Western Thought, Basic Books, 1999.

Leibniz, G. W. 1686/1991. Discourse on Metaphysics. Translated by D. Garter and R. Aries. Indianapolis: Hackett.

Lewis, Michael and Jeanne Brooks-Gunn, 1979, Social Cognition and the Acquisition of Self, New York: Plenum Press.

Locke, Don, 1968, Myself and Others: A Study in Our Knowledge of Other Minds, Oxford: Oxford University Press.

Locke, John, 1700: IV. ix. 3, An Essay Concerning Human Understanding, 4th Edition, edited by Peter H. Nidditch. Oxford: Clarendon Press, 1975.

Lycan, W. 1987. Consciousness. Cambridge, MA: MIT Press.

Lycan, W. 1996. Consciousness and Experience. Cambridge, MA: MIT Press.

Malcolm, Norman, 1958, I. Knowledge of Other Minds, The Journal of Philosophy, 55 (23).

Malcolm, Norman, 1979, Whether 'I' is a Referring Expression, in Diamond & Teichman 1979.

McDowell, John Henry, 1982 [1998], Criteria, Defeasibility, and Knowledge, Proceedings of the British Academy, 68: 455-479. Reprinted in MacDowell 1998.

Merleau - Ponty, M. 1945/1962. Phenomenology of Perception (Phénoménologie de lye Perception). Translated by Colin Smith. London: Routledge and Kegan Paul.

Mihail C. Roco and William Sims Bainbridge (eds.) Converging Technologies for Improving Human Performance. Dordrecht/Boston/London, Kluwer Academic Publishers, 2002.

Mill, J. 1829. Analysis of the Phenomena of the Human Mind. London.

Mill, J. S. 1865. An Analysis of Sir William Hamilton's Philosophy. London. Searle, John R., Mind: A brief Introduction, Oxford University Press; 1 edition.

Neisser, U. 1965. Cognitive Psychology. Englewood Cliffs: Prentice Hall.

Nielsen, Mark, Thomas Suddendorf, and Virginia Slaughter, 2006, Mirror Self-Recognition Beyond the Face, Child Development, 77 (1).

Owens, Joseph, 1988, The Self in Aristotle, The Review of Metaphysics, 41 (4).

Penrose, R. 1989. The Emperor's New Mind: Computers, Minds and the Laws of Physics. Oxford: Oxford University Press.

Penrose, R. 1994. Shadows of the Mind. Oxford: Oxford University Press.

Plotnik, Joshua M., Richard Lair, Wirot Suphachoksahakun, and

Frans B. M. de Waal, 2006, Self-Recognition in an Asian Elephant, Proceedings of the National Academy of Sciences of the United States of America, 103 (12).

Reiss, Diana and Lori Marino, 2001, Mirror Self-Recognition in the Bottlenose Dolphin: A Case of Cognitive Convergence, Proceedings of the National Academy of Sciences of the United States of America, 98 (10).

Searle, John R., Speech Acts: An Essay in the Philosophy of Language, Cambridge University Press, 1969. Searle, John R., The Construction of Social Reality, Free Press, 1997.

Searle, John R., The Construction of Social Reality, Free Press, 1997.

Shields, Wendy E., J. David Smith, and David A. Washburn, 1997, Uncertain Responses by Humans and Rhesus Monkeys (Macaca Mulatta) in a psychophysical same-different task, Journal of Experimental Psychology: General, 126 (2).

Skinner, B. F. 1953. Science and Human Behavior. New York: MacMillan.

Smith, J. David, Jonathan Schull, Jared Strote, Kelli McGee, Roian Egnor, and Linda Erb, 1995, The Uncertain Response in the Bottlenosed Dolphin (Terciops Truncatus), Journal of Experimental Psychology: General, 124 (4).

Sodian, Beate, Claudia Thoermer, Susanne Kristen and Hannah Perst, 2012, Metacognition in Infants and Young Children, in Beran et al. 2012.

Sui, J., Zhu, Y., & Chiu, C-Y. (2007). Bicultural Mind, Self-Construal, and Recognition Memory: Cultural Priming Effects on Self-and Mother-Reference Effect. Journal of Experimental Social Psychology, 43.

Titchener, E. 1901. An Outline of Psychology. New York: Macmillan.

Ungerer, F. and H. J. Schmid. 1996. An Introduction to Cognitive Linguistics, Preface by Chomsky, 外语教学与研究出版社2001年版。

von Helmholtz, H. 1897/1924. Treatise on Physiological Optics. Translated by J. Soothly. New York: Optical Society of America.

Watson, J. 1924. Behaviorism. New York: W. W. Norton.

Wilkes, K. V. 1984. Is consciousness important? British Journal for the Philosophy of Science, 35: 223-43.

Wilkes, K. V. 1988. Yishi, duo, us and consciousness. In A. Marcel and E. Bisiach, eds., Consciousness in Contemporary Science. Oxford: Oxford University Press.

Wilkes, K. V. 1995. Losing consciousness. In T. Metzinger, ed. Conscious Experience. Paderborn: Ferdinand Schöningh.

Wittgenstein, Ludwig, 1953, Philosophical Investigations (Philosophische Untersuchungen), G. E. M. Anscombe (trans.), New York: The Macmillan Company.

Wundt, W. 1897. Outlines of Psychology. Leipzig: W. Engleman.

Zhu, Y., Zhang, L., Fan, J., & Han, S. (2007). Neural basis of cultural influence on self representation. Neuroimage, 34, 1310-1316.

蔡曙山:《论数字化》,《中国社会科学》2001 年第 4 期。

蔡曙山:《经验在认知中的作用》,《科学中国人》2003 年第 12 期。

蔡曙山:《论虚拟化》,《浙江社会科学》2006 年第 5 期。

蔡曙山:《认知科学:世界的和中国的》,《学术界》2007 年第 4 期。

蔡曙山:《论形式化》,《哲学研究》2007 年第 7 期。

蔡曙山、邹崇理:《自然语言形式理论研究》,人民出版社 2010 年版。

蔡曙山:《科学发现的心理逻辑模型》,《科学通报》2013 年第 58 卷第 34 期。

蔡曙山、江铭虎主编:《人类的心智与认知》,人民出版社 2016 年版。

胡适:《红楼梦考证》,北京出版社 2016 年版。

林大正、滕春芳:《事件相关电位(ERP)》,《承德医学院学报》2005 年第 3 期。

扬雄:《法言》,中华书局 2019 年版。

王守仁:《王阳明全集》卷一,上海古籍出版社 2011 年版。

吴柳:《京华何处大观园?》,《文汇报》1962 年 4 月 29 日。

杨国枢主编:《中国人的心理》,江苏教育出版社 2006 年版。

杨国枢、黄光国、杨中芳:《华人本土心理学》,重庆大学出版社 2008 年版。

杨国枢、陆洛:《中国人的自我》,重庆大学出版社 2009 年版。

16

知识与能力：
认知科学与未来教育变革[1]

导言：认知科学的三个发展阶段

以清华大学认知科学团队建立为标志，20多年来中国的认知科学发展经历了三个阶段：

第一阶段是科学研究，弄清楚认知科学的研究对象、科学结构、基础理论和研究方法。在这方面，我们创立了心智进化论和人类认知五层级理论，使认知科学从交叉学科转变为单一学科[2]。

第二阶段是学科建设，创立认知科学与技术本科专业（2019），创立语言与认知、逻辑与认知、民族文化与认知等研究生专业（2016—2019），设置相关课程、建立培养方案，学科建设也取得了重大成果。据2023年底统计，全国已有130多所高校开设了认知科学与技术本科专业。可喜的是，开设认知科学与技术专业的高校，其本科毕业生无论在考研和录取率上，还是在就业上都显示出比大多数传统的单一学科更大的优势和更优异的成绩。

第三阶段是应用阶段，其主要目标是人才培养，因为认知科学说到底是人的科学。21世纪是综合的时代，这个时代教育的使命是培养符

---

[1] 本文原载于《人民论坛·学术前沿》2024年9月（上）。
[2] 蔡曙山：《认知科学导论》，人民出版社2021年版，封底文字。

合时代要求的综合性人才①，综合型人才的培养只能通过认知科学与教育变革才能实现。作为以人类心智和认知为研究对象的学科，认知科学所关注的，是人类的命运。通过认知科学实现新世纪的教育变革是认知科学的使命。新世纪以来，教育学已经被接纳为认知科学的来源学科，形成"6+1"的学科框架，并形成聚合科技 NBIC 更大的学科综合体。从综合到更大的综合，是 21 世纪人类发展的方向。认知科学对未来教育正在发生重大而深远的影响，教育变革的时代正在到来！

本文从知识和能力这一对基本的教育范畴入手，深入分析认知科学对未来教育的影响以及可能引起的教育变革。在新的时代，我们应该用认知科学重新定义教育，重新认识教育的使命，从人类认知的五个层级来提高人的心智和认知能力。我们希望在认知科学时代能够产生百科全书式的学术大师，并最终解答"钱学森之问"。

一、知识和能力

1. 什么是知识

"知识"一词由"知"和"识"二字组成，这二字自身也是汉字语词。《说文》对"知"的解释是："知，词也，从口，从矢。"② 这里，"矢"指"射箭"，"口"指"说话"。"知"是"矢"与"口"的结合，表示"说话要像射箭命中靶心"，即"一语中的"，表示话说得很准。例如：18 世纪英国天文学家哈雷声称他知道哈雷彗星的运行规律，并预报这颗彗星将于 1759 年重新出现。1759 年 1 月 21 日，人们果然又一次看到这颗彗星。哈雷说得很准，这就是"知"。"知"通"智"，"智"即"心智"。"知"的行为需要通过心智。"知识"的"识"，繁体写作"識"，《说文》对"識"的解释是："常也，一曰知也，从言，

---

① 蔡曙山：《从认知科学到聚合科技及其未来发展》，《人民论坛·学术前沿》2022 年 10 月（下），《新华文摘》2023 年第 7 期全文转载；《人民论坛》《人民智库》等多家中央媒体转载。

② （汉）许慎撰、（宋）徐铉校：《说文解字》，中华书局 2013 年版，第 105 页上。

从戠。"对"戠"的解释则是："从戈，从音。"① "戠"字本指古代军队的方阵操练。"音"指教官口令声，"戈"指参加操演军人的武器。随着教官指令，军阵会变换各种队形，观看者则会看到各种整齐的图形。因此，"戠"字本义就是"规则图形及其变换"。凡从"戠"之字皆从此义，如"织""帜""职"都有"图形""图案"之意。"識"的本义是用语言描述图形、图案的形状和细节，引申义为区别、辨别。总结起来，"知识"（知識）的意义是："准确地说，认真地看和理解"。

距今两千多年前的孔子（前551—前479）时代，"知"和"识"就是两个词，是分开使用的。儒家经典《论语》21000多字，"知"出现117次之多！"识"只有6次，"知识"无一次出现，说明那个时代并无"知识"一词：

子曰："学而时习之，不亦说乎？有朋自远方来，不亦乐乎？人不知而不愠，不亦君子乎？"子曰："不患人之不己知，患不知人也。"

（《论语·学而》）

子曰："吾十有五而志于学，三十而立，四十而不惑，五十而知天命，六十而耳顺，七十而从心所欲不逾矩。"子曰："温故而知新，可以为师矣。"子曰："由，诲汝知之乎！知之为知之，不知为不知，是知也。"子张问："十世可知也？"子曰："殷因与夏礼，所损益，可知也。周因于殷礼，所损益，可知也。其或继周者，虽百世，可知也。"

（《论语·为政》）

以上"知"的语义是知道、了解、理解。而"知之为知之，不知为不知，是知也"一句中，最后一个"知"通"智"。意思是"知道就是知道，不知道就是不知道，这就是智慧啊！"

《论语》中"识"仅出现6次，如：

---

① （汉）许慎撰、（宋）徐铉校：《说文解字》，中华书局2013年版，第46页下。

子曰："默而识之，学而不厌，诲人不倦，何有于我哉！"

（《论语·述而》）

子曰："赐也，如以予为多学而识之者与？"对曰："然。非与？"曰："非也。予一以贯之。"

（《论语·卫灵公》）

子曰："小子，何莫学夫诗？诗可以兴，可以观，可以群，可以怨。迩之事父，远之事君。多识于鸟兽草木之名。"

（《论语·阳货》）

以上"识"的语义是认识、见识、识别，更接近于"知识"的"识"。《论语》中，"知"和"识"同时出现，而且将二者加以对比的，仅有以下一处：

子曰："盖有不知而作之者，我无是也。多闻则择其善者而从之，多见而识之，知之次也。"

（《论语·述而》）

孔子说："确有那种无知而行动之人，但我不是这种人。要增加自己的见闻，这样才能择其善者而从之，见多识广，求知是次要的。"这段话充分表明了"知"和"识"的联系与区别。区别是这种见识是通过学习获得的还是通过实践获得的。通过学习获得的见解叫"知"，通过实践获得的见解叫"识"。如果将二者联系起来就会获得一个新词或一个新概念，这就是"知识"，这个新概念已经呼之欲出了。由此我们可以看出思想家、教育家孔子有多么了不起！这种对概念的辨析能力和抽象思维能力是同时期的西方语言学家和哲学家都达不到的。至于黑格尔对孔子和中国古代哲学的批评，那只能用无知来形容。[①]

"知识"一词的正式使用，见于比孔子晚三代的另一位中国古代思

[①] 黑格尔认为中国没有哲学，他说："我们看到孔子和他的弟子们的谈话，里面所讲的是一种常识道德，这种常识道德我们在哪里都找得到，在哪一个民族都找得到，可能还要好些，这是毫无出色之点的东西。孔子只是一个实际的世间智者，在他那里思辨的哲学是一点都没有的。"参见黑格尔：《哲学史讲演录》第一卷，商务印书馆2020年版，第130页。

想家墨子（前476—前390）。《墨子·号令》："其有知识兄弟欲见之，为召，勿令入里巷中。"这里的"知识"系指相知相识的友人。汉以后"知识"一词已经普遍使用了。汉孔融在《论盛孝章书》中说："岁月不居，时节如流。五十之年，忽焉已至。公为始满，融又过二。海内知识，零落殆尽，惟会稽盛孝章尚存。"唐白居易《感逝寄远》诗："昨日闻甲死，今朝闻乙死。知识三分中，二分化为鬼。"孔融和白居易二人的"知识"也是指相知相识的友人。汉刘向《列女传·齐管妾婧》："人已语君矣，君不知识邪？"唐薛用弱《集异记·汪凤》："每面各有朱记七窠，文若谬篆，而又屈曲勾连，不可知识。"刘向、薛用弱二人的"知识"意为了解、辨识。明焦竑《焦氏笔乘·读孟子》："孩提之童，则知识生，混沌凿矣。"这里的"知识"是指一种认识能力，这已经和现代的知识意义基本相同了。《现代汉语词典》中"知识"有两个义项：①人们在社会实践中所获得的认识和经验的总和。②指学术、文化或学问。第一个义项比较接近《说文》和《论语》中"识"的意义，即通过实践获得的认识，但缺少"知"的意义，即通过语言和学习所获得的认识。更进一步说，以上定义完全不能体现当代认知科学对知识的理解，更不能理解知识和能力的联系。关于知识的认知科学定义和知识与能力的关系，我们在本节稍后给出。

2. 人类的知识体系

知识是一种认识和理论体系，而不是个体的零散的认识。古希腊的"三科四艺"（three subjects and four arts）是人类最早的知识体系。"三科四艺"如表16-1所示。我们看出，人类最早的知识体系分为两部分，第一部分是学科（subjects），古希腊人认为人类最重要的知识体现为三个学科语言、逻辑和修辞。我们还看出，这三个基础学科都是和人类语言相关的。语言学教我们如何说话，逻辑学教我们如何正确说话，修辞学教我们如何把话说好，说生动，以实现人与人之间的语言和思想的沟通。语言、逻辑和修辞三者之间的关系，我们在稍后的认知科学五层级理论中会看得更加清楚。第二部分是技艺（arts）即基本技能，古希腊人认为人类最重要的四种基本技能是算术、天文、几何和音乐。

在欧美（从古希腊到中世纪）的教育传统中，三科四艺一直被当作完善人格的基本途径，是基本的和重要的认知方法。公元9世纪末，欧洲开始出现第一批大学，如法国的巴黎大学（前身为巴黎圣母院的索邦神学院）、意大利的博洛尼亚大学（被誉为"大学之母"，开设语法学、逻辑学、修辞学和法学课程）、英国的牛津大学和剑桥大学等。到12世纪，西方著名大学已经达到18所之多。"三科四艺"被列为基本课程。

表16-1　"三科四艺"的知识分类

三科（three subjects）	语言（language） 逻辑（logic） 修辞（rhetoric）
四艺（four arts）	算术（arithmetic） 天文（astronomy） 几何（geometry） 音乐（music）

由此分类看出，第一，人类知识是形成体系的学科知识和技能，知识则被等同于学科知识。第二，大学的出现强化了以学科为基础的知识的学习，现代大学则是完完全全的分科教育。

20世纪是分析的时代。经过现代教育体制强化的学科教育，人类知识被切分成学科知识，形成"学科门类十几个，一级学科几十个，二级学科几百个，三级学科几千个"的支离破碎学科体系，[①] 那种具有综合性的人类知识，百科全书式的学术大师不复存在。按照联合国教科文组织和美英德日等国的学科划分，我们整理成下面的四部十二门学科结构（表16-2），[②] 这就是当代的人类知识体系。

---

① 蔡曙山：《大科学时代的基础研究、核心技术和综合创新》，《学术前沿》2023年5月（上）。

② 蔡曙山：《认知科学研究与相关学科的发展》，《江西社会科学》2007年第4期；另见蔡曙山：《大科学时代的基础研究、核心技术和综合创新》，《学术前沿》2023年5月（上）。

表 16-2　人类知识体系：四部十二门学科分类表

II　工程技术（Engineering） 工学、农学、医学	IV　社会科学（Social Sciences） 经济学、法学、教育学、管理学、
I　理学（Science） 数学、物理学、化学、 天文学、地理学、生物学	III　艺术人文（Humanities & Arts） 文学、历史学、哲学、 艺术学、（语言学）

表 16-2 中，大写罗马字母表示最大的学科部类，它们分别是第 I 部类理学、第 II 部类工程技术、第 III 部类艺术人文、第 IV 部类社会科学。这 4 个部类的不同组合形成了自然科学（第 I 部类+第 II 部类）、人文社会科学（第 III 部类+第 IV 部类）。下面部类是上面部类的基础，上面部类是下面部类的应用。如理学是工程技术和整个自然科学的基础，工程技术是理学的应用。类似地，艺术人文是社会科学和整个人文社会科学的基础，社会科学是艺术人文的应用。最值得注意的是第 I 部类+第 III 部类这个组合，它有一个很优美传神的英文名称：Liberal Arts，直译为"自由技艺"，意指人类获得自由必备的知识。注意它是自然科学之基础理学和社会科学之基础艺术人文学科的组合，这是人类全部知识的基础，也是现代大学的基础。①

对表 16-2 的人类知识体系即四部十二门学科分类表，我们需要注意以下几点。首先，过去所有的学科分类，包括前面提到的联合国教科文组织和美英德日等国的学科划分，其关系都是线性的，最大的学科群是学科门类，其次是一级学科、二级学科等。这种划分缺少更大的学科群即学科部类的设置，看不出各学科部类之间的结构和关系。我们的划分设置了学科部类，清楚地表明人类知识的两大部门自然科学和人文社会科学之间的关系和四大部类组合而得到的各种关系，如人类知识的基础和现代大学的基础都得到了清楚的说明。其次，四部十二门学科分类法中第 I、II、III、IV 这四个部类分别对应于四大文献检索系统 SCI、

---

① 笔者在哈佛大学访问时了解到，哈佛大学每个学年第一学期都要讨论"现代大学之基础"这个问题，答案就是 Liberal Arts。

EI、A&HCI、SSCI；反过来看，四大文献检索系统涵盖了自然科学、人文社会科学各个学科的全部文献。所以，人类知识体系即四部十二门学科分类表是具有完全的科学依据的。

3. 乔姆斯基首先区分知识和能力

早在古希腊的学科划分"三科四艺"中，就已经区别了知识和能力。"三科"语言、逻辑、修辞是学科知识，"四艺"算术、天文、几何、音乐是技艺和能力。

能力对应的英文单词有"ability""capacity""capability""faculty"等。其中，"faculty"是乔姆斯基在"先天语言能力"的重大理论中所采用。20世纪中叶，天才的语言学家和语言哲学家、认知科学的第一代领袖乔姆斯基在他的革命性的语言学理论中提出了"先天语言能力"的理论假设。这个假设的提出是为了回答当时语言学和语言哲学的一个基本问题——"语言能力从何而来？"当时占主导地位的是行为主义语言学，认为语言能力是后天习得的。乔姆斯基认为，这种理论解释无法回答两个基本的问题：一是所谓"刺激匮乏"（the poverty of the stimulus），即母亲并没有教给儿童所有的语句，儿童如何从有限的语言刺激中学会无限的语句呢？二是不同的人类语言之间可以互相理解（翻译），但人和非人类动物之间的语言为何不能互相理解呢？对这两个问题的回答，让乔姆斯基提出"先天语言能力"的伟大假设。这一假设的提出，迫使乔姆斯基去研究语言和心智的关系。1968年，乔姆斯基在《语言和心智》一书中讨论了语言和心智的问题。① 先天语言能力的假设在后来几十年的时间内逐渐被证实。其中一个重要的实验证据哥普尼克（M. Gopnik）等人对一个具有语言缺陷病史的K家族的病史研究。这个家族具有一种特殊的语言缺陷，表现为对复数、时态、性、体以及几乎所有语法形态特征的语言能力缺失，尽管这个家族对词汇的掌握没有问题，其非语言能力也是正常的。对这个家族三代共31人的语言缺陷进行

---

① Chomsky, N. (1968) *Language and Mind*, New York: Harcourt, Brace & World, 1972.

调查，第一代 2 人，女性有缺陷，男性正常；第二代 5 人，3 个女性全部有缺陷，2 个男性一个正常另一个有缺陷；第三代 24 人，11 人有缺陷（5 男 6 女），13 人正常（6 男 7 女）。各种情况排列如图 16-1 所示：

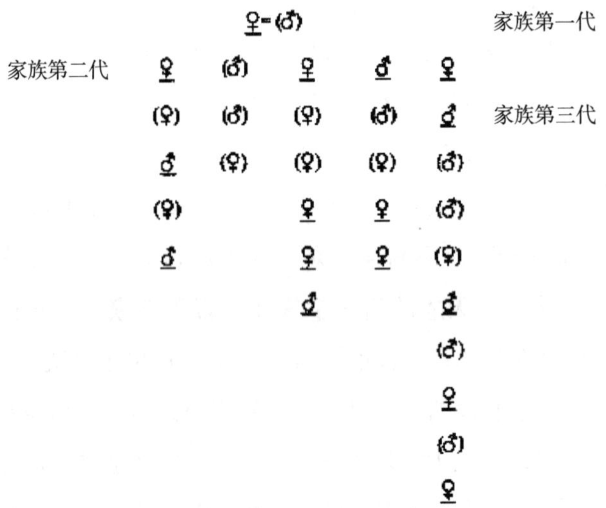

图 16-1　K 家族特殊语言缺陷（SLI）遗传树图

图中，♂和♀分别代表家族中的男性和女性，下划线表示该成员具有特殊语言缺陷（SLI），加括号表示该成员未受 SLI 影响。令人惊讶的是，K 家族的 SLI 遗传树图完全符合遗传规律，这就证明了乔姆斯基关于人类语言能力是由基因遗传的预言。

"先天语言能力"因其强大的解释力，获得了科学理论的地位。这一革命性的理论，改变了语言（包括英语）学习和水平测试的方式。例如，英语水平考试普遍使用的完形填空，测试的是语言能力而非语言知识。

"先天语言能力"的提出，让我们知道，知识并不等于能力。由此我们明白，教育的目的除了传授和学习知识，更重要的是心智和认知能力的培养。乔姆斯基发现的语言能力，是人类最重要的心智和认知能力。

4. 认知科学定义的知识和能力

2015 年，笔者在《论人类认知的五个层级》一文中提出人类进化论和人类认知五层级理论。该理论认为，在生命进化过程中，依次产生了神经、心理、语言、思维和文化五个心智，从而产生了五个层级的认知能力。① 人类认知五层级结构图见"丛书总序"图 0-4。

注意五个层级的心智和认知都是某种特殊的能力，人类凭借这种能力对内部信息和外部信息进行加工，从而形成生成和发展所需要的知识和文化。例如，认知科学的"6+1"学科就是从五层级的认知能力产生的。参见"丛书总序"图 0-2。

更广泛地，我们可以认为人类的全部学科知识和学科体系，都是由人类的心智和认知能力所创造的，或者说，全部人类知识和文化都是五层级的人类心智和认知能力所创造的。由于五个层级的心智和认知能力是瞬间贯通的，所以，人类的全部知识也应该是综合交叉的。20 世纪下半叶以来发展的认知科学到新世纪初期形成的聚合科技 NBIC，表明人类认识世界的方式从根本上变了。从综合到更大的综合，是人类认知能力所主导的人类未来知识创新的根本趋势。图 16-2 是认知科学、聚合科技统领的 21 世纪人类知识结构。②

现在我们来定义知识和能力。

"知识"一词的中文词源学和词典解释已于前述。"知识"的英文是"knowledge"，《牛津词典》的解释是："通过教育或经验获得信息、理解和技能。"（the information, understanding and skills that you gain through education or experience.）《新牛津词典》的解释是："个人通过经验或教育获得的事实、信息和技能；关于某一对象的理论或实践的理解。"（facts, information, and skills acquired by a person through experience or education; the theoretical or practical understanding of a subject.）《柯林斯词典》的解释是："知识是某人具有或所有人共有的关于某一对象的信息和理解。"（Knowledge is information and understanding about a subject which a person has, or which all people have.）《韦氏大学英语词典》将

---

① 蔡曙山：《论人类认知的五个层级》，《学术界》2015 年第 12 期。
② 蔡曙山：《大科学时代的基础研究、核心技术和综合创新》，《学术前沿》2023 年 5 月（上）。

人类心智	认知层级	认知能力	对应学科（人类知识系统）	聚合科技 NBIC	人工智能
↑ 人类心智进化方向	5	文化认知			↑ 人工智能进化方向
		宗教认知	宗教学		
		哲学认知	哲学		
		人文历史认知	艺术学、文学、历史学		
		科学认知	数学、物理学、化学、天文学、地理学、生物学；经济学、法学、管理学、教育学		
		技术行为认知	各门技术科学		
	4	思维认知		信息技术	
		专门化形式系统			
		公理系统			
		决策	数学、逻辑学、计算机科学	认知科学	
		算法和推理			
		判断与直觉			
		概念和语词			
	3	语言认知			
		信息化系统			
		数字化系统	符号学、词法学、句法学、语义学、语用学		
		形式化系统			
		形式语言			
		自然语言			
	2	心理认知			
		表象和记忆	心理学、行为科学		
		感知和注意			
	1	神经认知		生物技术	
		左右脑分工脑认知神经认知	神经科学、生物学、生理学		
	0	物质/材料	物理学、材料科学	纳米技术	

图 16-2 认知科学、聚合科技统领的 21 世纪人类知识大科学结构

"知识"和"学习""学识""学术"作为同义词，意为"那些能够被个人或人类所认识的东西。"其中，"知识"用指那些"通过学习、调查、观察或经验获得的事实或思想。"（knowledge, learning, erudition, scholarship, mean what is or can be known by an individual or by humankind. KNOWLEDGE, applies to facts or ideas acquired by study, investigation, observation, or experience.）

上述定义中，关于"知识"的义项主要有"事实""信息""理解""技能""学识"等；获取知识的方法主要是"教育""经验""学习""调查""观察"等。现在我们可以给"知识"下一个经典的定义。

定义：知识是个人或人类通过教育、学习、调查、观察、经验等手段获得的关于对象的信息、理解和技能。

"能力"对应的英文有两个："ability"和"faculty"，前者指做事的能力，后者指官能、天赋。对"ability"，《牛津词典》的解释是："能够去做某事的本领。"（the fact that sb/sth is able to do sth.）对"faculty"，《牛津词典》的解释是："一个人与生俱来的任何生理的或精神的能力。"（any of the physical or mental abilities that a person is born with.）乔姆斯基的"先天语言能力"指的是后一种能力。总结以上，我们也可能给"能力"下一个经典的定义。

定义：能力是一个人通过后天获得的做事的本领，或者通过先天遗传的生理或精神上的做事的本领。

在上述所有关于知识和能力的解释和定义中，缺少知识与能力之间的关联。上述定义虽然明确知识的获得需要通过教育、经验、学习、调查和观察等方法获得，但既没有明确知识与能力之关联，也没有明确教育与能力之关联。总之一句话，"知识"和"能力"并未同时进入"教育"之视野。很显然，关于教育的本质和恰当的定义，只能在认知科学的理论方法下才能做出。

下面我们需要认真解析和重新认识教育。

二、认知科学重新认识教育

1. "6+1"的学科框架，教育进入认知科学的视野

20世纪70年代认知科学建立之初，采用的是六学科的框架，哲学和逻辑学、语言学、心理学、人类学、计算机科学、神经科学作为认知科学的六大来源学科，构成了认知科学的交叉学科框架。进入21世纪，认知科学的创立者们将教育和教育学（education）纳入认知科学框架，形成"6+1"的学科结构。按照认知科学的"6+1"学科框架，教育和教育学乃认知科学题中应有之义。为何要将教育纳入认知科学的学科体系呢？

我们知道，创立认知科学的目标和任务是"揭开人类心智的奥秘"。[①] 为了破解这个"上帝最后的奥秘"，认知科学的先驱者们把与人类心智相关的六大学科集合在一起，形成了认知科学的学科框架：哲学和逻辑学从主客体的关系、从符号和语言世界与现实世界和可能世界的关系来探索心智和认知的奥秘；语言学从语言符号的各种脑加工方式语形加工（包含词法加工和句法加工）、语义加工和语用加工来探索心智和认知的奥秘；心理学从感知觉和注意、表象和记忆等感性认识的形式来探索心智和认知的奥秘；文化人类学从生命进化、心智的产生、人类心智和动物心智的区别、心智的地域性和民族性、心智的个体差异性和文化差异性等方面来探索心智和认知的奥秘；计算机科学从符号和计算，从人类所有五个层级的心智和认知来模仿并替代人类智能；脑与神经科学从认知的神经机制、心智与意识、心身问题等方面来探索心智和认知的奥秘。那么，我们为何要将教育纳入认知科学的体系呢？教育和教育学与人类心智和认知又有何关联呢？

2. 认知科学重新定义教育

事实上，教育和教育学是与人类心智和认知联系最紧密的领域和学

[①] 蔡曙山：《综合时代的认知科学——"清华大学认知科学译丛"总序》，《聚合四大科技 提高人类能力》，清华大学出版社2010年版，第5—9页。

科。但传统的教育观却看不到这一点。

传统观点认为，教育是按一定要求培养人的工作，主要指学校培养人的工作（《现代汉语词典》"教育"词条）。西方的教育观说得会更具体一些，认为教育是为提升知识和发展技能在学校进行的教学、训练和学习过程（a process of teaching, training and learning, especially in schools or colleges, to improve knowledge and develop skills）（《牛津词典》）。由全国十二所重点师范大学联合编写、列入"普通高等教育精品教材""普通高等教育'十一五'国家级规划教材"和"高等师范院校公共课教育学教材"的《教育学基础》（第3版）对"教育"的定义进行了深入的讨论，最后给出的定义是："教育是在一定社会背景下发生的促进个体的社会化和社会的个体化的实践活动。"①

这些定义并不全面，完全不顾"6+1"学科框架下的认知科学对教育和教育学的影响，没有指明教育与心智和认知的关系，因而不能揭示教育的本质，也就不能理解和说明为何在21世纪要将教育纳入认知科学体系。因此，我们需要从认知科学来重新认识和定义教育。

其一，我们要看到，教育是人的心智和认知能力的培育过程。教育从一个人孕育于娘胎时就已经开始了，这就是所谓"胎教"。学前教育、小学和中学、大学和研究生时期乃至人的一生都处于心智和认知的不同发展阶段，因此，教育要与不同阶段的心智和认知发展相适应。

其二，适应不同阶段的心智和认知发展，教育要从人类认知五层级展开，即从脑与神经认知、心理认知、语言认知、思维认知和文化认知五个层级逐次展开。

其三，教育是伴随人的终生发展的心智和认知培育过程。"终生发展"是教育这种特殊的人类认知活动的本质特征，其根据是人的心智和认知是终生发展的。个体的心智发展重演了种群心智发展的历史，因此，适应人的心智和认知发展需要的教育活动也应该和必须是终生的。

---

① 全国十二所重点师范大学联合编写：《教育学基础》，教育科学出版社2014年版，第3—4页。

现在我们可以站在认知科学的立场，用人类心智的发展来重新定义教育和教育学。

定义：教育是伴随人类终生发展的心智和认知能力的培育活动和培育过程。

注意在这个定义下，教育的目标不仅仅是传授知识，而是提高心智和认知能力。或者说，传授知识的目的也是为了提高心智和认知能力。

定义项中两种能力是心智能力和认知能力。心智能力是进化中获得的对内部信息和外部信息加工以求生存和发展的能力。认知能力是使用心智能力来认识世界的能力。

定义：教育学是研究教育现象、行为和规律的科学。

以上定义是在认知科学背景下对教育和教育学的重新认识，这种重新认知是必须的。只有这样，我们才能理解为何在新世纪之初要将教育和教育学纳入认知科学的学科框架，也才能理解教育和教育学在新世纪的全新的含义。

3. NBIC 提出未来教育的概念和远景蓝图

2000 年，人类刚刚迈入新世纪，美国国家基金会和美国商务部就共同资助一个项目，目的是搞清楚在新的世纪，哪些领域和学科是 21 世纪的带头学科。美国 70 多位科学家参加了这一项目，结果是一份长达 460 多页的研究报告，题目是《聚合四大科技　促进人类发展》（*Converging Technologies for Improving Human Performance*），它有一个响亮的和吸引人的副标题：纳米技术、生物技术、信息技术和认知科学（*Nanotechnology, Biotechnology, Information Technology and Cognitive Science*）。这个 "21 世纪科学技术的纲领性文献" 最后一部分统一科学和教育：（Unifying Science and Education）提出未来教育的概念和远景蓝图。来自美国国家研究院（NRC）和各研究小组的大量报告证实，社会的未来依靠科学的持续进步，而持续的科学进步又依赖于科学教育。通过国家和州政府的规范，美国一半的学校所教的科学知识将是基于科学和技术统一的原则，而不是基于工业革命前所产生的一些孤立的学科。聚合科技包括纳米技术、生物技术、信息技术和认知科学协同作用，将要促进基础教育，促进大学教育和研究生教育，也将要促进终生教育和学习，这是不断发展的技术经济所要求的。①

三、人类认知五层级与教育发展五阶段

根据重演律，个体的心智和认知发展，重演了人类心智和认知发展的历史过程。再根据教育阶段划分，我们可以建立人类认知五层级和教育发展五阶段之间的对应关系（图16-3）。本图纵轴为心智发展五个层级，横轴为终身教育各个阶段。从中我们可以看出：

1. 人类心智和认知五层级与教育发展各阶段完全对应

由于心智的重演律，从婴儿出生到成人的发育过程重演了人类心智从神经、心理、语言、思维到文化心智的发展过程。因此，从婴幼儿教育、学前教育、小学教育、初中教育、高中教育到大学教育，应该是与心智发展阶段同步和协调一致的。从图16-3可以清晰看出这种对应关系。

2. 以人类认知五层级（纵轴）为变量，看教育各阶段心智与认知发展

脑与神经认知从胎儿时期就开始了。根据乔姆斯基的先天语言能力理论和笔者提出的先天逻辑能力理论，② 语言和思维的认知能力从胎儿时期就具备了，同时，在胎儿时期，左右脑的侧化已经完成，左右脑的发育也基本完成了。脑与神经的认知能力在整个人的一生都在进行，脑是所有人体器官中最后衰老的部分。事实上，除非病变，大部分人的大脑到临死时都保持清醒，仍在有效工作。

心理认知是从婴幼儿时期（0—3岁）开始的。这个时期人的感知觉系统（包括眼、耳、鼻、舌、身五大感知系统和语言感知觉系统）

---

① ［美］米黑尔·罗科、威廉·班布里奇编著：《聚合四大科技 提高人类能力：纳米技术、生物技术、信息技术和认知科学》，蔡曙山、王志栋、周允程等译，清华大学出版社2010年版。

② 蔡曙山：《认知科学框架下心理学、逻辑学的交叉融合与发展》，《中国社会科学》2009年第2期。

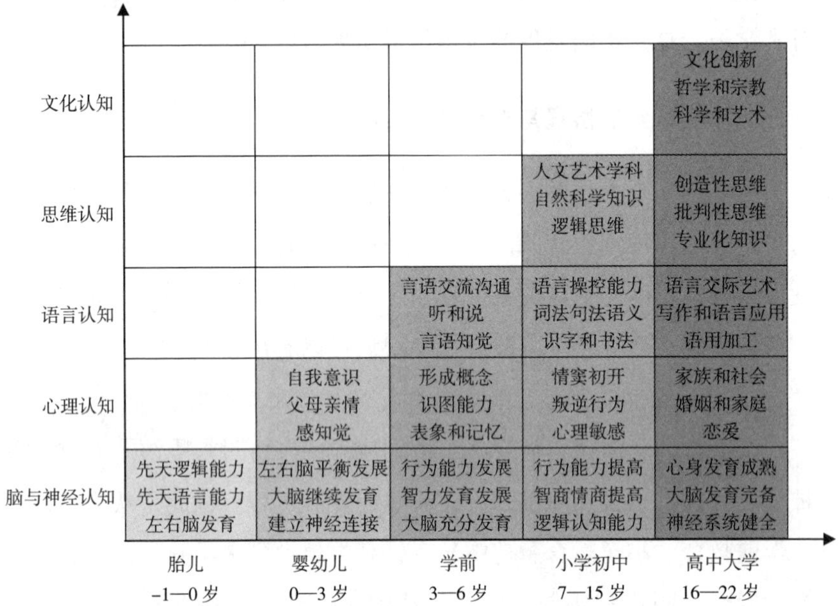

文化认知					文化创新 哲学和宗教 科学和艺术
思维认知				人文艺术学科 自然科学知识 逻辑思维	创造性思维 批判性思维 专业化知识
语言认知			言语交流沟通 听和说 言语知觉	语言操控能力 词法句法语义 识字和书法	语言交际艺术 写作和语言应用 语用加工
心理认知		自我意识 父母亲情 感知觉	形成概念 识图能力 表象和记忆	情窦初开 叛逆行为 心理敏感	家族和社会 婚姻和家庭 恋爱
脑与神经认知	先天逻辑能力 先天语言能力 左右脑发育	左右脑平衡发展 大脑继续发育 建立神经连接	行为能力发展 智力发育发展 大脑充分发育	行为能力提高 智商情商提高 逻辑认知能力	心身发育成熟 大脑发育完备 神经系统健全
	胎儿 -1—0岁	婴幼儿 0—3岁	学前 3—6岁	小学初中 7—15岁	高中大学 16—22岁

图 16-3　人类认知五层级与教育各阶段对应关系图

开始有效工作。这时期婴幼儿开始体会到父母亲情，并形成自我意识。从这时开始，心理认知能力也将伴随人的一生。

语言认知能力包括言语（口语）的认知能力和语言（文字）的认知能力。言语知觉能力从婴幼儿时期就已经开始了，但形成于学前时期（3—6岁），这个时期儿童的语言认知能力表现在口语的听和说以及言语的沟通能力上。语言（文字）的认知能力从小学时期开始，小学的识字是语言认知能力获得的至关重要的一环。言语和语言这两种语言认知能力一直保持到人生的终点。

思维认知能力的形成从婴幼儿和学前时期就已经开始了，但其重要的发展阶段是在小学初中和高中大学这两个时期。事实上，这两个时期的各门知识的学习，包括自然科学知识和人文艺术社会科学知识的学习，其目的就是思维认知能力的培养和提高。

文化认知是最高层级的人类心智和认知能力，这种能力要待到受教育者逐次完成婴幼儿、学前、小学初中和高中各阶段的知识学习并获得相应的脑与神经、心理、语言、思维等各个层级的认知能力之后才能开始。文化认知能力的系统发展和逐渐成熟，是从成人阶段即高中大学阶段（16—22岁）开始的，并贯穿于其后的整个成人发展阶段。文化认知的能力表现在文化创新上，包括科学技术创新、哲学创新、艺术和宗教创新等。关于文化创新的问题，我们将在本文最后一部分系统阐述。

3. 以教育发展阶段（纵轴）为变量，我们可以看到某个层级的心智认知在对应阶段教育中的体现和要求

在胎教阶段（-1—0岁），教育的目标主要是脑与神经层级的心智和认知能力的发展。在婴幼儿阶段（0—3岁），教育的目标主要是脑与神经认知、心理认知两个层级的心智和认知能力的发展。在学前阶段（3—6岁），教育的主要目标涉及脑与神经认知、心理认知、语言认知三个层级的心理和认知能力的发展。在小学初中阶段（7—15岁），教育的目标涉及脑与神经认知、心理认知、语言认知、思维认知四个层级的心理和认知能力的发展。在高中和大学阶段（16—22岁），教育的目标涉及所有五个层级即脑与神经认知、心理认知、语言认知、思维认知、文化认知各个层级的心理和认知能力的发展。我们看出，学前、小学、初中和高中这几个阶段是人生发展最重要的阶段，涉及所有五个层级心智和认知能力的全面发展，所对应的教育阶段称为"基础教育"阶段，国际上统称为"K12"教育。这是一个人毕生发展的最重要的时期，当然也就是基础教育阶段从初级到高级（从低阶认知到高阶认知）逐步提高人的心智和认知能力的时期。

从认知五层级与教育各阶段的对应关系还看出，教育的目标不仅仅是知识的学习，更重要的是心智和认知能力的培养和提高，教育的方法固然是要传授和学习知识，但学习知识是为了提高心智和认知能力。

4. 教育的目标是培养具有综合知识和认知能力的人才，最高目标是培养文化传承人

从人类认知五层级和教育发展五阶段之间的对应关系可以看出，文化认知处于人类认知的最高层级，它是以语言认知和思维认知为基础的。人类以语言和思维创建了全部知识体系，知识积淀为文化。在整个

基础教育阶段，我们所学习的知识是我们的前人利用语言和思维认知能力建构的。我们在学习这些知识的同时，也同时获得了语言和思维的认知能力。大学阶段进入了人生的成年期，我们开始理解和掌握全人类的文化，特别是我们本民族的文化。广义的文化包括人类所创造的一切有价值（主要是精神价值）的东西，文化是人类所特有的另一种基因。人类除了和其他动物一样具有自己的生物基因，还具有自己特殊的文化基因，称为"媒因"（meme）。

文化知识包含了全部的人类知识，文化认知能力向下包含了其他四个层级的认知能力，即思维认知、语言认知、心理认知、脑与神经认知各个层级的能力。

文化认知能力是最高级别的人类认知能力，它主要是在高中和大学时期形成和发展的。文化知识是人类最广阔最丰富的知识体系，文化认知是人类最高层级的认知能力。由此决定，教育的最高目标是培养具有丰富知识和强大认知能力、富有综合创新精神的、能够引领人类前进方向的文化传承人。

四、五层级认知能力的培养

在认知科学发展的背景下，由于人类认知五层级理论和认知科学"6+1"学科框架的建立，教育不可避免地与认知科学结为一体，21世纪教育的面貌正在发生根本的变革。

认知科学时代教育的目标和任务不仅是知识的学习，更重要的是心智和认知能力的培养和提高。从人类认知五层级与教育各阶段对应关系图我们不仅看到，五个层级的人类心智和认知能力与人的毕业教育各个阶段的对应关系，还能清楚地看到心智和认知能力的培养和提高在教育发展各阶段的要求。

1. 神经层级的认知能力培养

从教育各阶段看，脑与神经层级的心智和认知能力的培养贯穿于人的一生。在胎儿时期，脑与神经认知能力的养成就已经开始了，其中既有自然过程，如左右脑的发育和两种先天能力——先天语言能力和先天逻辑能力——的形成；也有教育过程，如胎教。根据认知科学，胎教是有道理的，但要遵循脑与认知科学的原理和方法。在婴幼儿时期，脑与神经认知能力继续得到培养和发育，主要是通过学习和训练，建立必要的和重要的神经连接，为今后的发展打好基础。在脑的发育方面，婴儿出生由于受到母亲子宫和产道等生理条件限制，不可能等到大脑完全发育成熟后再出生，而是将大脑的发育留到婴幼儿和儿童时期继续进行。孩子出生后的婴幼儿期、学前期和小学初中都是大脑继续发育的重要时期。这三个时期，在心智和认知发展上要求施予科学的教育方式。例如，学前阶段（3—6岁）是大脑充分发育的时期，应该通过适当的智力训练和行为能力的训练来引导孩子的大脑健康发育，尤其是孩子的专注力、创造力、观察力和记忆力的培养和提高。小学初中阶段（7—15岁），在先天语言能力和先天逻辑能力正常发育的基础上，要开始注重语言和逻辑认知能力的培养，同时还要注重行为能力（包括言语行为能力）的培养和提高。高中阶段学生逐渐进入成年期，高中和大学阶段（16—22岁）学生的神经系统发育健全、大脑发育完备、心身发育成熟，为更高层级的心理认知、语言认知、思维认知和文化认知能力的全面发展奠定了脑与神经认知的基础。

2. 心理层级的认知能力培养

在胎儿时期（-1—0岁），由于胎儿的大脑尚未发育成熟，这个时期的心理认知是不存在的。在婴幼儿阶段（0—3岁），个体的感知觉逐渐形成，并产生了父母和兄弟姐妹的亲情，并产生了自我意识和独立意识。此后，心理认知能力一直在发展，心理认知行为也将贯穿于一生。在学前阶段，儿童形成了自己的性格，产生喜怒哀乐的情绪，渴望被关注，具有识图的能力，表象和记忆形成并逐步发展，形成概念，对事物有了自己的心理判断。在接下来的小学初中阶段（7—15岁），从儿童时代进入青少年时代，进入心理敏感期，这个时期的青少年具有叛逆行为，同时情窦初开，对身边的异性会发生兴趣甚至产生特殊的情感。《红楼梦》大观园中的少男少女正是处于这个情窦初开的时期，产生了各种复杂多变的感情甚至爱情。对这个时期的青少年要特别加以正确引导，以防他们被不成熟的感情引入感情旋涡，影响学习。高中时期（16—18岁）进入青年时代，心理进一步发育成熟，一些高中学生甚至会发展成恋爱关系，这个阶段的恋爱关系大多数是不成熟的，毕业后各奔东西很难发展成婚姻和家族关系。心理素质好、能够理性判断的学生会克制自己的这种情感，将主要的精力投入学习，处理不好则会影响学习，甚至影响一生。大学阶段（19—22岁）进入成年期，生理和心理均已发育成熟。这个时期的恋爱婚姻是正常的，不能加以禁止，应该加以正确引导和鼓励，让他们意识到恋爱、婚姻、家庭不仅仅是个人行为，更是一种社会责任。正确的心理认知行为会赢得爱情和事业双丰收，反之则会造成人生的缺憾。

3. 语言层级的认知能力培养

"我言，故我在。"[①] 语言认知能力是人类全部认知能力的基础。语言认知能力的培养在人的毕生发展中至关重要。

语言包括口头语言和书面语言，语言知识包括口语知识和文字知识。相应地，语言认知能力包括口语听、说和言语交流的能力和文字表达和写作能力。

虽然在胎儿期已有先天语言能力存在，婴幼儿期也有口语个别音节听和说的语言能力的表现（实际上是先天语言能力的表现），但作为外部语言能力的口语能力是在学前阶段（3—6岁）形成的，表现为言语知觉能力、口语的听说能力以及言语交流沟通能力。此后，语言认知能力贯穿于人的一生。小学和初中阶段（7—15岁）完成识字教育。汉语为母语的中国学生，小学阶段识字3500字，包括一级汉字的全部和部分二级汉字，中学阶段继续完成全部一级汉字和二级汉字共约6000汉字的学习。识字教育的意义在于建立语言的语形加工（包括词法加工和句法加工）和语义加工的脑与神经机制和心理机制，从语形和语义两个层次来理解语言、应用语言。因为人类认知是以语言认知为基础

[①] 参见蔡曙山：《论语言在人类认知中的地位和作用》，《北京大学学报》2020年第1期。

的，所以这一阶段语言认知能力的培养和提高重要，成败都将影响人的一生。今后无论是成为领导者、学者和创业者（哈佛大学培养目标），杰出的语言认知能力的养成都是至关重要的。反之，如果这个阶段的语言认知能力的发展出现障碍，对其毕生发展都是灾难性的，甚至是毁灭性的。高中大学阶段（16—22岁）语言认知能力培养的第一要务是语用能力的养成。所谓语用能力，就是完整理解语言意义的能力和利用语言来做事的能力。第一个方面，语用加工要从说者、听者、时间、地点、语境五个维度来获得语言表达式的意义，所以，语用学的意义才是语言表达式的完整的意义。汉语是典型的语用语言，汉语表达式的意义只有在语用学的维度上才能真正理解。所以，语用认知能力的培养对中国学生尤为重要，方法是通过对中国古典文学作品诗经、楚辞、汉赋、唐诗、宋词、元明清戏曲和小说等优秀文学作品的学习来获得。第二个方面，语用能力是指人用语言来做事的能力（doing something in sayings somethings），相应的语言学理论是牛津分析哲学家奥斯汀和美国语言和心智哲学家塞尔所创立的言语行为理论，它是语用学的基础和核心的理论，[1] 塞尔又将其扩展为语言建构社会的理论，即人类使用语言来做一切事情，包括建构整个人类社会。[2] 学习和掌握语用学和语用逻辑，是成功应用语言交际艺术、提高语言认知能力的非常重要的一环。大学和研究生阶段，教育的目标仍然是知识的学习和能力的提高。专业毕业证书是知识学习合格的证明，学位毕业证书则是认知能力（表现为科研能力，即学位论文的写作）合格的证明。[3]

4. 思维层级的认知能力培养

"我思，故我在。"[4] 在语言认知能力基础上产生的思维认知能力也是人类认知的重要组成部分，人类认知是以语言为基础，以思维和文

---

[1] 蔡曙山：《言语行为和语用逻辑》，中国社会科学出版社1998年版。

[2] Searle, John R. *The Construction of Social Reality*, Free Press; Illustrated edition, 1997; *Mind, Language, and Society*, Basic Books; 1st edition, 1999.

[3] 蔡曙山：《科学研究与科学论文写作》，《贵州民族大学学报》2019年第5期。

[4] Descartes, René *Discourse on the Method of Rightly Conducting One's Reason and of Seeking Truth in the Science*, Independently published, p. 15.

化为特征的。

思维认知能力是在语言认知能力的基础上产生的,所以它在毕生学习和教育发展阶段中也出现在语言之后。先天逻辑能力和先天语言能力一道在胎儿期中就已经存在,并且在婴幼儿和学前阶段也已经有所表现。根据皮亚杰的研究,婴幼儿的思维认知主要是运动思维,即通过探索感知觉与运动之间的关系获得动作经验,这个阶段,儿童在认知上发展了客体永恒性,知道了消逝了的事物的存在。另外,具有了合乎逻辑的目标定向行为。思维作为一种独立的认知能力,其学习和养成主要是在小学和初中阶段(7—15岁),通过自然科学知识(数学、物理、化学、天文学、地理学、生物学)和人文艺术学科知识(语言学、文学、历史学、哲学、艺术学)的学习,逐步培养起学生的逻辑思维能力和直觉思维能力。高中阶段(16—18岁)继续学习自然科学和人文艺术学科的知识,培养批判性思维等高级思维能力。大学阶段(19—22岁)及其后的研究生阶段,主要通过专业化的知识学习,科学研究和科学论文的写作(或学术研究和学术论文的写作),进一步提高批判性思维能力和创造性思维能力。

5. 文化层级的认知能力培养

人类认知的三个组成部分语言认知、思维认知和文化认知,文化认知是最高层级的认知形式,也是最高形式的人类认知能力。

根据人类认知五层级理论,文化认知是以其他四个层级的认知为基础的。在人的毕生发展中,我们依次获得脑与神经认知、心理认知、语言认知、思维认知各个层级的认知能力,最后形成文化层级的认知能力。

文化既是一种知识体系,又是一种认知形式,还是一种遗传基因。从知识体系上看,它向下包含了全部的人类知识,也由全部人类知识来支撑。例如,代表中华文化知识体系的是国学,乃是"国故之学",指中国历代的文化典籍和学术成果。章炳麟认为国学首先是小学,此乃国学之基础,包括音韵学、文字学、训诂学、版本目录学,其他还有经学、史学、诸子、文学。清乾隆时期编修的大型文献《四库全书》被当作是国学的经典,分为经、史、子、集四部,共收录3462种图书,共计79338卷,36000册,约8亿字。如此浩渺的知识典籍,足见中华文化之博大精深。从认知形式上看,文化认知是在进化中获得的最高层级的心智能力,它以脑与神经、心理、语言、思维等四个层级的心智能力为基础并包含了人类所有层级的心智能力。所以,文化认知是最高层级的人类心智和认知能力。从遗传基因看,人类不仅具有作为生物和动物都具有的生物基因,更具有人类所特有的文化基因,它有一个响亮的名字叫作"媒母"或"媒因"(meme),指一种行为方式,它不是通过基因的方式遗传,而是通过模仿的方式从一部分人传递到另一部分人(《牛津词典》)。更简明地说,文化基因是一种思想信念或社会行为因素,通过文化特别是模仿代代相传(《柯林斯词典》)。可见文化基因何等重要,它是人类特有的一种遗传方式!20世纪美国制定了两大科学计划——人类基因组计划和人类认知组计划,前者要揭开人类生命的奥秘——通过基因来遗传;后者要揭开人类认知的奥秘——通过文化来传递。从人类五层级理论我们看到,文化层级的心智和认知能力是从脑与神经、心理、语言、思维的心智和认知能力及知识学习中逐次形成和获得的,它向下包含了人类全部的知识和能力,形成一种人类特有的、可以通过模仿和学习来获得的代代相传的行为和认知能力。

文化如同血液,流淌于我们的全身,我们无时无刻不浸润于自己的民族文化之中。中华文化则流淌在56个中华民族的身体之中,充满在我们的灵魂之中。我们无时无刻不浸润于自己的民族文化之中。我们不能摆脱我们自身的文化,犹如我们不能摆脱我们自身的基因。那么,中华文化的特质是什么呢?这就要从中国人心智和认知的各个层级加以分析,即从中国人的脑与神经认知、心理和行为认知、语言认知、思维认知、知识和社会行为方式加以分析。特别地,我们要从中华民族特有的特质生产方式和精神生产方式,即从中华民族特有的农耕生产方式即农耕文化,从中华民族的语言、思维和知识之特质,从中华民族文化的主体科学和技术、文学、历史和哲学、艺术和宗教来探索中华文化之特质,揭开中华文化基因之奥秘。笔者所带领的清华大学认知科学团队 20 年来所从事的认知科学研究,特别是近 10 年来所承担的国家社会科学基金两个重大项目"语言、思维、文化层级的高阶认知研究"(15ZDB017)"认知科学与中华文化特质研究"(23&ZD238)就是致力于探索人类认知的奥秘,特别是探索中华民族认知和文化基因的奥秘,以上研究已经取得了一系列重要的成果。

教育的最终目的是培养文化传承人,使人类的文化基因代代相传。根据以上分析,在教育的各个发展阶段,我们都能看到文化因素的影响。根据人类认知五层级理论,文化认知能力的形成,需要经过脑与神经认知、心理认知、语言认知、思维认知各层级认知能力的培养和积累才能实现。因此,文化层级的认知能力的形成始于高中阶段,发展和成熟于大学及其后的研究生学习阶段,主要通过各种文化知识的学习,即通过科学与技术、文史和哲学、艺术和宗教知识的学习,来获得文化认知和创新能力。大学及其后的研究生阶段,教育培养的目标是学生的文化认知能力和创新能力。文化需要创新,创新也需要文化,任何真正意义的创新都是文化创新,包括科学技术创新、哲学理论创新、艺术宗教创新。世界排名第一的哈佛大学,其培养的人才类型主要有三种:领导者(Leaders)、学者(Scholars)、工商业创业者和企业家(Businessmen),集中到一点,就是培养人类文化的传承人(Cultural Inheritor)。

五、认知科学回答钱学森之问

现在我们可以来回答"钱学森之问"。

"为什么我们的学校总是培养不出杰出的人才?"这就是著名的"钱学森之问",是钱学森晚年时对中国科学特别是中国教育的关怀和思考。

"钱学森之问"引发了科技界、教育界、学术界无数人的讨论,一些人也提出了解决方案,但仅仅是就科技而论科技,就教育而论教育。我认为这个"世纪之问"应该以"知识与能力""心智与认知"为关注点,从认知和教育的立场来加以分析和认识。

1. 什么样的人是"大师"和"杰出人才"

所谓杰出的人才，有以下共同特点：第一，他们都是学贯中西、兼通文理的通才和全才，而不仅仅是某一个领域的专才，尽管他们取得成就的领域都非常专业，但他们有强大的交叉综合知识背景作为其专业的支撑。鲁迅、郭沫若都是弃医从文、兼通文理、知晓古今，才能透析社会，做出非凡的成就。郭沫若的成就更是遍及文学、诗歌、戏剧、历史、考古、古文字，在中国现代史上，他还是著名的政治家和革命家。著名历史学家陈寅恪不仅精通历史，更能精通西方古今语言20多种，尤精梵藏经典，是清华大学国学院四大导师之一，"教授中的教授"，真正的国学大师。傅斯年评价他："陈先生的学问，近三百年来一人而已。"陈寅恪在王观堂先生纪念碑铭文中"独立之精神，自由之思想"实为寅恪先生自身之写照，"与天壤而同久，共三光而永光"。第二，分析和综合两种方法的应用。他们的成就都是以专业和分析的方法做出来的，但他们的观点立场和思想方法都是综合的。第三，知识和能力并重。大师们都具备雄厚而广泛的专业基础知识，这是他们做出非凡成就的前提。但仅有这些知识基础是不够的，更重要的是他们的认知能力，这就是语言、思维、文化方面卓尔不群的认知能力。第四，创新是杰出人才的共同特质。民国时期大师们的学术成就，不论是在自然科学领域，还是在人文社会科学领域，其共同特质是创新，推动先进文化的发展。

大师们所具备的，可能正是我们今天的教育体制所缺少的，所以才会产生钱学森的遗憾和追问，而这也正是我们的未来教育应该加以重视和改进的。

2. 强调知识综合，注重能力培养

教育从来被看成是传授和学习知识的一种个人和社会的行为。但在认知科学时代，这种教育观已经过时，应该彻底地被扬弃，代之以新时代的教育观。

未来教育应该是知识和能力并重，并且要更加重视心智和认知能力的培养。20世纪是分析的时代，人类知识被分割为"学科门类十几个、一级学科几十个、二级学科几百个、三级学科几千个"那样一种支离破碎的体系,现代大学教育强化了这种学科分隔。学生在被培养为专业化人才的同时,丧失了综合的认知能力。在认知科学时代,我们学习的知识除了专业知识之外,更要重视交叉综合的学科知识,提高综合的认知能力。

如何培养和提高受教育者的心智和认知能力,我们发现心智和认知能力与教育发展阶段相对应的规律。根据这一规律,在未来教育中,教育各阶段的知识学习仍然重要,但并不是教育最终的目的,教育的最终目标是对应于人类认知五个层级,致力于受教育者心智和认知能力的培养和提高。这样,经过婴幼儿、学前、小学和初中、高中和大学阶段的学习,学生逐步获得脑与神经、心理、语言、思维和文化各层级的认知能力,为大学和研究生阶段及其后的文化创新(包括科学技术创新、哲学创新、艺术文化创新和宗教创新)奠定了基础。

3. 重新定义教育,变革教育体制

学术大师和杰出人才的培养,未来教育的正确定位和旧体制的变革是必要条件。

第一步是以认知科学重新定义教育。按照我们的定义,教育是伴随人终生发展的心智和认知能力的培育活动和培育过程。在这个定义下,教育的目标不仅仅是传授知识,还是提高心智和认知能力。传授知识的目的也是为了提高心智和认知能力。

按照这个定义,目前的教育体制与教育的本质和要求有很多不相容和不一致的地方。例如,教育仅仅被看成是传授和学习知识的一种途径和手段,人类心智和认知完全未能进入教育的视野。既然教育与人的心智和认知无关,那么它也就与人的培养无关,不论现行教育体制下提到或没提到人的培养,这是现行教育体制最根本的缺陷。

第二步是根据教育的新定义,应该将教育发展各阶段(胎教、婴幼儿教育、学前教育、小学初中教育、高中大学教育)与人类认知的五个层级(脑与神经认知、心理认知、语言认知、思维认知、文化认知)对应起来,重新制定教育发展各阶段的培养方案和教学计划,通过知识的学习,提高学生和受教育者的心智和认知能力,这都是未来教育的根本任务。

第三步是教育体制的改革。根据笔者在清华大学和贵州的教育实践,认为认知科学一旦进入教育领域,必将引起重大的变革。例如,我们在贵州某大学创办的认知科学与技术本科专业,学生入学后,基础课开设哲学、逻辑学、心理学、语言学、民族学、教育学、计算机科学、神经科学等课程,实现了"6+1"的学科涵盖。第一、二学年内打下多学科的基础,实现"多学科宽基础培养",三年级时根据学生自己的兴趣和特长,提供"第二次选择"的机会,学生可以在以上"6+1"的学科框架下,重新选择一个自己感兴趣的学科专业来完成学位论文,通过答辩取得相应学科的学位。在这样的创新体制下,学生经过4年的学习,不仅获得了旧体制单学科培养模式下无法获得的多学科交叉综合知识,而且培养了五个层级的认知能力。这种认知能力经过了以下检验:首先是学位论文的写作能力和完成论文所必需的实验和实证能力。在老师的指导下,学生能够从文献综述、问题提出、实验研究(或实证研究)、结论和讨论四个方面来写作学科论文,[①] 论文质量不逊色于一流大学毕业生,而这所大学不过是一所非985/211的普通高校。其二,这所高校的认知科学与技术专业本科毕业,考研率和录取率在该校各学科专业中遥遥领先。其三,该专业毕业生除了考上研究生之外,其他学生均百分之百就业,就业率大大优于其他专业毕业生。以上充分证明,认知科学的宽基础、多学科交叉的培养模式是成功的,认知加教育的改革也是非常成功的。

4. 培养杰出人才,实现文化创新

何谓"杰出人才"?按照哈佛大学的标准,杰出人才有三类:领导者(Leaders)、学者(Scholars)、创业者和企业家(Entrepreneur or Businessmen)。三类人才再提升集中为一类,那就是文化传承人(Cultural Inheritor),即能够引导人类文化前进方向和能够进行文化创新的人才。根据

[①] 蔡曙山:《科学研究和科学论文写作》,《贵州民族大学学报》2019年第5期。

人类认知五层级理论，由于文化层级的认知能力依次包含了其他各层级的认知能力，所以，文化认知的引领者同时也引领了其他各层级的认知主体。

杰出人才应该具备以下素质：第一，具有经验实践和理性思维能力，不仅能够从经验和实践中学习知识，而且能够以理性思维进行逻辑推理和逻辑分析。第二，掌握分析与综合两种认知方法，不仅能够进行本学科的专业分析，还能够进行跨学科的归纳和综合。在认知科学和综合的时代，综合的能力尤为重要。[1] 第三，通过知识的学习，培养并提高了脑与神经、心理、语言、思维、文化五个层级的认知能力。第四，在知识学习、学术探索和科学实验中，养成求实、求真、更求新的科学精神。

五个层级的人类认知能力中，文化是最高层级的认知能力。因此，文化创新才是最高形式的创新，同时，任何真正意义的创新都是文化创新。显然，杰出人才就是具备文化创新能力——包括科学技术创新能力，哲学创新能力，艺术宗教创新能力——的人才，也就是"钱学森之问"中希望我们的教育体制能够培养出的大师和杰出人才。

5. 真正做好"6+1"教育定位，实现认知教育大联盟

从认知科学的立场和观点看，未来教育变革的必然之路是真正做好"6+1"教育定位，实现认知—教育大联盟。目前，这个过程已经开始，未来教育的变革正在进行之中。

中国认知科学的下一阶段发展就是认知科学与教育结合，将认知科学的理论方法应用于教育，推动中国教育的未来发展；而中国教育的未来发展则是真正做到"6+1"的教育定位，重新认知教育，变革教育体制。我们希望通过我们和团队的共同努力来推动中国认知—教育事业的发展。我们相信认知—教育的联盟将会形成，一个新的时代——认知—教育的新时代将会到来。

---

[1] 蔡曙山：《综合的时代：从认知科学到聚合科技及其未来发展》，《人民论坛·学术前沿》2022年10月（下）。《新华文摘》《人民论坛》《人民智库》全文转载。

17

阳明心学就是中国的认知科学[①]

王阳明是中国和世界著名的思想家和哲学家，其思想和理论的影响自明清至现当代，遍及全球。王阳明又是最受中外伟人推崇的心学大师，他不仅是与尼采齐名的伟大哲学家，更是与孔孟并称的儒家圣人，他集立德、立功、立言于一身而"真三不朽"，实现了古今圣贤的最高人格理想，是深受中外各界推崇的心学大师。

早在2011年，习近平视察贵州大学在和学生们交流的时候说，他很景仰龙场悟道的王阳明先生，贵州的文化对王阳明先生更应该有深刻的心得。我们的古代优秀文化值得自豪，要把文化变成一种内生的源泉动力，作为我们的营养，像古代圣贤那样格物穷理、知行合一、经世致用。[②] 一个国家综合实力最核心的还是文化软实力，这事关精气神的凝聚。我们要坚定道路自信、理论自信、制度自信，最根本的还要加一个文化自信。[③]

王阳明晚年对心学思想作了一个总结，后人称为阳明先生"四句

[①] 本文原载《贵州社会科学》2021年第1期，CSSCI来源期刊，本文被中国知网全文转载，被引9次，年均被引3次。在项目最终成果鉴定会上，鉴定专家称赞本文为"认知科学本土化研究的重要成果"。基金资助：国家社会科学基金重大项目"语言、思维、文化层级的高阶认知研究"（15ZDB017）；国家社会科学基金重大项目"汉语非字面语言大脑加工的神经机制研究"（14ZDB154）；国家自然科学重点基金项目"汉语认知加工机制与计算模型"（61433015）；贵州省哲学社会科学规划国学单列重大项目"认知科学与阳明心学的实证研究"（20GZGX10）。

[②] 《习近平在贵州调研》，中央政府门户网站，2011年5月11日。

[③] 钱文忠：《从优秀传统文化中寻找精气神》，《人民日报》2014年3月17日。

教":"无善无恶心之体,有善有恶意之动,知善知恶是良知,为善去恶是格物。"王阳明先生自己曾说:"此四句,中人上下无不接着。我年来立教亦更几番,今始立此四句。"王阳明高徒徐爱在《传习录》中说道:"爱朝夕炙门下,但见先生之道,即之若易,而仰之愈高。见之若粗,而探之愈精。就之若近,而造之愈益无穷。十余年来,竟未能窥其藩篱。"①

阳明心学是一个完整的哲学思想体系,包括作为本体论的"心外无物"作为认识论的"知行合一"、作为伦理学和实践观的"知行合一",实质是恪守儒家伦理,成为圣人。

过去把阳明心学斥为"主观唯心主义",那是在唯物唯心二分法的西方古典哲学时代的一种划分。古典哲学之后,20世纪的西方哲学又经历了分析哲学、语言哲学、心智哲学三个阶段的发展。20世纪70年代中期认知科学建立以后,心智哲学已经成为当代西方哲学的主流。②分析哲学拒斥了形而上学,语言哲学拒斥了分析哲学,心智哲学则拒斥和扬弃了之前的所有哲学,并成为21世纪西方哲学的主流。阳明心学(Yangming's theory of mind)与心智哲学(philosophy of mind)和认知科学关系密切。

一、阳明心学的人文历史和自然资源的考察

(一)为何阳明心学会诞生在贵州

心学,作为汉族儒学的一门学派,最早可推溯自孟子,而北宋程颢开其端,南宋陆九渊则大启其门径,而与朱熹的理学分庭抗礼。至明朝,由王阳明首度提出"心学"两字,并提出心学的宗旨在于"致良知",至此心学开始有清晰而独立的学术脉络。

过去我们一直把阳明心学看作是一种哲学。阳明心学有非常完备的哲学体系,包括"心即理"的本体论、"格物致知"的认识论和"知行

---

① (明)王守仁撰:《王阳明全集》卷一,上海古籍出版社2011年版,第1页。
② 蔡曙山:《从语言到心智和认知——20世纪语言哲学和心智哲学的发展,以塞尔为例》,《河北学刊》2008年第1期。

合一"的伦理学和实践观。所以,阳明心学是中国古代哲学的杰出代表。

其实,阳明心学也是中国古代的认知科学,认知科学的所有基本原理都体现在阳明心学之中。例如:认知科学的研究对象是心智和认知,而阳明心学的核心概念"心"就是"心智"。由脑和神经系统产生心智的过程是认知,阳明心学对此也进行过各种的讨论。可惜的是,限于历史条件,阳明心学没有也不可能用现代实验科学的方法来对他的理论学说做实证研究,而在认知科学发展的今天,阳明心学的科学实证研究已经成为可能。

研究阳明心学,一定会提出这样一个问题:阳明心学为何诞生在贵州?

我们来看阳明先生在贵州的这段经历。据史载:弘治十二年(1499),(王阳明)举进士,次年,授刑部云南清吏司主事,后改兵部主事。弘治十八年(1505),王阳明"专志授徒讲学","共以倡明圣学为事"。正德元年(1506),王阳明一度被权宦刘瑾排挤,谪为贵州龙场驿丞。正德三年(1508),到龙场(今修文县境内),潜心修炼心学,史称"龙场悟道"。张廷玉《明史王守仁传》对此记载:"正德元年冬,刘瑾逮南京给事中御史戴铣等二十余人。守仁抗章救,瑾怒,廷杖四十,谪贵州龙场驿丞。龙场万山业薄,苗、僚杂居。守仁因俗化导,夷人喜,相率伐木为屋,以栖守仁。"[①]

王阳明在龙场悟道,可谓占有天时、地利、人和。龙场三年,是命运对阳明先生的考验。"祸兮福所倚",阳明先生在龙场困顿三年,却潜心悟道,从此改变命运,此天时也。贵州有优美的自然环境,龙场在万山之中,"书卷不可搞",阳明先生在此可以修身养性,纯心悟道。于是默记五经要旨,但凭自己的理解去领悟孔孟之道,忖度程朱理学。这一改变,使他摆脱了世间凡俗,跳出了"以经解经""为经作注"的窠臼,发挥了独立思考,探索到人生解脱之路,此地利也。龙场是夷人

---

① 张廷玉:《明史》卷一百九十五,中华书局1974年版。

居地,民风古朴,淳朴善良的龙场人给予他无私的援助,"相率伐木为屋,以栖守仁。"这与京城中"各抢地势,勾心斗角"的情况相比,有如天渊之别,使他体会到人间"真情",深感"良知"的可贵,从中得到新的启示和灵感,此人和也。

因此,阳明心学诞生在贵州,占有天时、地利、人和,有其历史的必然性。阳明心学,是贵州自然和文化财富的宝贵结晶。

(二)阳明心学在贵州的发扬光大

阳明心学在贵州的研究可谓是得天独厚,因为我们不仅有阳明龙场悟道的天时、地利、人和,有研究阳明心学的第一手资料,而且我们有理解阳明心学的金钥匙——当代认知科学的理论与方法。

其一,贵州有研究阳明心学的自然与人文条件。王阳明在贵州龙场悟道,得益于贵州天人合一、优美安详的自然环境。这种"孕育万物,人文益昌"的自然资源,自古而然。贵州的自然环境和资源至今保留完好,这在自然环境和资源日益遭受严重破坏的当下,显得尤其宝贵,是不可复制、不可再生的宝贵资源。这是研究阳明心学必需的自然与人文条件。

其二,贵州有研究阳明心学的第一手资料。王阳明在贵州龙场(今贵州修文县)悟道,后又在全国讲学授徒,并将他的心学传播到亚洲和全世界,修文因此被誉为"王学圣地"和"心学故乡"。为发扬光大阳明心学,当地建造了"中国阳明文化园"和"王阳明纪念馆"。文化园区占地3500余亩,总体布局为"一带二心三坊六区"。王阳明纪念馆新馆面积达到3600平方米,现馆内包含国家一级文物——王阳明记功碑的复制品;阳明学相关专著600余本,年代跨度400余年,有欧美、日韩及国内专家的众多著作。阳明心学的根在贵州,阳明心学的第一手资料也在贵州。

其三,阳明心学蕴藏着非常宝贵的学术资源,阳明心学就是中国古代的认知科学。用当代认知科学的理论和方法来研究阳明心学,这是贵州阳明心学研究最大的特点和创新之处。认知科学是21世纪的带头学科,是世界一流大学竞相争夺的科学研究高地和学科建设前沿。认知科学的目标是揭开人类心智的奥秘,其学科目标是促进21世纪各学科的发展。清华大学认知科学团队携手张学立教授共同领导的贵州民族大学认知科学团队,以当代认知科学的理论和方法,使用现代科学技术,潜心研究阳明心学,提出"阳明心学就是中国古代的认知科学"的重要论断,并于2016年成立"阳明心学和认知科学研究中心",① 积极推动阳明心学在贵州的发扬光大。

二、阳明心学与当代认知科学

(一)人类认知五层级理论 ②

认知是脑和神经系统产生心智的过程和活动。一般而言,只要有脑和神经系统的动物都有某种程度的心智。人类心智从初级到高级的进化经历了神经、心理、语言、思维和文化五个阶段,因此,人类认知对应的形式也有五种:神经认知、心理认知、语言认知、思维认知和文化认知。人类认知五个层级的认知是人类心智进化的五种能力在大脑中的留存。非人类的动物只进化出神经和心理两种心智能力,因此,它们仅仅具有神经和心理两个层级的认知。非人类的动物的认知称为低阶认知。在人类心智进化过程中,语言的出现是至关重要的。语言的发明使人类最终告别非人类的其他物种而进化为人。③ 在人类特有的抽象的概念语言的基础上,形成了人类思维;语言和思维的共同创造,产生了人类的全部知识,而知识的积淀便形成文化。语言、思维和文化,是人类特有的认知能力和认知形式,即高阶认知。

人类认知各个层级之间的关系是:

一是低阶认知决定高阶认知。在人类认知的五个层级中,每一种初级认知依次成为高级认知的基础。例如,神经认知是心理认知的基础;

---

① 见贵州民族大学民族文化与认知科学学院网站,http://mzrz.gzmu.edu.cn/xxgk/xxjj3.htm。

② 参见蔡曙山:《论人类认知的五个层级》,《学术界》2015年第12期。

③ 在人类进化过程中,三个重大事件改变了人类进化方向,使人终于进化为人,这三个事件是直立行走、火的使用和语言的发明。

心理认知是语言认知的基础；语言认知是思维认知的基础；思维认知是文化认知的基础。当然我们也可以说，神经认知和心理认知是语言认知的基础；神经认知、心理认知和语言认知是思维认知的基础；神经认知、心理认知、语言认知和思维认知是文化认知的基础等等。

二是高阶认知影响低阶认知。较高级的认知形式包含初级认知，并对其产生影响。例如，文化认知会对思维认知、语言认知、心理认知和神经认知产生影响；思维认知会对语言认知、心理认知和神经认知产生影响；语言认知会对心理认知和神经认知产生影响等等。

三是由语言认知、思维认知和文化认知构成的高阶认知是人类特有的认知形式，非人类的动物并不具有这种认知形式。在人类认知五个层级中，语言认知至关重要。语言认知区分了高阶认知和低阶认知，并作为高阶认知即人类认知的基础。人类认知是以语言为基础、以思维和文化为特征的。

四是五个层级的认知是按照科学标准划分的。所谓科学标准，就是将科学研究的对象作为划分的根据。人类认知的五个层级则是以认知科学的对象心智和认知作为标准来划分的。迄今为止，认知科学所研究的对象都分属于这五个层级，没有也不可能有超出这五个层级的认知科学对象。

五是认知科学的科学标准和划分是基础，是第一性的，它决定认知科学的学科标准和划分。认知科学的五层级结构和"6+1"的学科框架之间的映射关系见本书"丛书总序"图0-5，注意相反方向的映射并不成立。这就证明了认知科学的科学结构决定它的学科结构，而不是相反。有的认知形式映射到多个学科之中，这就形成认知科学跨领域、跨学科的研究。例如，思维认知在哲学、教育学和计算机科学中都是学科研究的对象。

认知科学的目标就是要揭开人类心智的奥秘。为了实现这个目标，认知科学需要从神经、心理、语言、思维和文化五个层级来研究人类的心智和认知。这五个层级的心智和认知是人脑对信息加工的五种典型的方式，是发生在我们头脑里的过程。

作为对人们头脑里认知过程的摹写和对认知规律的描述，产生了神经科学和认知神经科学、心理学和认知心理学、语言学和认知语言学、思维科学和逻辑学以及文化研究和文化人类学等学科和研究领域。

认知科学就是以认知过程及其规律为研究对象的科学。阿什克拉夫特（M. H. Ashcraft）认为，认知涉及学习、记忆、思维、理解以及在认知过程中发生的其他行为。[①] 但这个定义失之过窄。对认知和认知科学有不下十几种定义，但都不如依据人类认知五层级理论所下的定义来得恰当。"认知科学"是用"认知"来定义的，而"认知"又是用"心智"来定义的。这样，我们可以先定义"心智"，然后再定义"认知"和"认知科学"。

心智：心智是有脑和神经系统的动物所具有的智能和行为方式。心智的进化依次经历了神经、心理、语言、思维和文化五个层级。非人类的动物只具有神经和心理两种心智。人类具有所有五个层级的心智。

认知：从脑和神经系统产生心智的加工过程叫作认知。由心智进化形成的认知相应地也分为五个层级：神经认知、心理认知、语言认知、思维认知和文化认知。非人类的动物只具有神经认知和心理认知两种加工方式，人类具有所有五个层级的认知加工方式。

认知科学：认知科学是研究人类认知现象和规律的科学。

根据定义，认知科学就是要研究五个层级的人类认知的内容、形式和规律。由于认知是由心智决定的，所以，认知科学同时也研究五个层级的人类心智的内容、形式和规律，即研究神经层级的心智和认知、心理层级的心智和认知、语言层级的心智和认知、思维层级的心智和认知、文化层级的心智和认知等等。由于人类心智和认知的五个层级向下包含了非人类动物的心智和认知，所以一般而言，认知科学也研究动物的心智和认知。

认知科学的目标是揭开人类心智的奥秘。从这个目标来看，认知科

[①] Ashcraft, Mark H. (1998) *Fundamentals of Cognition*, New York, Addison Wesley Longman, Inc. p. 5.

学的重点是研究人类特有的心智和认知形式,即语言的心智和认知、思维的心智和认知以及文化的心智和认知。这是不言而喻的,因为语言决定人之所以成为人,而人类的心智和认知是以语言为基础,以思维和文化为特征的。[①]

由于对认知的研究自然包含对心智的研究,为了简明,我们把五个层级的心智和认知简称为五个层级的认知,即神经层级的认知、心理层级的认知、语言层级的认知、思维层级的认知和文化层级的认知,更简明地,称为神经认知、心理认知、语言认知、思维认知和文化认知。

21世纪关于人类的两大秘密将被揭开,美国为此制定了两大科学计划。一是人类基因组计划,它将揭开生命的奥秘;二是人类认知组计划,它将揭开人类心智的奥秘。

在罗科和班布里奇(Mihail C. Roco and William Sims Bainbridge)等编著的21世纪科学技术的纲领性文献 Converging Technologies for Improving Human Performance: Nanotechnology, Biotechnology, Informational technology and Cognitive science(简称CTIHP)一书中,霍恩(Robert Horn)提出的人类认知组计划(The Human Cognome Project, HCP)被给予最高的优先权,即通过多学科的共同努力,理解人类心智的结构、功能,并提高其潜能。[②]

21世纪的四大带头学科是纳米技术、生物技术、信息技术和认知科学,简称聚合技术(Converging Technologies),简称NBIC。CTIHP是这样来描述NBIC的研究目标的:"在下个世纪,或者在大约5代人的时期之内,一些突破会出现在纳米技术(消弭了自然的和人造的分子系统之间的界限)、信息科学(导向更加自主的、智能的机器)、生物

[①] 蔡曙山等:《语言、思维、文化层级的高阶认知研究》,国家社会科学基金重大项目(15ZDB017),2015—2020年。

[②] Mihail C. Roco and William Sims Bainbridge (eds.) (2002) Converging Technologies for Improving Human Performance. National Science Foundation, Arlington, Virginia, p. 28/482.

科学和生命科学（通过基因学和蛋白质学来延长人类生命）、认知和神经科学（创造出人工神经网络并破译人类认知）和社会科学（理解文化信息，驾驭集体智商）领域，这些突破被用于加快技术进步的步伐，并可能会再一次改变我们的物种，其深远的意义可以媲美数十万代人以前人类首次学会口头语言知识。NBICS（纳米—生物—信息—认知—社会）的技术综合可能成为人类伟大变革的推进器。"① 这个重要的研究报告中还有这样一句话也是非常经典的："聚合技术（NBIC）以认知科学为先导。因为一旦我们能够从如何（how）、为何（why）、何处（where）、何时（when）这四个层次上理解思维，我们就可以用纳米科技来制造它，用生物技术和生物医学来实现它，最后用信息技术来操纵和控制它，使它工作。"②

这是怎样的一幅图景啊！由于认知科学所具有的这些特征，科学家们普遍认为，它是新世纪科学的制高点，认知科学在21世纪科学发展中具有重要的战略地位。

（二）阳明心学就是中国古代的认知科学

在西学东渐的过程中，心学与国学的其他圣人学问开始被"哲学化"，阳明心学还被贴上"唯心主义"的标签。但阳明心学不同于其他儒学，在于他强调生命活泼的灵明体验。其实，阳明心学更像是中国古代的认知科学。阳明心学不仅包含哲学的本体论（心即理）、认识论（格物致知）和实践观（知行合一）之外，还包含了从行为主义心理学到认知心理学的相当完整的理论体系。阳明心学具体讨论了心、意、言、行之间的关系，辨析了"亲"和"新"、"亲"和"仁"、"理"和"礼"、"理"和"文"、"博文"和"约礼"、"博文"和"惟精"、"约礼"和"惟一"、"格物"和"致知"、"天理"和"人欲"等等这些核心概念和范畴之间的关系。这些概念、范畴和思想理论大大超越了哲

---

① Mihail C. Roco and William Sims Bainbridge (eds.) (2002) *Converging Technologies for Improving Human Performance*. National Science Foundation, Arlington, Virginia, p. 102.

② Mihail C. Roco and William Sims Bainbridge (eds.) (2002) *Converging Technologies for Improving Human Performance*. National Science Foundation, Arlington, Virginia, p. 281.

学领域，涉及心理学、语言学和认知科学所有的领域。所以我们说，阳明心学就是中国古代的认知科学，而不仅仅是一种哲学。

从人类认知五层级看，阳明心学涵盖了人类认知的所有五个层级。

1. 神经层级的认知

由于科学发展阶段的限制，阳明心学不可能进行脑与神经认知的分析，但涉及对脑与神经层级的"心"（心智）、"身"（身体）和"意"（意向、意念）的非常深入的分析，如对"心"（mind）、"身"（body）、"意"（intention）、"言"（speech）、"行"（acts），阳明心学均有涉及。如："至善是心之本体。只是明明德到至精至一处便是。"又说："身之主宰便是心。心之所发便是意。意之本体便是知。意之所在便是物。如意在于事亲，即事亲便是一物。意在于事君，即事君便是一物。意在于仁民爱物，即仁民爱物便是一物。意在于视听言动，即视听言动便是一物。所以莫说无心外之理，无心外之物。中庸言'不诚无物'，大学'明明德'之功，只是个诚意。诚意之功，只是个格物。"① 这段论述，将"心""身""意""言""行"的关系表述得十分清楚。对此，我们要使用当代认知科学包括认知神经科学的方法进行深入地发掘和研究。

2. 心理层级的认知

阳明心学的知行观非常深入地讨论了心理和行为层级的认知。例如，在解释《大学》"在亲民"句时，阳明先生不同意朱熹解为"作新民"，他说："'作新民'之'新'是自新之民，与'在亲民'之新不同，……'作'字却与'亲'字相对，然非'新'字义。下面'治国平天下'处，皆于'新'字无发明。如云'君子贤其贤而亲其亲，小人乐其乐而利其利'、'如保赤子'、'民之所好好之，民之所恶恶之，此之谓民之父母'之类，皆是'亲'字意。'亲民'犹如《孟子》'亲亲仁民'之谓，'亲之'即'仁之'也。"② 阳明先生的这段话，说明

---

① （明）王守仁撰：《王阳明全集》卷一，上海古籍出版社2011年版，第6—7页。

② （明）王守仁撰：《王阳明全集》卷一，上海古籍出版社2011年版，第2页。

朱熹对"在亲民"的理解是行为主义的理解,而正确的理解应该是心智主义的理解。从心理认知层级看,朱熹的解释在行为心理的层次上,阳明先生的解释则在认知心理的层次上,两者对"在亲民"的理解差异很大,阳明先生的解释更接近于今天认知科学的理解。

3. 语言层级的认知

在《传习录》中有一段专门讲到"理"与"文"、"博文"与"约礼"的关系。这里的"文"指语言文字。徐爱问:"先生以博文为约礼功夫,深思之未能得,略请开示。"先生曰:"'礼'字即是'理'字。理之发见可见者谓之文。文之隐微不可见者谓之理,只是一物。'约礼'只是要此心纯是一个天理。要此心纯是天理,须就理之发见处用功。如发见于事亲时,就在事亲上学存此天理。发见于事君时,就在事君上学存此天理。发见于处富贵贫贱时,就在处富贵贫贱上学存此天理。发见于处患难夷狄时,就在处患难夷狄上学存此天理。至于作止语默,无处不然。随他发见处,即就那上面学个存天理。这便是博学之于文,便是约礼的功夫。'博文'即是'惟精'。'约礼'即是'惟一'。"[①] 阳明先生这段话深刻阐述了语言与心智的关系。

4. 思维层级的认知

对思维的研究是儒家的传统。《论语·为政》说:"诗三百,一言以蔽之,曰:'思无邪'。"阳明心学,一言以蔽之,曰:"致良知",就是讲如何思维,如何认知。具体方法是:纯其心→知天理→致良知(格物致知)→博文约礼。

但这并不是阳明心学的全部。阳明心学区别于从孟子到程颢、陆九渊的心学,根本之处在于,阳明先生认为,一旦纯其心,则知天理、致良知乃至语言和行为层次上的博文约礼,便可同时完成。其关系如下:

纯其心⟵⟶知天理⟵⟶致良知(格物致知)⟵⟶博文约礼

这是阳明心学中最有价值的地方,因为它与当代认知科学的原理和

[①] (明)王守仁撰:《王阳明全集》卷一,上海古籍出版社2011年版,第7—8页。

结论不谋而合。

更难能可贵的是，阳明先生似乎已经猜测到心智的两种基本的方式是思维（逻辑）和心理（直觉），这就是阳明心学中所讲的"省悟"功夫。"省"是左脑的功能，用的是逻辑思维；"悟"是右脑的功能，用的是心理直觉。这个道理在当代认知科学中用科学实验的方法研究得十分清楚了。阳明先生在500年前解得个中奥秘，凭的也是他的心智所至。

5. 文化层级的认知

对于历史、文化和社会，阳明心学多所涉及，并作了心学的深入分析和阐释。《传习录》中《徐爱录》18节，自第11节"爱问文中子、韩退之"起，都是讲历史、文化和社会。例如，先生曰："使道明于天下，则六经不必述。删述六经，孔子不得已也。自伏羲画卦，至于文王周公。其间言易，如连山、归藏之属，纷纷藉藉，不知其几，易道大乱。孔子以天下好文之风日盛，知其说之将无纪极，于是取文王、周公之说而赞之，以为唯此为得其宗。于是纷纷之说尽废，而天下之言易者始一。书、诗、礼、乐、春秋皆然。书自典、谟以后，诗自二南以降，如九丘、八索，一切淫哇逸荡之词，盖不知其几千百篇；礼、乐之名物度数，至是亦不可胜穷。孔子皆删削而述正之，然后其说始废。"[1] 这段讲孔子删六经，而使天下返璞归真。又如，先生曰："羲、黄之世，其事阔疏，传之者鲜矣。此亦可以想见。其时全是淳庞朴素，略无文采的气象。此便是太古之治，非后世可及。"[2] 又曰："专事无为，不能如三王之因时致治，而必欲行以太古之俗，即是佛、老的学术。因时致治，不能如三王之一本于道，而以功利之心行之，即是伯者以下事业。后世儒者许多讲来讲去，只是讲得个伯术。"[3] 又曰："唐、虞以上之

---

[1] （明）王守仁撰：《王阳明全集》卷一，上海古籍出版社2011年版，第8—9页。

[2] （明）王守仁撰：《王阳明全集》卷一，上海古籍出版社2011年版，第10—11页。

[3] （明）王守仁撰：《王阳明全集》卷一，上海古籍出版社2011年版，第11页。

治,后世不可复也,略之可也。三代以下之治,后世不可法也,削之可也。惟三代之治可行。然而世之论三代者,不明其本,而徒事其末,则亦不可复矣。"① 这几段表明阳明先生提倡复古、贬斥今儒的历史观和文化观。

综上所述,我们可以说,阳明心学包含了当代认知科学的所有要素,阳明心学就是中国古代的认知科学。

三、阳明心学就是中国的认知科学

(一)正确理解阳明心学

应该从以下方面正确理解阳明心学。

第一,阳明心学不是唯心主义。过去我们讲哲学喜欢"唯物""唯心"戴帽子,而阳明心学最适合戴的帽子就是"唯心主义"。你看他的本体论:"心外无物""心外无理""万物皆由心生"——这岂不是"意识决定存在""精神决定物质"的唯心主义?

但是,看看当代物理学和认知科学的一些新发现,我们就不会这样认为了。

20世纪物理学的新发现,提出了一种新的物质存在观。1900年,普朗克在对热辐射的研究中第一次窥见了量子。这一年的12月14日,普朗克在德国物理学会会议上宣布了他的伟大发现——能量量子化假说。根据这一假说,在光波的发射和吸收过程中,发射体和吸收体的能量变化是不连续的,能量值只能取某个最小能量元的整数倍,这一最小能量元被称为"能量子"。普朗克的能量子概念第一次向人们揭示了微观自然过程的非连续本性,或称量子本性。许多科学家认识到,要从没有意识的物质中产生意识,这需要奇迹的发生,而唯物论是不承认有超自然现象的,这就是说,从没有意识的物质中产生意识是不可能的。在长期研究大脑工作中,神经科学对大脑的功能等等方面已经有了很多的认识,但是许多人怀疑从唯物论的立场能够解决以上"意识难题"。现

---

① (明)王守仁撰:《王阳明全集》卷一,上海古籍出版社2011年版,第11页。

在有科学研究者从量子测量的角度分析，认为意识不能够被进一步简化，也不是在物质运动中突然出现的，因为如果意识只是物质的副产品，那么这无法解决量子力学中的"测量难题"。量子力学认为量子物质在没有测量之前，都是几率波，测量使得物体的几率波"坍塌"（collapse）成为观测到的现实。

于是问题就出来了：如果意识是从物质中产生的，那么从根本上讲大脑也只是由原子、电子、质子、中子等微观粒子组成的几率波，大脑的几率波如何能够使得被观察物体的几率波"坍塌"呢？对于更大的宇宙的现实来说，这是不是意味着存在宇宙之外具有意识的观察者？这就是量子力学中的"测量悖谬"。为了解决这个量子测量悖谬，物理学家们提出了许多解决方案，但是从根本上仍然无法绕开意识的问题。

由于实证科学研究意识遇到难以克服的问题，当前在哲学界、神经科学、心理学、物理学等多学科领域里越来越多的人认为，就像时间、空间、质量和能量一样，意识是物质的一个基本属性，是宇宙不可分割的一部分。

基于上面的原因，越来越多的科学家和研究人员认识到，沿着机械唯物论世界观来研究意识只能走进死胡同，因此他们（其中很多是西方学者）认识到，必须要改变西方实证科学的世界观，转而求助于东方哲学的世界观。

其实，最有可能解决物质和意识难题的世界观正是阳明心学。阳明心学的"心外无物""心外无理""万物皆由心生"的思想，与现代物理学和认知科学的结论完全一致。所以，阳明心学不是唯心主义，而是一种更接近于当代物理学和认知科学的哲学思想。

第二，阳明心学是中国古代的认知科学。阳明心学一直被当作是一种古代哲学，是儒家思想的一部分。但哲学肯定是容纳不了阳明心学。从学科上看，阳明心学不仅涉及哲学，还涉及心理学、语言学、文学、历史学、宗教学、人类学等众多学科。从人类认知五层级看，阳明心学涉及人类认知所有五个层级。可以说，阳明心学与当代认知科学不谋而合，高度一致的。阳明心学就是中国古代的认知科学。

上一节我们从人类认知五层级理论来论证阳明心学的认知科学特征。下面我们从阳明心学的主要思想理论再论阳明心学就是中国古代的认知科学。

一是心即理，心外无物，心外无理。阳明心学的"心"就是认知科学的"心智"。心智是认知科学的对象，具有脑与神经系统的动物皆有心智。从脑与神经系统产生心智的过程叫作认知，而认知科学是研究认知现象和规律的科学。① 从这一系列的定义我们看出，没有心智，人类不可能感知世界的存在，也不可能认识世界。没有心智的加工，人类不可能从环境中获得信息，也不可能与环境交换信息。而人一旦从一个开放的系统变成封闭的系统，人就会立即死亡，这个世界对他而言也不会再存在。所以，心即理，心外无物，心外无理。

二是格物致知。从词源学上说，格物学或格致学就是科学。"science"即"科学"一词系近代引入的外来词，最初就译为"格物学"。

据《说文解字》，科，会意字。"从禾从斗，斗者量也"。故"科学"一词乃取"测量之学问"之义为名。唐朝到近代以前，"科学"作为"科举之学"的略语。"科学"一词虽在汉语典籍中偶有出现，但大多指"科举之学"。自明代起，中国始称"科学"为"格致"，即"格物致知"，以表示研究自然之物所得之学问。直至中日甲午战争以前出版的许多科学书籍多冠"格致"或"格物"之名。

日本明治时代，"science"这个词进入了科学语言，启蒙思想家使用"科学"作为"science"的中译词。中国最早使用"科学"一词的人是康有为。他出版的《日本书目志》中就列举了《科学入门》《科学之原理》等书目。辛亥革命以后，中国人使用"科学"一词的频率逐渐增多，出现了"科学"与"格致"两词并存的局面。通过中国科学社的科学传播活动，"科学"一词才最终取代"格致"。

三是纯心，正心、诚心。阳明心学，仅一个"心"字而已。若要

---

① 蔡曙山：《认知科学框架下心理学、逻辑学的交叉融合与发展》，《中国社会科学》2009 年第 2 期。

用二字,则是"纯心""正心"和"诚心"。

先讲这个"心"字。按《传习录》上卷三大语录《徐爱录》《陆澄录》《薛侃录》统计,《徐爱录》6688字,"心"字出现73次,占1.09%;《陆澄录》9501字,"心"字出现108次,占1.14%;《薛侃录》8398字,"心"字出现95次,占1.13%。阳明先生讲(包括弟子提问)不过百字,即要提到"心"这个字。三大语录中,"心"字出现的比率大致相当,这也绝非偶然。可见"心"在阳明心学中的重要性。

阳明先生曰:"身之主宰便是心。"先生又曰:"心即理也。天下又有心外之事,心外之理乎?"认知科学把心智看作认知科学的目标,以"心智"为最基本的概念,用"心智"来定义"认知",从心智的五个层级来理解脑与神经认知、心理认知、语言认知、思维认知和文化认知。王阳明关于心身问题和心身关系的表述,与当代认知科学的理解是完全一致的。

再说纯心、正心和诚心。阳明先生曰:"此心无私欲之蔽,即是天理。不须外面添一分。以此纯乎天理之心,发之事父便是孝。发之事君便是忠。发之交友治民便是信与仁。只在此心去人欲存天理上用功便是。"先生又曰:"至善只是此心纯乎天理之极便是。"先生又曰:"圣人之所以为圣,只是其心纯乎天理,而无人欲之杂。……人到纯乎天理方是圣。金到足色方是精。然圣人之才力,亦有大小不同。……才力不同,而纯乎天理则同。皆可谓之圣人。犹分两虽不同,而足色则同。皆可谓之精金。……所以为圣者,在纯乎天理,而不在才力也。故虽凡人。而肯为学,使此心纯乎天理,则亦可为圣人。"先生又曰:"工夫难处,全在格物致知上。此即诚意之事。意既诚,大段心亦自正,身亦自修。但正心修身工夫,亦各有用力处。修身是已发边。正心是未发边。心正则中。身修则和。"

在阳明心学中,"心"不仅指心智,也指产生心智的身体以及思维器官——大脑。从本文前述的认知科学定义我们知道,认知科学的对象是人类的心智和认知,认知科学就是研究人类心智和认知规律的科学。用阳明先生的话来说,便是"心即理"——事物的规律不在身心之外,而在自己心中。这一论断特别重要,是与现代量子论物理学和认识论是完全相合的。阳明心学还认识到,认识事物的方法是"格物",但"格物"不是"观察事物",而是"明明德"——"天理即是明德。穷理即是明明德"。阳明心学与认知科学,两者真是一般无二!所以说,阳明心学就是中国古代的认知科学。

四是知便是行,知行合一。知行观是阳明心学的另一个精髓。在"知"与"行"的关系问题上,儒家有较为深入地探讨。有知先行后、知易行难、知轻行重、知行并进、知行合一等多种说法。①

《尚书·说命中》记载了傅说说过"非知之艰,行之惟艰"的话,反映了先秦已有"知易行难"之说。孔子认为人有生而知之、学而知之、困而学之三种,主张"君子欲讷于言而敏于行",实际上是主张以行为本的。子思著《中庸》引孔子论"知行"之言:"好学近乎知,力行近乎仁,知耻近乎勇。知斯三者,则知所以修身,知所以修身,则知所以治人,知所以治人,则知所以治天下国家矣。"这是明确将知行问题作为修身治国的根本。《荀子·劝学篇》提出了"君子博学而日参省乎己,则知明而行无过矣"的命题,可以说是"知行合一"说之滥觞,但先秦儒家还没有系统的知行观。

汉代王充认为所有人都是"学而知之"的,即便是圣人也不能"生而先知"或"生而知之"的;知识的真伪必须通过事实的检验才能证实,即所谓"事有证验,以效实然",但他对知行关系未作深入探讨。南宋朱熹提出了"知行相须""知先行重"的观点,认为"知行常相须","论先后,知为先;论轻重,行为重"。陆九渊也有"致知在先,力行在后"的观点。

王阳明则针对朱陆的"知先行后"说提出了"知行合一"说。阳明先生曰:"至善是心之本体,只是明明德到至精至一处便是。"先生又曰:"自'格物致知'至'平天下',只是一个'明明德'。虽亲民亦明德事也。明德是此心之德,即是仁。仁者以天地万物为一体。使有

---

① 吴光:《历代儒家的"知行观"》,《光明日报》2017年4月10日。

一物失所，便是吾仁有未尽处。"① 阳明心学的知行观有三个要点：第一，知行只是一个工夫，不能割裂。而所谓"工夫"，就是认知与实践的过程。第二，知行关系是相互依存的：知是行的出发点，是指导行的，而真正的知不但能行，而且是已在行了；行是知的归宿，是实现知的，而真切笃实的行已自有明觉精察的知在起作用了。第三，知行工夫中"行"的根本目的，是要彻底克服那"不善的念"而达于至善，这实质上是个道德修养与实践的过程。显然，王阳明所谓的"知"即"吾心良知之天理"，其所谓"行"即"致吾心良知之天理于事事物物"的道德实践。可以说，王阳明的"知行合一"论在本质上是集道德、伦理、政治于一体的道德人文哲学。

王阳明"知行合一"论的重点放在"行"上。阳明后学的黄宗羲在其《明儒学案·姚江学案序》中指出，阳明先生"以圣人教人只是一个行。如博学、审问、慎思、明辨皆是行也，笃行之者，行此数者不已是也。先生致之于事物，致字即是行字，以救空空穷理，只在知上讨个分晓之非。"这是深得阳明良知心学精髓的精辟之论，也是对王阳明"知行合一重在行"思想的最好注脚。②

阳明心学的知行观，强调"心"和"理"、"知"和"行"是相通的，而且这种相通是即时的，是瞬间贯通的——这就是阳明心学的知行观："知行合一"。

按照人类认知五层级理论，人类五层级认知也是瞬间贯通的，即在人类认知的过程中，当我们执行某一认知加工任务时，例如阅读、理解、推理、决策等等，人类心智的五个层级——神经层级、心理层级、语言层级、思维层级、文化层级——也是瞬间贯通的，并且是相互影响的。由此看出，现代认知科学的心智观与阳明心学的知行观也是一脉相承的。

综上所述，阳明心学就是中国古代的认知科学。

---

① （明）王守仁撰：《王阳明全集》卷一，上海古籍出版社 2011 年版，第 29 页。
② 吴光：《历代儒家的"知行观"》，《光明日报》2017 年 4 月 10 日。

（二）将阳明心学转变成中国当代的认知科学

1. 现代科学的两种重要品质

将阳明心学转变为当代认知科学，就是将阳明心学的问题转变成认知科学的问题并进行研究。

现代科学具有两种品质，一是它的可证实性：科学理论（假说）可以用实验来进行验证，而且这种实验必须是可以重复的；二是它的可证伪性：科学理论（假说）是可以被证伪的，这就使得科学理论是可以被推翻、可以被发展、可以被创新的。

第一，科学理论的可证实性。科学理论是一种假说，它成为科学理论的要求是必须被实验事实所证实。科学研究起源于对现象的观察和对问题的思考。

人们在做决策时，到底是理性思维和逻辑推理为主导的，还是心理直觉为主导的？长期以来，逻辑学家、数学家和经济学家普遍认为决策应该是逻辑推理和数学计算的模型，为此他们发展了复杂的逻辑和数学理论如博弈论（Game Theory）、期望效用函数理论（Expected Utility Theory）等来说明决策的认知加工过程。但这些理论的复杂程度不是一般人能够理解的，它又如何能够说明人们日常生活中的决策思维呢？20世纪60年代起，美国心理学家卡尼曼（D. Kahneman）和特沃斯基（A. Tversky）经过认知思考和反复实验，这些实验仅仅使用日常生活中的例子来做出，例如，两个人通过掷硬币来赌输赢等等，他们提出了新的理论假说：（1）大多数人在面临赢利时是风险规避的；（2）大多数人在面临损失时是风险偏爱的；（3）人们对损失比对获得更敏感。在此基础上，以盈亏的货币单位为自变量（横轴），以盈亏时的心理价值为因变量（纵轴），建立盈亏心理价值曲线。这就是著名的"前景理论"。这一理论完美地解释了经济决策时的观察现象和事实，推翻了长期以来占主导地位的"理性人假设"，心理学家卡尼曼因此获得2002年诺贝尔经济学奖。

第二，科学理论的可证伪性。任何科学理论必须具有一定的解释力，就是能够解释理论范围内的尽可能多的观察现象。我们用T表示一个科学理论，用 $p_1, p_2, \cdots p_n$ 表示有穷多个观察现象，亦称科学事件。那么，理论 T 的解释性可以表示如下：

$$T \to p_1, p_2, \cdots p_n$$

如果观察到一个相反的现象或事件 $\neg p_i$（$1 \leq i \leq n$），这时，根据归谬律，我们就有：

$$\neg T$$

即理论 T 被证伪。这就是科学理论可证伪性的根据，它是很强大的。来看一个例子。

例：根据牛顿经典力学，速度的合成等于两个分速度的矢量的相加。现在假设有两个方向相同的速度 $\vec{v}_1 = 0.75c$，$\vec{v}_2 = 0.5c$，则这两个速度的合成得到：

$$\vec{v} = \vec{v}_1 + \vec{v}_2 = 1.25c$$

这是不可能的，因为光速是一切速度的上限，没有也不可能观察到超过光速的速度。或者说，牛顿经典力学推导出一个与观察事实相矛盾的结论。这时，经典力学的速度合成理论就要被证伪。也就是说，经典力学的速度合成理论在运动速度接近光速时失效。① 后来，爱因斯坦根据"光速有限"和"坐标平权"这两个前提下创立了狭义相对论。

由此可见，任何科学理论都具有一定范围内的解释力。当观察到理论不能解释的科学现象，或者出现与理论推导结果相矛盾的科学事件时，这一理论就要被证伪。科学理论的解释性决定了它的可证伪性。科学理论的可证伪性正是它的创新性所在。这是科学理论的第二种品质。

2. 如何将阳明心学转变成中国当代的认知科学

阳明心学包含了当代认知科学的所有要素，阳明心学是当代认知科学研究的最重要的学术资源。但如何将阳明心学的问题转变成当代认知

---

① 这是著名的"爱因斯坦列车"的理想实验。设想一列火车（或火箭）以速 $\vec{v}1 = 0.75c$ 运动，假设在此火箭上发射另一枚火箭并以 $\vec{v}2 = 0.5c$ 同向运行。这时，$\vec{v}2$ 上的观测者相对于地面的速度 $\vec{v}1 + \vec{v}2 = 1.25c > c$，这不可能。

科学的问题，却是一个重大的挑战。我们认为，这需要从理论和方法两个方面来加以认识。

第一，人类认知五层级理论是阳明心学问题成为科学问题的理论依据。阳明心学的很多问题，如"心即理"的问题、"心外无物""心外无理"的问题、"格物致知"的问题、"知行合一"的问题，都可以用人类认知五层级的理论，放在人类认知五层级的结构中进行分析。

将阳明心学的问题转变为当代认知科学的问题意义重大。首先，阳明心学中丰富的思想理论和命题论断可以成为当代认知科学的思想理论资源，从而使用当代认知科学的先进方法进行研究。我们深信，阳明心学中一定蕴藏着如同屠呦呦从中医典籍葛洪的《肘后备急方》中获得灵感而最终摘取诺贝尔的桂冠的那样的宝藏，这些宝藏正等待着我们去发掘，在脑与认知科学的时代去造福人类。其次，阳明心学是500年前中国人思考心物问题、心身问题、心智问题的思想精华，她还可以上溯到两千年前孔子的儒家思想和老子的道家思想，以及由此传承，并经王阳明承上启下、发扬光大的中华文化的精华。阳明心学在王阳明身后不仅传遍亚洲，而且传播到世界，充分证明"越是民族的就越是世界的"。所以，阳明心学的问题，是当代中国认知科学的重大问题，也是当代世界认知科学的重大问题。

第二，人类认知五层级研究方法为阳明心学研究提供科学方法。人类认知五层级结构，不仅是一种科学理论，也是一种科学方法。我们可以从人类认知的五个层级，使用对应的学科研究方法，如神经科学的实证方法、心理学的实证方法、语言学的方法、思维科学和逻辑学分析的方法、文化人类学和文化研究的方法，来研究阳明心学中的认知科学问题。20世纪中期以来，这些学科发展出了很多先进的研究方法。例如，在神经科学中，使用先进的脑电设备 ERP 和 fMRI 等，可以对脑的认知加工进行时间和空间的分析。这些先进的科学研究方法，形成了神经认知科学的成熟规范的研究方法，可以为阳明心学的研究提供借鉴和帮助。在心理学领域，我们可以使用行为心理学的测量方法、认知心理学的成熟规范的实验方法，对阳明心学中的心理认知问题进行研究。在语言学领域中，20世纪中叶以来，发展出非常成熟和规范的句法分析方法、语义分析方法和语用分析方法，可以对阳明心学中的语言认知问题进行深入的分析和研究。在思维科学和逻辑学领域，20世纪以来发展形成的形式化方法、逻辑分析方法、计算机和人工智能的方法，同样可以用来对阳明心学中的思维认知问题进行深入的科学研究。在文化人类学领域中，基本研究方法有实地参与观察法、全面考察法、比较法，认知科学诞生以后，神经科学的方法、语言分析和逻辑分析的方法、计算机模拟的方法也被应用到人类学和文化人类学的研究之中。

以上这些学科的先进的科学研究方法，以及多学科交叉形成的认知科学的综合研究方法，突破以往阳明心学研究狭隘的历史、哲学、文化研究的单一学科模式和传统的研究范式，必将为阳明心学研究带来新的突破。例如，根据前述科学理论的可证实性和可证伪性，我们可以应用认知科学的研究方法，对阳明心学进行实验研究和实证研究。阳明心学的某些结论，如果得到实验证明（犹如屠呦呦从葛洪的《肘后备急方》证明青蒿素能够治愈疟疾一样），就会成为科学理论；而阳明心学的一些结论也可能会被证伪，并被新的理论假说所替代，从而得到新的发展。

综上所述，将阳明心学的问题转变成当代认知科学的问题，并且用当代认知科学的方法研究阳明心学，这是一个具有中国和世界意义的重大课题。

（三）认知科学的经验转向与中国人的世纪

20世纪90年代末，两位卓越的思想家莱考夫（George Lakoff）和约翰逊（Mark Johnson）提出了认知科学的新蓝图。在《涉身哲学——被体验的心智及其对西方思想的挑战》（莱考夫和约翰逊，1999）一书中，一开篇他们就阐明认知科学的三大发现：心智与生俱来是被体验的；思维通常是无意识的；抽象概念大多数是隐喻的。[1] 莱考夫

---

[1] George Lakoff and Mark Johnson, *Philosophy in the flesh: the embodied mind and its challenge to Western thought*, Basic Books, 1999, p. 3.

认为，最近的认知科学已经摧毁了长期以来关于人的推理和预测能力的假定，① 而认知科学的三大发现提示了对"人是什么"这一根本问题的全新的和详尽的理解。根据莱考夫和约翰逊，灵与肉完全分离的笛卡尔哲学意义上的人根本就不存在；按照普遍理性的律令而具备道德行为的康德哲学意义上的人根本就不存在；仅仅依靠内省而具备完全了解自身心智的现象主义意义上的人根本就不存在；功利主义哲学意义上的人、乔姆斯基语言学意义上的人、后结构主义哲学意义上的人、计算主义哲学意义上的人以及分析哲学意义上的人统统都不存在。②

中国文化是一种农耕文化，其本质是经验文化。在经验文化的土壤中，中国人的语言、思维也呈现出明显的经验主义特征。例如，中国的思维和逻辑不同于西方以分析和演绎为特征的认知方式，而表现出经验综合的优势。中国人并不擅长演绎推理，却擅长类比、归纳和溯因等经验推理。过去西方学者和相当一部分中国学者因此而贬低中国人的思维和逻辑，甚至认为中国古代没有逻辑。在人类认知发生经验转向和认知科学发展的今天，经验思维和经验逻辑受到格外的重视。笔者曾在《科学通报》发表文章，证明科学发现的逻辑方法主要是溯因推理、类比推理和归纳推理，演绎推理对科学发现并无贡献，但可以用来验证科学假说。在此基础上，笔者建立了科学发现的心理逻辑模型。③

所以，中国传统文化和儒家学说与当代认知科学也是相通的，联结点便是经验。在理性与经验之间，中国人的认知方式更偏重经验；在分析与综合之间，中国人的认知方式更偏重综合，而西方人的认知方式偏重于理性和分析。

---

① George Lakoff, As Advertised: A review of the MIT Encyclopedia of the Cognitive Science, *Artificial Intelligence*, 130 (2001) 195-209.

② George Lakoff and Mark Johnson, *Philosophy in the flesh: the embodied mind and its challenge to Western thought*, Basic Books, 1999, pp. 5-6.

③ 蔡曙山：《科学发现的心理逻辑模型》，《科学通报》2013年第58卷第34期。

两千多年以来，人类认知一直是以左脑优势的方式进行，所以西方的理性和分析的思维方式占据统治地位，而中国人的注重经验，注重归纳、类比和综合的思维方式，却被加以贬低。现在，西方人纷纷把眼光转向中国，转而寻找"东方的智慧"。

——由于认知科学的经验转向，中国人的世纪到了！

四、结论和讨论

本文可以引出几点重要的思考和结论，我们略做讨论。

（一）阳明心学是当代中国的认知科学

我们以认知科学特别是人类认知五层级的理论与方法，从神经认知、心理认知、语言认知、思维认知和文化认知各个层级深入分析了阳明心学的特征及其与认知科学的关系，指出阳明心学就是中国古代的认知科学。接着我们又从阳明心学的"心即理"的本体论、"格物致知"的认识论和"知行合一"的实践观全面考察阳明心学，指出阳明心学的知行观，强调"心"和"理"、"知"和"行"是相通的，而且这种相通是即时的，是瞬间贯通的。而在认知科学看来，在人类认知的过程中，即当我们执行某一认知加工任务时，人类心智的五个层级也是瞬间贯通的。由此看出，阳明心学的知行观与当代认知科学的心智观是一脉相承的，阳明心学就是中国的认知科学。本文还认真讨论了如何从理论和方法两个方面将阳明心学问题转变为当代认知科学的问题，以进行认知科学的实证研究和实验研究。将阳明心学的问题转变成当代认知科学的问题，这就形成中国当代认知科学的重要问题，也是世界认知科学的重要问题。因此可以说，本文的研究以及本团队的相关研究为中国认知科学的发展开拓了新的研究领域。

（二）以阳明心学确立中国的文化自信

过去我们缺乏文化自信，言必称希腊，唯西方的马首是瞻。究其原因，一是由于近代以来，特别是中国封建社会末期，积贫积弱，受西方列强欺凌，造成国民心态的孱弱，缺乏精神自立和文化自信。二是更深层次的原因，人类几千年来一直被左脑所统治，这就形成分析和演绎思维的优势，而这正是西方文化的特征。①

科学的认知转向是经验转向。② 认知科学诞生以来，笔者和认知科学家如莱考夫对西方理性主义进行了严肃批判，转向东方寻找认知的智慧。卡尼曼的前景理论和双系统加工学科更是指明人类认知是右脑主导和左右脑并重的，这为中国传统文化的合理性提供了认知科学的证据，也为中华文化自信提供了科学支撑。阳明心学强调"心"即精神和心智的主观能动性，强调经验在认知中的重要作用，强调五层级贯通的实践功夫——这些都是中华文化的精髓。我们要以阳明心学来确立中国的文化自信。

（三）把握认知转向机遇，重建中华文化辉煌

我们要从人类认知五层级理论，特别是从高阶认知即人类认知，重新认识中国人的语言、思维和文化的价值。

首先，要珍爱我们的语言和文字。从认知科学看，语言在人类认知中具有重要的地位和作用。一是它区分高阶认知（人类特有的认知形式）和低阶认知（非人类动物的认知形式）；二是它是高阶认知即人类认知的基础，语言使人类最终进化为人；三是语言决定思维，语言与思维形成知识，知识积淀为文化。所以，语言在人类认知中至关重要。

中国人的语言和文字是中国人的思维和文化的基础，是中华文化的基因。中国的语言和文字（汉语言文字）具有特殊的认知意义和价值。汉语系统具有最少的基本符号——初始符号或称字母表，即汉字五种基本笔画和偏旁部首，却有最强的生成能力——由基本笔画生成偏旁部首，由偏旁部首生成汉字，由汉字生成语词，包括一字词（汉字本身）、二字词、三字词、四字词（包括丰富多彩的汉语成语）、多字词。6000个基本汉字组成的二字词、三字词、四字词可多达数千万亿之多，故中国人只需认识6000个基本汉字便可保证阅读和学习之需，而英语

---

① 蔡曙山：《人工智能与人类智能——从认知科学五个层级的理论看人机大战》，《北京大学学报》2016年第4期。

② 蔡曙山：《经验在认知中的作用》，《科学中国人》2003年第12期。

或其他拼音文字则需要记住 10 万至 100 万个单词才能达成此目的。①

——我们应该珍爱我们的语言和文字,珍爱祖宗留给我们的这份独一无二的无比珍贵的遗产!

其次,要了解我们的思维。从认知科学看,中国人的思维方式也是与世界其他民族不同的。几千年的农耕文化和农耕文明,形成中国人独特的以经验、直觉和心理为特征的思维和认知方式。中国人擅长的是经验而非理性的、综合而非分析的思维和认知方式。沃森选择任务实验的结果表明,人们在做逻辑推理和决策时,会受到心理和经验因素的影响,从而使逻辑推理发生偏差。卡尼曼和特沃斯基则证明人们在做判断和决策时,是心理和直觉主导的,而非理性和逻辑决定的。通过认知科学我们了解到,在人类的思维和决策中,右脑即经验和心理直觉占有主导的地位,而左脑即逻辑和数学推理仅处于从属的地位。与西方人的左脑优势相对照,东方人和中国人是右脑优势的。

——认知科学的建立和人类认知的经验转向,表明中国人的世纪到了!

其三,继承优秀的文化。根据认知科学,文化是人类认知中最高层级的认知。文化对认知的影响是最稳定的。党的十九大报告说:文化自信是一个国家、一个民族发展中更基本、更深沉、更持久的力量。文化是一个国家、一个民族的灵魂。文化兴则国运兴,文化强则民族强。没有高度的文化自信,没有文化的繁荣兴盛,就没有中华民族伟大复兴。

中华传统文化的核心是儒家文化。中国两千多年的封建社会战乱频仍,而中国并没有分裂,一是由于秦始皇统一文字,汉字成为中华民族共同的认知和交际工具。所以,中国不会像使用拼音文字的欧洲分裂成几十个国家。二是由于孔子建立的一套封建伦理道德体系,其中,家国情怀、忠孝思想、三纲五常、仁义礼智信、修齐治平的理想抱负,成为维持家庭和社会稳定的伦理道德标准和视听言动的行为准则。

---

① 蔡曙山:《论语言在人类认知中的地位和作用》,《北京大学学报》(哲学社会科学版) 2020 年第 1 期。

阳明心学继承和发扬光大儒家的思想。阳明心学要求人们要自觉地从内心认同儒家的道德规范和行为准则，知行合一，内心与言行一致，实现修齐治平的理想，做立德、立功、立言"三不朽"的儒家圣人。所以，奉行儒家思想学说的人，从士大夫文人到戍边将士，能够自觉自愿、无怨无悔地报效国家，杀身成仁，舍生取义，这就是儒家学说和传统文化的力量！

　　今天我们要建立文化自信和文化自觉，必须从儒家思想和阳明心学中去吸取营养。可惜儒家思想和文化包括阳明心学，遭到近代以来的多次破坏，至今没有重新建立她合理的价值体系和行为准则。

　　——重建中华文化的辉煌，任重而道远。

18

网络和虚拟条件下道德行为的认知科学分析[①]

一、人类的心智和行为

认知科学研究的对象是人类的心智和认知，人类的认知又是用人类的心智来定义的，因此，认知科学的对象应该用人类的心智的层级来进行划分。

具有脑或神经系统的动物都具有某种类型的心智和认知能力。人类心智依照进化时间的顺序依次分为神经心智、心理心智、语言心智、思维心智和文化心智。相应地，人类认知能力从低到高分为神经认知、心理认知、语言认知、思维认知和文化认知五个层级。五个层级的认知是人类心智进化各个阶段认知能力的存留。人类认知只能而且必须被包含在这五个层级之中。神经认知和心理认知是人和动物共有的，称为"低阶认知"，语言认知、思维认知和文化认知是人类所特有的，称为"高阶认知"。五个层级的认知形成一个序列，详见本书"丛书总序"图0-4。在这个序列中，低层级的认知决定高层级的认知，而高层级的

---

① 本文原载《学术前沿》2016年第12期，原标题"网络和虚拟条件下的道德行为——基于当代认知科学立场的分析"。CSSCI来源期刊，A类期刊。本文被中国知网全文转载，被引5次，年均被引0.7次。本成果受国家社会科学基金重大项目"语言、思维、文化层级的高阶认知研究"（15ZDB017）、"汉字非字面语言大脑加工的神经机制研究"（14ZDB154）共同资助。

认知向下包含并影响低层级的认知。①

人类认知的五层级结构是一种科学划分,它决定了认知科学的学科结构和学科划分。两者的关系见表 18-1:

表 18-1 认知科学的五层级结构与"6+1"学科对应关系表

人类认知的能力和层级	认知科学的相关学科
神经认知	神经科学、认知神经科学
心理认知	心理学、认知心理学
语言认知	语言学、认知语言学
思维认知	哲学、心智哲学、逻辑学、计算机科学、人工智能、教育学
文化认知	文化人类学、认知人类学

人类的思想和行为由心智所决定,人类的心智有两种基本形式:意识和无意识。意识就是即时被人感知到的心智状态,包括感觉、知觉、表象、概念、判断、推理等形式。其中,感觉、知觉、表象是心智的初级形式,称为心理形式;概念、判断、推理是心智的高级形式,称为思维形式或逻辑形式。无意识也称潜意识,是指在正常情况下根本不能变为意识的心智状态,如内心深处被压抑而无从意识到的欲望、内心的秘密和恐惧等。弗洛伊德认为无意识具有能动作用,它主动地对人的性格和行为施加压力和影响。弗洛伊德在探究人的精神领域时建立了无意识的理论,他将睡眠和催眠中的心智状态称为无意识状态。随着认知科学的建立和对心智状态的研究,人们对无意识的心智状态有了更加深入的认识,如"思维是无意识的",这是认知科学的三大发现之一。② 意识和无意识犹如两个舵,轮流掌控着人类的心智,从而掌握着人类的思想、道德与行为。

---

① 蔡曙山:《论人类认知的五个层级》,《学术界》2015 年第 12 期。
② Lakoff, G. and Mark Johnson. *Philosophy in the Flesh: the Embodied Mind and its Challenge to Western Thought*. Publisher: Basic Books, 1999, p. 3.

二、无意识与行为

（一）道德压力与无意识行为

人们的道德行为源自道德压力，如果没有道德压力，人们往往会采取不受压力约束的无意识行为。20世纪以来，人们对意识与无意识、意识行为与无意识行为进行研究，建立了很多重要的理论。

1. 弗洛伊德的意识与无意识理论

西格蒙德·弗洛伊德（Sigmund Freud, 1856—1939），是研究无意识的第一人，精神分析学的创始人。他提出潜意识、自我、本我、超我、俄狄浦斯情结、利比多、心理防卫机制等概念，并建立了精神分析理论，被世人誉为"精神分析之父"。精神分析理论阐述人的精神活动，包括欲望、冲动、思维、幻想、判断、决定、情感等，它们会在不同的意识层次里发生和进行。

意识（conscious）即自觉，是自己能察觉到的心理活动，属于人的心理结构的表层，感知着外界现实环境和刺激，用语言来反映和概括事物的理性内容。

前意识（preconscious）是调节意识和无意识的中介机制。前意识是一种可以被回忆起来的、能被召唤到清醒意识中的无意识，因此，它既联系着意识又联系着无意识，使无意识向意识转化成为可能。它的作用更体现在阻止无意识进入意识，起着"检查"作用。绝大部分充满本能冲动的无意识被它控制，不可能变成前意识，更不可能进入意识。

无意识（unconscious）又称潜意识，是在意识和前意识之下受到压抑的、没有被意识到的心理活动，代表着人类更深层、更隐秘、更原始、更根本的心理能量。"无意识"是人类一切行为的内驱力，包括人的原始冲动和各种本能（主要是性本能）以及同本能有关的各种欲望。由于无意识具有原始性、动物性和野蛮性，不见容于社会理性，所以被压抑在意识阈下，但并未被消灭。它无时不在暗中活动，要求直接或间接的满足。正是这些东西从深层支配着人的整个心理和行为，成为人的一切动机和意图的源泉。

精神分析学说认为：人作为生物体，一切活动的根本动力必然是生物性的本能冲动，而本能冲动中最核心的是生殖本能（即性本能或性欲本能）的冲动。但在社会法律、道德、文明、舆论的压制下，人被迫将性本能压抑进无意识之中。无意识虽然无法进入到意识层面上，但其本能强烈的冲动却能以社会允许的形式发泄出来，如进行文学、艺术的创作等。

2. 脑科学的发展和左右脑分工的理论

20世纪脑科学取得重要发展，其中最重大的发现是左右脑的分工和协同工作的理论。这一重大理论的创立起源于美国心理生物学家斯佩里博士（Roger Wolcott Sperry，1913—1994）的裂脑实验，实验证实了大脑不对称性的"左右脑分工理论"，斯佩里由此获得1981年诺贝尔生理学或医学奖。

人的大脑有两个半球，由胼胝体连接沟通，构成一个完整的统一体。在正常情况下，大脑是作为一个整体来工作的，来自外界的信息经胼胝体传递，左、右两个半球的信息可在瞬间进行交流，人的每种活动都是两个半球信息交换和综合的结果。大脑两个半球在机能上有分工，对身体的左右两侧进行交叉管理：左半球感受并控制右边的身体，右半球感受并控制左边的身体。

所谓割裂脑实验就是将大脑左右两个半球之间的胼胝体割断（当时治疗癫痫病的一种常规手术），外界信息传至大脑半球皮层的某一部分后，不能同时又将此信息通过胼胝体纤维传至对侧皮层相对应的部分，每个半球各自独立地进行活动，彼此不能知道对侧半球的活动情况。从1952年至1961年的10年间，斯佩里先用猫、猴子、猩猩做了大量的割裂脑实验，取得了一些成绩，为以后做"裂脑人"的研究奠定了基础。从1961年开始，斯佩里把"裂脑人"作为研究大脑两个半球各种机能的研究对象，进行了一系列的实验研究。

经过斯佩里半个世纪以来的深入研究，人们清楚地认识了左右脑的分工和协同工作的原理：左半脑主要负责逻辑理解、记忆、时间、语言、判断、排列、分类、逻辑、分析、书写、推理、抑制、五感（视觉、听觉、嗅觉、触觉、味觉）等，思维方式具有连续性、延续性和分析性，因此左脑可以称作"意识脑""学术脑""语言脑"和"逻辑脑"，右半脑主要负责空间形象记忆、直觉、情感、身体协调、视知觉、美术、音乐节奏、想象、灵感、顿悟等，思维方式具有无序性、跳跃性、直觉性等。右脑具有图像化机能，如企划力、创造力、想象力；与宇宙共振共鸣机能，如第六感、透视力、直觉力、灵感、梦境等；超高速自动演算机能，如心算、数学；超高速大量记忆，如速读、记忆力。右脑像万能博士，善于找出多种解决问题的办法，许多高级思维功能取决于右脑。把右脑潜力充分挖掘出来，才能表现出人类无穷的创造才能，所以右脑又可以称作"本能脑""无意识脑""创造脑""音乐脑""艺术脑"。

研究发现，不仅人类的大脑具有左右偏侧化的分工，动物的大脑也有类似的分工，只是比较简单罢了。由此，研究者们探索了一个重要的问题：什么是大脑的基本功能？又是什么原因使人类的大脑进化到如此复杂而又明晰的分工？

经研究发现，在生命进化的过程中，左右脑分别管理生存的两种基本功能：捕食和防止被捕食。研究还发现，动物都是从右侧进攻和捕食的，这是左脑的基本功能；右脑则管理生存的另外一个基本的需要：防止被捕食。左右脑的其他功能根据相同功能在同一侧脑的进化原理，从基本功能进化而来。在过去漫长的进化过程中，由于人类处于食物匮乏的时代，所以左脑具有进化的优势和支配权，我们被左脑统治了几千年。那么，右脑是否一直处于从属的地位，是一个"附属脑"呢？这种推论和猜测被美国天才的心理学家卡尼曼和特沃斯基所推翻。

3. 卡尼曼和特沃斯基的前景理论

美国心理学家、诺贝尔经济学奖获得者丹尼尔·卡尼曼及其合作者阿莫斯·特沃斯基（Amos Tversky）自20世纪60年代起通过30多年艰苦实验和认真的研究，发现人们在经济决策和风险投资中，不是以理性思维（数学计算和逻辑推理）为主导的，而是以心理直觉为主导的,由此他们建立了风险决策的"前景理论"。这一理论挑战了正统经济学的逻辑基础——理性人假定,卡尼曼因此获得2002年诺贝尔经济学奖。

前景理论是描述性范式的一个决策模型,它假设风险决策过程分为编辑和评价两个过程:在编辑阶段,个体凭借"框架"(frame)、参照点等采集和处理信息;在评价阶段依赖价值函数和主观概率的权重函数对信息予以判断。这一模型有三个特征:一是大多数人在面临获得时是风险规避的;二是大多数人在面临损失时是风险偏爱的;三是人们对损失比对获得更敏感。因此,人们在面临获得时往往是风险规避的,会小心翼翼,不愿冒险;而在面对失去时是风险偏好的,会很不甘心,愿意冒险。人们对损失和获得的敏感程度是不同的,遭受损失时的痛苦感(负的心理价值)要大大超过获得时的快乐感(正的心理价值)。

从当代认知科学的观点看,道德与无意识行为有某种联系,进一步说,道德压力也会与无意识行为有特定的关系。我们假设两者是反变关系,即当道德压力增加时,无意识行为会减弱;反之,当道德压力减少时,无意识行为会增强。

(二)道德压力减少,无意识行为增强

1. 卡尼曼的双系统加工理论

2011年,卡尼曼的 *Thinking, Fast and Slow* 一书,① 用两个代理人的隐喻即系统1和系统2来描述人的思维活动。系统1是心理的、直觉的、自动的和无意识的,它是快的思维系统;系统2是逻辑的、分析的、受控的和意识的,它是慢的思维系统。系统1在判断和决策中的作用比我们所知道的要大,它是判断和决策的幕后主使(secret author)。该书对这两个系统的工作方式和相互影响做了细致入微、有理有据、引人入胜的分析。下面来看几个例子。

---

① [美]丹尼尔·卡尼曼:《思考,快与慢》,胡晓姣、李爱民、何梦莹译,中信出版社2012年版。书名和书中"thinking"一词,应译为"思维"。

例 1　视觉偏差，你无法控制不用你的右脑。

图 18-1 是一些视觉偏差（视错觉）的例子。其中，编号 1-3 中的两根线段是等长的，但你却无法将它们看得是一样长。编号 4 的 5 条斜线是平行线，但加上不同方向的小斜线后，你无法将它们看成是平行的。编号 5 的左右两个图形中，中间的圆形是同样大的，但你会觉得右边那个图形中间的圆形更大。编号 6 中间的正圆在 4 块不同方向的斜线背景中不会再被知觉为正圆。

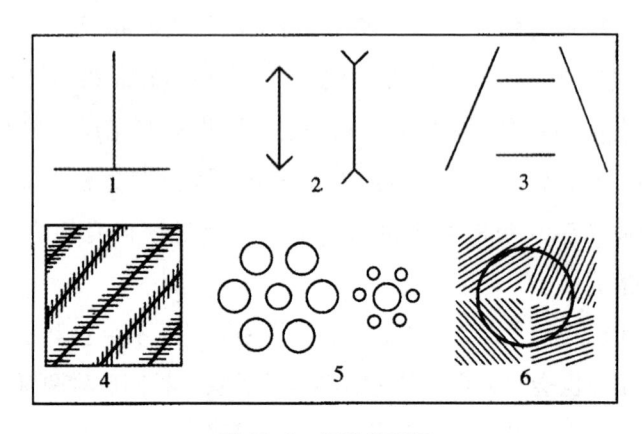

图 18-1　视觉偏差图

为什么会产生这样的视觉偏差？为什么这样的视觉偏差不能用理性分析的方法来排除？为什么在进化中人类要保留这样的视错觉？通过认真观察这些图形我们会发现，这些视觉偏差都是在相同的情况下发生的：在视觉目标上增加了背景！在这种情况下，我们右脑的背景认知能力将产生主导作用，而左脑的逻辑分析能力却处于被支配的地位——理性思维在这里失去了作用！如果在进化中人类不保留这样的视错觉能力，我们将失去对将认知对象与环境联系在一起的识别能力，这样的个体或种群将因为没有竞争优势而被淘汰。

例 2　脱口而出的错误答案。

下面是一个相对简单的问题，请你随意回答。

球拍和球共花 1.10 美元，

球拍比球贵1美元，

问球拍和球各多少钱？

你可能会马上回答：1美元和10美分。但正确的答案是：1.05美元和5美分。只要使用简单的计算，就可以得到正确答案。解法如下：

设：球的价格=x，依题意有：

x+1+x=1.1

解之，x=0.05

可惜我们不会用左脑做一个哪怕是极为简单的计算，而听任我们的右脑凭直觉作出一个答案，原因是系统1的直觉和启发式思维是快的，而且节省能量；而系统2的逻辑和计算是慢的，而且消耗能量。尽管系统1是易错的，系统2是准确的，但我们却宁愿任其错误也不愿费力思考。系统1为主的这种认知方式难道也有进化优势吗？是的！因为在进化之初和整个进化过程中，大脑的认知资源是十分宝贵的，有时甚至是关系到生死存亡的。所以大脑进化出这样一种认知策略：将系统1的直觉和启发式思维设定为缺省的认知方式，任其作出基本的判断和决策，只有当系统2发现系统1的错误时，它才出动加以纠正。这样，我们的大脑就可以将宝贵的认知资源保留到最必要的时候才加以运用。

例3 逻辑推理。

下面是一个三段论，请你想想推理是否正确。

所有的玫瑰都是花，

有些花会很快凋谢，

因此，有些玫瑰也会很快凋谢。

大部分人马上回答这个推理是正确的，但这是一个错误的推理。错在哪里呢？

学习过逻辑学的人都知道，这是一个三段论的推理，犯了"中词不周延"的错误。这个三段论的中词"花"在两个前提中都不周延，大词"玫瑰"和小词"很快凋谢"失去了逻辑联系，因此不能得出结论。但是，大多数人都没有系统地学过逻辑学，也不懂得三段论推理，于是只好任由自己的直觉去给出一个结论，这是在系统2的逻辑认知能力不足的情况下系统1的直觉和启发式认知得到的一个缺省值，它是易错的，这个例子也是如此。

综上所述，自弗洛伊德建立关于无意识心理和行为的理论以来，又经过斯佩里的裂脑实验和脑科学的发展，最终是卡尼曼的前景理论和双系统加工理论的建立，我们对大脑和人类心智的工作原理有了更加清楚的认识。我们看到左右脑或两个系统的工作方式是完全不同的：

右脑或系统1：无意识的、直觉的、心理的、快的、易错的、节省能量；

左脑或系统2：意识的、分析的、逻辑的、慢的、精确的、耗费能量。

2. 道德压力与无意识行为的关系

将以上这些原理应用于道德和行为认知，我们可以得出结论：

一方面，道德是一种符合社会家庭人伦规范的行为标准，是一种有意识的行为方式，由左脑或系统2加以控制。当道德压力加强时，意识对心智和行为的控制力也增强，这样就会抑制右脑或系统1对心智和行为的控制，从而减弱或消除无意识行为的冲动。反之，当道德压力减少时，左脑或系统2对心智和行为的控制力就会减弱，右脑或系统1对心智和行为的控制力就会增强，从而使表现生物本能的无意识行为的冲动增强。

另一方面，根据卡尼曼的双系统加工理论，在控制人类心智和行为的系统1和系统2中，系统1是缺省的。因此，在任何情况下，只要我们的道德系统即系统2有任何的松懈或擅离职守，体现生物本能的无意识和直觉的系统1就会自动接管对心智和行为的控制权，这也会导致本能冲动的无意识行为，从而放松对行为的道德约束。

三、虚拟环境下的道德行为

（一）虚拟环境和虚拟现实

虚拟环境指计算机技术（特别是计算机网络技术）中模拟的环境。

虚拟现实（Virtual Reality，VR）是近年来出现的计算机高新技术。VR是一项综合集成技术，涉及计算机图形学、人机交互技术、传感技术、人工智能等领域，它用计算机生成逼真的三维视、听、嗅觉等感觉，使人通过适当装置，作为参与者自然地对虚拟世界进行体验和交互作用。VR有三个方面的含义：第一，虚拟现实是借助于计算机生成对于人的感觉（视觉、听觉、触觉、嗅觉）而言的逼真的实体；第二，用户可以通过头部转动、眼动、手势等人的自然技能与这个环境交互操作；第三，虚拟现实往往要借助于一些三维设备和传感设备来完成交互操作。近年来，VR已逐渐从实验室的研究项目走向实际应用，在军事、航天、建筑设计、旅游、医疗、文化娱乐及教育等方面得到实际应用。

VR技术的应用极为广泛，1993年对全世界范围内已经进行过的805项VR研究项目作了统计，结果表明：VR在娱乐、教育及艺术方面的应用占据主流，占21.4%，其次是军事与航空占12.7%，医学方面占6.13%，机器人方面占6.21%，商业方面占4.96%，另外在可视化计算、制造业等方面也有相当大的比重。

在娱乐、艺术与教育方面，丰富的感觉能力与3D显示环境使得VR成为理想的视频游戏工具。如芝加哥开放了世界上第一台大型可供多人使用的VR娱乐系统，其主题是关于3025年的一场未来战争；英国开发的被称为"Virtuality"的VR游戏系统，配有HMD，大大增强了真实感；1992年的一台被称为"Legeal Qust"的系统由于增加了人工智能功能，使计算机具备了自主学习功能，大大增强了系统的趣味性及难度，使该系统获该年度VR产品奖。另外，在家庭娱乐方面VR也显示出了很好的前景。

可以预见，虚拟现实技术将会影响甚至改变我们的观念、习惯与认知方式，并将深刻影响人们的日常工作与生活。

（二）**虚拟条件下道德压力的减轻和释放**

前面所说的虚拟环境和虚拟现实，统称为虚拟条件。在虚拟条件下，人类生存的环境和条件发生根本的变化，这种改变促使人类社会发生根本的改变，包括政治的多元化、经济的虚拟化、科学的数据化、技术的 VR 化、文化的全球化等。世纪之交,由 70 多位美国一流科学家共同完成的"21 世纪科学技术的纲领性文献"——《聚合四大科技 提高人类能力》曾预言:四大科学技术 NBIC(纳米技术、生物技术、信息技术、认知科学)将"被用于加快技术进步速度,并可能会再一次改变我们的物种,其深远的意义可以媲美数十万代人以前人类首次学会口头语言。"① 其中,信息技术包括的 VR 就扮演着重要的角色。

在这种背景下,网络和虚拟条件下的道德行为成为当前科技发展与人文传统冲突的一个典型问题。

目前已经有大量著作和文章讨论在网络和虚拟现实条件下的道德伦理问题。例如,有研究认为,网络社会是一种特殊的社会,网络伦理具有自己的特色:鲜明的自律性、显著的诚信性、强烈的公正性、明显的多样性等。② 还有研究认为网络社会的伦理问题主要表现在:道德相对主义盛行、无政府主义泛滥、道德冲突和失范现象严重、道德监督和评价困难、人际情感疏远、道德人格扭曲、道德水平下降、利用网络犯罪的现象时有发生。③ 还有文章认为,在网络社会,传统的交往方式变为虚拟化的交往,导致虚拟与现实的困境,存在的主要问题有:基本伦理价值的冲突、道德冷漠、人际情感冷漠和疏离、伦理与道德多元化的冲突、利用网络侵犯他人隐私和损害他人身心健康等。④ 又有文章研究了网络技术对个体道德发展的影响,认为网络技术对个体道德发展有利的一面是:网络通过传播多元化的道德观念和社会信仰,引发个体道德冲突,促进其道德思维的发展;网络通过创造"网络群体",有助于扩大个体交往的道德环境;网络创造的"虚拟现实"环境,有助于

---

① [美]米黑尔·罗科、威廉·班布里奇编著:《聚合四大科技 提高人类能力:纳米技术、生物技术、信息技术和认知科学》,蔡曙山、王志栋、周允程等译,清华大学出版社 2010 年版。

② 吴满意:《试论网络伦理》,《电子科技大学学报》2001 年第 1 期。

③ 杨怀中:《"网络社会"的伦理分析及对策》,《武汉理工大学学报》2001 年第 2 期。

④ 刘斌:《网络伦理:虚拟与现实的困境》,《实事求是》2003 年第 5 期。

个体进行角色承担的情感体验。但网络对个体道德的发展也提出了挑战，主要表现在：道德认知的偏离、道德情感的淡漠、道德意志的弱化、道德行为的异化。[①] 这些研究分析了网络和虚拟条件下道德行为的现象和特征，提出了网络和虚拟条件下的道德问题，但并未找到这些道德问题的成因。我们认为，网络和虚拟条件下道德压力的减轻和释放是形成这种新的道德行为的原因。

在网络和虚拟条件下，认识环境和对象都发生了改变，从现实的环境和对象变成虚拟的环境和对象。在这种认知条件下，人们的行为方式会发生变化。下面来看个例子。

例4 银行卡、电子货币、虚拟货币与消费。

根据卡尼曼的前景理论，人们在经济决策中有"损失厌恶"的强烈心理倾向。当人们选择现金方式消费时，从口袋里掏现金，有"失去"的真实感，"损失"的感觉效应更强烈，对心理刺激更大，因而消费时更加谨慎和克制。相比之下，通过银行卡进行消费时，消费者通常只需提供银行卡并输入密码或进行其他方式的身份确认即可，无实物现金的支出过程，"损失"的感觉相对较弱，因此容易实现消费冲动，最终扩大了潜在的购物需求。[②]

比银行卡更灵活、使用范围更广泛的电子货币和虚拟货币，如手机支付等。研究者使用前景理论和效用函数对虚拟货币的消费刺激效应进行研究，结果发现：虚拟货币消费不仅能带来额外的交易效用，而且能减少消费的成本，主要体现在人们的两大心理规律：损失厌恶心理与现金偏好心理。同时，很多经验证据证明人们在衡量不同类型的财富时对现金更为敏感，即所谓"现金偏好"。人们对真实货币的重视程度超过了其他类型的货币及货币替代物。当人们面临收益时，持有真实货币的收益感大于虚拟货币；面临损失时，持有真实货币的损失感大于

[①] 陈翠荣：《论网络技术对个体道德发展的影响》，《西安电子科技大学学报》2001年第4期。

[②] 徐玉陇：《银行卡消费行为浅析》，《青海金融》2015年第7期。

虚拟货币。①

以上是一些经济行为的例子。研究表明：使用银行卡、电子货币和虚拟货币进行消费时，消费者的心理压力会减少，损失厌恶感会降低，从而会产生更大的消费冲动。

那么，在虚拟条件下，人们的道德行为也会产生类似的变化。道德压力的减轻和释放会导致更多的无意识行为，这种无意识行为是本能的，性冲动是其基本的表现形式。

四、虚拟现实和现实的虚拟

（一）人类认知各层级的认知对象

人类认知五个层级的对象都是客观存在的对象。例如，在神经认知这个层级上，视觉、听觉、嗅觉、味觉、触觉（统称"五感"，即五种感觉）所感知的都是客观存在的事物。在网络和虚拟条件下，神经认知的对象可能是虚拟的存在物，即在网络和虚拟环境中存在的对象，如用计算机技术合成的一张照片，它根本不是现实中任何人的照片。一些网络的诈骗行为常常用这种方法来进行。

在心理认知这个层级上，心理感知和注意的对象，或是心理表象和记忆的对象，过去都是客观存在的对象。在网络和虚拟条件下，这些心理对象也可能是只在虚拟世界中存在的对象。如前面所说的用计算机合成的一张美女照片，也可能被我们注意和记忆。其实，在网络和虚拟技术出现以前，这种虚拟的心理对象也已经早就存在了，如孙悟空和猪八戒存在于吴承恩《西游记》的虚拟世界里，贾宝玉和林黛玉则存在于曹雪芹《红楼梦》的虚拟世界里。我们从小就被这些人物和生动的故事所吸引，终身难忘。但在网络和虚拟技术出现以后，虚拟的心理对象的范围也大大地扩展了。

在语言认知这个层级上，虚拟对象的范围就更加广泛。因为人的存在其本质是语言符号的存在，表意的语言符号作为人类的创造物，它承

---

① 李佩：《虚拟货币的消费刺激效应研究》，《财经问题研究》2015年第11期。

载了人类存在所有的希望和意愿。人类是符号的动物,人用语言符号来做一切事情,包括建构整个人类社会。① 自从发明语言符号以来,人类就创造发明出各种类型的符号来保证经济、政治、社会的有效运行。如,在经济生活领域,网络时代以前人类早就创造出货币和银行卡,②在网络和虚拟技术时代,人们又发明了电子货币和虚拟货币。③ 在政治生活和社会生活的所有领域,网络时代以前人类创造出宪章、法律、议会、选票;在网络和虚拟技术时代,人们又发明了短信、微信、微商、网购、电子车票和电子机票等。

在思维和知识这个层级上,由语言和思维形成知识,人类的认知对象从现实世界扩展到精神世界。在网络时代以前,人类思维的对象可以分为自然现象、社会现象和精神现象,由此形成自然科学、社会科学、思维科学和人文学科广泛的学科和知识群体。由于人类对自然、社会、精神以及人文现象和规律的认知,我们有了汽车、火车、轮船、飞机;小学、中学、大学、书院;小说、诗歌、戏剧、音乐、舞蹈、电影、电视;文学、历史、哲学等等。在网络和虚拟技术时代,人们创造出远程教育、虚拟医疗、虚拟设计、虚拟制造、虚拟展馆、工业仿真(汽车仿真、生产流程模拟、产品外观表现、食品生产仿真、机械仿真、虚拟维修、虚拟拆装)、虚拟楼盘和社区环境等。

在文化和社会认知这个层级上,由于人所创造的一切皆属于文化,④而五个层级的认知是自上而下包含的,⑤ 所以,前面所提到的语言和思

---

① Searle, John R. *The Construction of Social Reality*, Free Press, 1997; *Mind, Language and Society: Philosophy In The Real World*, Basic Books; 1 edition, 1999.
② 中国最早的货币是一种由天然海贝加工而成的贝类货币,出土于河南殷墟妇好墓等地,年代为公元前19至前16世纪,距今约3500年以上。银行卡于20世纪初由美国金融家弗兰克·麦克纳马拉(Frank McNamara)所发明。
③ 电子货币是指通过销售点终端执行支付职能的、在两个设备间或者在诸如互联网的开放性计算机网络上直接传输的"储值式"或"预付式"的支付机制。虚拟货币,欧洲中央银行定义为"一种不受管制的、通常被制造者发行与控制,并在具体的虚拟社区中被接受与使用的数字货币"。
④ 蔡曙山:《自然与文化》,《学术界》2016年第3期。
⑤ 蔡曙山:《人类认知的五个层级和高阶认知》,《科学中国人》2016年第2期。

维层级的认知对象，也都属于文化认知的对象。我们这里只说与前述语言认知对象和思维认知对象不同的文化和社会认知对象。在网络时代以前，人类创造了石器时代的文化和社会、青铜器时代的文化和社会、铁器时代的文化和社会、农耕时代的文化和社会以及机器时代的文化和社会。随着计算机的发明和网络时代的到来，在网络和虚拟技术时代，人类创造出数字现实和虚拟现实、数字文化和虚拟文化。数字现实（Digital Reality）指用数字化技术和网络技术创造出来的认知对象，如微信朋友圈。而在微信朋友圈中，很多朋友是你从未谋面也不可能有任何现实往来的，在网络和虚拟世界里却成为好友，天天见面说话，是一种真实的存在。虚拟现实（Virtual Reality）是一种使用虚拟现实技术来实现的新的现实存在对象。虚拟现实技术已经被广泛应用于医疗、教育、军事训练和推演、工业设计和制造、文物古迹的修复等众多的领域。数字文化（Digital Culture）这里指的是用数字化技术实现的文化形式，如数字化图书馆、数字化电影、数字化电视、数字化艺术等。虚拟文化是新近出现的一个概念，指的是用虚拟现实技术来实现的文化形式，例如，用虚拟现实技术来展示、保护和保存文物古迹；用虚拟现实技术来复原已经灭绝的古代文化；用虚拟现实技术来满足人的审美和文化需求等。

综上，五个层级的认知对象的虚拟，改变了现实存在的范围和意义。人类现在不仅存在于现实的世界之中，而且存在于虚拟现实的世界之中。在这个虚拟现实的世界，人类的道德行为会发生哪些改变？与现实世界中的道德行为又有哪些差异？这些都是需要进一步研究的重大问题。

（二）虚拟的现实和现实的虚拟

虚拟现实的存在以及由此而产生的新的认知方式的影响，是否会影响和改变我们对现实世界的认知，把现实世界也当成一种虚拟的存在呢？这是一个值得思考的问题。下面以《红楼梦》中贾宝玉梦游太虚幻境为例予以说明。

注意太虚幻境进门牌坊上的对联："假作真时真亦假，无为有处有还无。"太虚幻境，袅娜仙姑；真假故事，曲演红楼。这一段描写，我们确实不知道是梦是醒，是假是真。——这难道不是今天的虚拟现实和现实虚拟的写照吗？

更令人奇怪的是，三百年前的曹雪芹，已经意识到一个与现实世界相对称的虚拟世界，不仅是太虚幻境的真假警句，还有书中的真假宝玉！一真一假两个世界，到底哪个更真实？为何他要将真事隐去（甄士隐），用假语村言（贾雨村）敷衍出这段悲金悼玉的红楼梦？为何要写一假一真两个宝玉（贾宝玉和甄宝玉）？为何要讲太虚幻境？为何在太虚幻境的入口处的牌坊上会写上"假作真时真亦假，无为有处有还无"这个警句？

一个众所周知的原因是曹雪芹的家世和他当时的处境。曹雪芹出生于"钟鸣鼎食之家，诗礼簪缨之族"。康熙六次南巡，曹家四次接驾。康熙帝死后，曹家失势。雍正五年（1727），曹𫖯因骚扰驿站案、织造亏空案被革职抄家入狱，雪芹时年12岁。次年初，曹家回北京，住崇文门外蒜市口。

到曹雪芹写《红楼梦》时，已经败落到"举家食粥酒常赊"的地步。加之曹家祖上卷入康雍乾时期的帝位之争，至乾隆年间已面临末世，故雪芹不得不"将真事隐去"，用"假语村言"来讲述他家的辛酸故事。另一个原因是在虚拟世界中，文学家的无意识思维和艺术想象力才能得到完全的、淋漓尽致的发挥，这在《红楼梦》中也得到了充分的印证。

《红楼梦》的故事和人物命运已经在太虚幻境中交代，并将在大观园中展开。全书演绎的故事影射了作者的家世，但因作者将真事隐去，用假语村言设置障眼法，就连乾隆皇帝也被蒙蔽，将《红楼梦》的故事看成是"明珠家事"。[①] 至于书中的真假宝玉，亦为障眼法而设。大

---

① 《红楼梦》（初名《石头记》）是和珅发现并予以保护的，后来呈送给乾隆皇帝，乾隆看后感慨道："此盖为明珠家事作也。"明珠即纳兰明珠，是康熙皇帝手下的大臣。贾宝玉被认为是明珠的儿子、著名的词人纳兰性德。纳兰性德，字容若，生于1654年，与康熙同岁。纳兰容若诗词斐然，但31岁风华正茂的年龄就去世了。纳兰容若和曹雪芹的祖父曹寅关系特别好。曹寅生于1658年，比纳兰容若小4岁。曹寅的母亲孙氏为康熙的保姆。少年时期曹寅与纳兰容若都曾为康熙的伴读，后同为康熙侍卫。说《红楼梦》是明珠家事，是因为在大量的纳兰的诗词作品中，与《红楼梦》和贾宝玉暗合之处非常之多。如"红楼"和"葬花"等词均出于纳兰诗词。

观园的宝玉是假的,江南的宝玉才是真的,暗指贾家三代承袭"江南织造"的家世。一说甄宝玉是神瑛侍者,而贾宝玉不过是甄宝玉的化身。① 红楼梦的故事如此扑朔迷离,难怪后人仁者见仁,智者见智。一部红楼梦,"经学家看见易,道学家看见淫,才子佳人看见缠绵,革命家看见排满,流言家看见宫闱秘事。"② 如第五章写贾宝玉初试云雨情,由于发生在太虚幻境之中,读起来就非常合理自然。《红楼梦》的故事也反映出虚拟条件下的道德行为:虚拟条件下道德压力会减少,从而引发人的本能和无意识行为。

五、几点结论

(一)道德压力与无意识行为之间存在反变关系

本文从左右脑的分工和脑科学的原理以及从卡尼曼的前景理论和双系统加工理论,证明了道德压力与无意识行为之间存在反变关系。一方面,当道德压力加强时,意识对心智和行为的控制力也增强,这样就会抑制右脑或系统1对心智和行为的控制,从而减弱或消除无意识行为的冲动。反之,当道德压力减少时,左脑或系统2对心智和行为的控制力就会减弱,右脑或系统1对心智和行为的控制力就会增强,从而表现生物本能的无意识行为的冲动就会增强。另一方面,根据卡尼曼和特沃斯基的双系统加工理论,由于系统1是缺省的,因此,只要我们的道德系统即系统2有任何的松懈或擅离职守,体现生物本能无意识和直觉的系统1就会自动接管对心智和行为的控制权,这也会导致本能冲动的无意识行为。

(二)在网络和虚拟条件下,由于道德压力的减轻和释放,会形成更强烈的无意识行为

已有的研究分析了网络和虚拟条件下道德行为的现象和特征,提出了网络和虚拟条件下的道德问题,但并未找到这些道德问题的成因。我

---

① 蔡曙山:《一生诗意千寻瀑,万古人间四月天》,《贵州民族大学学报》2016年第4期。

② 鲁迅:《集外集拾遗》,作于1927年1月14日。

们认为，网络和虚拟条件下道德压力的减轻和释放是形成这种新的道德行为的原因。在网络和虚拟条件下，由于道德压力的减轻和释放，形成新的道德行为模式以及这些行为的特征。网络和虚拟条件下道德压力的减轻和释放会形成更强烈的无意识行为。

（三）网络和虚拟技术在人类认知五个层级上形成虚拟对象，并将现实世界虚拟化

在网络和虚拟技术出现以前，人类认知在心理、语言、思维和文化层级也有虚拟对象，但网络和虚拟条件下的虚拟对象的范围大大扩展，性质也彻底改变了。网络和虚拟技术在人类认知的五个层级上形成虚拟对象，网络和虚拟技术不仅创造了虚拟对象，还将现实世界虚拟化。

（四）面对这些改变我们不必惊慌失措，而应该积极面对

道德从来都是一个历史和文化的范畴，它会在特定的历史和文化背景下取得自身合适的表现形式。在网络和虚拟条件下，人们的道德行为也具有了新的形式。这些新的道德行为模式，有些是积极的，具有历史进步的意义，应该大力提倡；一些是违反科学伦理和社会道德的行为，我们也不必惊慌失措，而应该认真思考，积极应对。由于在网络和虚拟条件下，道德压力的减轻和释放会形成更强的无意识行为，我们就应该通过立法和建立网络伦理道德规范，形成法律和道德的压力，抑制人们在网络和虚拟条件下的无意识行为，从而形成网络和虚拟条件下的更加自觉和规范的道德行为。

19

十二生肖的符号学与认知科学研究[①]

生肖是最重要的中华文化符号,它记载和传承着中华文化的内涵和精髓。一个中国人,一出生就带着这个文化符号,并且伴随一生,即他的生肖属相。

生肖,这个中华文化的重要符号,在互联网的时代,早已传遍全世界。然而在这些网络信息中却很难找到从理论上全面系统阐述十二生肖的科学意义、文化价值的文章。生肖作为中国人最重要的文化符号,其符号学和文化认知的意义有待发掘。

十二生肖这个最重要的中国文化符号和文化元素及相关的理论有科学依据吗?如果有,是什么?如果没有,又该怎样对它进行合理的解释?最适合解释生肖的理论是什么?十二生肖在中国流传数千年并作为一种文化符号为人们广为接受,其文化价值又是什么?笔者认为,符号学和认知科学是解释十二生肖最适合的理论。本文将以符号学的方法来解析以上问题,并尝试阐释十二生肖的文化认知的意义。

一、十二生肖的符号学研究

根据莫里斯(C. W. Morris)《指号理论的基础》(1938)和卡尔纳

[①] 本文英文版于2009年9月在西班牙召开的第10届世界符号学大会作为大会报告宣读。笔者以上述国际学术论文英文版为基础,经过进一步的拓展和深入研究,重新撰写成本中文稿。基金资助:国家社会科学基金重大项目"认知科学视阈下的中华文化特质研究"(批准号23&ZD238);贵州省哲学社会科学规划国家单列重大项目"认知科学与阳明心学的实证研究"(批准号20GZGX10)。

普（R. Carnap）《语义学导论》（1942），符号学被分为句法学、语义学和语用学三个领域。句法学研究符号的空间排列关系，即符号的结构和句法；语义学研究符号与世界的关系，即符号的指称和意义；语用学研究符号与使用者的关系，即符号的使用和交际功能。句法学、语义学和语用学也是符号学的三种相互关联、层层递进的科学理论和研究方法。

生肖是一种文化符号，它完全适合符号学的分析框架。本文采用符号学的三分框架，对十二生肖进行句法学、语义学和语用学的研究。本文所论述的生肖，除非特别指出，均指中国传统的十二生肖，在不引起歧义的情况下，我们把十二生肖也简单叫作生肖。

（一）生肖的句法学

生肖的句法学研究出生年与生肖的关系，或者说研究两者之间的推导关系。从逻辑上说，推导关系就是一种句法关系。

一个人的出生年（农历）与其生肖有着严格的对应关系，是一一映射的。从出生年推知生肖是出生年以 12 为模的求模运算。所以，我们只需要将一个人的出生年除以 12，从余数就可以推知其生肖了。

求模运算也叫求余数运算。设 x 和 y 是整数，如果 x 除以 y 所得的余数为 n，则称 n 为 x 的以 y 为模的模数，简称为 x 的 y 模，记为 x MOD $y = n$。例如，0 MOD 12 = 0，即 0 除以 12 余数为 0；1949 MOD 12 = 5，即 1949 除以 12 余数为 5。

从出生年推算生肖的方法如下：

第一，先建立生肖与 12 模数之间的对应关系。

我们可以用自己熟悉其生肖的某一年来确定该年的模数与生肖的对应关系。例如，今年是 2009 年，农历牛年。2009 的 12 模数为 5。因此，将 5 填入表 1 中牛这一列。依次，在虎的下面填入 6，兔的下面填入 7 等。因为以 12 为模的余数最大为 11，到 11 以后，又从 0 开始，直到填完。这样就得到一个完整的十二生肖与 12 模数的对照表，见表 19-1：

表 19-1　生肖与 12 模数对照表

生肖	鼠	牛	虎	兔	龙	蛇	马	羊	猴	鸡	狗	猪
模数	4	5	6	7	8	9	10	11	0	1	2	3

第二，从出生年推算生肖。

你自己的生肖年份大概是不需要查的，但你可能会关心一些人的生肖年份。例如，你想知道孙中山、毛泽东、刘少奇、周恩来都是属什么的。现在你自己可以动手来推导。

第一步，查出此人的出生年月。如果此人出生在公历 1—2 月，请注意换算成农历的年份。例如，某人出生于公历 1959 年 1 月 17 日，应换算为农历 1958 年。其他月份不必换算。

第二步，将此人的出生年 x 对 12 求模，即求出 x 除以 12 所得余数 n。

第三步，将 n 代入表 19-1 中，同列上方即为所求的生肖。

根据上面的方法，我们很容易编制一个程序或软件来自动查询生肖年份。程序要求用户输入查询的年份，程序读取年份数据后，按照上面的算法求出生肖并将其输出给用户。

根据上面的算法，还可以从生肖反推出生年，不过答案并不是唯一的。例如，设某人肖虎，查表得生肖的模数为 6，20 世纪至今属虎的人出生年为 1902，1914，1926，1938，1950，1962，1974，1986，1998，2010，2022 等。一般而言，某人生肖对应的出生年（农历）为 $12m+n$。其中，m 为一定范围内的整数，n 为该生肖的模数。如果编制一个计算机查询生肖年份的程序，用一个循环语句即可求得对应于该生肖的所有出生年。

（二）生肖的语义学

生肖的语义学研究生肖的解释和意义。虽说这种解释和意义可以是任意的，但事实上它是自生肖产生以来几千年的文明中积淀下来的，具有非常深厚的文化含义。因此，生肖的语义学是一种文化语义学。

十二生肖起源于春秋时代，成熟时期应不晚于汉代。王充的《论衡》已有十二生肖的详细记载。《论衡·物势》说:"寅,木也,其禽,虎也。戌,土也,其禽,犬也。……午,马也。子,鼠也。酉,鸡也。卯,兔也。……亥,豕也。未,羊也。丑,牛也。……巳,蛇也。申,猴也。"《论衡·言毒》又说:"辰为龙,巳为蛇,辰巳之位在东南。"由此看出,十二生肖到汉代已完全齐备,且与十二地支相匹配。

从语义学上看,十二生肖以十二个象形汉字来表示现实世界中十二类事物或其属性。这十二类事物及其属性包括:以 12 为模的十二类年代集合及这些年代的不同属性;在十二种不同的生肖年出生的人群及这些人群的性格、特征、行为方式和个性。

从语义学的角度加以考察,十二生肖的意义包括以下三个方面:第一,十二生肖汉字自身的象形意义;第二,十二生肖所对应的出生年;第三,对该出生年人物的性格特征、个性爱好以及行为方式的解释。

我们首先来考察十二生肖汉字自身的象形意义。十二生肖的第一个特点是用十二个单一的汉字来表示十二种不同的动物,而这十二个汉字在最初的汉字中完全是该动物的画像。下面是这十二个汉字与之相应的甲骨文(殷商时代的汉字)、篆书(秦代的汉字)、隶书(汉代的汉字)、繁体楷书(唐代以后的汉字)以及简体汉字(20 世纪 50 年代以后新中国的汉字)的对照表(见表 19-2):

表 19-2 十二生肖不同体汉字对照表

甲骨文												
篆书												
隶书	鼠	牛	虎	兔	龍	蛇	馬	羊	猴	雞	狗	豬
繁体楷书	鼠	牛	虎	兔	龍	蛇	馬	羊	猴	雞	狗	豬
简体汉字	鼠	牛	虎	兔	龙	蛇	马	羊	猴	鸡	狗	猪

中国最早的成熟文字——甲骨文充分体现了汉字的象形意义:每一

个汉字都是它所表示的事物的一幅图画。如十二生肖甲骨文图（图19-1）。显而易见，代表十二生肖的汉字最初就是这十二种动物的肖像画。

鼠	牛	虎	兔	龙	蛇
马	羊	猴	鸡	狗	猪

图19-1　甲骨文十二生肖图

十二生肖本来只是用来表示十二种动物名称的语言符号，正如自然语言里的其他集合名词也是用来表示某类事物的名称一样。但是，在十二生肖的符号系统中，这十二个汉字的意义绝不仅仅是指称十二类动物而已，它们还指称这十二种动物所代表的十二地支的年份，进而指称十二种不同的性格特征和命运。这一连锁指称关系可以示意如下：

生肖名称──→生肖动物──→生肖年份──→生肖命运

其中，从生肖名称到生肖动物的指称是语义学的意义，是语义学研究的内容；从生肖名称到生肖年份是转喻的意义，从生肖名称到生肖命运是隐喻的意义，它们不仅属于语义学研究的内容，更属于语用学研究的内容。

对于生肖语义学的更多内容，我们在生肖语用学研究中一并阐述。

（三）生肖的语用学

生肖的语用学研究生肖符号与符号使用者之间的关系，它涉及符号的使用者（说话者和听话者）、时间、地点、语境等要素，这些要素对符号的意义都会产生影响，它们被称为语用学的五大要素。生肖符号的使用也是与这些要素有关的，它们影响到生肖符号的使用与意义。中国人赋予生肖十分丰富的意义，是在生肖符号使用的过程中产生的，因而是语用学的意义。

我们的祖先首先将生肖与干支关联起来，使生肖具有了时间的意义。自帝舜时代（公元前 21 世纪）起，中国就开始使用"干支纪年法"，即用天干十个符号和地支十二个符号相配合来纪年。天干的十位是：甲、乙、丙、丁、戊、己、庚、辛、壬、癸，地支的十二位是：子、丑、寅、卯、辰、巳、午、未、申、酉、戌、亥。以天干的一位与地支的一位顺序排列，如甲子、乙丑、丙寅、丁卯等，共有 60 种不同的组合，因其首位为"甲子"年，且 60 年为 1 个周期，故这种纪年法在民间被称为"六十甲子"。用这种方法纪年，简单易行，周期性强，且与汉字相关，方便记忆。如：甲午战争（1894）、戊戌变法（1898）、辛丑条约（1901）、辛亥革命（1911）等。

将生肖与十二位地支关联起来（表 19-3）有两个意义：首先，它使生肖具有了纪年的意义，即时间的意义；其次，它使干支的六十年周期再被细分为生肖的十二年周期。

表 19-3　十二生肖与十二地支对照表

十二生肖	鼠	牛	虎	兔	龙	蛇	马	羊	猴	鸡	狗	猪
十二地支	子	丑	寅	卯	辰	巳	午	未	申	酉	戌	亥

为什么选择这十二种动物与十二地支对应？一种说法是根据这些动物的特性。清代刘献《广阳杂记》引李长卿《松霞馆赘言》："子何以属鼠也？曰：天开于子，不耗则其气不开。鼠，耗虫也。于是夜尚未央，正鼠得令之候，故子属鼠。地辟于丑，而牛则开地之物也，故丑属牛。人生于寅，有生则有杀。杀人者，虎也，又寅者，畏也。可畏莫若虎，故寅属虎。卯者，日出之候。日本离体，而中含太阴玉兔之精，故卯属兔。辰者，三月之卦，正群龙行雨之时，故辰属龙。巳者，四月之卦，于时草茂，而蛇得其所。又，巳时蛇不上道，故属蛇。午者，阳极而一阴甫生。马者，至健而不离地，阴类也，故午属马。羊啮未时之草

而茁，故未属羊。申时，日落而猿啼，且伸臂也，譬之气数，将乱则狂作横行，故申属猴。酉者，月出之时，月本坎体，而中含太阳金鸡之精，故酉属鸡。戌时，狗守家门，故戌属狗。亥时，猪正饮食，故亥属猪。"

另一种说法是，十二生肖的选用与排列是根据动物每天的活动时间确定的。我国至迟从汉代开始，便采用十二地支记录一天的十二个时辰，每个时辰相当于两个小时，夜晚十一时到凌晨一时是子时，此时老鼠最为活跃。凌晨一时到三时，是丑时，牛正在反刍。三时到五时，是寅时，此时老虎到处游荡觅食，最为凶猛。五时到七时，为卯时，这时太阳尚未升起，月亮还挂在天上，此时玉兔捣药正忙。上午七时到九时，为辰时，这正是神龙行雨的好时光。九时到十一时，为巳时，蛇开始活跃起来。上午十一时到下午一时，阳气正盛，为午时，正是天马行空的时候。下午一时到三时，是未时，羊在这时吃草，会长得更壮。下午三时到五时，为申时，这时猴子活跃起来。五时到七时，为酉时，夜幕降临，鸡开始归窝。晚上七时到九时，为戌时，狗开始守夜。晚上九时到十一时，为亥时，此时万籁俱寂，猪正在鼾睡。

生肖的语用学集中体现在它的文化含义上，因为在生肖的文化含义中，完全体现了语用学的时间、地点、说话人、听话人、语境等要素对意义的影响。

二、生肖文化符号学：十二生肖与中国文化

中国人见面时，常常不避讳打听对方的出生和年龄，这一点与西方人完全不同，后者是避讳公开谈论年龄的，因为那是重要的个人隐私。

中国人见面时了解年龄可以用直接的方式提问："您哪年的？""贵庚啊？"也可以用比较婉转的方式提问："您是属什么的？"

以属相来提问，关心的不仅仅是出生和年龄，还有非常丰富的文化内涵。如了解对方的性格特征、兴趣爱好、命理前程等；在特殊情况下，更关系到被询问者是否适合某项工作，是否适合于与某人婚配等等，干系重大。

（一）从生肖（属相）推知生年和年龄

从属相就可以推知一个人的年龄，这可以使用句法学中的算法或程序。在实际生活中，人们常常采用两种"参照年推算法"来进行推算。一种方法是选择说话的当年作为参照年进行推算。这是语用学的方法，即与说话者或听话者相关的符号学解释方法，为人们所喜闻乐见，方便使用。例如，今年是牛年，属牛的人应该是 0 岁、12 岁、24 岁、36 岁等；属虎的人比牛的人小 1 岁，应该是 11 岁、23 岁、35 岁等，依此类推。另一种方法是选择自己的生肖年作为参照进行推算。例如，如果问话人是属龙的，她或他一定很熟悉自己今年 21 岁，对方回答属马，因为按生肖顺序马比龙小 2 岁，或者大 10 岁，那么，很容易就推算出对方是 19 岁、31 岁、43 岁等。上面两种"参照年推算法"已经成为中国人在下意识层面的心理推理能力。

（二）从属相看个性和人格等

中国人常常将属相与某种性格特征联系在一起。例如，鼠是机灵的；牛是固执的；虎是勇猛的；兔是和平的；龙是强势的；蛇是神秘的；马是义气的；羊是温和的；猴是聪明的；鸡是骄傲的；狗是忠诚的；猪是朴实的等。

（三）从属相看命理和流年

前面所说的人物属相，其实已经不仅仅涉及个性和人格，甚至还反映了人物的命运。中华文化的代表作《红楼梦》中对金陵十二钗就有生肖和年龄的描写。请看《红楼梦》写大观园鼎盛图像的"琉璃世界白雪红梅　脂粉香娃割腥啖膻"那一章，有下面这样一段指明园中兄弟姊妹年龄的描写："此时大观园中比先更热闹了多少。李纨为首，余者迎春、探春、惜春、宝钗、黛玉、湘云、李纹、李绮、宝琴、邢岫烟，再添上凤姐儿和宝玉，一共十三个。叙起年庚，除李纨年纪最长，他十二个人皆不过十五六七岁，或有这三个同年，或有那五个同岁，或有这两个同月同日，那两个同刻同时，所差者大半是时刻月份而已。连他们自己也不能细细分析，不过是'弟''兄''姊''妹'四个字随便乱叫。"（《红楼梦》第四十九回）可见金陵十二钗并不是分属十二生肖，而是"这三个同年""那五个共岁""他十二个人皆不过十五六七岁"。有人对金陵十二钗的生肖做了更简明的推算，只是将巧姐的生肖算作鸡。这样，金陵十二钗便分属十二生肖。金陵十二钗其他人的属相分别是：薛宝钗，肖狗；王熙凤，肖猴；史湘云，肖马；李纨，肖牛；贾元春，肖猪；贾迎春，肖兔；贾探春，肖虎；贾惜春，肖蛇；秦可卿，肖羊；妙玉，肖龙；巧姐，肖羊。

（四）从属相看人缘和朋友关系

十二生肖将人按照不同的性格和人格特征分为不同的类，相同属相的人具有大致相同的性格和命运。因此，生肖中有"相生""相克"之说。按照不同的组合，各种不同的属相之间形成有利或有害的关系，它们是人际关系的隐喻，而隐喻属于语用加工和语用学的范畴，即通过说事来做事，即通过语言的使用来达到某种行为效果。例如，"大吉六合"关系有：兔狗六合、虎猪六合、牛鼠六合、龙鸡六合、蛇猴六合、马羊六合；"中吉三合"有：兔羊猪三合、龙猴鼠三合、蛇鸡牛三合、马狗虎三合；"大凶相冲"关系有：兔鸡相冲、龙狗相冲、蛇猪相冲、马鼠相冲、羊牛相冲、猴虎相冲；"中凶相害"关系有：羊鼠相交一旦休，鸡遇恶犬泪长流，玉兔逢龙难进退，猛虎遇蛇如刀割，猪逢猿猴定主愁，自古白马畏青牛；"小凶相刑"关系有：鼠兔相刑、虎刑蛇刑猴刑虎、牛刑羊刑狗刑牛、龙刑龙（二龙相争）、马刑马（二马相害）、鸡刑鸡（二鸡相斗）、猪刑猪（猪哄猪）。[①] 最好都选择自己三合或六合生肖，这样相处会十分顺利、和谐、大吉；不要选择相冲、相害、相刑生肖，这样会彼此不利、冲突、危险。为什么会相生相克？生肖学说认为，属相与五行是有密切联系的，而五行则存在着相生相克的道理。因此，生肖的相生相克可以用中国古代的五行和十二地支来加以解释。

（五）依据属相选择职业和事业

生肖理论认为，既然人的命理、性格、人缘都与属相有关，那么，一个人的属相适合于从事什么职业也就会有一定的联系了。

[①] 摘自叶落河野的博客，http://yidieyi.blog.163.com/blog/static。

十二生肖中，虎、马、狗将十二生肖分为三等分。如果将十二生肖围成一个圆，虎、马、狗在十二生肖中呈三足鼎立之势。它们分别代表中国最高的传统价值和美德：仁、义、忠。其中，虎代表仁，马代表义，狗代表忠。港、澳、台和东南亚华人圈最喜欢这三个属相的人，认为他们容易获得事业的机会和成功。

必须要指出的是，十二生肖并无优劣之分，每种生肖都有杰出与成功的人士。从统计学上看，各种类型的成功人士在十二生肖中应该是平均分布的，但仍然有一定规律可循。

（六）依据生肖年选择婚姻和生育

十二生肖对我国的民俗产生了很大影响，不仅影响人们的婚姻选择，甚至还影响夫妻对生育时间的选择和对婴儿的性别选择。例如，鼠年出生的女孩被称为"淑女"；龙年出生的女孩被称为"龙女"；虎年出生的男孩被称为"虎子"；兔年出生的女孩因"玉兔"而称为"玉女"等。这样的习俗和歧见自然就会影响到人们的生育选择。龙年新生儿的出生率特别高，因为许多人都希望得到"龙子龙孙"。想生女孩的计划在鼠年得"淑女"或在龙年得"龙女"，想生男孩的则谋算在虎年得"虎子"。今天，如果你在生肖网上或博客中看到青年男女征求与生肖相关的生育信息或建议，已经是非常普通、见怪不怪的事情了。

（七）汉语成语中的生肖动物

成语是一个民族语言中文化的结晶，它能够反映出这个民族的思维特征和思维定式。十二生肖这个最独特的中华文化符号，它的特殊含义在汉语成语中有非常丰富的体现。例如（按十二生肖顺序）：胆小如鼠、鼠目寸光；牛鬼蛇神、牛溲马勃；生龙活虎、虎视眈眈、虎啸风生、虎头蛇尾；兔死狐悲、狡兔三窟；龙飞凤舞、龙凤呈祥、龙腾虎跃；毒如蛇蝎、蛇蝎心肠；马到成功、马不停蹄、马革裹尸、兵强马壮、人仰马翻；羊肠小道、羊入虎口；猴年马月、尖嘴猴腮；鸡犬不宁、鸡毛蒜皮、鸡鸣狗盗、鸡犬升天；狗急跳墙、狗尾续貂、狗仗人势、狗彘不若、狼心狗肺、蝇营狗苟；猪狗不如等。

生肖动物在汉语成语中的意义与它们在生肖中的意义是有差别的。其一，这些动物在成语中的意义是有褒贬的，而它们在生肖中的意义是无褒贬的。其二，汉语成语的故事和意义应该是独立发展的，其喻体不仅仅是生肖动物而已，还有其他动物或更多的事物。

三、生肖的科学解释和符号学解释

（一）十二生肖理论是科学的吗

对于十二生肖理论及其影响，人们首先想到的是它的科学性问题。人们可能会问：生肖是科学呢？是民俗呢？还是迷信？如果生肖是一种科学理论，那么它的科学依据又是什么呢？或者说，它应该满足什么条件呢？

如果生肖作为一种有科学根据的理论，它必须有一个大前提来支撑，而将前述十二生肖的句法规则和语义规则作为小前提，则我们前面推导的一切，包括生肖的语用含义和文化含义，全部都可以作为科学结论得出。

这个大前提应该具有这样的要求：人类生命具有十二年周期律。

那么，又是什么样的活动来决定人类生命的十二年周期律呢？显然它应该是自然的运动，而不能是人类自身的活动。

那么，又是什么样的自然运动可以决定人类生命的十二年周期呢？显然它不可能是地球的活动，而只能是太阳的活动。

科学家发现，太阳黑子活动有 11.2 年左右的周期，其波动的幅度在 11—13 年之间。图 19-2 是美国国家航空和宇宙航行局（NASA）公布的至 2008 年 3 月之前的一个太阳黑子活动周期（作者：Dr. Tony Philips）。2008 年以前是实际观测结果，此后至 2020 年是预测。太阳活动周期会引起地球磁场和气候等的重大变化。研究表明，太阳活动对地球的气候、水文、地质、农业、林业都有重大的影响。

太阳活动周期使得人类生命出现周期变化，这种假设和相关的推论应该是可以成立的。如果这样，起源于两千多年前的生肖学说就不应该仅仅被看作一种无科学依据的民俗文化。太阳活动周期是否可以作为生

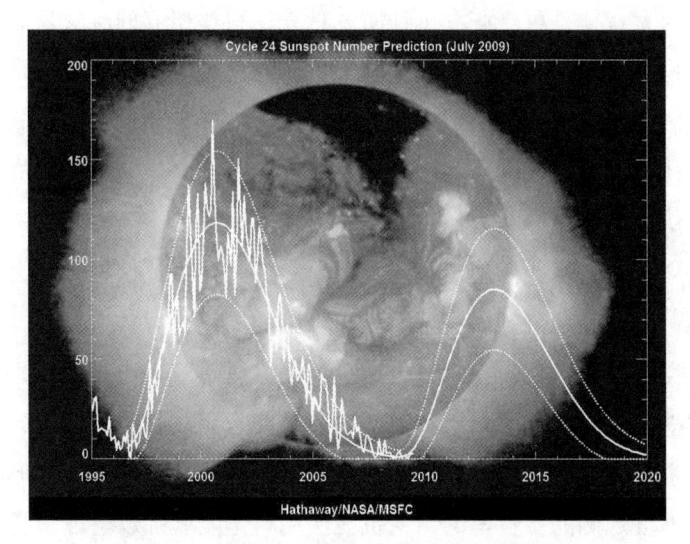

图 19-2　1996—2020 年太阳黑子活动周期图

肖周期的根据？太阳活动周期与生肖周期之间有什么关系？这些都是有待深入研究的问题。我们甚至可以"大胆地假设"，除了太阳黑子活动的 11.2 年左右的周期之外，太阳活动应该还有其他因素决定的 12 年周期。我们期待今后的科学发现会证实这个假说。

现代科学和现代社会的很多思想似乎都可以从中国传统文化中找到它们的起源，如阴阳与二进制和计算机、道家学说与堪舆学和生态学、儒家文化与和谐国家、和谐世界建设等。本文研究的十二生肖与太阳活动和生命周期律之间的关系，可以又被看作一个鲜明的例证。可以认为，具有五千年文明聪明智慧的中国人在自己的生活实践和生命体验中早已观测到生命的十二年周期律，并用干支纪年法和生肖理论来加以表达。中华文明的源远流长和博大精深，实在令人惊讶！

（二）十二生肖理论的符号学意义

其实，对生肖理论大可以不必去寻求它的科学解释和科学依据。我们认为，对生肖理论最适合的是符号学解释。符号学的解释是完全独立于科学解释的。

人类认知从低级到高级或者说从物理到精神层面可以依次分为三个不同的层次，这就是科学、哲学和宗教。科学认识自然现象及其规律。

科学的两大特征是可观测和可证实。首先,科学研究的对象是必须可观测的。物理现象、化学现象、生理现象、心理现象的一部分都是可观测的,它们属于自然科学的范畴。经济现象、社会现象也是可观测的,它们属于社会科学的范畴。其次,科学研究的结论必须是可证实的,并且是可证伪的。牛顿经典力学、爱因斯坦相对论在一定范围内都是可证实的。将来有一天,或者超出一定范围,它们则是可证伪的。社会科学的结论在一定时间和范围内被证实和被推翻的周期更短。

人类认知的对象一旦超越出这个范围,科学就无能为力,只好把它交给哲学。哲学研究的对象和范畴如存在和意识、物质与精神、主体和客体、意志和自由、唯物和唯心、唯理论和经验论、辩证法和形而上学大都是不可观测的。哲学的结论也无法用科学实验加以验证。哲学研究也有自己的方法,如思辨的方法、逻辑证明的方法、实践检验的方法和语言分析的方法等。从语言哲学的观点来看,哲学的对象一定是语言可表达的,否则不能进入语言哲学的视野。

有一些精神现象和信仰对象如上帝、诸神、天堂、地狱等,不仅从科学上无法证实,在哲学上也无法把握时,我们往往把它们交给宗教。关于宗教的认知形式已超出本文的范围,我们在此不作讨论。

符号学是研究记号(sign),或记号过程(semiosis),或有关记号功能的理论。[①] 符号学是欧陆哲学的基本方法,也是文学、艺术、历史和其他人文学科的共同工具。因为语言是人类使用的一种最基本的符号,而所有的科学理论都可以看作一个语言系统,所以,任何科学理论都可以用符号学的方法来加以解释。符号学的三分框架语形学、语义学和语用学已经成为当代语言学、逻辑学和哲学的基本框架和基本方法。[②] 这样,符号学在社会科学、人文科学和哲学之间架起了桥梁,使它们之间能够互相沟通。

---

① 李幼蒸:《理论符号学导论》(第 3 版),中国人民大学出版社 2007 年版,第 12—13 页。

② 蔡曙山:《符号学三分法及其对语言哲学和语言逻辑的影响》,《北京大学学报》2006 年第 5 期。

在符号学的框架下，使用句法学、语义学和语用学的方法来研究某一门具体科学，这不同于这门具体科学的研究。因为符号学把某一理论作为自己的研究对象，它具有"元理论"的性质，可以得出一些重要的结论。例如，"元语言"能够对某种语言进行性质的刻画和说明；"元逻辑"能够证明逻辑系统的性质和各种不同的逻辑系统之间的关系等等。

生肖是最重要的中国文化符号，用符号学方法来研究生肖是合适的；从认知科学来看十二生肖，则可以说明中国生肖符号的文化认知意义。本文的研究说明，生肖的符号学和认知科学解释具有这样几个特征：

第一，生肖的符号学解释和科学解释。符号学和逻辑学是两种不同的理论方法和解释系统。符号学是人文艺术学科的基本方法并为其提供理论解释；逻辑学是自然科学和哲学的基本方法并为其提供理论解释。符号学对生肖的解释是独立于科学解释的，这种解释不需要科学证据的支持。在本文中，我们提供了生肖的科学解释，这样，生肖的科学解释和符号学解释两者共同支撑了生肖理论。

第二，生肖符号的语形、语义和语用。符号学对生肖的解释是充分而自洽的，生肖的句法学研究显示了生肖符号的独特的句法结构和推导规则；生肖的语义研究说明了生肖符号的指称、解释和意义；生肖的语用研究则揭示了生肖与生肖符号的使用者（说者和听者）、时间、地点和语境等要素相关的语用特征，生肖符号在中国人的脑与神经、心理、语言、思维、文化各层级的认知作用和特殊的文化价值。

第三，生肖符号的元理论和多学科交叉。由于符号学对生肖的解释具有元理论的性质，它不仅揭示了生肖理论的系统特征，它还能揭示生肖理论与其他理论如宇宙学和天文学、中国文化以及当代认知科学之间的关系。

第四，符号认同。人是使用符号的动物。生肖是中国人最重要的语言符号和文化符号。在汉语、汉字所形成的中华文化的背景下，中国人普遍地会对与生俱来的语言文字符号、文化符号包括生肖符号产生强烈的认同。这种符号认同又对中国人的文化认知产生影响，从而形成中华民族的文化认知感和文化凝聚力。

第四篇
认知科学的交叉综合研究

Part IV　Interdisciplinary and Synthetical Researches of Cognitive Science

本篇论点举要

心智是所有生命形式在进化中获得的、据以生存和繁衍的、对环境信息加工的能力和肌体反应能力。由此人类具有神经、心理、语言、思维和文化五个层级的心智和认知能力。其中，神经认知和心理认知是人和非人类动物共同具有的认知能力，语言认知、思维认知和文化认知是人类特有的认知能力。人类认知五层级理论的建立，使认知科学具有新的学科结构，并从交叉学科转变为单一学科。

科学发现有规律可循。在人类共有的四种推理形式中，溯因、归纳和类比这三种或然性的经验推理在科学发现中有重要的作用，而演绎这种不能超越前提的必然性推理在科学发现中没有贡献，但可以用于检验假说。据此可以建立包括溯因、类比、归纳三个并行通道和演绎的一个串行通道的科学发现的心理逻辑模型。

20世纪是"分析的时代"，其结果是人类知识被分割得支离破碎，形成"学科门类十几个、一级学科几十个、二级学科几百个、三级学科几千个"的尴尬现状。1975年出现的认知科学和2000年出现的纳米—生物—信息—认知聚合科技（NBIC），表明人类从综合走向更大的综合，标志着一个被称为"科学综合"的新的时代的到来。综合时代的三个重要目标是：学科综合交叉、知识综合创新、人才综合发展。

21世纪被称为"综合的时代"，从另外一个角度看又被称为"大科学时代"。所谓大科学，就是综合时代的科学与技术，学科知识和人类认知能力的大综合。我们可以将2500年来人类知识体系和在更长的时间内从进化中获得的认知能力整合为"21世纪大科学结构"。在此结构之下，我们对大科学时代的基础理论和核心技术进行分析，建立多维度认知空间的学科结构和知识增长模型，并对科学技术综合创新的一些重要领域如芯片技术、大数据技术、人工智能与通用智能、意识问题与自主人工智能进行了分析。

20

论人类认知的五个层级[1]

众所周知的认知科学的六学科结构图（见"丛书总序"图0-1）展示的是认知科学的学科结构和关系，但它未能很好地说明人们头脑里的认知过程和结构，也不能说明认知过程、科学对象和学科发展之间的关系。因此，需要重新思考人类认知的过程和结构，从而更加合理地解释人们头脑里的认知加工过程、认知科学的各种对象的关系，并对认知科学日益发展的交叉综合学科作出解释。

一、人类认知的五个层级

人类认知从初级到高级可以分为五个层级：神经层级的认知、心理层级的认知、语言层级的认知、思维层级的认知、文化层级的认知。为方便阐述，在不引起歧义的情况下，可以简称为神经认知、心理认知、语言认知、思维认知和文化认知。迄今为止，人类认知只能而且必须被包含在这五个层级之中。前两个层级的认知即神经认知和心理认知是人和动物共有的，称为低阶认知，后三个层级的认知是人类所特有的，称为高阶认知。五个层级的认知形成一个序列：神经认知—心理认知—语言认知—思维认知—文化认知，也可以将他们纵向排列如图20-1所

---

[1] 本文原载《学术界》2015年第12期，CSSCI来源期刊。本文被中国知网全文转载，被引115次，年均被引14.4次，属持续高被引论文。本成果受国家社会科学基金重大项目"语言、思维、文化层级的高阶认知研究"（项目批准号15ZDB017）、"汉字非字面语言大脑加工的神经机制研究"（项目批准号14ZDB154）共同资助。

示。在这个序列中，低层级的认知是高层级认知的基础，高层级的认知向下包含并影响低层级的认知。①

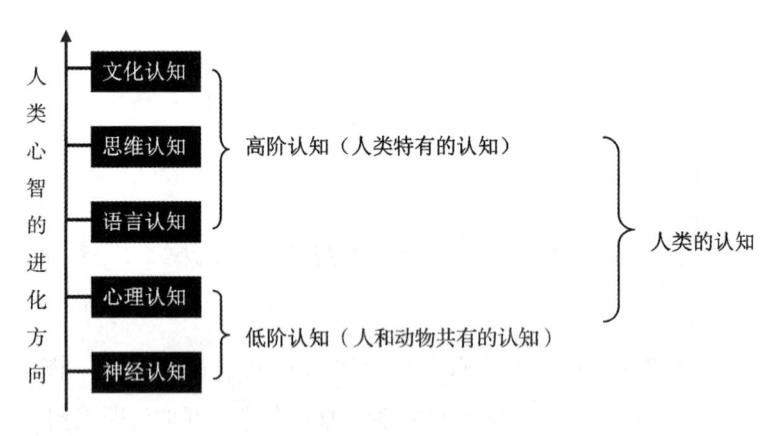

图 20-1　人类认知五层级模型

从人类认知五层级结构图可以看出：

（1）人类认知涵盖所有五个层级，包括高阶认知和低阶认知。从神经认知、心理认知、语言认知、思维认知到文化认知的发展，是动物和人类认知的进化方向的体现；人类认知的五个层级的存在，是心智和认知进化各阶段能力的遗留与演进。

（2）每一种初级认知依次成为高级认知的基础。例如，神经认知是心理认知的基础；心理认知是语言认知的基础；语言认知是思维认知的基础；思维认知是文化认知的基础。当然我们也可以说，神经认知和心理认知是语言认知的基础；神经认知、心理认知和语言认知是思维认知的基础；神经认知、心理认知、语言认知和思维认知是文化认知的基础等。

（3）由于高级认知向下包含了较初级的认知，所以较高级的认知形式会对它所包含的初级认知形式产生影响。例如，文化认知会对思维认知、语言认知、心理认知和神经认知产生影响；思维认知会对语言认知、心理认知和神经认知产生影响；语言认知会对心理认知和神经认知

---

①　蔡曙山：《人类的心智与认知》，人民出版社 2015 年版，第 5—17 页。

产生影响等。

（4）由语言认知、思维认知和文化认知构成的高阶认知是人类特有的认知形式，称为人类认知，非人类的动物并不具有这种认知形式。高阶认知是本文重点研究的对象。在高阶认知中，语言认知是基础；在人类认知的五个层级中，语言认知是核心。

（5）低阶认知是非人类动物具有的认知形式，当然人类也具有这种形式的认知。本文并不特别涉及低阶认知，但对低阶认知对高阶认知可能产生的影响，则要进行一些研究。例如，由于语言认知在整个人类认知中的核心作用，本文也将涉及神经、心理与语言认知的研究。

五个层级的认知是按照科学标准划分的。所谓科学标准，就是将科学研究的对象作为划分的根据。迄今为止，认知科学所研究的对象都分属于这五个层级，没有也不可能有超出这五个层级的认知科学对象。当然，有些对象是跨层级的，这就形成认知科学跨领域、跨学科的研究。

二、认知科学的学科标准和科学标准

关于认知科学，我们有两个关系图。其一是五层级科学结构图（见"丛书总序"图0-4），这是从人类认知的五个层级来划分的，依据的是人们头脑里发生的认知过程，即依据认知科学研究对象的关系来划分的。由于依据的是科学标准，图0-4叫作"科学关系图"；其二是学科框架图（"丛书总序"图0-1），是从认知科学的来源学科来划分的，由于依据的是学科标准，应该叫作"学科关系图"。

认知科学五个层级的科学关系是根本的，而认知科学六大学科的关系是从属的、派生的。原因是：其一，在科学和学科的关系中，以问题为导向的科学研究是第一性的，是先行的，因而是主导的；而以学科规范为目标的学科设置是第二性的，是后起的，因而是从属的。其二，认知科学的科学关系决定其学科关系。我们很容易看到认知科学的五个层级与其六大学科之间的对应关系，从低级到高级的对应关系依次为：神经认知→神经科学；心理认知→心理学；语言认知→语言学；思维认知

→计算机科学、逻辑学、哲学;文化认知→文化学和人类学。这里,箭头表示映射关系。认知科学与相关学科的映射关系见图21-1。很显然,反过来的映射关系是不成立的。这就说明,认知科学的科学关系是学科关系的基础,由于在人类认知过程中五个层级的交叉,才产生出认知科学的学科交叉。其三,认知科学五个层级两两交叉,产生出众多的交叉学科。五个层级的科学交叉所产生的交叉学科如图20-2所示:

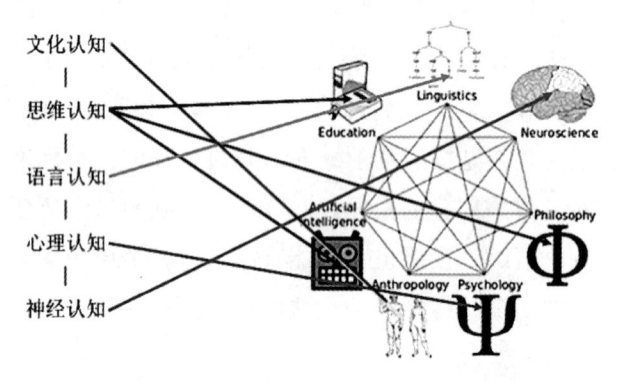

图 20-2 认知科学的科学与学科关系映射图

(1) 在神经认知层级上,我们有如下的科学交叉到交叉学科的映射:神经—心理交叉→神经心理学;神经—语言交叉→神经语言学;神经—思维交叉→神经计算机科学(控制论),计算神经科学,神经科学哲学(心智哲学),神经思维科学(神经系统的逻辑及认知逻辑);神经—文化交叉→文化神经科学。

(2) 在心理认知层级上,我们有如下的映射:心理—语言交叉→心理语言学,语言心理学;心理—思维交叉→思维心理学,心理逻辑;心理—文化交叉→文化心理学,社会心理学,认知人类学。

(3) 在语言认知层级上,我们有如下的映射:语言—思维交叉→语言逻辑,计算语言学,语言哲学,理论语言学(逻辑语言学);语言—文化交叉→进化语言学,语言的产生和演进,人类学语言学。

(4) 在思维认知层级上,我们有如下的映射关系:思维—文化交叉→文化逻辑,文化哲学(如梁漱溟),思维文化学,民族文化学。

此外,我们还可能有多层级多领域交叉而产生的交叉学科,如语言—思维—文化层级交叉产生了著名的萨丕尔—沃尔夫假说（The Sapir-Whorf hypothesis）以及语言文化学以及思维文化学。

以上我们看到，人类认知的五个层级及相互关系与认知科学的学科结构和学科交叉之间的对应非常完美。我们还看到，认知科学的学科结构和交叉学科，其实是由认知科学五个层级的结构及各层级之间的交叉决定的，包括著名的认知科学六角形结构也是由认知科学的层级结构和科学交叉决定的，但认知科学的五个层级的结构和科学交叉能够产生的交叉学科要多得多，这是我们以前所没有认识到的。

三、五个层级认知的研究现状和成果

下面我们依次来看五个层级认知的研究现状和一些标志性的重要成果。

（一）神经层级的认知

这是人类和动物共有的心智和认知形式。对神经层级的认知的研究，在历史上曾经产生了颅相学（phrenology）和神经科学（neuroscience），代表人物和学说有威利斯（Thomas Willis）的大脑功能定位学说、高尔（Franz Joseph Gall）的颅相学和解剖人格学、杰克逊（John Hughlings Jackson）的定位主义等。真正有意义的研究和发现来自法国神经科学家布罗卡（Paul, Broca）和德国神经科学家维尼克（Carl Wernicke）的工作。1861年，布罗卡报告了首个脑损伤的神经学案例，症状是病人可以理解语言，但不能讲话，病人脑损伤的确切位置是左额叶下部，后来这个区域被命名为布罗卡区。1876年，维尼克报告了一个中风案例，症状是病人可以自如地讲话，但他讲的话没有意义，也不能理解书面语和口语，病人脑损伤的位置在左半球更靠后的区域，即颞叶和顶叶的交界处附近，这个区域现在被称为维尼克区。

此后，更多的生理学家、解剖学家、神经科学家、神经解剖学家投入到对脑和神经的研究之中。代表人物和学说有意大利人高尔基（Camillo Golgi）的神经元染色法和他绘制的不同动物的神经节细胞图，西

班牙人卡哈尔（Santiago Ramon y Cajal）发现神经元的单一性，并发现神经元内的电传导是单向的，只能从树突传到轴突。两人分获得了1906年的诺贝尔生理学或医学奖。

与此同时，心理学经历了行为主义心理学、联结主义心理学到认知心理学的转变，代表人物有斯金纳（Burrhus Frederic Skinner）的行为主义，艾宾豪斯（Hermann Ebbinghaus）、桑代克（Edward Lee Thorndike）、华生（John B. Waston）的联结主义等。1956年，天才的心理语言学家乔姆斯基（Noam Chomsky）在"描述语言的三个模型"一文中，深刻揭示出行为主义和联结主义的学习理论根本不能解释语言是如何习得的。他指出，语言的复杂形式嵌于大脑，而它所赖以工作的原理是超越所有人和所有语言的，语言具有普遍性——这就是乔姆斯基的唯理主义和心理主义语言学。几乎是一夜之间，心理学家们就以认知的方式来思考，而完全抛弃了行为主义。米勒（George A. Miller）这位曾经坚定的行为主义者，受乔姆斯基的影响，转向以人类心智为对象的认知心理学的研究，并建立了哈佛大学认知科学实验室，这是世界上第一个认知心理学实验室。此后，认知神经科学诞生了。

20世纪脑与神经科学有一系列的重大发现，如斯佩里（R. W. Sperry）等人在20世纪60年代以后的裂脑实验，通过一系列实验，证实了大脑不对称性的"左右脑分工理论"，因此荣获1981年诺贝尔生理学或医学奖。裂脑实验及其后的神经科学证明：左半脑主要负责逻辑理解、记忆、时间、语言、判断、排列、分类、逻辑、分析、书写、推理、抑制、五感（视觉、听觉、嗅觉、触觉、味觉）等，思维方式具有连续性、延续性和分析性，因此左脑可以称作"意识脑""学术脑""语言脑"和"逻辑脑"。右半脑主要负责空间形象记忆、直觉、情感、身体协调、视知觉、美术、音乐节奏、想象、灵感、顿悟等，思维方式具有无序性、跳跃性、直觉性等，所以右脑又可以称作"本能脑""无意识脑""创造脑""音乐脑""艺术脑"。神经科学的发展使我们对脑与神经系统的结构和功能有了完全清楚的认识。在此基础上，我们可以定义心智、认知和认知科学。心智是脑与神经系统的智能方式。从脑与神经系统产生心智的过程叫认知。认知科学是研究认知现象和规律的科学。[①] 由此我们知道，人类和动物都有心智和认知，二者的区别又在哪里呢？显然，神经层级的心智与认知并不足以区别二者。

要揭示人的脑与神经系统的工作原理，不得不从五个层级的相互关联上来认识神经系统的工作方式和加工机制，因为五个层级的认知在人的大脑中是互相关联的。因此，在神经认知层级上，我们至少应该有如下的科学交叉到交叉学科的映射：

（1）神经—心理交叉——→神经心理学；

（2）神经—语言交叉——→神经语言学；

（3）神经—思维交叉——→神经计算机科学（控制论），计算神经科学，神经科学哲学（心智哲学），神经思维科学（神经系统的逻辑及认知逻辑）；

（4）神经—文化交叉——→文化神经科学。

加扎尼加（M. S. Gazzaniga）和曼根（G. R. Mangun）著《认知神经科学：心智的生物学》第四版基本上就是按照五个层级的交叉来讲认知神经科学，该书第一部分是"背景和方法"，介绍认知神经科学的简史、神经系统的结构和功能、认知神经科学的方法。此书第二部分"核心过程"共11章，分别是：第4章 大脑半球的特异化；第5章 感觉和知觉；第6章 对象识别；第7章 注意；第8章 行为；第9章 记忆；第10章 情绪；第11章 语言；第12章 认知控制；第13章 社会认知；第14章 意识、自由意志和定律。[②]

容易看出，第4章是神经层级的认知；第5—10章是心理层级的认知；第11章是语言层级的认知；第12章涉及思维层级的认知，但并不完全是思维认知；第13章是文化社会层级的认知。看此书从第三版（2009）到第四版（2014）的变化也是很有意思的。在第三版中，大脑

---

① 蔡曙山：《认知科学框架下心理学、逻辑学的交叉融合与发展》，《中国社会科学》2009年第2期。

② Gazzaniga, Michael S., George R. Mangun. *The Cognitive Neuroscience: The Biology of the Mind* (fourth Edition), W. W. Norton & Company, 2014.

半球的特异化是位于语言之后的第 11 章，在第四版中，该章被前移至第 4 章，即"核心过程"的第 1 章。这样整个章节顺序就是依照五个层级自低级向高级排列了。但此书缺少专门的章节来讲思维、逻辑和推理的神经科学，这在体例上实在是一个缺失；而且，自认知科学诞生以来，在思维的神经科学方面有很多重要的研究和成果，未收入此书也是一种遗憾。

（二）心理层级的认知

这也是人类和动物共有的心智和认知形式。对心理认知的研究也是起源于乔姆斯基。如前所述，乔姆斯基—米勒共同开辟了心理层级的心智与认知研究，从此心理学告别行为主义的时代而进入认知的时代。

20 世纪心理学对感知觉、注意、表象和记忆这些基本的心理现象和规律进行了系统的研究。

感觉（sense）是通过单一感官直接获得的认识，包括视觉、听觉、味觉、嗅觉、触觉，以及多感官或跨通道获得的认识，即联觉（synesthesia）。例如，视觉中对颜色的感觉即色觉可以兼有温度感觉，如红、橙、黄色会使人感到温暖，所以这些颜色被称作暖色；蓝、青、绿色会使人感到寒冷，这些颜色被称作冷色等。

知觉（consciousness/perception）是脑和神经系统对感觉信息的再加工，以获得对事物的整体性认识的心理过程。知觉具有整体性、恒常性、意义性、选择性等特征。感觉和知觉都是通过感官而获得的知识，两者紧密相联，常常相互交织在一起，统称为感知（senses and perception）。注意是在知觉和意识这个层次上认知加工的一种重要方式，它是一种导致局部刺激的意识水平提高的知觉选择性集中的形式。注意是认知心理学中研究最热门的领域之一。

表象（image/presentation）是在感知觉基础上，经大脑的进一步加工而成的经验的认识形式。感知觉不能脱离感官而存在，表象却可以脱离感官而存在。表象具有形象性、直观性和概括性。表象常常在多种感觉通道上发生，例如，我们有视觉的表象、听觉的表象以及嗅觉、味觉和触觉、动觉的表象等。在心理学中，表象是指过去感知过的事物形象在头脑中再现的过程。哲学上则以表象世界为对象，与之相应的精神范畴则称为理念。

记忆（momory）是表象加工的一种特殊的形式，表象通常体现为记忆效果。人在思维时也常常伴有对事物的表象，而且有时对某些事物的解决还有赖于表象的帮助。20世纪心理学家对表象和记忆进行了深入的研究，例如，根据米勒的研究，人的工作记忆容量有限，一般为7 ± 2个单元，即5—9个单元。如果超过短时记忆的容量，短时记忆容易受到干扰而发生遗忘。著名的艾宾浩斯（H. Ebbinghaus）遗忘曲线显示，记忆量是时间的函数，遗忘在学习之后立即开始，最初遗忘速度很快，以后逐渐缓慢，但经过复习，遗忘的数量会减少，记忆量会明显提高。这就为两千多年前中国教育家孔子的著名论断"学而时习之，不亦乐乎"提供了科学依据。

表象和记忆是从感知到思维的中间过渡环节，表象已经具有思维的某种初级形式，并且在思维中产生重要的作用。表象对思维的影响表现为：第一，产生表象思维（形象思维），即凭借表象进行的思维操作。谢帕德（R. Shepard）的"心理旋转"表明，字母旋转的角度越大，判断其正反所需的时间越长。反应时所反映的进行心理旋转——表象操作所用的时间上的差异，证明了形象思维——表象操作的存在。谢帕德实验还证明，心理上的旋转，在性质上类似于实际物体的物理旋转，因而为表象以符号形式存储提供了进一步的证据。第二，表象与语词在心理操作中进行双重编码，而图像和语词之间是可以建立对应关系的。对表象和语词关系的认知在艺术创作中有重要的意义。例如，王维的诗就是通过"表象—语词"的转换来创作的，并且通过"语词—表象"的转换来欣赏。小说、剧本的创作和欣赏亦是如此。第三，表象是概念思维的基础，概念思维操作需要表象的参与和支持，思维任务的不同决定表象操作在思维操作中是否出现。例如，几何学在很大程度上依赖图像操作的支持，图形操作是几何运算的必要支柱。但代数学和方程式运算则只需用符号概念进行，完全排除了形象操作。表象思维的一些重大的理论问题需要继续进行研究，例如，是否存在表象思维？动物是否具有思维？这些问题仍然是心理学和认知科学中具有争议而未能解决的重大理论问题。

心理层级的认知会和其他层次的认知发生交叉。因此，在心理认知层级上，除了主流的认知心理学，还有如下的从科学研究到学科发展的映射：心理—语言交叉——→心理语言学，语言心理学；心理—思维交叉——→思维心理学，心理逻辑；心理—文化交叉——→文化心理学，社会心理学，认知人类学。在这些领域，半个多世纪以来取得了大量重要的成果。

（三）语言层级的认知

这是人类所特有的心智和认知形式。在人类认知的五个层级中，语言具有特殊的地位和意义。第一，它是五个层级的中间环节；第二，它是低阶认知和高级认知的联结点；第三，它是高阶认知的基础。

人类的心智和认知是以语言为基础的，所以，认知科学对语言的研究具有特别的意义。动物界的语言既是统一的，又是相互区别的。统一在于所有语言都是自然进化的结果。区别在于各种自然语言在语言的进化树上占有独特的位置，甚至同一种系下的不同语言也具有能够相互区别的特征。例如，同是动物的声音语言，蟋蟀的鸣叫和夜莺的歌唱是完全不同的。同是人类的表意符号语言，拼音语言和图形语言也是完全不同的。甚至同一民族的语言地区差异也会非常大。语言的这种区别为认知科学解释个体差异性提供了基本的根据。

动物从低级到高级的进化形式依次为：肢体语言、声音语言、表意的符号语言。[①] 人类特有的表意的符号语言具有抽象性、可产生性、任意性和歧义性。人类特有的符号语言和文字使人类最终进化为人。

20世纪下半叶以来，语言学的研究取得重大进展，成为认知科学的来源学科之一。当代语言学的三分框架来源于符号学的研究，在当代语言学中形成了句法学、语义学和语用学三大领域，代表人物和重要理论有乔姆斯基的形式句法学、蒙太格的形式语义学、奥斯汀和塞尔的言

[①] 蔡曙山：《自然语言的形式理论》，人民出版社2010年版，第6页。

语行为理论、凯德蒙的形式语用学等。句法学研究语言符号的空间排列关系，语义学研究语言符号的指称和意义，语用学研究语言符号和使用者的关系。从句法学到语义学再到语用学是逐渐扩充的，其顺序的加工方式是"自下而上"的。从语用学到语义学再到句法学则是逐次包含的，其顺序的加工方式是"自上而下"的。现代语言学中，按照句法学、语义学和语用学的框架和方法来研究语言理论的学科被称为理论语言学（theoretical linguistics）。另外一门专门研究语言理论的学科叫逻辑语言学（logical linguistics），它又分为结构理论（形态学）、意义理论和有效性理论三个部门。语言符号学（linguistic semiotics）则是将语言学作为符号学的一个分支来进行研究的，它是具有元理论性质的语言学。

语言和语言学的研究对认知科学的建立和发展具有特别重要的意义。在句法学领域，我们以乔姆斯基为例。1957 年，乔姆斯基建立的句法结构理论吹响了语言学革命和认知科学革命的第一声号角。在此后的 40 多年时间里，他在语言学、语言哲学和认知科学领域作出了很多重大的理论贡献。在语言学领域，乔姆斯基先后建立了句法结构理论（SS）、标准理论（ST）、扩展的标准理论（EST）和修正扩展的标准理论（REST）、管辖和约束理论（GB）、最简方案（MP）等。在语言哲学领域，乔姆斯基的贡献是多方面的：提出先天语言能力（ILF）的科学假说，区分了语言能力和语言知识，这一伟大假说后来被科学实验证实，使我们对人类的语言能力有了空前深刻的认识。他建立的普遍语法（UG），说明全人类语言的同一性：只有一种语言，只有一种语法。他还建立了心理主义和唯理主义语言学，使我们对语言的认识有了本质的改变。在心理学领域，乔姆斯基的贡献也是多方面的。他批判行为主义心理学的代表人物斯金纳；他的思想影响了另一位行为主义心理学家米勒，使其转向认知心理学的研究，也使心理学从行为主义的时代转向认知心理学的时代；他的语言理论开创了理论语言学、心理语言学、实验心理语言学等众多语言学的新兴领域；他的普遍语法理论丰富了语言心理学的语言习得理论和研究。在计算机和人工智能领域，乔姆斯基建立了形式文法，使自然语言的机器分析成为可能，乔姆斯基也是人工智能理论和技术最早的奠基者之一。可以说，如果没有乔姆斯基，半个世纪以来的人类文明会是另外一个样子，世界也会是另外一个样子……总之，乔姆斯基业已改变我们思考自身的方式，获得了在思想史上与笛卡尔和达尔文并驾齐驱的地位。乔姆斯基是认知科学当之无愧的第一代领袖。①

在语用学领域，奥斯汀提出"以言行事"的言语行为理论，他区分了语谓行为（locutionary acts）、语用行为（illocutionary acts）和语效行为（perlocutionary acts）三种言语行为，还对言语行为进行了分类。塞尔在此基础上进一步推进了言语行为理论的研究，他将言语行为理论普遍化，把所有的言语行为都看作语用行为，"说事即是做事"。他对言语行为重新进行分类，并用符号加以表示。在此基础之上，他与合作者范德维克（Daniel Vanderveken）共同建立了语用逻辑（Illocutionary Logic）。塞尔还进一步扩展言语行为理论，建立了间接言语行为理论（indirect speech acts theory）。在言语行为理论的基础上，塞尔进一步研究了意向性和人类心智，使他的哲学从语言哲学进入到心智哲学和社会哲学的领域。关于语言—心智—认知的关系，塞尔曾与笔者对话，做了深刻的阐述。②

语言层级的认知也会和其他层级的认知发生交叉。在语言认知层级上，我们不仅有认知语言学或称语言与认知，还有如下从科学研究领域到学科的映射：语言—思维交叉——→语言逻辑，计算语言学，语言哲学，理论语言学（逻辑语言学）；语言—文化交叉——→进化语言学，语言的产生和演进，人类学语言学等。

（四）思维层级的认知

这是人类心智和认知特有的形式，人类的心智和认知是以思维为特征的。思维是人类作出的最高级别的精神活动。所有人类的业绩和进步

---

① 蔡曙山：《没有乔姆斯基，世界将会怎样?》，《社会科学论坛》2006年第6期。
② 蔡曙山：《关于哲学、心理学和认知科学12个问题与塞尔教授的对话》，《学术界》2007年第3期。

不过就是人类思想的产物。文化、艺术、文学、科学和技术的发展无一不是思维的结果。法国哲学家笛卡尔的著名论断"我思，故我在"（法语：Je pense, donc je suis.）（英语：I think, therefore I am.）将思维与存在的关系定义为因果关系，由于我思维，所以我存在。哲学家的生命存在之定义比现代医学脑死亡的定义早了三百多年。事实上，笛卡尔的科学思想与他的哲学思想同样著名。笛卡尔的心身问题（Mind-Body problem）是哲学和认知科学的永恒问题。

中国古代思想家对于思维也有过非常精辟的论述。孔子和荀子都论述过学习和思维的关系。孔子说："学而不思则罔，思而不学则殆。"（《论语·为政》）荀子说："终日而思，不如须臾之所学也。"（《荀子·劝学》）孟子不仅区分感性认识和理性认识（思维），而且深刻论述了两者的关系。他说："耳目之官不思，而蔽于物。物交物，则引之而已矣。心之官则思，思则得之，不思则不得也。此天之所与我者。先立乎其大者，则其小者弗能夺也。此为大人而已矣。"（《孟子·告子上》）

思维形式和规律一直是逻辑学研究的领域。逻辑学研究的思维形式包括概念、判断、推理和论证，思维规律则包括同一律、矛盾律和排中律。① 概念、判断、推理是认识的高级形式和高级阶段。

心理学研究的范畴是感觉、知觉和表象，主要的领域有：感觉、知觉、意识和注意、表象和记忆、动机和情绪，它们属于认识的初级形式或初级阶段。此外，心理学还研究人的心理特性，如能力和人格以及人的学习活动等。认知科学建立以后，由于心理学与逻辑学的交叉，心理学也进入思维的研究领域。②

认知科学建立以后，心理学和逻辑学出现了交叉融合的发展趋势，两者重新统一于认知科学的背景框架之中。2004—2009 年，笔者相继在国内外学术期刊和学术会议上发表文章，建立了认知逻辑的学科框架，即将认知科学的学科框架映射到现代逻辑的背景之中，得到认知逻

---

① 参见金岳霖主编：《形式逻辑》，人民出版社 1979 年版。
② 彭聃龄：《普通心理学》，北京师范大学出版社 2012 年版。

辑（cognitive logic）的学科框架，它包括哲学逻辑、语言逻辑、心理逻辑、人工智能的逻辑、文化与进化的逻辑以及神经系统的逻辑。认知逻辑的学科框架见本书图 7-3。① 在认知逻辑的学科框架下，心理学与逻辑学重新走向统一。心理学与逻辑学从分到合的关系如图 20-3 所示：②

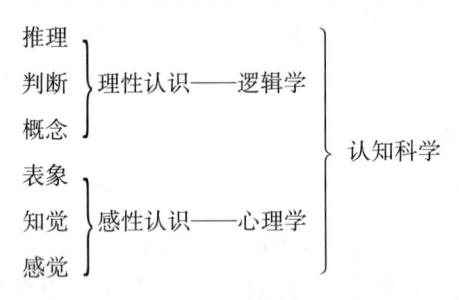

```
推理  ⎫
判断  ⎬ 理性认识——逻辑学  ⎫
概念  ⎭                    ⎬ 认知科学
表象  ⎫                    ⎭
知觉  ⎬ 感性认识——心理学
感觉  ⎭
```

图 20-3　心理学与逻辑学重新统一示意图

　　心理学与逻辑学交叉融合发展的结果，产生了心理逻辑（psychological logic/mental logic）和思维心理学（psychology of thinking）这样一些新兴学科，并取得一系列重大研究成果。例如，著名的沃森选择任务实验（Wason selection task, 1966）③ 深刻揭示了人类认知过程中逻辑加工与心理加工的关系。首先，人们头脑里的逻辑并不等于"逻辑学"。人们头脑里的逻辑，或者说人们在思维与认知活动中所使用的逻辑是与经验相关的。那种与经验无关的、普遍的、无个体差异的逻辑是不存在的，或者说，它只存在于逻辑学家的理想模型之中。其次，理想的逻辑模型在实际应用时，往往会发生一定程度的心理偏差（psycho-

---

①　关于认知逻辑，请参阅蔡曙山：《认知科学背景下的逻辑学》，《江海学刊》2004 年第 5 期；蔡曙山：《逻辑、心理与认知——论后弗雷格时代逻辑学的发展》，《浙江大学学报》2006 年第 6 期；Cai, S. Logics in a New Frame of Cognitive Science: On Cognitive Logic, its Objects, Methods and Systems, *Logic, Methodology and Philosophy of Science: Proceeding of the 13th International Congress*, Vol. 1. London: King's College Publications, 2009, 427-442；蔡曙山：《认知科学框架下心理学、逻辑学的交叉融合与发展》，《中国社会科学》2009 年第 2 期。

②　蔡曙山：《认知科学框架下心理学、逻辑学的交叉融合与发展》，《中国社会科学》2009 年第 2 期。

③　Wason, P C. Reasoning. In Foss B M. *New horizons in psychology*. Harmondsworth: Penguin, 1966, 135-151.

logical biases），这说明在人们的实际思维和认知过程中，逻辑过程与心理过程是相互交织在一起的，逻辑推理是会受到心理因素影响的。最后，虽然心理因素对逻辑推理会发生影响，但正确的逻辑推理模型（包括先天的 MP 和习得的 MT）会对思维和认知过程进行约束与修正，使之运行在一个科学合理的范围之内。①

沃森实验以后，沃森、米勒约翰逊—莱尔德在心理学与逻辑学的交叉领域的研究中取得了很多令人瞩目的成果，主要建树有推理心理学、语言和感知、思维、心理模型、人类和机器思维等。里普斯（L. J. Rips）则在概念、推理和证明的心理学研究方面卓有建树。在《证明心理学》一书中，里普斯用心理学实验的方法研究了包括三段论、假言推理和一阶逻辑的心理逻辑问题。心理逻辑最令人瞩目的一项工作，我认为是心理学家卡尼曼（D. Kahneman）和特沃斯基（A. Tversky）建立的风险投资理论。这项研究发现，人们面对风险的决策是不对称的：当面对赢利时人们的决策表现出"风险规避"的倾向，当面对损失时人们的决策却表现出"风险寻求"的倾向。② 他们用了 30 多年时间发展了这项重要的被称为"前景理论"（prospect theory）的经济学理论，并由此获得 2002 年度诺贝尔经济学奖。2011 年，卡尼曼在《思考：快与慢》一书中，他用两个代理人的隐喻即系统 1 和系统 2，来描述人的思维活动。

在思维认知层级上，我们有如下的从科学研究到学科发展的映射关系：思维—文化交叉——→文化逻辑，文化哲学（如梁漱溟），思维文化学，民族文化学等。

在思维认知这个层级上，半个世纪来取得的研究成绩可以说是硕果累累。本研究团队在这个领域也取得了相当优异的成绩，读者可以参阅笔者和本研究团队成员的其他著作和论文。

（五）文化层级的认知

文化认知是五个层级中最高层级的认知形式，它也是人类特有的认

---

① 蔡曙山：《科学发现的心理逻辑模型》，《科学通报》2013 年第 58 卷。
② Tversky A, Kahneman D. Judgment under uncertainty: Heuristics and biases. *Science*, 1974, 185: 1124-1131.

知形式。总结来说，人类认知就是以语言为基础，以思维和文化为特征的高阶认知。文化是与自然对立的一个范畴。文化是人所创造的一切对象的总和，是人的创造物，包括物质存在、社会存在和精神存在。所以，文化就是人化。

文化是人所创造的一切（Everything created by man is culture.），文明则是文化发展到一定阶段才出现的。文化与文明密切相关，它们都是人类活动的产物。两者紧密联系但又相互区别。文化和文明都是人类的创造物，这是它们的共同点。但文化偏重人类所创造的精神财富，如宗教、哲学、文学、艺术、音乐、舞蹈等。文明更侧重人类所创造的物质财富和社会制度，如电灯、电话、电脑、网络、法律、国家等。

文明的发展有一种背离文化和自然的趋势。古代文明是与文化直接关联的，也是与自然亲近的。近代文明开始与文化相背离，并将自然作为异己的对象加以改造和利用。以科学技术为主导的当代文明则完全与文化相背离，并开始对自然进行大规模的破坏，甚至试图改造和改变自然。人类发展到今天，是到了深刻认识并正确把握自然、人类、文化和文明之间关系的时候了！

文化影响认知。这是当前认知科学研究最深刻的论题之一。按照人类文化的类型，我们可以把人类认知分为三个层次并讨论文化与认知的关系。

在文化的层级上，人类认知的三个层次是科学、哲学与宗教。它们都是与人类文化紧密相连的，而且，它们是从初级到高级的。

科学认知处于文化认知的底层，它是人类文化认知最基本的形式。科学家们在这个层次上揭示了自然界的真理。他们使用的是以数学为基础的科学方法。勾股定理用"勾三股四弦五"可以获得一个直角三角形，从而解决古代建筑的很多实际问题。这个定理数百年后被毕达哥拉斯用数学变元表述为"$a^2+b^2=c^2$"，使它具有更大的普遍性并被应用于更大的范围。循着这个理论，毕达哥拉斯的学生得到边长为一个单位长度的正方形的对角线的长度是$\sqrt{2}$，这是一个无理数。这个发现引发了第一次数学危机，导致数系的扩大和数学的发展。

牛顿第二运动定律即动量定律公式 $F=ma$ 刻画了宏观物体运动中

力、质量和加速度之间的关系。令人惊讶的是，牛顿发表的原始公式：$F=d(mv)/dt$ 在相对论中依然有效。爱因斯坦相对论就是从物体动能与位移关系基本公式 $dE=Fds$ 出发，使用动量定律推导出著名的质能公式 $E=mc^2$，它不仅解释了物体的能量与质量和运动速度之间的关系，在技术上它还释放出原子能，使人类掌握了新的能源。科学家们用数学和逻辑推导得出的这些公式均被科学实验和科学实践所证实，这是人类心智的高级形式理性的力量！

科学并不是无所不能的。由于科学认知的方法是可证实的和可证伪的，这就限制了它的适用范围。当超出可证实的和可证伪的这个范围时，科学认知也就无能为力，这时人类认知必须求助于哲学这个更高级的认知形式。

哲学是人类认知的较高级的形式，从古代到现当代很多杰出的哲学家从哲学认知这个层次揭示了宇宙的真理。老子《道德经》不过五千言，他所阐述的世界观一直指导着探索自然文化的价值和人生意义的人们。《道德经》中所蕴含的真理两千多年来一直使人们不停地追求，但我们不是离它更近，而是更远了。老子过去是、现在是、将来仍然是世界级的哲学家。两千多年来，中国还出现过另外一位世界级的哲学家，他就是心学的创始人，明代大儒，中国历史上唯一没有争议的立德、立功、立言三不朽的圣人王阳明。由"心即理"的存在论、"格物致知"的认识论和"知行合一"的实践观构成的阳明心学与当代认知科学不谋而合，异曲同工。王阳明的思想和行为影响了一代又一代人，成为他们的心灵导师。章太炎说："日本的明治维新，亦由王学为其先导。"日本明治维新的领导人、倒幕领袖西乡隆盛说："修心炼胆，全从阳明学而来。"东乡平八郎则"一生伏首拜阳明"。杜维明先生说："五百年来，儒家的源头活水就在王阳明。21世纪将是王阳明的世纪。"

两千多年来西方的哲人们也思考着同样的问题：世界本源、认知奥秘和人生哲理。古代西方哲学探索世界本源问题，是本体论哲学。泰勒斯的水，赫拉克利特的火，毕达哥拉斯的数，德谟克利特的原子。他们也探索形而上学问题，柏拉图的理念论和亚里士多德的经验论。他们还创立了科学和哲学的研究方法，如欧几里得几何和亚里士多德三段论的公理方法。近代欧洲哲学探索人的认识能力问题，是认识论哲学。培根的归纳法，笛卡尔的演绎法，洛克的白板说，贝克莱的存在就是被感知，休谟的归纳问题和不可知论，康德的纯粹理性批判和先天综合判断。近代欧洲哲学延续了唯理论和经验论之争。20世纪西方哲学分为三个阶段：20世纪20至50年代，以罗素、早期维特根斯坦和维也纳学派为代表的逻辑实证主义和分析哲学；40至70年代以后期维特根斯坦为代表的日常语言学派和乔姆斯基、奥斯汀、蒙太格、塞尔等人共同创立的语言哲学；70年代中期认知科学创立以后，由塞尔等发展起来的心智哲学。20世纪西方哲学的三大主流分析哲学、语言哲学和心智哲学都是与语言相关的，分析哲学以符号语言及其上的数学逻辑作为分析工具，研究符号语言所反映的思维对象的本质；语言哲学回归于自然语言，研究自然语言的句法特征、语义特征和语用特征以及语言对象（语言作为对象和语言的对象）的本质特征；心智哲学研究以语言为载体、以思维为特征的人类心智的本质特征。如前所说，人类心智可以从神经、心理、语言、思维和文化五个层级加以认识和研究。综上，我们可以说，古代本体论哲学以客体为对象，近代认识论哲学以主体为对象，当代语言哲学和心智哲学则以语言为对象。主体不能达到客体，除非经过语言。除了语言，我们一无所知。

2009年3月8日朱清时院士的讲演《物理学步入禅境：缘起性空》语惊四座。作为国际著名物理学家和教育家，他立足于现代物理学的最新成果，与佛教哲学相结合，探讨了物质与意识的本质意义。他以爱因斯坦的统一场论和霍金的弦论，与佛学经典《成唯识论》的"藏识海"进行比较研究，认为科学与宗教是相通的。

科学、哲学和宗教从不同的角度，在不同的层次上反映了人类心智，反映了人类对物质世界和精神世界的认识。科学、哲学和宗教都反映了造物主的智慧，这个最高的智慧体现在古今人类的心智中，犹如太阳的光辉被每一棵树、每一根草、每一滴水、每一颗露珠所反映一样。李白诗句有："今人不见古时月，今月曾经照古人。古人今人若流水，共看明月皆如此。"

四、一些结论和简单讨论

（一）看清人类认知五个层级之间的关系

众所周知的认知科学的学科结构图是认知科学的学科结构和关系，不是认知科学研究对象之间的关系，未能很好地说明人们头脑里的认知过程和结构，也不能说明认知过程、科学对象和学科发展之间的关系。因此，需要重新思考人类认知的过程和结构，从而更加合理地解释人们头脑里的认知加工过程、认知科学的各种对象的关系，并对认知科学日益发展的交叉综合学科做出解释。

五个层级的认知是按照科学标准划分的。所谓科学标准，就是以科学研究的对象之间的关系作为划分的根据。人类认知五个层级的划分依据的是人们头脑里发生的认知过程，即依据认知科学研究对象之间的关系来进行划分的，依据的是科学标准，所以它是认知科学对象之间的"科学关系图"。人类认知从神经认知、心理认知、语言认知、思维认知到文化认知的提高，与心智和认知的进化方向是一致的，是心智和认知能力进化结果的遗存。

迄今为止，认知科学所研究的对象都分属于这五个层级，没有也不可能有超出这五个层级的认知能力和对象。五个层级之间的交叉综合，才产生了认知科学之下的众多的交叉学科和综合学科。五个层级的划分，不仅使我们看清了人类认知五个层级之间的关系，对认知科学研究中发生的学科交叉和学科综合，也具有更加合理和更强的解释力。

（二）看清认知科学的科学研究和学科发展之间的关系

本文给出的认知科学五个层级的科学结构图与认知科学的学科结构图的区别，是科学与学科的区别。学科结构关系不能说明越来越多的认知科学交叉和综合学科的产生与发展。而我们提出的认知科学五个层级的科学结构不仅能够说明目前已经存在的认知科学新兴的交叉学科和综合学科，而且能够预测和解释今后可能出现的新兴交叉学科和综合学科。在科学与学科的关系中，科学研究和科学探索是第一性的，而学科的产生和发展是第二性的。科学研究和科学探索决定学科的产生和发展。因此,只有正确理解了认知科学的科学对象之间的关系,正确理解认知科学的科学结构,才能正确理解其学科结构,以及学科的产生和发展。

人类认知的五个层级及相互关系与认知科学的学科结构和学科交叉之间的对应非常完美,本文给出了人类认知的各个层级到认知科学的学科之间,以及各个层级的交叉综合到认知科学的交叉和综合学科之间的映射关系,并讨论了这些领域的发展。我们看到,认知科学的五个层级的结构和科学综合交叉能够产生的综合交叉学科要多得多,有的综合交叉学科是我们以前所没有认识到的。这说明人类认知五个层级的理论不仅是有科学解释力的,也是具有学科发展预见力的。

(三) 五个层级划分的理论意义和应用价值

人类认知五个层级的划分具有重要的理论意义和实际应用价值。

人类认知五个层级理论的创新意义:其一,体现了对人类认知层级的科学划分,同时也体现了清华大学认知科学团队全学科、大综合的认知科学观,对中国认知科学研究产生了积极影响;其二,体现了对人类认知特征的认识,体现了人类认知与非人类的动物认知之间的本质区别,同时也体现了清华大学认知科学团队的研究方向和特征,即语言、思维、文化层级高阶认知研究,对中国认知科学发展产生了积极的影响;其三,体现了研究方法的创新。当代认知科学以经验为基础,以科学实验为基本方法的、全学科综合交叉的研究方法是认知科学研究的重要方法,对认知科学相关学科和其他学科的发展将产生影响。

人类认知五个层级划分的实际应用价值:其一,推动哲学社会科学领域的认知科学研究;其二,促进我国认知科学包括清华大学认知科学和相关学科的建设和发展;其三,语言、思维、文化层级的高阶认知研究,具有重要的文化意义和价值,对国家文化发展战略的建构和实施具有重要的推动作用。

参考文献

Cai, S. Logics in a New Frame of Cognitive Science: On Cognitive Logic, its Objects, Methods and Systems, *Logic, Methodology and Philosophy of Science: Proceeding of the 13th International Congress*, Vol. 1. London: King's College Publication, 2009, 427-442.

Chomsky, Noam. Three models for the description of language. *Institute of Radio Engineers Transactions on Information Theory*, IT - 2: 1956, 113-124.

Chomsky, N. *Syntactic Structure*. The Hague, Mouton, 1957.

Chomsky, N. *Language and Mind*. New York, Harcourt, Brace & World, 1968.

Eysenck, Michael W., Mark T. Keane. *Cognitive Psychology: A Student's Handbook* 7th Edition. Psychology Press, 2015.

Gazzaniga, Michael S., George R. Mangun. *The Cognitive Neuroscience: The Biology of the Mind* (fourth Edition), W. W. Norton & Company, 2014.

Goldstein, E. Bruce. *Cognitive Psychology: Connecting Mind*, Research and Everyday Experience 4th Edition. Wadsworth Publishing, 2014.

Hunt, R. Reed, Henry Ellis. Fundamentals of Cognitive Psychology 7th Edition. McGraw-Hill Humanities/Social Sciences/Languages, 2003.

Johnson-Laird, P. N., Wason P. C. *Thinking: readings in cognitive science*. Cambridge; New York: Cambridge University Press, 1977.

Johnson-Laird, P. N. *Mental Models: towards a cognitive science of language, inference, and consciousness*. Cambridge, Mass.: Harvard University Press, 1983.

Johnson-Laird, P, N. *Human and machine thinking*. Hillsdale, NJ: L. Erlbaum Associates, 1993.

Kahneman D. *Thinking, Fast and Slow*. New York: Farrar, Straus and Giroux, 2011.

Kahneman, D., and Tversky, A. Choices, values, and frames. *American Psychologist*, vol. 39 (4), Apr 1984, 341-350.

Miller, G. A., Johnson-Laird, P. N. *Language and perception*. Cambridge, Mass.: Belknap Press of Harvard University Press, 1976.

Pylyshyn, Z. Information science: its roots and relations as viewed from the perspective of cognitive science. In Machlup, F., and Mansfield, U. (eds.) (1983), The Study of Information: Interdisciplinary Messages, New York: Wiley.

Rips, Lance J. *The psychology of proof: deductive reasoning in human thinking*. Cambridge, Mass.: MIT Press, 1994.

Solso, Robert L., Otto H. MacLin, M. Kimberly MacLin. *Cognitive Psychology* 8th Edition. Pearson, 2007.

Sternberg, Robert J. *Cognitive Psychology* 6th Edition. Wadsworth Publishing, 2011.

Tversky, A., Kahneman, D. Judgment under uncertainty: Heuristics and biases. *Science*, 1974, 185: 1124-1131.

Wason, P. C. Reasoning. In Foss B M. *New horizons in psychology*. Harmondsworth: Penguin, 1966.

Wason, P. C, Johnson-Laird P. N. *Psychology of reasoning; structure and content*. Cambridge, Mass., Harvard University Press, 1972.

蔡曙山:《心智科学的若干重要领域探析》,《自然辩证法通讯》2002年第6期。

蔡曙山:《认知科学背景下的逻辑学》,《江海学刊》2004年第5期。

蔡曙山:《逻辑、心理与认知——论后弗雷格时代逻辑学的发展》,《浙江大学学报》2006年第6期。

蔡曙山:《关于哲学、心理学和认知科学12个问题与塞尔教授的对话》,《学术界》2007年第3期。

蔡曙山:《认知科学框架下心理学、逻辑学的交叉融合与发展》,

《中国社会科学》2009年第2期。

蔡曙山:《自然语言形式理论研究》,人民出版社2010年版。

蔡曙山:《科学发现的心理逻辑模型》,《科学通报》2013年第58卷。

蔡曙山:《人类的心智与认知》,人民出版社2015年版。

金岳霖主编:《形式逻辑》,人民出版社1979年版。

梁漱溟:《东西文化及其哲学》,商务印书馆2010年版。

林惠祥:《文化人类学》,商务印书馆2011年版。

彭聃龄:《普通心理学》,北京师范大学出版社2012年版。

彭聃龄、张必隐:《认知心理学》,浙江教育出版社2004年版。

21

科学发现的心理逻辑模型[①]

因果性是事件或对象的恒常关系在人们头脑里的反映。科学发现就是寻找事物或现象之间的因果关系及其规律的人类认知活动。随着当代认知科学的发展，人们逐步从脑与神经科学的层面认识了脑与因果性和因果推理的关系。[1~6] 可以认为，因果性是人类在进化中形成的对外部信息进行加工时，脑和神经系统的一种重要的联结方式。

大脑的因果关系信息加工分为两种基本的方式，从因及果和由果溯因。从因及果的推理方式被逻辑学家建立为演绎推理的有效模型，即皮尔士（C. S. Peirce）称为"解释前提"的推理。皮尔士的另一类"扩展前提"的推理包括由果溯因的溯因推理和从有限样本的属性推出整体属性的归纳推理，以及皮尔士未纳入其推理体系而在当今认知科学中受到青睐的类比推理。本文从认知科学和神经科学的新角度，使用新的科学事实和实验数据，认真考察溯因推理的由来与发展，特别考察了著名的沃森实验与溯因推理的关系，分析了它的心理逻辑性质，并将它安置在认知科学的一个合理的框架之中，然后我们探讨并建立了包括溯因推理、类比推理、归纳推理和演绎推理在内的科学发现的逻辑模型，讨

---

① 本文原载《科学通报》2013 年第 58 卷第 34 期，2013，58：3530-3543，doi：10.1360/972012-515。SCI 来源期刊，A 类期刊。本文被《美国科学新闻》报道，《中国知网》全文转载，被引 24 次，年均被引 2.4 次。基金资助项目：清华大学自主科研项目（20111080990；20091081226）、中德博士生合作项目 CINACS（DFG-IGK 1247）、教育部哲学社会科学重大攻关项目（07JZD0005）。

论了与此模型相关的心理逻辑问题，最后讨论了"科学发现有规律可循吗"这个核心问题和其他重要问题，并得出一些有意义的结论。

一、一对孪生兄弟：演绎和溯因

溯因方法的使用可以追溯到古希腊时期。柏拉图在他记述苏格拉底思想的著名篇章《美诺篇》中，详细讲述了苏格拉底如何用启发式教育法诱导柏拉图的一名没有哲学和数学知识的童奴一步一步地推导出"什么是德行"（virtue）以及"如何将一个正方形的面积扩大 2 倍"这样的学习过程。[8]我们来看第二个问题，即如何将一个正方形的面积扩大 2 倍。

虽然在苏格拉底和柏拉图时代，毕达哥拉斯已经发现并证明后来以其名字命名的定理，也就是中国人更早发现并稍后证明的勾股定理。[9]根据这个定理，不难知道，一个正方形，若将其面积扩大 2 倍，后者的边长应为原来正方形的对角线。但由于美诺的童奴不具备数学和毕达哥拉斯定理的知识，因而他并不知道正确答案。如何让他学会将 ABCD 的面积扩大 2 倍呢？如图 21-1 所示，苏格拉底采用启发式教育法和试错法，利用美诺的童奴已有的一些常识，通过提问，一步步启发他得出正确答案。[10]

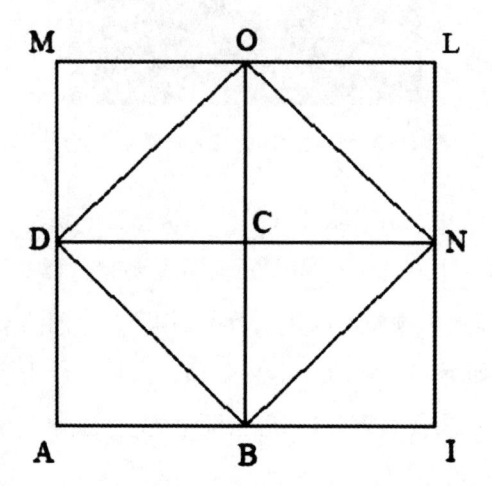

图 21-1 将正方形面积扩大 2 倍，非毕达哥拉斯解决方案[11]

《美诺篇》的第一个意义是，它记述了苏格拉底所使用并且至今仍然被广泛使用的一种教育法——启发式教育法，它现在仍然是西方大学教育的基本方法。《美诺篇》的第二个意义是，它记载了苏格拉底所使用的、从某一结论寻求它的证明方法，这就是溯因（abduction）方法。例如，勾股定理的结论只有一个，但却有 400 多种不同的证明。[12] 图 21-2 和图 21-3 是其中的由中国古代数学家给出的两种证明。每一种证明的建立（求证），都是一个溯因过程。不仅勾股定理的证明是如此，所有定理的证明过程（定理的求证），都是一个溯因推理的过程。古希腊亚里士多德三段论系统是人类历史上第一个逻辑公理系统，欧几里得几何则是第一个数学公理系统。我们以这两个系统为例，说明每一个定理的求证都是一个溯因推理过程。先来看欧氏几何第一个定理（命题 I.1）的证明。

图 21-2　勾股定理的证明，最简方案[12]

命题 I.1　已知一条线段可以作一个等边三角形。

《几何原本》中欧几里得本人的证明主要是这样：设 AB 为已知线段，分别以 A 和 B 为圆心，以 AB 为半径作圆，设两圆交于 C 点，连接 AC、BC。证明如下：$AC=AB$（定义 I.15，同圆半径相等），且 $BC=BA$（同理），故 $AC=BC$（公理 I.1，等于同量的量彼此相等），[13] 如图 21-4 所示。

本定理求证的溯因过程如下：

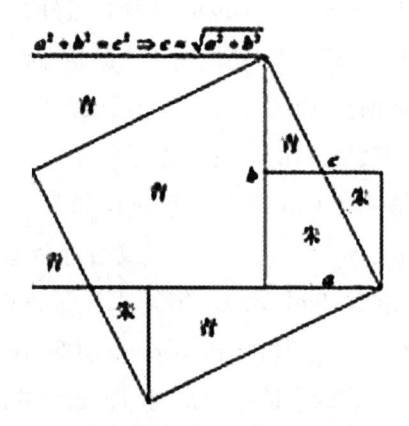

图 21-3　勾股定理的证明，赵爽的青朱出入图[12]

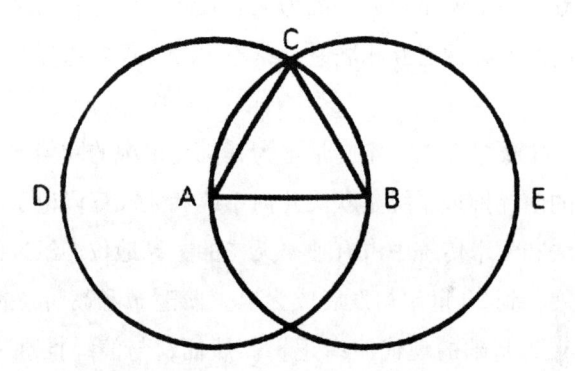

图 21-4　已知一线段，可作一等边三角形[13]

设待证的定理为 q。要证明 q，必须找到系统内的命题 p_1，p_2，…p_n，其中每一 p_i 是系统内的定义、公理或已证的命题，并且使得 p_1，p_2，…$p_n \to q$。其中，p_1，p_2，…p_n 为 q 成立的条件或理由（本例中是定义 I.15 和公理 I.1）。换句话说，p_1，p_2，…p_n 的存在是 q 存在的原因或理由。因此，从待证定理 q 寻找能使其成立的命题 p_1，p_2，…p_n 的过程是溯因，也称为逆推（retroduction）。一旦找到理由，从 p_1，p_2，…p_n 推出 q 的过程则是演绎。由此可见，溯因与演绎（求证过程和证明过程）是思维中相互关联但方向相反的两个不同的过程。

下面我们来看亚氏三段论一个定理的证明，使用亚氏三段论形式系统 AS（1989），本系统只使用三个形式公理，其中两个是亚里士多德认为必须要使用的 Barbara 和 Celarent，即第一格的 AAA 式和 EAE 式，公理 3 是"E 命题换位律"。AS 还使用 4 个断定命题，它们分别反映了命题逻辑中的"合取前提交换律"和"矛盾关系反证律"，以及词项逻辑中特有的"反对关系反证律"。在这个系统中，可以证明三段论所有正确的式。例如，第一格 Barbari 的求证过程如下：要证明 Barbari，必须找到合适的前提 $p_1, p_2, \cdots p_n$，（公理或断定命题），经使用推理规则，从 $p_1, p_2, \cdots p_n$ 推出 Barbari。本定理求证过程中使用了断定命题 IV（反对关系反证律）和公理 I（Barbara），并使用了代入规则、置换规则和分离规则。[14] 定理的求证过程是溯因，定理的证明是演绎。

由上可知，与演绎推理一样，溯因推理也是一种古老的思维与推理方法。两者好比一对孪生兄弟，因为从因及果的演绎和由果及因的溯因是思维过程的两面，两者互相联系，密不可分，但两者却有完全不同的命运。

在西方，主要是在以古希腊学术为其文化根源的欧美国家，影响最广泛且深远的演绎推理系统是欧氏几何系统和亚氏三段论系统，它们在西方思想方法和学术传统中占有独一无二的主导地位。经过两千多年连续不断的发展，到 20 世纪初发展成为以一阶逻辑和高阶逻辑（两者合称经典逻辑）为基础的现代演绎逻辑。然而，与演绎推理一样古老的溯因推理却遭遇完全不同的命运。苏格拉底和柏拉图以后，两千多年之间，无人将《美诺篇》中记述的溯因方法作为一种科学方法加以系统地阐释和提倡，直到一位卓越思想家的出现，他就是美国百科全书式的学者、符号学的创始人，美国科学通才、逻辑学家、数学家、科学哲学家、方法论、知识论和形而上学领域的改革者皮尔士。皮尔士对溯因推理的经典定义是："如果我们观察到一个令人惊讶的事实 C，并且如果 A 是真的，则 A 可能引起 C，这时我们就可以运用溯因推理，猜测 A 可能是真的。"[15] 皮尔士对推理的分类如下：

推理 { 解释前提的推理（分析方法或演绎推理）
       扩展前提的或综合的推理 { 溯因推理
                                  归纳推理

在皮尔士看来，作为人类思维最高形式的推理，首先应该分为解释前提的推理和扩展前提的或综合的推理。所谓解释前提的推理，系指结论并未超出前提断定范围的推理。例如：所有人都是会死的，苏格拉底是人，所以，苏格拉底是会死的。演绎推理的结论包含于前提之中，所以它是解释前提的推理。演绎推理的结论具有必然性，但却不包含新的知识。在科学发现中，演绎推理并不能用于假说的提出，但可用于假说的验证。

所谓扩展前提的或综合的推理，系指结论超出前提断定范围的推理。皮尔士认为它包括溯因推理和归纳推理两种基本形式。

归纳推理是基于有限观察的、从有限样本推出一般结论的推理，它的前提是关于个别事物具有某性质的论断，结论却试图得出全体事物皆具有此性质的论断。典型的例子是从已观察到的某些天鹅是白的，推出所有天鹅都是白的。数千年来欧洲人一直相信天鹅是白的，直到在澳大利亚发现黑天鹅。

溯因推理是从结果追溯原因的推理。根据皮尔士，溯因推理是关于采纳假说的推理。采纳一个留待观察的假说不能被适当地称为归纳，"但它仍然是推理，虽然它的安全性低，但它的生育力（uberty）强。"[16]皮尔士认为溯因过程本质上是推导。他说："虽然从逻辑规则说有一点小小的障碍，然而它是逻辑推导，它仅以疑问的或猜测的方式断定其结论，它是真的，因为它有一种完全明确的逻辑形式。"[16]我们可以把这种形式表示为：

B，

如果 A，则 B；

所以，A 是 B 的原因。

例如，

地面湿了，

如果下雨，地面就会湿；

因此，下雨可能是地湿的原因。

虽然皮尔士将溯因和归纳归为一类，但它们的差异非常大。归纳推理是一种从个别到一般的推理,即从个别样本所具有的性质推导出样本所在的全体也具有该性质。溯因推理却不是个体与整体关系的推理,它是因果关系的推理,即从某一观察事实或事件推导出(猜测出)引起该事实或事件的原因。

从上面的分析我们看出,溯因推理与演绎推理有更加密切的联系。前文已指出,溯因推理是一种由果溯因的因果关系推理,演绎推理可以适当地看作是从原因寻找结果的推理。两者的关系可以从一个著名的关于福尔摩斯和华生的故事来说明。福尔摩斯和华生去野营。星空下,他们支起帐篷,进入梦乡。半夜醒来他们看到天上的星星。从同一事实出发,两人却得出了不同的结论,因为两人使用了不同的推理方法,华生使用的是演绎和分析,他得出的结论是有的行星上可能有生命;福尔摩斯使用的则是溯因和综合,他得出的结论是帐篷被偷了。[17]两人的推理形式如下面的公式(1)—(3):

演绎解释(华生): $\quad p \rightarrow q_1, q_2, q_3, \cdots$ (1)

溯因解释(福尔摩斯): $\quad r_1, r_2, r_3, \cdots \rightarrow p$ (2)

或者: $\quad p \leftarrow r_1, r_2, r_3, \cdots$ (3)

华生的思维是这样的:天上有很多的星星(p)→可能有数百万颗星星(q_1)→这些星星中有的有行星(q_2)→有的行星上可能有生命(q_3)。福尔摩斯的思维过程完全相反,尽管他们的出发点是一样的:天上有很多星星(p)←我们睡在露天里(r_1)←我们的帐篷没有了(r_2)←我们的帐篷被偷了(r_3)。其中,→表示推出关系;←表示溯因(逆推)关系。前者是从因推果,后者是由果溯因。面对同一事实或事件,我们既可以像华生那样,以这一事件为原因出发去推导出若干结果,也可以像福尔摩斯那样,以这一事件为结果去追溯引起它的原因。在现实世界中,一个原因可以导致多种结果,如(1)式所示;一个结果也可能由多种原因所导致,如(2)或(3)式所示。我们可将溯因推理的公式表示如下:

B,

如果 A_1,则 B; 假设1

如果 A_2，则 B；   假设 2
……
如果 A_n，则 B；   假设 n
所以，A_i （$1 \leq i \leq n$）是 B 的原因。   溯因结论

二、将溯因推理安放在一个合理的位置上

1966 年，英国认知心理学家沃森所做的著名实验对溯因推理产生了起死回生的作用。20 世纪 70 年代，认知科学的建立则峰回路转，使溯因推理的发展渐入佳境。

（一）起死回生：沃森实验中的溯因推理

充分条件假言推理有 4 种可能的形式（模型），它们是：

（1）肯定前件式（MP）：如果 p，则 q；p，所以，q。

（2）否定前件式（DA）：如果 p，则 q；非 p，所以，非 q。

（3）肯定后件式（AC）：如果 p，则 q；q，所以，p。

（4）否定后件式（MT）：如果 p，则 q；非 q，所以，非 p。

在经典逻辑中，可以证明，只有肯定前件式和否定后件式是正确的，因为它们是重言式。肯定前件式在演绎推理中具有特殊的地位和作用，被称为演绎规则，即 Modus Ponens，简称 MP，它是命题逻辑、谓词逻辑（一阶逻辑和高阶逻辑）和其他所有演绎系统都需要遵循的规则。在经典逻辑中，否定后件式是与肯定前件式等价的推理形式，被称为逆否规则，即 Modus Tollens，简称 MT，它在经典逻辑和其他所有演绎系统中是可证的定理。在经典逻辑中，否定前件式 DA（Denying Antecedent）和肯定后件式 AC（Affirming Consequent）则是不正确的推理形式，因为它们不是重言式。

心理学家并不想无条件地接受逻辑学家所作的这种规定。他们想知道，人们在具体的思维中是怎样应用和接受这些推理形式的。为此，沃森设计了一个巧妙的验证充分条件假言推理四种模型可接受性的实验。这个实验以让被试有选择地翻动 4 张纸牌的形式来进行，背后隐藏的却是人们的逻辑推理可能要受心理因素的影响这样重大的心理逻辑假设。

这个经典的实验后来以他的名字命名，即沃森选择任务实验（Wason selection task）。[18~19]

沃森实验有两种基本的形式，一种是抽象的选择任务实验，另一种是具体的选择任务实验。抽象的选择任务实验设计如下：有一副纸牌，正面是大写英文字母，背面是阿拉伯数字。在被试面前呈现一组4张纸牌，例如：A，B，4和7；K，E，9和6等。试验任务要求被试通过翻开纸牌来验证或推翻这个规则："如果一张纸牌的正面是元音字母，那么它的背面就是偶数。"沃森选择任务实验大样本统计结果见蔡曙山《认知科学框架下心理学、逻辑学的交叉融合与发展》一文。

沃森实验选择的被试都是没有学习过逻辑学的人。实验结果表明：几乎100%的人懂得使用MP，尽管他们没有系统地学习过逻辑学。这表明MP是人们头脑里固有的东西，我们将它称为"先天逻辑能力"（Innate Logic Faculty，ILF）。[21]但只有50%的人懂得使用MT，尽管它在逻辑上是与MP等价的，却只有一半的人支持它。这又表明MT是需要经过学习才能掌握的东西，它是后天获得的逻辑能力（Acquired Logic Faculty，ALF）。心理学家解释说，由于MT与MP相比要多做两次否定，需要使用更多的工作记忆，耗费更多的认知资源，因此它有更大的认知难度，也更容易出错。另外，人们容易接受肯定式的推理，不易接受否定式的推理。凡此种种，使得MT与MP相比有更少的支持率。值得注意的是肯定后件式假言推理AC，尽管它在逻辑上是不能被接受的，但却有三分之一的人选择使用它。一种在逻辑上不可接受的模型，为什么还有约33%的支持率呢？心理学家的解释是，第一，对肯定的论证方式和否定的论证方式，人们更倾向于使用肯定的论证方式，AC正是肯定的论证方式。第二，在日常语言中，人们常常用"如果，则"的语句来表达充要条件的命题，像"如果你给我干活，我就给你钱"，它表达的是这样一个充要条件：你给我干活，我就给你钱；我给你钱，你就给我干活。虽然沃森实验中使用的是充分条件，但人们的推理还是受到了日常经验的影响。第三，如果下雨地面就会湿；地面湿了，我们能够断定是下雨了吗？当然不能，但下雨却是一种可能的选择，它是地湿的一个可能的原因。这种情况就是溯因推理（Abduction）。[22]

那么，逻辑学是否就没有用了呢？答案是否定的。我们有两种实验来为逻辑学辩护。第一个例证是"具体的选择任务实验"，它将沃森的推理实验与人们的具体经验结合起来，如"警察与非法饮酒者"的实验。在这个实验中，4张纸牌分别是"喝酒""喝可乐""20岁"和"16岁"，规则是"如果一个人（在美国）饮酒，他必须年满18岁。"实验任务要求被试设想自己是一名（美国）警察，到酒吧去查非法饮酒者，那么他应该怎样翻牌呢？实验结果显示，当推理更接近人们的日常经验时，先天的 MP 的成绩保持不变，但后天的 MT 的成绩得到提高，而逻辑上不可接受的 AC 和 DA 的成绩下降——在具体的沃森选择任务实验中，结果接近于逻辑学家所得到的结论。[23]另一个例证是笔者团队在清华大学所做的实验。为验证逻辑学在认知中的规范作用，笔者对清华大学心理学系某年级24名本科生进行了讲授逻辑学知识之前和之后的沃森选择任务对比实验。结果发现，学习逻辑学之前，学生的选择任务成绩接近前述大样本统计结果。学习逻辑学之后，学生的选择任务成绩完全达到逻辑学的理想模型的要求，即 MP 和 MT 的支持率都是100%，而 AC 和 DA 的支持率是0。这个结果也是发人深省的，我们在本文最后加以讨论。

沃森实验的意义非常深刻。首先，人们头脑里的逻辑并不等于"逻辑学"。人们头脑里的逻辑，或者说人们在思维与认知活动中所使用的逻辑是与经验相关的。那种与经验无关的、普遍的、无个体差异的逻辑是不存在的，或者说，它只存在于逻辑学家的理想模型之中。其次，理想的逻辑模型在实际应用时，往往会发生一定程度的心理偏差（psychological biases），这说明在人们的实际思维和认知过程中，逻辑过程与心理过程是相互交织在一起的，逻辑推理是会受到心理因素影响的。再次，虽然心理因素对逻辑推理会发生影响，但正确的逻辑推理模型（包括先天的 MP 和习得的 MT）会对思维和认知过程进行约束与修正，使之运行在一个科学合理的范围之内。早在1945—1950年，杰出心理学家康托（J. R. Kantor）在《心理学与逻辑学》[24]一书中阐述了心理逻辑的两项基本原理：一是特异性原理，它指出逻辑从本质上是与特定事件相关的，而不是与普遍的和超越的系统相关的。二是交互性原理，它指出无论怎样给逻辑下定义，它所包含的心理维度都应该被纳入逻辑的定义之内。康托的这种鲜明、准确而透彻的观点，在今天听起来仍然是令人振聋发聩的，而在70年前，真可谓向弗雷格主义发起进攻的第一声号角。可惜的是，这位将自然主义和科学方法引入心理学的先驱者，集心理学、逻辑学、科学哲学知识于一身的大师，他的深邃思想并未引起人们的重视，直至认知科学的诞生。

（二）认知科学的学科框架

溯因推理是一种心理逻辑，它以心理因素为变量，逻辑因素为函数，表明在人的思维和认知过程中，逻辑推理是受到心理因素影响的。现在的问题是，我们能否为溯因推理找到一个合适的学科框架和理论模型？

自弗雷格以来，逻辑学和心理学是相互隔绝的。弗雷格主张，逻辑学和数学要排斥心理因素来保持自己的"公正"性。[25~26]这种影响延续了大约一个世纪。认知科学建立起来以后，这两个被长期隔绝的学科又被重新统一起来了。

国际公认的认知科学框架以六个学科为支撑，它们是：哲学、心理学、语言学、计算机科学、人类学和神经科学。在认知科学框架下这六大学科之间互相交叉，又产生出更多的新兴学科。[27]

（三）认知逻辑的学科体系

将认知科学的学科框架映射到现代逻辑的背景中，我们立刻得到一个新的结构，这就是认知逻辑（cognitive logic），它包括六个主要学科：哲学逻辑（philosophical logic）、心理逻辑（mental logic）、语言逻辑（logic of/and language）、人工智能的逻辑（logics in AI）、文化与进化的逻辑（logics in culture and evolution）、神经系统的逻辑（logic in neuro-system），如本书图7-3所示。关于认知逻辑，可参阅蔡曙山2004—2007年的相关文献。[28]

认知逻辑是在认知科学发展的背景下对现代逻辑的"重新洗牌"。建立认知逻辑的动机是使当代逻辑的发展适应认知科学的需要。认知逻辑包括哲学逻辑、心理逻辑、语言逻辑、文化与进化的逻辑、人工智能的逻辑和神经网络逻辑。这些逻辑系统，有的已经存在，如哲学逻辑、语言逻辑、人工智能的逻辑，其历史可以追溯到20世纪50年代，与认知科学的起源同步；有的正在发展，如心理逻辑、神经网络逻辑，其发端在20世纪70年代中期，与认知科学的建立同步；有的虽然尚未开展，但预计将来可以得到发展，如文化与进化的逻辑等。

认知科学的建立，开启了学科大交叉、大融合的时代，我们可以称这个时代为"综合的时代"，以区别于20世纪的"分析的时代"；[29]认知逻辑的建立，则开启了当代逻辑学发展的新时代，逻辑学告别20世纪上半叶局限于数学基础研究和数学推理的狭隘路子，走上了作为多学科共同工具的广阔发展的道路。其中，心理逻辑的建立，结束了弗雷格所主张的将逻辑学与心理学分离的局面。

（四）将溯因推理安放在一个合理的位置上

现在，我们终于可以将溯因推理安放在一个合理的位置上，这个合理的位置，或者说它隶属的领域，就是心理逻辑。

心理逻辑（mental logic/mental models）以心理要素为自变量，逻辑要素为因变量。换句话说，心理逻辑把人的心理活动看作是一种逻辑思维，或者说，把人的心理活动映射到逻辑推理当中去。因此，它认为逻辑思维或逻辑推理受心理因素的影响。

心理逻辑有以下特征：第一，心理逻辑以心理要素为自变量，以逻辑要素为因变量；第二，心理逻辑是逻辑学，心理逻辑是心理因素的逻辑函数；第三，逻辑思维或逻辑推理受心理因素的影响。

沃森选择任务实验，可以充分说明心理逻辑的这种特征。实验证明，人的心理因素和经验、工作记忆和实验任务的难度等非逻辑的因素，都会对推理的结果产生影响，因此，在人的实际思维中，逻辑加工与心理加工的过程是互相影响的。逻辑学家给出的逻辑规则是理想模型，而在思维中发生的心理逻辑过程与理想的逻辑模型是有偏差的。

沃森实验以后，沃森、米勒约翰逊——莱尔德在心理学与逻辑学的交叉领域的研究中取得了很多令人瞩目的成果，主要建树有推理心理学[30]、语言和感知[31]、思维[32]、心理模型[33]、人类和机器思维[34]等。里普斯则在概念、推理和证明的心理学研究方面卓有建树。在《证明心理学》一书中，里普斯研究了包括三段论、假言推理和一阶逻辑的心理逻辑问题。[35]心理逻辑最令人瞩目的一项工作，我认为是心理学家卡尼曼和特沃斯基建立的风险投资理论。这项研究发现，人们面对风险的决策是不对称的：当面对赢利时人们的决策表现出"风险规避"的倾向，当面对损失时人们的决策却表现出"风险寻求"的倾向。[36~37]他们用了30多年时间发展了这项重要的被称为"前景理论"（prospect theory）的经济学理论，并由此获得2002年度诺贝尔经济学奖。

三、科学发现的心理逻辑模型

溯因推理是一种典型的心理逻辑。在溯因推理中，经验、直觉、信念、情绪、知识、记忆等心理因素都会对溯因过程及假设的提出产生影响。

马格纳尼（L. Magnani）在《溯因、推理和科学——发现和解释的过程》一书中给出综合溯因、演绎和归纳的假说推理模型（model of hypothesis reason），[39]如图21-5所示。模型显示，当我们看到一个令人惊异的事件（初始信息）时，我们既可以通过归纳推理去寻找原因，也可以通过溯因推理去寻找原因。当我们对此原因提出若干假说后，我们就可以通过演绎推理来验证这些假说，最终得到预期的结果。

马格纳尼将这个模型运用于解释医疗诊断、计算机编程等，似乎也能言之成理。它最大的成功是将演绎、归纳与溯因综合在一个模型之内，说明这三种推理方法在科学发现的提出假说和验证假说阶段的作用。

这个模型的缺陷有以下两点：一是它不能区分演绎推理与归纳推理和溯因推理在科学发现中的不同作用。归纳和溯因是"扩展前提"的

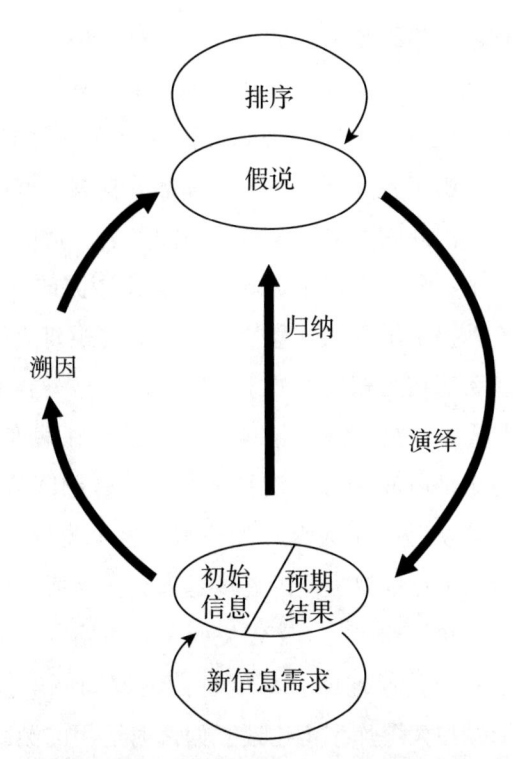

图 21-5 马格纳尼的假说推理模型[39]

推理，它们能够发现前提以外的新的事实，因此可以用来提出假说。演绎推理是"解释前提"的推理，它不可能发现前提以外的新的事实，但却可以用来验证归纳和溯因所提出的猜测和假说。例如，牛顿从苹果坠地想到万有引力，当然这时他最可能运用的是溯因推理。"苹果为什么往地上掉而不往天上飞？是不是地球有一种力把它往地上拉？"这里不仅使用了溯因推理来提出假说，也使用了演绎推理来验证假说。推理如下：

提出假说（溯因推理）：如果两个物体之间存在引力，那么它们就会互相吸引；现在苹果往地上掉，所以，很可能地球对苹果产生引力。

验证假说（演绎推理）：如果两个物体之间存在引力，那么它们就会互相吸引；假如地球对苹果产生引力，那么苹果就会往地上掉。

另一个缺陷是，它不能说明类比推理在科学发现中的作用。类比推理是另一类"扩展前提"的推理，它没有被纳入皮尔士的推理体系，也没有包括在马格纳尼上述假说推理模型之中。事实上，科学发现中使用类比推理的例子很多，它在科学发现中有着不可替代的重要作用。大陆漂移学说就是类比推理和溯因在科学发现中的成功应用，用类比推理推出，由于各大洲板块的相邻部分具有相似的几何形状和相同的地质结构，因此它们应该是古大陆漂移后形成的。大爆炸宇宙论的提出是另一个在科学发现中成功运用类比溯因的例子。1929年，美国天文学家哈勃提出星系的红移量与星系间的距离成正比的哈勃定律，并推导出星系都在互相远离的宇宙膨胀说，这一学说最终导致大爆炸宇宙论。[40]显然，在哈勃的推理中，从谱线红移推出宇宙膨胀，运用了将光波类比于声波，将谱线红移类比于音频降低的类比推理。1950年前后，伽莫夫建立了大爆炸的模型，这个模型运用类比推理，将宇宙空间中的每一点都以极高的速度远离其他点而去的令人惊异的观察事实，类比于吹气球。[41]"宇宙空间"可以指的是整个无限的宇宙，或者指的是一个就像球面一样能弯曲地回到原来位置的有限宇宙。大陆漂移学说和大爆炸宇宙论建立假说时运用的溯因推理和类比推理如下：

提出假说（溯因推理，大陆漂移学说）：如果各大洲来源于古原生大陆同一板块，则各大洲相邻部分就具有相同的几何形状，并且具有相同的地质构造、气候遗迹及动植物化石；现已证实各大洲相邻部分具有相同的几何形状，地质构造、气候遗迹及动植物化石；因此，各大洲来源于同一古大陆。

提出假说（类比推理，大陆漂移学说）：非洲的边缘形状A、植物化石B、动物化石C、地质构造D、气候遗迹（如古代冰川）E、古磁场证据F；南美洲、南极洲、印度有与非洲边缘相似的形状A；因此，它们也应有植物化石B、动物化石C、地质构造D、气候遗迹E、古磁场证据F。如图21-6所示。

提出假说（类比推理，大爆炸宇宙论，哈勃模型）：声音是一种波，当声源离观测者而去时，观测者测出的声音频率会降低；光也是一种波；因此，当光源离观测者而去时，观测者测出的光谱会向频率低的

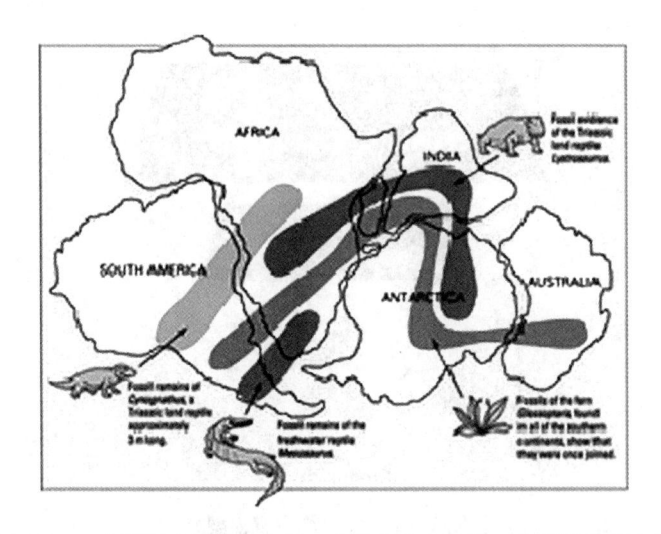

图 21-6 大陆漂移学说中古原生大陆假说，跨越五大洲的化石式样

http://en.wikipedia.org/wiki/Continental_drift

一端移动（红移）。

提出假说（类比推理，大爆炸宇宙论，伽莫夫模型）：气球是一个封闭的空间，当其中每一点与其他各点之间的距离在增加时，此气球正处于膨胀之中；宇宙也是一个封闭的空间，其中各点正在远离其他点而去（由谱线红移和哈勃模型）；因此，宇宙正处于膨胀之中，如图 21-7 所示。

由此我们看到，类比推理在科学发现中具有与溯因推理同样重要的作用。特别需要指出的是，认知科学建立以后，类比推理及相应的隐喻方法受到高度重视，被看着是"人类赖以生存的"认知方式。[44]莱考夫则断言："抽象概念大都是隐喻的。"[45]这被称为"认知科学三大发现"之一，它说明类比推理和隐喻是人们学习和掌握新概念的重要方法，当然也是科学发现的重要方法。

下面，我们给出科学发现的心理逻辑模型。

科学发现的心理逻辑模型如图 21-8 所示，本模型将科学发现的四种推理方法综合在一起，并且把每一种推理都看作是一种心理逻辑方法。其中，"扩展前提"的三种推理溯因、归纳和类比用于在科学发现中提出假说的阶段，"解释前提"演绎推理用于验证假说。当我们发现

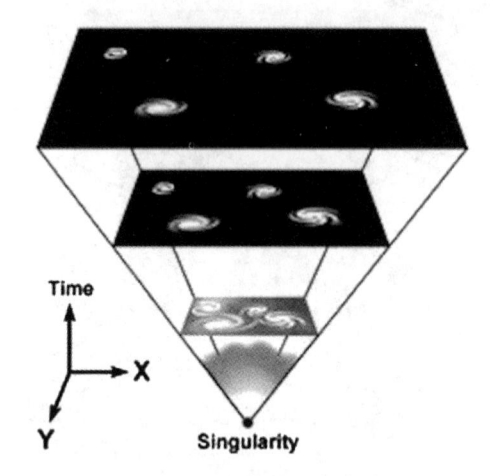

图 21-7　大爆炸宇宙模型

"令人惊异的事件" B 并且要探究其原因时，科学发现的过程就开始了。这时我们有三条通道去寻找事件 B 的原因 A。

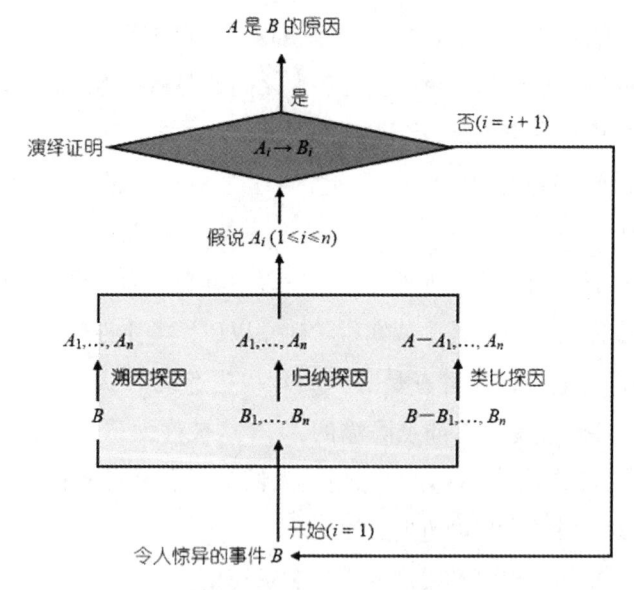

图 21-8　科学发现的心理逻辑模型

通道 1　溯因加工

引起事件 B 的原因可能有多个，我们用 $A_1, \cdots, A_n$ 来表示。例如，地面湿的原因可能是下雨，也可能是洒水或浇花，还可能是地下水管破裂或河水泛滥等等。其中每一个 A_i ($1 \leq i \leq n$) 都是一种假设，它将被送到证明模块中去进行检验。

通道2 归纳加工

事件 B 的原因 A_1, $\cdots$, A_n 与 B 的样本空间相关。例如，在著名的"摸彩球"实验中，当你连续三次摸到红球时，你可能猜测袋子里全是红球（A_1），接下来当你摸到一个黄球时，你又猜测袋子里是红球或黄球（A_2）。当证据积累得越多时，例如你摸了100次都是这两种球，你的猜测越是确定。直到你摸到一种颜色的球如蓝球时，你又会改变你的猜测，认为袋子里全是彩球（A_3）。其中每一个 A_i ($1 \leq i \leq n$) 都一种假设，它也将被送到证明模块中去进行检验。

通道3 类比加工

类比的方法不是从事件 B 直接去寻找原因 A，而是先将事件 B 类比于事件 B_1, $\cdots$, B_n，并找到它们的原因 A_1, $\cdots$, A_n，从而便可以找到 B 的原因有可能是 A_i ($1 \leq i \leq n$) 即 A。例如，要寻找谱线红移这种现象的原因，很难直接入手，但却很容易想到当声源离观测者而去时声音频率降低这种经验知识（如警车或救火车远离我们而去时的经验）。其中每一个 A_i ($1 \leq i \leq n$) 都一种假设，它也将被送到证明模块中去进行检验。

"解释前提的"演绎推理与上面三种方法截然不同，它在我们模型中的作用也与"扩展前提"的推理截然不同。演绎推理的结论没有超出前提的范围，不可能产生新知识，因此也就不可能充当科学发现中提出猜想的逻辑工具，但它却可以充当而且只有它能够充当假说检验的工具。在我们的模型中，检验假说的工具由充分条件假言推理来充当，这就是图中的"演绎证明"的模块。它的工作原理是充分条件假言推理的肯定前件式 MP，即

$$A_i, \ A_i \rightarrow B_i \vdash B_i$$

如果假说 A_i 成立，并且条件命题 $A_i \rightarrow B_i$ 也成立，那么由 MP 就可以逻辑地推出 B_i，并且 A_i 就可能是 B_i 的原因。例如，当我们观测到地面湿这个现象时，我们猜测可能是天下雨了。对假说进行证明的关键之处

在于，假言命题 $A_i \to B_i$ 一定是真的，即不可能 A_i 真而 B_i 假。"如果天下雨路面就会湿"是真的，因为不可能天下雨而路面不湿。所以，这时我们只需要检验条件做命题 $A_i \to B_i$ 是否成立就行了，即

$$? \ A_i \to B_i = 1$$

注意我们不能也无需要求假说 A_i 为真。例如，如果一个人在漆黑的夜晚出门路滑摔了一跤，但他什么也没看见，这时他仍然可以猜想是天下雨了。当然他要有下雨导致路湿的经验，不必去考察天是否正在下雨。又例如，谱线红移这个观测事实的原因是宇宙膨胀，提出这个猜想只要求"如果宇宙膨胀，那么测得的恒星光谱就会向红端移动"这个命题为真，猜想就能成立。而这个猜想或假说是否为真，最终要靠其他观测事实演绎地加以证明。例如，大陆漂移学说被承认为科学真理，最终是由我们在本节和图 21-9 中给出的事实来证明的。广义的假说证明，当然应该包括对 $A_i \to B_i$ 的证实，即

$$? \ A_i \to B_i = 1, \ A_i = 1$$

但本模型只给出条件关系的验证，因为只需如此，假说就已经成立了。

下面我们通过考察如何使用"扩展前提"的三种方法来提出假说，回答本文的核心问题："科学发现有规律可循吗？"

方法1 溯因

一个事件可能由另一个单一事件引起，这是一因一果；也可能是由几个事件同时引起，这是多因一果。例如，地面湿可能是天下雨，也可能是洒水车开过，也可能是地下管道破裂，甚至有可能是河水泛滥。当一个人看到地面湿这个事实时，怎样提出假说则是与他的经验相关的。一个生活在干旱无雨的沙漠地区的人，不可能由地面湿想到下雨这个自然的原因，而只可能想到有人在地面泼水这种人为的原因。换句话说，运用溯因推理提出假说的过程，并不是一个逻辑的过程，而是一个经验的过程。由于经验形成人的心理，所以它又表现为一个心理的过程。在溯因假说的过程中，经验、直觉、心理、信念、情绪、记忆等因素起决定的作用，而不是逻辑起作用。从本质上说，溯因是一种典型的心理逻

辑，心理因素在推理中是自变量，它影响甚至决定逻辑推理，从而导致不同的假说的提出。

方法 2　归纳

归纳中有更多的心理因素。在一个有穷大的样本中，只要样本空间没有被穷尽，我们使用的都是简单枚举归纳推理。对于无穷大的样本，我们根本不可能穷尽该样本空间，因此只能使用简单枚举归纳推理。简单枚举归纳推理是一种扩大前提的推理，它的结论是不可靠的。使用归纳推理提出假说，其假说是非常脆弱的，因为对它的证实是不可能的，除非你穷尽样本空间，而一旦如此，你使用的已经不是归纳推理而是演绎推理了。它的脆弱性还表现在，只要一个反例，就可以容易地推翻这个假说。例如，长期以来欧洲人都认为天鹅都是白的，因为没有反例。所以相信它，凭的是经验。所以休谟说，习惯是人生伟大的指南。因为经验的重复会造成人的心理变化，对这个事实加以确认，这就是习惯和信念。归纳在科学发现中也有重要的作用，因为科学发现总是基于对事实和现象的观测。

方法 3　类比

类比推理是一种非常特殊的推理，即从个别到个别的推理。它与其他推理的不同之处在于：溯因、归纳和演绎的前提或结论都包含一个全称命题，但类比推理的前提和结论都是单称命题，没有全称命题。对类比推理的合理性，从古到今有各种不同的解释。例如，亚里士多德学派的公式是：HAND：PALM：：FOOT：SOLE（手对于手掌相当于脚对于脚掌）。近代逻辑学家给出类比推理的经典公式：a 有 C，D，E，F，G 属性；b 有 C，D，E，F 属性；因此，b 可能有 G 属性。但培根（F. Bacon）和穆勒（J. S. Mill）只是将类比看作是归纳的特例，并没能给予它应有科学地位。类比推理重新受到重视，是在认知科学建立以后。霍利约克和萨伽德（K. Holyoak and P. Thagard）提出多重强制理论（multi-constraint theory within structure mapping theory），[46] 他们认为，类比的融贯性依赖于结构一致性、语义相似性和认知目的性。查尔默斯和霍夫斯达特（D. J. Chalmers，R. M. French，and D. Hofstadter）认定，类比是一种高级的感知能力。[47]福巴士（K. Forbus）也承认类比是一种高级的感知能力，它就是一种隐喻。[48]著名认知科学家莱考夫（G. Lakoff）则断言"抽象概念大都是隐喻的"，并将这一论断视为认知科学的三大发现之一。霍夫斯达特（D. Hofstadter）则明确指出："类比是认知的核心。"[49]所有这些，都给类比和隐喻以极高的认知地位。经验证据表明，类比是认知过程的一种映射操作，它从一个特殊的个体（源）向另一个特殊的个体（靶）传输信息和意义，它受到信息表达秩序的影响，而这种秩序正是人们在经验和心理、知识和信念的基础上建立起来的。因此，类比推理与溯因推理、归纳推理和演绎推理一样，都是一种心理逻辑。用类比推理的方法来提出假说，不仅受到逻辑模型的制约，同时也会受到各种心理因素的影响。

四、结论和讨论

现在我们回到本文的核心问题并讨论其他一些与科学发现相关的重要问题，并得出我们的结论。

（一）科学发现确实是有逻辑规律可循的，但科学真理却是不可穷尽的

前一个论断源于我们对溯因、类比、归纳和演绎这几种逻辑方法在科学发现中地位的认知。溯因、类比、归纳这三种"扩展前提"的推理用于提出假说，而演绎这种"解释前提"的推理则用于验证假说。我们给出了科学发现的逻辑模型。因此我们可以说，科学发现是有规律可循的。

但有规律可循并不意味着我们可以发现科学真理，更不意味着我们可以穷尽科学真理。这一论断源于我们的另一个重要论断：所有逻辑都是心理逻辑。无论是溯因推理、类比推理和归纳推理，甚至是被认为最富理性而唯一具有必然性的演绎推理，都有复杂的经验和心理的因素交织于其中。事实上，人们的心智与认知过程是一个复杂的心理逻辑过程。科学发现与其说是一个理性的和逻辑的过程，不如说是一个经验的和心理的过程。由于经验和心理因素的不确定性和不可靠性，以及人类

理性的不完备性（K. Gödel），[50]交织着经验心理因素和理性逻辑因素的人类认知过程也就不可避免地带有不可靠性和不完备性。因此，凭借对规律的认识而去发现真理甚至穷尽真理，都是不可能的。

由这个问题我们还引出另外两个问题并得出相应的结论。

（二）存在科学发现的机器，但机器智能永远不会超过人类智能

科学发现的逻辑模型说明，存在科学发现的机器。事实上，科学家们已经使用某种"逻辑机器"来发现真理。最有开创性和代表性的工作是从1977年开始兰利（Langley, P.）在西蒙指导下设计一系列培根程序来尝试做科学发现的工作。[51]例如，程序Bacon.1重做了早期重要的物理定律的发现，包括波义耳的气体定律、开普勒的行星运动第三定律、伽利略的斜面上物体的运动定律、欧姆的电流定律等。波义耳定律表为$PV=C$，即气体的压力与体积是反比关系，两者的乘积是常数C。怎样让计算机去"重新发现"这个定律呢？考虑两个变量P和V之间的函数关系，只可能有以下8种：P，V，$P+V$，$P-V$，$V-P$，PV，P/V，V/P。Bacon.1用输入的数据对这8个函数逐一进行运算，当运算到PV时，得到了期望的常量。兰利据此宣布，Bacon.1"重新发现"了波义耳定律。由于程序使用培根的归纳法（排除法）作为推理工具，兰利将它命名为Bacon.1。此后，程序Bacon.3"重新发现"了理想气体定律、库伦的电流定律；Bacon.4"重新发现"了欧姆电流定律、阿基米德定律、布莱克的比热定律、牛顿万有引力定律、动量守恒定律等。Bacon.5是一个值得注意的进展，它将类比推理运用于科学发现，包括动量守恒定律、布莱克的比热定律、焦耳的能量守恒定律等。溯因推理在科学发现中运用的例子是使用Prolog或其他人工智能语言编制的按问题求解的各种"专家系统"，这种智能软件在某一专业领域的推理能力堪比专家，如已经击败国际象棋大师的"深蓝"，能够给人们看病和开处方的"医疗诊断系统"等。自Bacon.1问世以来，各种"科学发现"的机器不断出现。但从一开始，这些"科学发现"的机器就饱受争议。主要的问题有：机器对这些已经知道结果的科学定律所做的事情是"重新发现"还是"重新证明"？按照人们设计的程序运行的计算机所

具有的智能行为（如果有的话）到底是人的智能还是计算机的智能？说到底，目前的计算机到底有没有智能？在兰利等人所从事的"机器学习"研究到达顶峰的时候，著名心智和语言哲学家塞尔站出来对以上所有问题说"不"。1984年，他在BBC的一个讲座中首次提出"中文房间论证"，[52~55]到目前为止，所有计算机都无法通过CRA的智能测试。据此，塞尔断言"所有数字计算机都没有智能"，尽管他并不排除将来的生物计算机具备智能的可能性。[56]作为人的创造物，计算机的智能永远不会超过人类，正如作为上帝（自然）的创造物，人类的智能永远不会超过上帝（自然）一样。

（三）学习和掌握演绎逻辑的规律会提高人们的逻辑思维能力，但可能抑制人们运用溯因推理的能力和其他非逻辑的或非经典逻辑的思维能力

前面我们提到，在我们以清华大学心理学系本科生为被试所做的沃森选择任务实验中，我们对这个班级的24名本科生做了学习逻辑学之前和之后的选择任务实验。结果发现，在学习充分条件假言规则之前的选择任务测试，4种任务的成绩符合沃森选择任务实验大样本统计结果。而在学习并掌握充分条件假言推理的规则之后进行的选择任务测试，肯定前件式MP的支持率仍然保持为100%，否定后件式MT的支持率也上升到100%，而肯定后件式AC和否定前件式DA的支持率都降到0，这正是逻辑学的理想结果。这一结果提示：学习和掌握演绎逻辑的规律会使人们正确地进行逻辑思维，但同时也会抑制人们运用溯因推理的能力，即抑制人们的非经典逻辑的思维能力（经典逻辑包括一阶逻辑和高阶逻辑，其特征是二值的和演绎的），从而抑制人们的科学发现和科学创新能力。因为前已说明，科学发现不是仅仅依靠纯粹理性思维和经典逻辑的推导，而是同时依靠各种非理性和非逻辑的因素。早在20世纪50年代，人工智能之父西蒙就主张人工智能要借助心理学，心理学也要借助人工智能——这就是他的心理主义人工智能路线。他说："大多数人仅仅具有部分理性，而在他们行为的其余部分则是情感的和非理性的。"[57]他又说："在形式表述和解决复杂问题方面，以及

在处理（接收、存储、检索、传输）信息方面，有限理性主体的经验受到限制。"[57]——这就是著名的"有限理性"假说。这位跨学科科学大师、政治学家、经济学家、心理学家、诺贝尔经济学奖（1978）得主的伟大思想和贡献成为认知科学革命的思想来源和财富。认知科学改变了20世纪以来唯理主义和分析主义的思维方式，转向理性与经验并重、分析与综合并重——这就是认知转向，其本质是经验转向和心理转向。[58]认知科学的研究表明，人的心智有两种基本的信息加工方式：逻辑的和心理的。因此，人类认知有两个并行的而又相互影响的通道：心理的通道（psychological channel）和逻辑的通道（logical channel）。在科学发现和其他一切认知活动中，不能忽视经验和心理因素的作用。事实上，科学主体的心理资源、实践经验、知识积累、文化背景、艺术修养、感情偏好、灵感直觉等经验和心理因素在科学发现中也起着重要的甚至是关键的作用。

参考文献

1　Patterson R, Barbey A K. A cognitive neuroscience framework for causal reasoning. In Grafman J, Krueger F, editors, The Neural Representation of Belief Systems, 2012, 76-120.

2　Barbey A K, Grafman J. An integrative cognitive neuroscience theory for social reasoning and moral judgment. Cognitive Science (CogSci), 2011, 2: 55-67.

3　Searle J R. Mind: A Brief Introduction. Oxford: Oxford University Press. 2004, 193-214.

4　Heil J, Mele A. Mental Causation. Oxford: Clarendon Press, 1993, 53-96.

5　Campbell D T. Downward causation' in hierarchically organised biological systems. In: Ayala F J, Dobzhansky T. (eds.) Studies in the philosophy of biology, University of California Press, 1974, 179-186.

6 Murphy N, Ellis G F R, O'Connor T. (eds.) Downward Causation and the Neurobiology of Free Will. Berlin: Springer Verlag, 2009, 63-82.

7 Fann K T. Peirce's Theory of Abduction. Martinus Nijhoff/The Hague, 1970, 7-10.

8 Plato, Plato in Twelve Volumes, Vol. II, Laches, Protagora, Meno, Euthydemus, with an English translation by W. R. M. Lamb, Harvard University Press, 1977, 82 d-e, 307; 83 b-c, 309; 83 e, 84 a, 313; 84 a-d, 313-315.

9 （西汉）赵君卿：《周髀算经》公元前1世纪。

10 Plato, Plato in Twelve Volumes, Vol. II, Laches, Protagora, Meno, Euthydemus, with an English translation by W. R. M. Lamb, Harvard University Press, 1977, 84 d-e, 85 a-b, 317-319.

11 Magnani, L. Abduction, Reason and Science: Processes of Discovery and Explanation, Kluwer Academic/Plenum Publishers, 2000, 6.

12 维基百科，"勾股定理"词条。http://zh.wikipedia.org/wiki/%E5%8B%BE%E8%82%A1%E5%AE%9A%E7%90%86.

13 欧几里得：《几何原本》，燕晓东编译，《人民日报》出版社2009年版。

14 蔡曙山：《一个与卢卡西维兹不同的亚里士多德三段论形式系统》，《哲学研究》1988年第4期。

15 Fann K. T. Peirce's Theory of Abduction, The Hague: M. Nijhoff, 1970, 7.

16 Peirce C. S. Collected Papers of Charles Sanders Peirce, volumes one through six edited by Charles Hartshorne and Paul Weiss (Cambridge, Massachusetts, 1931-1935), volumes seven and eight edited by Arthur Burks, Cambridge, Massachusetts, 1958, 8.388; 5.188.

17 迈尔斯·D. G.：《心理学》（第七版），黄希庭等译，人民邮电出版社2006年版。

18　Wason, P. C. Reasoning. In Foss B M. New horizons in psychology. Harmondsworth: Penguin, 1966, 135-151.

19　Wason, P. C. , Shapiro, D. Natural and contrived experience in a reasoning problem. Quarterly Journal of Experimental Psychology 1971, 23: 63-71.

20　Marcus S L, Rips L J. Conditional reasoning. Journal of Verbal Learning & Verbal Behavior, 1979, 18: 199-233.

21　Cai S. Logics in a New Frame of Cognitive Science: On Cognitive Logic, its Objects, Methods and Systems, Logic, Methodology and Philosophy of Science. In: Proceeding of the 13th International Congress, Vol. 1. London: King's College Publications, 2009, 427-442.

22　蔡曙山:《认知科学框架下心理学、逻辑学的交叉融合与发展》,中国社会科学出版社2009年版。

23　Cosmides, L. , Tooby, J. , In Barkow et al. . Cognitive Adaptions for Social Exchange. New York: Oxford University Press. 1992, 163-228.

24　Kantor J R. Psychology and Logic, Vol 1 and Vol 2, Bloomington, Ind. , Principia Press, 1945/1950.

25　[美]保罗·贝纳塞拉夫、希拉里·普特南:《数学哲学》,朱水林等译,商务印书馆2003年版。

26　弗雷格·G.:《算术基础》,王路译,商务印书馆1998年版。

27　Harnish R M. Minds, Brains, Computers: An Historical Introduction to the Foundations of Cognitive Science. Malden, MA: Blackwell Publishers, 2002, 7.

28　Cai S. Logics in a New Frame of Cognitive Science: On Cognitive Logic, its Objects, Methods and Systems, Logic, Methodology and Philosophy of Science: Proceeding of the 13th International Congress, Vol. 1. London: King's College Publications, 2009, 427-442.

29　Cai S. The age of synthesis: From cognitive science to converging technologies and hereafter, Chinese Science Bulletin, Beijing: Chinese Science Bulletin, 2011, 56: 465-475.

30　Wason P C, Johnson-Laird P N. Psychology of reasoning: structure and content. Cambridge, Mass., Harvard University Press, 1972.

31　Miller G A, Johnson-Laird P N. Language and perception. Cambridge, Mass.: Belknap Press of Harvard University Press, 1976.

32　Johnson-Laird P N, Wason P C. Thinking: readings in cognitive science. Cambridge; New York: Cambridge University Press, 1977.

33　Johnson-Laird P N. Mental Models: towards a cognitive science of language, inference, and consciousness, Cambridge, Mass.: Harvard University Press, 1983.

34　Johnson-Laird P N. Human and machine thinking. Hillsdale, NJ: L. Erlbaum Associates, 1993.

35　Lance J R. The psychology of proof: deductive reasoning in human thinking. Cambridge, Mass.: MIT Press, 1994.

36　Tversky A, Kahneman D. Judgment under uncertainty: Heuristics and biases. Science, 1974, 185: 1124-1131.

37　Kahneman D, Tversky A. Choices, values, and frames. American Psychologist, vol. 39 (4), Apr 1984, 341-350.

38　Magnani, L. Abduction, Reason and Science: Processes of Discovery and Explanation, Kluwer Academic/Plenum Publishers, 2000, 47.

39　Hubble, E. A Relation between Distance and Radial Velocity Among Extra-Galactic Nebulae. Proceedings of the National Academy of Sciences. 1929, 15 (3): 168-73. doi: 10.1073/pnas.15.3.168. PMID 16577160. PMC 522427.

40　Alpher R A, Gamow G. The Origin of Chemical Elements. Physical Review. 1948, 73: 803. doi: 10.1103/PhysRev.73.803.

41　http://en.wikipedia.org/wiki/Continental_drift.

42　http://en.wikipedia.org/wiki/Big_Bang.

43 Lakoff G, Johnson M. Metaphors We Live By. Chicago: University of Chicago Press, 2003, 3-6.

44 Lakoff G, Johnson M. Philosophy in the Flesh: The Embodied Mind and Its Challenge to Western Thought. New York: Basic Books, 1999, 3.

45 Holyoak K J, Thagard P. The Analogical Mind. American Psychologist 1997, 52: 35-44.

46 Chalmers D J, French R M, Hofstadter D. High-Level Perception, Representation, and Analogy. Chalmers, D. J. et al. Journal of Experimental & Theoretical Artificial Intelligence Volume 4, Issue 3, 1992, 3-38.

47 Forbus K, Gentner D, Markman A, Ferguson R. Analogy just looks like high level perception: Why a domain-general approach to analogical mapping is right. Journal of Experimental and Theoretical Artificial Intelligence (JETI), 1998, 10, 231-257.

48 "Hofstadter D. Analogy as the Core of Cognition", in Dedre Gentner, Keith Holyoak, and Boicho Kokinov (eds.) The Analogical Mind: Perspectives from Cognitive Science, Cambridge, MA: The MIT Press/Bradford Book, 2001, 499-538.

49 Gödel K. On formally undecidable propositions of Principia Mathematica and related systems. New York: Dover Publications, 1992, 37-72.

50 Langley P. Bacon. 1: A general discovery system. Proceedings of the Second Biennial Conference of the Canadian Society for Computational Studies of Intelligence, 1978, 173-180.

51 Searle J R. Minds, brains, and programs. Behavioral and Brain Sciences, 1980, 3: 417-424.

52 Searle J R. Who is computing with the brain? Behavioral and Brain Sciences, 1990, 13: 632-642.

53 Searle J R. Is the brain a digital computer? Proceedings and

Addresses of the American Philosophical Association, 1990, 64: 21-37.

54　Searle J R. Is the brain's mind a computer program? Scientific American, 1990, 262: 26-31.

55　蔡曙山:《关于哲学、心理学和认知科学的12个问题与塞尔教授的对话》,《学术界》2007年第3期。

56　Simon H A. Models of Man: Social and Rational-Mathematical Essays on Rational Human Behavior in a Social Setting, New York, Wiley, 1957.

57　蔡曙山:《经验在认知中的作用》,《科学中国人》2003年第12期。

22

综合的时代：从认知科学到聚合科技及其未来发展[1]

20世纪50年代是哲学和科学硕果累累的重要时期，这些成果首先产生在语言学、心理学和计算机科学等学科领域。1956年，一个由众多科学家参加的重要会议在美国达特茅斯学院召开。麦卡锡（John McCarthy）、明斯基（Marvin Minsky）、香农（Claude Shannon）、纽厄尔（Allen Newell）、西蒙（Herbert Simon）等科学家聚在一起，讨论着一个完全不食人间烟火的主题：用机器来模仿人类学习以及其他方面的智能。一个新兴的学科领域——人工智能由此诞生，认知科学也由此启航。与此同时，认知心理学的奠基人米勒（George Miller）在他的著名论文《神奇的数字7±2：我们信息加工能力的局限》里证明：在短时记忆中，一般人平均只能记下7个组块。进而，他提出人类对信息加工能力、注意广度、即时记忆广度以及人类处理信息能力的限度等重要的认知加工理论。1957年，乔姆斯基建立了转换语法，随后展开了对斯金纳《言语行为》一书及其行为主义心理学的论战。乔姆斯基认为，人类的第一语言（母语）的能力是先天遗传的，而不是后

---

[1] 本文原载《学术前沿》2022年第10期（下），CSSCI来源期刊，A类期刊。中国知网全文转载，被引3次，年均被引2.5次，《新华文摘》2023年第7期全文转载，本文另有3000字信息专报通过内参呈送中央。本研究受国家社会科学基金重大项目"语言、思维、文化层级的高阶认知研究"（项目批准号15ZDB017）、国家自然科学基金重点"语言理解的认知机理与计算机模型研究"（项目批准号62036001）共同资助。

天习得的，转换生成语法的理论为人类语言加工提供了令人满意的语言学和语言哲学解释。乔姆斯基的先天语言能力（Innate Language Faculty, ILF）理论、普遍语法（Universal Grammar, UG）理论为认知科学奠定了基础，而他的句法结构理论、形式文法理论则为人工智能奠定了基础。在 20 世纪五六十年代，这些以信息加工为初衷的研究逐步覆盖了哲学、语言学、心理学、人类学、计算机科学和神经科学等学科领域，这些学科不约而同地将自己的目标对准同一个东西——人类心智（human mind），形成一个以揭开人类心智奥秘为己任的多学科综合交叉群体。

20 世纪 70 年代中期，认知科学在美国创立，标志着一个被称为"综合时代"的科学新时代的到来。在其后，认知科学迅速发展成为一个新兴的科学领域和学科群体。认知科学的目标是揭开人类心智的奥秘，其学科目标是促进相关学科的交叉融合和综合发展。

2000 年，人类迈入新世纪。美国国家科学基金会（NSF）和美国商务部（DOC）共同资助了一个研究计划，目的是要弄清楚哪些学科是新世纪的带头学科。70 多位美国一流科学家参加了这项计划，研究结果是一份 480 多页的研究报告，标题为《聚合四大科技 提高人类能力：纳米技术、生物技术、信息技术和认知科学》（Converging Technologies for Improving Human Performance: Nanotechnology, Biotechnology, Information Technology and Cognitive Science），简称 CTIHP，或 NBIC。[1] 这里有两个关键词，一个是"聚合科技"（Converging Technologies），另一个是"NBIC"（Nanotechnology, Biotechnology, Information Technology and Cognitive Science），两者是等价的。"聚合技术"就是要把四大科技 NBIC 聚合起来，形成一个更大的学科综合体。认知科学是六大学科的综合体，NBIC 则是包含认知科学在内的更大的学科综合体。从认知科学到聚合科技，表明人类从综合走向更大的综合。[2] 聚合科技 NBIC 的

---

[1] Mihail C. Roco and William Sims Bainbridge (eds.) (2002) *Converging Technologies for Improving Human Performance*. Dordrecht/Boston/London, Kluwer Academic Publishers.

[2] 蔡曙山：《综合再综合：从认知科学到聚合科技》，《学术界》2010 年第 6 期。

提出和建立，标志着一个被称为"科学综合"的新的时代的到来。如果说 20 世纪是"分析的时代"(The Age of Analysis)，那么 21 世纪则是一个完全不同的"综合的时代"(The Age of Synthesis)。

聚合科技在新世纪的作用和意义是：四大科技 NBIC 互相缠绕在一起，共同支撑 21 世纪的人类发展；同时，它将四大科技的能量聚集到一点，所向披靡，无坚不摧。本文将描述从认知科学到聚合科技 NBIC 的这一转变过程，揭示 21 世纪综合时代的特征，并对聚合科技 NBIC 对未来的潜在影响作出预测。

一、综合的时代

分析科学和分析方法是 20 世纪的一个标志，由此产生了"分析时代"。这个时代，各门学科、各个研究领域的范围都受到分析方法的影响。虽然科学研究越来越深入，但科学领域和学科范围却越来越窄，知识的广度也越来越有限。以分析方法为主的科学技术主导了 20 世纪的发展，从太空探索到人类生存都取得了显著成就。然而，这一时期却缺乏以人为本的人文社会科学研究和成果来支持上述发展。这种情况在 20 世纪的后期开始改变，随着文理工大综合的认知科学的建立，越来越多的研究聚焦于人类综合的能力。

分析与综合：人类认识世界的两种基本方法。分析是一种自上而下获取信息的方法，即将认识对象分门别类地进行研究，这种方法基于古代分类学。相反，综合是一种自下而上的研究方法，在这种方法中，我们将认识对象组合成一个整体来进行研究，这种方法基于古代对世界的整体观。

分析和综合这两种科学方法涉及两种逻辑方法：演绎和归纳。分析方法在逻辑上使用的是演绎推理，从认知科学上说，它是左脑的工作方式；综合方法在逻辑上使用的是归纳推理，采用的是右脑的工作方式。在人类认识史上，分析与综合、演绎和归纳，这两类主要的科学认识方法和逻辑推理方法早就被哲学家注意到了，形成了从古希腊到近代西方哲学中的唯理论和经验论之争。

综合：人类认知与发展的新的时代。20 世纪是分析的时代,[①] 但自 20 世纪下半叶以来，分析和演绎的缺陷日益显现出来。1931 年，哥德尔证明在一个充分大的数学系统中，系统的一致性和完全性不能同时被满足。这也就是说，在一个一致的数学系统中，至少存在一个真而不可证的命题。这个伟大的定理证明了分析方法和演绎推演不能穷尽系统内的真理，即使是数学和逻辑这种纯粹的分析和演绎的科学亦是如此。这个定理也证明了人类的理性是有限度的。

从 20 世纪 70 年代中叶认知科学建立到 21 世纪之初聚合科技的建立，人类认识的发展走在一条从综合到更大综合的道路上，这并不是偶然的，它反映了人类认识世界的方式的根本转变，这是两千多年来人类认知的一次重大变革！科学发展从以分析和演绎为主的认知方式，转向以综合和归纳为主的认知方式，人类社会从分析的时代进入综合的时代！

综合再综合，创新再创新，这将成为 21 世纪的时代特征。

二、认知科学：三个综合目标

认知科学有两个重要的特点。首先，它是经验性的。认知语言学家莱考夫指出认知科学的三大发现是：心智是涉身的；思维是无意识的；抽象概念是隐喻的。[②] 其次，学科具有整体性和综合性。认知科学有三大综合目标：学科交叉融合、知识综合创新、人才综合发展。

---

① 参见［美］M. 怀特：《分析的时代：二十世纪的哲学家》，杜任之译，商务印书馆 1981 年版。该书将 20 世纪主要哲学家及其流派合一炉而冶，并以"分析时代的哲学家"概括之，不论是摩尔的实在论、克罗齐的历史哲学、桑塔亚那的道德和宗教哲学、柏格森的生命哲学、怀特海的数学哲学和形而上学、胡塞尔的现象学、萨特的存在主义、皮尔士的实用主义与意义、威廉·詹姆士的实用主义哲学、杜威的科学与道德哲学、罗素的分析哲学、卡尔纳普的逻辑实证主义、维特根斯坦的语言哲学，也不论是英美哲学还是欧陆哲学。这种以认识方法来总揽哲学发展趋势和特征的研究方法不同于笔者所读过的任何一本哲学史著作，它极大地启发了笔者对哲学的思考，并写下了笔者的第一篇论文（学士学位论文）《归纳法演绎法和近代欧洲哲学中的经验论唯理论》。

② Lakoff, George and Mark Johnson（1999）*Philosophy in the Flesh*: *the Embodied Mind and its Challenge to Western Thought*. New York: Basic Books.

学科综合交叉。在科学发展中，分析方法通常用来研究自然、社会和精神现象。这种方法几乎应用于自然、社会和精神领域的所有学科。随着时间的推移，学科分类越来越细，而学科的范围却越来越窄。

联合国教科文组织（UNESCO）的学科划分确定了5个学科门类和60个一级学科。联合国教科文组织国际文献联合会分类体系的学科分类有9个门类和60个一级学科。美国学科分类标准有17个门类、38个组、362个学科。英国学科分类标准有20个门类、159个一级学科、654个二级学科。德国的学科分类标准有10个门类、64个一级学科、558个二级学科。日本学科分类标准有9个门类、49个组、1250个学科。1992年建立的中国学科学科分类标准包括11个门类、58个一级学科、573个二级学科和大约6000个三级学科。这种学科的细分可以概括为：学科门类十几个，一级学科几十个，二级学科几百个，三级学科几千个。这样的学科分类将人类知识切割得支离破碎。

在这样一个复杂而烦琐的知识分类系统中，学习和掌握所有领域的知识是不可能的。相反，越来越多的学生被要求专注于一个狭窄的领域，并在一个特定的学科发展专长（专业化）。在这种分析性的教育系统中，作为学习和掌握这种狭隘的专业知识的代价，可能会导致受教育者宝贵的综合能力的丧失。

人类知识本来就不是按照学科来划分的，而是以问题为中心的，是以问题为学习和研究导向的。学科设置却是人为的，现代教育强化了这种人为的学科划分。认知科学打破了这种以分析方法建立的严格的学科壁垒，重新建立了多学科、跨学科的知识体系。认知科学作为一门综合自然科学、工程技术、人文科学的新的知识体系和研究方法，有可能帮助许多传统上互相分离的学科实现交叉综合，重新焕发科学和学科的青春与活力。

知识综合创新。科学是以问题为导向的，是处处稠密的。科学是针对特定问题而产生的，凡是有问题的地方，就会有科学。学科则是人为划分的，是离散的和受学科规范约束的。现代教育体制，特别是现代大学强化了学科划分和学科规范。在科学与学科的这一对矛盾中，科学是第一性的，是活跃的，是常新的和生生不息的。学科是第二性的，是僵化的，是滞后的和难以改变的。学科规范与科学规律相适应则促进科学发展，反之则阻碍科学发展。但科学总是为自己的发展而不断突破学科障碍、开辟发展道路。认知科学的建立就是一个科学研究突破学科障碍而使科学得到发展的典型例子。其后聚合科技 NBIC 的建立又一次突破学科障碍，并为自己的发展开辟新的方向。通过这种矛盾运动，科学和学科都得到了健康发展。

在综合发展的时代，一些最初出现的学科或领域之间可能会发生整合。比如，在认知科学的框架内出现了大量的交叉学科新领域，如控制论产生于计算机科学与神经科学的交叉融合，神经语言学产生于神经科学与语言学的交叉融合，神经心理学产生于神经科学与心理学的交叉融合，认知过程的仿真产生于心理学与计算机科学的交叉融合，计算语言学产生于计算机科学与语言学的交叉融合，心理语言学产生于心理学和语言学的交叉融合，心理学哲学从哲学与心理学的交叉融合发展而来，人类学语言学从人类学与语言学的交叉融合发展而来，认知人类学从心理学与人类学的交叉融合发展而来，脑进化从神经科学与人类学的交叉融合发展而来，等等。显而易见，如果没有认知科学的发展，这些新的综合领域或交叉学科就不会出现。

人才综合发展。现代教育体制由多学科的分科教育组成，因此就涉及一种学科分析的方法。当代教育系统需要分析方法和管理部门发挥学科间的协调作用，从而强化了学科管理部门本身的职能。例如，当前，中国的大学如果要增加一个学科目录中没有的新学科，必须经过教育部的批准。在科学基金项目的申报中，跨学科、交叉学科和新兴学科项目的申报也存在困难。认知科学这个在美欧已经发展了近半个世纪、硕果累累、具有强大生命力的学科，在中国的学科目录和自然科学、社会科学两大科学基金项目的申报中，至今仍然没有自己的一席之地和正常通道。

在这样学科和教育体系中，学生更容易被培养成某种类型的专家、学者或教授，而很难被培养成为大师。为什么呢？因为这样的科学和教育体制不太可能产生历史上像诸葛亮那样精通天文、地理和军事的全才；也不可能产生像达·芬奇那样集艺术家、雕塑家、建筑师、工程师和科学家于一身的大师。古希腊百科全书式学者亚里士多德、中国古代思想家和哲学家老子、思想家和教育家孔子、心学大师王阳明，也不可能从当代教育体系中诞生。事实上，古今中外的所谓"大师"，他们的知识类型全都是综合型的，而不仅仅是专业型的。这就是困扰我国科学界和教育界的"钱学森之问"的答案。可以期望，"钱学森之问"这个难题在综合的时代能够得到完美的解决。

在现代教育体制下，之所以很难出现上述那样的学术大师或改变人类命运的人物，重要的原因就是综合能力和综合知识的缺乏。如果人类知识是一座森林，在现代条分缕析的教育体制下，受教育者不过像虫子一样生活在一片树叶上，对其他树叶和树木缺乏了解，更不用说整个森林了。我们需要的是这样的人：他们能够像鹰一样在人类知识的森林上空自由翱翔，只有这样才可能有综合的眼光，才可能对人类知识，对整个森林有全面的了解，也才可能对人类的进步作出更大贡献。

三、聚合科技：大规模集成

认知科学和聚合科技 NBIC 正在向更高层次、更大规模的方向发展。斯博利尔（J. Spohrer）预言：

> 在下个世纪，或者在大约 5 代人的时期之内，一些突破会出现在纳米技术（消弭了自然的和人造的分子系统之间的界限）、信息科学（导向更加自主的、智能的机器）、生物科学和生命科学（通过基因学和蛋白质学来延长人类生命）、认知和神经科学（创造出人工神经网络并破译人类认知）和社会科学（理解文化信息，驾驭集体智商）领域，这些突破被用于加快技术进步的步伐，并可能会再一次改变我们的物种，其深远的意义可以媲美数十万代人以前人类首次学会口头语言知识。NBICS（纳米—生物—信息—认

知—社会）的技术综合可能成为人类伟大变革的推进器。①

扩展人类的认知和交际能力。实现 NBIC 聚合总目标的第一个重点领域是扩展人类认知与交际能力。这一领域的主要任务是促进技术突破，这些突破有可能增强个人的心理和社会交际能力。整个 20 世纪，人们提出了许多纯粹的心理学技术来加强人类的人格特征，但是系统的研究通常无法证实这些技术方法的所谓的好处。目前的证据表明，综合运用各种科学和技术的方法，可能比单纯依靠心理训练更有效。

加州大学圣特巴巴拉分校的高雷奇（R. G. Golledge）认为，聚合技术 NBIC 可以拓宽人类在几个感官领域"跳出界外"思考的能力，例如，聚合 NBI 和空间认知方法，我们就可以得到：自然语言驱动的机器人和可穿戴计算机；基于人类寻路实践方法的互联网搜索引擎；感知环境并提醒我们污染程度等的智能面料等；当我们旅行时会与我们交谈的智能环境系统（如远程听觉标识系统）；以 GPS 为基础的个人导航系统能够方便我们在不熟悉的地方出行（例如旅游）；通过触控、注视或手势来解释所在环境的智能地图（例如"你在这里"的实时地图或触摸屏数据表达计算机）；机器导盲犬携带大型环境数据库，可以在不熟悉的地方开辟路线；为访客提供建筑物内部状况及游客信息的智能建筑，比如，中转终端机；在地面或交通工具上提供的远程听觉标志（谈话标志/远程红外听觉标志）；购物中心和交通枢纽等建筑物内的"会说话"的荧光灯；具有点链功能的 GPS 导航系统，可以提供定位于地点和网站的信息。

改善人类健康和身体能力。由于生物医学项目设计的需要，了解细胞—分子界面（即纳米级相互作用）将是纳米生物技术应用的一个重要的发展方向。

在延长人类寿命方面，广泛和成功地引入纳米生物技术将需要跨学科合作和广泛的信息交换。例如，在修复和替换损伤的生物器官方面可

---

① Mihail C. Roco and William Sims Bainbridge（eds.）（2002）*Converging Technologies for Improving Human Performance*. Dordrecht/Boston/London，Kluwer Academic Publishers，p. 102.

能的干预水平和一些正在出现的解决方案,其中纳米生物技术可以发挥作用。

在人机交互领域,人们普遍认为纳米技术的最新进展将对脑机接口和神经假体器件的发展产生重大影响。通过在神经元组织和机器之间建立直接联系,这些设备可以使用自愿神经元活动来直接控制机械、电子甚至虚拟物体,就像它们是身体的延伸一样。

这项新技术的核心是不断增长的电生理学方法的能力,用于揭示从大量个体神经元的原始电活动中获得意识和有意向的神经过程(如移动手臂)的潜在机制。这些神经信号可以被转换成一种可以用来控制外部设备的信息形式。此外,通过提供从这些设备向大脑传递感官(如视觉、触觉、听觉等)反馈的方法,有可能在大型神经回路和机器之间建立互惠的(生物学上更合理的)交互形式。这些发展可能满足人工驱动器的要求。这些驱动器作为简单的身体延伸功能,可以用来增强人体运动性能。基于这项研究和纳米技术的最新发展,构建一套闭环控制的脑机接口成为可能,使之在宏观、微米甚至纳米环境下恢复或增强电机性能。

提高团体和社会效益。NBIC 创新的主要好处超出了个人层面,施益于群体,并促进经济、文化和整个社会发展。特别是,NBIC 创新寻求提高团队能力,促进社会交际和合作。

加州大学伯克利分校的班菲尔德(J. Banfield)用一个模型来解释认知科学的引入在指导复杂过程的超级模型发展方面是如何发挥无法估价的作用的。该模型将物理和化学环境信息与种群大小、结构和基因表达信息结合起来,分析群落相互作用并预测系统对扰动的响应。

在微生物模型的研究中,班菲尔德发现,过度使用和/或不平衡使用资源可导致毒素积累、食物短缺、人口过剩和死亡。纳米—生物—地理的整合可以让我们梳理出器官与其周围环境之间复杂的相互依赖的关系,从而最终获得对环境系统的充分理解,以避免由微生物层面的相互作用中表现出来的资源耗尽的不利后果。

国家安全。最先进的科学技术总是最先应用到军事、国防和国家安全领域。美国国防部阐明了 NBIC 的 7 个国家安全目标：(1) 数据链接、威胁预测和战备；(2) 无人驾驶作战车辆；(3) 作战人员教育和训练；(4) 化学/生物/辐射/爆炸的探测与防护；(5) 战士系统；(6) 提高人类工作表现的非药物治疗；(7) 脑机接口的应用。

例如，手腕佩戴的监视器（腕表）通过监测睡眠来预测人员的工作能力。睡眠通过手腕监视器处于非运动状态来确定。腕表显示的曲线根据士兵的休息时间来预测士兵的行动能力。海军研究实验室的默戴开发了一种涉及未来纳米生物技术应用的战士系统，该系统包括电镀陶瓷制造的等角天线材料、碳纳米管和纳米纤维制造的轻型弹道头盔、燃料电池膜制造的紧凑型电池、纳米纤维和选择性发膜制造的化学/生物防护服、聚合体分层硅化物和多层聚合物制造的弹道防护面罩、化学/生物探测技术和水质探测技术制造的化学/生物传感器、纳米初级合成物和纳米金属物制造的先进武器系统、纳米反应物制造的化学/生物皮肤杀虫剂乳霜、纳米胶囊和纳米薄膜过滤器制造的饮用水系统，这个多系统综合的"未来战士系统"将极大地提高单兵作战能力，并在未来战争中形成前所未有的强大战斗力。

在 21 世纪之初，《聚合四大科技 提高人类能力：纳米技术、生物技术、信息技术和认知技术》一书就作出预言，无人机将会成为未来战争的主要作战手段。自动化技术（包括传感器小型化、增强的计算能力、存储能力和增强的软件能力）将替代飞行员在许多危险的作战任务中实现完全自动化或者人机循环组合。无人机将具备人工大脑，在执行任务时能够效仿技术娴熟的战斗飞行员。除需要战略决策或开火决定等特殊情况外，如起飞、航行、情况侦察、目标确认和安全返航等任务，将被自动完成。解除了人体重力约束和减少了人体物理支持设备（氧气、弹射系统、装甲等）的重量，飞机将更加灵敏。坦克、潜水艇和其他战斗车辆将会得到类似的改进。今天看来（特别是在近期的俄乌冲突中），无人机作战等预言已经完全成为现实。

统一科学和教育。目前，科学和工程的教育是高度碎片化的，每个部分都受到特定学科边界的限制。纽约城市大学的阿金斯（D. Akins）

等人预测，在未来，知识将基于由纳米技术、生物技术、信息技术和认知科学提供的统一概念，而这是通过教育机构来推行的。自然科学、工程科学、社会科学和人文科学将聚合在一起。统一科学的基本概念将从教育过程的一开始就引入，包括 K-12、本科生和研究生教育的全过程。聚合科技将开发新的工具，用以提供高质量的、随时随地可利用的教育机会。NBIC 的科学和工程教育方式将让大多数学生受益，并作为继续教育让感兴趣的成年人也受益。

美国国家航空航天局的巴特森和波普（J. G. Batterson & A. T. Pope, 2002）对 2015 年 K-12 教育的发展前景做了详细的预测：

> 在未来的 15 年里，聚合科技（CT）、纳米、生物、信息和认知技术（NBIC）的协同作用将显著改善 K-12 年级的教学方式、教学地点和教学内容，并支持快速发展的科技经济所需的终身学习。通过国家和州的标准，美国一半的学校将根据科学与技术统一的原则开展科学教育（NRC，1995），而不是自工业革命前以来孤立学科的教育。新的学习工具如神经科学传感器，通过保证带宽提高互联网服务质量，以及对自我完善的生物反馈的新理解，将为所有人提供新的、高效的学习方法，特别是确保所有儿童在 5 岁前都能够阅读。学生们将不再依赖于教室或校舍的严格管理和课程表，因为他们将从无数的场所全天候地获得课程和补充信息。[①]

NBIC 的研究进展可以满足每年越来越多的学生的特殊需求，而需要的教职员工却越来越少。随着科技的发展，学生可以越来越方便地与世界各地的其他学生交流，分享信息、语言和文化。随着人们认识到终身学习的重要性，全世界可能会有越来越多的人加入到教育体系中，其中包括数百万老年人，终身学习的重要目标将成为现实。在巴特森和波普（2002）的教育模式中，对新建筑的要求降低了，因为学生可以在家里、工作区域和学校全天候（每周 7 天，每天 24 小时）利用课程资

[①] Mihail C. Roco and William Sims Bainbridge (eds.) (2002) Converging Technologies for Improving Human Performance. Dordrecht/Boston/London, Kluwer Academic Publishers, p. 417.

源。节省下来的资本投资可以用于提高教育工作人员的薪酬，以吸引和留住优秀的教师和课程开发人员。据设想，教育和娱乐之间的界限将越来越模糊，因为公民都可以全天候对学校进行访问，以改善他们的生活。

四、结论与未来预测

在 20 世纪的后期，科学技术的两个重要的发现是 1975 年认知科学的建立和 2000 年 NBIC 聚合技术的产生。下面，我们对从认知科学到聚合科技及其后的发展做一总结，并对未来作出预测。

人类发展进入综合时代。认知科学由六大学科组成，是人类知识的综合发展。NBIC 聚合科技，包括认知科学，是一次更大的学科综合。学科综合的趋势为科学知识提供了极其广泛的基础，也为科学技术进步和人类认知发展提供了前所未有的广阔前景。

纵观人类科学史和思想史的发展历程，我们可以看到一个从分析到综合、再从简单综合到更大综合的发展过程。不断地综合发展，从综合到更大的综合，是 21 世纪人类科学技术发展的趋势。

这种融合发展的趋势体现在科学研究、学科建设、人才培养等多种模式上。在综合知识、综合学科和扩展能力的发展基础上，综合和发展将会变得更加全面。此外，这一趋势可能会对中国的政治、经济、社会、文化、教育和社会的其他方面产生强烈的影响。在 21 世纪综合的时代，NBIC 聚合科技有可能从根本上改变人类前进的方向，甚至改变物种。重要的是要预测这些变化的性质，并作出适当的准备。

然而，认知科学和聚合技术的新发展目前还未进入决策层面。例如，尽管部分发达国家和世界一流大学都在全力支持认知科学和聚合技术的研究，但认知科学尚未被纳入中国的学科目录。这种状况令人担忧。许多年前，笔者曾说过，一所大学如果不进行认知科学研究，就不足以被称为世界一流大学。这个观点应该引起中国大学和各级教育管理者的重视。

思想和方法创新在当今时代的重要性。认知科学，特别是认知人类学（涉及文化、进化和认知）和进化心理学的研究表明，人类和非人类动物之间的根本区别是：人类在200万年前发明了口头语言，这是可以表达抽象概念的符号语言。在抽象语言的基础上，人类发展出抽象思维。凭借抽象语言和抽象思维，人类建构了全部的知识体系，知识在历史的演进过程中积淀为文化。因此，人类具有语言、思维、文化层级的认知，而非人类动物并不具有这种认知。非人类动物的进化仅仅发生在基因的水平上，一个有生物学意义的小小变化往往需要历经数百年甚至数千年的时间跨度。人类的进化可以发生在思想、文化和技术层面上，其基础是通过语言进行社会传播。文化演变可以在几十年、一代人或至多几代人的时间内产生实质性的变化。地球上生命的历史长达数十亿年。作为基因进化的结果，智人出现在1.6亿年前。这个过程涉及数十亿年缓慢的生物进化。在大约5000年前人类逐渐发展出了语言和书写。从那时起，人类的进步在很大程度上不是在基因水平上的进步，而是在工具和文化水平上的进步。自文字发明以来，人类社会的进步呈指数级的发展。书面语言促进了知识的保存，而语言促进了文化的传播。美国科学家文特使用合成染色体来创造人工生命，验证了表22-1最后一行的合成方法，文特将从无到有合成的这个新生命命名为"辛西娅"（Synthia），与"综合"（synthesis）为同源词，由此开创的一个新的学科被称为合成化学（synthetic chemistry）。人工合成生命出现的时间比2002年罗科、班布里奇等人预测的要早得多。

分析方法在20世纪初极大地改变了人类社会。在20世纪下半叶，认知科学的综合方法也产生了类似的效果。随着更加综合的科学方法的使用，NBIC聚合技术将从根本上改变21世纪的人类社会。人类的思考和行动将受语言使用方式变化的影响。因此，从语言中产生的工具和技术发生变化，会引发社会在多个层面上的变化。从分析到综合、再从综合到更全面的综合，涉及语言学层面的思想和方法的创新。这就突出了创新思想和方法对社会进步的重要性。很明显，在综合时代需要大量的思想和方法的创新，且这种创新不同于作为分析时代单一学科或某一领域的创新。

表 22-1 人类能力获得某些非常重大发展的历史：
提高人类的能力来加速发展人类自身

代（每代 30 年）	一些关键的进步（人的种类、工具和技术、通信）
-m	细胞；身体和脑的发展
-100,000	旧石器时代；直立人；言语
-10,000	现代人；制造工具
-500	中石器时代；创造艺术
-400	新石器时代；农产品；写作；图书馆
-40	大学
-24	印刷术
-16	科学技术复兴；精确的钟表
-10	工业革命
-5	电话
-4	无线电
-3	电视
-2	计算机
-1	微生物学；互联网
0	达到物质构件层次（纳米科学）； 生物技术产品； 通过互联网实现全球联系； 用于导航的 GPS 传感器
$\frac{1}{2}$	从纳米尺度上统一科学和聚合技术， 纳米技术产品， 促进人类能力提高， 全球教育和信息基础设施
1	聚合技术产品，提高人类身体和心智能力（新产品和服务，大脑的连通，感知能力等等）； 社会和商业的改组
n	超越人类细胞、身体和大脑的进化？

资料来源：J. Spohrer：《聚合四大科技 提高人类能力：纳米技术、生物技术、信息技术和认知技术》，第 32 页。

个人全面发展的重要性。综合的时代有利于个体的全面发展。在分析时代，左脑在控制思想和行为方面占主导地位。可以预测，在未来，左脑优势将被右脑优势所替代，左右脑半球将扮演更加平衡的角色，因为大脑高度偏侧化使得双脑平衡的个体比只使用或主要使用左脑的个体能够更有效地同时执行左右脑的功能，从而达到分析与综合、演绎与归纳平行的认知功能。

因此，在左脑的分析功能得到越来越多应用的同时，右脑的综合功能也应该得到越来越多的应用，只有这样个体才有可能得到更全面的发展。认知神经科学已经表明，没有足够的对大脑与心智能力的理解即对脑、心理、语言、思维和文化认知的理解，人的整体心智能力无法得到提高。

《聚合四大科技 提高人类能力》一书顾问罗宾奈特（W. Robinett）认为，新的认知能力通过对大脑的全面了解而实现。这些能力包括虚拟存在、改进的感觉、记忆、想象等。罗宾奈特还设想了一些发展，比如，"将自己下载到新的硬件"的能力，通过这些能力，一个人可以实现即时学习，开发多个体蜂群心智，光速旅行，甚至自主进化等。NBIC技术可以帮助我们整合现有的关于人类行为的多种驱动因素的知识，以全面理解人类活动。这一目标的实现将使我们对人类行为的理解有一个重大飞跃，有可能导向人类构成一个新物种（参见本书图9-5）。

最后，应该认识到，科学和技术的回归必须是在个体层面上，并且是以人为本的。也就是说，人类的生存应该有一个总目标，包括预防潜在的危害和遏制科学技术目前所造成的危害。必须考虑到，聚合技术的发展除了积极的影响，也可能有潜在的负面影响。目前，地球正在变暖，海洋冰层正在融化，环境正在受到破坏，资源面临枯竭危险。此外，一些人类活动正在对人类自身产生严重的有害影响。解决技术的这些消极影响是未来科学技术的核心问题。

完善教育体系，在广阔的发展体系中创造全面发展的人才。未来的真正改善将依赖于社会变化，这些变化使人类能够在不破坏地球的前提下生存和发展。这不仅需要能够进行数学和逻辑分析的科学家和哲学家，也需要能够运用综合认知能力进行艺术创作和综合思维的思想家和创造者。

中国古代思想家孟子说："万物皆备于我矣。反身而诚，乐莫大焉。"这是说，世界上万事万物之理已经由天赋予我，在我的天性之内完全具备了，如果向内探求，到达天人合一的至诚境界，便会感到莫大的快乐。

《达·芬奇传》的作者瓦萨里（Giorgio Vasari）这样评价达·芬奇这位文艺复兴时期著名的科学家和艺术大师："在正常的过程中，许多男人和女人生来就具有非凡的才华；但有时，一个人被上天以一种超越自然的方式神奇地赋予了美丽、优雅和才华，他把其他人远远甩在了后面，他的所有行为似乎都受到了启发，事实上，他所做的一切显然都来自上帝，而不是人类的技能。每个人都承认列奥纳多·达·芬奇是这样的，他是一位有着出众的身体美的艺术家，他在做任何事情时都表现出无限的优雅，他如此轻松地培养他的天赋，以至于他研究的所有问题都能轻松解决。"[1] 意大利物理学家、天文学家、数学家、哲学家、现代实验科学先驱伽利略说："自然是完美的"（Nature is Perfect.），乔姆斯基引用伽利略的话写道："科学家的任务就是证明这种美，无论是研究运动的定律、雪花的结构、花朵的形状和生长，还是我们已知的最复杂的系统——人类的大脑。"[2]

一些科学家预测，全球教育和信息系统将在21世纪从根本上改变教育的面貌。NBIC聚合科技有可能将科学和教育统一起来，提供一个包括认知科学在内的更广泛的基础。在当今时代，我们也许能够消除对学生和学习的限制，包括自现代教育系统出现以来就存在的物理教室和社会纪律的限制。我们希望涌现出像文艺复兴时期的达·芬奇和伽利略那样杰出的科学家和学术大师，我们也希望出现更多像孔子、孟子、老子、庄子那样关心人类命运的思想家。

---

[1] Giorgio Vasari. In the enlarged edition of Lives of the Artists 1568, http://en.wikipedia.org/wiki/Leonardo_da_Vinci.

[2] Chomsky N. Preface. An Introduction to Cognitive Linguistics. Beijing：Foreign Language Teaching and Research Press, 2001. F19.

参考文献

Akins, D. L. , Y. Bar‐Yam, and J. G. Batterson et al. (2002) Theme F (Unifying Sci-ence and Education) Summary. In: CTIHP, 363.

Asher, R. , D. M. Etter (2002) Fainberg T, et al. Theme E (National Security) Summary. In: CTIHP, 328-329.

Banfield, J. (2002) Making Sense of the World: Convergent Technologies for Environmental Science. In: CTIHP, 294-300.

Batterson, J. G. , A. T. Pope (2002) Converging technologies: A k-12 education vision. In: CTIHP, 417-418.

Cai, S. (2011) The age of synthesis: From cognitive science to converging technologies and hereafter, Beijing: *Chinese Science Bulletin* (《科学通报》英文版), 56: 465-475, doi: 10.1007/s11434-010-4005-7.

Chomsky, N. (1957) *Syntactic Structures*. The Hague: Mouton.

Chomsky, N. (1959) Review of verbal behavior by B. F. Skinner. *Language*, 35: 26-58.

Chomsky, N. (2001) Preface, *An Introduction to Cognitive Linguistics*. Beijing: Foreign Language Teaching and Research Press, F19.

Connolly, P. , (2002) Nanobiotechnology and Life Extension. In: CTIHP, 2002. 182-190.

Ding, Y. (1994) *Research on Taxonomy of Discipline and Its Application*. Beijing: China Standard Publishing House.

Druckman, D. , R. A. Bjork (1992) *In the Mind's Eye: Enhancing Human Performance*. Washington D C: National Research Council, 1992.

Druckman, D. , R. A. Bjork (1994) *Learning, Remembering, Believing: Enhancing Human Oerformance*. Washington, D. C. : National Research Council.

Etter, D. M. , (2002) Cognitive Readiness: An Important Research Focus for Na-tional Security. In: CTIHP, 330-336.

Miller, G. A. (1956) The magical number seven, plus or minus two:

Some limits on our capacity for processing information. *Psychol Rev*, 1956, 63: 81-97.

Gibson, D. G. , J. I. Glass and C. Lartigne, et al. (2010) Creation of a bacterial cell controlled by a chemically synthesized genome. *Science*, 329: 52-56.

Golledge, R. G. (2002) The nature of geographic knowledge. Annals of the Association of American Geographers. In: CTIHP, 135-136.

Gödel, K. (1992) *On Formally Undecidable Propositions of Principia Mathematica and Related Systems* (translated by B. Meltzer) introduction by R. B. Braithwaite, New York: Dover Publications, 1992.

Harnish, R. M. (2001) *Minds, Brains, Computers: An Historical Introduction to the Foundations of Cognitive Science*. Malden, MA: Blackwell Publishers.

Lakoff, G. , M. Johnson (1999) *Philosophy in the Flesh: The Embodied Mind and Its Challenge to Western Thought*. New York: Basic Books.

Liu, S. et al. (2006) Research on reedit program of discipline catalogue, http://ed.sjtu.edu.cn/subject/han.html.

MacNeilage, P. F. , L. J. Rogers, and G. (2009) Vallortigara Origins of the right and left brain. *Sci Amer*, 301: 60-67.

Miller, G. A. , N. Chomsky (1963) Finitary models of language users. In: Luce R D, Bush R R, Galanter I, eds. *Handbook of Mathematical Psychology*. New York: Wiley.

Murday, J. S. (1999) Science and technology of nanostructures in the Department of Defense. J Nanoparticle Res, 1: 501-505.

National Research Council (NRC), 1995 *National Science Education Standards*. Washington D C: National Academy Press.

Newell, A. (1955) The chess machine: An example of dealing with a complex task by adaptation. In: *Proceedings of the* 1955 *Western Joint Computer Conference*, Institute of Radio Engineers, New York, 101-108.

Newell, A. (1962) Some problems of basic organization in problem-solving programs. In: Yovits M C, Jacobi G T, Goldstein G D. *Self Organizing Systems*. Washington D C: Spartan.

Newell, A. (1963) Learning, generality and problem solving. In: *Proceedings of the IFIP Congress*-62, 407-412.

Newell, A. (1965) Limitations of the current stock of ideas for problem solving. In: Kent A, Taulbee O. *Conference on Electronic Information Handling*. Washington D C: Spartan.

Newell, A. (1966) On the representation of problems. *Comput Sci Res Rev*, 45-58.

Newell, A. and H. A. Simon (1956) The logic theory machine: A complex information processing system. *IRE Trans Inf Theory*, IT-2: 61-79.

Newell, A. and H. A. Simon (1972) *Human Problem Solving*. Englewood Cliffs, NJ: Prentice Hall.

Newell, A. and H. A. Simon (1976) Computer Science as Empirical Inquiry: Symbols and search. In: *Communications of the ACM*, 19: 113-126.

Nicolelis, M. A. L. , M. A. (2002) Srinivasan Human-machine Interaction: Potential Impact of Nanotechology in the Design of Neuroprosthetic Devices Aimed at Restoring or Augmenting Human Performance. In: CTIHP, 251-255.

Pennisi, E. (2010) Genomics: Synthetic genome brings new life to bacterium. *Science*, 958-959.

Robinett, W. (2002) The Consequences of Fully Understanding the Brain. In: CTIHP, 167-170.

Roco, M. C. and W. S. Bainbridge (2002) *Converging Technologies for Improving Human Performance: Nanotechnology, Biotechnology, Information Technology and Cognitive Science*. Dordrecht/Boston/London: Klu-wer

Academic Publishers. 以下引用本书简称为：CTIHP。

Spohrer, J. (2002) NBICs (nano-bio-info-cogno-socio) convergence to im-prove human performance: Opportunities and challenges. In: CTIHP, 101-117.

Vasari, G. (1568) In the enlarged edition of Lives of the Artists, http://en.wikipedia.org/wiki/Leonardo_da_Vinci.

White, M. G. (1955) *The Age of Analysis: 20th Century Philosophers*, Mentor.

Yonas, G., J. G. Turnley (2002) Socio-Tech: The Predictive Science of Socie-tal Behavior. In: CTIHP, 159.

蔡曙山：《综合再综合：从认知科学到聚合科技》，《学术界》2010年第6期。

蔡曙山：《认知科学导论》，人民出版社2021年版。

23

大科学时代的基础研究、核心技术和综合创新[①]

21世纪被学者称为"综合的时代"[1]，现在从另外一个角度看又被称为"大科学时代"[2]。两者是什么关系？什么是"大科学"？什么是"大科学时代"？大科学时代的基础研究和核心技术是什么？如何实现大科学时代的综合科技创新？本文来讨论这些重大问题。

一、综合时代的大科学

（一）何谓"大科学"

笔者认为，大科学应该有以下的内涵。

第一，大科学包括自然科学、社会科学和人文学科所有人类的知识领域。

什么是知识？从认知科学的角度来讲，知识是人类利用其特有的语言能力和思维能力在认识世界的过程中逐渐发展成熟的学科体系。作为人类的认识对象，世界分为自然界、人类社会和人类自身，由此形成人类知识的三大领域：以自然界为认识对象的自然学科、以人类社会为认识对象的社会学科和以人类自身为认识对象的人文学科。

[①] 本文原载《学术前沿》2023年第5期（上），CSSCI来源期刊，A类期刊。本文被中国知网全文转载，被引2次，年均被引2次。基金资助：国家社会科学基金重大项目"语言、思维、文化层级的高阶认知研究"（批准号15ZDB017）、贵州省哲学社会科学规划国家单列重大项目"认知科学与阳明心学的实证研究"（批准号20GZGX10）。

按照此定义，只有人类能够通过语言和思维来建构知识系统，形成自然科学、社会科学和人类学科的知识领域。非人类动物因其不具有抽象的符号语言（概念语言），也就不可能产生抽象思维，也就不可能形成如人类一样的知识体系。非人类动物的每一代都必须从经验开始学习，人类却能够从前人留下的知识中进行学习。事实上，人类的认知90%以上都来源于间接知识，不必都通过经验来学习。

人类在距今600万年至200万年前发明了口头语言（oral language），即言语（speech），同时产生了抽象的概念思维，即逻辑思维，其标志是判断和推理的运用，由此开始形成自己的知识体系。大约6000至5000年前，人类发明了文字，形成了书面语言（written language），这是划时代的伟大进步。文字的使用让人类的知识可以代代相传，这样就形成了知识的积累。并非所有的民族都有文字，但所有的民族皆有语言（包括口头语言）。世界上所有先进的民族都拥有自己的语言文字，一些民族没有形成文字，也可以通过口头语言将经验、知识、观念口口相传。人类用语言和思维建构了全部知识体系，知识积淀为文化。文化是人类所创造的一切，文化即是人化。[3]

本文所论述的科学技术综合创新从本质上说是文化创新，而文化的基础是语言。中华民族拥有五千年悠久历史和灿烂文明。我们应该珍爱自己的民族语言，学习和应用语言。

第二，大科学包括科学和技术两个层次，即基础科学与应用技术领域。

过去我们常常注意区分科学和技术。科学是一个理论体系，是理论层面的东西；技术是一种技能，是科学理论和产品之间的中间环节，是行为层次的东西。[4]过去我们认为，科学理论是发现，是客观存在的东西被科学家所发现；技术行为则是发明，是原先并不存在而被人类创造出来的东西。但在今天的认知科学看来，科学技术都是发明，是人类用语言认知与思维认知所建构和创造出来的东西。在认知科学和大科学的时代，科学与技术被重新统一起来。所以，我们今天讲的科学创新不是孤立单一的科学理论创新或应用技术创新，而是科学技术的综合创新。

这是综合时代的要求，也是大科学时代的要求。

第三，大科学体现了人类知识的大综合。

大科学概念的提出，体现了人类知识和技能的大综合。人类对世界的认知是通过语言和思维来进行的，这种认知的结果形成了人类的知识。对自然界、人类社会和人类自身的认知分别形成了自然科学、社会科学和人文学科。成熟的人类知识体系发展成为新的学科，综合交叉的大科学研究形成综合交叉的人类知识。因此，大科学体现了人类知识的大综合。

第四，大科学是人类认知能力，特别是语言、思维、文化认知能力的融会与贯通。

人类认知五层级理论告诉我们，人类在进化中获得了五种心智和认知能力，即脑与神经层级的心智和认知能力、心理层级的心智和认知能力、语言层级的心智和认知能力、思维层级的心智和认知能力以及文化层级的心智和认知能力。其中，神经层级和心理层级的心智的认知能力是人类和动物所共有的，称为低阶认知能力；语言、思维和文化层级的认知能力是人类所特有的，称为高阶认知能力。

注意在人的认知过程中，五个层级的心智和认知是瞬间贯通的。因此，大科学也是人类认知能力的融会与贯通，特别是语言、思维、文化认知能力的融会与贯通。

综上所述，大科学就是综合时代的科学与技术，学科知识和人类认知能力的大综合。

（二）认知科学

认知科学革命由美国著名语言学家和语言哲学家、认知科学第一代领袖乔姆斯基于20世纪50年代发起，其正式诞生于20世纪70年代中叶。早期的认知科学采用的是交叉学科的框架，包括最初由哲学、语言学、心理学、人类学、计算机科学和神经科学构成的六大学科交叉的学科框架，以及21世纪之初增加教育学形成的"6+1"的学科框架。这些学科被称为认知科学的来源学科，它们与认知科学交叉又分别产生了心智哲学、认知语言学、认知心理学、认知人类学、人工智能、认知神经科学和认知教育学,它们被称为认知科学的核心学科。

认知科学的目标有两个:其一,科学目标是揭开人类心智的奥秘。美国于 20 世纪末提出的两大科学计划,人类基因组计划(Human Genome Project,HGP)的目标是揭开人类生命的奥秘,人类认知组计划(Human Cognome Project,HCP)的目标则是揭开人类心智的奥秘。其二,学科目标是促进学科的交叉发展和学科综合。可以看出,如果没有认知科学的框架,也就不可能有今天影响遍及人类生活各个方面甚至可能将改变人类命运的人工智能(AI),不会有引起哲学根本变革的新世纪哲学的主流学科心智哲学(Philosophy of Mind)以及前述的认知科学的各主流学科。当然更不会有由认知科学各来源学科在认知科学框架下交叉而产生的各个前沿学科。关于引领学科交叉的人工智能,我们稍后还会详加论述。

清华大学早在 2000 年认知科学团队创建之初,就确立了"多学科交叉,全学科覆盖"的认知科学研究和学科建设策略,20 年以后的 2020 年,国家多个职能部门和科研机构包括教育部、国家自然科学基金委员会、中国科学院纷纷出台重要政策和重大举措,倡导学科交叉融合发展。

(1)教育部设置交叉学科门类。2020 年 8 月,全国研究生教育会议提出要建立"交叉学科"门类。随后,国务院学位委员会、教育部印发通知,新设置"交叉学科"门类,成为我国第 14 个学科门类。

(2)中国科学院建立哲学研究所。2020 年 9 月 24 日,中国科学院哲学研究所正式揭牌成立。中国科学院哲学研究所是中国科学院面向国家战略需求而建立的新型科研机构,其目标是通过创建科学家与哲学家的联盟,来促进科技创新、哲学发展和文明进步。中科院哲学所下设 5 个研究中心,包括逻辑学与数学哲学中心、物质科学哲学中心、生命科学哲学中心、智能与认知科学哲学中心以及科学与价值研究中心。

(3)教育部召开新文科发展促进会。2020 年 11 月 3 日,由教育部新文科建设工作组主办的新文科建设工作会议在山东大学(威海校区)召开。会议研究了新时代中国高等文科教育创新发展举措,发布了

《新文科建设宣言》，对新文科建设作出了全面部署。

（4）国家自然科学基金委员会设立交叉学科部。在2020年11月29日召开的交叉科学高端学术论坛上，国家自然科学基金委员会宣布，交叉科学部正式成立，这标志着国家自然科学基金委员会在促进学科交叉融合方面又迈出新的一步。

学科交叉融合的势头一浪高过一浪，这有赖于认知科学的发展，当然也与清华大学认知科学团队20年来持续推动的努力是分不开的。学科综合则是以2015年清华大学认知科学团队及其负责人蔡曙山教授相继创立的"心智进化论"并在此基础上建立的"人类认知五层级理论"为标志。在这个理论基础上，认知科学从交叉学科转变为单一学科和成熟的学科。[5]

（三）聚合科技

20世纪70年代诞生的认知科学是多学科的交叉和综合，21世纪初创立的聚合科学则是更大的学科综合。从综合到更大的综合，体现了新世纪综合时代的特征。[6]

最新的科学技术总是最先用在军事、国防和国家安全上。在《聚合四大科技 提高人类能力：纳米技术、生物技术、信息技术和认知科学》（Converging Technologies for Improving Human Performance: Nanotechnology, Biotechnology, Information Technology and Cognitive Science）这份长达480页的被称为"21世纪科学技术的纲领性文献"中，第五部分是"国家安全"，包括六个专题报告——认知准备：对国家安全至关重要的研究领域；美国国防高级研究计划署（DARPA）在提高人类能力方面的项目；将聚合技术应用于本土防御：化学、生物、放射性、爆炸性的探测或保护；未来科学和技术在反恐方面的作用；纳米技术与国防部；高等军事教育和训练。同时，"国家安全"还包括五个远景规划：表现出色的作战人员；为提高人的自身能力的非药物治疗；大脑—机器交互界面；将NBIC聚合技术应用于无人驾驶的战斗航空器中；数据联接和威胁预期工具。[7]

20多年过去了，这些预言和规划大多已经实现，有的甚至已经被超越。例如，这份文献当时就曾预言无人机在未来的战争中将发挥决定性的作用，未来战士系统将极大提高单兵作战能力，信息网络和人工智能将在未来战争中发挥重要作用，等等。这些预言在如今已经成为现实，而综合作战的系统、战略和战术更加超越了这份文献的预见。例如，海陆空天的协同作战、利用网络和星链的信息战、人工智能和无人机等全新的作战系统形成的综合作战能力，这对第二次世界大战时期的单兵种作战方式甚至驰骋战场的坦克和战车均形成难以抵御的降维打击。

（四）综合时代的大科学

综合时代的大科学，是以认知科学和聚合科技 NBIC 统领的 21 世纪的科学与技术，它是人类的知识体系和认知能力的大综合。大科学的本质特征是综合，这是综合的时代特征在科学上的映射，这是时代赋予科学的，不是科学自己去索取的，也不是人类强加给科学的。

分析和综合是人类认知世界的两种主要方法，综合是以分析为基础的。20 世纪及其以前的 2500 年是分析的时代，人类利用自己的认知能力对各个认知领域进行分门别类的研究和分析，在收获丰富的学科知识的同时，人类知识体系也被分割得支离破碎。这种状况显然不能适应人类继续发展的需要。在分析的基础上，人类需要对已经形成的知识体系和认知能力重新进行整合。

20 世纪中叶以后，随着在语言学、哲学、心理学、计算机科学和人工智能等人类心智相关的领域相继发生革命性变革，人类知识和认知能力开始了一个新的进程——综合。到 20 世纪 70 年代中期，认知科学在美国建立，人类知识和认知能力的综合势不可当。进入 21 世纪，一个更大的学科综合体聚合科技（Converging Technologies）形成，它将纳米技术、生物技术、信息技术和认知科学包含于其中，简称"NBIC"。从综合到更大的综合，人类社会进入综合发展的新时代。[8]

二、认知科学、聚合科技统领的 21 世纪大科学结构

我们尝试将两千多年来人类知识体系和在更长的时间内从进化中获

得的认知能力整合为如下的"21世纪大科学结构图"(见图23-1),看看我们可以知道些什么。

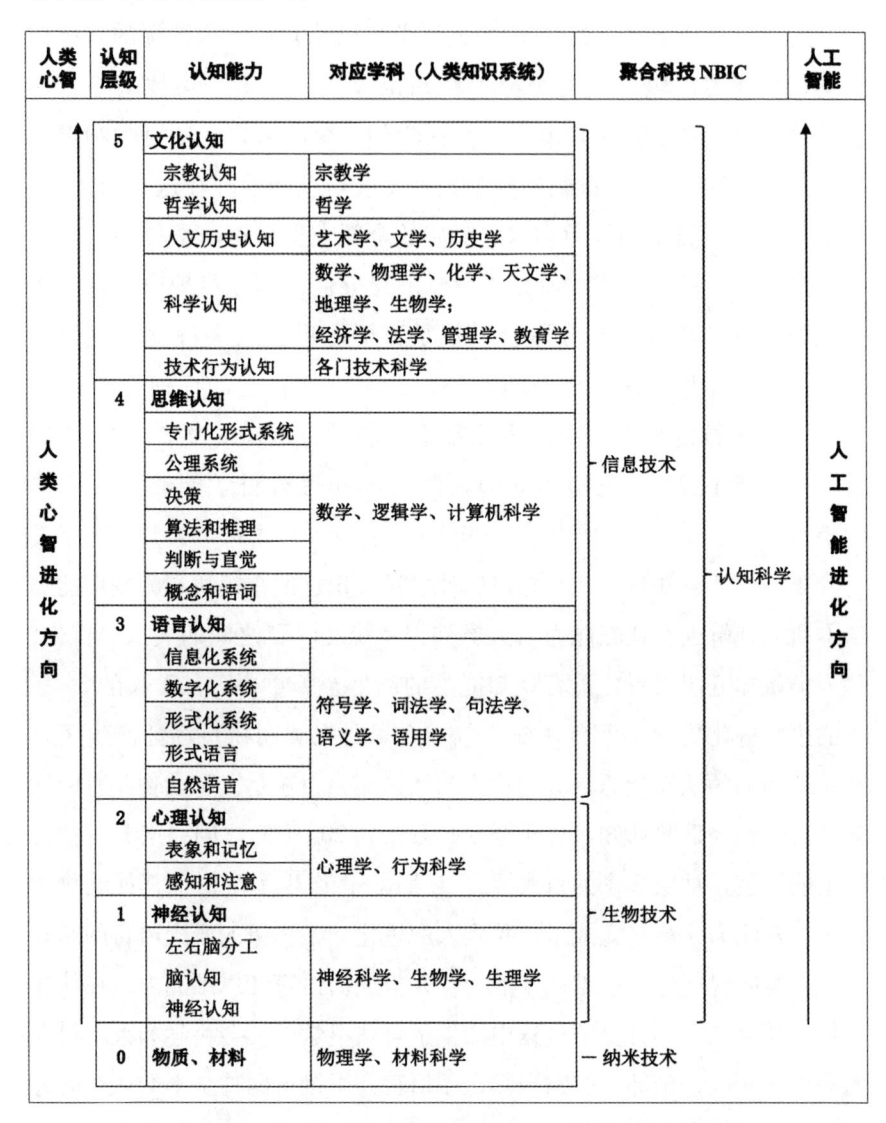

人类心智	认知层级	认知能力	对应学科(人类知识系统)	聚合科技 NBIC	人工智能
人类心智进化方向	5	文化认知			人工智能进化方向
		宗教认知	宗教学		
		哲学认知	哲学		
		人文历史认知	艺术学、文学、历史学		
		科学认知	数学、物理学、化学、天文学、地理学、生物学;经济学、法学、管理学、教育学		
		技术行为认知	各门技术科学		
	4	思维认知		信息技术	
		专门化形式系统			
		公理系统			
		决策	数学、逻辑学、计算机科学		
		算法和推理			
		判断与直觉			
		概念和语词		认知科学	
	3	语言认知			
		信息化系统			
		数字化系统	符号学、词法学、句法学、语义学、语用学		
		形式化系统			
		形式语言			
		自然语言			
	2	心理认知			
		表象和记忆	心理学、行为科学		
		感知和注意			
	1	神经认知		生物技术	
		左右脑分工脑认知神经认知	神经科学、生物学、生理学		
	0	物质、材料	物理学、材料科学	纳米技术	

图 23-1 认知科学、聚合科技统领的 21 世纪大科学结构图

这个结构图由4个板块构成,左起3列(人类心智、认知层级、认知能力)为认知科学板块;左起第4列(认知各层级对应的学科和知识系统)为学科知识板块;左起第5列(聚合科技 NBIC)为聚合科技

板块，最右一列为人工智能板块。从这个结构图我们可以得出以下结论。

第一，整体上看，21世纪的大科学是以认知科学为统领的、体现人类认知能力、包含人类全部学科知识并扩展到聚合科技的综合系统。从结构图我们还可以看出，大科学的整合，即以认知科学和聚合科技来统一和引领21世纪的科学技术发展是可能的。在这个结构中，五个层级的人类认知能力和与之对应的全部人类知识与学科均可以被整合到大科学的框架中，这是大科学的充分性，即充足理由。从必要性上说，没有认知科学和聚合科技是不可能形成"大科学"这个概念的。显而易见，任何单一的学科，甚至认知科学的任何单一的层级、聚合科技的任何单一的方面都不可能进行这样的整合。只有20世纪后半叶到21世纪初建立的认知科学和聚合科学能够完成这样的整合。

第二，从认知科学和与之对应的学科知识这两个板块看，我们能够从本质上理解人类认知能力与人类知识系统和学科之间的关系。首先，从人类认知五层级看，语言认知能力的产生至关重要。在漫长的35亿年的生命进化史中，生命系统（包括人和非人类动物）逐渐产生了神经系统和脑的认知能力、心理行为的认知能力，这是人和动物共有的认知能力，称为低阶认知。在距今600万年到200万年之间，南方古猿发明了能够表达抽象概念的口头语言（言语），产生了区别于其他动物的语言认知能力，最终完成了从猿到人的进化。在抽象的概念语言的基础上，人类同时产生了思维认知能力。人类凭借语言和思维能力，在认知自然、社会和人类自身的过程中产生了自然科学、社会科学和人文科学的知识。所以，全部人类知识都是用语言和思维这两种基本的认知能力来建构的，没有人类心智和认知以外的知识。其次，从人类认知五层级看，语言认知既是人类认知与动物认知的分水岭，也是全部人类认知的基础。语言和思维建构了全部人类知识系统，知识积淀为文化。语言、思维、文化是人类特有的认知形式，称为高阶认知，语言认知是全部人类认知的基础。

第三，从学科知识板块看，学科是某一科学研究领域发展成熟所形成的知识体系。自从人类发明了文字，人类的经验经过语言和思维的分析加工形成知识。两千多年来的分析认知，特别是近代以来，建立了庞大的、分门别类的知识体系，而某个领域的、专门的知识体系则发展成为学科。所以，对学科的划分往往成为我们对人类知识进行分析的重要方法。联合国教科文组织和美国、英国、日本、中国等主要国家的学科划分大同小异，可以用"学科门类十几个，一级学科几十个，二级学科几百个，三级学科几千个"来描述，可谓"洋洋大观"矣。

在认知能力、科学研究、知识领域和学科体系的关系中，人类认知能力中的语言能力、思维能力是根本的。人类使用这种能力去认知世界的过程就是科学研究，即"格物致知"，这是明代哲学家王阳明提出的认知方法。所谓"格物"就是观察事物，它是科学研究的起点。在观察事物的基础上，提出对现象的解释，即"科学假设"，然后通过实验来验证或推翻假设。科学假设一旦被实验证实就成为科学理论；若被实验推翻则提出新假设，并重新用实验加以验证，如此往复，这就是"格物致知"，也就是科学研究的过程。英文"science"一词传入中国，最初就译为"格物学"。虽然认知科学到20世纪中叶以后才被西方科学家逐步确立，但其原理已经被王阳明在其心学理论（the theory of mind）——阳明心学中作了清晰的阐明。因此，我们说阳明心学就是中国的认知科学。[9]由上分析可知，科学理论有两个根本属性，一是可证实性，二是可证伪性。但并非所有的人类知识都是可证实和可证伪的，例如，哲学和宗教既不可证实，也不可证伪，但它们也是人类知识，是科学之外的人类知识。人类文化包括科学、哲学和宗教三个层次，它们是人类心智和认知的最高形式。

在科学与学科的相互关系中，科学是第一性的、决定的方面；学科则是第二性的、被决定的方面。学科是科学发展成熟所形成的知识体系，但并非所有的人类知识都能够形成学科。科学发展成熟而成为一个独立学科的标志是：它必须有独立的研究内容、成熟的研究方法、规范的学科体制。例如，认知科学在建立之初，只是一个学科交叉的研究领域，并不是一个独立的学科。随着认知科学的发展成熟，它确立了自己独特的研究对象和研究方法，形成自己的基础理论和学科规范，便成为一门独立的学科。[10]

第四，综合是以分析为基础的。如果没有分析的基础，综合也就无从谈起。20世纪被称为"分析的时代"，由此产生了各学科的丰富知识和理论。例如，20世纪的西方哲学是分析的，美国哲学家 M. 怀特在《分析的时代：二十世纪的哲学家》一书中将20世纪主要哲学家及其流派"合一炉而冶之"，并以"分析时代的哲学家"概括之，包括摩尔的实在论、克罗齐的历史哲学、桑塔亚那的道德和宗教哲学、柏格森的生命哲学、怀特海的数学哲学和形而上学、胡塞尔的现象学、萨特的存在主义、皮尔士的实用主义与意义、威廉·詹姆士的实用主义哲学、杜威的科学与道德哲学、罗素的分析哲学、卡尔纳普的逻辑实证主义、维特根斯坦的语言哲学，即全部的英美哲学和欧陆哲学。[11]这个时代，在科学、哲学的所有领域中使用的主要是分析的方法，包括语言分析方法和逻辑分析方法。所谓分析方法，就是从一个普遍的命题出发，它被确定为系统的公理或出发点，然后使用数学方法和逻辑方法构造系统，从而推出系统内的全部定理或知识。分析是一种"自上而下"（top-down）的加工方式，它是左脑的工作方式。20世纪及其以前的数千年甚至数百万年，人类处于食物匮乏的时期，负责觅食的左脑在进化中取得优势，因而，在人类认知中产生了以左脑为优势的认知加工方式，这是分析时代的心智和认知根源。

21世纪是"综合的时代"，人类认知世界的方式发生根本的逆转，由分析为主导转向综合为主导。所谓综合，是一种"自下而上"（bottom-up）的认知加工方式，即从经验和直觉出发，使用经验归纳法、类比和隐喻的方法以及溯因推理的方法，来寻找现象的本质和原因，这是右脑的工作方式，是人类获得生存自由之后的认知方式。综合的认知方法强调和重视对事物的整体性和全局性的认知，寻求从某一维度的认知上升到更高维度的认知。研究表明，在风险决策中，经验和直觉会对理性和逻辑的判断产生决定性的影响,从而使决策发生偏差。心理直觉的、自动的和无意识的系统是决策的幕后主使(secret author),而逻辑分析的、受控的和意识的系统在判断和决策中则处于从属的地位。[12]

分析和综合是左右脑的主要加工方式,也是人类认识世界的两种主要方法,两者紧密相连,互为基础。分析命题的大前提经过综合所得,综合命题的基础单称命题则是分析的结果。因此,综合的基础是分析。没有从分析得到的具体的结论,不可能从这些具体的结论经过综合上升到更高的认知维度。没有分析就没有综合,没有20世纪及其以前数千年经过分析得到的各门具体科学的知识,21世纪的综合就无从谈起。认知科学是"6+1"学科的综合,聚合科技NBIC则是包含认知科学在内的更大的学科综合。因此,没有20世纪对各学科分门别类地深入分析,以认知科学和聚合科技为代表的21世纪综合的时代也不会到来。

以上是就人类认识而言。个体的认知同样符合这个规律。我们每个人在基础教育阶段所学习的知识主要是分析的知识,数理化天地生、文史哲政经法等各门具体知识都是用分析方法建立起来的。大学以后,我们学习的各种专业知识仍然是分析的知识,但当我们做科学研究时,就需要综合的知识和综合的能力了。任何一个研究课题,例如"大科学时代"的课题,如果没有综合知识和综合能力,那是不可能完成的。综合的时代对我们的综合知识和综合能力提出了更高的要求,而这又要求我们具备各门具体科学的广泛的知识,在这样的基础上才能进行创新。科学创新,说到底就是在分析基础上的综合创新。

第五,聚合科技与认知科学的关系不是包含关系,而是交叉融合的关系。一般理解聚合科技NBIC与认知科学CS的关系是包含关系,因为四大科技NBIC的"C"就是认知科学(Cognitive Science,简称CS)。但是,放在21世纪大科学结构图(图23-1)中,我们却能发现更多不同的东西和一些隐藏的关系。

首先，纳米技术是认知科学之外的学科。从生物进化的角度看，有机生命是从无机的物质元素中进化出来的，在物质元素这个基础上，宇宙万物包括单一的元素和复杂的人类生命，其物质基础是统一的。地球上进化出的生命从最简单的病毒到最复杂的人类都是碳基生命，即核心元素为碳、介质为水的生命。纳米是一种长度单位，原子是化学变化中的最小粒子，原子的直径大约为 0.1 纳米（10^{-10} m），即纳米尺度。所以，纳米科学就是从原子的层次研究物质和生命构造的科学。在这个尺度上，生命和非生命的物质基础就统一起来了，生命进化从无到有、生生不息可以在纳米科技和认知科学的关系中得到说明。聚合科技扩展了人类认知体系，从综合走向更大的综合，统一了无机界和有机界（生物界）、宇宙万物服从统一科学（大科学）的原理。

其次，聚合科技的各个部分在大科学结构图中得以显现。21世纪大科学结构图显示，纳米技术在认知科学之外，生物技术对应的是神经认知和心理认知两个层级，信息技术对应的是语言认知、思维认知和文化认知三个层级，认知科学对应的是人类心智和认知的五个层级：神经认知、心理认知、语言认知、思维认知和文化认知。认知科学加上聚合科技 NBIC 所得到的是迄今为止人类最大的知识体系。21世纪科学技术的纲领性文献《聚合四大科技 提高人类能力》一书中，这样评价四大科技之间的关系：聚合科技（NBIC）以认知科学为先导，因为规划和设计技术需要从如何（how）、为何（why）、何处（where）、何时（when）4个层次来理解思维。这样，我们就可以用纳米科学和纳米技术来制造它，用生物技术和生物医学来实现它，最后用信息技术来操纵和控制它，使它工作。这说明在聚合 NBIC 四大科技中，认知科学是统领的，是基础理论；其他三项技术纳米技术、生物技术和信息技术则用来推动认知科学的理论创新。任何科学的发展都依次经过科学理论、技术和产品三个阶段的发展，认知科学也不例外。所以，科学与技术是密切关联、互相支撑的。一个科学理论，如果没有技术阶段的发展，它终究只是一种理论或假说。反过来说，如果没有科学理论的创新，也不可能出现技术的创新和产品的应用。四大科技是21世纪最具创新性和应用前景的科学技术,是本文所定义的 21 世纪大科学的核心。

第六,人类心智与人工智能的进化。当下最热门的人工智能(AI)的发展和演变在 21 世纪大科学结构图中也得到了体现。其一,AI 作为计算机科学与认知科学交叉产生的新领域和新学科,体现在认知科学的学科结构之中,并成为认知科学的核心学科。其二,AI 作为认知科学的核心学科进入更大的学科综合体 NBIC 之中,并得到聚合科技 NBIC 的共同支撑。其三,AI 作为人类智能的摹仿,需要从人类心智从低阶到高阶全面地学习人类心智,特别要学习语言、思维和文化这三个层级人类所特有的高阶心智。人类心智的进化方向引导了人工智能未来的进化和发展方向。目前的人工智能是单一智能,而人类智能是综合智能。人工智能的未来发展也会走向综合智能。

三、大科学时代的基础理论和核心技术

人类的认知(主要是通过语言和思维)形成知识,知识发展成熟并形成体系之后就是学科。人类认知在某个知识领域发展成熟而成为一个独立学科的标志:它必须有独立的研究内容与成熟的研究方法、规范和学科体制。讲到学科体制或学科制度,其成熟的标志与合理性又体现在二级学科的划分、学术评价指标、一定数量的得到承认的学术成果、特别是经典性学术著作以及学科的历史(学术史)这样一些规范之上。对于人文社会科学,本土化也是学科成熟的重要标志之一。[13]

在过去的两千多年,人类利用自己的认知能力对各个认识领域进行分门别类的研究和分析,结果形成十分庞大的学科体系。国外常用学科分类的学科门类数和一级学科数(见表 23-1)。[14]

中国国家标准学科分类与代码(GB/T 13745-2009)共设 5 个门类、62 个一级学科、748 个二级学科、近 6000 个三级学科。一级学科之上归属为 5 个学科门类:A. 自然科学;B. 农业科学;C. 医药科学;D. 工程与技术科学;E. 人文与社会科学。

表 23-1 国外常用学科分类表

国别/机构	学科分类表名称	门类数	一级学科数
美国	美国国家技术情报服务处分类法 美国科研系统常用分类法 美国科学基金会科学和工作研究资助大纲	无 7 无	22 29 19
德国	原联邦德国政府研究与发展项目分类系统	10	70
日本	日本文部省学术国际局研究课题分类表 日本科学技术情报中心研究课题分类表 日本大学科学系统分类表	7 无 4	68 24 27
联合国	联合国教科文组织主题分类表 联合国教科文组织大学学科分类表 联合国教科文组织国际文献联合会简明分类体系（BSO）	7 6 9	64 33 60

资料来源：作者自制。

5个学科门类和62个一级学科划分如下。

A 自然科学类

110 数学

120 信息科学与系统科学

130 力学

140 物理学

150 化学

160 天文学

170 地球科学

180 生物学

190 心理学

B 农业科学类

210 农学

220 林学

230 畜牧、兽医科学

240 水产学

C 医药科学类

310 基础医学

320 临床医学

330 预防医学与公共卫生学

340 军事医学与特种医学

350 药学

360 中医学与中药学

D 工程与技术科学类

410 工程与技术学科基础学科

413 信息与系统科学相关工程与技术

416 自然科学相关工程与技术

420 测绘科学技术

430 材料科学

440 矿山工程技术

450 冶金工程技术

460 机械工程

470 动力与电气工程

480 能源科学技术

490 核科学技术

510 电子、通信与自动控制技术

520 计算机科学技术

530 化学工程

535 产品应用相关工程与技术

540 纺织科学技术

550 食品科学技术

560 土木建筑工程

570 水利工程

580 交通运输工程

590 航空、航天科学技术

610 环境科学技术及资源科学技术

620 安全科学技术

630 管理学

E　人文与社会科学类

710 马克思主义

720 哲学

730 宗教学

740 语言学

750 文学

760 艺术学

770 历史学

780 考古学

790 经济学

810 政治学

820 法学

830 军事学

840 社会学

850 民族学与文化学

860 新闻学与传播学

870 图书馆、情报与文献学

880 教育学

890 体育科学

910 统计学

以上国标学科分类和国际学科分类存在较大的问题，一是学科划分线性排列，看不到各个学科门类之间的关系，缺乏一种结构性的理解。哪些学科门类和一级学科是基础学科，哪些又是应用学科呢？二是看不到学科与知识之间的关系。人类知识的三个大类自然科学、社会科学和人文学科之间的关系无法得到正确反映。

笔者在全国哲学社会科学规划办公室担任规划处处长和清华大学担任文科领导小组成员与文科处处长期间，对科学和学科的关系进行过深入的研究和思考，对我国的学科制度建设提出过一些建议，包括学科划分的建议，这个学科分类可称为"四部十二门学科分类法"，（详见表23-2）。

表 23-2 人类知识体系：四部十二门学科分类法

II 工程技术（Engineering） 工学、农学、医学	IV 社会科学（Social Sciences） 经济学、法学、教育学、管理学、
I 理学（Science） 数学、物理学、化学、 天文学、地理学、生物学	III 艺术人文（Humanities & Arts） 文学、历史学、哲学、 艺术学、（语言学）

说明如下：第一，本分类法设 12 个学科门类（gates），为理学、工学、农学、医学、语言学、文学艺术、历史学、哲学、经济学、法学、教育学、管理学。第二，将 12 个学科门类综合归属到 4 个更大的部类（worlds）之下，4 个部类用大写罗马字母标示，分别是（I）自然科学（Science），该部类只包括理学 1 个门类，含数学、物理学、化学、天文学、地理学、生物学 6 个一级学科；（II）工程技术（Engineering），该部类包括工学、农学、医学 3 个门类，含国标 D 门类、B 门类和 C 门类下属的 34 个一级学科；（III）艺术人文学科（Arts & Humanities），该部类包括语言学、文学与艺术、历史学、哲学 4 个门类，含国标 E 门类下属的 8 个一级学科（710~780）；（IV）社会科学（Social Sciences），该部类包括经济学、法学、教育学、管理学 4 个门类，含国标 E 门类下属的 11 个一级学科（790~910）。

上述"四部十二门学科分类法"的特征是学科分类简明，学科结构规范，学科关系清晰。

首先，在通常的学科门类之上设置更大的学科部类，显示出主观的学科分类必须符合和遵循人类知识客观存在的原则。众所周知，人类知识是在认知世界的过程中形成的客观体系。人类知识分为三大板块：对自然现象的认知形成的自然科学、对社会现象的认知形成的社会科学和对人类自身的认知形成的人文学科。"四部十二门学科分类法"中第 I

和第Ⅱ两大部类对应的是自然科学，其中第Ⅰ部类是自然科学的基础理学，它是用语言和思维来构造的纯粹的理论体系和科学认知方法。第Ⅱ部类是工程技术，它是自然科学的理论和方法在工程、农业和医学上的应用。这两个部类对应的学科统称和简称为"理工科"。与之相应，第Ⅲ和第Ⅳ部类对应的是人文社会科学，国内常常统称和简称为"文科"。第Ⅲ部类是艺术和人文学科，它是"文科"的基础。第Ⅳ部类是社会科学，它是"文科"中的应用学科。以上四个部类中，第Ⅰ部类理学是整个自然科学的基础，第Ⅲ部类艺术人文学科是整个文科的基础。这两个部类的结合又具有特殊的意义，它们是整个人类知识的基础，国内通常称为"文理学科"，英文是 liberalarts，直译为"自由技艺"，是人获得自由必备的知识，也是现代大学的基础，体现了现代教育的理念。

其次，四大部类的划分与国际通行的文献检索系统分类相吻合。由美国费城科学信息研究所（ISI）和 EI 公司编制的自然科学索引期刊有三大系列，即《科学引文索引》（SCI）、《工程索引》（EI）和《国际学术会议科学引文索引》（ISTP）；由 ISI 编制的人文社会科学索引期刊也有三大系列，即《艺术与人文科学引文索引》（A&HCI）、《社会科学引文索引》（SSCI）和《国际学术会议社会科学引文索引》（ISSHP）。这 6 大检索系统，除去国际学术会议的两个检索系统 ISTP 和 ISSHP 之外，其他四大检索系统 SCI、EI、A&HCI、SSCI 分别对应于四部十二门学科分类法中第Ⅰ、Ⅱ、Ⅲ、Ⅳ这四个部类，并涵盖了全部的自然科学与社会科学各个学科的文献。因此，笔者主张将国标分类法的 5 个学科门类 62 个一级学科进一步概括成自然科学（Science）、工程技术（Engineering）、艺术人文（Arts & Humanities）、社会科学（Social Sciences）4 大部类，这样便能够与上述 4 大检索系统相对应。[15]

再次，学科分类不应该是线性甚至无序的，而应该体现出各部分之间的结构关系。四部十二门学科分类是二维的平面结构，并为学科的高维发展留下空间。在此基础上，若是再加上交叉综合学科，就可以形成三维空间学科结构。我们说人类的认知和科学研究是客观的、先行的，它在空间上是连续的,是处处稠密的,人类认知空间中的每个点上都可能产生新的研究领域和新的知识;而学科则是人为的、后起的、离散的。因此,学科的设置必须符合人类认知和科学研究的需要,符合则促进认知和科研的发展,否则就会阻碍认知和科研的发展。很显然,学科交叉和综合产生的新领域、新知识并不是在现有的四部十二门学科分类的平面上,而是在更高维度的认知空间上。从这里,我们更加看清了学科交叉和综合的认知意义和知识增长的前景。

最后,在此基础上明确基础学科与基础理论、应用学科与核心技术,并形成综合交叉新兴学科和领域。根据认知科学、聚合科技统领的 21 世纪大科学结构图(图 23-1)和多维度认知空间中的学科结构和知识增长图(图 23-2),现在我们可以清楚地指出什么是基础科学和基础理论,以及什么是应用学科和核心技术。由于在大科学框架下,科学技术是统一的,所以我们两者一并论述。又由于本论题涉及面广,我们仅举其大者加以论述。

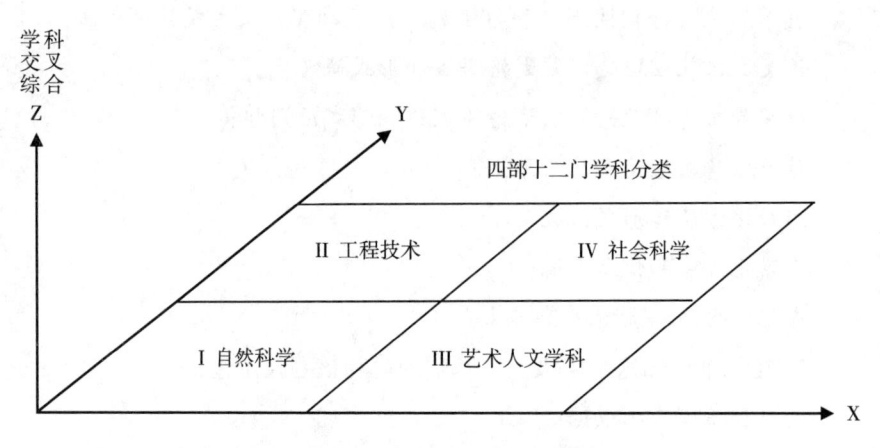

图 23-2 多维度认知空间的学科结构和知识增长图

0. 在物质和材料这个层级上,基础科学和基础理论、应用技术和核心技术包括:

材料科学和纳米技术;

数学、物理学、化学基础理论;

天文学、地球科学基础理论。

1. 在神经认知这个层级上，基础理论和核心技术包括：

生物学、生理学、脑与神经科学基础理论；

生物技术；

脑-机接口技术；

类脑计算机基础理论和技术。

2. 在心理认知这个层级上，基础理论和核心技术包括：

心理学（主要是行为心理学和认知心理学）基础理论；

感知和注意基础理论及传感器技术；

表象和记忆基础理论及芯片嵌入记忆技术；

行为科学基础理论；

行为认知技术。

3. 在语言认知这个层级上，基础理论和核心技术包括：

自然语言基础理论和自然语言系统；

形式语言基础理论和形式系统；

语形加工（含词法加工和句法加工）基础理论及生成转换语法；

语义加工基础理论、蒙太格语法和形式语义学；

语用加工基础理论、言语行为理论和形式语用学；

符号学基础理论及其应用；

形式化方法和形式系统；

数字化方法和信息系统；

虚拟化方法和虚拟现实技术。

4. 在思维认知这个层级上，基础理论和核心技术包括：

逻辑和推理基础理论；

算法与逻辑数学基础理论；

数学逻辑、形式系统与人工智能；

专门化的形式系统；

人类智能与人工智能；

通用人工智能基础理论与技术。

5. 在文化认知这个层级上，基础理论和核心技术包括：

科学技术、哲学、宗教三种文化形式的基础理论及其相互关系；

哲学方法论对科学技术的影响及其在科学技术中的应用；

宗教与科学的关系（科学与宗教的统一性）；

任何真正意义的创新都是文化创新；

综合时代的中华文化（经验文化）基础理论和应用价值。

X. 在学科交叉综合这个维度上，基础理论和核心技术包括：

人类基因组计划；

人类认知组计划；

聚合科技 NBIC；

人工智能技术；

芯片技术；

数据科学和大数据技术。

四、科学技术综合创新的一些重要领域分析

以上我们根据认知科学、聚合科技统领的大科学结构图（图23-3）提出基础理论和核心技术一些重要领域，包括基础层级（0层级）即物质和材料层级的基础理论和核心技术；人类认知五层级即神经认知层级、心理认知层级、语言认知层级、思维认知层级和文化认知层级的基础理论和核心技术；以及更高维度的综合认知（第 X 层级）的基础理论与核心技术。

任何真正意义的创新都是综合创新，任何真正意义的创新都是文化创新。下面我们就以几个科学技术重要领域作一些分析。

芯片技术综合创新。如果对当前重要的科学技术创新领域进行排名，那么，排名第一的应该是芯片技术。芯片技术不仅是一种新技术，甚至可以说是一种新的生产力和生产方式，影响到信息产业、制造业、军工国防、国家安全、国际竞争、社会生活及个人生活的方方面面。

（一）芯片通常是半导体芯片的简称

半导体主要由集成电路、光电器件、分立器件、传感器四个部分组成。集成电路按照产品种类又主要分为四大类：微处理器、存储器、逻

辑器件、模拟器件。

芯片的基本元件是晶体管。1947年12月，美国贝尔实验室的肖克利、巴丁和布拉顿研制出一种点接触型的锗晶体管，三人共同获得1956年诺贝尔物理学奖，肖克利因此被誉为"晶体管之父"。晶体管和电子线路的工作原理基于二值逻辑，两个逻辑值0和1分别对应于电子线路的关和开。计算机就是开关线路。芯片技术的科学基础是数学逻辑、离散数学和固体物理学以及后来发展的材料科学，肖克利就是固体物理学博士。1955年，肖克利在家乡圣克拉拉（Santa Clara）创办了自己的半导体实验室，这是硅谷的前身。1957年9月，肖克利原来的合作者诺依斯和摩尔等8人独立出来成立了仙童半导体（Fairchild）公司，公司的两项专利印刷电路和集成电路使公司大量盈利并立于世界半导体产业之巅。1968年，诺依斯和摩尔从仙童离职后创办了英特尔（Intel）公司。1969年，杰里·桑德斯等人创办了AMD。在处理器（CPU）领域，英特尔成为处理器的巨头。随后，智能手机的处理器成为竞争前沿。1987年，总部设在中国台湾新竹市科学园区的台积电（TSMC）成立，它抛弃当时国际主流的芯片及后端产品一体化设计制造模式，创立全球第一家专业集成电路制造服务即晶圆代工（foundry）企业，根据用户需要设计制造芯片。2020年8月，台积电的5纳米芯片进入批量生产阶段，3纳米芯片在2021年面世。

随着量子科技的发展，量子开关的制备和量子芯片制造使量子计算机的诞生成为可能。量子开关、量子芯片和量子计算机的工作原理基于多值逻辑，这样使得芯片的运算能力和运算速度呈指数增长，从而突破摩尔定律的限制。量子芯片代表着芯片技术的未来。

回顾70多年来芯片技术的发展，我们得出以下结论。第一，芯片技术不是纯粹的技术问题，而是科学与技术相互影响、相互促进的综合创新领域。芯片技术由固体物理学、材料科学、数学逻辑和离散数学等基础科学所支撑，芯片技术的发展又促进了这些基础科学的发展。当前量子芯片的发展则与量子力学、量子物理学、量子逻辑、多值逻辑、非标准逻辑等基础科学相关，并反过来促进这些新兴科学的发展。没有这些基础理论的支撑，芯片技术不可能得到发展。目前，单纯依靠投资和引进技术就能实现飞跃和赶超的想法与做法是不符合芯片技术综合创新的性质和要求的。

第二，在技术和产品层面上，芯片的加工涉及技术设计、材料制备、光刻设备和技术，芯片封装技术等各个方面，更涉及国际合作交流，是属于综合创新的领域，芯片制造只是多领域综合创新的结果。

第三，创新主体的问题。从历史上看，芯片技术70多年来的发展可以说是不断自我革命，不断推陈出新，不断突破极限，不断创造新高。而一路走来的创新主体都是个体，是英雄创造历史，一些突破甚至是一个人的想法（idea），带领几个人成立的小公司做出来的。这一方面特别值得我们借鉴。

（二）数据科学和大数据技术

数据科学是数字化和计算机科学时代的产物。所谓数字化，就是用二进制数1和0来表示电路开关、存储信息、编码和传输信息的一种技术，它的理论基础是二值逻辑和形式化方法。[16]数据科学是研究计算机和数据处理技术的科学。数据处理经历了关系数据和大数据两个发展阶段。关系数据用二维表来表示数据关系，通过对表列的"字段"来处理不同类型的数据，再通过对表行的"记录"形成各字段的一个集合，最后由若干个记录组成一个数据库。这样就把具有一定关系的分散数据关联起来了。笔者在读博期间和毕业以后在全国哲学社会科学规划办公室工作期间，利用当时的数据库软件Fox Base和Fox Pro编制了全国第一个基金项目管理系统，极大地提高了工作效率，使国家社科基金项目的管理进入数字化和信息化的新时代。

大数据技术是网络信息时代应运而生的新的数据技术，也被纳入到数据科学的领域之中。相对于关系数据，大数据有两大特征：一是大数据是未经处理的原始数据或称即时数据，二是大数据是海量数据。例如，今日头条通过算法匹配符合个人偏好的信息内容；淘宝和京东根据消费者日常购买行为的数据进行商品推荐；电子导航系统根据即时的交通数据和用户选择的交通路线为车辆规划最优交通地图和路线等。大数据应用的三个主要层面是数据管理、系统开发、海量数据分析与挖掘。大数据分析已经形成一套非常完备的方法（见表 23-3）。

表 23-3　大数据分析方法

分析模块	分析方法
框架	数据规划、数据采集、数据分析、数据决策
模型	线性回归、LOGISTIC 回归、决策树、随机森林、神经网络……
思维	信效度、平衡、分类、漏斗、相关、远近度、逻辑树、时间序列……
维度	时间、空间、标准、属性……
算法	分类、聚类、关联、序列、异常……
方法	PEST 分析法、SW2H 分析法、4P 营销分析法、逻辑树分析法、指标拆分法、对比分析法、漏斗分析法、用户行为分析法、用户生命周期分析法、金字塔分析法……
工具	数据获取、数据存储与管理、数据处理、数据分析、数据挖掘、数据可视化
软件	Python、Hadoop、Hive、SQL、Excel、Tableau、Spark、SAS、SPSS、MySQL、Power BI、MapReduce、Scala

2015 年 12 月 10 日，笔者应邀在清华大学大数据研究院"技术·前沿"系列讲座上作了题为《经验、认知与大数据》的演讲，在这个演讲中，笔者提出如下一些重要思想和观点。第一，大数据技术和数据科学与认知科学关系密切，它们共同的基础是人类的经验：大数据是经验数据，认知科学是经验科学，认知科学的经验转向改变了 20 世纪以来以理性和分析为主要方法的科学基础，转到以经验和综合为主要方法的科学道路上，大数据和数据科学即为例证。第二，数据科学和大数据技术应该借鉴和应用认知科学的理论和方法，从人类认知的五个层级神经认知、心理认知、语言认知、思维认知和文化认知来加工数据，特别要重视语言、思维、文化三个层级的数据加工，因为这是人类认知的本质特征。第三，在数据加工中，不仅要掌握和使用分析和演绎的方法，更要重视综合和归纳、类比、溯因的经验方法。[17]

国际数据管理协会中国分会（DAMA China）主席胡本立教授认

为，目前的大数据和数据科学基本上停留在技术和应用层面，如果没有合适的科学理论的支撑，很难继续创新和发展。那么，适合作为大数据技术的科学理论究竟是什么呢？胡本立教授的答案是认知科学。2019年6月7—8日，由上海市浦东新区科学技术协会主办的第二届"数据后面的科学——人类认知与人工智能"高端学术研讨会在上海张江举行。笔者应邀与胡本立教授一起参加了研讨会，并作了题为《人类认知体系和数据加工》的专题报告，从语言符号与数据加工、思维推理决策与数据加工、中华文化认知与数据加工等几个方面探讨了数据技术和认知科学的交叉综合发展。此次研讨会还就加强大数据智能、跨媒体感知计算、人机混合智能、群体智能、自主协同与决策等基础理论研究、大数据智能理论重点突破无监督学习、综合深度推理、建立数据驱动、以自然语言理解为核心的认知计算模型以及形成从大数据到知识、从知识到决策的能力等重要理论和应用问题进行了研讨。[18] 这些问题反映了大数据技术和数据科学与认知科学、计算机科学和人工智能、语言学、逻辑学等多学科交叉综合发展的趋势。胡本立教授领导的国际数据管理协会中国分会（DAMA China）将参与主办2023年的第十五届全国认知科学会议暨第九届中国与世界认知科学国际会议，值得期待。

（三）人工智能与通用智能

人工智能近年的发展令人眼花缭乱。先有2016年AlphaGo战胜人类围棋大师李世石，且在此后的一年内，一个更强大的AlphaGo与全世界最顶尖的20位棋手对弈，未曾有败绩。舆论界甚至惊呼：人类的历史即将结束，计算机和人工智能将统治人类！其后的2017年，泰格马克的著作《生命3.0：人工智能时代人类的进化与重生》对人工智能赋予生命。泰格马克关于未来生命的设想要点如下：生命1.0发源于约40亿年前的生物阶段，在它的有生之年都无法重新设计自己的硬件和软件，二者皆由它的DNA决定，只有进化才能带来改变，而进化则需要许多世代才会发生。生命2.0大约产生于10万年前，也就是人类诞生以后的生命形式。生命2.0虽然不能更新硬件，但可以更新软件，即可以重新设计自身软件的一大部分：人类可以学习复杂的新技能，如语言、运动和职业技能,并且能够从根本上更新自己的世界观和目标。生命3.0是一种预言,目前在地球上尚不存在,它的软硬件都可以更新,它不仅能最大限度地重新设计自己的软件,还能够重新设计自己的硬件,而不用等诸多世代的缓慢进化。[19]

泰格马克将生命定义为硬件和软件系统。为什么要用"硬件"和"软件"这种计算机术语来定义生命?就是为了推出计算机生命——生命3.0的存在。定义的公式如下:

生命 $=_{df}$ 硬件+软件

$$=_{df} \begin{cases} 生命1.0,硬件-,软件- \\ 生命2.0,硬件-,软件+ \\ 生命3.0,硬件+,软件+ \end{cases}$$

以上定义公式中,"$=_{df}$"表示"定义为",左边是被定义项,右边是定义项;"+"表示"能更新","-"表示"不能更新"。按照这样的定义,泰格马克得到"生命三个阶段"的结论,他的"生命三种形态"的理论完成建构。

泰格马克还有另一个生命的定义:将生命定义为一个能够"保持自己的复杂性,并进行复制的过程"[20]。在此定义之下,宇宙万物和技术进步都可以看作某种生命系统。泰格马克论证了生命与其物质形态无关。他说:"硬件就是物质,软件就是形态。计算的'物质'层面的独立性暗示着我们,人工智能是可能实现的:智能的出现并不一定需要血肉或碳原子。"[21]他明确说:"我们宇宙中的生命的最终极限取决于物理定律,而不取决于智能。"[22]如此这般,泰格马克便赋予宇宙万物以生命。

泰格马克定义了各种智能,按照他的定义和论述,我们可以把这些智能排列成一个等级(详见图23-3)。在这个等级图中,无所不能的通用智能(General Intelligence)居于最高等级,在拥有数据和资源的情况下可获得与之平起平坐的通用智能能力的普遍智能(Universal Intelligence),数字乌托邦主义者期望的"圣杯"生命3.0当仁不让地与通用智能居于最高层级。根据泰格马克的定义,人类水平的人工智能

（Human-leveler AI）、通用人工智能（AGI）和强人工智能（Strong AI）是同一水平的智能。在这两个层级之间，是"远超过人类水平的通用智能"，即所谓"超级智能"（Super-intelligence）。显然，数字乌托邦主义者的生命3.0的三级跳，目前恐怕还处在第一级 HAI/AGI/SAI 的水平上，甚至在这个水平上也是问题多多。仅仅是塞尔的"中文房间论证"对强人工智能的打击，人工智能领域的学者和工程师并未能够给出令人满意的回答。[23]

```
通用智能 ──── 普遍智能 ──── 生命3.0
  GI            UI

         超级智能
           SI

人类水平AI ──── 通用人工智能 ──── 强人工智能
  HAI            AGI              SAI
```

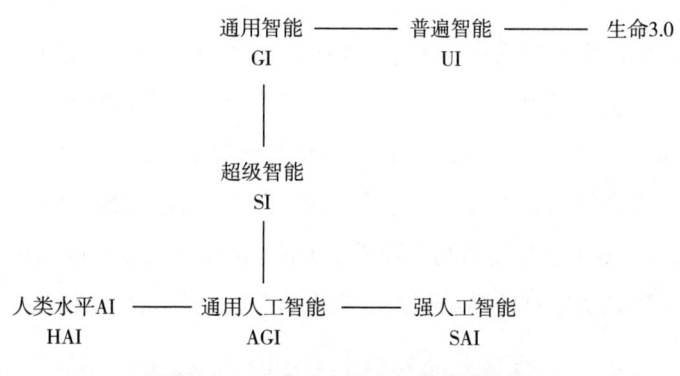

图 23-3　生命 3.0 及人工智能等级图

工程师和人文学者对人工智能的关切迥异。人工智能专家和工程师一般只是考虑一个人工智能产品和能不能做出来，以及怎样做出来；人文学者却要考虑这项技术或产品应不应该去做，以及这件产品做出来后对人类可能产生哪些影响，包括正面的影响和负面的影响。人工智能的疯狂，甚至在某些领域失控发展，目前主要是为商业利益、军事和工业的需要所驱动。例如，ChatGPT 就是一个由商业利益决定的过度炒作的人工智能软件，它的作用被夸大了。

必须承认，自 2016 年 AlphaGo 战胜李世石以来，短短几年间，人工智能得到了日新月异的发展，而且表现出综合再综合的发展趋势。AlphaGo 是一个单一功能（下围棋）的软件，《生命 3.0：人工智能时代人类的进化与重生》一书中描绘了人类水平的人工智能（HAI）、通用人工智能（AGI）、强人工智能（SAI）、超级智能（SI）、通用智能（GI）、普遍智能（UI），最后是具有生命的人工智能——生命3.0。这样的设计体现了综合再综合的人工智能发展方向。但人工智能的发展不是无极限的，由于存在着无法跨越的鸿沟——意识，人工智能超越人类智能，甚至进化成为新的生命形式，这是完全不可能的。

（四）意识问题与自主人工智能

人工智能的终极问题是意识问题，机器是否会产生意识？又是否会产生自我意识？若是，则有可能产生自主人工智能；若否，则机器终究是机器，它只不过是人类制造的一种工具，哪怕它具有某种程度的智能。

意识的产生是生命存在的本质特征，生命体都有某种程度的意识。植物听音乐会生长得更好；电锯伐木的声音会吓坏旁边的树木；鱼知道快乐和痛苦（庄子《逍遥游》）；猫和狗会认识主人，会找到自己的家；狼和狮子都会使用欺骗行为，等等。人类除了具有动物的神经意识和心理意识，还具有非人类动物所不具备的语言意识、思维意识和文化意识，这三种高级精神活动或称高级意识形态，正是人与动物意识的根本分野。

人类意识的一个重要标志是自我意识的存在。所谓自我意识，就是能够认知"我就是我"的意识，它的标准实验是"镜像实验"，就是让被试的动物照镜子，看它是否能够知道镜子中的镜像就是它自己。狗和猴子等灵长动物都不能通过镜像实验，而黑猩猩则可以通过此实验。由此可知，自我意识也不能成为区别人和动物的标准。认知科学建立以后，我们弄清楚了人和动物区别的真正标准是语言。抽象的概念语言的发明使猿最终脱离动物界而进化为人。[24]从人类认知五层级看，语言的发明是人类心智进化的关键一步，在抽象的概念语言的基础上，人类产生了思维，语言和思维共同建构了全部人类知识，知识积淀为文化。动物也有语言，如肢体语言和声音语言，但那只是信号语言，即传达某种行动信号的语言，而人类的语言是能够表达抽象概念并能进行思维和推理的符号语言。因此，语言才是区别人类心智（包括人类意识）与动物心智（包括动物意识）的根本标志。

人类在进化中形成的生存意识也是一种重要的意识形态。人类凭借生存意识获得生存和发展的能力,并形成分辨敌友、趋利避害、生存竞争等认知模型和行为方式。

人工智能并不具有任何生命所应该具有的这些意识形式,既没有神经意识和心理意识,更不具备人类特有的语言意识、思维意识和文化意识。虽然人工智能已经十分"聪明",它不仅已经战胜人类棋手,甚至会对话和写作,但人工智能不论再聪明,都不会产生哪怕最初级的意识。人工智能不会有任何意识和自我意识,也不会有生存意识和任何趋吉避凶、趋利避害的行为方式。强人工智能可能会说,你所说的上述人类意识和行为方式,我们也可能让人工智能具备,例如能够让它分清敌友、趋利避害。他们甚至说,我们不仅可以让人工智能具有意识,还可以让它能够自我进化、复制自身,类似于人类的繁殖。于是,意识问题就转化为另一个问题:是否有进化过程之外的生命?是否存在进化中产生的碳基生命之外的硅基生命?关于这个问题,笔者在《生命进化与人工智能》一文中已经做过否定的回答和详细论证。[25]读者可参阅此文和文中所列相关资料。

目前的人工智能是单一智能,而人类智能是综合智能。如 ChatGPT 已经出现综合智能的某种趋势,并因此被渲染得似乎又要再一次由它来替代人类甚至控制人类。但笔者认为这不过是作为人类认知工具的人工智能的又一次改进,并不值得大惊小怪。并且笔者认为,从人工智能的本质来看,永远也不会出现能够超越人类甚至控制人类的具有自主意识的人工智能。

综上所述,以芯片技术综合创新、数据科学和大数据技术、人工智能与通用智能、意识问题与自主人工智能等进行示例分析,能够更清楚地看到一些重大创新领域的本质和意义。例如,综合创新才是未来的人类认知和人工智能这两大智能的发展之路。科学创新,就是认知科学引领的大科学时代的综合创新,是分析基础上的综合创新,是在人类全部知识基础上的综合创新,是文化创新。在这个意义上,我们需要对大科学时代的综合创新注入更多的人文关切,防止科学技术发展出现背离人类生存、人类文化和文明发展的趋向。

注释

[1][6][8] 蔡曙山：《综合的时代：从认知科学到聚合科技及其未来发展》，《人民论法·学术前沿》2022年10月下。

[2]《习近平主持中共中央政治局第三次集体学习并发表重要讲话》，新华网，2023年2月22日。

[3] 蔡曙山：《自然与文化》，《学术界》2016年第4期。

[4] 蔡曙山：《论技术行为、科学理性与人文精神》，《中国社会科学》2002年第2期。

[5] 蔡曙山：《认知科学导论》，人民出版社2021年版。

[7][美]米黑尔·罗科、威廉·班布里奇编著：《聚合四大科技提高人类能力：纳米技术、生物技术、信息技术和认知科学》，蔡曙山、王志栋、周允程等译，清华大学出版社2010年版。

[9] 蔡曙山：《阳明心学就是中国的认知科学》，《贵州社会科学》2021年第1期。

[10] 蔡曙山：《认知科学导论》，人民出版社2021年版。

[11] M. 怀特：《分析的时代：二十世纪的哲学家》，杜任之译，商务印书馆1981年版。

[12] D. Kahneman; P. Slovic; A. Tversky, *Judgement under Uncertainty*: *Heuristics and Biases*, Cambridge University Press, 1982. Also see D. Kahneman, Thinking, *Fast and Slow*, Farrar, Straus and Giroux, 2011.

[13] 蔡曙山：《科学与学科的关系及我国的学科制度建设》，《中国社会科学》2002年第3期。

[14] 丁雅娴：《学科分类研究与应用》，中国标准出版社1994年版。

[15] 蔡曙山：《论我国大学文科的发展阶段及办学理念》，《学术界》2004年第1期。另参见蔡曙山：《让中国的人文艺术和社会科学走向世界》，《云梦学刊》2004年第4期。

[16] 蔡曙山：《论数字化》，《中国社会科学》2001年第4期。另

参见蔡曙山：《言语行为和语用逻辑》，中国社会科学出版社1998年版。

［17］蔡曙山：《经验、认知与大数据》，2019年9月17日，http://www.360doc.com/content/19/0917/00/332078_861480332.shtml。

［18］蔡曙山：《人类认知体系和数据加工》，《张江科技评论》2019年第4期。

［19］［20］［21］［22］迈克斯·泰格马克：《生命3.0：人工智能时代人类的进化与重生》，汪婕舒译，浙江教育出版社2018年版。

［23］蔡曙山：《哲学家如何理解人工智能》，《自然辩证法研究》2001年第11期；蔡曙山：《关于哲学、心理学和认知科学的12个问题与塞尔教授的对话》，《学术界》2007年第3期。

［24］蔡曙山：《认知科学导论》，人民出版社2021年版。

［25］蔡曙山：《生命进化与人工智能》，《上海师范大学学报》2020年第3期。

附录一

我的认知科学之路

在下乡插队当知青4年和从中国最小的生产队小学记工分的民办教师到公社小学教师、再到区中学教师6年教师的经历后,1978年深秋的一个下午,我和20多位考生从独山县上司区街上步行到筹洞火车站乘车前往县城赶考。10年的"文化大革命",伴随10年的耕读生涯将告一段落,人生从此揭开新的篇章。当时走在队伍前面的我,颇有"风萧萧兮易水寒,壮士一去不回还"的壮烈情怀,虽然我对今后的人生道路会以什么样的方式展开并不清楚。

两天考试结束,我知道命运已经掌握在自己的手里。我以当年全县文科第一名的成绩被贵州大学哲学系录取。当时的大学生活十分艰苦,记得每餐5分钱一份的水煮白菜,清汤寡水,连一个油珠也不见。当年我168公分的身高,体重却只有95斤。那是"文化大革命"结束、党的十一届三中全会刚刚召开的日子,物质生活虽然贫乏,精神世界却无比丰富!"改革开放"的春风吹进校园,那时在大学校园里弥漫的真是"独立之精神,自由之思想"。"为实现四个现代化而努力学习"成为当年大学生的自觉要求和学习目标。那时的我们,凌晨即起,在大操场跑几圈后,找一个角落背英语单词,吃了早餐后,用八磅的热水瓶接一壶水,在教室里一坐就是一天。深夜仍然在灯光明亮的教室读书学习。我们年轻的生命就像干涸的土地渴望雨露一样,拼命汲取知识的甘泉。年复一年,甘之如饴。

在贵州大学的四年,我系统学习了西方哲学和中国哲学,学习了逻辑学和数学,学习了数理逻辑,学习了物理学,也学习了心理学和教育学。

在哲学这个领域,我喜欢的是远离意识形态的那些思想理论,古希腊哲学、中世纪哲学、德国古典哲学，更特别喜欢作为哲学基础和方法的逻辑学，特别是数理逻辑、形式逻辑这些课程。形式逻辑是由哲学系张同生教授讲授的，他后来成为我的学士学位论文指导教师。数理逻辑这门课程，则是由中文系蒋希文教授讲授的，当时觉得他以一位语言学教授的身份居然能够讲授如此艰深的数理逻辑，不由敬佩万分。蒋先生讲授这门课时，赞不绝口的是"北京的三位先生"：他所师从的北大哲学系教授王宪钧先生，时任中国逻辑学会会长、中国社会科学院哲学所研究员周礼全先生，以及"这两位先生后面更加了不起的一位先生，即王先生和周先生的先生——金岳霖先生"。听他眉飞色舞地讲起这三位先生，不由得让我心里产生宗教般的崇拜！由于我的数学基础不错，数理逻辑这门课学起来得心应手，几次课后，蒋先生直接把课堂交给我，他自己反倒坐在下面听我讲课。这件事使我的自尊心大获满足，心里暗暗将逻辑学确定为我未来研究的努力方向。我的大学毕业论文以"归纳法演绎法和近代欧洲哲学中的经验论唯理论"为题，获得了我的第一个学位——哲学学士学位，该论文后来被收入《贵州大学七七、七八级毕业论文选集（文科本科生）》。

　　论文中，我提出一些独立的见解和创新思想。（一）哲学的不同派别唯物主义和唯心主义、辩证法和形而上学，实际上都可以从其所使用的逻辑方法得到说明。（二）近代哲学的经验论、唯理论之争，是由逻辑方法决定认识路线，从而决定哲学派别的典型例证。坚持彻底的经验论立场，即把经验看作知识的唯一来源，在逻辑方法上就只能相信归纳法，其结果必然是休谟的不可知论。与此相反，唯理论者从公理和预设的前提出发，应用演绎法来建构知识体系，这使得他们必然去寻找"第一原理"和"天赋观念"。对于上帝、物质和精神，笛卡尔为代表的唯理论者坚定认为上帝是最高存在。（三）康德试图调和经验论与唯理论，这种企图表现在他建立"先天综合判断"的努力之中。但康德的调和并未成功。为什么？当时我不得而知。这个问题的解决要等到20年以后我遇到认知科学，又再用20年我才找到答案。（四）经验论和唯理论之争使我认识到逻辑推理对哲学体系的建立和发展具有至关重要的作用。对休谟问题的思考、对笛卡尔第一原理和"我思，故我在"论断的思考，对康德先天综合判断的思考，成为引导我今后步入认知科学殿堂的指路明灯。今天的"我言，故我在"（本书）的论断，正是来源于当年对"我思，故我在"论断的思考。

贵大四年临近毕业时，发生了影响我一生的另一件大事。1982年暑假期间，中国逻辑与语言研究会在贵州大学召开年会，时任中国逻辑学会副会长的周礼全先生（第一届会长金岳霖先生，自1983年10月至1996年10月，周先生连任第二届、第三届和第四届中国逻辑学会会长）出席会议并参加开幕式。出席本届盛会的代表共130多人。当周先生在众多知名学者和专家的簇拥下如众星捧月般登场时，我作为贵州大学一名本科毕业生、逻辑学的爱好者和初学者，站在人群的最后，带着无限的敬意看着满头白发的周先生。周先生当时说了什么我已经不记得了，但清楚记得他的讲话一次次被热烈的掌声打断。当时我在心里暗暗下了决心：我一定要考上他的研究生！

1984年，我考上中国人民大学哲学系逻辑学专业研究生，离开贵州，前往首都北京开始我的新的学术生涯。当时的人大哲学系，逻辑学的师资力量堪称全国一流。我的导师是老一辈的逻辑学家方华教授，担任专业课程和参加论文指导的有张金马教授、李进教授等。人大四年的学习以数理逻辑和数学为主，开设了一阶逻辑、集合论和公理集合论、证明论、递归论、离散数学、概率统计、西方逻辑史、中国逻辑史等课程，打下了现代逻辑的坚实基础。我的毕业论文，以"一个与卢卡西维兹不同的亚里士多德三段论形式系统"为题，挑战波兰逻辑学家卢卡西维兹，以亚里士多德本人的方法为依据，试图建立从第一格 AAA 式和 EAE 式两个公理为出发点的三段论形式公理系统。我思考这个问题三个月不得门径而入。终于在一天中午午睡醒来，从上铺跳到桌子上的瞬间，忽然悟到如果使用词项逻辑所特有的两种反证法（矛盾关系反证法和反对关系反证法），问题便全部可以得到解决。当天晚上，我在图书馆完成了系统的构造和定理的证明，随后，论文以优秀成绩通过学位答辩，获得哲学硕士学位。翌年，本论文的主要内容仍以原题

"一个与卢卡西维兹不同的亚里士多德三段论形式系统"在当时我认为是高不可攀的《哲学研究》（1988年第4期）上发表，这是我平生首次发表的学术论文，也是我迄今仍引以为自豪的一项研究工作。又翌年，本文的元逻辑部分和判定问题再以"词项逻辑与亚里士多德三段论"为题在《哲学研究》1989年第10期上发表。同一项研究竟然能够在《哲学研究》学术期刊上连续两次发表，而我当时仅仅是一个刚刚获得硕士学位的青年教师！今天我想借这个机会向《哲学研究》的主编和编辑先生表示我的敬意！我想那时我不认识他们，他们也不认识我。但只要你想想那是一个拨乱反正、全体人民都在为实现四个现代化而努力的年代——20世纪80年代，你便一切释然——那个时代的学术风气就是那么的纯粹！

1989年，我如愿以偿地考入周礼全先生门下，做他的博士研究生。在人民大学读硕士时，我与周先生有多次相识，对周先生不断探索、不断创新的精神十分敬佩。那时周先生已经出版了《模态逻辑导论》（1986）、《逻辑：正确思维和有效交际的理论》（2001），[①]研究领域已经扩大到经典逻辑以外的新兴学科领域——模态逻辑和语言逻辑。同时，周先生对我的硕士论文和发表于《哲学研究》的两篇文章也非常欣赏。这期间，周先生曾约我到他家面谈，并希望我考他的博士生。所以，我走入周先生门下也不是偶然的。令我惊奇的是，当我向他讲述当年在贵州大学本科毕业时的那次大会上对他的那种崇拜时，他竟不以为然，一笑置之。多年后我才知道，周先生在学术上不是一个喜欢回顾过去的人，他的眼睛总是注视着未来。

---

① 该书是周礼全先生自然语言逻辑的代表作，此书的起源可以追溯到20世纪50年代，当时他就提出了形式逻辑要结合自然语言的观点。20世纪80年代以后，他明确提出应该在现代逻辑学、现代语言学和现代修辞学相结合的基础上进行自然语言逻辑的研究，把现代逻辑应用到自然语言的分析中，建立新的逻辑系统，从而扩大和丰富逻辑理论的作用范围，为人们的日常思维和交际提供更为有效的工具。《逻辑——正确思维和成功交际的理论》一书，明确指出逻辑的两大功能——正确思维和成功交际，前者是传统逻辑的功能，后者是语言逻辑的功能。周先生一生只招收了两位博士生：邹崇理和蔡曙山。邹崇理研究语义学和语义逻辑，蔡曙山研究语用学和语用逻辑。

周先生授课采用柏拉图学园教育法，以对话方式进行教学。周先生授课的地点一律是在他的家中，师生坐下来娓娓而谈，在娓娓清谈中度过一个个难忘的下午和黄昏。周先生授课时间一律是在下午，因为课后一定会有晚饭招待。每当我们去他家听课，他就会提前告诉阿姨："多做几个菜，今天下午有学生来听课。"这样，去周先生家上课或者说讨论就成了我们的期盼，因为可以大快朵颐，对于永远处于饥饿状态（身体和精神双重饥饿）的学生来说，这是无与伦比的满足。

其实我们谈专业和学术并不多，相反，周先生感兴趣的是大学校园的学生思想活动。周先生曾经批评他的先生金先生对政治的兴趣太高，以致影响了他可能达到的更高的学术水平。只不过周先生始终能够把握政治和学术的关系，尽管语言学家都对政治天然地感兴趣，如乔姆斯基和塞尔，但在周先生的一生中，学术标准永远处于优先的地位。

入学后第二个学期的某一天，周先生慎重地交给我一本书说："看这本书，写你的博士论文。"一看，原来是世界著名心智和语言哲学家塞尔（John R. Searle）及其合作者范德维克（D. Vanderveken）的新著 *Foundations of Illocutionary Logic*，①该书是周先生的好友、湖北大学教授李先焜先生从美国带回的英文原版书，周先生给了我一个复印本。

看一本书，写博士论文。我从来没有听说过这样的培养方式，但我喜欢，这非常适合于我，因为我喜欢这种有无限行动空间的学习方式。我反复认真通读此书，连一个标点符号也不放过，对于此书的学术贡献和有待改进和提高的地方一一做了批注。然后拿出我的写作计划，向周先生汇报。我知道，我必须以博士论文的学术价值和学术意义来打动周先生，并得到他的赞同和批准。第一次汇报我只讲了三点：

第一，所谓"illocutionary logic"是语用学的基础和核心理论。语用学区别于句法学（语形学）和语义学的主要规定是，它考虑语言符

---

① Searle, John R. and D. Vanderveken (1985) *Foundations of Illocutionary Logic*. London: Cambridge University Press.

号的使用者和语境对语言意义的影响。语用学向下包含了语义学和语形学。所以，语用学才是完全意义的语言学理论。语用学的基本特征由牛津分析哲学家奥斯汀首先创立，代表作是 *How to do things with words*,① 核心思想是"以言行事"（doing something in saying something）。奥斯汀的思想理论又是完全来自维特根斯坦，奥斯汀在他的上述代表作中开宗明义申明这一理论来源。我则是从周先生交给我的 *Foundations of Illocutionary Logic* 那本书中搞清了语形学、语义学和语用学的关系以及语用学和语用逻辑的理论来源和发展路线。

第二，illocutionary logic 是关于语用力量（illocutionary force）算子 F 的逻辑理论。这个算子不同于现有的任何逻辑理论中的任何算子。在语形和语义上与之最相近的模态算子，语用力量算子 F 也是与之大不相同。F 没有对偶算子，这是因为在自然语言中，对某一语用力量的否定、蕴涵、析取和合取的运算都可能导致非常复杂的结果，因而不可能有与之完全对偶的语言表达式。例如，$F(\neg P) \rightarrow \neg F(P)$ 是语用逻辑的定理，但其逆命题 $\neg F(P) \rightarrow F(\neg P)$ 则不是定理。我们可以说"我保证不选举他，所以，我不保证选举他"，但不能说"我不保证选举他，所以，我保证不选举他"。这里的语用力量 F 是由行为动词"保证"来体现的。

第三，逻辑史上所有的逻辑理论都是关于某一特定语词的推理理论。例如。例如，三段论是以 A，E，I，O 这四个命题词为常元的演绎系统。中世纪发展的命题逻辑是关于联结词的逻辑，中世纪发展的另一理论指称理论是关于名词和形容词的逻辑理论，这一理论在近代又演变为摹状词理论，而摹状词理论构成现代逻辑中意义理论的基础。弗雷格建立谓词逻辑的革命性意义在于，他在逻辑学的发展中引入了一类重要的语词，并对之进行研究，这类语词就是量词。将量词作用于个体变元得到一阶谓词逻辑，它是逻辑和数学分析的基本工具，它对于反映一阶

---

① Austin, J. L. (1962). *How to Do Things with Words*. Cambridge, Mass.: Harvard University Press.

语言内的逻辑和数学的真命题是充分的。将量词作用于谓词，就得到高阶谓词逻辑。将量词作用于命题、下标，就得到命题量化逻辑和下标量化逻辑。对论域中不同的个体使用不同的量词，或引入与"所有""存在"不同的其他量词，如"大多数""少数""许多"等等，就得到多种类量化逻辑和复量化逻辑。这些都是非标准的量化逻辑，它们在符合直观的日常语言的推理中有更广泛的作用。我们看到，谓词逻辑的发展是与对量词的研究紧密相联的。其后，模态逻辑、时态逻辑、概率逻辑和模糊逻辑对各种副词进行研究。模态逻辑研究各种模态副词，其中，正规的模态逻辑研究"必然"和"可能"这两个模态词。此外，模态逻辑还研究各种非正规的模态词，如"应当"和"允许"（道义模态）、"知道"和"相信"（认识模态），等等。它们被称为非正规的模态逻辑。时态逻辑研究各种时态副词，如"过去"和"将来"。概率逻辑和模糊逻辑研究各种程度副词，如"可能性"和"隶属度"。可见，模态逻辑、时态逻辑、概率逻辑和模糊逻辑的发展又是与对副词的研究相关的。问句逻辑、祈使句逻辑和虚拟句逻辑分别研究疑问语气词、祈使语气词和虚拟语气词的语法作用和语义解释。我们说，问句逻辑、祈使句逻辑和虚拟句逻辑是研究各种语气词的逻辑。

在自然语言中，动词是最重要的一类语词，但逻辑学对它的研究却开展得最晚。符号逻辑建立起来以后，才有可能对各种动词的逻辑特征、句法作用和语义解释进行研究。罗素研究了存在动词和关系动词，由此发展出存在逻辑和关系逻辑。对行为动词的研究要更晚一些。20世纪50年代中期以后，以奥斯汀为代表的一批分析哲学家才开始从语言学和哲学的角度对行为动词进行研究，才产生著名的言语行为理论。这一观点奠定了语言与逻辑的关系：语言是逻辑的基础，而不是相反。

回过头来接着说博士论文。包含以上三个研究要点的第一次汇报得到周先生的高度赞许并顺利通过，周先生希望我能够沿着这个思路写出高水平的博士论文。以后又向周先生作了第二次、第三次汇报，分别确定了博士论文的目录和主要研究内容。原本我的研究内容包括命题的语用逻辑、量化的语用逻辑和模态的语用逻辑三大内容。周先生看了以后宽容地说，工作量太大了，你只需要做命题的部分就行了，其他两个系统等到毕业以后有时间慢慢做。后来我在《言语行为和语用逻辑》一书后记中说："周先生总是这样的宽容。从我做他的研究生的那一天起，他就对我特别的宽容。他从不要求我一定要怎样，而是认为我一定会这样，大概他认为我会尽力把每一件事都做好吧。他越是这样宽容，我就越是想把每件事做得更好，也就越是遗憾无法达到他所达到的那种境界——他的渊博（真）和他的仁爱（善）共同产生的宽容（美）使他已经达到一种真善美的和谐——这种境界是我辈可以向往而难以达到的。"

1991年6月，我的毕业论文《语力逻辑》（*Illocutionary logic*）顺利通过博士学位论文答辩并获得一致好评。博士论文答辩小组可谓是极一时之盛也。答辩委员会主席是德高望重的语言学家许国璋先生，在准备答辩的过程中我曾经两次应约上许先生家去当面聆听他的指导。许先生的高屋建瓴、举重若轻、学贯中西、虚怀若谷让我叹为观止，深感大师风范真是止于至善。他提出的一些补充意见也成为后来我将博士论文补充成书的依据。在此向已登仙界的许国璋先生致以永久的敬意。答辩组成员还有中国逻辑学会会长、我的博士导师周礼全先生，社科院哲学所的著名逻辑学家张家龙先生、诸葛殷同先生，社科院语言所的著名语言学家赵世开先生，以及当时刚从英国回国的语言学新锐、北京外国语大学顾曰国教授。这个博士论文答辩小组可谓空前绝后，是我毕生的骄傲！

博士论文以"语力逻辑"为题是当时的考虑，因为 *Illocutionary logic* 是关于语用力量F的推理系统，"语力逻辑"突出了语言力量算子在系统中的目标和核心地位。毕业以后，在将毕业论文从语用力量的命题逻辑形式系统向量化逻辑的形式系统和模态逻辑的形式系统扩展的研究过程中认识到，*Illocutionary logic* 一以贯之的还是"以言行事"的语用学思想理论，而"语力逻辑"的译法不能既明确又完全地体现 *Illocu-*

tionary logic 与语用学的关系。因此，我果断地将它重新翻译为"语用逻辑"，这个做法得到了周先生的完全认同。博士毕业 7 年后，我的第一本专著《言语行为和语用逻辑》(*Speech Acts and Illocutionary Logic*) 终于得以出版。①

在《言语行为和语用逻辑》一书写作过程中，我经历了从学习使用计算机进行文字处理到个人电脑 PC 机到笔记本电脑硬件迅速发展的全过程，也经历了从 DOS 操作系统到 Windows 操作系统和从金山字处理软件到 Office 强大的办公软件系统和 Word 文字处理系统的迅速发展全过程。仅举一例来说明我的写作是怎样伴随计算机科学技术的发展而发展的。在中国社科院研究生院开始写论文时，使用的是最古老的长城 0520 台式计算机，操作系统为字符式的 DOS 系统，字处理软件为 WPS 系统，它不能处理图形，如果要画一个表格只能通过制表符来做，表格中的数据也不能进行运算处理。更为困难的是，字库中没有的复杂的逻辑符号，只能通过造字程序来做，那么多的符号就造成文件存储空间的极速扩大，但那时以容量 720K 的磁盘存储文件，一个磁盘甚至连一章也存储不了，只能每一节保存一个文件。那时的操作系统和字处理软件连自动保存的功能也没有，所以写作时要随时记得保存文件，如果不注意保存或者写作过程中忽然停电，那个损失就大了，可能半天或一天的劳动都白费了。遇到这种情况，我就不由得想起金岳霖先生当年在西南联大空袭时丢失书稿只好重写的故事。后来 Windows 操作系统的出现和 Word 文字处理软件的应用就使得论文和著作的写作大大改观了。

《言语行为和语用逻辑》一书写作完成联系出版社时，却出现了一个天大的几乎无法克服的困难。中国社会科学出版社的编辑看了我的书稿打印件和磁盘文件后遗憾地说，这本书在他们这里无法排印，因为他们无法把这么复杂的符号在他们的编辑系统里转换为正确符号，因而也就无法进行照排。怎么办？为此我几乎跑遍了整个北京城，终于有一天

---

① 蔡曙山：《言语行为和语用逻辑》，中国社会科学出版社 1998 年版。

在鼓楼大街的一家不起眼的德国公司找到了照排软件。安装软件后，我自己打印出全部胶片（负片），出版社直接送去出版。我很庆幸，因为这样打印照排出来的才是我所需要的原貌，最后出版的书每一个字符都是我自己在电脑上编辑的样子。如果当时让出版社重新编辑，恐怕本书的校对就要再花费两三年时间。所以，磨难是好事，它可以让你增长才干。在以上的过程中，我不仅增长了使用各种计算机软件的能力，还意识到，计算机语言是一种典型的用来做事的语用语言，计算机系统则是一种用来做事的逻辑系统。所以，该书特别增写了"计算机科学与语用逻辑"一章，提出，第一，计算机语言是一种语用行为语言，即用来"做事"的语言。计算机语言的每一个语句都是用来"做事"的，不是"做事"的语句称为"注释语句"则放在括号里，计算机不执行这样的语句。计算机语言是用来"做事"，而不是用来"说事"的，这一点比日常语言更明确。第二，计算机行为是指程序的执行，程序的执行属于计算机行为。计算机行为是一种典型的语用行为。第三，因此，计算机系统也就是一个用来做事的逻辑系统，即语用逻辑系统。[1]

该书出版后，受到美国艺术与科学院院士、美国人文科学国家总统奖章获得者、著名语言哲学家塞尔的赞誉，称为"杰出的工作"（your splendid work）。其后在哈佛大学访问期间，发现该书被 University of Alberta Libraries 等美国和加拿大一些大学图书馆列入"语言学和哲学"（Linguistics and philosophy）类推荐书目。该书被国家图书馆、国内各大学图书馆以及中国香港和台湾地区各大学图书馆收藏，被国家数字图书馆（Digital Library）选为浏览书目，并入选哲学/心理类常备书架（Standing Bookcase）。该书出版时，周先生曾经说："你这本书国内目前只有不超过 5 个人能看得懂，但 10 年以后会有很多人来研究它。"随后，我在《言语行为和语用逻辑》一书中有关语用逻辑三个形式系统

---

[1] 蔡曙山：《言语行为和语用逻辑》，中国社会科学出版社 1998 年版，第 335—400 页。

的研究分别以"命题的语用逻辑""量化的语用逻辑"和"模态的语用逻辑"为题,分别在《中国社会科学》《哲学研究》和《清华大学学报》发表,形成了语用逻辑研究研究的系列成果。时间到2021年,也就是本人博士论文答辩后30年、《言语行为和语用逻辑》一书出版后23年,关于语用逻辑的研究得以在国家社会科学基金重大项目立项资助,成为国家认可的重大研究领域和研究课题。①回想周礼全先生关于"10年以后会有很多人来研究它"的预言,真是神奇的预言啊!只是时间上还稍微多用了一些。2017年,我的博士生宋春艳的专著《言语行为与制度社会的建构》出版,请我作序。我写道:"看今日春艳学业之有成,念当年周公礼全先生之教诲,成诗一首以为纪念:

> 往昔周公说文章,
> 曾向荒唐演大荒。②
> 于今后辈齐襄力,
> 再向大荒续荒唐。"

总结起来,我从大学本科到硕士和博士研究生历时14年的学习过程,本科阶段探索了哲学和逻辑的关系,硕士研究生阶段探索了自然语言与形式语言的关系、传统逻辑与现代逻辑的关系,博士研究生阶段探索了语言与逻辑的关系、语用学和语用逻辑的关系。在硕士研究生阶段,完成了亚里士多德三段论形式化研究;在博士研究生阶段,完成了塞尔和范德维克的语用逻辑的形式化研究。学士、硕士、博士三个阶段的学位论文和研究内容及发表成果列表如下(表A1-1)。

---

① 中山大学熊明辉教授获批国家社科基金重大项目"语用逻辑的深度拓展与应用研究",项目批准号:19ZDA042。
② 《红楼梦》乃余平生所爱。最喜雪芹大荒山无稽崖之隐喻,并借大荒山无稽崖下一顽石,演幻出那悲金悼玉的红楼梦。成书之日,曹公叹曰:"满纸荒唐言,一把辛酸泪。都云作者痴,谁解其中味。"每读至此,余尝感叹"荒唐"二字之精妙!岂止《红楼梦》荒唐?言语行为论,语言建构论,甚至钟慢尺缩之相对论,波诡云谲之量子论,有生于无之宇宙论,哪一个创新理论在创建之初不被指为荒唐?

表 A1-1　三个阶段学位论文题目、研究内容及发表成果　　单位：

	论文题目	研究内容	发表成果
学士学位论文（1982）	归纳法演绎法和近代欧洲哲学中的经验论唯理论	哲学、认识论和逻辑	归纳法演绎法和近代欧洲哲学中的经验论唯理论，载于贵州大学科教处编《贵州大学七七、七八级毕业论文选集》（内部发行），1983年。
硕士学位论文（1987）	一个与卢卡西维兹不同的亚里士多德三段论形式系统	传统逻辑、现代逻辑和形式化方法	一个与卢卡西维兹不同的亚里士多德三段论形式系统，《哲学研究》1988年第4期；词项逻辑与亚里士多德三段论，《哲学研究》1989年第10期。
博士学位论文（1992）	语力逻辑	语言逻辑、言语行为理论和语用学、语用逻辑的形式系统	命题的语用逻辑，《中国社会科学》1997年第5期；量化的语用逻辑，《哲学研究》1999年第2期；模态的语用逻辑，《清华大学学报》2002年第3期。

这里有一条清晰的线索。我从大学本科阶段研究哲学认识论与逻辑的关系，提出哲学的基础是逻辑，逻辑学的理论和方法对近代欧洲经验论与唯理论有决定性的影响。多年后当我学习维特根斯坦《逻辑哲学论》的重要理论逻辑图像论时，感到深深的震撼！硕士研究生阶段我转到纯逻辑的研究，掌握了现代逻辑的形式化方法，并用它来处理传统逻辑中最重要的一个推理系统——三段论，得到与波兰著名逻辑学家卢卡西维兹不同的真正意义的亚里士多德三段论形式系统，并讨论了三段论所属的词项逻辑的元逻辑问题。这是一项我一生引以为自豪的具有超越性意义的研究工作。博士研究生阶段，我对语言学和语言逻辑进行更加深入的研究，涉及的领域包括言语行为理论和语用学，并对当时处于理论前沿的语用力量（illocutionary forde）和语用逻辑（illocutionary logic）作了形式化的研究，弄清语用逻辑是一种行为逻辑，即"通过说事来做事"（doing somethins in saying something）的语言逻辑理论，它区别于自亚里士多德以来所有的逻辑理论和逻辑系统，即"思维逻辑"，进入到"行为逻辑"和"认知逻辑"的崭新的时空之中。我还认识到，计算机语言是一种用来"做事"的语言，计算机行为则是一种

"做事"的行为，并将语用逻辑应用于计算机科学技术和人工智能的研究。

以上三个时期的研究工作，体现了"哲学—逻辑学—语言学"的研究路线，这是一种逐渐深入的自上而下（top-down）的研究路线。这个时候我才真正领悟到，宛如春天的耕种，当你掘地犁田时，是自上而下逐渐深入的，而当种子下地后，它的发芽生长却是自下而上（bottom-up）自由生长的。前者是分析的和唯理的，后者是综合的和经验的。这样，我仿佛又回到 40 年前的唯理论和经验论，但现在的理解已经是认知科学的理解了，我已经找到打开这个 2000 年迷宫的钥匙。

2000 年，我来到清华大学，担任清华大学首任文科建设处处长，受命组建清华大学认知科学团队。2004 年，我领导的清华大学认知科学团队获得教育部"985"哲学社会科学重大创新基地建设项目资助，建立了清华大学"985"认知科学创新基地，随之成立清华大学心理学与认知科学研究中心。2015 年，我发表了《论人类认知的五个层级》《人类认知的五个层级和高阶认知》，创立了人类认知五层级理论和高阶认知理论。同年，我率领的清华大学、首都师范大学、中山大学、贵州民族大学认知科学联合团队以"语言、思维、文化层级的高阶认知研究"为题，申报国家社会科学基金重大项目并获得批准（批准号 15ZDB017），2015 年立项，2017 年获滚动资助。作为本项目的最终成果，2021 年我出版了以心智进化论和人类认知五层级理论为基础理论和研究框架的《认知科学导论》，这是认知科学发展成熟的标志，表明认知科学已经从交叉学科发展成为有自己独立研究目标和研究方法的成熟的单一学科。本项目的另一最终成果就是呈现在这里的论文集《我言，故我在：语言、思维、文化层级的高阶认知研究》。

历史当然不会在此终结。恰恰相反，这将只是一个新的历史的起点。就在本书出版前，2023 年下半年，我带领的清华大学认知科学团队申报并获批另一个国家社会科学基金重大项目"认知科学视阈中的中华文化特质研究"（批准号 23&ZD238）。本项目是前一项目的延续和提高，它表明本人及清华团队的认知科学研究从人类认知（语言、思维和文化认知）进入到内涵更为丰富的中华文化认知研究新领域。希望我们今后的工作为推动中国认知科学的进一步发展特别是中华文化认知研究的发展作出贡献。

我所从事认知科学相关研究，从大学时代算起，直到硕士和博士研究生阶段，正是 20 世纪 70 年代末至 90 年代初我国改革开放最好的时期，当时政治清明，经济起飞，大学校园中思想活跃，学术生机勃勃。我常说中国教育史上有两个不可复制和不可超越的伟大时代：抗日烽火中的西南联大时代和恢复高考、改革开放初期的 80 年代——被"文化大革命"积压 10 年、经历过上山下乡、当过工人、农民、士兵的"老三届"昂首进入大学校园，他们中的大多数人后来都成为政治领袖、学术翘楚和创业精英。我生何幸，一生中最重要的大学时期、硕士和博士研究生时期都处在这个最美好的时代，也作出了自己无愧于时代的贡献。

谨以此文纪念我所经历的伟大时代。

附录二

我与清华的认知科学[①]

1998年5月北京大学100周年校庆，时任中共中央总书记江泽民同志在庆祝北京大学建校一百周年大会上讲话，提出创建世界一流大学的奋斗目标。随后，清华大学和北京大学这两所国内一流大学行动起来。

我正是在这个关节点上进入清华大学的。在进入清华大学之前，自己从事逻辑学和语言逻辑方面的研究，从对乔姆斯基、塞尔、莱考夫这些世界级的语言学家和语言哲学家的研究中发现，一个新兴交叉学科正在世界范围蓬勃发展，这就是认知科学。

在此之前，中山大学逻辑学专业在申报教育部人文社会科学重点研究基地时，教育部社政司张保生处长和中山大学逻辑学专业负责人鞠实儿教授曾到中宣部全国社科规划办公室就如何设置学科专业征求我的意见，我根据国外逻辑学的最新发展，建议设为"逻辑与认知"研究基地，2000年9月，中山大学"逻辑与认知"教育部人文社会科学重点研究基地获批成立。作为全国社科规划办公室规划处处长，我在进入清华大学之前，已经有了对国际国内认知科学发展较深入的了解。

一、交叉融合浇灌认知科学之花

到清华大学的前5年，我作为学校首任文科处长，极力倡导发挥清华工科所长，推进文理工交叉融合，积极探索在理工科的背景下建设和发展文科的道路，这在当时全国范围内理工科大学建设文科起到了很好的示范作用。

[①] 本文原载于《科学中国人》2022年第12期。

以教育部"985"哲学社会科学创新基地建设为例,教育部"985"哲学社会科学创新基地建设制订规划时,我被邀请参加教育部社政司的规划讨论会,社政司讨论关于基地建设项目的原则和宗旨,我当时建议说,这样级别的创新基地建设,应该支持新兴交叉学科建设,因为这样的学科建设和发展是某一个学科自身无法实现的,学校甚至省部级的研究项目也无法支持这样的发展。至于什么是学科交叉,我提出应该是至少两个学科部类之间的交叉,而不仅仅是某一学科内部的交叉。我以当时正在世界范围内兴起的六大学科综合交叉的认知科学加以说明。我的建议得到采纳。在其后下达的文件中,就是以新兴交叉学科建设为目标,甚至还以清华大学文理工大交叉的认知科学创新基地建设为例加以说明。后来清华文科处按照学科综合交叉的原则组织申报,突出我校文理工大交叉的优势,最终以6A1B(6个A级1个B级)的优异成绩通过教育部"985"哲学社会科学创新基地评审,与北京大学的6A1B、中国人民大学的7A1B持平,改变了我校文科重点研究基地长期落后的被动局面。

在"985"哲学社会科学创新基地建设中提出的新兴交叉学科建设这个目标和清华大学"985"认知科学基地建设的做法,可以说是发学科交叉之先声,开学科综合之先河。2020年,国家多个职能部门和科研主管部门包括教育部、自然科学基金委、中国科学院出台重要政策和重大举措,倡导学科交叉和综合发展,此时距清华做学科交叉综合已近20年矣。清华大学当时以文理工交叉为特色的文科建设走在全国前列,这是有目共睹的。

可以说,清华认知科学的创立正是建立在清华大学文理工大交叉的学科优势之上,浇灌出了学科创新之花。

二、王大中校长:干!

作为清华大学文科建设处首任处长,到清华大学的第一件事就赶上了"创建世界一流大学"的大讨论。时任校长王大中院士率领全校部分院长和中层干部访问欧美,寻求"建设世界一流大学"的方案。当时全校工作似乎只有一个中心:建设世界一流大学,并组织系、院、学校各个层次的大讨论。

当时大部分人的想法就是如何把原有的学科建成一流学科,把原有的院系建成一流的院系,从而把清华大学建成世界一流大学。

我根据自己在全国社科规划办公室对国内外学科现状的了解及对认知科学这个新兴交叉学科的发展预测,向主管科研的副校长龚克教授提出创建清华大学认知科学的建议。仅仅两天以后,龚校长给我答复:"准备安排您和王校长面谈一次,你要用几句话说服王校长,让他支持建立和发展这个学科。"

用几句话说服校长同意干这件事,这个挑战太大了!我当时立刻想起《现在可以说了》(*Now it can been said*) 这本书中所说的美国曼哈顿计划的故事。当年为了说服罗斯福总统批准制造原子弹的计划,计划主导者特地请总统的朋友和私人顾问去说服他,这位先生与总统共进早餐时用两句话就把事情搞定:"总统先生,拿破仑原来是可以赢得那场战争的,但他失去了这个机会"(指英法大海战,法国人可以制造出铁船,用来撞沉英国的无敌舰队。不料拿破仑听了哈哈大笑,说铁怎么可能浮在水上呢)。他又说:"现在我们也有这样的机会,一颗炸弹就可以摧毁一座城市!"总统听完这两句话一拍桌子:干!后来就有了美国制造原子弹的曼哈顿计划。

我决定用同样的方式来说服王校长。我说:"王校长,21世纪有两个学科将会改变世纪的面貌,改变人类存在的方式,甚至改变物种!"(引自 *Converging Technologies for Improving Human's performance*) 我又说:"这两个学科就是基因科学和认知科学。美国为此制定了两大科学计划:人类基因组计划和人类认知组计划……"。因为在此之前清华已经引进程京教授做基因芯片研究,王校长听者有心,一拍桌子:干!于是我受命组建清华大学认知科学团队,清华大学科研院副院长高策理教授与我一同负责这项工作。

三、清华大学认知科学团队的教授和朋友们

清华大学认知科学组建之初,一切按国际一流水准进行。下面是当

时组建的清华大学文理工大交叉的认知科学研究团队：

创始人：蔡曙山、傅小兰、杨英锐、江铭虎、张刚。

团队成员：第一级（院内核心）——蔡曙山、江铭虎、李学勤、张寅生、樊富珉、李虹、王魏、尹莉、郑美红、衣新发、白晨；第二级（校内紧密）——应明生、马少平、张小军、孙茂松、杨士强、高上凯、高小榕、洪波、杨小璐；第三级（国内友好）——傅小兰、沈家煊、周建设、陈保亚；第四级（国际合作）——塞尔（John R. Searle）、杨英锐、张建伟。

团队成员来自清华大学人文社科学院、医学院、信息学院，体现了清华大学文理工学科完备交叉综合的特征，同时与中科院心理所傅小兰教授（所长）团队、中国社科院语言所沈家煊教授（所长）团队以及世界著名语言和心智哲学家、美国国家总统奖获得者、加州大学伯克利分校塞尔教授、美国伦斯勒理工学院认知科学系终身教授杨英锐教授、德国汉堡科学院院士、汉堡大学张建伟教授等组成强大的国内国际合作团队。清华大学认知科学创立时期的规划和策略如图 A2-1 所示。

清华大学认知科学团队成立之初，就确定了"多学科交叉，全学科覆盖"的科学研究和学科建设方针，是中国第一支"多学科交叉，全学科覆盖"的认知科学团队，区别于国内其他单学科的认知科学团队。

团队成立后的第一战役是以本团队的阵容，由我带领，参加教育部 985 哲学社会科学创新基地的申报，在全国的竞争中，获得"985 认知科学创新基地"项目资助，成立"清华大学心理学与认知科学研究中心"（2004）。

此后是一系列的组合拳，清华大学认知科学团队在短短几年时间内在科学研究、学科建设和人才培养方面取得了一系列重要成果。（1）蔡曙山任国际符号学研究会执行理事（Council Member of International Association for Semiotics Studies，IASS/AIS，2004—2007）；（2）蔡曙山任国际符号交际学院会士（Fellow of International Communicology Institute，ICI，2005 至今）；（3）主办第 13 届国际逻辑学、方法论和科学哲学大

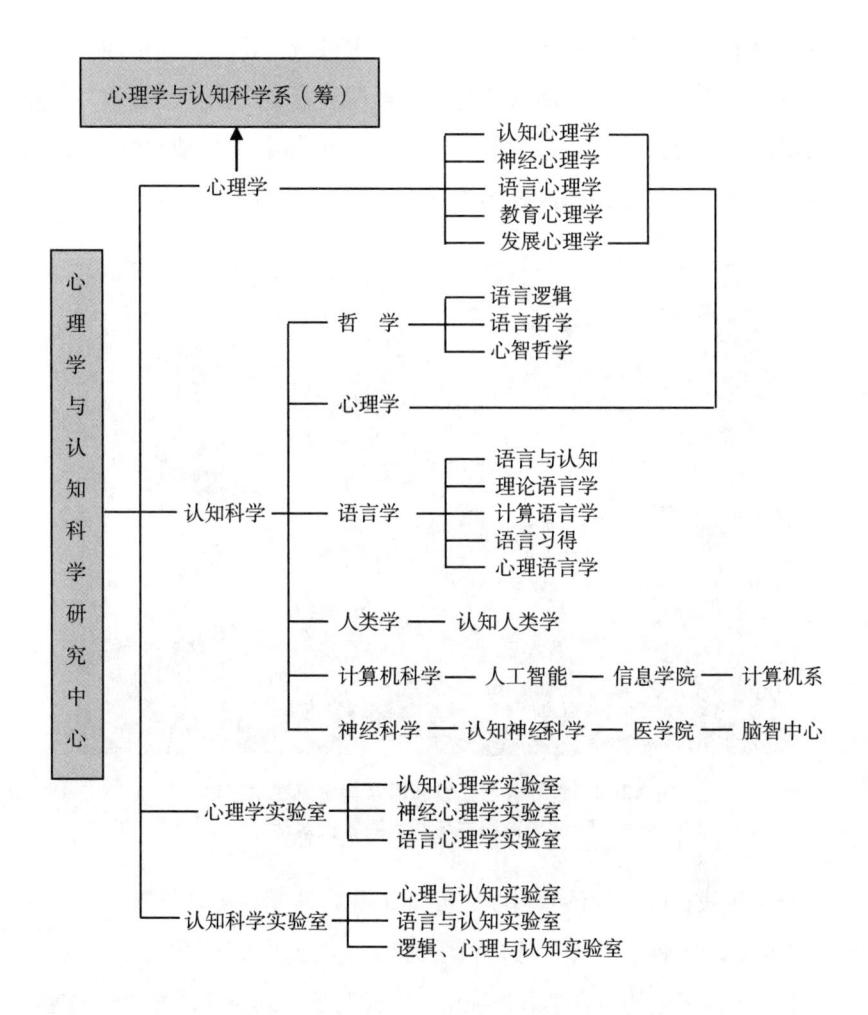

```
                          ┌─ 认知心理学
                          ├─ 神经心理学
              ┌─ 心理学 ──┼─ 语言心理学
              │           ├─ 教育心理学
心理学与认知科学系(筹)    └─ 发展心理学
       ↑
       │                  ┌─ 语言逻辑
       │         ┌─ 哲 学 ┼─ 语言哲学
       │         │        └─ 心智哲学
       │         │
       │         ├─ 心理学
心        │         │
理        │         │        ┌─ 语言与认知
学        │         │        ├─ 理论语言学
与  ──┼─ 认知科学 ┼─ 语言学 ┼─ 计算语言学
认        │         │        ├─ 语言习得
知        │         │        └─ 心理语言学
科        │         │
学        │         ├─ 人类学 ── 认知人类学
研        │         │
究        │         ├─ 计算机科学 ── 人工智能 ── 信息学院 ── 计算机系
中        │         │
心        │         └─ 神经科学 ── 认知神经科学 ── 医学院 ── 脑智中心
       │
       │                        ┌─ 认知心理学实验室
       ├─ 心理学实验室 ─────────┼─ 神经心理学实验室
       │                        └─ 语言心理学实验室
       │
       │                        ┌─ 心理与认知实验室
       └─ 认知科学实验室 ───────┼─ 语言与认知实验室
                                └─ 逻辑、心理与认知实验室
```

图 A2-1 清华大学创立认知科学的规划和策略

会，蔡曙山任组委会第一副主席（First Vice-Chairman of the Organizing Committee of 13th International Congress of Logic, Methodology and Philosophy of Science）。这是联合国教科文组织下属逻辑学和科学哲学最高级别的会议（四年一届的序列会议），半个多世纪以来第一次在中国召开；（4）担任联合国教科文组织国际历史和科学哲学联合会下属逻辑学、方法和科学哲学协会协理（Assessor of International Union of History & Philosophy of Science/ Division of Logic, Methodology and Philosophy of Science, IUHPS/ DLMPS, 2007—2011）；（5）邀请国际知名认

知科学领军人物塞尔教授访问清华大学，主讲清华论坛。清华四位教授蔡曙山、杨英锐、王宁、高策理与塞尔教授进行了一场关于心智、哲学与认知科学的对话。这一系列的高层次国内国际学术活动和学术交流，使清华大学认知科学团队成为国内领先、国际知名的认知科学团队。

图 A2-2　世界著名心智和语言哲学家塞尔主讲清华论坛并与清华四教授对话

2004年我去哈佛学认知科学，参加了乔姆斯基的暑期学院，向这位饮誉全球的语言哲学大师、认知科学的领袖学习语言学、语言哲学和认知科学，研读了他的语言学著作和论文，并与他一起讨论语言认知问题。

2007年，我到访加州大学伯克利分校，拜访塞尔教授并向他请教心理学和认知科学若干问题，事后发表了《关于哲学、心理学和认知科学的12个问题与塞尔教授的对话》。[①]

2007年，我接受《科学时报》记者温新红采访，发表了《我们离世界一流大学有多远？》，[②]提出"不做认知科学，不能称为世界一流大

---

① 蔡曙山：《关于哲学、心理学和认知科学的12个问题与塞尔教授的对话》，《学术界》2007年第3期。

② 温新红、蔡曙山：《我们离世界一流大学有多远？》，《科学时报·大学周刊》2007年12月11日。

图 A2-3 左：蔡曙山与认知科学第一代领袖、
语言学大师乔姆斯基讨论语言学问题
右：蔡曙山与语言与心智哲学家塞尔对话

学"，这个口号影响深远。据说，国内很多大学要做认知科学均以此为论据。其后，"我们离世界一流大学有多远"成为热门话题，国内有数十家媒体发表访谈，讨论这一问题，对促进中国的世界一流大学建设发挥了重要作用。

2008 年，清华大学心理学复系，我参加复系的各项工作。

2009 年至今，清华大学和《科学中国人》联合举办全国认知科学会议，每年一届，至今已是第十五届；2016 年以后，同时召开中国与世界认知科学会议，亦是每年一届，至今已是第八届。关于这两个重要会议，下文将专门论述。

四、告别龚校长时，我们哭了

清华大学的文科建设，特别是认知科学建设，必须向当时的主管科研副校长龚克教授表达敬意和感谢。

龚校长虽然是理工背景，但他有极深的人文社科家学渊源。其父龚育之曾任中宣部副部长、中央党校副校长、中央党史研究室常务副主任、全国政协常委、北京大学科学与社会研究中心兼职教授、科学技术哲学专业博士生导师；其母孙小礼，北京大学科学与社会研究中心教授，自然辩证法专家，专攻数学史。在这样的家庭中成长，他显得一身儒雅，和蔼可亲，平易近人。他是奥地利格拉茨技术大学电工电子系通信与电波传播专业博士，回国在清华大学从事博士后研究，历任电子系党支部书记、系副主任、系主任、研究生院副院长、清华大学科技处处长，1999年起担任清华大学副校长。当时文科处下属科研院，与科技处合署办公，龚校长是我们的领导，工作往来很多，对他的文理工兼通的知识背景，我感到十分亲切，也非常敬佩。清华大学认知科学团队的建设是由他亲自促成的，也是由他直接领导的，因为他懂得这个文理工大交叉的新兴学科。

2005年我从哈佛大学回来，卸任文科处长一职，专心做认知科学基地和中心的工作，清华大学的认知科学正处于蓬勃发展的时期，势头强劲。我们大家都憋着劲要大干一场。这时，龚校长调任天津大学校长，我和团队成员隐约感到某种不安。在告别晚餐上，我们大家与龚校长拥抱辞别时都哭了。稍后，给予清华大学文科建设和认知科学建设大力支持的贺美英书记（当时主管文科的党委书记）、王大中校长和领奏清华文科华美乐章的"二胡"（时任校党委副书记胡显章教授和副校长胡东成教授）也都相继退休，清华大学认知科学团队虽然没有解散，也只能在秋风秋雨中艰苦生存了。

五、全国认知科学会议暨中国与世界认知科学大会

认知科学于20世纪70年代中期在美国创立，到21世纪初清华大学认知科学基地和团队建立，认知科学在中国仍然是没有"户口"的学科。在学科缺失的情况下，如何推进清华和中国认知科学的发展？除了做好我们自己的科学研究、学科建设和人才培养之外，我们能够做的就是国内国际学术交流。

从2009年开始，清华大学认知科学团队联合《科学中国人》杂志社，共同主办全国认知科学会议，自2015年开始，同时举办中国与世界认知科学国际会议。由中国科协主管的在中国科技界有重大影响的《科学中国人》杂志每届都对会议进行报道，在国内国际产生了重要影响，成为中国和世界认知科学的盛会。历届认知科学会议简况如下表（见插页）：

历届全国认知科学会议暨中国与世界认知科学国际会议信息一览表（2009—2023年）

会议名称	会议主题	主办单位	承办单位	会议报道	地点	时间
第一届全国认知科学会议	综合的时代：认知科学的发展及其影响	《中国社会科学》杂志社、《科学中国人》杂志社、清华大学心理学系	江西城市职业学院	《综合时代的认知科学》，《科学中国人》2009年第7期	南昌，江西城市职业学院	2009年5月9—11日
第二届全国认知科学会议	认知科学的重大理论与应用：科学研究、学科建设、教育改革	《中国社会科学》杂志社、《科学中国人》杂志社、清华大学心理学系	西南大学逻辑与智能研究所	《第二届全国会议取得积极成果》，《科学中国人》2010年第12期	重庆，西南大学	2010年10月30—31日
第三届全国认知科学会议	认知科学：人类思维的探索及成果	《中国社会科学》杂志社、《科学中国人》杂志社、清华大学心理学系	清华大学心理学系、清华大学心理与认知科学研究中心	《继续推进多学科认知科学研究》，《科学中国人》2011年第11期	北京，清华大学	2011年10月15—16日
第四届全国认知科学会议	中国人的思维方式：语言与符号	清华大学心理学系、浙江大学语言与认知研究中心、《科学中国人》杂志社	浙江大学语言与认知研究中心	《推进认知科学领域的跨学科研究》，《科学中国人》2012年第11期下	杭州，浙江大学	2012年10月20—21日
第五届全国认知科学会议	认知科学与人的发展	清华大学心理学系、现代教育技术教育部重点实验室、《中国科学》杂志社、《科学中国人》杂志社	陕西师范大学现代教学技术教育部重点实验室	《认知科学与人的发展》，《科学中国人》2013年第12期	西安，陕西师范大学	2013年10月19—20日

续表

会议名称	会议主题	主办单位	承办单位	会议报道	地点	时间
第六届全国认知科学会议	人类心智与人工智能	清华大学心理学系、贵州民族大学逻辑文化与认知科学研究中心、《科学通报》杂志社、《科学中国人》杂志社	贵州民族大学、贵州省逻辑学会、贵州省计算机学会	《第六届全国认知科学会议取得丰硕成果》,《科学中国人》2014年第12期	贵阳,贵州民族大学	2014年10月18—19日
第七届全国认知科学会议暨第一届中国与世界认知科学国际会议	人类的心智与认知	清华大学心理学系、清华大学心智与认知科学研究中心、中国人类学术界杂志社、北京语言智能协同研究院、贵州民族大学文化与认知科学学院	首都师范大学文学院、北京语言智能协同研究院	《探索语言人类认知奥秘——第七届全国认知科学会议暨第一届中国与世界认知科学国际会议纪要》,《科学中国人》2015年第23期	北京,首都师范大学	2015年10月17—18日
第八届全国认知科学会议暨第二届中国与世界认知科学国际会议	人工智能与人类心智	清华大学心理学系、清华大学心智与认知科学研究中心、贵州民族大学民族文化与认知科学学院、中国人类学术界杂志社、科学中国人杂志社、成都大学	成都大学	《全学科探索心智——第八届全国认知科学会议暨第二届中国与世界认知科学国际会议纪要》,《科学中国人》2016年第23期	成都,成都大学	2016年10月22—23日
第九届全国认知科学大会暨第三届中国与世界认知科学国际会议	认知科学的学科建设、科学研究、人才培养	贵州民族大学民族学与社会学学院、清华大学心理学系与认知科学研究中心、科学中国人杂志社、贵州民族大学学报、Journal of Human Cognition、《认知科学》国际学术期刊	贵州民族大学	《聚会贵州民族大学春天迎接第九届全国认知科学会议暨第三届中国与世界认知科学国际学术会议综述》,《科学中国人》2017年第23期	贵阳,贵州民族大学、贵阳孔学堂	2017年10月21—22日

续表

会议名称	会议主题	主办单位	承办单位	会议报道	地点	时间
第十届全国认知科学大会暨第四届中国与世界认知科学国际会议	语言、思维、文化——高阶认知的理论与应用	贵州民族大学、首都师范大学心理学系、清华大学心理学与认知科学研究中心、《中华文化与认知》杂志社、Journal of Human Cognition国际学术期刊	首都师范大学	《廿载认知齐篝力 十度春秋铸辉煌——第十届全国认知科学会议暨第四届中国与世界认知科学国际学术会议综述》，《科学中国人》2018年第23期	北京，首都师范大学	2018年10月27—28日
第十一届全国认知大会暨第五届中国与世界认知科学国际会议	认知科学的理论与应用	贵州民族大学、北京邮电大学、清华大学心理学与认知科学研究中心、《科学中国人》杂志社	北京邮电大学	《认知科学成果卓著 学科建设成就辉煌——第十一届全国认知科学会议暨第五届中国与世界认知学术会议综述》，《科学中国人》2019年第23期	北京，北京邮电大学	2019年10月26—27日
第十二届全国认知大会暨第六届中国与世界认知科学国际会议	认知科学与学科交叉综合发展	清华大学、贵州民族大学、《科学中国人》杂志社	清华大学心理学与认知科学研究中心	《认知科创辉煌 交叉创新沐春风——第十二届全国认知科学会议暨第六届中国与世界认知科学国际学术会议综述》，《科学中国人》2020年第23期	北京，清华大学	2020年11月14—15日

续表

会议名称	会议主题	主办单位	承办单位	会议报道	地点	时间
第十三届全国认知科学会议暨第七届中国与世界认知科学国际会议	认知科学的教学、科研和学科建设	清华大学社会科学院、《科学中国人》杂志社	清华大学心理学与认知科学研究中心	《认知科学理论创新 认知教育成果斐然——第十三届全国认知科学会议暨第七届中国与世界认知科学国际会议纪要》，《科学中国人》2021年第23期	北京，清华大学主会场	2021年12月12日
第十四届全国认知科学会议暨第八届中国与世界认知科学国际会议	莫友芝学术与语言、民族文化与认知科学	清华大学社会科学院、《科学中国人》杂志社、陕西师范大学现代教学技术教育部重点实验室、中共独山县委宣传部、独山书院、莫友芝研究会	清华大学心理学与认知科学研究中心、贵州省独山县人民政府联合	友芝故里传佳话 认知谱新篇——第十四届全国认知科学会议暨第八届中国与世界认知科学国际会议综述，《科学中国人》2022年第23期	北京，清华大学主会场；贵州，独山县影山镇分会场；腾讯会议线上	2022年11月26至27日
第十五届全国认知科学会议	认知科学、人工智能和大数据认知科学与教育	清华大学社会科学院、清华大学心理学与认知科学研究中心、《科学中国人》杂志社、《人民论坛·学术前沿》杂志、国际数据管理协会中国分会（DAMA China）	清华大学社会科学院心理学与认知科学研究中心	《廿三载艰难创业，十五年辛勤耕耘——第十五届全国认知科学会议在清华大学盛大召开》，《科学中国人》2023年第12期	北京，清华大学	2023年10月21—22日

蔡曙山收集整理

六、建立科学理论，创新学科体系

清华大学认知科学创建至今已经 20 余载，所取得的成绩在于团队全体成员的共同努力，可用"坚忍不拔""锲而不舍"来形容。

蔡曙山著《认知科学导论》　　　　《科学中国人》署名文章

经过多年的艰苦探索和丰厚积累，我们在科学理论上建立了原创的"心智进化论"和"人类认知五层级理论"，并以此科学理论为基础，创新了认知科学的学科体系，使认知科学从交叉学科转变为单一学科。①

2015 年，团队负责人蔡曙山教授联合首都师范大学周建设教授团队、贵州民族大学张学立教授团队、中山大学鞠实儿教授团队，以"语言、思维、文化的高阶认知研究"为题申报国家社科基金重大项目并获得成功（15ZDB017）。2017 年中期评估评为优秀，并获得滚动资助，目前已经产出一批重要研究成果。

2018 年，《科学中国人》发表蔡曙山、傅小兰、杨英锐、张刚联合

---

① 蔡曙山：《认知科学导论》，人民出版社 2021 年版。

署名文章《廿载一觉认知梦　十年辛苦不寻常》，回顾清华大学认知科学创建发展的过程及取得的一系列成果。

七、她在丛中笑

2020 年，中国教育部、国家自然科学基金委纷纷出台重大政策和举措，推动我国交叉学科和新文科建设。

教育部设置交叉学科门类

2020 年 8 月，全国研究生教育会议提出要建立"交叉学科"门类。随后，国务院学位委员会、教育部印发通知，新设置"交叉学科"门类，成为我国第 14 个学科门类。

中国科学院建立哲学研究所

2020 年 9 月 24 日，中国科学院哲学研究所正式揭牌成立。中国科学院哲学研究所是中国科学院面向国家战略需求而建立的新型科研机构，其目标是通过创建科学家与哲学家的联盟，来促进科技创新、哲学发展和文明进步。

教育部召开新文科发展促进会

2020 年 11 月 3 日，由教育部新文科建设工作组主办的新文科建设工作会议在山东大学（威海）召开。会议研究了新时代中国高等文科教育创新发展举措，发布了《新文科建设宣言》，对新文科建设作出了全面部署。

自然科学基金委设立交叉学科部

在 2020 年 11 月 29 日召开的交叉科学高端学术论坛上，国家自然科学基金委员会宣布，交叉科学部正式成立，这标志着自然科学基金委在促进学科交叉融合方面又迈出新的一步。

一时间，全国高校和科研机构纷纷建立认知科学和相关交叉学科，如山花烂漫。创立于 20 年前，以"全学科覆盖，多学科交叉"为学科特色，今天继以"多学科交叉，五层级贯通"为科学宗旨的清华大学认知科学，如早春开放的一朵迎春花，在万花丛中露出了她谦虚的笑脸。

附录三

母校独山中学校训

我言，我思，故我在；
求实，求真，更求新。
——母校独山中学（现独山高级中学）校训，蔡曙山题并书，2023年春月

曾经诞生"西南巨儒"莫友芝的文化古城独山，犹如一颗明珠，镶嵌在祖国南方的天空，照耀着祖国的大地。

我出生在独山，因为生在清晨，父亲为我起名"曙山"。我的家庭是一个教育世家，父母亲都是中学教师，父亲蔡之时曾任独山中学校长，母亲彭世伦是独山中学语文教师。我在独山完成了我的小学、中学教育。1968年高中毕业，到上司区黑石关村当知青，这是一个在G210国道旁的布依族乡村。可以说我从青少年起就深受独山文化之熏陶。当知青的最后一年，我担任黑石关小学记工分不拿工资的民办教师。1972年，我的身份从知青转变为正式教师，分别在打羊小学、上司小学、上司中学当教师。1978年，我个人的命运伴随着国家民族命运的改变而发生大转折，我参加当年的高考，并以全县文科第一名的成绩被贵州大学哲学系录取，从此离开独山，外出求学。此后相继在贵州大学（1978—1982）、中国人民大学（1984—1987）、中国社会科学院研究生院（1989—1992）完成大学本科和研究生阶段的学习，分别取得哲学学士、哲学硕士和哲学博士学位。其间，我先后在黔南民族师专、贵州教育学院、中宣部全国哲学社会科学规划办公室、清华大学工作，担任过全国哲学社会科学规划办公室规划处处长、清华大学文科工作领导小组成员、清华大学首任文科处处长，教授，博士生导师。现已退休。

2020年，我回到阔别42年的家乡独山，参与了独山书院、翁奇村乡贤会、影山镇乡贤会、独山书协、独山美协、母校独山中学、拉然小镇等一些家乡文化教育项目的建设。其中特别值得一记的是母校独山中学，一是因为她是我的母校，我一生中最重要的中学教育是在这里完成的。二是因为父亲曾是这所中学的校长，父母亲在独山中学工作了一辈子，我们则从孩子长大成人，现在也步入人生晚年。我的整个人生，前三十年都是在独山中学的校园中度过的。我熟悉她的一草一木，也经历了她的沧桑变化。

百年名校，弦歌不断

文化古城，百年名校。独山中学的历史可以追溯到300多年前。据史料记载，清康熙三十五年（1696）知州赵完璧捐俸，在独山北门内旧学址建义学所，置学田20亩，为办学费用。康熙三十八年（1699），抚军王燕奏准建独山学馆。知州赵完璧在北门内学宫旧址建文庙。康熙三十九年（1700）知州莫舜鼐、学正何允中接续，在文庙大成殿后的明伦堂处办书院，是为赵公书院。后赵公书院又扩建，改称紫泉书院。1931年，于书院旧址建独山中学。独山中学正式立校，到现在也是近百年了。

抗日战争爆发后，大片国土沦丧，学校惨遭破坏，尤其沿海城市，大批教师、学生流亡大西南后方。教育部决定在大后方的贵州开办一批国立中学，安置流亡学生和教师。抗战期间，由外地迁到贵州的国立中学有国立十四中、国立二十中、国立第一华侨中学等十多所学校。根据贵州战时需要，又新建了国立三中、国立战时中学、国立浙江大学附中、国立贵阳师范附中等等。这些内迁和新建的国立中学后来大都改为省立中学，扎根贵州。

国立十四中原为中央大学实验中学，设在南京，1938年迁到贵州省城贵阳。因中央大学迁到重庆沙坪坝，与实验中学分开，于是将原设在重庆的国立十四中改为中央大学实验中学，而将贵阳的实验中学改为国立十四中。抗战胜利后，国立十四中迁往独山，改为省立独山中学，与省立民教馆同办于独山文庙。卢兆麟、徐树常先后任校长。余维楷任教导主任，有高中部，直到1949年新中国成立。

新中国成立后，1950年3月成立独山中学。地址仍在原省立独山中学（文庙）。家父蔡之时奉调独山中学，任校长。1958年，由王心印任党支部书记兼校长，蔡之时为党外人士改任副校长，实际主持学校行政管理工作。20世纪60年代初的独山中学，名师云集，教学质量名列前茅，文娱体育活动蓬勃开展，独山中学成为省州内知名的中学。其后，独山设立城关中学，改独山中学为一中，城关中学为二中。"文革"十年，正常的教育制度受到严重破坏，学校经历寒冷的严冬。父亲作为校长首当其冲，遭受残酷迫害，学校大批优秀师资被遣散，独山中学元气大伤。党的十一届三中全会后，教育迎来了发展的春天。1981年10月，因民族生不断增多，改独山一中为独山民族中学。家父恢复工作后，重任独山中学（时为独山民族中学）校长，后调任独山县人大常委会副主任，主管全县教育工作，继续关注独山中学（独山民族中学）的发展。由于教育事业发展的需要，2007年8月，独山师范撤销，与独山民族中学合并。2012年8月，又与独山二中合并，将独山民族中学更名为独山高级中学，成为黔南州15所大型中学之一。

新中国成立后，古老的独山中学一派新生气象。在整个50年代和60年代初期，独山中学与全国一样，校园平静祥和，风气积极向上。那时的学生每天的生活从早自习开始，到晚自习结束，真是非常紧张而又充实的学习生活。下午在运动场上，田径、球类、体操各种运动蓬勃开展，一派生龙活虎气象。那时的独中女子排球队在省州比赛中都是载誉而归。更有歌咏队、舞蹈队的表演和全校的歌咏比赛。科技小组的课外活动项目有航空模型制作和安装半导体收音机。每天下了晚自习，新教学大楼二层就会传出学生们愉快的歌声。那是一天的学习结束后放松心情的歌声，那是中学时代充满理想和对生活向往的歌声。因为一楼是初中部，二楼是高中部，美妙动人的歌声总是从二楼传出。同学们唱的往往是当时最流行的电影歌曲，也有民歌，那时候还喜欢唱苏联歌曲，歌声绕梁不绝。在夏日幽静的夜晚，有时会听见远处飘来的笛声、二胡声，那是某个学生在教室或在寝室操弦鼓瑟，真是百年名校，弦歌不断，那是我心中永不消逝的青春之歌。

半个世纪后，我重回母校独山中学，应校长韦光伟先生之请，为学校题写纪念诗文，由高中同学徐立群（徐立）和独山高级中学青年教师罗珍发二位配画，我撰写了千字长文以记录当年的独中印象。此幅画作题名为"岁月静好 弦歌一堂"，并配一副长联曰：

天下甫定五十年代省立独中岁月真静好；

读书报国三县儿女相聚古城弦歌共一堂。

长联由我撰文并书写，题名由独山书协前主席郑德富先生书写，此幅作品张贴于独山中学办公大楼正门影壁上，以作纪念。对联中"三县儿女"指的是1958年大跃进中独山、荔波、平壤三县合一，并为独山县。60年代初，三县初中升高中均来独山中学就读，而当时独中高中仅有一个班，记忆中这个高中班都是品学兼优的学生，这些学生后来也都成为各界精英。

独中校园，美轮美奂

独中老校门、半月池、石牌坊是独山中学的标志性建筑，堪称"独中三宝"。这三件文物是老独中的文化符号、精神家园，令多少独中学子梦牵魂绕，终生难忘！

省立独山中学建于孔庙旧址，坐北朝南，大门南开，高可二丈，宽十五丈，中间为一拱门，此独山中学老校门也。校门两边是青砖镂花透空粉墙，大门拱顶上书"贵州省立独山中学"八个大字，时称省中或独中。入大门，迎面是半月池，弦边朝北，三孔石桥一座跨池而过，犹如三位美人对镜梳妆。池北是近一人高青石平台，其上矗立巍峨四柱三排式石牌坊，高可六丈。牌坊正面汉白玉匾牌，上书"实事求是"四个大字。背面亦是汉白玉匾牌，上书"学以致用"四字。当时独中大门内另一景观是半月池石牌坊东西两侧近二百米内几十棵梭萝树，高可数丈。夏天浓荫蔽日，秋天果实成熟时形如小船的果荚随风飘落，叶上有果实称梭萝籽，肉细糯，味甘甜，可食用，仿佛天赐圣果。几十年后读曹雪芹《红楼梦》，其中大观园美景似曾相识，至贾宝玉神游"太虚幻境"，警幻仙曲演红楼梦时，有诗句"西方有树唤婆娑，上结着长生果"，此非独中当年校园美景及梭萝树耶？20世纪60年代"文化大革命"中，老校门、半月池、石牌坊、梭萝树皆被毁，又令多少独中学子痛彻心扉！真是可惜、可叹、可恶、可恨之极！

2023年我重回母校独山中学，四十年沧桑令人感叹唏嘘。独山县高级中学已报请上级批准恢复独山中学校名，计划在校园内重建省立独山中学老校门，不亦善乎！吾辈及儿孙可重回梦中家园矣。校长韦光伟先生命我和徐立群（徐立）两位独中子弟和校友作画撰文纪念，画由徐立老师和独山高级中学青年教师罗珍发合作，蔡曙山撰文并题诗一首，诗曰：

省立独中建来精，五十年代有英名。
石牌坊下迎晓日，半月桥头送黄昏。
实事求是通今古，学以致用务农耕。
莘莘学子今何在，格物修身天下平。

实事求是，学以致用

建于清朝乾隆年间的石牌坊，曾经是独山学宫、独山文庙、赵公书院、紫泉书院、民国省立独山中学和新中国成立以后的独山中学的标志建筑，是独山中学的文化符号。

独中大门朝南洞开。入得大门，过半月池，在一人高的青石平台上，矗立着巍峨的四柱三排式石牌坊，牌坊正面汉白玉匾牌上书"实事求是"四字，背面亦是汉白玉匾牌，上书"学以致用"四字。

"实事求是"出自《汉书河间献王德传》。刘德是汉景帝刘启的十四个儿子中的一个。封在河间（今河北河间一带）为河间王，死后谥献，所以称"河间献王"。他一生酷爱藏书，尤善收藏古籍，并进行认真研究整理。因此，东汉史学家班固在编撰《汉书》时，替刘德立了"传"，并在"传"的开头对刘德的好学精神作了高度评价，赞扬刘德"修学好古，实事求是"。

"实事"是实际存在的事物,它是我们认识世界的出发点。"求"是寻求、研究。"是"是事理,是规律。所以,"实事求是"就是从客观实际出发,经过钻研和思考,找到其中隐藏的真相、事理和规则,完成对事物的认知。中国明代哲学家王阳明的"格物致知",讲的是同一个道理。"格物"就是观察事物,"致知"就是实现对事物的认知。科学有两个重要的属性——观察和实验。英文"science"一词引入中国时,最早就译为"格物学",可见实事求是不仅是古代的哲学方法,也是当代的科学认知方法。独山中学新校训"我言,我思,故我在""求实,求真,更求新"体现了中国传统哲学认识世界的方法,也体现了当代认知科学的原理和方法。

"实事求是"是中国共产党的优良作风。毛泽东在《改造我们的学习》中指出:"实事"就是客观存在着的一切事物,"是"就是客观事物的内部联系,即规律性。"求"就是我们去研究。毛泽东认为,实事求是就是从客观实际出发,研究事物的发展规律,找出周围事物的内部联系,作为我们工作的向导。毛泽东还解释说:学习马克思主义要"有的放矢","的"就是中国革命,"矢"就是马克思列宁主义。中国共产党人就是要以马克思主义这个"矢",射中国革命这个"的"。这种态度就是"实事求是"的态度。这种态度,"有实事求是之意,无哗众取宠之心。这种态度,就是党性的表现,就是理论和实践统一的马克思列宁主义的作风。"

"学以致用"出自儒家经典《论语》。"学"是孔子教育思想的重要范畴。《论语》中直接用到"学"达66次之多,其他讲到学习的更有数百次之多。孔子讲"六学",即好学、乐学、博学、恒学、会学和用学。"六学"的最终指向是"用学",即学以致用。

两千多年后,明代大儒王阳明提出他的"知行合一"的学用思想和实践观。阳明心学的知行观有三个要点:第一,知行只是一个功夫,不能割裂,它们统一于人类的认知与实践。第二,知行关系是相互依存的:知是行的出发点,行是知的归宿。第三,知行功夫中"行"是道德修养与实践的过程。王阳明的"知行合一"的实践观影响深远。

理论联系实际是中国共产党的三大优良作风之一，是我们党的思想路线的核心内容，其哲学基础是辩证唯物主义和历史唯物主义，其文化渊源则与儒家思想中学以致用、知行合一的学用理论和实践观一脉相承。

独中校训，其来有自

2022年，这所百年名校进入蓬勃发展的新时期，高考取得优异成绩，名列全州前列。受校长韦光伟先生委托，清华大学心理学与认知科学研究中心（现为清华大学认知科学与技术研究中心）主任、清华大学心理学系教授、清华大学首任文科处长、独中子弟和校友、独山中学（独山高级中学）名誉校长蔡曙山为母校重新撰写校训。

校训是一所学校所要遵循的思想行为指南，体现一所学校的根本学风。独中实事求是、学以致用的学风贯穿于这所学校自创立以来的整个发展过程之中。

独中校训的演变主要分为三个时期：

一是学宫和书院时期，这个时期的校训可以理解为石牌坊上的两块匾额上的两句话：实事求是，学以致用。

二是20世纪60年代"文革"前，这个时期的独中也有明确的校训："认清形势，明确学习目的，爱校、尊师、守纪，好好学习。"这个时期是大跃进以后中国进入调整改革的时期，风清气正，国家进入良好的发展时期，也是新中国成立后独山中学一个难得的发展时期。当时的独中聚集了一大批来自全国的优秀教师，高中教师都是大学本科学历，初中教师也是大中专学历，师资和教学质量在全州乃至全省都属上乘。为树立良好校风和学风，当时主持学校工作的蔡之时副校长制订了这个校训。

三是新时期校训。2022年所拟的独山中学（现独山高级中学）新校训，从21世纪这个以认知科学和聚合科技NBIC为标志的综合时代的特点，[①]结合基础教育和独山中学以往校训的传统而拟定，用以下两

[①] 蔡曙山：《综合的时代：认知科学、综合科技及其未来发展》，《学术前沿》2022年第12期，封面文章。此文被《人民论坛》《人民智库》等多家中央媒体转载，并被《新华文摘》2023年第7期全文转载。

句形成对仗的格言来表述：

　　　　我言，我思，故我在；
　　　　求实，求真，更求新。

　　第一句话包括三个范畴：语言、思维和文化。根据认知科学原理和人类认知五层级理论，人类的存在是文化的存在，教育的最高目标是培养人类文化的传承人，包括领导者、学者和创业者。人类认知由语言认知、思维认知和文化认知三个层级构成，语言和思维建构全部知识系统，知识积淀为文化。基础教育从学前教育到小学和初中教育再到高中教育，是为实现教育的最高目标奠定基础，所以十分重要。在基础教育阶段，语言认知能力和思维认知能力的培养至关重要，所以，从小学识字教育和思维训练开始，语文和数学是主课，它们分别对应于语言认知能力和思维认知能力的培养。到了中学阶段，语文继续成为主课，但它已经扩展为语言和文学知识的学习。中学阶段的语言学习还从母语（汉语）的学习扩展到外语（英语、法语、德语、俄语、日语等）的学习，也从现代语言（现代汉语）扩展到古代语言（古代汉语）的学习。思维认知能力的培养则从数学扩展到几何、物理、化学、天文学、地理学、生物学、计算机科学、文学、历史学、哲学、艺术学、经济学和法学等学科，包括自然科学、人文艺术学科和社会科学全部领域，为升入大学进行文化认知的学习和文化创新做好准备。由此可见，"我言，我思，故我在"这句话概括了基础教育中语言认知、思维认知和文化认知三种心智和认知能力的培养。这不仅有利于学生树立明确的学习目标，认识各阶段学习的主要任务，也有利于教师按照这样的目标来教书育人。

　　第二句话也包括三个范畴：事实、真理、创新。观察事实是一切科学探索的出发点，所以科学探索和科学研究的第一步是求实。但事实并不等于真理，从太阳东升西落的观察事实中可能得出地心说的结论，而且地心说在科学史上曾经占据从古希腊到16世纪近两千年的历史，但它并不是真理。经过科学的探索和研究，波兰天文学家哥白尼在他的不朽著作《天体运行论》中提出了日心说，并最终确立了这一理论的科学地位，地心说的时代也就终结了。这一科学认知过程就是"求真"的过程，可以把科学认知看作从"求实"到"求真"的发展过程。独中石牌坊上的"实事求是"就体现了科学认知从"求实"到"求真"的本质特征。人类认知并不仅仅满足于"求实"和"求真"，它的最高目标是创新，而任何真正意义的创新都是文化创新，它对应的教育阶段是大学和研究生阶段的学习和研究。世界排名第一的哈佛大学将自己的培养目标定位为"人类文化的传承人"，就是要培养人类文化的传承者和创新者。由于科学认知是文化认知的基础，所以，求实和求真是求新的基础。"求实，求真，更求新"既反映了科学认知和文化认知的关系，也反映了独山中学"实事求是"和"学以致用"的优秀传统和优良学风。

2012年秋，独山县人民政府投资2.7亿元，在县城北"金鳅下海"新修建成园林式的独山高级中学新校区。校园内花团锦簇、绿树成荫、书声琅琅、教学设施齐备先进。如今的独山高级中学，拥有87个教学班级，360多名教师，41200多名学生。近年来，学校教育教学质量稳步提升，高考成绩名列省州前茅。2024年，我受聘荣任母校独山中学（现独山高级中学）名誉校长，独山高级中学拟恢复原校名独山中学，文化古城独山的这所百年名校，扬帆鼓桨，乘风破浪，航行在基础教育的大海上，为振兴民族文化贡献自己的力量。

附录四

独山书院纪略[①]

地处祖国西南边陲的独山县是一座历史文化名城，古称"毋敛古城"，始建于西汉武帝时期。汉武帝平南夷为牂牁郡，下设17县，毋敛县即其一。东汉牂牁郡毋敛县出了一位文化名人、著名学者、文学家、教育家和书法家尹珍（79—162）。珍20岁时，涉途千里至京城洛阳求学，拜国学大师、经学家许慎为师。求学期间，正值许慎编纂《说文解字》，珍在其师指导下，研习篆书、隶书等书体和书法，成为当时著名的书法家。公元109年，尹珍学成归来，在毋敛手建草堂，设馆授徒，足迹遍及黔南黔多地，"南域知学自珍始"，成为当时著名的教育家。

清康熙二十八年（1689），独山知州赵元璧出资建义学，并亲临馆学主讲。赵卸任后，义学改称"赵公书院"，同时聘师讲学，于是独山人才辈出，一代胜过一代。其中蔡希端长于治易，其子暄能传家学，著有《周易撮要》2卷，叩河图奥秘者，门无虚日。最突出的是万民钦，他于康熙四十一年（1702）中举后，次年连捷进士，选翰林院庶吉士。民钦与族兄万经得父万斯大、叔万斯同之学及所承蕺山（刘宗周）、黎洲（黄宗羲）之学，而成为浙东学派的主要传人。康熙五十四年（1715）民钦还乡教学。时万经已任贵州督学，并主讲于独山赵公书院，传浙东学派万氏之学。执教23年，桃李遍全州。乾隆二年（1737），民钦卒后，独山廪生黄捐资扩建赵公书院，改名"紫泉书院"，聘请名师如易学专家蔡暄、太史艾茂等主讲，为当时州之最高学府。二十七年（1762）

[①] 本文作者夏炎、薛小迪，供稿蔡曙山、薛小迪。本文原载《科学中国人》2015年12月号。

后，万民钦之孙邦英、蔡希端之孙其发和州人黄琼、都其忠又先后举于乡，万邦英和蔡发又同科中进士。三十年到六十年间（1765—1795）州人杨凤台、袁学中举于乡，后杨凤台又同莫与俦联袂中嘉庆四年（1799）进士，而蔡氏一家兆清、兆新、兆盛、兆馨均先后中举或选拔贡。独山万、蔡两家，又多长期教学于乡里，对地方学术文化发展颇多贡献，万、蔡文风盛极一时。

嘉庆初年，独山翰林莫与俦崛起西南，以朴学倡导士林，洗南中之陋（黎庶昌：《莫芷升墓志》）。嘉庆三年（1798），莫与俦举于乡，次年连捷进士，选翰林院庶吉士。入翰林院后，得与当时朴学大家互相学习，时又得到大学士纪昀（字晓岚）、编修洪亮吉（字稚存）等讲六书、明汉学。居馆三年，学业大进，并对浙东学派宗师蕺山（刘宗周）之学很有研究，奠定了莫氏家的基础。馆散后被委任四川盐源知县，为官三年。十一年（1806），与俦辞去官职，还乡葬父并奉回乡，深感贵州文化落后，教育不振，于是绝意仕途，决心从事教育，以实现少壮时立志效法尹珍的愿望。次年返故里，在兔场家宅后新建"影山草堂"，设馆教育家乡子弟，讲六书，明汉学开贵州朴学之先声。十三年（1809），与俦受聘主讲于独山紫泉书院，大力提倡实事求是的汉学学风。与俦治经，无所偏主，采汉学（经学）之长，撷宋学（理学）之英，并集各家学术思想之精华为己所用。与俦殁后，其子友芝、庭芝、祥芝和后辈子侄及门人等前后相继，传莫氏家学，经历了道、咸、同、光近百多年的政局多变时期。

莫氏后人，友芝独占鳌头，成就卓著。友芝于嘉庆十六年（1811）出生在独山县城北兔场乡，4岁能识字，7岁能诗文，并取晋代诗人谢朓"竹外山犹影"句意，以"影山"命名自己读书之地。道光六年（1826）补州学秀才。道光十一年（1831）赴贵阳应乡试，得中举人。可谓少年得志，春风马蹄疾。自道光十六年（1836）起，友芝进京赶考，参加会试，凡五试，皆不第，惜天妒英才，折羽青冥。其间，道光二十年（1840）主讲培英书院，为授课之需，始著《韵学源流》。咸丰十年（1860）至京试恩科，五不第。翌年七月，谒曾国藩于双流行营。

应曾邀请作幕府，虚领庐阳书院山长以为谋生。同治元年（1862）得《说文解字》木部残卷，友芝爱若拱璧，浃旬不出门户，分取大小徐本《说文解字》校其异同，写成《唐写本说文解字木部笺异》一卷，并作《引》与《后识》。两江总督曾国藩出资刊刻并作《唐写本说文木部题辞》以记其成，并亲为该书题写书名。邵亭至此名扬天下矣。

我自少年时代起，就怀着这样的烦恼：莫友芝何许人也，当得起如此之荣耀？因为从上小学起，就知道家乡独山是"莫友芝故里"。上初中时，每年春耕秋收都要下乡支农。一次支农途中从黔桂公路兔场乡路过，抬头望见路边的山崖上矗立着一块巨石，上面镌刻着"莫友芝故里"几个大字，心中产生崇敬与疑惑。可惜的是，我在独山上完高中，接着上山下乡，然后参加工作当过小学、中学教师，问过不少先生，但无人能够解除我心中的疑惑。1978年我28岁时离开独山去上大学，一直带头这份少年时代的烦恼。甚至在我完成大学、研究生学业以后，仍然不能消除我的这份烦恼。尽管在图书馆和网络上能够查到莫友芝的著作和文章，但仅从当时甚至当下对莫友芝的评价"晚清金石学家、目录版本学家、书法家、宋诗派重要成员"，确实看不出莫友芝的伟大在什么地方，因为当得起这种评价的晚清学者恐怕不下数百人。

我真正理解莫友芝是在2000年进入清华大学，自己开始研究认知科学之后。2015年，我创立了"人类认知五层级理论"，根据这个理论，人类和非人类动物都具有进化中获得的某种程度的心智和认知能力，人和非人类动物的根本区别在语言。人类在200万年前发明了表达抽象概念的符号语言，这使人类最终告别动物界而进化为人。最初的语言是言语即口语，大约5000年前人类发明了文字，此后人类进入文明社会。这就是人类在进化中获得的最重要的认知能力——语言能力。人类凭借抽象的概念语言产生了另一种重要的认知能力——思维能力。人类凭借语言和思维建构了全部的知识体系，知识积淀为文化。由此人类获得了第三种也是最高级的一种认知能力——文化认知和创新能力。因此可以说，语言是全部人类认知能力的基础，而人类的存在是语言、思维和文化的存在。我言，故我在。

现在想想，任何一个民族，决定他存在的基本的认知能力是什么？是语言能力。一个语言，它最重要的成分又是什么？是语音和文字。正是莫友芝，是他在我们民族语言汉语的这两个领域中——语音学和文字学——作出了超出前人的卓越贡献！我常常说，莫友芝学术的语言文化和认知价值，不论给予多高的评价都不为过！过去和当下对莫友芝的评价，无论是"西南巨儒"，还是"晚清金石学家、目录版本学家、书法家、宋诗派重要成员"他都是当得起的，但莫友芝的真正贡献是国学之基础小学，是小学中最重要的音韵学、文字学、训诂学和版本目录学。莫友芝是当之无愧的国学大师，是中华文化之巨匠！本书的两篇论文《国学、小学和莫学》和《从莫友芝的两本书看莫学的语言文化和认知价值》正是从这个新的立场——认知科学，特别是语言认知和文化认知的立场来重新认识和评价独山文化名人、国学大师和文化巨匠莫友芝。

2000年新世纪元年，我在清华大学创建了认知科学团队；2004年，我和清华团队申报并获批教育部"985"哲学社会科学创新基地——清华大学认知科学创新基地；2015年，我创立心智进化论和人类认知五层级理论，带领清华大学认知科学团队并联合首都师范大学周建设教授团队、中山大学鞠实儿教授团队、贵州民族大学张学立教授团队申报并获批国家社科基金重大项目"语言、思维、文化层级的高阶认知研究"（15BZD017），做出了多项重大成果，本论文集（收入已发表论文23篇，60万字）和此前出版的《认知科学导论》（70万字）和《人类的心智与认知》（72万字）即为该项目最终成果。2023年11月，我建议的"认知科学与中华文化特质研究"招标课题入选2023年度国家社科基金重大招标项目，随即组成以我为项目负责人和首席专家，以清华大学团队成员江铭虎（清华大学教授）、衣新发（清华大学博士后，陕西师范大学教授）、白晨（清华大学博士后，天津大学教授）、张寅生（清华大学博士后，中国科技部科技信息研究所研究员）为子课题负责人的团队参与该项目投标，在全国20多家高校和科研单位的竞争中脱颖而出，2023年12月28日经全国哲学社会科学工作办公室批准，以"认知科学视阈下的中华文化特质研究"（23&ZD238）为题立项资助。

2024年2月19日，2023年度国家社会科学基金重大项目"认知科学视阈下的中华文化特质研究"开题会暨独山书院成立揭牌与认知科学时代文化教育发展研讨会在文化古城独山召开。书院宗旨是弘扬优秀中华文化，传播认知科学特别是语言、思维、文化层级的高阶认知，开展认知科学与中华文化特质研究。我受聘担任独山书院院长。

书院是中国古代培养人才的一种教育体制，书院在中国已有1300多年历史。最古老的书院是唐开元五年（公元717年）创立的丽正书院。中国著名的四大书院也都有千年历史，如嵩阳书院（北魏太和八年，公元484年）、白鹿洞书院（南唐升元四年，公元940年）、岳麓书院（北宋开宝元年，公元976年）、应天书院（北宋大中祥符二年，公元1009年）等。辛亥革命后，废科举，兴学校，西方大学教育体制进入中国。书院与大学教育的区别主要有两点：一是书院为不分科的综合教育，大学则为分科的专业教育，这就把学生培养为专才而非通才，培养为专家而非大师。二是书院以人文知识特别是儒家学说和孔孟之道为知识主体，适应自隋唐以来科举考试之需要，为国家培养治国平天下的人才。出自东林书院（北宋政和元年，公元1111年）的名联"风声雨声读书声声声入耳，家事国事天下事事事关心"写尽儒家情怀，士子抱负。独山文化名人、国学大师莫友芝就曾担任过培英书院、启秀书院、湘川书院、庐阳书院等多所著名书院的山长和教授。独山书院的建立，接续了千年书院的传统，并与21世纪带头学科认知科学这个文理工大综合的学科相结合，将会为接续传统优秀文化、推动未来教育发展贡献自己的力量。我为独山书院大门题写的楹联是：

独山书院
友芝故里千年学术传久远，
文化古城百代书香续芬芳。

独山书院建有大成、阳明、友芝三大殿，祭祀大成至圣先师孔子、明清贵州两巨儒王阳明和莫友芝。我为三大殿撰写了大门楹联：

大成殿

仁义礼智信修齐治平君子道，
夏商周文武君轻民贵社稷安。

阳明殿

心外无物格之求理那花便开放，
知行合一学以致用此身乃澄明。

友芝殿

唧唧成语音韵溯源通今古，
郁郁为文汉字寻本释疑难。

对联尝试概括以孔孟为代表的儒家思想，以阳明心学和友芝小学为代表的中国古代认知科学——思维认知和语言认知的理论，这是儒学和国学中最有价值的思想财富，是中华民族的绝对精神，也是中华文化之根基。

后　　记

　　七年前，我从清华大学退休后，受家乡贵州一所大学领导的礼聘，来到这所学校工作。我用前五年时间创建了民族文化与认知科学学院，创办了"认知科学与技术系""心理学系"和"教育学系"，"逻辑、文化与认知研究中心"和"阳明心学与认知科学研究中心"，即"一院三系两中心"。在学院建设和发展中，确立了以科学研究促进学科建设、教学教改、人才培养和服务社会的总方针。在科学研究方面，我率领的清华大学认知科学团队联合周建设教授领导的首都师范大学团队、张学立教授领导的贵州民族大学认知科学团队和鞠实儿教授领导的中山大学认知科学团队，申报并获得国家社科基金重大项目"语言、思维、文化层级的高阶认知研究"（15ZDB017）资助。立项以来，项目负责人和团队成员在《中国社会科学》《科学通报》《学术前沿》《学术界》《北京大学学报》《清华大学学报》等国际国内学术期刊发表有影响的论文（高被引论文）60多篇，出版《认知科学导论》（蔡曙山，2021）、《语言、脑进化与认知》（江铭虎，2022）等学术专著多部。在学科建设方面，创建了"民族文化与认知"省级重点学科（2016），创办认知科学与技术实验班（2017、2018），获批全国首个认知科学与技术本科专业（2018），先后建成逻辑与认知（2017）、民族文化与认知（2018）两个硕士点和一个教育专业硕士点（2019）。正当学科建设凯歌高奏、乘胜前进的时候，严冬忽然降临。学校领导班子换人后，由于种种原因，我带着巨大的伤痛，不得不含泪离开我耗费五年心血建立起来的这个新学科和新学院（由于长期劳累，加之最后一年饱受生理、心理和精神的折磨，我罹患严重的带状疱疹，后经一年治疗方得好转）。所幸的是，到2023年，全国已有一百多所高校开设了认知科学与技术这个本科专业，而我在五年前（2018年）创办的全国第一个认知科学与技术本科专业也已有两届毕业生，这两届毕业生无论是考研率还是录取率在该校都是遥遥领先，就业率和就业岗位也是远优于其他专业。当年播下的认知科学种子，今天不仅依然蓬勃成长，并且已经开花结果！这说明一个有生命力的学科是谁也阻挡不住的！最近该专业毕业班的老师和同学们发来他们专门为我录制的视频，班主任张景婷博士副教授热情介绍了已经读研的同学和在省城就业的同学，同学们齐声说："感谢蔡老师！我们想你啦！"情景感人，这是一位老师得到的最高奖赏啊！

大学应该是什么样呢？清华大学老校长梅贻琦先生说：大学者非大楼之谓也，乃大师之谓也。清华大学几任校长和书记王大中院士、贺美英书记、陈希书记、胡显章副书记、龚克副校长、胡东成副校长使我感觉他们既是领导又是朋友。和他们在一起工作真是如沐春风。

2021年我出版了专著《认知科学导论》。今年，同为国家社科基金重大项目最终成果的《我言，故我在：语言、思维、文化层级的高阶认知研究》（论文集），也即将出版。

自清华大学认知科学团队建立至今，我们走过了将近四分之一个世纪的时光。在这期间，中国认知科学的发展经历了科学理论探索、学科体制建设和文化教育实践三个重要阶段。2017年我和团队在贵州成功创办全国第一个认知科学和技术本科专业，如雨后春风，到2023年底全国已有150多家高校开设了这个新的本科专业。认知科学在中国的发展如黄河长江滚滚向前，任何人和任何力量都无法阻挡这个代表21世纪人类前进方向的新兴学科的发展。

2023年7月，我承担的上一个国家社会科学基金重大项目"语言、思维、文化层级的高阶认知研究"（15ZDB017）以优秀成绩通过专家鉴定。下半年，我带领的清华大学认知科学团队再以"认知科学视阈下的中华文化特质研究"申报国家社会科学基金重大项目并在全国20多家申报团队的竞争中得以中标，获得2023年度国家社会科学基金重大项目立项资助（批准号23&ZD238）。本团队在高阶认知的基础上，将认知科学与中华文化两大热点研究相结合，必将为促进中国的认知科学发展和中华文化研究作出新的贡献。

人类存在的本质是文化的存在，而仅仅是行为层级、生理层级和心理层级的需要都不是真正意义的人的存在，因此，权力意志、金钱意志和生理本能也都不是真正意义的人的存在。文化存在的本质又是语言和思维的存在。我言，我思，故我在。

吾喜读孔尚任《桃花扇》，感叹其故事之凄美，语言之生动。今用该书煞尾诗七律一首，步其韵而将本书收尾。诗曰：

癸卯岁末忆年华，转合起承总不差。
年少山乡耕垄亩，青春京畿赏桂花。
几经肃杀秋冬冷，一度春风到我家。
悟得人生识字始，思维文化竟无涯。

蔡曙山
甲辰年正月初十于耕读斋中

责任编辑：夏　青

图书在版编目（CIP）数据

我言，故我在：语言、思维、文化层级的高阶认知研究 ／ 蔡曙山著. -- 北京：人民出版社，2024.8. (清华大学认知科学研究系列丛书). -- ISBN 978-7-01-026675-6

Ⅰ.B842.1

中国国家版本馆 CIP 数据核字第 20245LQ405 号

我言，故我在

WO YAN GU WO ZAI

——语言、思维、文化层级的高阶认知研究

蔡曙山　著

人民出版社　出版发行

（100706　北京市东城区隆福寺街 99 号）

中煤（北京）印务有限公司印刷　新华书店经销

2024 年 8 月第 1 版　2024 年 8 月北京第 1 次印刷
开本：710 毫米×1000 毫米 1/16　印张：42
字数：610 千字

ISBN 978-7-01-026675-6　定价：150.00 元

邮购地址 100706　北京市东城区隆福寺街 99 号
人民东方图书销售中心　电话 (010)65250042　65289539

版权所有·侵权必究
凡购买本社图书，如有印制质量问题，我社负责调换。
服务电话：(010)65250042